재배학(개론)

합격선언
재배학개론

초판 발행 2021년 01월 15일
개정1판 발행 2025년 01월 15일

편 저 자 | 공무원시험연구소
발 행 처 | ㈜서원각
등록번호 | 1999-1A-107호
주 소 | 경기도 고양시 일산서구 덕산로 88-45(가좌동)
교재주문 | 031-923-2051
팩 스 | 031-923-3815
교재문의 | 카카오톡 플러스 친구[서원각]
홈페이지 | goseowon.com

▷ ISBN과 가격은 표지 뒷면에 있습니다.
▷ 파본은 구입하신 곳에서 교환해드립니다.

농업직공무원은 농업 정책 관련 업무를 맡으며, 농산물 유통 및 식량 증산과 농지 불법행위 등의 단속을 담당하고 농어민의 확인서를 발급하거나 농지 형질변경, 농지 재해대책 등을 담당하는 업무를 진행합니다. 최근 건강과 먹거리에 대한 관심이 높아지며 우리 농산물의 중요성도 높아지고 있어 전망이 밝은 직렬이라고 할 수 있습니다.

농업직공무원에 대한 수요가 점점 늘어나고 그들의 활동영역이 확대되면서 농업직에 대한 관심이 높아져 농업직공무원 임용시험은 일반직 못지않게 높은 경쟁률을 보이고 있습니다.

농업직공무원 재배학(개론) 합격선언은 7 · 9급 농업직공무원뿐만 아니라 농촌지도사, 농업연구사에 도전하는 수험생들에게 도움이 되고자 발행되었습니다.

본서는 방대한 양의 이론 중 필수적으로 알아야 할 핵심이론을 정리하고, 출제가 예상되는 문제만을 엄선하여 수록하였습니다. 또한 최신 출제경향을 파악할 수 있도록 최근기출문제를 수록하였습니다.

신념을 가지고 도전하는 사람은 반드시 그 꿈을 이룰 수 있습니다. 서원각이 수험생 여러분의 꿈을 응원합니다.

STRUCTURE

핵심이론정리

재배학 전반에 대해 체계적으로 편장을 구분한 후 해당 단원에서 필수적으로 알아야 할 내용을 정리하여 수록했습니다. 출제가 예상되는 핵심적인 내용만을 학습함으로써 단기간에 학습 효율을 높일 수 있습니다.

이론팁

과년도 기출문제를 분석하여 반드시 알아야 할 내용을 한눈에 파악할 수 있도록 Tip으로 정리하였습니다. 문제 출제의 포인트가 될 수 있는 사항이므로 반드시 암기하는 것이 좋습니다.

01 재배와 작물

01 작물재배의 개요

❶ 작물의 개념 및 특성

(1) 작물의 개념

① 작물은 원래 야생상태에서 자생하였으나 어떤 용도에 이용하기 위해 사람이 만들어 주는 특수한 환경에 잘 순화되고, 사람이 필요로 하는 부분은 잘 발달된 반면 필요하지 않은 부분은 퇴화되어 원래의 형태와는 현저하게 달라졌다.

② 사람의 보호 · 관리하에 큰 군락을 이루고 생육되며, 인류와 공생관계에 있는 식물이라 할 수 있다.

(2) 작물의 특성

① 일종의 기형식물인 작물은 인위적인 보호조치, 즉 재배가 수반되어야 한다.

② 일반식물에 비해 경제성과 이용성이 높아야 한다.

❷ 재배의 개념 및 특성

(1) 재배의 개념

사람이 일정한 목적을 가지고 경지에 작물을 길러 수확을 올리는 경제적인 영위체계를 말한다.

(2) 재배의 특성

① 유기적 생물체가 대상이기 때문에 자연환경의 제약으로 인하여 자본회전이 늦고, 생산조절의 곤란, 노동수요의 연중 불균형, 분업의 곤란 등 여러 가지 문제점이 있다.

10 제1편 재배일반

최근 기출문제 분석

2024. 6. 22. 제1회 지방직 9급 시행

1 식물의 진화와 재배작물로의 특성 획득에 대한 설명으로 옳지 않은 것은?

① 식물의 자연교잡과 돌연변이는 유전변이를 일으키는 원인이다.
② 재배작물은 환경에 견디기 위해 휴면이 강해지는 방향으로 발달하였다.
③ 재배작물이 안정상태를 유지하려면 유전적 교섭이 생기지 않아야 한다.
④ 식물이 순화됨에 따라 종자의 탈립성이 작아지는 방향으로 발달하였다.

TIP ② 재배작물은 빠른 발아를 위해 휴면이 약해지는 방향으로 발달하였다.

2024. 3. 23. 인사혁신처 9급 시행

2 작물 및 작물재배에 대한 설명으로 옳지 않은 것은?

① 작물은 이용성과 경제성이 높아서 재배대상이 되는 식물을 말한다.
② 작물재배는 인간이 경지를 이용하여 작물을 기르고 수확하는 행위를 말한다.
③ 작물재배는 자연환경의 영향을 크게 받고, 생산조절이 자유롭지 못하다.
④ 휴한농법은 정착농업이 활성화되기 이전에 지력을 유지하는 방법으로 실시되었다.

TIP ④ 휴한농업은 정착농업 이후에 지력감퇴를 방지하기 위하여 농경지의 일부를 몇 년에 한 번씩 휴한하는 작부방식이다. 유럽에서 발달한 3포식 농법이 대표적이다.

2023. 10. 28. 제2회 서울시 농촌지도사 시행

3 작물을 생존연한에 따라 분류할 때 다년생 작물에 해당 하는 것으로 짝지은 것은?

① 가을보리, 가을밀
② 무, 사탕무
③ 호프, 아스파라거스
④ 옥수수, 콩

TIP ① 가을보리와 가을밀은 1년생 작물이다.
② 무와 사탕무는 2년생 작물이다.
④ 옥수수와 콩은 1년생 작물이다.

Answer 1.② 2.④ 3.③

단원별 기출문제

최근 시행된 기출문제를 수록하여 시험 출제경향을 파악할 수 있도록 하였습니다. 기출문제를 풀어봄으로써 실전에 보다 철저하게 대비할 수 있습니다.

상세한 해설

매 문제마다 상세한 해설을 달아 문제풀이만으로도 개념학습이 가능하도록 하였습니다. 문제풀이와 함께 이론정리를 함으로써 완벽하게 학습할 수 있습니다.

CONTENTS

PART 01 재배일반

PART 02 작물의 유전성

PART 03 재배환경

PART 04 재배기술

PART 05 부록

재배일반

01 재배와 작물

01 작물재배의 개요

❶ 작물의 개념 및 특성

(1) 작물의 개념

① 작물은 원래 야생상태에서 자생하였으나 어떤 용도에 이용하기 위해 사람이 만들어 주는 특수한 환경에 잘 순화되고, 사람이 필요로 하는 부분은 잘 발달된 반면 필요하지 않은 부분은 퇴화되어 원래의 형태와는 현저하게 달라졌다.

② 사람의 보호 · 관리하에 큰 군락을 이루고 생육되며, 인류와 공생관계에 있는 식물이라 할 수 있다.

(2) 작물의 특성

① 일종의 기형식물인 작물은 인위적인 보호조치, 즉 재배가 수반되어야 한다.

② 일반식물에 비해 경제성과 이용성이 높아야 한다.

❷ 재배의 개념 및 특성

(1) 재배의 개념

사람이 일정한 목적을 가지고 경지에 작물을 길러 수확을 올리는 경제적인 영위체계를 말한다.

(2) 재배의 특성

① 유기적 생물체가 대상이기 때문에 자연환경의 제약으로 인하여 자본회전이 늦고, 생산조절의 곤란, 노동수요의 연중 불균형, 분업의 곤란 등 여러 가지 문제점이 있다.

② 수확체감의 법칙, 토지의 분산상태, 토지의 소유제도 등이 농업생산에 영향을 미친다.

③ 수확체감의 법칙

㉠ 식물의 성장곡선은 S자를 이룬다.

㉡ 식물의 생장이 한계에 이르면 투자를 하여도 식물이 더 이상 생장하지 않는다.

02 재배

❶ 재배이론

(1) 재배의 목적과 수량삼각형

① 재배의 목적

㉠ 일정 면적의 경작지에서 최대의 수확을 올리는 일이다.

㉡ 최대의 생산을 올리기 위해서는 작물의 선천적 생산능력(유전성)과 이 선천적 능력을 발휘하는 데 알맞은 환경조건이 필요하다. 그러나 모든 경작지 및 작물이 유전성과 환경조건에 대해서 완전한 조건을 갖추고 있는 경우가 거의 없으므로, 이 두 가지를 합리적으로 조작하는 기술이 필요하다. 이 기술을 재배기술이라 하며, 유전성과 환경조건이 합쳐져서 세 가지 조건이 필요하게 된다.

② 작물수량의 삼각형 원리

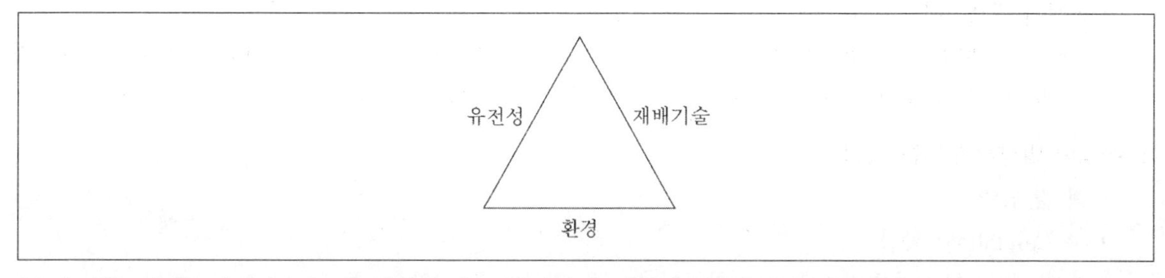

㉠ 유전성, 환경, 재배기술을 세 변으로 하는 삼각형의 면적이 작물수량을 나타낸다.

㉡ 작물수량(면적)이 커지려면 유전성, 환경, 재배기술이 균형있게 발달해야 하며, 다른 두 변이 발달해도 한 변이 발달하지 않으면 수량(면적)은 커지지 않는다(최소율의 법칙).

TIP

작물의 수확량을 높이기 위한 방법

㉠ 재배환경에 맞는 품종을 선택하여 씨를 뿌리고 옮겨 심는다(유전성).

㉡ 단위면적당 작물의 개체 수를 확보하고, 재식방법을 조절한다(재배기술).

㉢ 비료의 적절한 사용으로 영양성장을 이룬다(환경).

(2) 재배학

여러 가지 작물의 재배에 관한 원리를 밝히는 학문을 말한다.

❷ 재배의 기원

(1) 원시시대

① 원시시대의 수렵 · 채취 · 유목 생활을 거쳐 농경으로 생활양식이 발달하였다.

② 농경발생 초기에는 돌, 짐승의 뼈 등 불완전한 농기구를 사용하였다.

③ 철제농기구의 사용에서 점차 동력농기구로 발달하였다.

(2) 농경의 발생시기와 발상지

① 작물의 기원은 야생식물로부터 발달하였으며, 작물이 더 높은 단계로 발달해가는 현상을 작물의 진화라 한다.

② 작물의 분화 및 발달은 20세기 이후 유전과 육종의 원리가 구명되면서 급진적으로 이루어졌다.

③ 농경의 발생시기에 대한 학설

㉠ P. Dettwiler : 피레네 산중의 구석기시대의 유적에 그려져 있는 보리의 그림을 근거로 이 지방에서 구석기시대인 약 5만년 전부터 농경이 이미 시작되었다고 주장하였다.

㉡ Peake

- 농경의 발생연대는 목축보다 늦은 것으로 보았다.
- 프랑스 · 이탈리아 · 스위스의 신석기시대 유적에서 보리 · 밀 · 아마 · 완두 등이 발견되었는데, 이런 것으로 미루어 보아 농경의 발생을 1만～1만 2천년 전으로 추정하고 있다.

④ 농경의 발상지에 대한 학설

㉠ 큰 강 유역

- De Candolle의 학설
- 강이 범람하여 비옥하기 때문에 정착하여 농경을 하기에 유리하다.
- 고대 농업과 문명의 발상지로는 중국 황하 유역, 양자강 유역, 메소포타미아의 유프라테스강 유역, 이집트의 나일강 유역 등이 있다.

㉡ 산간지대

- N.T. Vavilov의 학설
- 산간부의 중턱에서 관개수를 쉽게 얻을 수 있고 농경이 용이하며 안전하기 때문에 정착을 하기에 알맞다.
- 멕시코의 경우에 최초 산간지역에서 옥수수, 강낭콩, 호박 등을 재배하면서 점차 큰 강의 하류 평야부로 전파되었다.

TIP

바빌로프의 8대 유전자 중심지와 주요 작물

㉠ 중국 : 조, 메밀, 콩, 팥, 인삼, 복숭아
㉡ 중앙아시아 : 귀리, 기장, 삼, 당근
㉢ 인도 · 동남아시아 : 벼, 사탕수수, 왕골, 오이, 박, 가지
㉣ 중동 : 보리, 밀, 알팔파, 사과
㉤ 지중해 연안 : 완두콩, 양귀비
㉥ 멕시코 · 중앙아메리카 : 옥수수, 고구마, 두류
㉦ 브라질 · 남아메리카 : 감자, 담배, 땅콩
㉧ 이집트 · 중앙아프리카 : 옥수수, 강낭콩, 고구마, 해바라기, 호박

㉢ 해안지대

- P. Dettweiler의 학설
- 북부 유럽의 일부 해안지대, 일본의 해안지대가 이에 속한다.
- 기후가 온화하고 토양수분도 넉넉하여 농경에 적합하고 어로를 겸하기도 편리하다.

❸ 재배기술의 발달

(1) 식물 영양

① Thales(B.C 624 ~ B.C 546) … 만물의 근원은 물이며, 식물 또한 물에서 양분을 얻는다고 하였다.

② Aristoteles(B.C 384 ~ B.C 322) … 식물은 토양의 유기물로부터 양분을 얻는다는 유기물설(부식설)을 주장하였다.

③ Tull(1674 ~ 1740) … 토양의 입자가 식물뿌리에 그대로 흡수되어 식물조직으로 변한다고 주장하였다.

④ Liebig(1803 ~ 1873)

㉠ 독일 출신의 화학자로 유기화학 분야의 연구성과를 농업에 응용하여 토양이나 농산물에 대한 화학적 조사를 실시하였다.
㉡ 재배식물에 의한 토양 중 무기성분의 탈취를 보충하기 위한 비료의 이론을 확립하였다.
㉢ 식물의 필수영양분은 유기물이 아닌 무기물이라고 주장하였으며, 이를 근거로 무기영양설(광물질설, Mineral Theory)을 주장하였다.
㉣ 이 이론을 바탕으로 1860년경 Sachs, Knops 등에 의해 수경재배가 시작되었다.
㉤ 1843년에 Lawes, Gilbert에 의해 인조비료(과인산석회)가 제조되었다.
㉥ 1913년에 Haber, Bosch에 의해 암모니아가 합성되었다(화학비료공업이 발달).
㉦ 최소량의 법칙

- 1843년 Liebig(리비히)가 무기영양소에 대하여 제창한 법칙이다.
- 최소양분율, 최소율이라고도 한다.

• 작물의 생육은 필요한 인자 중 최소로 존재하는 인자에 의해 지배된다는 것이다. 즉, 생물이 가지는 내성 또는 적응의 가장 좁은 범위의 인자(요인)가 그 생존을 제한한다는 법칙이다.
• 식물에는 필요원소 또는 양분 각각에 대하여 그 생육에 필요한 최소한의 양이 있다. 만일 어떤 원소가 최소량 이하이면 다른 원소가 아무리 많아도 생육할 수 없으며, 원소 또는 양분 중에서 가장 소량으로 존재하는 것이 식물의 생육을 지배한다는 것이다.

⑤ Boussinggault(1838) … 콩과작물이 공중질소를 고정하는 능력이 있다고 주장하였다.

⑥ Hellriegel(1886) … 콩과작물과 근류균의 관계를 밝혀냈다.

TIP

근류균 … 리조븀(Rhizobium) 속의 산소성 세균으로, 공생유리질소고정균 · 근류균(根瘤菌)이라고도 한다. 고등식물과 공생하여 유리질소를 고정하는 세균이며, 특히 뿌리에 기생하는 것을 뿌리혹박테리아라고 한다.

⑦ Salfeld(1888) … 콩과작물은 전에 생육하였던 토양을 옮겨주면 더욱 좋아진다는 것을 주장하였다

⑧ Beljerinck와 Prazmowski(1888) … 근류가 세균에 의한다는 것을 증명하고, 그 세균의 순수배양에 성공하였다.

⑨ Nobbe와 Hiltner(1890) … 콩과작물 근류균의 인공접종을 개발하였다.

(2) 작물의 개량

① Camerarius(1691)

㉠ 뽕나무 열매에 씨가 없음을 관찰한 후, 식물의 성(性)에 대해 흥미를 느끼고 자웅이주 식물에 관한 실험을 계속한 결과, 식물에 자웅성(雌雄性)이 있음을 발견하였다.

㉡ 시금치, 삼, 호프, 옥수수 등의 성에 관하여 설명하였다.

② Köelreuter(1761)

㉠ 교잡에 의한 잡종을 얻는 데 성공하여 교잡을 통한 작물개량이 가능함을 밝혀냈다.

㉡ 육종학에서 Köelreuter의 교잡설은 중요하다.

③ Darwin(1809 ~ 1882) … 획득형질은 유전된다고 주장하였다.

④ Weismann(1834 ~ 1914) … 획득형질은 유전되지 않는다고 주장하였다.

⑤ Johannsen(1857 ~ 1927)

㉠ 순계설을 주장하였다.

TIP

순계설(純系說) … 콩의 무게에 대한 실험에서 생물의 변이에는 그 생물 1대에서 끝나는 방황변이와 유전하는 돌연변이가 있고, 방황변이는 그 생물이 순수하지 않은 동안에는 골라내어 그 정도를 증감시킬 수가 있으나 순수해지면 더 이상 가려내지 못한다는 것이다. 즉, 순계(純系) 내에서는 선택의 효과를 볼 수 없다는 것이다.

㉡ 자식성 작물의 순계 도태에 의한 품종개량에 이바지하였다.

⑥ De Vries

㉠ 달맞이꽃의 연구로 돌연변이설(1901)을 제창하였다.

㉡ 진화는 순계에 있어서의 일련의 돌연변이로 말미암아 일어나며, 자연선택은 별로 영향을 미치지 않는다고 주장하였다(Mutation Theory).

⑦ Muller(1927)

㉠ X선에 의해 돌연변이가 일어나는 것을 발견하였다.

㉡ 현재 품종개량을 위해 방사선이 이용되고 있다.

⑧ Mendel(1822 ~ 1884)

㉠ 완두의 교잡실험에서 유전의 원리를 발견하였다.

㉡ 현대 유전학연구의 기초가 되었다.

⑨ Morgan(1908)

㉠ 초파리 실험으로 반성유전을 발견하였다.

㉡ 염색체지도를 작성하였다.

(3) 작물보호에 관한 연구

① Millaredt(1882) … 보르도액(Bordeaux Mixture)을 발견하였다.

㉠ 석회보르도액이라고도 한다.

㉡ 보르도액은 19세기 말경 프랑스 남부 보르도 시(市)를 중심으로 한 포도 재배지에서 황산구리와 석회의 혼합물이 포도 노균병(露菌病)에 효과가 있는 것을 발견한 이래 현재까지도 과수나 화훼작물의 보호살균제로서 널리 사용되고 있다.

② Berkley(1846) … 곰팡이에 의해 감자가 부패하는 것을 발견하였다.

③ Pasteur(1822 ~ 1895) … 부패가 공기 중의 미생물 때문에 일어난다는 것을 실험적으로 확인하여 병원균설(Germ Theory)을 주장하였다.

④ Leeuwenhoek(1632 ~ 1723) … 현미경으로 원생동물 · 미생물 등을 관찰하였으며, 육안으로는 볼 수 없는 생물이 있음을 비로소 알게 되었다.

⑤ Smith와 Kilbourne(1891) … 소의 가축 열병의 원인이 되는 병원균이 진드기에 의해 매개된다는 것을 발견하였다.

⑥ Waite(1891)

㉠ 식물의 병이 곤충에 의해 전염된다는 것을 증명하였다.

㉡ 감귤지대에 발생하는 깍지벌레의 방제에 천적인 뒷박벌레가 효과가 있다는 것을 발견하였고, 이것은 생물학적 방제 연구의 기초가 되었다.

⑦ 제2차 세계대전 후 D.D.T가 개발되었다.

(4) 생장조절에 관한 연구

① Darwin(1809 ~ 1882)

㉠ 굴광성(屈光性)을 연구하여 식물생장 조절물질이 있음을 밝혀냈다.

㉡ 빛의 자극이 원인이 되어 일어나는 식물의 굴성운동으로 광굴성(光屈性)이라고도 한다.

㉢ 광원(光源)의 방향으로 굴곡운동이 일어나면 양성 굴광성, 광원의 반대방향으로 굴곡운동이 일어나면 음성 굴광성이라고 한다.

㉣ 식물의 줄기와 잎은 광원쪽으로 굽어 자라는 양성 굴광성을 나타내고, 뿌리는 광원의 반대방향으로 굽어 자라는 음성 굴광성을 나타낸다.

② Went(1928) … 귀리의 어린 잎집의 끝부분에서 생장조절물질을 발견하였다.

③ Kögl(1934 ~ 1935) … 옥신(Auxin)을 발견하여 식물에서 줄기세포의 신장생장을 촉진하는 호르몬(생장조절물질)이 있음을 발견하였다.

④ 택전(1912), 흑택(1926)

㉠ 지베렐린(Gibberellin)이란 물질이 식물체를 이상 신장시킨다는 것을 발견하였다.

㉡ 벼의 키다리병균에 의해 생산된 고등식물의 식물생장조절제이다.

㉢ 신장, 개화 촉진작용이 있다.

㉣ 종자발아와 과실의 생장이 촉진된다.

㉤ 착과(着果)를 증가시킨다.

⑤ Miller(1995), Skoog(1957) … DNA나 DNA의 고압 분해물로부터 세포분열을 촉진하는 저분자의 물질을 추출하였는데 이것을 카이네틴(Kinetin), 시토키닌(Cytokinins)이라고 하였다.

⑥ Cornforth(호주의 화학자) … 낙엽 촉진, 출아(出芽)의 억제작용이 있는 ABA(ABscisic Acid)를 개발하였다.

⑦ 에틸렌(Ethylene)

㉠ 에텐이라고도 한다.

㉡ 가장 간단한 구조를 가진 에틸렌계(올레핀계) 탄화수소의 하나이다.

㉢ 과숙의 성숙을 촉진시키는 기능이 있다.

⑧ 에세폰(Ethephon)

㉠ 1965년에 에스렐(Ethrel)이란 이름으로 개발한 생장조절제이다.

㉡ 과숙을 촉진하는 식물호르몬의 일종인 에틸렌(Ethylene)을 생성함으로써 과채류 및 과실류의 착색을 촉진하고 숙기를 촉진하는 작용을 하므로 토마토, 고추, 담배, 사과, 배, 포도 등에 널리 사용되고 있다.

⑨ Mitchel(1949) … 2 · 4-DNC가 강낭콩 줄기의 신장을 억제한다는 것을 발견한 이래 여러 가지 종류의 생장억제물질이 개발되었다.

⑩ 제초제의 개발

㉠ 1941년 Pokorny의 화학적 제초제 2·4-D와 MCPA 제초제가 만들어진 이후로 각종 제초제가 개발되는 등 잡초 방제는 계속 발전되었다.

㉡ 제초제의 종류

- 지방족 산제 : 2·4-D, 2·4·5-T, 2·4-DP, MCPA, MCPP, MCPB, 글리포세이트
- 페놀제 : PCP
- 아미드제 : 프로파닐, 부타클로르(마세트), 알라클로르(라소)
- 카바메이트제 : 클로르프로팜, 펜메디팜(베타날), 티오벤카르브(사단)
- 요소제 : 메타벤즈티아주론(트리븐닐)
- 트리아진제 : 아트라진, 시마진
- 비피리딜리움제 : 파라콰트(그라목손)
- 우라실제 : 브로마실(하이바엑스), 벤타존(바사그란)
- 기타 유기제초제 : 글리포세이트(근사미)

⑪ **플라스틱 필름 이용** … 취급이 간편하고 값이 저렴하며 수분·보온·조명 등을 쉽게 조절할 수 있게 됨으로써 계절에 구애받지 않고 작물을 생산할 수 있게 되었다.

⑫ Lawes … 비료의 3요소 개념을 명확히 하고 N, P, K가 중요한 원소임을 밝혔다.

(5) 종합방제

① 살충제의 2차적 영향은 점차 큰 문제가 되었고, 해충의 살충제 저항성의 증대, 수확물의 살충제 잔류, 사람·가축에 미치는 직접적인 피해, 환경오염 등으로 농약, 특히 살충제의 지나친 사용이 거센 비판을 받기에 이르렀다.

② 그 때문에 화학적 방제에만 의존하지 않고, 천적의 이용 등 생물적인 방제방법을 합리적으로 조화시켜 해충을 방제하려는 연구가 시작되었다. 이것이 바로 종합방제이다.

(6) 농경방식의 발달

① 농경방식의 의의

㉠ 작부방식(作付方式), 작부순서방식, 포구제도(圃區制度)라고도 한다.

㉡ 토지이용이라는 공간적 편성방법에 한정시킨, 일정한 기술체계를 가진 농경의 여러 가지 방식을 말한다.

② 이동경작

㉠ 숲이나 원야(原野) 등을 불사르고 작물을 재배하다가 지력이 소모되면 다른 토지로 옮겨가는 농법을 말하며 농업발생 초기에 이루어졌다.

㉡ 자연조건이나 교통불량 등의 환경하에서 비료를 주지 않고 실시하는 조방적인 농업형태이다.

㉢ 원래의 토지는 원상태로 복귀되고 지력이 자연적으로 회복되면 다시 경작을 한다. 경작기간은 1 ~ 2년, 휴한기간은 십수 년 ~ 수십 년이다.

㉣ 대전법(代田法) : 파종만 하여 두고 유목으로 유랑하다가 수확기에 돌아와서 수확만 하는 탈취농법이다.

㉤ 화전(火田)

- 임야를 불태우고 곡식을 재배하는 농경법으로서 비료를 주지 않고 곡식을 재배하는 원시적인 농법으로, 약탈농법(略奪農法)의 한 예이다.
- 처음에는 불태운 초목의 재가 거름이 되므로 각종 작물 등을 파종하여 그대로 수확을 기다린다.
- 경작을 하고 난 후 지력을 유지하기 위한 특별한 조치를 취하지 않기 때문에 지력의 감퇴와 잡초의 발생으로 이동경작이 불가피하다.

③ 정착농업

㉠ 일정한 곳에 정착하여 영위하는 농법을 말한다.

㉡ 삼포식 농업

- 중세 유럽의 봉건사회에서 널리 실행된 경작방법이다.
- 경작지를 3등분하여 2/3에는 추파 또는 춘파의 곡류를 심고, 1/3은 휴한하면서 해마다 휴한지를 교체하여 경작지 전체를 3년마다 한 번씩 휴한하는 방법이다.
- 유럽에서 근대적 농업경영조직의 기초가 된 것으로 중요한 의의를 가진다.

㉢ 개량 삼포식 농업

- 삼포식 농업과 다른 점은 어느 한 구간도 휴한시키는 일 없이 휴한될 토지에 클로버 · 엘팔파와 같은 녹비작물을 파종하여 지력을 보존시키거나, 근채류(根菜類)와 같은 중경시비(中耕施肥)를 필요로 하는 작물을 재배함으로써 자연적인 토지의 개량을 꾀한다는 것이다.
- 유럽에서 시작되었다.

㉣ 윤경(輪耕) : 경작하던 화전을 몇 해동안 묵혀두었다가 다시 불을 놓고 경작하는 방법이다.

㉤ 자유경작

- 각종 비료와 방제약품의 개발로 삼포식 농법이 아니더라도 지력유지가 가능하게 되어 상황에 맞는 작물을 자유로이 재배하는 방식이다.
- 도시 근교의 채소재배 등에 많이 이용된다.

(7) 재배형식의 발달

① 소경(疎耕)

㉠ 원시적 약탈농업에 가까운 재배방법이다.

㉡ 원시적인 괭이나 굴봉(掘棒)으로 땅을 파서 파종하며 비배관리를 거의 하지 않고 수확한다.

㉢ 토지가 척박해지면 다른 곳으로 이동한다.

② 식경(殖耕)

㉠ 기업적 농업의 일종이다.

㉡ 넓은 토지에 한 가지 작물만을 경작하여 대량생산을 하며, 가격변동에 민감하다.

㉢ 남미 열대지방, 아프리카 서해안, 동남아시아의 열대 섬 등에서 재배되는 사탕수수 · 커피 · 고무나무 · 담배 · 야자 등이 흔히 이런 식으로 재배된다.

③ 곡경(穀耕)

㉠ 벼 · 밀 · 옥수수 등이 곡류가 넓은 지대에 걸쳐 재배되는 것을 말한다.

㉡ 매년 같은 작물이 이어짓기(連作)된다.

㉢ 대규모의 기계화를 통하여 대규모의 곡물이 생산되며, 이것을 상품곡물 생산농업이라고 한다.

④ 포경(圃耕)

㉠ 식량과 사료를 균형있게 생산하는 농법이다.

㉡ 사료로 쓰이는 콩과작물의 재배나 가축의 분뇨 및 퇴비에 의한 지력저하를 막을 수 있다.

⑤ 원경(園耕)

㉠ 작은 면적의 농경지를 집약적으로 경영하여 단위면적당 수확량을 많게 하는 농업방식을 말한다.

㉡ 괭이 등의 소농구를 이용하는 농경에서 그대로 집약적인 형태로 진전된 것이다.

㉢ 작은 면적에 많은 노동력을 투하하며, 많은 인구를 부양할 수 있다.

㉣ 아시아 몬순지역의 농업이 전형적인 예이며, 이탈리아 북부, 에스파냐 동쪽의 농업도 원경에 가깝다.

㉤ 관개, 거름주기 등의 방법이 발달되어 지력의 소모가 없다.

(8) 농지의 분류

① 초지(草地)

㉠ 주로 초본식물로 덮인 토지를 말하며, 임지(林地) · 경지(耕地) 등과 대응되는 지목(地目)의 일종이다.

㉡ 목야지(牧野地)라고도 한다.

㉢ 초지의 분류

- 방목지 : 방목을 위주로 한다.
- 채초지 : 채초(採草)를 위주로 한다.

② 화전(火田)

㉠ 임야를 불태우고 곡식을 재배하는 농경법으로서 비료를 주지 않고 곡식을 재배하는 원시적인 농법이다.

㉡ 화전의 분류 : 전경화전, 윤경화전

③ 밭

㉠ 작물을 재배하는 경지 중에서 논처럼 물을 채우지 않고 재배하는 경지를 말한다.

㉡ 재배작물에 따른 분류
- 과수원 : 사과, 배, 포도 등
- 화원(花園) : 화훼(花卉)
- 상전(桑田) : 뽕나무
- 보통 밭 : 채소, 맥류, 콩, 고구마, 감자 등

㉢ 경토(耕土)의 질(質)에 따른 분류 : 충적전(沖積田), 홍적전(洪積田)

㉣ 포지(圃地) : 두류나 맥류 등과 같은 일년생 또는 월년생의 초본작물을 재배하는 농지를 말한다.

㉤ 원지(園地) : 과수, 뽕 등과 같은 영년생 목본작물을 재배하는 농지를 말한다.

④ 논

㉠ 물을 채우고 작물을 재배하는 농지를 말한다.

㉡ 답(畓) 또는 수전(水田)이라고도 한다.

㉢ 논의 종류
- 수리안전답(水利安全畓) : 논에 수리시설이 확보되어 관개를 자유로이 할 수 있는 논을 말한다.
- 수리불안전답(水利不安全畓) : 관개가 불편한 논을 말한다.
- 천수답(天水畓) : 관개를 강우(降雨)에만 의존하는 논을 말한다.
- 갯논(潟畓) : 해안의 개펄을 간척(干拓)한 논을 말하며, 염해답(鹽害畓)이라고도 한다.
- 노후화답(老朽化畓) : 벼의 생육이 후기에 급격히 떨어져 수확량이 낮아지는 추락현상(秋落現象)을 보이는 논을 말한다.
- 누수답(漏水畓) : 논토양에 모래나 자갈이 많아 누수가 많은 논을 말한다.
- 냉수답(冷水畓) : 관개수가 냉온이거나 논바닥에서 냉수가 솟아오르는 논을 말한다.

❹ 우리나라 재배기술의 발달

(1) 구석기시대

① 원시채집형태의 농업시대이다.

② 구석기시대의 유적지 … 충남 공주 석장리, 함북 웅기 굴포리 등

(2) 신석기시대

① 가축을 기르기 시작했다.

② 식물의 씨앗을 채집하여 파종하는 재배농업이 시작되었다.

⑶ 청동기시대

① 본격적인 농업이 시작되었다.

② 보리, 콩 등의 잡곡을 재배하였다.

③ 여주, 부여 등지에서 벼를 재배한 흔적이 발견되었다.

⑷ 철기시대

① 철제농기구를 사용하면서 농업이 더욱 발전하였다.

② 벼, 기장, 피, 보리, 콩 등이 본격적으로 재배되었다.

③ 저수지를 만들어 이용하였다.

④ 농업에 가축을 이용하기 시작하였다.

⑸ 삼국시대

① 수리시설을 확충하고 축력(소)으로 쟁기를 끌었다.

② 벼를 주 작물로 재배하기 시작하였다.

③ 농업국가로서의 기틀을 갖추었다.

④ **고구려** … 1세기 초에 짐승으로 쟁기를 끄는 단계에 이르렀다.

⑤ **신라**

㉠ 오곡, 벼 이외에 뽕나무 재배와 면직물도 발달하였다.
㉡ 보리, 콩은 1년 1작 또는 1년 2작의 작부형식이 실시되었다.
㉢ 수서(隨書)에 의하면, 논에 보리를 재배하는 2모작 형태의 농업도 이루어졌다.
㉣ 서기 24 ~ 56년에 쟁기의 원형이 나타났다.
㉤ 축력쟁기, 쇠가래, 괭이, 낫, 호미 등이 제작되었다(지증왕, 문무왕).

⑥ **백제**

㉠ 양조법, 양축법, 직조법 등이 발달하여 일본에까지 전파되었다.
㉡ 오곡과 함께 과일, 채소, 삼, 뽕나무, 약용식물 등이 재배되었다.
㉢ 양조(釀造), 가축사양, 직물 등도 발달하였다.

⑹ 통일신라시대

① 농기구가 철제화되었고, 소를 이용하여 농사를 지었다.

② 토지는 공전(公田)으로 규정하였으나, 후기에는 토지의 사유화가 성행하였고 농민계급의 분화가 이루어졌다.

③ 식용작물과 함께 섬유작물, 약료작물, 유료작물(油料作物) 및 관상수 같은 기능성 작물까지 재배하기 시작하였다.

(7) 고려시대

① 윤작법, 이모작, 심경법이 시작되었다.

② 쌀 저장창고(義倉, 의창)가 생겼다.

③ 목화, 닥나무, 유자나무, 밤, 대추나무의 재배가 시작되었다.

④ 여러 곳의 제방과 보를 수축 · 개축하여 관개농업의 발전을 도모하였다.

(8) 조선시대

① 초기부터 벼의 직파법과 이앙재배법이 실시되었다.

② 비료로서 산야초, 인분, 구비, 재 등이 이용되었다.

③ 담배, 인삼, 고추 같은 각종 상업작물이 재배되었다.

④ 고구마(1663 ~ 1664)가 일본으로부터 수입되었다.

⑤ 감자(1824)가 중국으로부터 수입되었다.

⑥ 농서(農書)인 「농사직설」, 「금양잡록」, 「임원경제지」 등이 출간되었다.

⑦ 건답법과 윤답법이 실시되었고, 측우기가 개발되는 등 기상학도 발달하였다.

⑧ 농작물의 품종분화가 점차로 이루어졌으며, 쟁기 · 쇠스랑 · 써레 · 두레 · 가래 등의 농기구가 보편화되었다.

⑨ 토양개량이나 시비법 등 농업기술과 맥류와 두류의 돌려짓기, 벼와 보리의 1년 2작 등이 보편화되었다.

⑩ 2년 3작의 작부방식도 15세기경에 북서지방에서 보편화되었다.

(9) 일제시대

① 화학비료와 농약이 사용되기 시작하였다.

② 1918년 이후 3차례에 걸쳐 수행된 산미증식계획으로 한국의 농업은 벼농사 중심으로 바뀌었다.

③ 토지개량사업을 통한 수리시설이 대규모로 확충되었다.

④ 목화재배도 확대되었다.

(10) 8 · 15광복 이후 현재까지

① 벼의 품종 개량, 비료 개발, 방제기술 개발, 각종 농업기술의 발전 등이 이루어졌으며, 1977년 최초로 식량 자급자족이 이루어졌다.

② 1962년 이후에는 6차례에 걸쳐 경제개발 5개년 계획을 시행하면서 농업증산계획과 더불어 괄목할만한 농업 기술의 발전을 이룩하여 이른바 녹색혁명을 통하여 쌀의 자급을 달성하게 되었다.

③ 1995년부터 세계무역기구(WTO)의 출범을 계기로 매우 어려운 상황에 처한 한국농업의 국제경쟁력 강화를 위해서 여러 가지 정책이 입안 · 추진 중에 있다.

(11) 미래의 농업

① 농경지, 관개수, 농업용 에너지 및 비료 등의 공급을 안정적으로 확보하고, 농업자원과 자재의 효율적 이용을 통하여 식량생산효과의 극대화를 도모한다.

② 새로운 식량자원을 적극 개발 · 이용하고, 공해물질과 같은 농업 외적요인이 농업생산에 미치는 영향에 대한 대응방안 등이 중요한 과제가 될 것이다.

③ 지구생태계의 조화속에서 농경지를 넓히고 단위면적당 수확량을 늘려 식량증산을 꾀하는 새로운 차원의 농업기술이 개발 · 수행되어야 할 것이다.

03 작물

❶ 작물의 기원과 발달

(1) 작물의 기원

① 야생종

㉠ 현재 재배되고 있는 작물들은 야생식물로부터 순화 · 발달된 것이다.

㉡ 어떤 작물의 야생하는 원형식물을 그 작물의 야생종이라 한다.

② 야생종의 변이

㉠ 식물적 기원이란 작물의 재배종이 야생 원형식물로부터 변이 · 발달해 온 과정을 말한다.

㉡ 보리

- 야생종 : 성숙하면 씨알이 이삭에서 자연적으로 쉽게 떨어지는 자연탈락성을 가졌다. 이것은 야생종의 자연번식에 유리하다.

• 재배종 : 성숙 후에도 씨알이 이삭에서 쉽게 떨어지지 않는데, 이것은 수확을 할 때 반드시 필요한 성질이다.

㉢ 고구마나 감자의 재배종은 야생종보다 뿌리나 덩이줄기가 더욱 발달하였다.

(2) 작물의 분화 및 발달

① **분화(分化)** … 세포가 분열 증식하여 성장하는 동안 구조나 기능이 서로 특수화하는 현상을 말한다. 즉, 작물이 원래의 것과 다른 여러 갈래로 갈라지는 것이다.

② **유전적 변이** … 자연교잡과 돌연변이에 의해 새로운 유전형이 생기는 것이다.

③ **도태와 적응**

㉠ 새로 생긴 유전형 중 환경이나 생존경쟁에 견디지 못하고 멸종하는 것을 도태라고 하며, 그에 견디는 것을 적응이라고 한다.

㉡ 어떤 생육조건에 따라 오래 생육하게 되면 더 잘 적응하게 된다.

④ **고립**

㉠ 도태와 적응을 거쳐서 성립된 적응형들이 유전적인 안정상태를 유지하기 위해서는 유전형들 사이에 유전적 교섭이 생기지 말아야 하는데, 이것을 고립이라고 한다.

㉡ **지리적 고립** : 지리적으로 멀리 떨어져 있으므로 상호간의 유전적 교섭이 방지된다.

㉢ **생리적 고립** : 개화기의 차이나 교잡 불임 등의 생리적 원인에 의해 같은 장소에 있어도 유전적 교섭이 차단되는 것이다.

㉣ **인위적 고립** : 교섭을 방지하기 위해 인위적으로 고립을 시키는 방법이다.

❷ 작물의 다양성과 상호관계

(1) 면역학적 방법

식물종들의 종자가 함유하고 있는 단백질의 동이질성(同異質性)을 연구한다.

(2) 염색체를 이용한 방법

① **염색체 배수관계** … 염색체 수에 있어서 같은 종의 염색체들이 집단적으로 배가되거나, 다른 종의 염색체들이 집단적으로 부가되어 염색체 수에 계통적인 배수관계가 인정되는 등의 관계를 연구한다.

② **염색체 모양의 차이**

㉠ 염색체 수가 같더라도 그 모양이 다를 수 있다.

㉡ 야생 원형인 돌콩과 중간적 발달형인 반 재배콩 및 재배종은 염색체 수가 모두 $2n = 40$이지만, 그 모양에 있어서 변이과정이 인정된다.

③ **교잡에 의한 방법** … 서로 다른 식물 사이에 교잡을 할 경우 관계가 멀수록 잡종 종자가 발생하기 어렵고, 만약 생기더라도 잡종의 임성이 낮다.

❸ 작물의 원산지

(1) De Candolle의 연구

야생종의 지역적 분포를 연구하였고 고고학, 사학, 언어학 등에 표시되어 있는 사실과 전설, 구기(舊記) 등을 참고하여 작물의 발상지재배 연대내력 등을 최초로 밝혔다.

(2) Vavilov의 연구

① 분화식물 지리학적 방법을 써서 식물종과 변종 간의 계통적 구성의 다양성과 지리적 분포를 상세히 연구하였다.

② **유전자 중심설** … 중심지에는 재배식물의 변이가 가장 풍부하고 다른 지방에 없는 변이도 보이며 우성형질이 많고 원시적 형질을 가진 품종이 많지만, 중심지에서 멀어지면 열성 유전자가 많이 보이는데 이 열성 유전자는 중심지에는 없는 경우가 많다.

(3) 주요 작물의 원산지

① 식용작물

작물	원산지	작물	원산지
보통밀	아르메니아 지방	귀리	중국
2줄 보리	소아시아 지방	콩	중국 북부지방
6줄 보리	양쯔강 상류, 티벳지방	팥	중국
벼	인도 지방	수수	아프리카 중부지방
옥수수	남미 안데스 산맥	호밀	동남아시아
완두	중앙아시아 ~ 지중해 연안	감자	남미 안데스 산맥
조	동남아시아	고구마	중앙아메리카
기장	동부아시아	땅콩	브라질
피	인도	강낭콩	열대아메리카
녹두	인도		

② 채소

작물	원산지	작물	원산지	작물	원산지
양배추	서부 유럽, 지중해	마늘	서아시아	파	중국 서부
배추	중국 화북	무	유럽	양파	중앙아시아
호박	중앙아메리카	당근	중앙아시아	고추	페루
상추	지중해	참외	중앙아시아	오이	히말라야
가지	인도	수박	아프리카	생강	열대 아시아
시금치	이란	토마토	남미 안데스	토란	열대 아시아

③ 공예작물

작물	원산지	작물	원산지	작물	원산지
목화	멕시코, 인도	참깨	아프리카, 인도	삼	동부아시아
양귀비	지중해	담배	아메리카	차	티벳, 중국

④ 과수

작물	원산지	작물	원산지
호두	이란	서양배	지중해
감	한국, 중국	대추	북아프리카, 서부 유럽
살구	중국	복숭아	중국 화북
사과	동부 유럽		

⑤ 사료작물

작물	원산지	작물	원산지
오차드그라스	유럽, 북부 아시아	레드클로버	유럽, 서아시아
알팔파	서남아시아	화이트클로버	지중해, 서아시아

❹ 작물의 분류

(1) 용도에 의한 분류

① 원예작물

㉠ 과수

- 장과류 : 무화과, 포도, 딸기 등
- 인과류 : 사과, 비파, 배 등

• 준인과류 : 감, 귤 등
• 핵과류 : 살구, 자두, 앵두, 복숭아 등
• 각과류 : 밤, 호두 등

㉡ 채소
• 협채류 : 강낭콩, 동부, 완두 등
• 과채류 : 오이, 참외, 수박, 토마토, 호박 등
• 경엽채류 : 갓, 샐러리, 배추, 양배추, 상추, 파, 시금치, 미나리 등
• 근채류 : 우엉, 무, 연근, 토란, 당근 등

㉢ 화초 및 관상식물
• 초본류 : 난초, 코스모스, 다알리아, 국화 등
• 목본류 : 동백, 철쭉, 고무나무 등

② 녹비작물
㉠ 화본과 : 기장, 호밀, 귀리 등
㉡ 콩과 : 벳치, 자운영, 콩 등

③ 사료작물 : 휴한하는 대신 클로버와 같은 두과식물을 재배하여 지력을 높이는 효과를 볼 수 있는 작물
㉠ 화본과 : 티머시, 귀리, 옥수수, 오차드그라스, 라이그라스 등
㉡ 콩과 : 알팔파, 화이트클로버 등
㉢ 이외에도 순무, 해바라기 등이 있다.

④ 공예작물(특용작물)
㉠ 당료작물 : 사탕수수, 단수수 등
㉡ 기호작물 : 담배, 차 등
㉢ 유료작물 : 땅콩, 콩, 해바라기, 참깨, 들깨, 아주까리, 유채 등
㉣ 약료작물 : 제충국, 박하, 호프, 인삼 등
㉤ 섬유작물 : 닥나무, 아마, 양마, 목화, 삼, 수세미, 왕골, 모시풀 등
㉥ 전분작물 : 고구마, 감자, 옥수수 등

⑤ 식용작물(일반작물)
㉠ 곡숙류
• 화곡류
– 미곡 : 수도(水稻), 육도(陸稻)
– 맥류 : 호밀, 보리, 귀리, 밀
– 잡곡류 : 피, 조, 수수, 옥수수, 기장
• 두류 : 콩, 팥, 땅콩, 녹두, 완두, 강낭콩 등

㉡ 서류 : 고구마, 감자

(2) 생태적 특성에 따른 분류

① 저항성에 따른 분류

㉠ 내풍성 작물 : 고구마 등

㉡ 내염성 작물 : 목화, 유채, 수수, 사탕무 등

㉢ 내습성 작물 : 벼, 밭벼, 골풀 등

㉣ 내건성 작물 : 조, 기장, 수수 등

㉤ 내산성 작물 : 아마, 벼, 감자, 호밀, 귀리 등

② 생육형에 따른 분류

㉠ 포복형 작물 : 고구마나 호박처럼 땅을 기어서 지표를 덮는 작물을 말한다.

㉡ 주형작물 : 벼나 맥류처럼 각각 포기를 형성하는 작물을 말한다.

③ 생육적온에 따른 분류

㉠ 열대작물 : 아열대 기온에서 생육이 좋은 작물을 말한다(고무나무 등).

㉡ 저온작물 : 비교적 저온에서 생육이 좋은 작물을 말한다(맥류, 감자 등).

㉢ 고온작물 : 비교적 고온에서 생육이 좋은 작물을 말한다(벼, 콩 등).

④ 생육계절에 의한 분류

㉠ 겨울작물 : 가을에 파종하여 가을, 겨울, 봄에 생육하는 월년생 작물을 말한다(가을보리, 밀 등).

㉡ 여름작물 : 봄에 파종하여 여름철에 생육하는 일년생 작물을 말한다(대두, 옥수수 등).

⑤ 생존연수에 의한 분류

㉠ 월년생 작물 : 가을에 파종하여 이듬해에 성숙 · 고사하는 작물을 말한다(가을밀, 가을보리 등).

㉡ 영년생 작물 : 경제적 생존연수가 긴 작물을 말한다(호프, 아스파라거스 등).

㉢ 1년생 작물 : 봄에 파종하여 그 해 중에 성숙 · 고사하는 작물을 말한다(벼, 옥수수, 대두 등).

㉣ 2년생 작물 : 봄에 파종하여 그 다음 해에 성숙 · 고사하는 작물을 말한다(사탕무, 무 등).

(3) 재배 · 이용면으로 본 특수분류

① 건초용 작물 … 풋베기하여 사료로 이용할 수 있는 작물을 말한다(티머시, 알팔파 등).

② 자급작물 … 농가에서 자급하기 위해 재배하는 작물을 말한다(벼, 보리 등).

③ 환금작물 … 판매하기 위해 재배하는 작물을 말하며, 그 중에서 특히 수익성이 높은 작물을 경제작물이라고 한다(담배, 아마 등).

④ 피복작물 … 토양 전면을 덮는 작물로서 토양침식을 막는다(목초류).

⑤ 구황작물 … 기후가 나빠도 비교적 안전한 수확을 얻을 수 있는 작물을 말한다(조, 피, 기장, 메밀, 고구마, 감자 등).

⑥ **대용(파)작물** … 나쁜 기상조건 때문에 주작물의 수확 가망이 없을 때 지력과 시용한 비료를 이용하여 대파하는 작물을 말한다(조, 메밀, 팥, 채소, 감자 등).

⑦ **흡비작물** … 미량의 성분비료도 잘 흡수하고 체내에 축적함으로써 그 이용률을 높일 수 있는 작물을 말한다(알팔파, 스위트클로버 등).

⑧ **동반작물** … 초기의 산초량을 높이기 위해 섞어서 덧뿌리는 작물을 말한다.

⑨ **보호작물** … 주작물과 함께 파종하여 생육 초기의 주작물을 냉풍 등으로부터 보호하는 작물을 말한다.

⑩ **중경작물** … 생육기간 중에 반드시 중경을 해주는 작물을 말한다. 잡초방제 효과와 토양을 부드럽게 해주는 효과가 있다(옥수수, 수수 등).

최근 기출문제 분석

2024. 6. 22. 제1회 지방직 9급 시행

1 식물의 진화와 재배작물로의 특성 획득에 대한 설명으로 옳지 않은 것은?

① 식물의 자연교잡과 돌연변이는 유전변이를 일으키는 원인이다.
② 재배작물은 환경에 견디기 위해 휴면이 강해지는 방향으로 발달하였다.
③ 재배작물이 안정상태를 유지하려면 유전적 교섭이 생기지 않아야 한다.
④ 식물이 순화됨에 따라 종자의 탈립성이 작아지는 방향으로 발달하였다.

TIP ② 재배작물은 빠른 발아를 위해 휴면이 약해지는 방향으로 발달하였다.

2024. 3. 23. 인사혁신처 9급 시행

2 작물 및 작물재배에 대한 설명으로 옳지 않은 것은?

① 작물은 이용성과 경제성이 높아서 재배대상이 되는 식물을 말한다.
② 작물재배는 인간이 경지를 이용하여 작물을 기르고 수확하는 행위를 말한다.
③ 작물재배는 자연환경의 영향을 크게 받고, 생산조절이 자유롭지 못하다.
④ 휴한농법은 정착농업이 활성화되기 이전에 지력을 유지하는 방법으로 실시되었다.

TIP ④ 휴한농업은 정착농업 이후에 지력감퇴를 방지하기 위하여 농경지의 일부를 몇 년에 한 번씩 휴한하는 작부방식이다. 유럽에서 발달한 3포식 농법이 대표적이다.

2023. 10. 28. 제2회 서울시 농촌지도사 시행

3 작물을 생존연한에 따라 분류할 때 다년생 작물에 해당 하는 것으로 짝지은 것은?

① 가을보리, 가을밀
② 무, 사탕무
③ 호프, 아스파라거스
④ 옥수수, 콩

TIP ① 가을보리와 가을밀은 1년생 작물이다.
② 무와 사탕무는 2년생 작물이다.
④ 옥수수와 콩은 1년생 작물이다.

Answer 1.② 2.④ 3.③

2023. 10. 28. 제2회 서울시 농촌지도사 시행

4 재배작물의 기원지에 대한 설명으로 가장 옳지 않은 것은?

① Vavilov는 세계 각지에서 수집한 재배식물과 그 근연종들의 유전적 변이를 조사하고 식물의 지리적 미분법을 적용하여 유전적 변이가 가장 많은 지역을 그 작물의 기원중심지라고 하였다.
② Vavilov가 제시한 유전자중심설에 의하면 작물의 2차 중심지는 1차 중심지보다 더욱 다양한 변이를 보인다.
③ Vavilov는 재배작물의 기원지를 8개 지역으로 구분 하였다.
④ 메밀, 배추, 콩의 기원지는 중국이다.

TIP ② Vavilov가 제시한 유전자중심설에 의하면 작물의 1차 중심지는 2차 중심지보다 더욱 다양한 변이를 보인다.

2023. 10. 28. 제2회 서울시 농촌지도사 시행

5 작부방식에 따른 작물 분류에 대한 설명으로 가장 옳지 않은 것은?

① 가뭄이 심해서 벼를 못 심고 대신 메밀 등을 파종하여 재배하는 작물을 휴한작물이라고 한다.
② 서로 도움이 되는 특성을 지닌 두가지 작물을 같이 재배할 경우, 이 두 작물을 동반작물이라고 한다.
③ 재배를 통해 잡초가 크게 경감되는 작물을 중경작물 이라고 한다.
④ 기후가 불순한 흉년에도 비교적 안전한 수확을 얻을 수 있는 작물을 구황작물이라고 한다.

TIP ① 휴한작물은 원래 휴경지에 심는 작물이다. 벼 대신 메밀 등을 파종하는 것은 대체작물이다.

2023. 6. 10. 제1회 지방직 9급 시행

6 작물의 분류와 해당 작물의 연결로 옳지 않은 것은?

① 녹비작물 – 호밀, 자운영, 베치
② 사료작물 – 옥수수, 티머시, 라이그래스
③ 약용작물 – 제충국, 박하, 호프
④ 유료작물 – 아주까리, 왕골, 어저귀

TIP ④ 유료작물: 참깨 · 들깨 · 유채 · 땅콩 · 아주까리 · 해바라기

Answer 4.② 5.① 6.④

2023. 9. 23. 인사혁신처 7급 시행

7 **작물 및 작물 생산에 대한 설명으로 옳지 않은 것은?**

① 작물은 야생식물보다 생존경쟁력이 낮다.

② 토지 이용 면에서 수확체감의 법칙이 적용된다.

③ 농산물은 공산품에 비해 수요의 탄력성이 크고, 공급의 탄력성은 작다.

④ 작물 수량성은 유전성, 재배환경, 재배기술의 3요소가 동일한 정삼각형일 때 가장 높다.

TIP ③ 농산물은 공산품에 비해 수요의 탄력성과 공급의 탄력성이이 작다. 농산물은 필수재로서 수요가 일정하게 유지되고 공급은 자연 조건에 영향을 받아 변동성이 크고 변화를 예측하기 어렵다.

2023. 4. 8. 인사혁신처 9급 시행

8 **작물의 생태적 분류에 대한 설명으로 옳지 않은 것은?**

① 오처드그래스와 같은 직립형 목초는 줄기가 곧게 자란다.

② 버뮤다그래스와 같은 난지형 목초는 여름철 고온기에 하고현상을 나타낸다.

③ 가을밀과 같이 가을에 파종하여 그다음 해에 성숙하는 작물은 월년생 작물이다.

④ 사탕무와 같이 봄에 파종하여 그다음 해에 성숙하는 작물은 2년생 작물이다.

TIP ② 버뮤다그래스와 같은 난지형 목초는 여름철 고온기에 생육이 양호하다. 여름철 고온기에 하고현상을 나타내는 식물은 한지형 목초이다.

2022. 10. 15. 인사혁신처 7급 시행

9 **작물의 분화 과정에 대한 설명으로 옳지 않은 것은?**

① 자연교잡과 돌연변이에 의해 유전적 변이가 발생한다.

② 순화는 특정 생태조건에 더 잘 적응하는 과정이다.

③ 분화는 유전적 변이, 도태와 적응, 격리 과정을 거친다.

④ 생리적 격리가 되면 같은 장소에 있는 개체들 간에는 유전적 교섭이 활발히 발생한다.

TIP ④ 생리적 격리가 되면 같은 장소에 있는 개체들 간에는 유전적 교섭이 제한되어서 발생하지 않는다. 생리적 격리는 교배를 방해하는 요인이다.

Answer 7.③ 8.② 9.④

2022. 4. 2. 인사혁신처 9급 시행

10 **식용작물이면서 전분작물인 것으로만 묶인 것은?**

① 옥수수, 감자

② 콩, 밀

③ 땅콩, 옥수수

④ 완두, 아주까리

TIP 식용작물이면서 전분작물인 것 : 옥수수, 감자
전분작물로 분류되는 공예작물 : 옥수수, 고구마

2021. 6. 5. 제1회 지방직 9급 시행

11 **콩과에 속하지 않는 사료작물은?**

① 앨팰퍼

② 화이트클로버

③ 티머시

④ 레드클로버

TIP ③ 볏과에 속하는 사료작물이다.
※ 사료작물
㉠ 볏과 : 옥수수, 호밀, 오차드그라스, 티머시, 라이그래스
㉡ 통과 : 알팔파, 화이트클로버, 레드클로버

2021. 4. 17. 인사혁신처 9급 시행

12 **야생식물에 비해 재배식물의 특성으로 옳은 것은?**

① 열매나 과실의 탈립성이 크다.

② 일정 기간에 개화기가 집중된다.

③ 종자에 발아억제물질이 많다.

④ 종자나 식물체의 휴면성이 크다.

TIP ① 열매나 과실의 탈립성이 적다.
③ 종자에 발아억제물질이 적다.
④ 종자나 식물체의 휴면성이 적다.

Answer 10.① 11.③ 12.②

출제 예상 문제

1 식물에 자웅성(雌雄性)이 있음을 발견한 학자는?

① Camerarius
② Köelreuter
④ Weismann
⑤ Johannsen

TIP ① Camerarius(1691) : 뽕나무 열매에 씨가 없음을 관찰한 후, 식물의 성(性)에 대해 흥미를 느끼고 자웅이주 식물에 관한 실험을 계속한 결과, 식물에 자웅성(雌雄性)이 있음을 발견하고 시금치, 삼, 호프, 옥수수 등의 성에 관하여 설명하였다.
② Köelreuter(1761) : 교잡에 의한 잡종을 얻는 데 성공하여 교잡을 통한 작물개량이 가능함을 밝혀냈다.
③ Weismann(1834 ~ 1914) : 획득형질은 유전되지 않는다고 주장하였다.
④ Johannsen(1857 ~ 1927) : 순계설을 주장하였다.

2 작물의 일반적 분류가 아닌 것은?

① 식용작물
② 원예작물
③ 사료작물
④ 구황작물

TIP 작물의 분류
㉠ 일반적인 분류
• 용도에 의한 분류 : 원예작물, 녹비작물, 사료작물, 공예작물, 식용작물
• 생태적 특성에 의한 분류
– 저항성에 따른 분류 : 내풍성, 내염성, 내습성, 내건성, 내산성 작물
– 생육형에 따른 분류 : 포복형, 주형작물
– 생육적온에 따른 분류 : 열대, 고온, 저온작물
– 생육계절에 따른 분류 : 겨울, 여름작물
– 생존연수에 따른 분류 : 월년생, 영년생, 1년생, 2년생 작물
㉡ 특수분류 : 건초용, 자급, 환금, 피복, 구황, 대용, 흡비, 동반, 보호, 중경작물

Answer 1.① 2.④

3 **다음 중 작물의 특성에 대한 설명으로 옳지 않은 것은?**

① 일반식물에 비해 이용성 및 경제성이 높아 재배의 대상이 되는 것이다.
② 작물은 인간이 이용하는 부분만 발달된 기형식물이다.
③ 인간의 인위적인 보호조치가 필요하다.
④ 작물의 자연에 대한 피해를 막는 조치는 재배의 수단이 될 수 없다.

TIP 작물의 자연에 대한 피해를 막아 주는 조치는 재배의 수단이 되며 이는 작물의 재배에 수반되어야 한다.

4 **용도에 의한 작물의 분류로 옳은 것은?**

① 식용작물 – 벼, 고구마, 연근
② 공예작물 – 사탕수수, 고구마, 감자
③ 원예작물 – 국화, 사과, 고추냉이
④ 사료작물 – 티머시, 해바라기, 옥수수

TIP 용도에 의한 작물의 분류
㉠ 원예작물 : 무화과, 사과, 감, 호두, 오이, 연근, 국화 등
㉡ 식용작물 : 호밀, 보리, 옥수수, 강낭콩, 고구마, 감자 등
㉢ 사료작물 : 귀리, 옥수수, 해바라기, 알팔파, 순무 등
㉣ 공예작물 : 사탕수수, 담배, 땅콩, 고구마, 아마, 목화 감자 등

5 **유전자 중심설에 대한 설명으로 옳은 것은?**

① 단성잡종의 제1대에 대립하는 형질 중 우성형질만 겉으로 나타난다.
② 잡종 2대에 우성 대 열성형질의 비율이 일정하다.
③ 중심지에서 멀어지면 열성 유전자가 우성 유전자보다 많다.
④ 서로 다른 두 유전자가 상호작용하여 새로운 형질을 나타낸다.

TIP 유전자 중심설 … 중심지에는 재배식물의 변이가 가장 풍부하고 다른 지방에 없는 변이도 보이며 우성형질이 많고 원시적 형질을 가진 품종이 많지만, 중심지에서 멀어지면 열성 유전자가 많이 보이는데 이 열성 유전자는 중심지에는 없는 경우가 많다.

Answer 3.④ 4.② 5.③

6 다음 중 작물의 정의로 가장 적절한 것은?

① 식물 중에서 이용성과 경제성이 높아 재배의 대상이 되는 것을 칭한다.
② 식물 중에서 곡류, 서류와 같은 식용작물만을 칭한다.
③ 식물 중에서 채소, 과수, 화초와 같은 원예작물만을 칭한다.
④ 경지에서 생육하는 모든 식물은 작물로 취급한다.

TIP 작물 … 사람의 보호 · 관리하에 큰 군락을 이루고 생육되며, 인류와 공생관계에 있는 식물로 재배가 수반되며 일반식물에 비해 경제성과 이용성이 높다.

7 작물의 생리 · 생태적 분류에 해당하지 않는 것은?

① 1년생 작물
② 내염성 작물
③ 식용작물
④ 여름작물

TIP 작물의 생리 · 생태적 분류
㉠ 생리적 분류 : 내염성 작물, 내냉성 작물, 내한성 작물 등
㉡ 생태적인 분류
- 생존연한에 따른 분류 : 1년생 작물, 월년생 작물, 2년생 작물, 영년생 작물
- 생육계절에 따른 분류 : 여름작물, 겨울작물

8 다음의 식용작물 중 잡곡에 속하는 것은?

① 벼, 콩
② 강낭콩, 밀
③ 메밀, 조
④ 보리, 감자

TIP 농작물의 용도를 중심으로 하는 농업상의 분류법
㉠ 보통작물(식용작물)은 곡숙류(穀菽類)와 서류(薯類)로 분류되고, 화곡류(禾穀類)와 숙곡 또는 두류(豆類)로 나뉜다.
㉡ 곡물 중에서 쌀은 미곡으로, 보리 · 밀 · 호밀 · 귀리 등은 맥류로, 조 · 옥수수 · 기장 · 피 · 메밀 · 율무 등은 잡곡으로 구분된다. 그런데 잡곡 중에서 메밀과 율무는 벼과에 속하지 않지만, 그 특성과 용도가 비슷하기 때문에 편의상 잡곡에 포함시켜 취급한다.

Answer 6.① 7.③ 8.③

9 다음 중 가장 원시적인 작부방식은?

① 이동경작 ② 휴한
③ 연작 ④ 자유경작

TIP 이동경작
㉠ 숲이나 원야 등을 불사르고 작물을 재배하다가 지력이 소모되면 다른 토지로 옮겨가는 농법을 말하며 농업발생 초기에 이루어졌다.
㉡ 동남아시아, 인도, 아프리카 등의 미개발지대에서는 지금도 이용하고 있는 주요 농업형태이다.

10 재배시 수량삼각형과 관련이 적은 것은?

① 재배기술 ② 유전성
③ 재배환경 ④ 경제성

TIP 수량삼각형 … 재배수량은 유전성, 환경조건, 재배기술의 상호작용에 의해 결정된다는 이론이다.

11 도시 근교에서 이루어지는 농업형태는?

① 포경 ② 소경
③ 식경 ④ 원경

TIP 원경
㉠ 작은 면적의 농경지를 집약적으로 경영하여 단위면적당 수확량을 많게 하는 농업방식을 말한다.
㉡ 괭이 등 소농구를 이용하는 농경에서 그대로 집약적인 형태로 진전된 것으로, 일부 지역에서 쟁기의 모습도 보이지만 주로 괭이를 경작도구로 쓴다.
㉢ 도시 근교에서 많이 이루어진다.
㉣ 아시아 몬순지역의 농업이 전형적인 예이며, 이탈리아 북부, 에스파냐 동쪽의 농업도 원경에 가깝다.
㉤ 관개, 거름주기 등의 방법이 발달되어 지력의 소모가 없다.

Answer 9.① 10.④ 11.④

12 화본과 작물이 아닌 것은?

① 기장
② 호밀
③ 메밀
④ 귀리

TIP 녹비작물과 사료작물
㉠ 녹비작물(Green Manure Crop, 비료작물)
- 화본과 : 귀리, 호밀, 기장 등
- 콩과 : 자운영, 벳치, 콩 등
㉡ 사료작물(Forge Crops)
- 화본과 : 옥수수, 귀리, 티머시, 오차드그라스, 라이그라스 등
- 콩과 : 알팔파, 화이트클로버 등
- 이외에도 순무, 해바라기 등이 있다.

13 농경의 발상지를 산간지대로 본 학자는?

① Vavilov
② De Candolle
③ Dettweiler
④ Liebig

TIP 학자에 따른 농경의 발생지
㉠ De Candolle : 큰 강 유역
㉡ Dettweiler : 해안지대
㉢ Vavilov : 산간지대

14 개량삼포식 농업이란?

① 경작지의 1/3에는 춘파 또는 추파곡류를 심고 2/3에는 콩과식물을 심는다.
② 경작지의 1/3에는 춘파 또는 추파곡류를 심고 2/3에는 휴한한다.
③ 경작지의 2/3에는 춘파 또는 추파곡류를 심고 1/3에는 콩과식물을 심는다.
④ 경작지의 2/3에는 춘파 또는 추파곡류를 심고 1/3은 휴한한다.

TIP 개량삼포식 농업 … 어느 1구간도 휴한시키는 일 없이 휴한될 토지에 클로버 · 알팔파와 같은 녹비작물을 파종하여 지력을 보존시키거나 근채류(根菜類)와 같은 중경시비(中耕施肥)를 필요로 하는 작물을 재배함으로써 자연적인 토지의 개량을 꾀한다.

Answer 12.③ 13.① 14.③

15 작물의 기원지를 유전자 중심설로 본 사람은?

① 바빌로프　　② 밀러
③ 요한슨　　④ 리비히

TIP 바빌로프(Vavilov)의 유전자 중심설 … 중심지에는 재배식물의 변이가 가장 풍부하고 다른 지방에 없는 변이도 보이며, 또한 우성 형질이 많고 원시적 형질을 가진 품종이 많은 반면 중심지에서 멀어지면 열성 유전자가 많이 보이는데 이 열성 유전자는 중심지에는 없는 경우도 많다는 학설이다.

16 다음 중 순계설을 제창한 사람은?

① Darwin　　② De Vries
③ Johannsen　　④ Mendel

TIP ① 진화론에서 획득형질은 유전된다고 주장하였다.
② 달맞이꽃의 연구로 돌연변이설(1901)을 제창하였다.
④ 완두의 교잡실험에서 유전의 원리를 발견하였다.

17 20세기 수도작의 단위면적당 수량증가의 원인은?

① 비료시용　　② 수리시설
③ 품종개량　　④ 농업기계

TIP 수도작(水稻作, 쌀농업)의 단위면적당 수량증가의 원인 … 양곡생산정책은 미곡을 중심으로 추진되었는데, 미곡의 증산정책은 한국 미곡생산의 획기적인 전기를 마련하는 계기가 되었다. 즉, 통일벼라는 다수확 신품종의 개발과 보급이다. 통일벼라 불리는 신품종은 자포니카와 인디카를 교배시켜 육성한 품종으로 이를 농가에 보급하기 시작한 것은 1971년이다.
통일벼 단위면적당 수량은 1970년대 초 일반품종이 10a당(300평당) 330 ~ 350kg이었던 것에 비하여 통일계 품종의 수량은 1973년에 481kg으로 약 1.5배가 증가하였다. 이와 같이 다수확 통일계 품종의 보급으로 1976년에 처음으로 500만 톤의 쌀 생산량을 기록하였으며, 1977년에는 600만 톤을 달성하게 되어 식량의 자급자족에 결정적인 영향을 미쳤다.

Answer 15.① 16.③ 17.③

18 벼를 화곡류로 분류한 방법은?

① 일반적 분류
② 식물학적 분류
③ 생태학적 분류
④ 특수분류

TIP 식용작물(일반작물)

㉠ 곡숙류
- 화곡류 : 미곡[수도(水稻) · 육도(陸稻)], 맥류(호밀 · 보리 · 귀리 · 밀), 잡곡류(피 · 조 · 수수 · 옥수수 · 기장)
- 두류 : 콩, 팥, 땅콩, 녹두, 완두, 강낭콩 등

㉡ 서류 : 고구마, 감자

19 식민적 농업, 기계적 농업을 무엇이라고 하는가?

① 소경
② 식경
③ 곡경
④ 원경

TIP 식경(殖耕)

㉠ 식민지나 미개지에서 주로 구미인(歐美人)의 경영하에 이루어진다.
㉡ 기업적 농업의 일종이다.
㉢ 넓은 토지에 한 가지 작물만을 경작하여 대량생산을 하며, 가격변동에 민감하다.
㉣ 남미 열대지방, 아프리카 서해안, 동남아시아의 열대 섬 등에서 재배되는 커피 · 고무나무 · 사탕수수 · 담배 · 야자 등이 흔히 이런 식으로 재배된다.

20 작물재배의 발달에 기여한 사람과 주장한 학설이 옳게 짝지어진 것은?

① De Vries – 돌연변이설
② Pasteur – 최소율설
③ Liebig – 순계설
④ Johannsen – 유전자 중심설

TIP De Vries는 달맞이꽃의 연구로 돌연변이설을 제창하였다(1901).

② Pasteur는 포도주가 산패하는 것을 방지하기 위한 저온살균법을 고안하여 프랑스의 포도주 제조에 크게 공헌하였고, 부패가 공기 중의 미생물 때문에 일어난다는 것을 실험적으로 확인하여 자연발생설을 부인하였다.
③ Liebig는 최소율설을 주장하였다.
④ Johannsen은 순계설을 주장하였다.

Answer 18.① 19.② 20.①

21 화본류(禾本類)에 속하지 않는 사료작물은?

① 비트 ② 귀리
③ 티머시 ④ 오차드그라스

TIP 화본류(禾本類) … 옥수수, 귀리, 티머시, 오차드그라스, 라이그라스 등

22 수량삼각형에 대한 설명 중 옳지 않은 것은?

① 유전성 ② 재배기술
③ 환경조건 ④ 적절품종의 선택

TIP 수량삼각형
㉠ 작물수량을 유전성, 환경, 재배기술의 세 변으로 하는 삼각형의 면적으로 표시한 것이다.
㉡ 삼각형의 세 변은 각각 세 가지 조건의 힘의 정도를 나타낸다.
㉢ 수량삼각형에는 최소율의 법칙이 작용한다.

23 황하, 양자강 및 유프라테스강 유역을 대표적 농경의 발상지로 보았던 사람은?

① De Candolle ② H.J.E. Peake
③ P. Dettweiler ④ N.T. Vavilov

TIP 학자에 따른 농경의 발상지
㉠ De Candolle
- 큰 강 유역
- 강이 범람하여 비옥하기 때문에 정착하여 농경을 하기에 유리하다.
- 중국 황하 유역, 양자강 유역, 메소포타미아의 유프라테스강 유역, 이집트의 나일강 유역 등

㉡ H.J.E. Peake
- 농경의 발생연대는 목축보다 늦은 것으로 보았다.
- 농경의 발생을 신석기시대로 추정하였다.

㉢ P. Dettweiler
- 해안지대
- 북부 유럽의 일부 해안지대, 일본의 해안지대 등

㉣ N.T. Vavilov
- 산간지대
- 기후가 온화한 산간부의 중턱에서 관개수를 쉽게 얻을 수 있고, 농경이 용이하며 안전하므로 정착을 하기에 알맞다.

Answer 21.① 22.④ 23.①

24 생물이 가지는 내성 또는 적응의 가장 좁은 범위의 인자(요인)가 그 생존을 제한한다는 것은?

① 최소량의 법칙
② 무기영양설
③ 교잡설
④ 순계설

TIP ② 식물의 필수영양분은 유기물이 아닌 무기물이라는 학설이다.
③ 교잡을 통한 작물개량에 관한 학설을 말한다.
④ 순계(純系) 내에서는 선택의 효과를 볼 수 없다는 학설이다.
※ 최소량의 법칙 … 원소 또는 양분 중에서 가장 소량으로 존재하는 것이 식물의 생육을 지배한다는 것이다.

25 다음 중 최소량의 법칙을 주장한 학자는?

① Thales
② Tull
③ Liebig
④ Boussinggault

TIP 최소량의 법칙 … 1843년 Liebig(리비히)가 무기영양소에 대하여 제창한 법칙으로 최소양분율 또는 최소율이라고도 한다. 어떤 원소가 최소량 이하이면 다른 원소가 아무리 많아도 생육할 수 없으며, 원소 또는 양분 중에서 가장 소량으로 존재하는 것이 식물의 생육을 지배한다는 이론이다.

26 새로 생긴 유전형 중에서 환경이나 생존경쟁에 견디지 못하고 멸망하는 것을 무엇이라 하는가?

① 분화
② 도태
③ 적응
④ 고립

TIP ① 작물이 원래의 것과 다른 여러 갈래의 것으로 갈라지는 것을 말한다.
③ 생물의 형태나 기능이 환경조건에 적합하여 개체와 종족유지에 도움이 되고 있는 것을 말한다.
④ 도태와 적응을 거쳐서 성립된 적응형들이 유전적인 안정상태를 유지하기 위해서는 유전형들 사이의 유전적 교섭이 생기지 말아야 하는데 이것을 고립이라고 하며 지리적 고립, 생리적 고립, 인위적 고립 등이 있다.

Answer 24.① 25.③ 26.②

27 교잡에 의한 잡종을 얻는 데 성공하여 교잡을 통한 작물개량이 가능함을 밝힌 학자는?

① Camerarius
② Köelreuter
③ Darwin
④ Salfeld

TIP Köelreuter … 다른 종의 농작물의 성공적인 이종교배를 보고하였으며, 육종학에서 쾰로이터의 교잡설은 매우 중요한 위치에 있다.

28 깍지벌레의 방제에 천적인 됫박벌레가 효과가 있다는 것을 발견하여 생물학적 방제의 연구에 기초한 학자는?

① Waite
② Berkley
③ Leeuwenhoek
④ Millaredt

TIP ② 곰팡이에 의해 감자가 부패하는 것을 발견하였다.
③ 현미경으로 원생동물, 미생물 등을 관찰하였다
④ 보르도액(Bordeaux Mixture)을 발견하였다.

29 다음 작물 중 유료작물이 아닌 것은?

① 참깨
② 사탕수수
③ 들깨
④ 해바라기

TIP 유료작물과 당료작물
㉠ 유료작물(Oil Crops) : 참깨, 들깨, 아주까리, 유채, 해바라기, 땅콩, 콩 등
㉡ 당료작물(Sugar Crops) : 사탕수수, 단수수 등

Answer 27.② 28.① 29.②

30 다음 중 식용작물이면서 전분작물에 속하는 것은?

① 옥수수, 감자
② 콩, 땅콩
③ 땅콩, 옥수수
④ 사탕수수, 단수수

TIP ② 유료작물 ③ 약료작물 ④ 당료작물

31 다음 작물 중 핵과류가 아닌 것은?

① 복숭아
② 호두
③ 자두
④ 살구

TIP 핵과류와 각과류
㉠ 핵과류(核果類) : 복숭아, 자두, 살구, 앵두 등
㉡ 각과류(殼果類) : 밤, 호두 등

32 윤작법 · 이모작 · 심경법이 시작되고 쌀 저장창고가 생긴 시기는?

① 삼국시대
② 통일신라시대
③ 고려시대
④ 조선시대

TIP 고려시대의 농업
㉠ 윤작법, 이모작, 심경법이 시작되었다.
㉡ 쌀 저장창고(義倉, 의창)가 생겼다.
㉢ 목화, 닥나무, 유자나무, 밤, 대추나무의 재배가 시작되었다.
㉣ 여러 곳의 제방과 보를 수축 · 개축하여 관개농업의 발전을 도모하였다.

Answer 30.① 31.② 32.③

33 작부체계의 변천과정이 옳게 된 것은?

① 대전법 → 휴한농업 → 삼포식농업 → 개량삼포식농업 → 자유식농업 → 답전윤환식농업
② 답전윤환식농업 → 휴한농업 → 삼포식농업 → 개량삼포식농업 → 자유식농업 → 대전법
③ 답전윤환식농업 → 휴한농업 → 삼포식농업 → 개량삼포식농업 → 대전법 → 자유식농업
④ 대전법 → 휴한농업 → 삼포식농업 → 개량삼포식농업 → 답전윤환식농업 → 자유식농업

TIP 작부체계의 변천과정

㉠ 대전법 : 새로 개간한 토지에 수년간 작물을 재배하여 지력이 소모되면 다른 토지를 개간하여 작물을 재배하는 순약탈농법(純掠奪農法)으로 화전(火田) 등이 해당되며, 현재도 일부에 남아 있다.
㉡ 휴한농업 : 일정기간 재배 후 지력이 소모되면 일정기간 그 토지를 놀림으로써 지력회복을 꾀하는 농법이다.
㉢ 삼포식농업 : 경작지를 3등분하여 2/3에는 추파 또는 춘파의 곡류를 심고, 1/3은 휴한하면서 해마다 휴한지를 교체하여 경작지 전체를 3년마다 한 번씩 휴한하는 방법이다.
㉣ 개량삼포식농업 : 경작지를 3등분하여 2/3에는 추파 또는 춘파의 곡류를 심고, 1/3은 콩과식물을 심는 방법이다.
㉤ 자유식농업 : 각종 비료와 방제약품의 개발로 삼포식농법이 아니더라도 지력유지가 가능하게 되어 상황에 맞는 작물을 자유로이 재배하는 방식이다.
㉥ 답전윤환식농업 : 논상태에서 밭상태로 돌려가면서 이용하는 방법을 말한다.

34 다음 중 1년생 작물이 아닌 것은?

① 옥수수
② 대두
③ 사탕무
④ 벼

TIP 1년생 작물과 2년생 작물

㉠ 1년생 작물 : 벼, 옥수수, 대두 등
㉡ 2년생 작물 : 사탕무, 무 등

Answer 33.① 34.③

35 내건성 작물에 해당하지 않는 것은?

① 조　　② 기장

③ 벼　　④ 수수

TIP 저항성에 따른 분류
㉠ 내풍성 작물 : 고구마 등
㉡ 내염성 작물 : 목화, 유채, 수수, 사탕무 등
㉢ 내습성 작물 : 벼, 밭벼, 골풀 등
㉣ 내건성 작물 : 조, 기장, 수수 등
㉤ 내산성 작물 : 아마, 벼, 감자, 호밀, 귀리 등

36 기후가 좋지 않아도 비교적 안전한 수확을 얻을 수 있는 작물끼리 짝지어진 것은?

① 벼, 보리
② 조, 피, 기장, 고구마
③ 담배, 아마
④ 알팔파, 스위트클로버

TIP ① 자급작물 ③ 환금작물 ④ 흡비작물
※ 구황작물 … 기후가 나빠도 비교적 안전한 수확을 얻을 수 있는 작물로 조, 피, 기장, 메밀, 감자, 고구마 등이 있다.

Answer 35.③ 36.②

02 재배현황

01 세계의 재배현황

❶ 토지이용현황

(1) 경작률

① 세계의 토지 총면적은 약 133.87억 ha이다.

② 경지율은 11%이다.

③ 유럽이 가장 높고 아프리카, 남미 등이 낮다.

(2) 농용지율(農用地率)

① 경지율과 영년 초지율을 합친 농용지율이 36.8%이다.

② 농용지율은 호주가 가장 높고, 중·북아메리카가 가장 낮다.

③ 임지의 비율은 32%이며, 기타 토지 비율은 31.2%이다.

④ 영구 목야지의 비율은 24.6%이며, 오세아니아가 가장 높다.

❷ 농업인구와 주요작물의 산진

(1) 농업인구

① 농업인구비율은 약 45%이다.

② 농업인구비율은 유럽 등이 낮고, 아프리카와 아시아 등이 높다.

③ 국가별 농업인구비율(1994)

국가	농업인구비율	국가	농업인구비율
영국	18%	케냐	75.4%
캐나다	27%	인도	65.2%
미국	20%	중국	64.4%
프랑스	43%	태국	61.5%
일본	52%		

(2) 주요 작물의 산지

① 세계 3대 작물 … 단일작물의 생산량은 밀, 벼, 옥수수 순이다.

② 밀 … 유럽, 구 소련, 아시아, 북아메리카, 오세아니아주 등 세계 각지에서 생산된다.

③ 벼 … 주로 동남아시아에서 재배된다(세계 생산량의 90% 이상).

④ 옥수수 … 재배면적으로는 중앙 · 북아메리카가 약 1/3을 차지하며, 수확량의 절반이 이곳에서 생산된다.

⑤ 목화 … 미국과 구 소련이 주생산지이다.

⑥ 콩 … 미국과 중국이 주생산지이다.

⑦ 고구마 … 아시아, 아프리카의 따뜻한 지방에서 많이 생산된다.

⑧ 감자, 귀리, 호밀 … 유럽, 구 소련의 서늘한 지방에서 많이 생산된다.

⑨ 보리 … 유럽, 구 소련, 아시아 순으로 많이 재배된다.

02 우리나라의 재배현황

❶ 토지이용 실태

(1) 농경지 면적

① 우리나라 농경지 면적은 국토 총면적의 약 20.5%에 해당한다.

② 농경지의 약 62%가 논이다.

③ 농경지의 약 38%가 밭이다.

(2) 경지 이용도

① 2모작 이상 이루어지고 있는 곳도 있어서 총 경작 면적은 농경지 면적보다 많은 221만 ha정도 된다.

② 논 이용률은 약 105%로 매우 낮다.

❷ 농지현황

(1) 논

① 수리불안전답
  ㉠ 우리나라 논의 74% 이상은 수리가 안전하다.
  ㉡ 34.7만 ha 이상(26%)은 수리가 불안전한 한해 상습답이다.

② 저위생산답 … 우리나라 논의 65%에 해당하는 79만 ha가 토양조건이 불량하여 생산성이 낮다.

③ 지력 … 우리나라 논은 일반적으로 작토가 얕고 산도가 높으며, 부식 · 질소 · 석회 등의 함량과 염기성 치환용량이 현저히 낮아 지력이 낮다.

(2) 밭

① 우리나라의 밭은 경사지에 많이 위치해 있다.

② 강산성 토양이 많고, 지력이 떨어지는 곳도 많다.

❸ 우리나라 농업의 특징

(1) 외곡 도입량의 증가

① 우리나라는 양곡생산을 위주로 하고 있다.

② 해마다 막대한 양의 양곡을 수입하고 있으며, 그 양은 더욱 증가하고 있다.

(2) 윤작의 발달이 미비

① 우리나라는 주곡농업이 중심을 이루고, 사료작물이 적기 때문에 장기윤작체계가 발달하지 못하였다.

② 1년 2작 같은 경지이용도를 높이는 방법만이 개발되었다.

(3) 낮은 농업기계화의 정도

경작규모가 영세하고 소득규모가 낮아 값비싼 기계를 도입하기 어렵다.

(4) 영세농업

① 가족농업, 자급농업 등의 형태를 보인다.

② 상업적 농업은 축산이나 원예 등의 일부에만 한정되어 있다.

③ 우리나라의 전업농가는 85%를 넘는다.

④ 농가 호당 평균경지면적은 1ha 정도밖에 안 된다.

(5) 낮은 지력

① 우리나라의 경지는 유기물과 비료 성분이 적고 우량 점토가 적어서 지력이 낮다.

② 밭은 경사진 곳이 많고 토양침식을 받기 쉬워 지력은 더욱 낮은 편이다.

(6) 주곡농업

① 작물재배는 곡물 중심의 주곡농업이다.

② 전체작물 재배면적의 73.7%가 식량작물 재배면적이다. 그중 미곡은 57.5%를 차지하고 있다(1979).

(7) 빈번한 기상재해

① 우리나라의 기상은 대체로 농사에 알맞다.

② 5～6월은 한발기이기 때문에 관개시설이 부족하여 한해 상습답이 30만 ha에 이른다.

③ 7～8월은 우기이기 때문에 경사지에서는 토양침식, 저지대에서는 수해가 유발되는 경우가 많다.

(8) 낮은 토지이용률

세계 평균 농용지 비율은 33%인 데 반해 우리나라는 22.3%이다.

(9) 집약농업에서 생산농업으로의 전환기

① 과거에는 가족 위주의 노동력이 중심이 되어 토지생산성 위주의 집약농업이 주를 이루었다.

② 최근에는 기계를 이용한 기계화 농법으로 전환해 가고 있으나, 아직 선진국 수준에는 못미치는 실정이다.

최근 기출문제 분석

2022. 6. 18. 제1회 지방직 9급 시행

1 우리나라의 작물 재배에 대한 설명으로 옳지 않은 것은?

① 농업생산에서 식량작물은 감소하고 원예작물이 확대되었다.
② 작부체계에서 연작의 해가 적은 작물은 벼, 옥수수, 고구마 등이다.
③ 윤작의 효과는 토양 보호, 기지의 회피, 잡초의 경감, 수량 증대 등이 있다.
④ 시설재배 면적은 과수류와 화훼류를 합치면 채소류보다 많다.

TIP ④ 우리나라의 시설하우스 재배 면적은 52,000ha로 대부분은 비닐하우스다. 채소류의 재배에 가장 많이 쓰이며 화훼류, 과수류의 재배에도 이용된다.

2022. 6. 18. 제1회 지방직 9급 시행

2 우리나라 농업의 특색에 대한 설명으로 옳지 않은 것은?

① 토양 모암이 화강암이고 강우가 여름에 집중되므로 무기양분이 용탈되어 토양비옥도가 낮은 편이다.
② 좁은 경지면적에 다양한 작물을 재배하여 작부체계가 잘 발달하였으며 우수한 윤작체계를 갖추고 있다.
③ 옥수수, 밀 등은 국내 생산이 부족하여 많은 양의 곡물을 수입에 의존하고 있다.
④ 경영규모가 영세하므로 수익을 극대화하기 위해 다비농업이 발전하였다.

TIP ② 우리나라는 경지의 제약이 있어 밭에서 이와 같은 윤작이 발달되지 못하였으며, 화학공업의 발달로 다비, 다농약에 의한 단위면적당 수량증대가 가능해짐에 따라 윤작이 경시되어 단작화 및 연작화되어 왔었다. 그러나 근래에 와서 남부지대의 일부에서 논에 시설채소를 재배한 후 토양 중 염농도가 상승되면 주기적으로 다시 논으로 전환하여 벼를 재배하는 답전윤환의 작부 방식이 행해지고 있다.

Answer 1.④ 2.②

2021. 6. 5. 제1회 지방직 9급 시행

3 **우리나라 식량작물 생산에 대한 설명으로 옳지 않은 것은?**

① 옥수수, 밀, 콩 등의 국내 생산이 크게 부족하여 사료용을 포함한 전체 곡물자급률은 30% 미만으로 매우 낮다.

② 사료용을 포함한 곡물의 전체 자급률은 서류 > 보리쌀 > 두류 > 옥수수 순이다.

③ 곡물도입량은 옥수수 > 밀 > 콩 > 쌀 순이다.

④ 쌀을 제외한 생산량은 콩 > 감자 > 옥수수 > 보리 순이다.

TIP ④ 쌀을 제외한 생산량은 감자>보리>콩>옥수수 순이다.
※ 곡물생산량(천톤) : 쌀 5,000 감자 643, 보리 177, 콩 139, 옥수수 78

Answer 3.④

출제 예상 문제

1 작물의 원산지를 파악하는 데 근간이 되는 학설은?

① 이반인자설 ② 아포체만설
③ 유전자 중심설 ④ 유전자 변이설

TIP 유전자 중심설
㉠ 중심지에는 재배식물의 변이가 가장 풍부하고 다른 지방에 없는 변이도 보인다.
㉡ 강이 범람하여 비옥하기 때문에 정착하여 농경을 하기에 유리하다.
㉢ 중심지에는 우성형질이 많고 원시적 형질을 가진 품종이 많다.
㉣ 중심지에서 멀어지면 열성유전자가 많이 보인다.

2 다음 중 콩의 주생산지는 어느 지역인가?

① 유럽 ② 아프리카
③ 동남아시아 ④ 미국

TIP 콩의 주생산지는 미국과 중국이다.

3 농용지율(農用地率)에 대한 설명 중 옳지 않은 것은?

① 경지율과 영년 초지율을 합친 농용지율이 36.8%이다.
② 농용지율은 중 · 북아메리카가 가장 높고 호주가 가장 낮다.
③ 영구 목야지의 비율은 24.6%이며, 오세아니아가 가장 높다.
④ 임지의 비율은 32%, 기타 토지비율은 31.2%이다.

TIP ② 농용지율은 호주가 가장 높고, 중 · 북아메리카가 가장 낮다.

Answer 1.③ 2.④ 3.②

4 **작물별 원산지의 연결이 잘못 짝지어진 것은?**

① 사과 – 동부유럽
② 복숭아 – 중국 화북
③ 수수 – 북아메리카
④ 호밀 – 동남아시아

TIP ③ 수수는 아프리카 중부지방이 원산지이다.

5 **다음 중 우리나라 농업의 특징이 아닌 것은?**

① 외곡 도입량이 많다.
② 주곡농업이다.
③ 영세농업이다.
④ 윤작이 발달하였다.

TIP ④ 우리나라는 주곡농업이 중심을 이루고 사료작물이 적기 때문에 장기윤작체계가 발달하지 못하였다.

6 **우리나라 밭에 관한 설명 중 옳지 않은 것은?**

① 우리나라의 밭은 경사지에 많이 위치해 있다.
② 토양이 강산성인 곳이 많다.
③ 지력이 떨어지는 곳이 많다.
④ 우리나라는 산간지대가 많기 때문에 농경지의 약 60%가 밭이다.

TIP ④ 우리나라 농경지의 약 38%(약 77만 ha)가 밭이다.

Answer 4.③ 5.④ 6.④

7 **세계적으로 생산량이 많은 작물이 순서대로 바르게 연결된 것은?**

① 밀 > 벼 > 옥수수
② 옥수수 > 밀 > 벼
③ 옥수수 > 벼 > 밀
④ 벼 > 밀 > 옥수수

TIP 작물의 생산량 순서
㉠ 밀 : 유럽, 소련, 아시아, 북아메리카, 오세아니아 주 등 세계 각지에서 널리 생산된다.
㉡ 벼 : 세계 생산량의 90% 이상이 동남아시아에서 재배된다.
㉢ 옥수수 : 재배면적으로는 중앙 · 북아메리카가 약 1/3을 차지하며, 수확량의 절반이 이곳에서 생산된다.

8 **세계의 농업인구에 대한 설명 중 옳지 않은 것은?**

① 세계 농업인구비율은 약 45%이다.
② 농업인구비율은 유럽 등이 낮고, 아프리카와 아시아 등이 높다.
③ 미개한 지역일수록 농업인구의 비율이 낮다.
④ 농업인구비율은 아프리카가 가장 높다.

TIP ③ 미개한 지역일수록 농업인구의 비율이 높다.

9 **작물별 원산지의 연결이 바르게 짝지어진 것은?**

① 복숭아 – 중국 화북, 호두 – 이란
② 살구 – 미국, 감 – 네덜란드
③ 토마토 – 러시아, 상추 – 브라질
④ 담배 – 아프리카, 벼 – 우리나라

TIP 작물의 원산지
㉠ 살구 : 중국
㉡ 감 : 중국, 한국
㉢ 토마토 : 남미 안데스
㉣ 상추 : 지중해
㉤ 담배 : 아메리카
㉥ 벼 : 인도 지방

Answer 7.① 8.③ 9.①

10 세계 주요작물의 산지에 대한 설명으로 옳은 것은?

① 단일 작물의 생산량은 옥수수가 가장 많다.
② 벼는 주로 북아메리카에서 많이 재배된다.
③ 옥수수는 유럽에서 가장 많이 재배된다.
④ 보리는 유럽에서 가장 많이 재배된다.

TIP ① 단일 작물의 생산량은 밀 > 벼 > 옥수수 순이다.
② 벼는 세계 생산량의 90% 이상이 동남아시아에서 재배된다.
③ 옥수수는 수확량의 절반이 중앙아메리카와 북아메리카에서 재배된다.
④ 보리는 유럽 > 구 소련 > 아시아 순으로 많이 재배된다.

11 우리나라 농업에 관한 설명 중 옳은 것은?

① 지력이 매우 높다.
② 윤작이 발달하였다.
③ 외국에서의 양곡수입은 거의 없다.
④ 주곡농업이다.

TIP ① 우리나라의 경지는 유기물과 비료성분이 적고 우량 점토가 적어서 지력이 낮다.
② 우리나라는 사료작물이 적기 때문에 장기적인 윤작체계가 발달하지 못하였다.
③ 해마다 막대한 양의 양곡을 수입하고 있으며, 그 양은 더욱 증가하고 있다.
④ 우리나라의 작물재배는 곡물 중심의 주곡농업이다.

Answer 10.④ 11.④

12 세계의 토지이용현황에 대한 설명 중 옳지 않은 것은?

① 경작률은 유럽이 가장 높고 아프리카, 남미 등이 낮다.
② 농용지율은 호주가 가장 높고 중 · 북아메리카가 가장 낮다.
③ 영구 목야지의 비율은 아프리카가 가장 높다.
④ 미개한 지역일수록 농업인구의 비율이 높다.

TIP 목야지(牧野地) … 초지(草地, Grassland)를 축산 행정상 부르는 말로서, 주로 초본식물로 덮인 토지를 말한다. 임지(林地), 경지(耕地) 등과 대응되는 지목(地目)의 일종으로 농업상의 용어이다.

※ 영구 목야지 비율(1993) : 세계 총계 26.0%

지역	비율(%)	지역	비율(%)
유럽	16.8	아시아	29.6
러시아	14.9	중국	42.9
중 · 북아메리카	16.9	아프리카	29.8
남아메리카	28.3	오세아니아	50.7

Answer 12.③

작물의 유전성

01 품종의 의의

01 종, 품종, 계통

❶ 종

(1) 종의 의의

① 식물을 분류하는 기본단위로, 같은 유전형질을 나타내는 개체군의 포괄적 집단이다.

② 종의 생태적 분화는 품종 선택, 품종의 퇴화 및 채종의 문제를 해결하는 데 좋은 자료가 된다.

(2) 종의 표시법

① 학명으로 표시할 때는 Linne가 제창한 이명법(二名法)을 써야 한다.

② '속명 + 종명 + 명명자명'을 병기하는 방법이다.

③ 벼의 일반 재래종의 분류

종〉 일반재배벼(Sativa)
속〉 벼속(Oryza)
과〉 화본과단자
목〉 단자엽류
강〉 피자 식물
문〉 유관속 식물

❷ 변종과 품종

(1) 아종(변종)

① 종을 더욱 작은 단위로 나눈 것을 아종 또는 변종이라고 한다.

② '속명 + 종명 + 아종명 + 명명자' 순으로 학명을 쓴다.

③ 생태종은 아종이 특정지역 또는 환경에 적응해서 생긴 것이다.

④ 아시아벼의 생태종은 인디카, 열대자포니카, 온대자포니카로 나누어진다.

⑤ 생태종 내에 재배유형이 다른 것은 생태형으로 구분한다.

⑥ 생태종 간에는 교잡친화성이 낮아 유전자교환이 어렵다.

(2) 품종(品種)

① 재배식물이나 사육동물에서 분류학상 동일종에 속하면서 형태적 또는 생리적으로 다른 많은 개체군 또는 계통이 분리 육성된 것을 말한다.

② 품종은 인간이 이용하기 위하여 작물을 오랫동안 재배·사육하는 동안에 생긴 것인데, 그것들을 분리하여 고정시키고 목적에 따라 더 새로운 계통을 육성시킨 것은 인간의 노력의 결과이다.

③ 품종은 작물분류의 기본단위이다.

④ 새로운 품종을 육성하고 개량하는 것을 육종(育種)이라 한다.

(3) 품종의 생태형

① 생태형은 동일종이 다른 환경에서 생육하기 위하여 그 환경조건에 적응해서 분화한 성질이 유전적으로 고정되어 생긴 형으로 하나의 생태형에 속하는 개체는 동일한 생태종에 속하는 다른 생태형의 개체와 자유롭게 교잡된다.

② 조생종 벼는 감광성이 약하고 감온성이 크므로 일장보다는 고온에 의해서 출수가 촉진된다.

③ 만생종 벼는 단일에 의해 유수분화가 촉진되지만 온도의 영향은 적다.

④ 고위도 지방에서는 감광성이 큰 품종은 적합하지 않다.

⑤ 저위도 지방에서는 기본영양 생장성이 크고 감온성과 감광성이 작은 것을 선택하는 것이 좋다.

❸ 계통(系統)

(1) 계통의 의의

① 생물의 여러 종류가 진화하여 온 순서와 그에 따라 나타나는 생물 종류간의 유연관계를 나타낸 것을 말한다.

② 같은 조상에서 진화한 종류들은 같은 계통에 있다고 한다.

③ 어떤 관계를 가지고 연속해서 이어지는 화석표본을 모아 이것들을 진화순서에 맞춰 나열할 수 있다면 화석 속 생물의 진화순서와 화석 상호간의 유연관계를 알아낼 수 있다.

(2) 순계(純系)

① 계통이 품종이 되려면 자식식물에서는 계통의 균일성이 영속적이 되도록 유전적으로 순수하게 고정되어야 한다.

② 육종학상 자가수정에 의하여 유전적인 형질이 균일한 자손을 만드는 개체의 모임을 말한다.

(3) 영양계

① 단일세포 또는 개체로부터 무성적(無性的)인 증식에 의하여 생긴 유전적으로 동일한 세포군 또는 개체군을 말한다.

② 바이러스의 경우에도 1개의 입자에 유래한다고 생각되는 자손의 집단을 관용적으로 클론이라고 한다.

③ 분지계(分枝系)라고도 하며, 1개의 클론 속의 하나하나의 개체를 말할 때는 라멧(Ramet)이라고 한다.

02 품종의 분류 및 특성

❶ 품종의 분류

(1) 이용성에 따른 분류

① 보리 … 일반 품종, 맥주용 품종

② 고구마 … 식용, 공업용, 사료용

③ 사료작물 … 방목용 품종, 청예용 품종, 건초용 품종, Silage용 품종

TIP

사일리지(Silage)

㉠ 다즙질사료(多汁質飼料)를 말한다.

㉡ 엔실리지(Ensilage), 매초(埋草), 담근먹이라고도 한다.

㉢ 수분함량이 많은 목초류, 야초류, 풋베기작물, 근채류 등을 사일로(Silo)에 저장하여 젖산발효를 시켜 부패균이나 분해균 등의 번식을 억제함으로써 양분의 손실을 막고 보존성을 높이려는 목적의 사료이다.

(2) 작부체계에 따른 분류

① 벼 … 조기재배용 품종, 조식재배용 품종, 만식적응 품종 등

② 맥류 … 추파 품종, 춘파 품종

③ 양배추 … 춘파, 하파, 추파용 품종

(3) 특성에 따른 분류

① 성숙기 … 조생종, 만생종, 중생종

② 저항성 … 내병성 품종, 내충성 품종, 내냉성 품종, 내추락성 품종, 내습성 품종, 내건성 품종 등

③ 키 … 단간종, 중간종, 장간종

(4) 내력에 따른 분류

① 재래 품종

㉠ 지방 품종이라고도 한다.

㉡ 예로부터 그 지방에서 계속해서 재배되어 온 품종이다.

② 육성 품종

㉠ 품종개량에 의해 개발된 품종을 말한다.

㉡ 육성법에 따른 분류 : 분리육성 품종, 교잡육성 품종, 일대 잡종

③ 도입 품종

㉠ 외래 품종이라고도 한다.

㉡ 외국으로부터 도입된 품종을 말하며 미국 품종, 일본 품종 등으로 불린다.

(5) 품종의 식별

① 외관상 형태적 차이 … 종자와 유묘, 전생육검사, 영상분석 등

② 생화학적 검정 … 페놀검사, 염색체수 검사, 자외선 형광검정 등

③ 분자생물학적 검정

㉠ 단백질 분석 : 전기영동, 등위효소 형태분석, 흡광도 분석, HPLC, Western Blot 등

㉡ DNA 분석 : PCR, SSR, STS, RFLP, RAPD, AFLP, Southern Blot 등

㉢ RNA 분석 : RT-PCR, Northern Blot 등

❷ 품종의 특성

(1) 광지역 적응성

① 비슷한 품종이라도 더욱 넓은 지역에 적응할 수 있는 것이 있다.

② 1개 품종의 적응지역이 넓을수록 품종관리가 편리하다.

③ 품질이 균일한 생산물을 다수 수확할 수 있으므로 상품화에 매우 적합하다.

(2) 품질

① 품질에 대한 요구조건은 용도에 따라서 달라지며 그 내용도 복잡하다.

② 빵을 만들기 위한 밀은 경질인 품종이 알맞으나, 고급 과자용 밀은 분상질인 품종이 적당하다.

③ 콩기름을 짤 때에는 지유 함량이 높은 품종이 적당하다.

④ 고구마로 녹말을 제조할 때에는 녹말함량이 높은 품종이 적당하다.

(3) 저장성

저장성이 문제가 되는 고구마나 감자같은 작물은 저장성이 높은 품종이 유리하다.

(4) 수량

① 많은 수량은 우량품종의 가장 기본적 특성이다.

② 여러 가지 특성이 종합적으로 이루어져 수확량이 결정된다.

(5) 내충성

① 해충에 강한 특성이며, 해충의 종류에 따라서 품종도 달라진다.

② 벼의 통일품종은 도열병이나 줄무늬잎마름병에 매우 강하지만, 이화명나방에는 매우 약하다.

(6) 내병성

① 병해에 강한 특성이며, 병에 따라서 품종도 달라진다.

② 벼의 줄무늬잎마름병은 약제방제가 어려운 것 중 하나이다.

(7) 추락저항성

① 벼의 추락현상에 대한 저항성을 말한다.

② 성숙이 빠른 품종이거나 유해물질에 의해 뿌리가 상하는 정도가 덜한 품종이 추락저항성이 강하다.

(8) 내염성

① 높은 염분농도에 견디는 특성이다.

② 간척지의 벼농사에서 높은 내염성이 요구된다.

(9) 내건성

① 건조지대에서는 건조에 강한 내건성이 요구된다.

② 내동성이 강한 품종은 내건성도 강하다.

(10) 관수저항성

① 관수란 물이 작물의 선단 위까지 차는 것을 말한다.

② 침수가 우려되는 지대에서는 관수에 오래 견딜 수 있는 관수저항성이 강한 품종이 요구된다.

(11) 내냉성

① 냉온에 견디는 특성으로 벼에 있어서 중요한 특성이다.

② 피해를 받는 온도가 낮고 도열병에 강하여 심한 냉온기를 피할 수 있는 것이 내랭성이 강하다.

(12) 내동성

월동작물은 내동성이 강해야 안전하게 월동을 할 수 있고 높은 수확을 거둘 수 있다.

(13) 내습성

① 과습한 토양에 견디는 특성이다.

② 맥류재배시 습기에 강한 품종을 사용해야 한다.

⒁ 내도복성

① 내도복성이 강하면 비료를 많이 주어도 쓰러지지 않는다.

② 벼나 맥류에서는 키가 자고 대가 실한 것이 내도복성이 강하다.

⒂ 내비성

① 비료를 많이 주어도 안전하게 자랄 수 있는 특성을 말한다.

② 수량을 높이는 데 중요한 특성이다.

③ 내병성과 내도복성이 강하고 포장수광에 유리한 초형을 가진 것이 내비성이 강하다.

⒃ 탈립성

① 벼나 맥류에서는 탈립이 너무 잘 되어도 바람, 우박, 운반 등에 의해서 손실을 보게 된다.

② 탈립이 너무 어려워도 탈곡하기 힘들다.

③ 기계(콤바인)로 수확할 경우에는 탈립이 잘 되어야 수확과정에서 손실이 적다.

⒄ 만식적응성

① 모내기가 매우 늦어질 때에도 안전하게 생육 · 성숙할 수 있고, 수량도 많은 특성을 가진다.

② 묘대일수감응도가 낮을수록, 도열병에 강할수록 모를 늦게 내도 안전하다.

③ 수량이 많은 품종이 만식적응성이 높다.

⒅ 묘대일수감응도

① 모를 못자리에 보통 때보다 오래 둘 때에 모가 노숙하고, 모낸 뒤 벼자람에 난조가 생기는 정도를 말한다.

② 묘대일수감응도가 낮을수록 못자리에 오래 두어도 피해가 적다.

⒆ 저온발아성

① 저온발아성이 높은 품종이 유리하다.

② 벼나 옥수수 등은 품종에 따라서 저온발아성에 차이가 있다.

③ 저온발아성이 높은 품종은 봄철에 일찍 파종할 수 있다.

(20) 조만성

① 산간지에서의 벼재배나 벼를 조기재배하는 경우에는 조생종이 적당하다.

② 평야지대에서는 만생종이 수확량이 많기 때문에 적당하다.

③ 맥류의 경우에는 조숙종이 수확 후 모내기나 콩의 파종을 일찍 할 수 있으므로 유리하다.

(21) 초형

① **초형의 분류**

㉠ **수중형 품종**(穗重型 品種)

- 이삭수는 적지만 크기가 크고 키도 크다.
- 산간지에 적당하다.

㉡ **수수형 품종**(穗數型 品種)

- 척박한 환경에서 밀식함으로써 많은 수확을 올릴 수 있는 품종이다.
- 평야지에 적당하다.

② **직립엽형** … 벼, 맥류, 옥수수 등에서 윗잎이 짧고 빳빳이 일어서는 것은 포장에서 수광 능률을 높이게 되므로 유리하다.

(22) 까락

① 맥류의 까락은 동화작용과 관계가 있다.

② 까락은 긴 것과 짧은 것이 있는데, 이것은 탈곡작업과 관련이 있다.

③ 까락이 긴 것은 다듬기가 불편하다.

(23) 키

① **고구마 · 호박** … 줄기가 긴 것과 짧은 것으로 구별되는데, 줄기가 짧은 품종은 밀식에 적응한다.

② **벼 · 보리**(맥류) … 장간종과 단간종으로 구별되며 키가 큰 것은 잘 쓰러진다.

❸ 유전자원의 관리

(1) 의의

① **유전자원** … 유전적 변이가 풍부한 생물집단의 총칭으로 작물의 재래종이나 육종품종 및 세포와 캘러스, DNA 등을 포함한다.

② **유전적 침식** … 소수의 우량품종들을 여러 지역에 확대 재배함으로써 유전적 다양성이 풍부한 재래품종들이 사라지는 현상이다.

③ **유전적 취약성** … 어떤 작물의 품종을 획일화한 어떤 지역에서 재해 등으로 재배조건의 급변에 의해 재배가 성립되지 못하는 현상을 말한다.

(2) 유전자원의 수집 및 활용

① **유전자원의 수집** … 일반적으로 종자로 수집하지만 덩이줄기나 비늘줄기 및 배양조직, 식물체, 화분, 접수 등으로 수집하기도 하며 수집할 때에는 기후나 토양 및 생육특성과 병해충의 여부 등을 상세하게 기록하여야 한다.

② **유전자원의 활용** … 수집한 자료는 컴퓨터에 잘 보관하여 사용하도록 한다.

(3) 유전자원의 보존

① **종자번식작물** … 종자의 형태로 보존한다.

② **영양번식작물** … 알뿌리나 덩이뿌리, 덩이줄기, 알줄기, 알뿌리, 비늘줄기, 삽수 등으로 보존

③ **수명이 짧은 작물** … 조직배양을 해서 기내에 보존한다.

03 우량품종의 선택

❶ 우량품종의 조건

(1) 지역성

균일하고 우수한 특성의 발현이 가능한 한 넓은 지역에 걸쳐서 나타나야 한다.

(2) 영속성

① 균일하고 우수한 특성은 대대로 변하지 않고 유지되어야 한다.

② 특성이 유지되기 위해서는 유전적으로 고정되어 있어야 하며 퇴화하지 말아야 한다.

(3) 우수성

① 품종의 재배적 특성이 다른 품종보다 우수해야 한다.

② 모든 특성이 우수하기는 어려우나, 최소한 한 가지가 결정적으로 나쁜 것이 있으면 안 된다.

(4) 균일성

① 품종을 구성하는 모든 개체들의 특성이 균일해야만 재배 · 이용상 유리하다.

② 품종의 특성이 균일하려면 모든 개체들의 유전형질이 균일해야 한다.

❷ 품종의 개량

(1) 우수한 품종의 개발

① 과실이나 채소 등의 품질 또는 꽃의 빛깔이나 모양이 개선되었다.

② 젖소의 산유량(産乳量)이나 닭의 산란양도 크게 늘어났다.

③ 벼의 통일품종개발은 우리나라 재배기술에 획기적 발전과 막대한 경제적 이익을 가져왔다.

(2) 경제적 효과

① 각종 농작물의 단위면적당 수량성과 가축의 생산성이 크게 증대되었다.

② 농업경영이나 작부체계면에서 유리하게 특성이 개선되는 등 농업경영이 보다 효율화 · 합리화되었다.

(3) 품질의 개선

① 소비자의 기호에 적합하도록 품질이 향상되었다.

② 특히 과수류, 채소류, 화훼류, 공예작물 등에서 현저하다.

(4) 재배의 안전성 증대

① 도복에 강하고 병에도 강한 품종이 육성됨으로써 비료를 증시해도 안전하여 크게 증수할 수 있게 되었다.

② 각종 기상재해나 병충해 등에 대한 저항성이 증대됨으로써 생산의 안정성을 향상시켰다.

③ 조생종, 만생종, 단간종 등 새 품종의 육성으로 윤작체계를 조절할 수 있게 되었다.

최근 기출문제 분석

2021. 4. 17. 인사혁신처 9급 시행

1 우량품종이 확대되는 과정에서 나타나는 '유전적 취약성'에 대한 설명으로 옳은 것은?

① 자연에 있는 유전변이 중에서 인류가 이용할 수 있거나 앞으로 이용 가능한 것

② 대립유전자에서 그 빈도가 무작위적으로 변동하는 것

③ 소수의 우량품종으로 인해 유전적 다양성이 줄어드는 것

④ 병해충이나 냉해 등 재해로부터 급격한 피해를 받게 되는 것

TIP ④ 유전적 취약성이란 소수의 우량품종을 확대 재배함으로써 병해충이나 냉해 등 재해로부터 일시에 급격한 피해를 받게 되는 현상을 말한다.

2020. 7. 11. 인사혁신처 시행

2 생태종(生態種)과 생태형(生態型)에 대한 설명으로 옳은 것만을 모두 고르면?

㉠ 하나의 종 내에서 형질의 특성이 다른 개체군을 아종(亞種)이라 한다.
㉡ 아종(亞種)은 특정지역에 적응해서 생긴 것으로 작물학에서는 생태종(生態種)이라고 부른다.
㉢ 1년에 2~3작의 벼농사가 이루어지는 인디카 벼는 재배양식에 따라 겨울벼, 여름벼, 가을벼 등의 생태형(生態型)으로 분화되었다.
㉣ 춘파형과 추파형을 갖는 보리의 생태형(生態型) 간에는 교잡친화성이 낮아 유전자교환이 잘 일어나지 않는다.

① ㉠

② ㉠, ㉡

③ ㉠, ㉡, ㉢

④ ㉠, ㉡, ㉢, ㉣

TIP ㉣ 춘파형과 추파형을 갖는 보리의 생태형(生態型) 간에는 교잡친화성이 높아 유전자교환이 잘 일어난다.

Answer 1.④ 2.③

2020. 6. 13. 제1회 지방직 시행

3 **유전적 침식에 대한 설명으로 옳은 것은?**

① 작물이 원산지에서 멀어질수록 우성보다 열성형질이 증가하는 현상
② 우량품종의 육성 · 보급에 따라 유전적으로 다양한 재래종이 사라지는 현상
③ 소수의 우량품종을 확대 재배함으로써 병충해나 자연재해로부터 일시에 급격한 피해를 받는 현상
④ 세대가 경과함에 따라 자연교잡, 돌연변이 등으로 종자가 유전적으로 순수하지 못하게 되는 현상

TIP 유전적 침식이란 자연재해, 우량품종의 육성 · 보급 등과 같이 자연적 · 인위적 원인에 의해 유전적으로 다양한 재래종이 사라지는 현상을 말한다.
① 유전자중심설
③ 유전적 취약성
④ 유전적 퇴화

2017. 6. 17. 제1회 지방직 시행

4 **작물 품종의 재배, 이용상 중요한 형질과 특성에 대한 설명으로 옳지 않은 것은?**

① 작물의 수분함량과 저장성은 유통 특성으로 품질 형질에 해당한다.
② 화성벼는 줄무늬잎마름병에 대한 저항성을 향상시킨 품종이다.
③ 단간직립 초형으로 내도복성이 있는 통일벼는 작물의 생산성을 향상시킨 품종이다.
④ 직파적응성 벼품종은 저온발아성이 낮고 후기생장이 좋아야 한다.

TIP ④ 직파적응성 벼품종은 저온발아성이 높고 초기생장이 좋아야 한다.

2016. 6. 18. 제1회 지방직 시행

5 **품종에 대한 설명으로 옳지 않은 것은?**

① 식물학적 종은 개체 간에 교배가 자유롭게 이루어지는 자연집단이다.
② 품종은 작물의 기본단위이면서 재배적 단위로서 특성이 균일한 농산물을 생산하는 집단이다.
③ 생태종 내에서 재배유형이 다른 것을 생태형으로 구분하는데, 생태형끼리는 교잡친화성이 낮아 유전자 교환이 잘 일어나지 않는다.
④ 영양계는 유전적으로 잡종상태라도 영양번식에 의하여 그 특성이 유지되기 때문에 우량한 영양계는 그대로 신품종이 된다.

TIP ③ 생태종 내에서 재배유형이 다른 것을 생태형으로 구분하는데, 생태형끼리는 교잡친화성이 높아 유전자 교환이 잘 일어난다.

Answer 3.② 4.④ 5.③

2015. 4. 18. 인사혁신처 시행

6 작물의 품종 식별에 사용하는 분자표지 SSR에 이용되는 것은?

① DNA 염기 서열

② RNA 염기 서열

③ 단백질의 아미노산 서열

④ 염색체의 수 차이

TIP ① 염기 서열은 DNA의 기본단위 뉴클레오티드의 구성성분 중 하나인 염기들을 순서대로 나열해 놓은 것을 말한다.

2015. 4. 18. 인사혁신처 시행

7 품종의 생태형에 대한 설명으로 옳지 않은 것은?

① 조생종 벼는 감광성이 약하고 감온성이 크므로 일장보다는 고온에 의하여 출수가 촉진된다.

② 만생종 벼는 단일에 의해 유수분화가 촉진되지만 온도의 영향은 적다.

③ 고위도 지방에서는 감광성이 큰 품종은 적합하지 않다.

④ 저위도 지방에서는 기본영양생장성이 크고 감온성이 큰 품종을 선택하는 것이 좋다.

TIP ④ 저위도 지방에서는 기본영양생장성이 크고, 감온성과 감광성이 작은 것을 선택하는 것이 좋다.

Answer 6.① 7.④

출제 예상 문제

1 품종에 대한 정의로 볼 수 있는 것은?

① 식물분류의 기본 단위로 동일한 유전자형을 나타내는 개체군의 포괄적 집단이다.
② 작물분류의 기본단위로 유전형질이 재배적 견지에서 균일하고 영속적인 개체들의 집단을 분리육성한 것이다.
③ 생물 종류간의 유연관계를 진화순서에 따라 나타낸 것이다.
④ 단일세포로부터 무성적 증식에 의하여 생긴 유전적으로 동일한 세포군을 말한다.

TIP ① 종 ③ 계통 ④ 영양계

2 다음 중 벼나 보리의 내비성과 관계있는 특성은?

① 내도복성 ② 내열성
③ 내염성 ④ 내건성

TIP 비료를 많이 주어도 안전하게 자라는 특성을 내비성이라 하며 내비성이 강할수록 내도복성, 내병성도 강하다.

3 작물을 재배하여 최대의 수량을 얻기 위한 3대 요인 중 유전성에 해당되는 것은?

① 상품의 가치 ② 토지생산성
③ 품종 ④ 재배기술

TIP 수량삼각형의 3요소
㉠ 환경 : 빛, 온도, 수분 등 작물에 적합한 환경이 필요하다.
㉡ 유전성 : 품종은 재배식물이나 사육동물에서 분류학상 동일종에 속하면서 형태적·생리적으로 다른 많은 개체군 또는 계통이 분리육성된 것을 말한다.
㉢ 재배기술 : 작부체계의 개발 및 시비법의 개발이 필요하다.

Answer 1.② 2.① 3.④

4 우량종자의 구비조건으로 옳지 않은 것은?

① 유전적으로 순수하고 우량형질에 속하는 것이어야 한다.
② 신선한 종자로 발아율이 높아야 하지만 발아세는 문제되지 않는다.
③ 종자가 전염성 병충해에 감염되지 않은 것이어야 한다.
④ 종자가 충실하고 생리적으로 좋은 것이어야 한다.

TIP 발아율과 발아세
㉠ 발아율 : 파종된 공시개체수에 대한 발아개체수의 백분율로 표시한다.
㉡ 발아세 : 발아시험 개시 후 일정한 일수를 정하여 그 기간 내에 발아한 것을 총 수에 대한 비율(%)로 표시한다.

5 다음 중 이명법의 표기가 바른 것은?

① 종명 + 속명 + 명명자
② 종명 + 이종명 + 변종명
③ 명명자 + 종명 + 속명
④ 속명 + 종명 + 명명자

TIP 이명법(二名法)
㉠ 속명 다음에 종명을 써서 생물의 한 종을 나타내는 방법을 말한다.
㉡ 생물 분류학에서 종(種)의 학명(學名)을 붙이는 경우에 라틴어로 속명과 종명을 조합하여 나타내는 명명방식이다.
㉢ 스웨덴의 식물학자 C. 린네가 창안한 방법이며, 현재의 학명도 이에 따르고 있다.
㉣ 속명은 고유명사, 종명은 보통명사 또는 형용사를 쓰고, 그 뒤엔 명명자의 이름을 쓴다.
㉤ 이명법은 학명의 명명법으로 전세계의 식물학자가 사용하고 있으므로 통일을 유지하기 위하여 국제식물명명규약 및 국제동물명명규약에 의하여 용어나 형식이 엄중하게 규제되고 있다.

6 우량품종의 구비조건으로 옳은 것은?

① 유전, 환경, 기술
② 우수성, 영속성, 균등성
③ 수분, 온도, 산소
④ 내비성, 내병성, 내건성

TIP ① 유전, 환경, 기술은 수량삼각형의 요소이다.
③ 수분, 온도, 산소는 발아의 3요소이다.
④ 내비성, 내병성, 내건성은 품종의 특성이다.

Answer 4.② 5.④ 6.②

7 다음 중 추락현상과 관련이 적은 것은?

① 노후화답 ② 황화수소

③ 내염재배 ④ 깨씨무늬병

TIP 추락현상

㉠ 담수하의 작토 환원층에서는 황산염이 환원되어 황화수소(H_2S)가 생기며, 작물에 철분이 많으면 벼 뿌리의 두꺼운 산화철과 반응하여 황화철(FeS)이 되어 침전되기 때문에 작물에 해를 끼치지 않는다.

㉡ 노후화답인 경우에 철분이 결핍되고 뿌리가 회백색일 때에는 황화수소에 의해 벼 뿌리가 상하게 되어 양분흡수가 저해되고 깨씨무늬병 등이 많이 발생하여 소출이 떨어지게 되는데, 이것을 추락현상이라고 한다.

8 벼 연구를 주로 하는 국제기관은?

① FAO ② CIMMYT

③ IRRI ④ CIAT

TIP 국제기관

㉠ FAO(Food and Agriculture Organization of the United Nations, 국제연합식량 농업기구)

- 1945년에 식량과 농산물의 생산 및 능률 증진, 농민의 생활개선 등 개발도상국의 기근과 빈곤을 제거하기 위해 설립된 국제연합 전문기구이다.
- 국제연합과 더불어 식량이 풍부한 지역의 과잉식량을 모아서 기아와 빈곤에 시달리는 지역에 분배하는 WFP(World Food Program, 세계식량계획)를 수행하고 있다.
- 본부는 이탈리아 로마에 위치해 있으며, 산하기관으로 IPC(International Popular Commission, 국제포퓰러위원회), IPFC(Indo-Pacific Fisheries Commission, 인도태평양수산위원회), IRC (International Rice Commission, 국제미곡위원회) 등이 있다.

㉡ CIMMYT(International Center for Maize and Wheat Improvement, 국제소맥연구소, 멕시코) : 밀과 옥수수 등 소맥에 관한 연구를 진행한다.

㉢ IRRI(International Rice Research Institute, 국제미작연구소, 필리핀)

- 쌀의 다수성 품종을 연구 · 개발 · 육성하며 종자를 공급한다.
- 개선된 재배법을 연구하여 녹색혁명에 크게 공헌하였다.
- IRRI는 현재까지 증산을 위한 다수확 품종개발에 매진하고 있지만, 머지않아 세계적으로 식량자급이 이뤄질 것에 대비하여, 친환경농법은 물론 비만이나 당뇨 등을 해결할 수 있는 특수품종개발에도 관심을 기울이고 있다.

㉣ CIAT(Centro International de Agriculture Tropical, 중앙국제열대 농업연구소, 콜롬비아)

Answer 7.③ 8.③

9 우량품종의 조건이 아닌 것은?

① 영속성
② 다양성
③ 우수성
④ 균일성

TIP 우량품종의 조건
㉠ 지역성 : 균일하고 우수한 특성의 발현이 가능한 한 넓은 지역에 걸쳐서 나타나야 한다.
㉡ 영속성 : 균일하고 우수한 특성은 대대로 변하지 않고 유지되어야 한다.
㉢ 우수성 : 품종의 재배적 특성이 다른 품종보다 우수해야 한다.
㉣ 균일성 : 품종을 구성하는 모든 개체들의 특성이 균일해야만 재배 · 이용상 유리하다.

10 작물의 분류순서가 바르게 연결된 것은?

① 과 – 속 – 목 – 종 – 품종
② 과 – 목 – 종 – 속 – 품종
③ 목 – 과 – 종 – 속 – 품종
④ 목 – 과 – 속 – 종 – 품종

TIP 작물의 분류순서 … 문 > 강 > 목 > 과 > 속 > 종 > 품종

11 다음 중 순계에 대한 설명으로 옳지 않은 것은?

① 계통의 균일성이 영속적이 되도록 유전적으로 순수하게 고정되어야 한다.
② 유전적인 형질이 균일한 자손을 만드는 개체의 모임이다.
③ 육종학상 타가수정에 의해서만 만들어진다.
④ 한국 벼 중의 우량품종 중에는 이런 방법으로 얻어진 것이 적지 않다.

TIP 순계([純系)
㉠ 육종학상 자가수정에 의하여 유전적인 형질이 균일한 자손을 만드는 개체의 모임을 말한다.
㉡ 덴마크의 W.L. 요한센은 까치콩을 사용한 콩의 무게에 대한 실험에서 생물의 변이에는 그 생물 1대에서 끝나는 방황변이와, 유전하는 돌연변이가 있고, 방황변이는 그 생물이 순수하지 않은 동안에는 골라내어 그 정도를 증감시킬 수가 있으나 순수해지면 더 이상 가려내지 못한다는 설을 주장하여 이것을 순계설(純系說)이라고 하였다.
㉢ 요한센에 의하면 순계란 반드시 1회 이상 자가수정을 시켜 유전자가 호모가 된 것이다.
㉣ 주로 자가수정에 의하여 번식하는 작물의 분리육종에 쓰이며 순계분리법이라고 한다.

Answer 9.② 10.④ 11.③

12 다음 중 사일리지에 대한 설명으로 옳지 않은 것은?

① 콩과목초는 꽃이 완전히 피었을 때 베는 것이 좋다.

② 엔실리지(Ensilage), 매초(埋草), 담근먹이라고도 한다.

③ 양분의 손실을 막고 보존성을 높이려는 목적의 사료이다.

④ 다즙질사료(多汁質飼料)를 말한다.

TIP 사일리지(Silage)

㉠ 양질의 사일리지를 만들기 위해서 화본과목초는 이삭이 나오기 직전부터 이삭이 나올 때까지, 콩과목초는 꽃이 반쯤 피었을 때 베는 것이 좋다.

㉡ 재료의 수분함량은 70% 정도가 좋으며, 수분함량이 적으면 고온발효로 인해 사일리지의 품질이 떨어진다.

㉢ 재료는 대체로 1～3cm의 크기로 썰어서 사일로에 넣고 고르게 밟는다. 만약 잘 밟지 않으면 재료 중의 공기 때문에 온도가 올라가서 사일리지가 썩기 쉽고 양분의 손실이 많다.

㉣ 재료를 썰어 넣고 나면 비닐 등으로 표면을 완전히 덮어서 재료와 공기의 접촉을 막아 부패되는 것을 방지해야 하며, 그 위에 재료 무게의 6～15% 정도의 돌이나 흙을 얹어 둔다.

㉤ 일반적으로 사일리지를 밟아 넣은 후 40일 정도가 되면 꺼내 먹일 수 있는데 한꺼번에 10cm 이상 꺼내 먹이는 것이 좋으며, 꺼낸 후에는 잘 덮어서 공기의 접촉을 피해야 한다.

㉥ 급여량은 대체로 가축 몸무게의 3～4% 정도가 적당하며, 사일리지와 건초를 3:1의 비율로 주는 것이 좋다.

13 품종의 특성에 대한 설명 중 옳지 않은 것은?

① 광지역 적응성 – 비슷한 품종이라도 더욱 넓은 지역에 적응할 수 있는 것이 있다.

② 품질 – 품질에 대한 요구조건은 용도에 관계없이 동일하다.

③ 수량 – 많은 수량은 우량품종의 가장 기본적인 특성이다.

④ 내충성 – 해충의 종류에 따라서 내충성 품종도 달라진다.

TIP 품질(品質)

㉠ 품질에 대한 요구조건은 용도에 따라서 달라지며 그 내용도 복잡하다.

㉡ 빵을 만들기 위한 밀은 경질인 품종이 알맞으나, 고급 과자용의 밀은 분상질인 품종이 알맞다.

㉢ 콩기름을 짤 때에는 지유 함량이 높은 품종이 알맞다.

㉣ 고구마로 녹말을 제조할 때에는 녹말 함량이 높은 품종이 적당하다.

Answer 12.① 13.②

02 생식과 유전

01 생식

❶ 생식의 분류

(1) 유성생식

① 암수의 생식세포에 의한 생식방법을 말하며, 무성생식에 대응되는 말이다.

② 정형유성생식

㉠ 유성생식 중 수정을 통하여 암수의 배우자가 정상적으로 접합하여 접합자를 만들고 이것이 다음 세대의 개체로 발육하는 생식을 말한다.

㉡ **염색체 수** : 체세포에는 같은 종류의 염색체가 두 벌 있어 배수(2n)로 되어 있고, 감수 분열을 통해서 이루어진 배우자는 배수 염색체 중의 한 벌씩만 받아서 염색체 수가 반수(n)로 되어 있다.

㉢ **염색체의 내용** : 접합자의 염색체 수는 어버이와 같은 배수(2n)이지만, 염색체의 내용은 다르다.

③ 이형유성생식

㉠ 정상적인 수정이 아니라 단성적으로 발육하여 새로운 개체를 만드는 생식을 말한다.

㉡ **처녀생식(단성생식, 단위생식)** : 수정되지 않은 난세포가 홀로 발육하여 배를 형성하는 것이다.

- 반수처녀생식(단상처녀생식) : 배낭의 형성이 완료된 후에 반수성인 난세포가 수정되지 않고 홀로 발육하여 자성의 n식물이 된다.
- 전수처녀생식(복수처녀생식) : 감수분열시 한쪽 극으로만 배수가 모두 몰려 난세포가 2n의 복구핵을 형성하고, 이것이 수정되지 않고 발육하여 자성의 2n식물(배수식물)이 된다.

㉢ **다배형성** : 한 개의 배낭속에 정상적인 배가 형성되는 동시에 무배 생식이나 주심배 생식이 함께 이루어지면 여러 개의 배가 형성된다(감귤).

㉣ **무배생식** : 조세포나 반족세포의 핵이 단독으로 발육하여 배를 형성하고 자성의 n식물이 된다(미모사, 부추, 파 등).

㉤ **무핵란생식(동정생식)** : 핵을 잃은 난세포의 세포질 속으로 웅핵이 들어간 후 단독 발육하여 웅성의 n을 이룬다(달맞이꽃, 진달래 등).

㉥ **주심배생식(부정배생식)** : 체세포에 속하는 주심세포가 부정아적으로 주심배를 형성한다.

(2) 무성생식

① 배우자의 형성과정을 거치지 않고 영양체의 일부가 직접 다음 세대의 식물을 형성한다.

② 진정무성생식 또는 영양생식이라고도 한다.

③ 분열법, 출아법, 포자생식, 영양생식 등이 속한다.

(3) 아포믹시스

① 수정과정이 없이 배를 형성하여 종자가 번식되는 것을 말한다.

② 종자형태를 가지고 있는 영양계로 취급할 수 있다.

③ 아포믹시스에 의하여 생긴 종자는 다음 세대에 유전분리가 일어나지 않아 곧바로 신품종이 된다.

❷ 생식세포의 형성

(1) 체세포분열과 감수분열

① **체세포분열**

㉠ 생물체를 구성하고 있는 세포가 분열해서 2개가 되는 것을 말한다.

㉡ 생식세포가 형성될 때에 일어나는 감수분열 이외의 보통세포나 핵이 분열하는 것을 말하며, 보통 세포분열이라고 한다.

㉢ 체세포분열은 먼저 각 염색체가 세로로 분열하여 처음과 같은 염색체가 딸핵(娘核)에 분배된다.

㉣ 염색체 수의 구성도 분열 전의 모세포(2n)와 똑같은 딸세포(2n)가 형성된다.

㉤ 하나의 연속된 과정으로서 핵분열에 이어 세포질분열이 일어난다.

㉥ **분열과정**

- 핵분열 : 핵분열은 간기에 이어 일어나는 연속된 과정이지만, 편의상 전기 · 중기 · 후기 · 말기로 나눈다.
- 세포질분열 : 핵분열이 끝나자마자 세포질분열이 시작되는데, 세포질이 나누어지는 방법은 식물과 동물이 서로 다르다.

  − 동물 : 세포질이 세포막의 만입에 의해 둘로 나누어진다.

  − 식물 : 세포판이 형성되어 나누어진다.
- 딸세포 : 세포질분열이 끝나서 둘로 나누어진 세포를 말한다.

② 감수분열

㉠ 유성생식을 하는 생물이 생식세포를 형성할 때 일어나는 핵분열이다.

㉡ 생식세포는 n(單相)개의 염색체를 지니고 있으므로, 이와 같이 2n에서 n으로 염색체수가 반감하는 세포분열을 감수분열이라 한다.

(2) 감수분열과정

① 제1성숙분열(이형분열)

㉠ 세사기 : 세포의 정지핵이 변형되어 염색사가 나타나는 시기이다.

㉡ 대합기 : 상동염색체가 대합하는 시기이다.

- 상동염색체

−형태와 함유하고 있는 유전자가 쌍이 될 수 있는 1쌍의 염색체를 말한다.

−감수분열의 중기에는 접합하여 상접하며, 후기에는 분리하여 반대의 극으로 나누어진다.

−때로는 상동염색체가 부등형을 이루는 경우가 있는데, X염색체나 Y염색체 등이 이에 속한다.

- 대합(접합) : 상동염색체가 상동 부분끼리 서로 마주 접하는 것이다.
- 2가염색체(二價染色體)

−생물의 감수분열에서 염색체가 2개씩 접합하여 만드는 염색체이다.

−초파리의 체세포 염색체 수는 8이고, 감수분열에서는 2개씩 쌍이 되어 4개의 2가염색체를 만든다. 2가염색체는 감수분열 제1분열시에 그대로 분리하여 두 핵을 만들므로 염색체 수는 반감된다.

−2가염색체가 분리할 때 일부분을 교환하는 교차가 일어나는 경우가 있다.

㉢ 태사기 : 대합한 상동염색체가 동원체를 중심으로 세로로 갈라져서 염색체가 4중 구조를 보인다.

㉣ 복사기

- 4개의 염색분체가 2개가 되는 시기이다.
- 키아즈마가 나타나고, 상동염색체간에 유전자의 교환이 이루어지는데, 이러한 현상을 염색체의 교우라고 한다.

㉤ 이동기(제 1 전기) : 염색체가 점차 수축되어 더욱 짧고 굵어져서 핵 안에서 분산된다.

㉥ 제1중기 : 2가염색체가 핵판에 늘어서고 핵막과 인이 없어지며, 방추사가 생긴다.

㉦ 제1후기 : 2가염색체가 동원체로부터 방추사에 끌려가는 모습으로 양극으로 분리된다.

㉧ 제1종기

- 양극으로의 염색체 분리가 끝난 후 2개의 낭핵이 형성된다.
- 낭핵은 염색체의 수가 반으로 준다.

㉨ 중간기 : 제1성숙분열에서 낭핵의 형성이 완료되고, 제2성숙분열로 접어든다.

② 제2성숙분열(동형분열)

㉠ 제1중기

- 제1성숙분열로 이루어진 낭세포가 다시 제2성숙분열을 시작한다.
- 2개의 염색 분체로 된 염색체가 핵판에 늘어선다.

㉡ **제2후기** : 2개의 염색분체가 1개씩 양극으로 분리하는 시기로, 1개의 염색체가 세로로 갈라져서 생긴 것이므로 이 경우에 동형분열이 되며 염색체의 수효는 감소하지 않는다.
㉢ **제2종기** : 제2성숙분열(동형분열)이 완료되고 새로운 낭핵을 형성한다.

(3) 생식세포 형성과정

① 화분의 형성

㉠ 수술의 꽃밥 속에는 화분 모세포(2n)가 존재하는데, 이것이 감수분열하여 4개의 화분세포(n)가 형성된다. 이 4개의 화분세포가 성숙하여 4개의 화분이 된다.
㉡ 화분의 핵이 핵분열하여 생식핵(n)과 화분관핵(n)을 만든다.
㉢ 화분이 암술머리에 부착(수분)되면 화분은 발아를 시작하여 화분관을 뻗는다.
㉣ 화분관핵은 화분관의 끝부분으로 이동하고, 생식핵은 화분관 안에서 핵분열을 하여 2개의 정핵(n)이 된다.
㉤ 정핵은 후에 수정에 관여한다.

② 배낭의 형성

㉠ 밑씨 속에는 1개의 배낭 모세포(2n)가 들어 있으며, 이것이 감수분열하여 4개의 배낭세포(n)를 만든다.
㉡ 배낭세포 중 3개는 퇴화하고 1개만 자라 다시 3번의 핵분열을 거치면 8개의 핵을 가진 배낭이 된다.
㉢ 8개의 배낭핵 중 1개는 난세포로 성숙하여 주공(수정 때 화분을 받는 부분)쪽에 자리를 잡는다.

❸ 수분, 수정, 결실

(1) 수분

종자식물에서 수술의 화분(花粉)이 암술머리에 붙는 것을 말한다. 가루받이라고도 하며, 자가수분과 타가수분이 있다.

① 자가수분

㉠ 자가수분은 같은 그루의 꽃 사이에서 수분이 일어나는 것이다.
- 동화수분 : 양성화로 하나의 꽃 중의 수술과 암술 사이에서 수분하는 것을 말한다. 벼, 보리, 밀이 해당된다.
- 인화수분 : 단성화로 하나의 꽃 이삭 중의 꽃 사이에서 수분하는 것을 말한다.

㉡ **폐화수분** : 꽃이 지고 난 후 수분이 일어나는 것을 말하며 제비꽃 등이 있다.
㉢ 한 식물체 안에 암꽃과 수꽃이 있는 자웅동주 식물에서는 자가수분도 하고 타가수분도 한다. 옥수수, 참외, 수수 등이 해당된다.

② 타가수분

㉠ 서로 다른 그루 사이에서 수분이 일어나는 것을 말한다.

㉡ 자웅이주식물은 타가수분만 한다. 삼, 시금치 등이 해당된다.

㉢ 양성화나 자웅동주식물에서 자웅이숙인 것은 타가수분을 하기 쉽다.

- 웅예선숙(雄蕊先熟) : 사탕무, 레드클로버 등
- 자예선숙(雌蕊先熟) : 배추과식물, 목련 등

(2) 수정

① 난자와 정자가 합일하여 배수성(倍數性)인 핵을 만들어 내는 과정을 말한다.

② **자가수정** … 자웅동체인 생물에서 자신의 자웅생식세포끼리 수정이 일어나는 현상을 말한다.

③ **타가수정**

㉠ 타가수분에 의해 수정되는 것을 말한다.

㉡ 타가수정으로 생식하는 것을 타식이라고 한다.

㉢ 타식하는 작물을 타가수정작물이라고 한다.

④ **중복수정** … 정핵 + 알세포 = 배, 정핵 + 극핵 = 배젖

(3) 결실

① 종자식물에서 과실이 형성되는 현상을 말하며, 결과(結果)라고도 한다.

② 대부분은 수분에 의해 씨방이 커지고, 밑씨는 수정에 의해 종자를 만든다.

③ 씨방이 비대하는 것은 수분에 의해 식물생장 호르몬인 옥신(Auxin)이 씨방 내에 생성되기 때문이다.

④ 결실은 단순히 수분만으로는 성립되지 않으며, 완전한 종자가 만들어지지 않는 한 과실은 형성되지 않는다.

⑤ 수정이 끝나고 만들어진 배와 배유는 이미 다음 세대에 속하는 데 비해, 종피나 과피는 모체의 일부이기 때문에 이들 사이의 유전적 조상은 완전히 다르다.

꽃의 종식 모식도

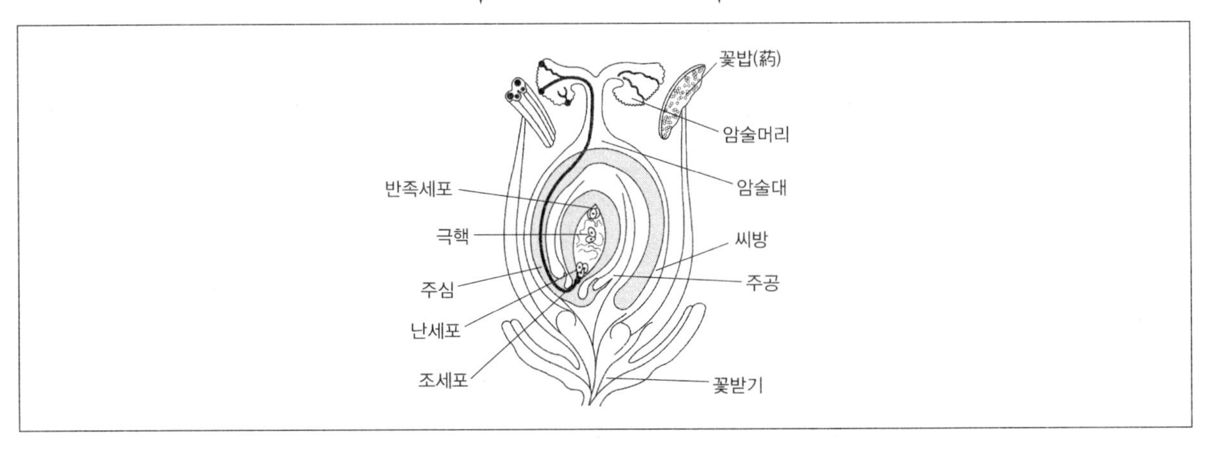

(4) 단위결실(단위결과)

① 속씨식물에서 수정하지 않고도 씨방이 발달하여 종자가 없는 열매가 되는 현상을 말한다.

② 단위결과라고도 한다.

③ 원인

㉠ 수분은 하였지만 화분이 발달하지 않았기 때문에 수정을 못 하는 경우(바나나, 밀감)
㉡ 화분은 정상이지만 자가불화합성 때문에 수분을 하여도 수정을 못 하는 경우(파인애플)
㉢ 꽃이 필 때 기온이 너무 낮은 경우(배, 사과, 파파야)
㉣ 식물체가 너무 늙어 단위결실이 일어나는 경우(감, 담배)

4 불임성과 불화합성

(1) 불임성의 개념

① 수분을 하여도 수정 · 결실하지 못하는 현상이다.

② 일반적인 임성을 보이는 범위 안에서 불임성이 나타날 때 문제가 된다.

(2) 원인

① 유전적 원인

㉠ 웅성기관의 이상

- 수술이나 꽃밥이 퇴화하거나 꽃가루가 유전적, 환경적, 영양적으로 불완전하게 되면 불임성을 나타낸다.
- 웅성불임성(雄性不稔性)

－환경적, 유전적 원인으로 인해 수술이 제 기능을 발휘하지 못하는 현상을 말한다.
－일대교잡종 채종에 유용, 이를 활용하여 F_1 종자를 경제적으로 채종 가능하다.
－유전자적 웅성불임성(GMS) : 핵유전자 웅성불임, 핵 내의 유전자에 의해 불임이 일어나는 경우로 화분친의 유전자 구성에 따라 모두 가임 혹은 1 : 1로 분리된다.
－세포질적 웅성불임성(CMS) : 세포질적 요인(모친)만 관여하여 불임이 일어나는 경우로 불임계통을 모본으로 하면 후대는 전부 웅성불임(모계유전)이 나타난다.
－웅성불임의 이용 : 화분만이 불임이 되고, 자성기관은 정상적 수정능력을 가진 웅성불임성을 교배모본에 도입하면 인공교배에서 제웅(除雄)을 할 필요가 없으므로 잡종강세육종법에서 F_1 채종에 이용할 수 있다.
－옥수수, 수수, 양파 등이 그 예이다.

TIP

채종, 채종포, 채종방법

㉠ 채종(採種)

- 식물의 종자를 얻어 내기 위한 여러 가지 기술을 말한다.
- 종자는 원래 품종의 특성을 잘 유전시킬 수 있도록 좋은 조건을 유지시켜야 하며, 종자가 가지고 있는 모든 번식형태는 보다 많은 생산물을 얻는 데 매우 중요한 영향을 미치므로 주의하여 채취해야 한다.
- 자가모분 식물에서는 모식물을 재배하거나 종자를 채취하는 중에 다른 품종이 혼합되어 섞이지 않도록 하며, 병충해에 감염되지 않는 깨끗한 것에서 종자를 채취하도록 한다.
- 타가수분 작물이나 채소 등에 있어서는 같은 품종 중에서도 여러 가지 다른 특성의 개체가 포함되어 있을 수 있다. 그러므로 그 중에서 원하는 품종의 특성을 갖춘 것을 잘 골라 같은 종끼리 교잡을 시켜 종자를 채취해야 한다.

㉡ 채종포(採種圃)

- 채종을 하기 위하여 특별히 설치한 밭은 채종포라 한다.
- 벼나 보리 등의 새로운 품종이나 우량품종을 농가에 보급하기 위하여 특별히 채종포를 설치한다.
- 채소같은 타가수분 작물에서는 반드시 채종포가 필요한데, 이 때 다른 품종의 곤충에 의한 매개를 피하여야 한다.
- 채종포를 설치할 때에는 다른 품종과 격리된 장소를 택하는데, 경우에 따라서는 산간지나 바다 한가운데에 있는 섬 등에 마련하기도 한다.
- 이들 채종포에서는 그 품종이나 밭의 성질에 따라 질소질 비료를 적게 하거나 인산 · 칼륨 비료를 많이 주는 등의 특수한 관리를 하기도 한다.

㉢ 채종방법

- 채종방법은 각기 작물의 종류에 따라 다르며, 특히 작물의 번식양식과 깊은 관련이 있다.
- 대개 벼와 밀 등은 수술의 꽃가루가 같은 꽃의 암술에 묻어서 종자가 되는 경우이다. 이러한 경우를 자가수분이라고 하는데, 열매를 맺는 식물에 한정하여 자식성 식물이라고 한다. 자식성 식물은 원원종포에서 품종을 유지한다.
- 원종포에서 채종용에 필요한 종자를 만들며, 채종포에서 채종하게 된다.
- 원원종은 모든 품종의 특성을 전달하는 유전적 종자이므로, 이 원원종을 통해 유전적으로 같은 종자를 얻고자 하는 것이다.
- 원원종을 재증식하는 포장이 원종포이며, 이를 통해 채종포에서 채종을 하며, 작물재배에 필요한 종자를 생산한다.

㉡ 자성기관의 이상

- 암술이 퇴화 · 변형하여 꽃잎이 되는 등의 이상이 발생하면 불임성을 나타낸다.
- 배낭의 발육이 불완전하면 외형적으로는 이상이 없어도 불임성을 나타낸다.

② **환경적 원인** … 영양이나 빛, 수분, 온도, 병충해 같은 외부 환경에 영향을 받는다.

(3) 불화합성

① 생식기관이 건전한 것끼리 근연간의 수분을 할 때 정상적으로 수정이나 결실을 하지 못하는 것을 말한다.

② 자가불화합성

㉠ 작물의 생식과정에서 환경적 · 유전적 원인에 의하여 종자를 만들지 못하는 것을 불임성(sterility)이라고 한다.

㉡ 유전적 불임성에는 자가불화합성(self-incompatibility)과 웅성불임성(male sterility)이 있으며, 이는 식물이 유전변이를 확대하기 위한 수단이다.

㉢ 작물의 자가불화합성과 웅성불임성은 1대 잡종(F1)품종의 종자를 채종하는데 이용된다.

㉣ 자가불화합성은 암술과 화분의 기능이 정상적이나 자가수분으로 종자를 형성하지 못해 불임이 생긴다. 자가불화합성의 메커니즘은 암술머리에서 생성되는 특정 단백질(S-glycoprotein)이 화분의 특정 단백질(S-protein)을 인식하여 화합 · 불화합을 결정하게 된다.

㉤ 불화합이면 암술에서 생성되는 억제물질에 의하여 화분이 발아하지 못하고, 발아해도 화분관이 신장할 수 없다.

㉥ 자가불화합성은 S유전자좌의 복대립유전자가 지배하며 자가불화합성의 유전양식에는 배우체형과 포자체형이 있다.

- 배우체형 자가불화합성 : 화분(n)의 유전자가 화합 · 불화합을 결정한다(가지과 · 볏과 · 클로버).
- 포자체형 자가불화합성 : 화분을 생산한 식물체(포자체, $2n$)의 유전자형에 의하여 화합 · 불화합이 달라진다(배추과 · 국화과 · 사탕무).

㉦ 배추는 자가불화합성의 유전자형이 다른 자식계통을 혼식(S_1S_1과 S_2S_2)하여 1대잡종 종자를 채종한다.

㉧ 자가불화합성 중에는 메밀처럼 같은 꽃에서 암술대와 수술대의 길이차이 때문에 자가수분이 안 되는 것이 있는데(단주화×단주화, 장주화×장주화), 이를 이형화주형 자가불화합성이라고 하며, 유전양식은 포자체형이다.

③ 이형예불화합성

㉠ 한 꽃 속에 있는 암술과 수술의 길이가 서로 다른 현상을 말한다.

㉡ 메밀꽃의 경우 수술이 짧고 암술이 긴 장주화와 수술이 길고 암술이 짧은 단주화의 구별이 있어 이형예 현상이 나타난다.

㉢ 암술과 수술 길이, 암술머리의 생김새, 화분 형태와 크기 등에서 분화가 나타난다.

㉣ 아마, 앵초 등

- 적법 수분 : 단주화 × 단주화 또는 장주화 × 장주화의 수분에서 불화합성을 나타내는 것이다.
- 부적법 수분 : 단주화 × 장주화 또는 장주화 × 단주화의 수분에서 불화합성을 나타내지 않는 것이다.

④ 교잡불화합성

㉠ 종속간 또는 품종간의 교잡에서 나타나는 불화합성을 말한다.

㉡ **교잡불친화성** : 꽃가루와 배주가 완전하지만 조합에 따라 수정이 안 되는 경우를 교잡불친화성 또는 교잡불임성이라고 한다.

❺ DNA와 염색체

(1) 염색체와 게놈

① 염색체

㉠ 염색체는 DNA와 단백질로 이루어져 있다.

㉡ 상동염색체의 두 염색체는 크기나 모양 및 동원체의 위치가 같고 유전자좌가 일치한다.

㉢ 자웅이주 식물은 성을 결정하는 염색체를 가지고 있다.

② 게놈

㉠ 염색체와 유전자가 합해진 것으로 생명체가 존재하는 최소한의 염색체 조합이다.

㉡ 서로 다른 게놈 간에는 감수분열을 할 때 염색체의 조화를 이루지 못한다.

(2) DNA의 구조

① 핵산

㉠ 기본단위는 뉴클레오타이드이다.

㉡ DNA와 RNA가 있으며 대부분의 생물은 DNA가 유전물질이고 이 DNA가 발현할 때 RNA가 나타난다.

㉢ DNA는 핵과 미토콘드리아 및 엽록체에 있고 유전형질을 간직한 유전자가 되어 자기 복제를 통해 같은 DNA를 만든다.

㉣ RNA는 핵과 리보솜, 세포질, 미토콘드리아, 엽록체에 있고 유전정보를 전달하고 리보솜을 구성하여 아미노산을 운반하는 기능을 한다.

② 핵 DNA

㉠ 두 가닥의 이중나선구조로 되어 있고 이 두 가닥은 염기와 염기의 상보적 결합에 의해 염기쌍을 이루고 있다.

㉡ 진핵생물의 염색체는 DNA와 히스톤 단백질이 결합하여 형성한 뉴클레오솜들이 압축 및 포함되어 염색체를 구조를 이룬다.

㉢ 핵 안에 있는 DNA는 세포분열을 하기 전에는 염색질로 존재하고 세포분열을 할 때 염색체의 구조가 나타난다.

㉣ 유전자 DNA는 단백질을 지정하는 엑손과 단백질을 지정하지 않는 인트론을 포함한다.

㉤ DNA의 유전암호는 mRNA로 전사되어 단백질로 번역된다.

③ 핵 외 DNA

㉠ 엽록체(cp DNA)

- 독자적인 rRNA와 tRNA유전자를 지니고 있으며 고리모양의 2가닥 2중나선으로 되어있다.
- cp DNA의 유전자 수는 150개인데 그 중에서 20개가 광합성과 관련된 유전자이다.
- 식물체에 돌연변이 유발물질을 처리하면 cp DNA에 돌연변이가 생겨 색소돌연변이가 나온다.

㉡ 미토콘드리아(mt DNA)

- 독자적인 rRNA와 tRNA유전자를 지니고 있으며 고리모양의 2가닥 2중나선으로 되어있다.
- 웅성불임인 식물체에서는 인공교배를 하지 않고도 1대잡종 종자를 생산할 수 있다.

④ 트랜스포존

㉠ 게놈의 한 장소에서 다른장소로 이동하여 삽입될 수 있는 DNA단편이다.

㉡ 절단과 이동은 전이효소에 의해 촉매된다.

㉢ 원핵생물과 진핵생물에 넓게 분포되어 있다.

㉣ 유전자의 운반체로 이용되고 돌연변이를 일으키는 데에도 활용한다.

⑤ 플라스미드

㉠ 작은 고리모양의 두 가닥 DNA이며 일반적으로 항생제 및 제초제저항성 유전자 등을 갖고 있다.

㉡ 식물의 유전자 조작에서 유전자 운반제로 많이 사용된다.

⑥ 바이러스의 유전물질

㉠ 한 가닥 RNA로 된 역전사바이러스는 역전사효소를 지니고 있다.

㉡ 진핵세포에 감염하면 역전사효소를 활용하여 자손이 가지고 있는 RNA로부터 DNA를 합성한다.

(3) 유전자 발현

① 한 개체를 구성하는 모든 세포는 똑같은 유전자를 가지며 각 세포는 모든 종류의 단백질을 만들 수 있다.

② 세포는 필요할 때 필요한 유전자만 발현하도록 조절함으로써 특정 형질이 나타나게 된다.

③ DNA 복제 시 풀려진 한 가닥은 5´ → 3´ 방향으로 복제되며 DNA 종합효소를 포함하여 여러 가지 효소가 관여한다.

④ 전사는 RNA 종합효소가 DNA의 프로모터에 결합하면서 시작되며 DNA 두 가닥 중 한 가닥만이 전사되어 RNA를 합성한다.

⑤ 진핵세포에서 스플라이싱 가공과정은 RNA 전구체에서 인트론을 제거하고 액손만 연결되는 과정이다.

6 유전자 조작

(1) 유전자 조작

① 재조합 DNA

㉠ **제한효소** : DNA의 특정 염기서열을 인지하여 절단한다.

㉡ **연결효소** : 불연속 복제나 유전자조작에 의한 DNA 재조합 및 손상된 DNA를 회복하는 역할을 한다.

㉢ 벡터 : 외래유전자를 숙주세포로 운반해 주는 유전자 운반체로 외래유전자를 삽입하기가 쉬워야 하며 숙주세포에서 자기증식을 할 수 있고 표지유전자를 가지고 있어야 한다.

㉣ 유전자클로닝 : 제한효소는 DNA의 특정 염기서열을 자르는 역할을 한다.

② 유전자은행

㉠ 유전자조작을 위해 반드시 필요하다.

㉡ 게놈라이브러리와 cDNA라이브러리가 있다.

㉢ 프로브는 인공합성이나 mRNA로 합성하는 다른 유전자를 이용한다.

③ 유전공학

㉠ GMO : 유전자변형농산물을 말한다.

㉡ 안티센스 RNA : 세포질에서 단백질로 번역되는 mRNA와 서열이 상보적인 단일가닥 RNA이다.

(2) 유전자의 전환

① 형질전환육종은 원하는 유전자만 갖는다.

② 형질전환육종단계

㉠ 제 1단계 : 원하는 유전자를 다른 생물에서 분리하여 클로닝을 실시한다.

㉡ 제 2단계 : 클로닝 한 외래 유전자를 벡터에 재조합 후 식물세포에 도입한다.

㉢ 제 3단계 : 재조합한 식물세포를 증식하고 재분화시켜 형질전환식물을 선발한다.

㉣ 제 4단계 : 특성을 평가하여 신품종으로 육성한다.

(3) 형질전환

① 꽃가루에 의한 유전자 이동빈도는 엽록체형질전환체가 핵형질전환체보다 낮다.

② 식물, 동물, 미생물에서 유래되었거나 합성한 외래 유전자를 이용할 수 있다.

③ 유용유전자 탐색에 쓰이는 cDNA는 역전사효소를 이용하여 mRNA로부터 합성할 수 있다.

④ 일반적으로 유전자총을 이용한 형질전환은 아그로박테리움을 이용하는 것보다 삽입되는 사본수가 많지만 실패할 확률이 높다.

⑤ 형질전환 작물은 외래의 유전자를 목표식물에 도입하여 발현시킨 작물이다.

02 유전

❶ 멘델의 유전법칙

(1) 멘델의 유전법칙의 개념

G.J. 멘델이 완두콩을 이용하여 7가지 형질에 관한 잡종실험을 7년간 계속한 끝에 발견한 유전과 관련된 법칙을 말한다.

(2) 멘델의 법칙

① **우열의 법칙** … 단성잡종의 제1대(F_1)에 대립하는 형질 가운데 우성의 형질만이 겉으로 나타나고 열성형질은 가려져 버린다는 것이다.

② **분리의 법칙** … 잡종 제2대(F_2)에 있어서 우성 대 열성의 형질이 일정한 비(완전 우성에서는 3 : 1, 불완전 우성에서는 1 : 2 : 1)로 분리한다는 법칙이다.

③ 독립의 법칙

㉠ 양성잡종 이상인 다성잡종에 있어서 각 대립형질은 독립해서 우열의 법칙과 분리의 법칙에 따라 유전한다는 것이다.

㉡ 양성잡종에서 2쌍의 대립형질에 대한 유전방식을 관찰할 경우 잡종 제3대에서는 2쌍 중 우성형질들만 나타나고, 이것들의 잡종 제2대에서는 2쌍의 형질의 조합이 9 : 3 : 3 : 1의 비율로 나타나며, 이를 분석하면 단독형질일 경우 각각 3 : 1의 분리비가 된다.

(3) 멘델의 법칙의 변이

① 우열전환

㉠ 어떤 잡종의 표현형에서 생육 초기에는 우성형질을, 후기에는 열성형질을 나타내는 현상을 말한다.

㉡ 카네이션의 백색꽃과 암홍색꽃과의 잡종에서 처음에는 우성인 백색꽃이 피다가, 나중에는 열성의 암홍색꽃을 달게 된다. 이러한 우열형질의 전환현상은 연령의 차와 환경조건에 따라서도 일어나며, 세대차로 일어나는 경우도 있다.

② **격세유전** … 한 생물의 계통에서 선조와 같은 형질이 우연히 또는 교잡 후에 나타나는 현상을 말한다.

③ 중간유전

㉠ 불완전 우성유전자에 의한 유전을 말한다.

㉡ 분꽃과 같은 식물에서 하얀색 꽃과 붉은색 꽃을 교배하면 다음 세대에는 하얀색 꽃과 붉은색 꽃이 나오는 것이 아니라 중간색인 분홍색 꽃이 나타난다. 이렇게 중간색 꽃이 나오게 되는 이유는 하얀 색과 붉은 색을 나타내도록 결정하는 유전자 가운데 완벽하게 우성으로 작용하는 것이 없기 때문이다. 이렇게 그 어느 쪽도 아닌 중간형질이 나타나는 유전을 중간유전이라고 한다.

㉢ 분꽃의 흰꽃과 빨간꽃을 교배하면 F_1은 분홍꽃이 되고, 그 자가수정에 의해서 F_2는 빨간꽃 : 분홍꽃 : 흰꽃이 1 : 2 : 1의 비율로 나온다.

※ 분꽃의 꽃색유전 ※

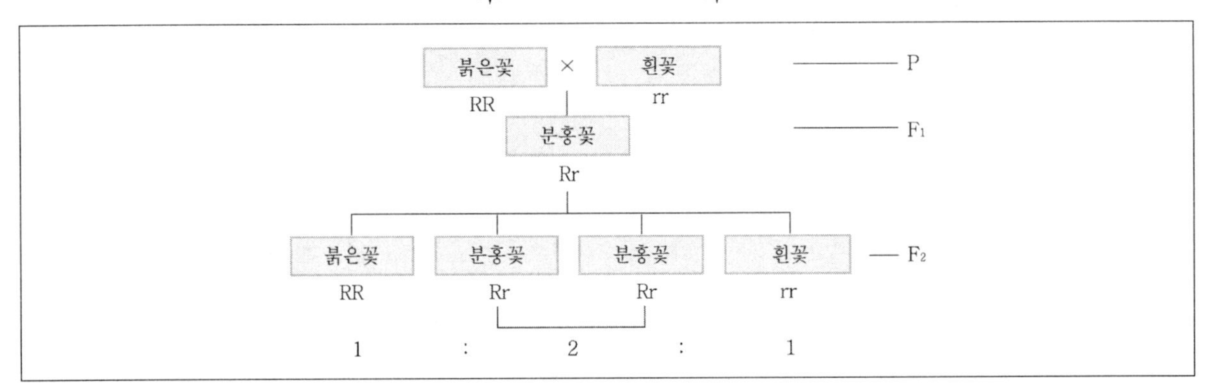

(4) 대립유전자에 의한 유전

① 보족유전

㉠ 두 가지 서로 다른 유전자가 상호작용을 하여 새로운 형질을 나타내는 것을 말한다.

㉡ 닭의 볏에 관한 2쌍의 유전자 P−p, R−r가 보족유전자라고 하면, 장미볏은 RRpp로, 완두볏은 rrpp로 표시되며, 장미볏과 완두볏의 교배로 생기는 F_1인 RrPp는 호도볏이라는 새로운 형이 생긴다. F_1의 자가수정에 의해서 F_2에는 R · P를 나타내는 것(호도볏), R · p를 나타내는 것(장미볏), r · P를 나타내는 것(완두볏), r · p를 나타내는 것(홑볏)이 9 : 3 : 3 : 1의 비율로 나타난다.

※ 닭의 볏 모양 유전 ※

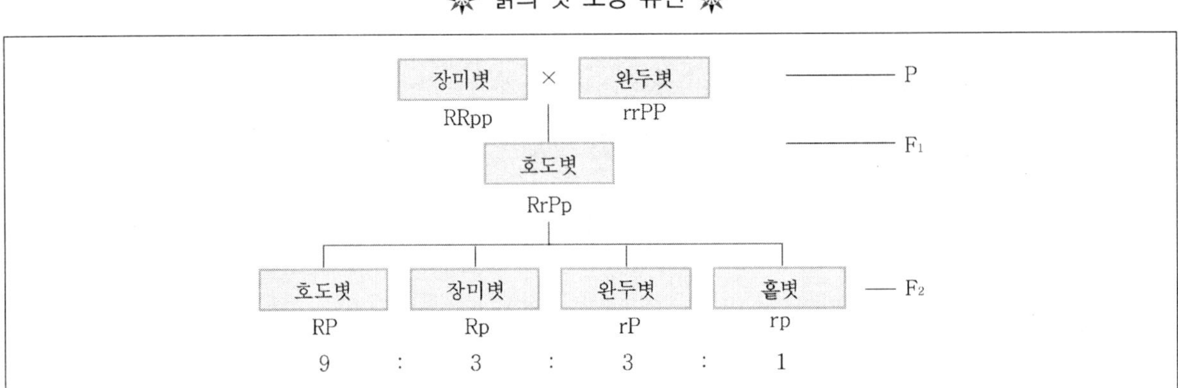

② 조건유전

㉠ 어떤 두 쌍의 유전자 중 한쪽 유전자의 형질이 발현할 때 다른 유전자가 필요로 하는 것을 말한다.

㉡ A, a 및 B, b의 두 쌍의 유전자 중에서 A는 단독으로 그 형질이 나타나나, B는 A의 존재를 조건으로 하여 그 형질이 나타나는 경우에 B를 조건유전자라고 한다.

㉢ A와 B가 각각 독립적으로 유전하는 경우에는 멘델법칙에 따라 잡종 제2대(F_2)에서는 AB : Ab : aB : ab가 9 : 3 : 3 : 1의 비율로 분리된다. 그러나 B가 조건유전자면 잡종 제2대의 분리비는 9 : 3 : 4가 된다.

집토끼의 털색유전

흑색 BBgg × 백색 bbGG ——— P

회색 BbGg ——— F_1

회색 BG : 흑색 Bg : 백색 bG : 백색 bg ——— F_2

9 : 3 : 3 : 1

③ 억제유전

㉠ 어떤 형질의 발현을 억제하도록 작용하는 것을 말하며, 억압유전이라고도 한다.

㉡ 누에에 황색고치(iiYY)와 백색고치(IIyy)가 있는데, Y는 그 억제유전자 I에 의해 발현이 억제되어 백색고치가 된다. 즉, 유전자조합이 IY일 때 Y(황색)는 I에 의하여 형질의 발현이 억제되므로 백색고치가 된다. 닭의 깃털색, 그 밖의 동식물에서도 그런 예를 볼 수 있다.

누에고치의 색깔유전

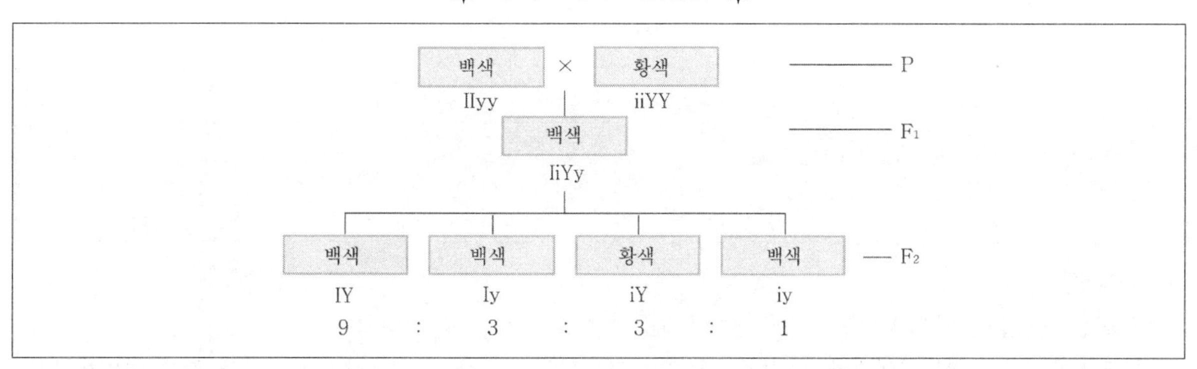

④ 피복유전

㉠ 우성유전자 사이에 상위에 있는 유전자를 말한다.

㉡ 단독으로 형질의 발현능력이 있는 2쌍의 유전자에서 어느 한 쪽이 다른 한쪽보다 작용이 강해 다른 쪽 유전자의 형질발현을 억제할 때 이 유전자를 상위라 하고, 다른쪽을 하위라고 한다.

❋ 양호박의 껍질색 유전 ❋

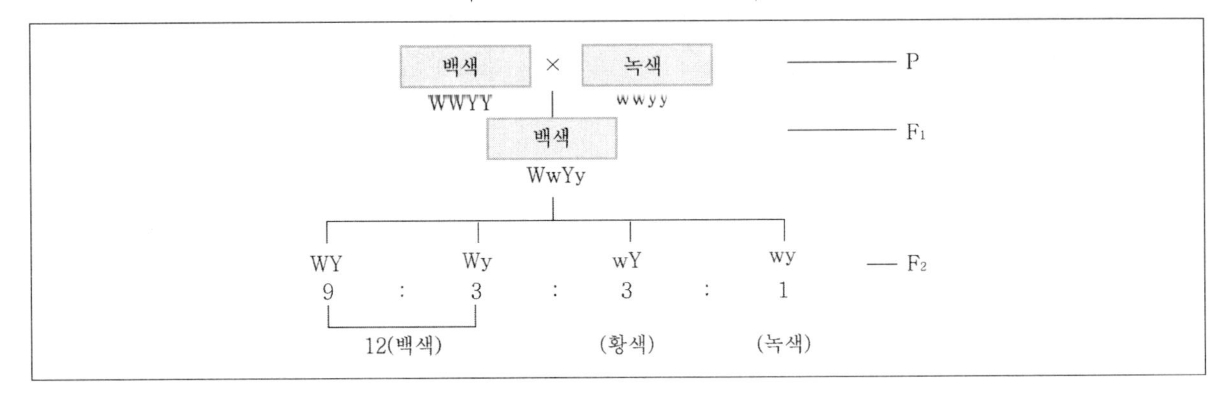

⑤ 동의유전

㉠ 동일방향의 형질에 작용하는 우성유전자가 2쌍 또는 그 이상 작용하는 유전을 말한다.

㉡ 2쌍의 유전자가 동일방향으로 작용하면 2쌍 동의유전자, 2쌍 이상의 유전자가 동일방향으로 작용하는 경우를 다수 동의유전자라고 한다.

㉢ 냉이의 열매형태에 관한 2쌍 동의유전자의 예는 잘 알려져 있다. 2쌍 동의유전자의 F_2에서의 우성과 열성의 형질 분리비는 15 : 1이다. 예를 들면, A 및 B를 같은 우성형질(m)을 나타내는 유전자라고 가정하면 AABB와 aabb의 교배종(F_1)은 AaBb가 되어 우성형질(m)을 나타내며, F_2에서는 AA : Ab : aB : ab가 9 : 3 : 3 : 1이 되어 우성형질(m)과 열성형질(n)의 분리비는 15 : 1이 된다.

❋ 냉이의 열매모양 유전 ❋

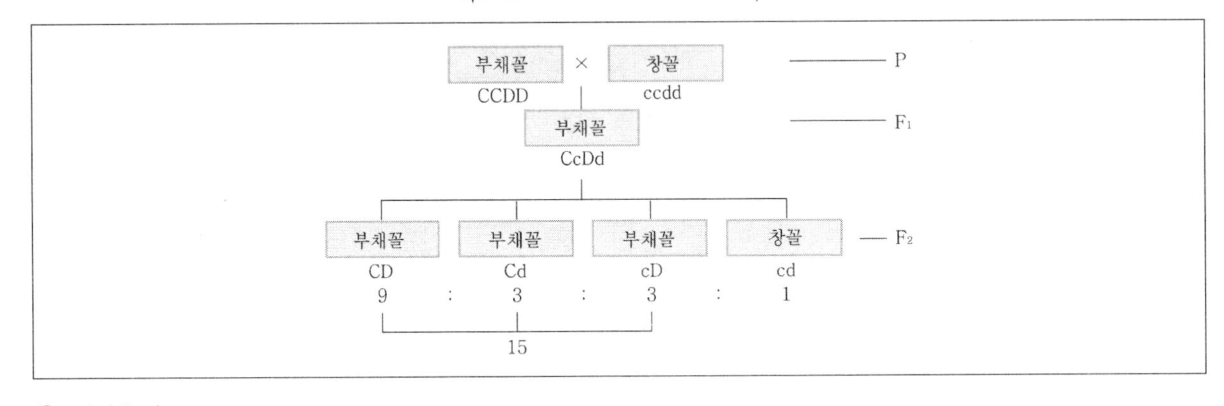

⑥ 치사유전

㉠ 정상적인 수명 이전의 일정시기에 개체를 죽음에 이르게 하는 유전이다.

㉡ 치사유전자가 상동염색체의 상대되는 위치에 있을 때, 즉 호모인 때 이러한 개체를 전부 죽이게 되는 경우와 일부만 죽이는 경우가 있다.

㉢ 상동염색체의 한쪽에만 치사유전자가 존재할 때, 즉 헤테로인 때에도 치사작용이 있는 것과 호모인 때에만 치사작용이 있는 것이 있다.

⑦ 유전변이

㉠ 주동유전자와 변경유전자

- 주동유전자 : 형질이 나타나는데 주도적인 역할을 하는 유전자를 말한다.
- 변경유전자 : 주동유전자의 작용을 질적이나 양적으로 조절하는 유전자를 말하며, 주동유전자가 있는 경우에만 작용한다.

㉡ **다면발현** : 1개의 유전자가 2개 이상의 유전 현상에 관여하여 형질에 영향을 미치는 일을 말한다. 다형질 발현 또는 다면현상이라고도 한다.

㉢ **복대립 유전자** : 같은 유전자 자리에서 반복적으로 돌연변이가 일어나기 때문에 생기는 것으로 상동염색체의 같은 유전자 자리에 위치하는 3개 이상의 대립유전자를 말하고 특징을 살펴보면 다음과 같다.

- 각 유전자들 간에 교배조합을 만들어 완전우성, 불완전우성, 공우성 등을 식별할 수 있다.
- 병충해에 대한 저항성 유전자도 복대립 유전자가 많은 편이다.
- 초파리의 붉은 눈이나 에오신 눈, 흰눈 등은 서로 복수의 대립관계를 보인다.
- 십자화과나 클로버 등의 작물은 S유전자 자리의 복대립 유전자가 자가불화합성을 조종한다.

㉣ 양적형질과 질적형질

- 양적형질 : 환경적, 유전적 요소에서 여러 변이들이 특정형질에 부분적으로 작용하여 나타나는 연속적이고 계량적으로 표현되는 형질이다.
  - 다수의 유전자에 발생된 변이들은 크고 작은 표현형적 효과를 나타낸다.
  - 유전적으로는 복합적인 유전효과가 중복되어 있고, 환경적인 영향도 함께 나타난다.
- 질적형질 : 대립유전자에 의한 표현형이 불연속적으로 나타나고 그 차이를 정성적으로 표현할 수 있는 형질이다.
  - 유전적으로 명확히 구분되는 자손형질, 즉 불연속된 표현형질을 말한다.
  - 소수의 유전자의 변이에 기인하므로, 단순한 유전법칙들을 적용하여 관련 유전변이를 확인할 수 있다.

(5) 크세니아와 메타크세니아

① 크세니아(Xenia)

㉠ 종자 속의 배젖에 화분의 우성형질이 나타나는 현상을 말한다.

㉡ 벼의 멥쌀은 찹쌀에 대하여 우성이다. 찹쌀이 생기는 그루의 꽃에 멥쌀의 화분을 묻혀 수정시키면 거기에 생기는 낟알은 우성형질이 나타나 멥쌀이 생긴다. 그 멥쌀을 심어 얻은 그루를 자가수정시키면 멥쌀과 찹쌀의 낟알이 3 : 1의 비율로 생긴다.

㉢ 완두의 콩 형질(떡잎의 빛깔, 녹말성 또는 설탕성 등)은 떡잎의 형질이며, 역시 크세니아를 나타낸다.

② 메타크세니아(Metaxenia)

㉠ 종피(種皮)나 과피(果皮)와 같이 모계의 조직에 화분 유전자의 영향을 받은 형질이 나타나는 현상을 말한다.

㉡ 수정으로 생긴 것이 아닌 부분에 화분의 형질이 나타나는 현상이다.

㉢ 중복수정을 하는 옥수수 등에서 종자의 색은 배젖의 색으로서, 이것은 교잡에 의한 수정의 결과로 생긴 현상으로 크세니아라고 한다. 그러므로 메타크세니아란 크세니아에 대비되는 용어이다.

㉣ 대추야자나무나 사과나무 과실의 크기나 성숙기의 빠르고 늦음 등은 교잡수정에 의하여 생긴 것이 아닌 자성(雌性)그루의 성질에 화분의 형질이 작용하여 나타난 것이라고 보는데 이러한 현상이 메타크세니아이다.

㉤ 감나무나 가지열매의 과육이나 과피의 성질에도 메타크세니아가 나타나는 경우가 있다.

작물의 크세니아

작물	어버이의 배젖형질		잡종 당대의 배젖의 유전자형	잡종 당대의 배젖의 형질	크세니아의 발생
	아비	어미			
벼	메벼(A)	찰벼(a)	Aaa	메벼	크세니아(A>aa)
옥수수	황색(Y)	백색(y)	Yyy	황색	크세니아(Y>yy)
옥수수	각질(F)	분질(f)	Fff	분질	-(F<ff)

(6) 유전자교차와 유전자 지도

① **연관** … 같은 염색체상에 위치하고 있는 2 이상의 유전자 간의 관계를 말하며, 모든 유전자들은 연관군을 형성하고 있고 배우자의 염색체 수와 일치한다.

② **교차** … 생식세포의 분열과정에서 생기는 염색분체의 부분적인 교환현상을 말한다.

③ **유전자지도** … 서로 연관되는 유전자 간 재조합빈도를 이용하여 유전자들의 상대적 위치를 표시한 것으로 지도거리 1단위는 재조합빈도가 1%이고 교배결과를 예측해서 잡종 후대에서 유전자형과 표현형의 분리를 미리 예측할 수 있다.

④ **재조합빈도** … 전체 배우자 중 교체형 배우자의 비율을 말하고 연관된 두 유전자 사이의 재조합 빈도는 0~50%범위에 있다.

㉠ 재조합빈도가 0이면 완전연관, 50%이면 독립이다.

㉡ 유전자 사이의 거리가 가까울수록 재조합빈도도 낮아진다.

㉢ 두 유전자가 연관되어 있을 때에도 교차가 일어나면 4종의 배우자가 형성된다.

㉣ 두 쌍의 대립유전자(Aa와 Bb)가 서로 다른 염색체에 있을 때 전체 배우자 중에서 재조합형은 50%로 나타난다.

(7) 기타 유전양식

① 양적 유전

㉠ 양적형질 분석에서는 분산과 유전력 등을 구하여 유전적 특성을 추정한다.

㉡ 양적형질의 유전은 다인자유전이라고도 한다.

㉢ 양적형질의 표현형 분산은 유전분산과 환경분산을 포함한다.

㉣ 유전력은 표현형 분산에 대한 유전분산의 비율을 말한다. 즉, $h^2 = Vg/Vp$이다.

㉤ 농업형질에서 재배상 중요한 품질이나 수량 및 적응성과 같은 중요한 형질은 대체적으로 양적형질이다.

② 핵외유전

㉠ 핵외유전은 멘델의 법칙이 적용되지 않으므로 비멘델식 유전이라고 한다.

㉡ 정역교배의 결과가 일치하지 않는다.

㉢ 핵치환을 해도 세포질 유전은 계속된다.

㉣ 핵외유전자는 핵 게놈의 유전자지도에 포함되지 않는다.

③ 집단유전

㉠ 집단의 규모가 크고 돌연변이가 일어나지 않아야 한다.

㉡ 개체의 이주가 없고 다른 집단간 유전자 교류가 없어야 한다.

㉢ 집단 내의 개체가 자유롭게 무작위교배가 일어나야 한다.

㉣ 특정한 대립유전자에 대한 자연선택이 적용하지 않아야 한다.

❷ 세포질 유전

(1) 세포질 유전의 의의

① 유전자형에 의하지 않고 세포질의 차이로 나타나는 유전현상을 말한다.

② 핵외유전 또는 염색체외유전이라고도 한다.

(2) 세포질이 핵 유전자와 공동으로 작용하는 경우

양파의 웅성불임은 웅성불임세포질(S)과 웅성불임유전자(ms)의 호모상태가 결합된 경우에 나타나는 것으로, 세포질이나 유전자의 단독작용으로는 나타나지 않는다.

(3) 세포질이 대립유전질로서 작용하는 경우

① **색소체 유전** … 세포질의 색소체가 직접 유전질로 작용한다.

② **모성 유전** … 다음 세대의 형질이 어미에 의해서 지배된다.

❸ 연관, 교차, 상인과 상반

(1) 연관

① **연관의 개념** … 유전자가 동일염색체 위에서 동일행동을 취하는 일을 말하며, 연쇄라고도 한다.

② 완전연관

㉠ 연관된 유전자가 서로 떨어지지 않고 항상 같이 행동하는 것을 말한다.

㉡ 유전자 B-L이 동일염색체에 있고 이것과 쌍이 되는 상동염색체의 상대하는 위치에 각각 b-l이 있다고 하면, 감수분열에서는 보통은 B-L, b-l이 그대로 분리된다. 제2분열에는 각각 세로로 쪼개져 4개의 배우자를 만들므로 그 중 2개는 BL이고, 다른 2개는 bl이다. 즉, B와 L, b와 l은 연관되어 동일행동을 취한 것이다.

(2) 교차

① 부분연관(교차)

㉠ 가끔 염색체 B-L, b-l 사이에 염색체의 교환이 일어나, 그 장소에서 끊어져 다시 새롭게 연결·분리하여 B-l, b-L이라는 염색체가 생기는 수가 있다. 즉, 염색체는 부분적으로 일부를 교환한 것으로 이런 것을 부분교환이라고도 한다. 이 경우 교환을 한 배우자가 전체 배우자 수에서 차지하는 비율(백분율)을 교환율이라고 한다.

㉡ 2개의 유전자쌍 사이의 교환율은 그 사이의 거리가 길수록 높으므로 연관은 약해지게 된다. 이 점에서 유전자의 염색체 상의 상대적인 위치를 정할 수가 있다. 이렇게 해서 염색체지도를 만들 수 있다.

② 교차의 원인

㉠ 감수분열 중 제1분열 전기에서의 4분 염색체 형성시 키아즈마(Chiasma)가 형성되어 방추사에 의해 염색체가 양극으로 끌려갈 때 그 부분이 끊어져 염색체의 상호교환이 일어난다.

㉡ 교차형과 비교차형

- 교차형 : 염색체의 교차가 생겨서 일부의 대립유전자가 교환된 배우자를 말한다.
- 비교차형 : 교차가 생기지 않은 배우자를 말한다.

✵ 감수분열에서의 교차 ✵

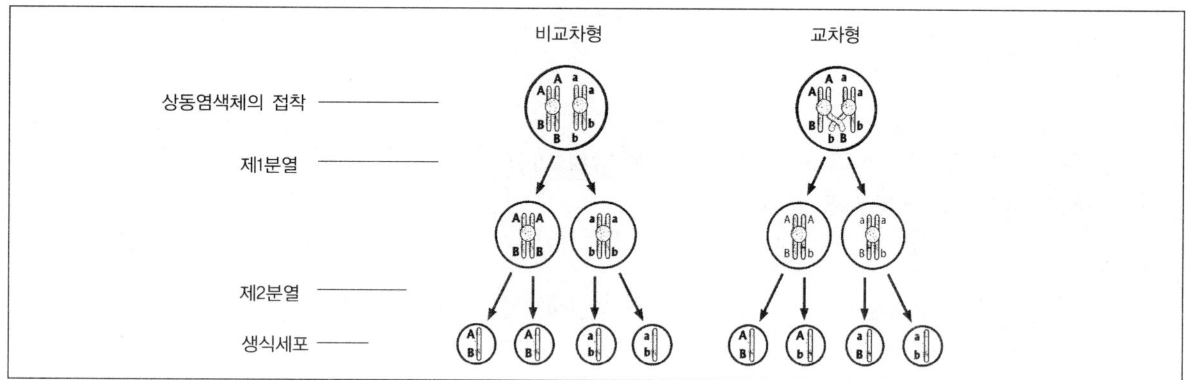

(3) 상인과 상반

① **상인** : W. Bateson은 스위트피의 꽃가루와 꽃가루 모양의 유전에서 유전분리를 발견하였다.

㉠ 꽃색깔에서 자색의 유전자를 B, 적색을 b라 하고, 꽃가루 모양에서 장형꽃가루를 L, 원형 꽃가루를 l로 표시하면 자색장형 꽃가루는 BBLL, 적색꽃 원형꽃가루는 bbll이 될 것이다. F_1인 BBLl에서 배우자 BL : Bl : bL : bl가 1 : 1 : 1 : 1로 생기면 F_2에서는 각각 표현형이 9 : 3 : 3 : 1로 되지만, 스위트피의 경우는 177 : 15 : 15 : 49로 나타났다. F_1의 배우자를 형성할 때 비교차형 7에 대하여 교차형이 1의 비율로 형성되었다면 실험결과와 일치하는 분리비를 나타내게 되는 것이다.

㉡ F_1의 배우자 형성에서 양우성이나 양열성인 배우자(BL과 bl)가 단우성인 배우자(Bl과 bL)보다 많이 생긴다.

㉢ 양우성과 양열성인 배우자는 비교차형이고, 단우성인 배우자는 교차형이다.

✵ 스위트피의 F_2 분리비 ✵

	7BL	1Bl	1bL	7bl
7BL	49BBLL	7BBBl	7BbLL	49BbLl
1Bl	7BBLl	1BBll	1BbLl	7Bbll
1bL	7BbLL	1BbLl	1bbLL	7bbLl
7bl	49BbLl	7Bbll	7bbLl	49bbll

② **상반(相反)**

㉠ 자색꽃 원형꽃가루(BBll)와 적색꽃 장형꽃가루를 교잡하였을 경우 F_1인 BbLL의 배우자 BL : Bl : bL : bl 이 1 : 7 : 7 : 1로 나타났을 때 F_2의 분리비는 129 : 63 : 63 : 1이 된다.

㉡ F_1의 배우자 형성에 있어서 양우성과 양열성인 것이 단우성인 것보다 적게 생기는 현상을 상반이라고 한다.

㉢ 단우성인 것(Bl과 bL)은 비교차형이고 양우성과 양열성인 것(BL과 bl)은 교차형이다.

❹ 성과 유전

(1) 생물의 성 결정방식

① XY형

㉠ 암컷은 성염색체를 호모(XX)로 가지며, 수컷은 헤테로(XY)로 갖는다.

㉡ 초파리, 사람, 삼, 뽕나무 등

② XO형

㉠ 암컷은 호모의 성염색체를 2개 가지며, 수컷은 성염색체를 1개(XO) 갖는다.

㉡ 쥐, 메뚜기, 고양이, 말 등

③ ZW형

㉠ 수컷은 성 염색체를 호모(ZZ)로 가지며, 암컷은 헤테로(ZW)로 갖는다.

㉡ 양딸기, 누에 등

④ ZO형

㉠ 수컷은 호모의 성염색체를 2개(ZZ) 가지나, 암컷은 성염색체를 1개(ZO) 갖는다.

㉡ 파충류, 조류 등

(2) 반성유전

① 성염색체에 있는 유전자에 의해 일어나는 유전현상을 말한다.

② 보통 X염색체에 있는 유전자에 의한 유전을 반성유전이라고 한다.

③ 초파리의 흰색눈(보통 야생형의 빨간눈에 대하여 열성)의 유전자는 X염색체에 있으므로, 그것에 의한 흰눈의 유전은 반성유전이다.

④ 흰눈 유전자를 X^W라고 한다면, 빨간눈을 가진 암컷의 유전자형은 XX이고, 흰눈인 수컷은 XY 중 X에 흰눈의 유전자 W를 가지므로 유전자형은 X^WY이다. 이 암수가 교잡하면 XX^W, XX^W, XY, XY의 유전자형을 가진 F_1 개체가 생긴다. 즉, 암컷은 흰눈 유전자 X^W를 가지고 있지만 빨간눈이며, 수컷은 흰눈 유전자 X^W를 갖지 않은 빨간눈이다. 이들 F_1 개체 중 XX^W의 암컷과 X^WY의 수컷을 교배하면, F_2에서 암컷은 $XX^W \cdot X^WX^W$의 유전자형을 가진 개체가 생기게 되고, 수컷은 $X^WY \cdot XY$형의 유전자형을 가진 개체가 된다. 결국 암컷은 빨간눈과 흰눈의 초파리가, 수컷도 빨간눈과 흰눈의 초파리가 나온다. 또, 흰눈의 암컷(X^WX^W)과 빨간눈의 수컷(XY)을 교잡하면 F_1에서의 수컷은 흰눈(X^WY)으로 어미를 닮고, 암컷은 빨간눈(XX^W)으로 아비를 닮는다. 이런 현상을 십자유전(十字遺傳)이라고 한다.

⑤ 적록색맹(赤綠色盲)은 반성유전의 대표적인 예로 색맹 유전자는 열성이며 X염색체에 있다. 혈우병(血友病)의 유전자도 열성이며 X염색체에 있다.

✻ 초파리의 눈색깔 유전 ✻

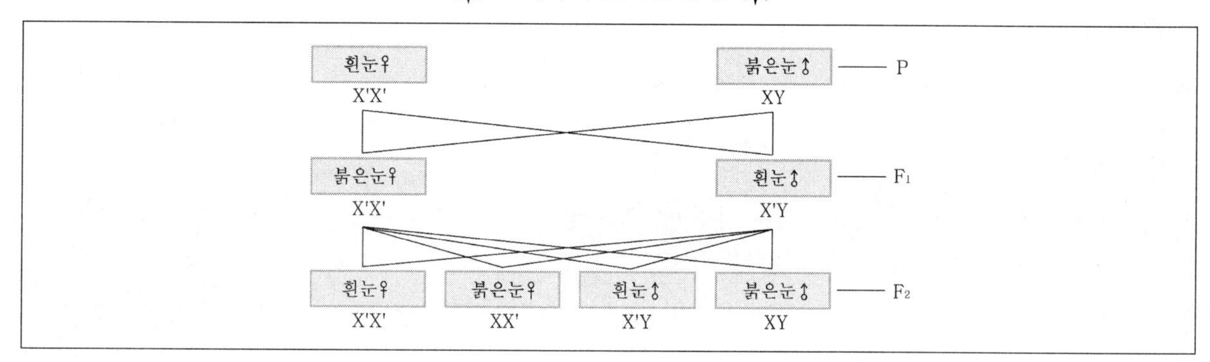

(3) 한성유전

① 어떤 형질이 암수의 어느 한쪽에만 전해지는 유전을 말한다. Y염색체에만 있는 유전자에 의하여 일어나는 유전(열대어 거피의 수컷 등지느러미에 있는 검은 반점, 사람의 지느러미 손가락)과 X, Y 양염색체 모두에 있는 유전자에 의하여 한쪽 성에만 나타나는 유전(흰송사리의 몸빛깔)을 말한다.

② 생물의 성 결정은 주로 성염색체에 의하여 이루어지는데, Y염색체에 있는 유전자에 의하여 일어나며, X와 Y에 있는 유전자에 의해서도 일어난다.

③ 작은 물고기인 구피의 수컷은 항상 검은 반점을 등지느러미에 가지고 있다. 이것은 Y염색체에 있는 m이라는 열성 유전자에 의하여 유전된다.

✻ 구피와 송사리의 한성유전 ✻

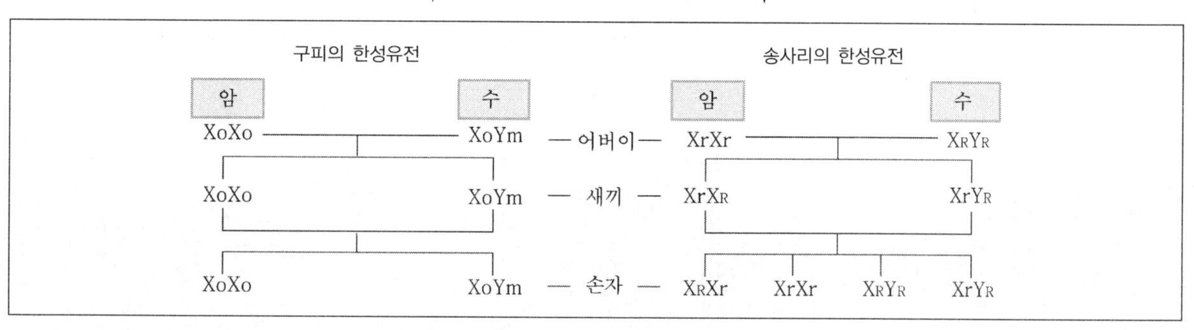

④ 그림과 같이 m을 포함하지 않는 X염색체를 Xo라고 하고, m을 포함하는 Y염색체를 Ym이라고 하면, Xo유전자를 가진 암컷과 Ym유전자를 가진 수컷을 교배하면 XoXo는 정상적인 암컷, XoYm은 검은 반점이 있는 수컷이 된다. 그 결과 수컷은 언제나 검은 반점을 가지게 된다. 또 구피의 염색체는 수컷은 2n = 44 = 42 + XY, 암컷은 2n = 44 = 42 + XX이다.

⑤ 사람의 물갈퀴손가락이라는 손이나 발가락의 기형은 Y염색체에 있는 유전자에 의한 것이며, 남자에게만 나타난다.

⑥ 송사리에는 붉은송사리와 흰송사리가 있는데, 붉은유전자 R는 흰유전자 r에 대하여 우성이므로, R와 r는 X염색체와 Y염색체에 있을 수 있다.

⑦ 송사리의 염색체는 암컷 2n = 48 = 46 + XX, 수컷은 2n = 48 = 46 + XY이다.

(4) 종성유전

① 성염색체에 있는 유전자에 의하지 않는 유전현상으로 성과 관련되어 있는 것을 말하며, 주로 호르몬의 영향으로 성과 관련되어 있는 경우가 많다.

② 조류의 암수에 따른 깃털의 차이나 산란성, 소나 양의 뿔의 유무나 젖을 분비하는 것 등 2차 성징의 대부분은 종성유전에 의한다.

③ 노랑나비의 수컷의 날개는 바깥가두리가 검은색이고 나머지는 황색인 데 비해, 암컷에는 수컷과 같은 색인 것과 백색인 것의 두 형이 있다. 이와 같이 나비류가 암수에 따라 날개 색이 다른 것은 종성유전에 의하는 경우가 많다.

④ 양의 서포크종은 암수 모두 뿔이 없으나, 도싯종은 암수 모두 뿔이 있다. 도싯종의 암컷과 서포크종의 수컷을 교배하면, 잡종 제1대에서의 수컷은 뿔이 있고 암컷은 뿔이 없게 되며, 잡종 제2대에서의 암컷은 뿔이 있는 것과 없는 것의 비가 1 : 3이 되고, 수컷은 뿔이 있는 것과 없는 것의 비가 3 : 1이 된다.

⑤ 거꾸로 도싯종의 수컷과 서포크종의 암컷을 교배시켜도 잡종 제1대, 제2대의 결과는 마찬가지가 된다. 이것은 유각유전자 H가 무각유전자 h에 대하여 수컷에서는 우성, 암컷에서는 열성으로 작용하기 때문이다.

⑥ 젊은 사람의 대머리도 종성유전에 의한 것인데, 호르몬의 영향을 많이 받는다.

양뿔의 유전

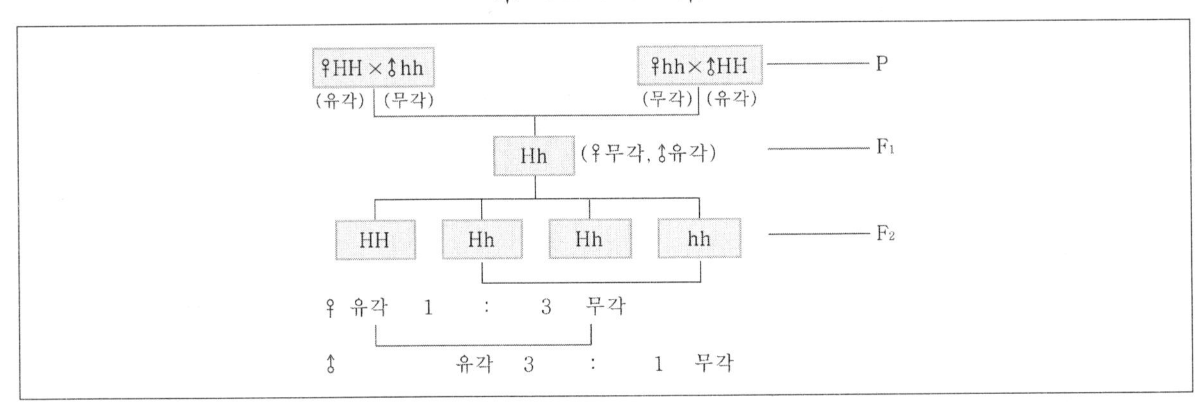

❺ 혼성잡종과 영양잡종

(1) 혼성잡종

두 종류 이상의 정핵이 동시에 수정이나 배의 발육에 관여하는 독특한 유전현상을 말한다.

(2) 영양잡종

① 영양체의 교잡으로 생긴 잡종을 말한다.

② 이것에 대하여 교배에 의한 잡종을 유성잡종이라고 한다.

③ 식물에서는 주로 접붙이기가 그 수단이 되며 접목잡종이라고도 한다.

④ 접수(接穗)와 대목 사이의 물질적인 상호교류에 의하여 생식세포 형성에 변화가 일어난 경우에만 유전성의 변혁이 일어난다.

⑤ **키메라**(Chimera) … 토마토의 밑그루에 까마중을 접붙이고 그 접합부를 횡단하여 부정아를 나오게 하였더니 그 중 토마토와 까마중의 두 조직이 혼합되어 있는 것을 발견하였다. 이와 같이 한 식물에 두 종류의 조직이 혼합되어 있는 것을 말하며, 이것은 다음 세대의 유전에 영향을 미치지 않는다.

㉠ **구분키메라** : 두 종류의 조직이 외관상 잘 구분된다.

㉡ **주연키메라** : 한 종류의 조직이 다른 종류의 조직을 완전히 둘러싸서 외관상 두 종류의 조직구분이 어렵다.

㉢ **염색체적 키메라** : 뿌리 조직의 일부 세포가 4n · 8n 등으로 되어 있고, 배수성의 조직이 정상조직(2n)에 섞여 있는 것을 말한다(나팔꽃, 시금치). 이 경우에 염색체 수의 차이에 따라 식물체의 부분의 크기가 다를 수 있다.

㉣ 아조변이에 의하여 식물의 조직이 변해서 키메라가 되는 경우도 있다.

최근 기출문제 분석

2024. 6. 22. 제1회 지방직 9급 시행

1 **다음 조건에서 양친을 교배했을 때 생성되는 F_1 종자의 유전자형으로 옳은 것은?**

- 모본과 부본의 유전자형은 각각 S_1S_2, S_1S_3이다.
- 포자체형 자가불화합성을 나타내는 복대립유전자이다.
- 대립유전자 간 우열관계는 없다.

① S_1S_2, S_2S_3

② S_1S_3, S_2S_3

③ S_1S_2, S_1S_3, S_2S_3

④ 종자가 생성되지 않는다.

TIP 모본과 부본의 유전자형에 하나라도 같으면 불화합이다. S_1S_2, S_1S_3에 S_1이 동일하므로 종자가 생성되지 않는다.

2024. 3. 23. 인사혁신처 9급 시행

2 **작물의 웅성불임성에 대한 설명으로 옳지 않은 것은?**

① 하나의 열성유전자로 유기되는 유전자적 웅성불임성은 불임계와 이형계통을 교배하여 가임종자와 불임종자가 3 : 1로 섞여 있는 상태로 유지되는 단점이 있다.

② 임성회복유전자가 없는 세포질적 웅성불임계를 모계로 사용하여 1대 잡종종자를 생산하면 어떠한 가임계통의 꽃가루로 수분하여도 100% 불임개체만 나오게 된다.

③ 세포질-유전자적 웅성불임성에서 웅성불임성 도입을 위해 여교배를 활용할 수 있다.

④ 감온성 유전자적 웅성불임성을 모계로 이용하는 경우 임성회복유전자가 없더라도 조합능력이 높으면 부계로 이용할 수 있다.

TIP ① 웅성불임성은 양파, 당근, 고추, 토마토, 옥수수 등의 일대잡종 채종에 널리 이용되고 있다. 이때 잡종종자는 웅성불임계에서 얻어지므로 채종량의 증대를 위해 불임계 : 가임계의 배식비율은 보통 3:1 이상으로 한다.

Answer 1.④ 2.①

2024. 3. 23. 인사혁신처 9급 시행

3 작물의 유전성에 대한 설명으로 옳은 것만을 모두 고르면?

> ㉠ 표현형 분산에 대한 환경 분산의 비율을 유전력이라고 한다.
> ㉡ 우성유전자와 열성유전자가 연관되어 있는 유전자 배열을 상반이라고 한다.
> ㉢ 하나의 유전자 산물이 여러 형질에 관여하는 것을 유전자 상호작용이라고 한다.
> ㉣ 비대립유전자 사이의 상호작용에서 한쪽 유전자의 기능만 나타나는 현상을 상위성이라고 한다.

① ㉠, ㉡

② ㉠, ㉢

③ ㉡, ㉣

④ ㉢, ㉣

TIP ㉠ 특정 형질의 전체변이 중에 유전효과로 설명될 수 있는 부분의 비율을 유전력이라고 하는데, 이는 표현형분산에 대한 유전분산의 비율로서 표현된다.
㉢ 하나의 유전자 산물이 여러 형질에 관여하는 것을 유전자 연관이라고 한다.

2023. 10. 28. 제2회 서울시 농촌지도사 시행

4 작물의 생식방법에 대한 설명으로 가장 옳지 않은 것은?

① 같은 식물체에서 생긴 정세포와 난세포가 수정하는 것을 자가수정이라고 한다.

② 유성생식기관 또는 거기에 부수되는 조직세포가 수정 과정을 거치지 않고 배를 만들어 종자를 형성 하는 생식방법을 아포믹시스라고 한다.

③ 아포믹시스 종자는 다음 세대에 유전분리가 일어나지 않기 때문에 이형접합체라도 우수한 유전자형은 동형 접합체와 동일한 품종으로 만들 수 있다.

④ 벼, 밀, 콩, 토 마 토 등의 자식성 작물은 타식성 작물 보다 유전변이가 더 크다.

TIP ④ 자식성 작물은 자가수분을 통해 유전적 동질성을 유지하지만 타식성 작물은 유전적 변이가 크기 때문에 유전변이가 더 크다.

Answer 3.③ 4.④

2023. 10. 28. 제2회 서울시 농촌지도사 시행

5 **유전변이와 환경변이에 대한설명으로 가장 옳지 않은 것은?**

① 감수분열 과정에서 일어나는 유전자재조합과 염색체와 유전자의 돌연변이는 유전변이의 주된 원인이다.

② 환경변이의 원인은 환경요인에 의한 것으로 다음 세대로 유전되는 특징을 가지고 있다.

③ 유전변이는 변이양상에 의하여 불연속변이와 연속변이로 구분할 수 있으며, 불연속변이를 하는 형질을 질적형질 이라고 한다.

④ 양적형질은 표현형의 구분이 어렵기 때문에 평균, 분산, 회귀, 유전력 등의 통계적 방법에 의하여 유전분석을 한다.

TIP ② 환경변이는 환경 요인에 의해 발생하고 다음 세대로 유전되지 않는다.

2023. 10. 28. 제2회 서울시 농촌지도사 시행

6 **양친 A와 B를 교배하여 얻은 F_1을 확보하고, 이를 여교배하여 목표형질을 얻고자 한다. 반복친과 여교배를 통해 얻은 BC_2F_1에서 B개체의 유전자 비율[%]은?(단, A개체는 반복친이며, B개체는 1회친이다.)**

① 12.5
② 25
③ 50
④ 75

TIP F_1 세대는 A와 B를 교배하여 얻은 F_1은 A와 B의 유전자를 각각 50%씩 갖는다.
F_1을 반복친 A와 교배하면, BC1F_1 세대는 A의 유전자를 75%, B의 유전자를 25% 갖는다.
F_1 (50%A + 50%B) × A (100%A) = 75%A + 25%B
BC_1F_1을 다시 반복친 A와 교배하면, BC2F_1 세대는 A의 유전자를 더 많이 갖게 된다.
BC_1F_1 (75%A + 25%B) × A (100%A) = 87.5%A + 12.5%B
BC_2F_1 세대에서 B 개체의 유전자 비율은 12.5%이다.

2023. 9. 23. 인사혁신처 7급 시행

7 **한 쌍의 대립유전자가 이형접합체인 F1을 F5까지 자식한 집단에서 동형접합체의 빈도는?**

① $\frac{1}{16}$
② $\frac{1}{32}$
③ $\frac{15}{16}$
④ $\frac{31}{32}$

Answer 5.② 6.① 7.③

TIP 이형접합체를 자식할 때마다 동형접합체의 빈도는 세대를 거듭할수록 증가한다.

F1에서 이형접합체(Aa)를 자식하여 F2를 만들면 동형접합체인 AA와 aa가 $\frac{1}{4}$ 확률로 생성되고 이형접합체 Aa는 $\frac{1}{2}$ 확률로 생성된다.

동협접합체의 빈도는 AA와 aa의 빈도를 합한 값으로 $\frac{1}{4}+\frac{1}{4}=\frac{1}{2}$ 가 된다.

F2세대부터는 이형접합체의 빈도는 세대를 거듭할수록 $\frac{1}{2}$ 씩 감소한다. F5세대에서 이형접합체의 빈도는 $(\frac{1}{2})^4=\frac{1}{16}$ 이 된다.

그러므로 한 쌍의 대립유전자가 이형접합체인 F1을 F5까지 자식한 집단에서 동형접합체의 빈도는 $\frac{15}{16}$ 가 된다.

2023. 9. 23. 인사혁신처 7급 시행

8 연관과 교차에 대한 설명으로 옳은 것은?

① 두 유전자가 완전연관인 경우 재조합빈도는 50%이다.
② 두 유전자 간 재조합빈도가 1%이면 유전자지도상의 거리는 1cM이다.
③ 연관된 두 유전자에 교차가 일어나면 양친형 배우자보다 재조합형 배우자가 더 많이 나온다.
④ A, B 두 유전자가 상반으로 연관된 경우 재조합형 배우자의 유전자형은 Ab, aB 이다.

TIP ① 두 유전자가 완전연관이라면 재조합빈도는 0%이다.
③ 양친형 배우자가 재조합형 배우자보다 더 많이 나온다.
④ 재조합형 배우자의 유전자형은 AB와 ab이고, 양친형 배우자는 Ab와 aB이다.

2023. 9. 23. 인사혁신처 7급 시행

9 연차변이 평가를 위한 반복실험을 할 수 있는 고정된 유전집단만을 모두 고르면?

> ㉠ F_2 (단교배 F_1 후대 집단)
> ㉡ BC_1F_1 (여교배 집단)
> ㉢ DHs (배가된 반수체집단 : Double Haploids)
> ㉣ RILs (재조합 자식집단 : Recombinant Inbred Lines)

① ㉠, ㉡
② ㉠, ㉣
③ ㉡, ㉢
④ ㉢, ㉣

TIP ㉠ F_2 집단은 유전적으로 고정되지 않은 집단이다. 후대에서도 유전적 분리가 계속 발생한다.
㉡ $BC1F_1$ 집단도 유전적으로 고정되지 않아서 유전적 변이가 발생할 수 있다.

Answer 8.② 9.④

2023. 9. 23. 인사혁신처 7급 시행

10 **복이배체(Amphidiploid)에 대한 설명으로 옳지 않은 것은?**

① 임성이 높다.

② 환경적응력이 크다.

③ 두 종의 중간형질을 나타낸다.

④ 생식세포 염색체의 불분리현상으로 생긴다.

TIP ④ 복이배체는 보통 두 배수체가 결합하여 만들어지고, 염색체의 불분리현상이 아니라 정상적인 이배체가 결합하여 형성된다. 염색체의 불분리현상은 이수배수체나 염색체 이상을 초래하지만 복이배체 형성의 주된 요인은 아니다.

2023. 9. 23. 인사혁신처 7급 시행

11 **유성생식 작물의 세대교번에서 포자체(2n) 세대에 해당하는 것만을 바르게 나열한 것은?**

① 배낭모세포, 화분모세포

② 소포자, 대포자

③ 정세포, 난세포

④ 화분, 배낭

TIP ① 배낭모세포는 포자체 세대의 일부로 감수분열을 통해 대포자를 형성하고 화분모세포는 감수분열을 통해 소포자를 형성한다.

②③ 소포자, 대포자, 정세포, 난세포는 배우체(n) 세대의 일부이다.

④ 화분과 배낭은 소포자와 대포자에서 발달한 배우체(n) 세대이다.

2023. 9. 23. 인사혁신처 7급 시행

12 **식물의 세포분열에 대한 설명으로 옳지 않은 것은?**

① 체세포분열은 S기를 거치면서 DNA 양이 두 배로 증가한다.

② 제1 감수분열 중기에 상동염색체가 서로 접합한 상태로 교차가 일어난다.

③ 화분모세포의 경우 간기에 DNA 양이 두 배로 증가한 후, 제1 감수분열을 시작한다.

④ 제1 감수분열은 염색체 수가 반감되는 과정이며, 제2 감수분열은 각 염색체의 염색분체가 분리되는 과정이다.

TIP ② 상동염색체가 접합하여 교차가 일어나는 과정은 제1 감수분열의 전기이다. 중기는 상동염색체가 세포의 적도면에 배열된다.

Answer 10.④ 11.① 12.②

2023. 6. 10. 제1회 지방직 9급 시행

13 다음 조건에서 F_2의 표현형과 유전자형의 비가 옳지 않은 것은?

- 멘델의 유전법칙을 따른다.
- 유전자 W, G는 각각 유전자 w, g에 대하여 완전우성이다.
- 둥근황색종자의 유전자형은 W_G_이다.
- 주름진녹색종자의 유전자형은 wwgg이다.
- 완두의 종자모양과 색깔에 대한 양성잡종 F_1의 유전자형은 WwGg이다.

표현형	유전자형
① 9/16 둥근황색	1/16 WWGG, 3/16 WwGG, 3/16 WWGg, 2/16 WwGg
② 3/16 둥근녹색	1/16 WWgg, 2/16 Wwgg
③ 3/16 주름진황색	1/16 wwGG, 2/16 wwGg
④ 1/16 주름진녹색	1/16 wwgg

TIP

	WG	Wg	wG	wg
WG	WWGG(둥근황색)	WWGg(둥근황색)	WwGG(둥근황색)	WwGg(둥근황색)
Wg	WWGg(둥근황색)	WWgg(둥근녹색)	WwGg(둥근황색)	Wwgg(둥근녹색)
wG	WwGG(둥근황색)	WwGg(둥근황색)	wwGG(주름진황색)	wwGg(주름진황색)
wg	WwGg(둥근황색)	Wwgg(둥근녹색)	wwGg(주름진황색)	wwgg(주름진녹색)

㉠ 표현형 : 9/16 둥근황색

㉡ 유전자형 : 1/16 WWGG, 2/16 WwGG, 2/16 WWGg, 4/16 WwGg

Answer 13.①

2023. 6. 10. 제1회 지방직 9급 시행

14 **다음 조건에서 흰색 꽃잎의 개체 빈도가 0.16일 때, 2세대 진전 후 이 집단에서 붉은색 꽃잎의 유전자 빈도는?**

- Hardy-Weinberg 유전적 평형이 유지되는 집단에서, 하나의 유전자가 꽃잎 색을 조절한다.
- 우성대립유전자는 붉은색 꽃잎, 열성대립유전자는 흰색 꽃잎이 나타난다.
- 두 대립유전자 사이에는 완전우성이다.

① 0.6
② 0.4
③ 0.36
④ 0.16

TIP 한 쌍의 대립유전자 A, a의 빈도를 p, q라고 할 때 유전적 평형집단에서 대립유전자빈도와 유전자형 빈도의 관계

$(qA+qa)^2 = p^2AA + 2pqAa + q^2aa$

$aa = q^2 = 0.4^2 = 0.16$

$p+q=1$이므로 $p=0.6$, $q=0.4$

2023. 4. 8. 인사혁신처 9급 시행

15 **감수분열을 통한 화분과 배낭의 발달과정에 대한 설명으로 옳지 않은 것은?**

① 배낭세포는 3번의 체세포 분열을 거쳐서 배낭으로 성숙한다.
② 배낭모세포에서 만들어진 4개의 반수체 배낭세포 중 3개는 퇴화하고 1개는 살아남는다.
③ 감수분열을 마친 화분세포는 화분으로 성숙하면서 2개의 정세포와 1개의 화분관세포를 형성한다.
④ 생식모세포가 감수분열을 거쳐서 만들어진 4개의 딸세포는 염색체 구성과 유전자형이 동일하다.

TIP ④ 생식모세포가 감수분열을 거쳐서 만들어진 4개의 딸세포는 염색체 구성과 유전자형이 상이하다.

2023. 4. 8. 인사혁신처 9급 시행

16 **$AABB$와 $aabb$를 교배하여 $AaBb$를 얻는 과정에서 두 쌍의 대립유전자 Aa와 Bb가 서로 다른 염색체에 있을 때(독립유전) 유전현상으로 옳지 않은 것은?**

① 배우자는 4가지가 형성된다.
② $AB:Ab:aB:ab$는 $1:1:1:1$로 분리된다.
③ 분리된 배우자 중 AB와 ab는 재조합형이다.
④ 전체 배우자 중에서 재조합형이 50%이다.

TIP ③ 분리된 배우자 중 AB와 ab는 양친형이다.

Answer 14.① 15.④ 16.③

2023. 4. 8. 인사혁신처 9급 시행

17 **식물학상 과실이 나출된 종자(가)와 무배유 종자(나)로 분류할 때 옳게 짝 지은 것은?**

	(가)	(나)
①	메밀, 겉보리	밀, 피마자
②	밀, 귀리	콩, 보리
③	벼, 복숭아	옥수수, 양파
④	옥수수, 메밀	완두, 상추

TIP ㉠ 과실이 나출된 종자 : 쌀보리, 밀, 옥수수, 메밀, 들깨, 호프, 삼, 차조기, 박하, 제충국, 상추, 우엉, 쑥갓, 미나리, 근대, 비트시금치 등
㉡ 무배유 종자 : 콩, 팥, 완두 등의 콩과 종자, 상추, 오이 등

2023. 4. 8. 인사혁신처 9급 시행

18 **비대립유전자 상호작용에 대한 설명으로 옳은 것은?**

① 멘델의 제1법칙은 비대립유전자쌍이 분리된다는 것이다.
② 비대립유전자의 기능에 의해 완전우성, 불완전우성, 공우성이 나타난다.
③ 중복유전자와 복수유전자는 같은 형질에 작용하는 비대립유전자의 기능이다.
④ 작물의 자가불화합성은 S유전자좌의 복수 비대립유전자가 지배한다.

TIP ① 멘델의 제1법칙은 대립유전자쌍이 분리된다는 것이다.
② 대립유전자의 기능에 의해 완전우성, 불완전우성, 공우성이 나타난다.
④ 작물의 자가불화합성은 S유전자좌의 복수 대립유전자가 지배한다.

2022. 10. 15. 인사혁신처 7급 시행

19 **피자식물에서 체세포의 유전자형이 AA인 화분친과 aa인 자방친이 중복수정하여 형성된 배유의 유전자형은? (단, 멘델의 유전법칙을 따른다)**

① Aa　　② aa
③ AAa　　④ Aaa

TIP 체세포의 유전자형이 AA, 화분친과 aa이다. 난세포 a와 정세포 A의 결합으로 배의 유전자형은 Aa이다.
극핵은 2n상태로 두 개의 극핵을 가지기 때문에 aa에 해당한다. 정세포 A와 결합하면 배유의 유전자형은 Aaa이다.
정세포(A)+극핵(aa)+극핵(aa)=Aaa

Answer 17.④ 18.③ 19.④

2022. 10. 15. 인사혁신처 7급 시행

20 **양적형질에 대한 설명으로 옳지 않은 것은?**

① 연속변이에 관여하는 폴리진을 구성하는 유전자가 표현형에 미치는 효과는 독립적이다.
② 양적형질에 관여하는 유전자들의 염색체상의 위치를 양적형질유전자좌(QTL)라고 한다.
③ 양적형질은 환경의 영향을 받으며, 표현형 분산 중 유전분산이 차지하는 비율로 유전력을 측정한다.
④ 양적형질은 평균, 분산, 변이계수 등 통계량으로 나타낼 수 있다.

TIP ① 유전자들의 효과가 항상 독립적이지 않다.

2022. 6. 18. 제1회 지방직 9급 시행

21 **유전자 간의 상호작용에 대한 설명으로 옳은 것은?**

① 비대립유전자 상호작용의 유형에서 억제유전자의 F_2 표현형 분리비는 12 : 3 : 1이다.
② 우성이나 불완전우성은 대립유전자에서 나타나고 비대립유전자 간에는 공우성과 상위성이 나타난다.
③ 우성유전자 2개가 상호작용하여 다른 형질을 나타내는 보족유전자의 F_2 표현형 분리비는 9 : 7이다.
④ 유전자 2개가 같은 형질에 작용하는 중복유전자이면 F_2 표현형 분리비가 9 : 3 : 4이다.

TIP ① 비대립유전자 상호작용의 유형에서 억제유전자의 F_2 표현형 분리비는 3 : 13이다.
② 완전우성, 불완전우성, 공우성은 대립유전자에서 나타나고 비대립유전자 간에는 상위성이 나타난다.
④ 유전자 2개가 같은 형질에 작용하는 중복유전자이면 F_2 표현형 분리비가 15 : 1이다.

2022. 4. 2. 인사혁신처 9급 시행

22 **작물의 수분과 수정에 대한 설명으로 옳지 않은 것은?**

① 한 개체에서 암술과 수술의 성숙시기가 다르면 타가수분이 이루어지기 쉽다.
② 타식성 작물은 자식성 작물보다 유전변이가 크다.
③ 속씨식물과 겉씨식물은 모두 중복수정을 한다.
④ 옥수수는 2n의 배와 3n의 배유가 형성된다.

TIP ③ 겉씨식물은 속씨식물과 달리 중복수정을 하지 않는다.

Answer 20.① 21.③ 22.③

2022. 4. 2. 인사혁신처 9급 시행

23 **다음 그림은 세포질-유전자적 웅성불임성(CGMS)을 이용한 일대잡종(F1)종자 생산체계이다. ㈎~㈑에 들어갈 핵과 세포질의 유전조성을 바르게 연결한 것은? (단, S는 웅성불임세포질, N은 웅성가임세포질, Rf는 임성회복유전자이다)**

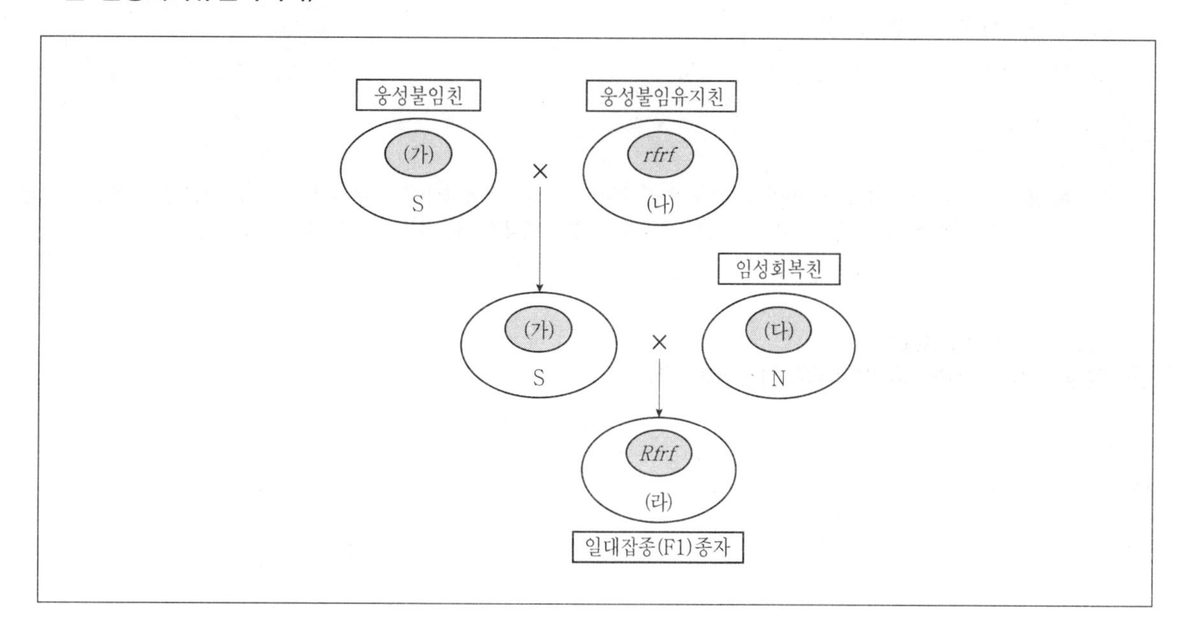

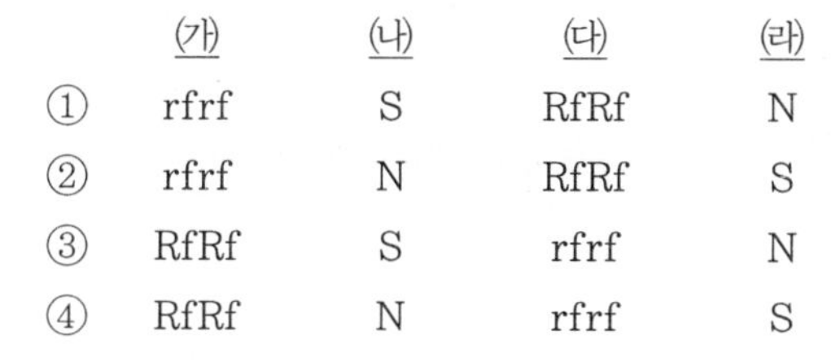

	㈎	㈏	㈐	㈑
①	rfrf	S	RfRf	N
②	rfrf	N	RfRf	S
③	RfRf	S	rfrf	N
④	RfRf	N	rfrf	S

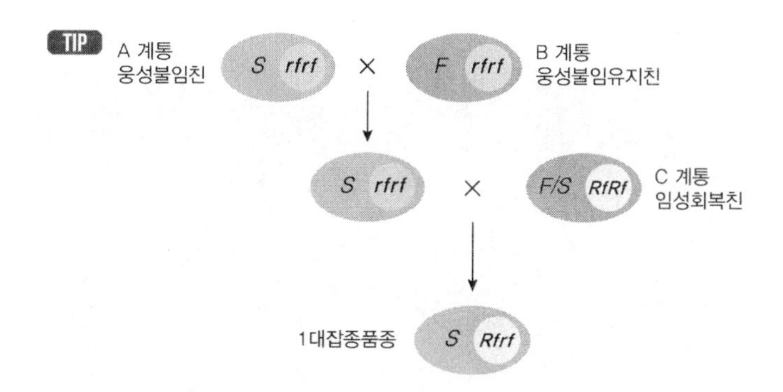

Answer 23.②

2022. 4. 2. 인사혁신처 9급 시행

24 웅성불임성을 이용하여 일대잡종(F1)종자를 생산하는 작물로만 묶인 것은?

① 오이, 수박, 호박, 멜론
② 당근, 상추, 고추, 쑥갓
③ 무, 양배추, 배추, 브로콜리
④ 토마토, 가지, 피망, 순무

TIP ② 웅성불임성이란 웅성기관의 이상으로 말미암아 종자가 형성되지 않고 따라서 차대식물을 얻을 수 없는 현상을 말하는 것으로 양파, 당근, 고추, 토마토, 옥수수 등의 일대잡종 채종에 널리 이용되고 있다.

2022. 4. 2. 인사혁신처 9급 시행

25 다음 그림의 게놈 돌연변이에 해당하는 것은?

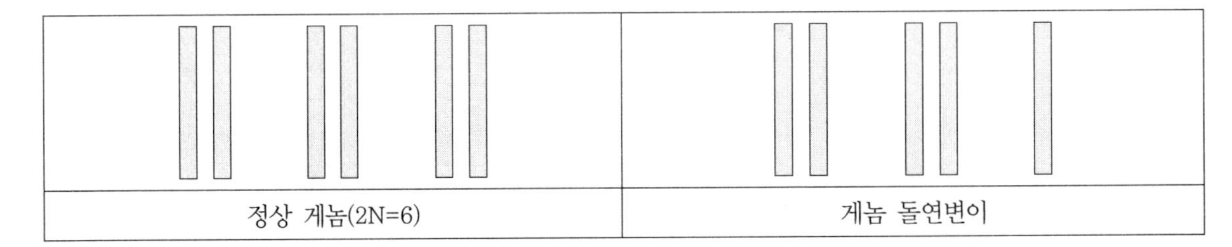

① 3배체
② 반수체
③ 1염색체
④ 3염색체

TIP
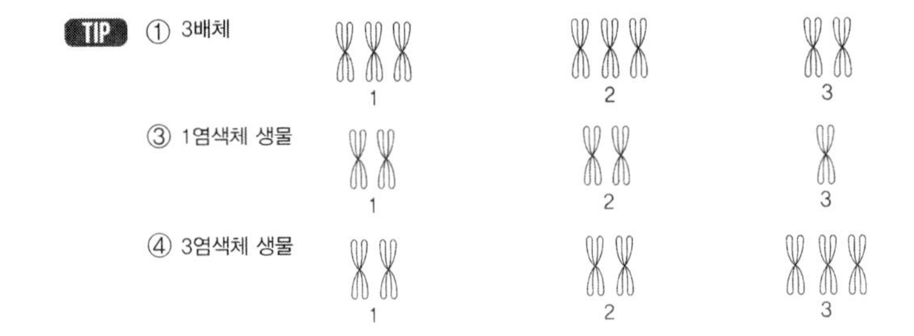

Answer 24.② 25.③

2021. 6. 5. 제1회 지방직 9급 시행

26 **염색체상에 연관된 대립유전자 a, b, c가 순서대로 존재할 때, a – b 사이에 염색체의 교차가 일어날 확률은 10%, b – c 사이에 염색체의 교차가 일어날 확률은 20%이다. 여기서 a – c 사이에 염색체의 이중교차형이 1.4%가 관찰될 때 간섭계수는?**

① 0.7　　② 0.3

③ 0.07　　④ 0.03

TIP a–c 사이에 이중교차가 일어날 확률 : $\frac{2}{100} \times 100 = 2(\%)$

그러나 a–c 사이에 염색체 이중교차형이 1.4%만 관찰되었으므로 이중교차에 간섭의 영향을 받은 것이다.

간섭계수 = 2중교차 갑섭/2중교차 기대 = $\frac{0.6}{2} = 0.3$

2021. 9. 11. 인사혁신처 7급 시행

27 **자가불화합성에 대한 설명으로 옳지 않은 것은?**

① 암술과 수술의 기능은 모두 정상 상태이다.

② S유전자좌의 복대립유전자에 의해 조절된다.

③ 포자체형 자가불화합성인 $S_1S_2 \times S_2S_3$ 조합에서 S_1S_3의 후손을 얻을 수 있다.

④ 주두에서 생성되는 특정 단백질이 화분의 특정 단백질을 인식하여 화합 여부가 결정된다.

TIP ③ $S_1S_2 \times S_2S_3$ 조합에서 S_1S_3 후손을 얻을 수 없다. 포자체형 자가불화합성에서는 자가불화합성을 조절하는 유전자는 모체의 유전자형에 의해 결정된다.

2021. 6. 5. 제1회 지방직 9급 시행

28 **1대잡종(F_1) 품종의 종자를 효율적으로 생산하기 위하여 이용되는 작물의 특성은?**

① 제웅, 자가수정　　② 웅성불임성, 자가불화합성

③ 영양번식, 웅성불임성　　④ 자가수정, 타가수정

TIP ② 1대잡종(F_1) 종자의 채종은 인공교배, 웅성불임성, 자가불화합성을 이용한다.

※ 1대잡종(F_1) 종자의 채종

㉠ 웅성불임성 : 웅성불임성은 자연계에서 일어나는 일종의 돌연변이로 웅성기관, 즉 수술의 결함으로 수정능력이 있는 화분을 생산하지 못하는 현상이다.

㉡ 자가불화합성 : 십자화과 채소나 목초류 식물에서 자주 보이는 식물 불임성의 한 종류로, 자가수정을 억제하고 타가수정을 조장하기 위하여 적응된 특성이다. 수분된 화분과 배주가 외관상 완전함에도 불구하고 그 조합에 따라 수정, 결실하지 못하는 현상으로 주두와 동일한 인자형의 화분보다 상이한 화분이 수분할 경우 더 빨리 수정할 수 있도록 하는 기작이다.

Answer 26.② 27.③ 28.②

2021. 4. 17. 인사혁신처 9급 시행

29 **다음에서 설명하는 용어로 옳은 것은?**

> 작물의 생식에서 수정과정을 거치지 않고 배가 만들어져 종자를 형성하는 것으로 무수정생식이라고도 한다.

① 아포믹시스 ② 영양생식

③ 웅성불임 ④ 자가불화합성

TIP ① 아포믹시스(apomixis)란 수정과정을 거치지 않고 배(胚, 임신할 배)가 만들어져 종자를 형성되어 번식하는 것을 뜻한다.

2020. 9. 26. 인사혁신처 7급 시행

30 **체세포분열과 감수분열에 대한 설명으로 옳지 않은 것은?**

① 체세포분열에서 G_1기의 딸세포 중 일부는 세포분화를 하여 조직으로 발달한다.

② 체세포분열은 체세포의 DNA를 복제하여 딸세포들에게 균등하게 분배하기 위한 것이다.

③ DNA 합성은 제1 감수분열과 제2 감수분열 사이의 간기에 일어난다.

④ 교차는 제1 감수분열 과정 중에 생기며, 유전변이의 주된 원인이다.

TIP ③ 감수분열에서 DNA 합성은 세포가 분열하기 전에 한 번만 일어난다.

2020. 9. 26. 인사혁신처 7급 시행

31 **유전자 연관과 재조합에 대한 설명으로 옳지 않은 것은?**

① 2중교차의 관찰빈도가 5이고, 기대빈도가 5이면 간섭은 없다.

② 상반(相反)은 우성유전자와 열성유전자가 연관되어 있는 유전자 배열이다.

③ 자손의 총 개체수 중 재조합형 개체수가 500, 양친형 개체수가 500일 때 두 유전자는 완전연관이다.

④ 3점 검정교배는 한 번의 교배로 연관된 세 유전자 간의 재조합빈도와 2중교차에 대한 정보를 얻을 수 있다.

TIP ③ 두 유전자 사이에 완전연관이 있다면 재조합형 개체는 나타나지 않는다.

Answer 29.① 30.③ 31.③

2010. 10. 17. 제3회 서울시 농촌지도사 시행

32 **색소체 DNA(cpDNA)와 미토콘드리아 DNA(mtDNA)의 유전에 대한 설명으로 가장 옳지 않은 것은?**

① cpDNA와 mtDNA의 유전은 정역교배의 결과가 일치하지 않고, Mendel의 법칙이 적용되지 않는다.
② cpDNA와 mtDNA의 유전자는 핵 게놈의 유전자지도에 포함될 수 없다.
③ cpDNA에 돌연변이가 발생하면 잎색깔이 백색에서 얼룩에 이르기까지 다양하게 나온다.
④ 식물의 광합성 및 NADP합성 관련 유전자는 mtDNA에 의해서 지배된다.

TIP 식물의 광합성 관련 유전자는 색소체 DNA(cpDNA)에 의해 지배된다. mtDNA는 주로 세포 호흡과 관련된 유전자이다.

2010. 10. 17. 제3회 서울시 농촌지도사 시행

33 **양성잡종(*AaBb*)에서 F_2의 표현형분리가 (9*A_B_*) : (3*A_bb* + 3*aaB_* + 1*aabb*)로 나타난 경우에 대한 설명으로 가장 옳지 않은 것은?**

① A와 B 사이에 상위성이 있는 경우 발생한다.
② 수수의 알갱이 색깔이 해당된다.
③ 벼의 밑동색깔이 해당된다.
④ 비대립유전자 사이의 상호작용 때문이다.

TIP ② F_2의 표현형분리가 (9*A_B_*) : (3*A_bb* + 3*aaB_* + 1*aabb*)로 나타난 것은 유전자 비율에 따라 보족유전이다. 수수의 알갱이 색깔은 억제유전자에 해당한다.

2010. 10. 17. 제3회 서울시 농촌지도사 시행

34 **유전력과 선발에 대한 설명으로 가장 옳지 않은 것은?**

① 유전력은 개체별 측정치 또는 후대의 계통 평균치를 이용했는가에 따라서 차이를 보인다.
② 우성효과가 크면 협의의 유전력이 커지고, 후기 세대에서 선발하는 것이 유리하다.
③ 환경의 영향이 작고 우성효과가 작은 경우, 초기 세대에서의 개체선발이 유효하다.
④ 유전획득량이 선발차보다 작게 되는 가장 큰 이유는 세대 진전에 따라 우성효과가 소멸되기 때문이다.

TIP ② 우성효과가 클 경우 협의의 유전력은 오히려 낮아지고, 우성효과가 크면 초기 세대에서 개체 선발이 더 유리하다.

Answer 32.④ 33.② 34.②

2010. 10. 17. 지방직 7급 시행

35 **작물의 생식에 대한 설명으로 옳지 않은 것은?**

① 종자번식작물의 생식 방법에는 유성생식과 아포믹시스가 있고 영양번식작물은 무성생식을 한다.
② 유성생식작물의 세대교번에서 배우체세대는 감수분열을 거쳐 포자체세대로 넘어간다.
③ 한 개체에서 형성된 암배우자와 수배우자가 수정하는 것은 자가수정에 해당한다.
④ 타식성작물을 자연상태에서 세대 진전하면 개체의 유전자형은 이형접합체로 남는다.

TIP ② 유성생식작물에서 배우체세대는 감수분열을 통해 포자체세대를 형성하지 않는다. 포자체세대는 감수분열을 통해 배우체세대를 형성한다.

2010. 10. 17. 지방직 7급 시행

36 **단위결과에 대한 설명으로 옳지 않은 것은?**

① 파인애플은 자가불화합성에 기인한 단위결과가 나타난다.
② 오이는 단일과 야간의 저온에 의해 단위결과가 유도될 수 있다.
③ 지베렐린 처리는 단위결과를 유도할 수 없다.
④ 옥신 계통의 화합물(PCA, NAA)은 단위결과를 유기할 수 있다.

TIP ③ 지베렐린 처리는 과일의 단위결과를 유도한다.

2010. 10. 17. 지방직 7급 시행

37 **유전자변형농산물인 황금쌀(Golden Rice)에 대한 설명으로 옳은 것은?**

① 플레이버세이버(Flavr Savr)라고도 불린다.
② 곰팡이의 카로틴디새튜라아제(carotene desaturase) 유전자를 이용하였다.
③ 비타민 A의 전구물질인 β－카로틴(β－carotene)을 다량 함유한다.
④ 벼 종자의 저장단백질인 아이소플라빈(isoflavine) 유전자를 재조합하였다.

TIP ① 플레이버세이버(Flavr Savr)는 유전자변형 토마토이다.
②④ 황금쌀과는 관련이 없는 유전자이다.

Answer 35.② 36.③ 37.③

2010. 10. 17. 지방직 7급 시행

38 **한 쌍의 대립유전자 A, a에 대한 유전적 평형집단이 있다. 이 집단의 유전자 A와 유전자 a의 빈도는 각각 p, q이고, 유전자 A의 빈도인 p는 0.2이다. 이에 대한 설명으로 옳지 않은 것은?**

① 유전자형 AA의 빈도는 0.04이다.

② 유전자형 aa의 빈도는 0.64이다.

③ 유전자형 Aa의 빈도는 0.16이다.

④ 유전자 a의 빈도인 q는 0.8이다.

TIP ③ 유전자형 Aa의 빈도는 0.32이다.

2010. 10. 17. 지방직 7급 시행

39 **다음 교배에 대한 설명으로 옳은 것은? (단, 각 유전자는 완전 독립유전하고, 서로 다른 유전자 A와 B는 각각의 대립유전자 a와 b에 대해 각각 완전 우성이며, 각 유전자형에 대한 표현형은 다음과 같다. AA : 녹색, aa : 노란색, BB : 장간, bb : 단간)**

P_1	×	P_2
AABB		aabb
	↓	
F_1	×	P_2
	↓	
	(가)	

① $F_1 \times P_1$을 검정교배라고 하고, $F_1 \times P_2$를 여교배라고 한다.

② (가) 세대는 P_2를 두 번 여교배한 BC_2F_1이다.

③ (가) 세대의 녹색의 장간 개체출현 비율은 $\frac{1}{4}$이다.

④ (가) 세대의 노란색의 단간 개체출현 비율은 $\frac{1}{16}$이다.

TIP ① $F_1 \times P_1$, $F_1 \times P_2$는 여교배 방식이다.

② 여교배한 것은 BC_1F_1이다.

④ (가) 세대의 노란색의 단간 개체출현 비율은 $\frac{1}{4}$이다.

Answer 38.③ 39.③

출제 예상 문제

1 감수분열에 대한 설명으로 옳지 않은 것은?

① 염색체수가 2n에서 n으로 반감하는 세포분열을 의미한다.
② 이형분열과 동형분열로 구분할 수 있다.
③ 무성생식을 하는 생물이 생식세포를 형성할 경우 나타나는 핵분열이다.
④ 키아즈마가 나타나고 염색체의 교우가 나타나는 시기를 복사기라 한다.

TIP 감수분열 … 유성생식을 하는 생물이 생식세포를 형성할 경우 나타나는 핵분열이다.

2 무성생식의 용어에 대한 설명 중 옳지 않은 것은?

① 다배생식 – 정상적인 생식에 의한 배 이외에 주심배, 무배 등이 형성되는 생식방법
② 처녀생식 – 난세포 단독으로 배를 형성하는 생식방법
③ 위수정 – 수분은 이루어지나 생식핵이 없이 접합체를 형성하는 생식방법
④ 무배생식 – 반족세포, 조세포 등 난세포 이외의 핵이 배를 형성하는 생식방법

TIP 위수정 … 다른 식물의 꽃가루를 주어 수정은 시키지 않으면서 수분 자극만을 주어 과일이 발달하게 하는 방법이다.

3 다음 중 멘델의 법칙에 속하지 않는 것은?

① 우열의 법칙
② 독립의 법칙
③ 분리의 법칙
④ 연관의 법칙

TIP 멘델의 법칙
㉠ 우열의 법칙
㉡ 분리의 법칙
㉢ 독립의 법칙

Answer 1.③ 2.③ 3.④

4 **다음에 대한 설명으로 옳지 않은 것은?**

① 상인 − F_1의 배우자 형성에 있어서 양우성이나 양열성인 배우자가 단우성인 배우자보다 많이 생긴다.

② 상반 − F_1의 배우자 형성에 있어서 양우성이나 양열성인 배우자가 단우성인 배우자보다 적게 생긴다.

③ 연관 − 유전자가 동일 염색체 위에서 동일행동을 취하는 것이다.

④ 교차 − 모계의 조직에 화분 유전자의 영향을 받은 형질이 나타나는 것이다.

TIP 교차 … 감수분열 중 제1분열 전기에서 4분 염색체 형성시 키아즈마가 형성되어 방추사에 의해 염색체가 양극으로 끌려갈 경우 그 부분이 끊어져 염색체의 상호교환이 일어나는 현상으로 2개의 유전자쌍 사이의 교차율의 거리가 길수록 연관은 약해지게 된다.

5 **벼의 중복수정시 배(embro)를 형성하는 것은?**

① 정핵 + 난세포　　② 정핵 + 조세포
③ 정핵 + 극핵　　④ 정핵 + 반족세포

TIP 중복수정 … 화분이 암술머리에서 발아하여 화분관이 꽃대를 타고 뻗어 내려가서 씨방의 주공을 통하여 들어가면 두개의 정핵을 방출시켜 하나는 난세포 속으로 들어가서 난핵을 만나 암수융합체의 수정난이 되어 배(胚)를 만들게 된다. 다른 하나의 정핵은 극핵과 만나 배유원핵(胚乳原核)을 만들어 배아(胚乳)로 발달하게 된다. 이와 같이 배낭 내에서 두 과정의 수정이 동시에 이루어지게 된다.

6 **배낭의 난세포 이외의 조세포나 반족세포의 핵이 단독으로 발육하여 배를 형성하고 자성의 n식물을 형성하는 생식은?**

① 처녀생식　　② 주심배생식
③ 무배생식　　④ 다배생식

TIP ① 수정되지 않은 난세포가 홀로 발육하여 배를 형성하는 것이다.
② 체세포에 속하는 주심세포가 부정아적으로 주심배를 형성하는 것이다.
④ 한 개의 배낭속에서 정상적인 배가 형성되는 동시에 무배생식이나 주심배생식이 함께 이루어져 여러 개의 배가 형성되는 것이다.

Answer 4.④ 5.① 6.③

7 **자가불화합성인 작물의 특징으로 옳은 것은?**

① 암술이 퇴화 · 변형되어 있다.
② 암술과 수술이 퇴화되어 있다.
③ 암술과 수술이 모두 완전하다.
④ 수술의 퇴화로 인하여 불임이 생긴다.

TIP 자가불화합성 … 같은 꽃이나 같은 그루의 다른 꽃 화분이 수분하여도 여러 이유로 수정하지 않는 현상을 말하며, 암술, 수술 등 생식기관은 모두 완전하다.

8 **꽃가루의 영향이 당대에 종자 이외의 부분인 과형, 과육, 과즙 및 성숙기 등에 나타나는 현상은?**

① 크세니아
② 메타크세니아
③ 키메라
④ 격세유전

TIP ① 종자 속의 배젖에 화분의 우성형질이 나타나는 현상이다.
③ 한 식물에 두 종류의 조직이 혼합되어 있는 것이다.
④ 한 생물의 계통에서 선조와 같은 형질이 우연히 나타나는 현상이다.

9 **크세니아 현상은 어떤 유전에 속하는가?**

① 단성유전
② 양성유전
③ 부성유전
④ 모성유전

TIP 크세니아 현상
㉠ 모체의 일부분인 배유에 정핵의 영향이 당대에 나타나는 현상을 말한다.
㉡ 완두의 콩 형질(떡잎의 빛깔, 녹말성 또는 설탕성 등)은 떡잎의 형질이며, 역시 크세니아를 나타낸다.

Answer 7.③ 8.② 9.③

10 **1대 잡종을 이용하는 육종에서 구비되어야 할 조건이 아닌 것은?**

① 1회 교잡으로 다량의 종자를 생산할 수 있어야 한다.
② 교잡 조작이 용이해야 한다.
③ 단위면적당 재배에 요하는 종자량이 많아야 한다.
④ F_1의 실용가치가 커야 한다.

TIP 잡종강세육종법의 구비조건
㉠ 잡종 강세가 현저하여 1대 잡종을 재배하는 이익이 1대 잡종을 생산하는 경비보다 커야 한다.
㉡ 단위면적당 재배에 필요한 종자량이 적어야 한다.
㉢ 교잡 조작이 용이해야 한다.
㉣ 1회의 교잡에 의해 많은 종자를 생산할 수 있어야 한다.
㉤ F_1의 실용가치가 커야 한다.

11 **동질배수체의 특성으로 옳은 것은?**

① 어버이 형질의 중간특성을 나타내는 경우가 많다.
② 성숙이 늦어지는 경향이 있다.
③ 임성이 높은 것이 보통이다.
④ 현저한 특성변화를 나타내는 경우도 있다.

TIP 동질배수체의 특성
㉠ 발육지연
㉡ 저항성 증대
㉢ 임성 저하
㉣ 형태적 특성변화
㉤ 함유성 증가

Answer 10.③ 11.②

12 다음의 세포주기 중 DNA가 복제되는 시기는?

① 전기
② 중기
③ 후기
④ 간기(휴지기)

TIP 간기(間期)
㉠ 세포주기에서 M기(세포분열기)를 제외한 시기를 말하며, 휴지기 · 분열간기 또는 정지기 · 대사기라고도 한다.
㉡ DNA의 자기복제는 세포분열기의 간기(휴지기) 중 S기에 일어난다.
㉢ 광학현미경으로 보면 간기핵은 일반적으로 구형이며, 염색체가 M기의 핵과 같은 동적인 형태변화를 보이지 않기 때문에 고전세포학에서는 이 핵을 정지핵 또는 휴지핵이라고 하였다. 그러나 간기핵에서는 DNA의 복제 등 활발한 대사작용이 일어나므로 대사핵이라고도 한다.

13 다음 중 일대 잡종이 이용되고 있는 대표적인 작물은?

① 감자
② 벼
③ 옥수수
④ 콩

TIP 잡종강세육종법
㉠ 잡종강세가 왕성하게 나타나는 1대 잡종 그 자체를 품종으로 이용하는 육종법을 말한다.
㉡ 교배 조합에 따라 잡종강세를 나타내는 힘이 다르므로 조합능력이 높은 품종이나 계통을 육성해야 한다.
㉢ 1대 잡종을 주로 이용하는 작물 : 담배, 꽃, 양배추, 양파, 오이, 호박, 수박, 고추, 토마토, 수수, 옥수수 등이 있다.

14 웅성불임계통 이용작물은?

① 벼
② 콩
③ 양파
④ 수박

TIP 웅성불임성(雄性不稔性)
㉠ 화분(花粉), 꽃밥, 수술 등의 웅성기관(雄性器官)에 이상이 생겨 불임이 생기는 현상을 말한다.
㉡ 유전적 원인에 의한 것과 환경의 영향에 의한 것이 있는데, 웅성기관 중 화분의 불임으로 일어나는 경우가 가장 많다.
㉢ 웅성불임계통 작물 : 옥수수, 수수, 유채, 양파

Answer 12.④ 13.③ 14.③

15 양성잡종에서 F_2 표현형의 분리비는?

① $(2+1)^2$
② $(2+1)^3$
③ $(3+1)^1$
④ $(3+1)^2$

TIP 잡종의 분리비
㉠ 단성잡종 : $(3+1)^1$
㉡ 양성잡종 : $(3+1)^2$
㉢ 3성잡종 : $(3+1)^3$

16 다음 중 유전자의 간섭이 아닌 것은?

① 중복유전자
② 동의유전자
③ 보족유전자
④ 피복유전자

TIP ① 동일방향의 형질에 작용하는 우성 유전자가 2쌍 또는 그 이상 작용하는 유전자를 말한다.
③ 두 가지 서로 다른 유전자가 상호작용을 하여 새로운 형질을 나타내는 것을 말한다.
④ 우성 유전자 사이에 상위에 있는 유전자를 말한다.

17 조세포나 반족세포가 단독발육하여 배를 형성하고 자성의 n식물을 이루는 것을 무엇이라고 하는가?

① 무핵란생식
② 주심배생식
③ 무배생식
④ 처녀생식

TIP 무배생식 … 배낭의 난세포 이외의 조세포나 반족세포의 핵이 단독발육하여 배를 형성하고 자성의 n식물을 이룬다(미모사 · 부추 · 파 등).

Answer 15.④ 16.② 17.③

18 모체의 일부분인 배젖에 아비의 영향이 직접 당대에 나타나는 것을 무엇이라 하는가?

① 크세니아 ② 메타크세니아
③ 키메라 ④ 잡종강세

TIP 크세니아 … 꽃가루의 영향이 배유에 나타나는 경우만을 말한다.

19 다음 중 감수분열의 정의로 옳은 것은?

① 세포의 수가 반으로 줄어드는 것이다.
② 염색체의 수가 반으로 줄어드는 것이다.
③ 체세포의 수가 반수로 줄어드는 것이다.
④ 생식세포의 수가 반수로 줄어드는 것이다.

TIP 감수분열
㉠ 유성생식을 하는 생물이 생식세포를 형성할 때 일어나는 핵분열(核分裂)이다.
㉡ 생식세포는 n(單相)개의 염색체를 지니고 있으므로, 이와 같이 2n에서 n으로 염색체 수가 반감하는 세포분열을 감수분열이라 한다.

20 피자식물에서 중복수정은?

① 정핵(n) + 극핵(2n), 정핵(n) + 난핵(n)
② 정핵(n) + 정핵(n), 난핵(n) + 극핵(2n)
③ 정핵(n) + 극핵(2n), 난핵(n) + 극핵(2n)
④ 정핵(n) + 정핵(n), 극핵(2n) + 극핵(2n)

TIP 중복수정
㉠ 난핵과 극핵의 수정이 함께 이루어지는 현상을 말한다.
㉡ 피자식물에서 2개의 정핵 중 1개는 난세포와 결합하여 배가 되고, 나머지 1개는 2개의 극핵과 결합하여 배젖이 된다.

Answer 18.① 19.② 20.①

21 체세포분열과 감수분열의 차이점은?

① 상동염색체의 대합
② 염색분체의 생성
③ 방추사 생성
④ 세포질 분열

TIP 체세포분열과 감수분열

㉠ 체세포분열
- 생물체를 구성하고 있는 세포가 분열해서 2개가 되는 것을 말한다.
- 2개의 염색분체를 형성하여 양극으로 이동한다.

㉡ 감수분열 : 상동염색체끼리 서로 밀착하여 2가염색체를 이루고 이렇게 대합된 상동염색체는 제1분열과 제2분열을 통해 생식세포를 만든다.

22 생물계에서 개체들 사이의 비유사성을 무엇이라고 하는가?

① 형질
② 변이
③ 역상관
④ 품종

TIP 변이

㉠ 생물학상 동종의 생물에서 볼 수 있는 형질의 차이를 말한다.
㉡ 생물은 같은 어버이에서 나온 것이라 하더라도 개체 사이에 어느 정도의 차이를 나타낸다.
㉢ 생물은 자기와 같은 자손을 남기는 성질이 있지만, 대부분의 형질에 대하여는 개체가 다르면 설령 어미와 새끼 사이라도 다소의 차이가 나타난다. 이 현상을 변이 또는 개체변이라고 한다.
㉣ 변이는 유전변이와 유전하지 않는 환경변이로 나뉜다.

23 염색체의 구조적 변이에 해당되지 않는 것은?

① 결실
② 중복
③ 역위
④ 이수체

TIP 염색체의 구조적 변화 … 절단, 결실, 중복, 전좌, 역위 등

㉠ 결실 : 염색체의 일부 단편이 세포밖으로 망실되는 경우
㉡ 중복 : 염색체의 일부 단편이 정상보다 많아지는 경우
㉢ 역위 : 염색체의 일부 단편이 절단되었다가 종래와 다르게 유착되어 유전자의 배열이 도중에 반대로 된 것

Answer 21.① 22.② 23.④

24 감수분열의 과정 중 생물이 가지고 있는 고유의 염색체 수를 조사하기에 알맞은 시기는?

① 제1전기 ② 태사기
③ 이동기 ④ 제1중기

TIP 감수분열의 과정
㉠ 제1전기 : 염색체가 점차 수축되어 더욱 짧고 굵어져서 핵 안에서 분산되는 시기이다.
㉡ 태사기 : 대합한 상동염색체가 동원체를 중심으로 세로로 갈라져서 염색체가 4중 구조를 보이는 시기이다.
㉢ 이동기 : 염색체가 점차 수축되어 더욱 짧고 굵어져서 핵 안에서 분산되는 시기이다.
㉣ 제1중기
- 핵막과 인이 없어지고 방추사가 생긴다.
- 2가염색체가 핵판에 늘어선다.
- 염색체의 동원체에 방추사가 연결되어 양극으로 이동할 준비를 한다.
- 염색체의 수와 모양을 관찰하기 용이하다.

25 핵을 잃은 난세포의 세포질 속으로 웅핵이 들어가서 이것이 단독발육하여 웅성의 n을 이루는 생식은?

① 무배생식 ② 무핵란생식
③ 주심배생식 ④ 다배형성

TIP 무핵란생식(동정생식) … 핵을 잃은 난세포의 세포질 속으로 웅핵이 들어가서 이것이 단독 발육하여 웅성의 n을 이룬다(달맞이꽃, 진달래 등).

26 속씨식물에서 수정하지 않고도 씨방이 발달하여 종자가 없는 열매가 되는 현상은?

① 자가수정 ② 타가수정
③ 단위결실 ④ 중복수정

TIP 단위결실(단위결과)의 원인
㉠ 수분은 하였지만 화분이 발달하지 않았기 때문에 수정을 못 하는 경우(바나나, 밀감)
㉡ 화분은 정상이지만 자가불화합성(自家不和合性) 때문에 수분을 하여도 수정을 못하는 경우(파인애플)
㉢ 꽃이 필 때 기온이 너무 낮은 경우(배, 사과, 파파야)
㉣ 식물체가 너무 늙어 단위결실이 일어나는 경우(감, 담배)

Answer 24.④ 25.② 26.③

27 접수와 접목의 접착부에서 양쪽의 형질을 혼합한 부정아가 생기는 이유는?

① 코르크　　② 형성층
③ 키메라　　④ 괴경

TIP 키메라(Chimera)

㉠ 하나의 식물체 속에 유전자형이 다른 조직이 서로 접촉하여 존재하는 현상을 말한다.
㉡ 나팔꽃이나 시금치는 뿌리 조직의 일부 세포가 4n · 8n 등으로 되어 있고, 배수성(倍數性)의 조직이 정상조직(2n)에 섞여 있는 일이 있는데, 이것을 '염색체적 키메라'라고 한다.
㉢ 아조변이(芽條變異)에 의하여 식물의 조직이 변해서 키메라가 되는 경우도 있다.
㉣ 체세포 돌연변이에 의해 초파리나 누에의 몸의 형질이 부분적으로 달라지는 경우가 있다.

28 두 가지 서로 다른 유전자가 상호작용을 하여 새로운 형질을 나타내는 것은?

① 보족유전　　② 조건유전
③ 억제유전　　④ 피복유전

TIP 보족유전

㉠ 2개 이상의 유전자가 공존함으로써 단독인 경우와는 다른 유전형질이 나타나는 것을 말한다.
㉡ 호조유전(互助遺傳)이라고도 한다.
㉢ 1906년 W. 베이트슨 등이 스위트피의 연구에서 발견하였다.

29 어떤 잡종의 표현형에서 생육 초기에는 우성형질을, 후기에는 열성형질을 나타내는 현상은?

① 우열전환　　② 격세유전
③ 귀선유전　　④ 중간유전

TIP 우열전환 … 카네이션의 백색꽃과 암홍색꽃과의 잡종에서 처음에는 우성인 백색꽃이 피다가, 나중에는 열성의 암홍색꽃을 달게 된다. 이러한 우열형질의 전환현상은 연령의 차와 환경조건에 따라서도 일어나며, 세대차로 일어나는 경우도 있다.

Answer 27.③ 28.① 29.①

30 종피(種皮)나 과피(果皮)와 같이 모계의 조직에 화분(花粉) 유전자의 영향을 받은 형질이 나타나는 현상은?

① 동의유전 ② 크세니아
③ 메타크세니아 ④ 피복유전

TIP 크세니아와 메타크세니아
㉠ 크세니아 : 종자 속의 배젖에 화분의 우성형질이 나타나는 현상을 말한다.
㉡ 메타크세니아
- 종피나 과피와 같이 모계의 조직에 화분 유전자의 영향을 받은 형질이 나타나는 현상을 말한다.
- 수정으로 생긴 것이 아닌 부분에 화분의 형질이 나타난다.
- 대추야자 나무나 사과나무 과실의 크기나 성숙기의 빠르고 늦음 등은 교잡수정에 의하여 생긴 것이 아닌 자성(雌性)그루의 성질에 화분의 형질이 작용하여 나타난 것이라고 보는데 이러한 현상이 바로 메타크세니아이다.

31 성염색체에 있는 유전자에 의하지 않는 유전현상으로 성과 관련되어 있는 것은?

① 한성유전 ② 종성유전
③ 반성유전 ④ 동의유전

TIP 종성유전
㉠ 젊은 사람의 대머리도 종성유전에 의한 것인데, 호르몬의 영향을 많이 받는다.
㉡ 주로 호르몬의 영향으로 성과 관련되어 있는 경우가 많다.

32 자가불화합성의 유전적 원인이 아닌 것은?

① 염색체의 구조적 이상
② 염색체의 수적 이상
③ 치사유전자
④ 꽃가루와 암술머리의 삼투압 차

TIP ④ 꽃가루와 암술머리의 삼투압 차는 자가불화합성의 생리적 원인이다.

Answer 30.③ 31.② 32.④

33 한 식물에 두 종류의 조직이 혼합되어 있는 유전현상은?

① 중복유전 ② 키메라
③ 크세니아 ④ 메타크세니아

TIP 키메라(Chimera)
㉠ 하나의 식물체 속에 다른 조직이 서로 접촉하여 존재하는 현상을 말한다.
㉡ 구분키메라와 주연키메라로 구분된다.
㉢ 1907년 H. 빙클러에 의하여 접붙이기에 의한 조직이 얽힌 식물이라고 상상하여 그리스 신화에 있는 사자 · 염소 · 뱀이 합체한 상상의 동물의 이름을 따서 키메라(그리스어에서는 키마이라)라고 명명하였다.

34 수정되지 않은 난세포가 홀로 발육하여 배를 형성하는 것은?

① 단위생식 ② 무핵란생식
③ 무배생식 ④ 위수정

TIP 단위생식
㉠ 성숙한 미수정란이 발생을 개시할 때 정자가 전혀 관여하지 않고 알만으로 발생하는 것을 말한다.
㉡ 처녀생식, 단성생식, 단성발생이라고도 한다.
㉢ 반수처녀생식과 전수처녀생식이 있다.

35 두 종류 이상의 정핵이 동시에 수정이나 배의 발육에 관여하는 유전현상은?

① 혼성잡종 ② 영양잡종
③ 종성유전 ④ 한성유전

TIP ② 영양체의 교잡으로 생긴 잡종이다.
③ 성염색체에 있는 유전자에 의하지 않는 유전현상으로 성과 관련되어 있다.
④ 어떤 형질이 암수의 어느 한쪽에만 전해지는 유전이다.

Answer 33.② 34.① 35.①

36 다음 중 잡종강세가 이용되고 있는 작물은?

① 고구마, 토마토
② 고추, 유채
③ 벼, 보리
④ 양배추, 담배

TIP 잡종강세의 이용 … 옥수수, 수수, 사탕무, 사료작물, 해바라기, 토마토, 가지, 고추, 수박, 호박, 오이, 양파, 배추, 양배추, 담배, 유채 등

37 불완전 우성유전자에 의한 유전현상은?

① 우열전환
② 격세유전
③ 중간유전
④ 조건유전

TIP ① 한 생물 잡종의 표현형에서 생육초기에는 우성형질, 후기에는 열성형질을 나타내는 현상을 말한다.
② 한 생물의 계통에서 선조와 같은 형질이 우연히 또는 교잡 후에 나타나는 현상을 말한다.
④ 어떤 두 쌍의 유전자 중 한쪽 유전자의 형질이 발현될 때 다른 유전자의 존재를 필요로 한다.

38 다음 중 성결정형이 ZW형인 것은?

① 사람
② 파충류
③ 메뚜기
④ 양딸기

TIP ① XY형 ② ZO형 ③ XO형

39 아포믹시스에 대한 설명으로 옳지 않은 것은?

① 아포믹시스에 의해 생긴 종자는 종자 형태를 가진 영양계라 할 수 없다.
② 위수정생식은 수분, 화분관의 신장 또는 정핵의 자극에 의해 난세포가 배로 발육한다.
③ 부정배형성은 체세포배 조직에서 배를 형성한다.
④ 단위생식은 수정하지 않은 조세포가 배로 발육한다.

Answer 36.④ 37.③ 38.④ 39.①

TIP 아포믹시스(무수정생식) … 수정과정을 거치지 않고 배가 만들어져 종자를 형성하는 생식방법으로 부정배형성, 무포자생식, 복상포자생식, 위수정생식, 단위생식 등이 있다.

㉠ 부정배형성은 배낭을 만들지 않고 주심이나 주피가 직접 배를 형성하는 것이다.
㉡ 무포자생식은 배낭의 조직세포가 배를 형성하는 것이다.
㉢ 복상포자생식은 배낭모세포가 감수분열을 못하거나 비정상적인 분열을 하여 배를 형성하는 것이다.
㉣ 위수정생식은 수분, 화분관의 신장 또는 정핵의 자극에 의해 난세포가 배로 발육한다.
㉤ 단위생식(처녀생식)은 수정하지 않은 난세포가 홀로 발육하여 배를 형성하는 것이다. 웅성단위생식은 정세포가 단독으로 분열하여 배를 형성한다.

40 핵외유전에 대한 설명으로 옳지 않은 것은?

① 유전자형에 의하지 않고 세포질의 차이로 나타나는 유전현상이다.
② 핵외유전자는 핵 게놈의 유전자지도에 포함되지 않는다.
③ 정역교배의 결과가 일치하지 않는다.
④ 멘델의 법칙이 적용된다.

TIP 핵외유전(세포질유전) … 유전자형에 의하지 않고 세포질의 차이로 나타나는 유전현상으로 유전에 관여하는 DNA가 세포소기관 안에 있다고 본다. 염색체외유전이라고도 한다.

㉠ 식물 잎의 얼룩무늬 유전이 세포질 내의 색소체에 의해 유전된다는 사실에서 밝혀졌다.
㉡ 핵외유전자(세포질유전자)와 핵유전자는 서로 독립해 존재하며, 핵외유전자의 유전양식은 핵유전자와 완전히 다르다.
㉢ 정역교배는 교배조합의 양친을 서로 바꾸어서 교배하는 것이다.

Answer 40.④

03 품종의 육성

01 품종의 육성법

❶ 도입육종법

(1) 도입육종법의 개념

다른 지역 또는 다른 나라로부터 우수한 특성을 지닌 품종이나 야생종을 도입하여 적응시험을 거쳐 직접 장려품종으로 이용하거나 품종개량의 재료로 이용하는 것을 말한다. 그 외부의 우수한 형질을 기존 품종에 도입함으로써 더욱 우수한 품질을 얻을 수 있다.

(2) 도입육종법의 유의점

① 외국품종 도입시 새로운 해충이나 병균이 묻어오지 않도록 한다.

② 도입작물은 적응시험을 거쳐 그 능력을 검정하여 보급한다.

❷ 분리육종법

(1) 분리육종법의 개념

오랫동안 재배되어 온 재배품종들은 자연교잡이나 자연돌연변이 등에 의하여 여러 가지 유전자원이 혼합되어 있다. 이러한 품종에서 우량한 개체군을 분리시켜 새로운 품종으로 성립시키는 것을 말하며 선발육종법이라고도 한다.

(2) 순계분리법

① 주로 자가수정에 의하여 번식하는 작물의 분리육종에 쓰인다.

② 재래종으로부터 우량계통을 분리 · 선발하여 신품종으로 독립시킨다.

(3) 계통분리법

① 개체가 아닌 처음부터 집단을 대상으로 선발을 계속하여 우수한 계통을 분리하는 방법이다.

② 순계분리법처럼 완전한 순계를 얻기는 힘들지만 자가수정식물에서도 단기간에 우수한 집단을 얻을 수 있다.

③ **집단선발법**

㉠ **자가수정작물**

- 원품종 중에서 이형을 없애는 정도를 말한다.
- 순계분리법 때와는 달리 유전자형을 개량하는 효과는 크지 않다.
- 발수법이 이용된다.

㉡ **타가수정작물** : 기본집단에서 비슷한 우량 개체들을 선발하여 재배하는 과정을 3년 정도 반복하여 생산력 검정시험을 거친다.

㉢ **성군집단선발법**

- 특성에 따라 몇 가지 군으로 나누어 실시하는 방법이다.
- 비교적 특성이 균일한 계통을 얻을 수 있다는 장점이 있다.

㉣ **계통집단선발법** : 선발한 개체를 계통재배하고, 그 계통을 서로 비교하여 양적 형질을 선발하는 것이다.

- 타가수정작물 : 개체선발을 통해 우수한 계통을 선발하고 이것을 혼합하여 집단채종하여 종자용으로 이용한다.
- 자가수정작물 : 원원종포에서 우량품종이나 육성된 신품종의 특성을 유지하기 위하여 계통집단선발법을 적용한다.

㉤ **일수일렬법**

- 계통집단선발법을 변형한 방법이다.
- 타식성작물에서 종자를 각 이삭별로 한줄씩 파종하고, 그 중에서 우수한 성적을 나타낸 이삭을 선발하여 다음 해의 선발에 공시하는 방법이다.
- 옥수수는 한 그루에 암꽃과 수꽃이 따로 피는 자웅동주식물로서 타가수분을 주로 하게 되어 있다.
- 직접법과 잔수법이 있다.

④ **합성품종**

㉠ 격리포장에서 자연수분 또는 인공수분으로 육성될 수 있다.
㉡ 세대가 진전되어도 비교적 높은 잡종강세가 나타난다.
㉢ 영양번식이 가능한 타식성 사료작물에 널리 이용된다.
㉣ 유전적 배경이 넓어 환경 변동에 대한 안정성이 높다.
㉤ 자연수분에 의해 유지되므로 경비와 채종노력을 줄일 수 있다.

(4) 영양계분리법

① 영양체로 번식하는 작물에는 아조변이나 기타 원인에 의해 유전적 변이를 일으키는 변이체가 많다. 이를 분리하여 영양계를 육성하면 새로운 품종을 만들 수 있다.

② 아조변이(芽條變異)

㉠ 영양체의 일부인 눈(芽)에 돌연변이가 생긴 것을 말하며, 가지변이라고도 한다.

㉡ 생장 중의 가지 및 줄기의 생장점의 유전자에 돌연변이가 일어나 2～3가지의 형질이 다른 가지나 줄기에 생기는 것이다.

㉢ 변이한 부분만을 접붙이기나 꺾꽂이 등으로 번식시키면 모주(母株)와는 전혀 형질이 다른 개체를 얻을 수 있다.

㉣ 격세유전(隔世遺傳) : 아조변이 품종이 다시 아조변이하여 원래의 품종으로 되돌아가는 것을 말한다.

3 교잡육종법

(1) 교잡육종법의 개념

교잡에 의해 유전적 변이를 만들어 그 중에서 우량계통을 선발하여 품종을 육성하는 것을 말한다.

(2) 자가수정작물의 경우

① 계통육종법

㉠ 잡종의 분리세대인 제2대 이후부터 개체선발과 선발개체별 계통재배를 계속하여 계통간을 비교하고, 그들의 우열을 판별하면서 선발과 고정을 통하여 순계를 만드는 방법이다.

㉡ 잡종에 있어서 형질의 분리, 유전자의 조환(組換)이 멘델의 유전법칙에 따라 표현되는 것을 기대하여 체계화시킨 육종법이다.

㉢ 유전자형의 표현이 환경에 크게 영향을 받지 않는 형질을 대상으로 했을 때에는 효과적인 방법이다.

㉣ '인공교배 → F_1 양성 → F_2 전개와 개체 선발 → 계통 육성과 특성 검정 → 생산력 검정 → 지역적응성 검정 및 농가 실증시험 → 종자 증식 → 농가 보급'의 순서로 진행된다.

② 집단육종법 … F_5 ~ F_6까지 교배조합하여 집단선발을 계속하고 그 후에 계통선발로 바꾸는 방법이다.

③ 파생계통육종법

㉠ 계통육종법과 집단육종법을 절충한 방법이다.

㉡ F_2나 F_3에서 교배 조합별로 계통선발을 하여 파생계통을 만든다.

㉢ F_5 정도까지는 파생계통별로 집단선발을 하면서 불량계통을 도태시킨다.

㉣ F_6에서는 다시 계통선발을 한다.

㉤ F_7에서는 계통의 순도검정을 한다.

㉥ F_8 이후에는 계통의 생산력 검정을 하여 신품종으로 육성한다.

④ 여교잡육종법

㉠ 교잡으로 생긴 잡종을 다시 그 양친의 한쪽과 교배시키는 방법을 이용한다.

㉡ a유전자에 관해 양친(P)이 열성호모형(aa)과 우성호모형(AA)이었다고 가정한다. 양자를 교배하면 잡종 제1대(F_1)에서는 전부 헤테로형(Aa)이 된다. 여교잡은 이 F_1을 양친의 어느 한쪽과 교배시키는 것으로, 열성호모형(aa)인 어버이에게 여교잡을 하면 우성형질(Aa)과 열성형질(aa)이 1 : 1의 비율로 생기고, 우성 호모형(AA)인 어버이와 여교잡을 시키면 그 자식은 전부 우성형질(Aa 또는 AA)이 된다. 이와 같이, F_1을 열성호모인 어버이와 교잡시키면 F_1이 가진 유전자형이 여교잡을 한 잡종의 표현형이 되어 나타난다.

㉢ 여교잡을 한 결과 생긴 세대는 BF로 나타내며 1회 여교잡을 했을 때는 BF_1, 2회일 때는 BF_2로 나타낸다.

㉣ 2회 이상 여교잡을 할 경우를 반복여교잡이라고 한다.

㉤ 재배되고 있는 우량품종이 가지고 있는 1 ~ 2가지 결점을 개량하는 데 효과적이다.

⑤ 다계교잡법

㉠ 교배모본으로서 세 품종 이상을 쓰는 방법이다.

㉡ 많은 품종에 따로 따로 포함되어 있는 몇 가지 형질을 한 품종에 모으거나 일반적인 방법으로 얻기 어려운 특별한 형질을 목적으로 할 때 이용되는 방법이다.

㉢ (A×B)×C, (A×B)×(C×D), [(A×B)×(C×D)]×[(E×F)×(G×H)] 등의 경우가 있다.

⑥ 1개체 1계통육종법(단립계통육종)

㉠ 집단육종법과 계통육종법의 장점을 모두 갖춘 육종방법이다.

㉡ 육종규모가 작기 때문에 온실 같은 곳에서 육종연한을 단축할 수 있다.

㉢ 잡종 초기세대에 집단재배를 하므로 유용유전자를 잘 유지할 수 있다.

(3) 타가수정작물의 경우

① 자가불임 또는 자웅이주의 경우

㉠ 자가불임인 작물은 원래 Hetero 상태이므로 열성형질을 목표로 하는 경우를 제외하고 개체간의 교잡을 하지 않고 많은 개체간에 집단교잡(혼합교잡)을 할 필요가 있다.

㉡ 2개의 기본집단에서 특색있는 여러 개체를 선발하여 교호로 심어 교잡시킨다.

㉢ 잡종은 성군집단선발법 등에 의해 우수한 계통집단을 선발한다.

② 영양번식작물의 경우 … 보통 교잡 후에 영양계로 계통선발한다.

③ 종 · 속간 교잡육종법

㉠ 종간이나 속간에 교잡해서 유용한 신종의 작물을 얻으려 한다.

㉡ 종 · 속간 교잡육종법의 단점 : 불량유전자의 도입이 쉽고, 잡종식물이 불임성을 나타내기 쉽다.

❹ 잡종강세육종법

(1) 잡종강세육종법의 개념

① 잡종강세가 뚜렷하게 나타나는 1대 잡종 그 자체를 품종으로 이용하는 육종방법이다.

② 조합능력이 높은 품종이나 계통을 육성해야 한다.

(2) 실시조건

① 1대 잡종을 재배하는 이익은 1대 잡종을 생산하는 경비보다 커야 한다.

② 단위면적당 재배에 필요한 종자량이 적어야 한다.

③ 교잡조작이 용이해야 한다.

④ 1회의 교잡에 의해 많은 종자를 생산할 수 있어야 한다.

(3) 타가수정작물의 경우

조합능력의 개량으로 인해 조합능력이 높은 근교계가 육성되면 이를 양친으로 하고, 매년 그들 간의 교잡종자를 만들어 이용한다.

① 단교잡

㉠ 2개의 근친교배계 사이에 잡종을 만드는 방법을 말한다.

㉡ (A×B), (C×D)와 같이 2개의 자식계나 근교계를 교잡시킨다.

㉢ 종자의 생산량이 적지만, F_1의 잡종강세의 발현도와 균일성은 매우 우수하다.

② 복교잡

㉠ (A×B)×(C×D)와 같이 2개의 단교잡 사이에 잡종을 만드는 방법을 말한다.

㉡ 종자의 생산량이 많고 잡종강세의 발현도도 높지만 균일성이 다소 낮다.

③ 3계교잡

㉠ (A×B)×C와 같이 단교잡과 다른 근교계와의 잡종을 말한다.

㉡ 강세화된 F_1 식물에서 채종되기 때문에 종자의 생산량이 많고 잡종강세의 발현도도 높지만 균일성이 떨어진다.

④ 다계교잡

㉠ [(A×B)×(C×D)]×[(E×F)×(G×H)] 또는 (A×B×C×D×E)×(F×G×H×I×T)와 같이 4개 이상의 자식계나 근교계를 조합시켜 잡종을 만드는 방법을 말한다.

㉡ 일반적으로 다계교잡은 복교잡보다 생산력이 낮지만 채종하기는 용이하다.

㉢ 잡종강세를 나타내는 성질을 이용하여 양적 형질의 개량에 이용하는 육종법이다.

TIP

양적 형질과 질적 형질

㉠ 양적 형질

- 길이 · 넓이 · 무게 등의 수량으로 나타낼 수 있는 유전적 형질을 말하며, 수량형질이라고도 한다.
- 양적인 유전형질은 그것을 지배하는 주요 유전자 외에 다수의 폴리진이 관여하는 경우가 많다.
- 표현형들이 구분되지 않고 연속변이하는 형질이다.
- 관여유전자가 많아 각 유전자의 작용이 환경의 영향을 크게 받으므로 연속변이가 일어난다.
- 사람의 몸무게, 키, 피부색, 농작물의 수량 등

㉡ 질적 형질

- 불연속적으로 변이하는 형질을 말한다.
- 잡종후대의 분리표현형은 3 : 1, 9 : 7 or 9 : 3 : 3 : 1이다.

⑤ Top교잡

㉠ 조합능력 검정에서 우량한 성적을 나타낸 F_1을 그대로 실제 재배에 이용하는 방법이다.

㉡ 잡종종자의 생산력은 다른 교잡법에 비해 떨어진다.

⑥ 합성품종

㉠ (A×B×C×D× … ×N)와 같이 조합능력이 우수한 몇 개의 자식계나 근교계를 혼합하여 서로 자유로이 교잡시키는 방법이다.

㉡ 다계교잡의 후대를 그대로 품종으로 이용한다.

5 배수성 육종법

(1) 배수성 육종법의 개념

식물의 배수성을 이용하여 인위적으로 염색체의 배수체를 작성하여 우수한 품종을 육성하는 방식이다.

(2) 염색체배가법

① 콜히친(Colchicine)처리법

㉠ 감수분열의 과정에서 방추사의 형성이 저해되어 염색체들이 양극으로 분리되지 않고 그대로 정지핵의 상태로 들어가게 된다.

㉡ 염색체를 분리하는 가장 효율적인 방법이다.

② 아세나프텐(Acenaphthene)

㉠ 가스상태로 식물의 생장점에 작용한다.

㉡ 유리종 내면에 아세나프텐의 결정을 부착시켜 식물을 5 ~ 10일간 덮어준다.

③ 절단법

㉠ 재생력이 강한 작물에 이용된다.

㉡ 토마토, 담배, 가지 등

④ 온도처리법 … 고온, 저온, 변온 등의 처리에 의해 배수성 핵을 유도한다.

(3) 동질배수체

① 동질배수체의 작성

㉠ 주로 콜히친처리법 같은 인위적인 염색체배가법을 통해 기본종의 염색체를 배가시켜 동질배수체를 작성한다(n → 2n, 2n → 4n 등).

㉡ 3배체(3n)는 4n×2n의 방법으로 작성한다.

㉢ 동질배수체는 동종의 염색체조가 배가하고 있는 생물을 말하며, 가지 속 · 양귀비 속 등이 있다.

② 동질배수체의 특성

㉠ 발육지연 : 식물체, 과실, 종자의 성숙 또는 개화기가 지연되기 쉽다.

㉡ 임성 저하

- 임성이 저하되어 계통유지가 곤란하다.
- 높은 것은 70%, 낮은 것은 10% 이하가 된다.
- 3배체(3n)는 거의 완전불임이 된다.

㉢ 형태적 특성

- 잎, 줄기, 뿌리 등의 영양기관이 왕성한 발육을 하여 거대화한다.
- 핵질의 증가로 핵과 세포가 커진다.
- 생육, 개화, 결실이 늦어진다.

㉣ 함유성

- 사과, 토마토, 시금치 등에서는 비타민 C의 함량이 증가한다.
- 담배에서는 니코틴의 함량이 증가한다.

(4) 이질배수체

① 이질배수체의 개념 … 식물에서 잡종이 생겼을 경우에 다른 종류의 염색체조가 겹쳐서 배수가 된 염색체를 가진 것을 말하며, 동질배수체에 대응하는 말이다.

② 이질배수체의 작성

㉠ 다른 종류의 Genome(게놈)을 동일 개체에 보유시켜 보다 실용적 가치가 높은 신종을 만들려는 방법이다.

㉡ 이종속간 교잡과 Genome 배가의 두 조작이 필요하다.

③ 이질배수체의 제조방법

㉠ Genome이 다른 양친을 미리 배가하여 각각의 동질배수체를 만들고, 그들의 교잡에서 복2배체를 만든다.

㉡ 양종을 교잡한 후 F_1을 배가하여 복2배체를 만든다.

④ 이질배수체의 특성

㉠ 임성은 동질배수체보다 높은 것이 보통이다.

㉡ 모든 염색체가 완전히 2n적으로 되어 있는 것은 완전한 임성을 나타낸다.

㉢ 복2배체는 양친의 유전자군을 그대로 보유하므로 형질은 일반적으로 양친의 중간적인 형태적 · 생리적 특징을 나타난다.

⑤ 이질배수체의 활용

㉠ 임성이 높은 것이 많으므로 종자를 목적으로 재배할 때 유리하다.

㉡ 장미속, 밀속, 담배, 유채류, 벼 등이 있다.

❻ 돌연변이 육종법

(1) 돌연변이 육종법의 개념

① 인위돌연변이에 의해 생기는 유용한 형질을 이용하는 육종법을 말한다.

② 벼 · 보리 · 땅콩 등에서는 단간 · 다수(多收) · 내병성(耐病性) 등의 유용형질(有用形質)을 가진 품종이 육성되어 있다.

(2) 돌연변이 육종법의 특징

① 종래 불가능했던 자식계나 교잡계를 만들 수 있다.

② 인위배수체의 임성의 향상이 가능하다.

③ 헤테로로 되어 있는 영양번식식물에서 변이를 작성하기 용이하다.

④ 품종 내에서 특성의 조화를 파괴하지 않고 1개의 특성만을 용이하게 치환할 수 있다.

⑤ 새로운 유전자를 창조할 수 있다.

(3) 돌연변이 유발방법

① 화학약품처리

㉠ 핵분열 저해물질 : Colchicine, Acenaphthene 등

㉡ 기타 화학물질 : S-mustard, Ethylene Imine, Ester Dioxan, Ethylene Oxide 등

② 방사선조사

㉠ 식물에 대한 방사선 처리는 1년생 종자식물에 대해서는 종자처리를 하는 일이 많다.

㉡ 때때로 특정생육단계나 전생육과정에 걸쳐 처리하기도 한다.

㉢ 영년생 식물에 대해서는 삽수나 식물체에 직접 처리하여 그 후에 삽목이나 접목을 한다.
㉣ 유발원이 되는 방사선에는 자외선, X선, α선, β선, γ선, 양자, 중성자, 중양자 등이 있다.

(4) 돌연변이 선발법

① 종자번식식물
㉠ 벼나 보리의 종자에 방사선을 조사할 경우 종자의 씨눈에 분화되어 있던 생장점에서 나오는 최초의 5이삭이 변이하기 쉽다.
㉡ 일반적으로 최초의 5이삭만을 선발해서 M_2세대로 넘긴다.

② 영양번식식물
㉠ 변이부분을 일찍 잘라내어 접목, 취목, 삽목 등에 의해 별도로 번식시킨다.
㉡ 영양번식식물은 잡종성이므로 생장점에 변이가 생겼을 때는 Aa→aa가 된다.

7 생물공학(BT) 육종법

(1) 조직배양

① 의의 … 식물의 세포나 조직 및 기관 등을 무균적으로 영양배지에서 배양하여 완전한 식물체로 재분화시키는 기술을 말하며, 삽목이나 접목에 비해 짧은 기간에 대량증식이 가능하다.

② 대상 … 생식기관, 영양기관, 단세포, 병적조직, 전체식물 등
㉠ 영양기관 : 뿌리나 잎, 눈, 줄기 등
㉡ 생식기관 : 꽃, 꽃밥, 화분, 배, 배주, 배유, 과실, 과피 등

③ 조직배양의 활용
㉠ 생물공학의 기초연구
㉡ 인공종자의 개발 : 캡슐재료는 알긴산을 많이 이용한다.
㉢ 유전자원의 보존
㉣ 배배양과 약배양 및 병적 조직배양

(2) 세포융합

① 세포융합의 의의 … 두 종류의 세포를 특수한 조건에서 융합시켜 양쪽의 성질을 함께 갖도록 하는 새로운 세포나 생물을 만드는 것을 말하며, 교배가 불가능한 원연종 간의 잡종을 만들거나 세포질에 있는 유전자를 도입하는 수단으로 활용하고 있다.
(예) 감자(potato)와 토마토(tomato)의 원형질체를 융합하여 포마토(pomato)가 생산됨

② **체세포 잡종** … 서로 다른 두 식물종의 세포융합으로 만들어진 재분화 식물체로 종·속간 잡종육성이나 유전자의 전환, 세포의 선발, 유용물질의 생산 등에 활용되고 육종재료의 이용 범위를 확대할 수 있다.

③ **세포질 잡종** … 나출원형질체가 핵과 세포질이 모두 정상인 것과 세포질만 정상인 것이 융합하여 생긴 잡종체를 말하며, 광합성능력의 개량이나 웅성불임성의 도입 등 세포질유전자에 의해 지배받는 형질을 개량하는데 활용한다.

8 영양번식작물 육종법

(1) 영양번식식물의 선발 방법

① **실생 선발** … 씨앗으로 파종하여 키우는 것을 말한다.

② **아조변이 선발** … 생장 중의 가지나 줄기의 생장점에서 돌연변이가 발생해서 형질이 다른 가지나 줄기가 생기는 현상을 말하며, 변이가 일어난 부분을 접붙이거나 꺾꽂이 등으로 번식시키는 것을 말한다.

③ **영양체 선발** … 우수한 영양체를 선발하여 육종하는 방법이다.

④ **돌연변이체 선발** … 염색체 돌연변이를 유발한 뒤 후대에서 우수한 형질을 갖는 돌연변이체를 선발하는 방법이다.

(2) 영양번식 작물의 유전적 특성과 육종방법

① 이형접합형 품종을 자가수정하여 얻은 실생묘는 유전자형이 분리된다.

② 이형접합형 품종을 영양번식시켜 얻은 영양계는 유전자형이 분리되지 않고 유지된다.

③ 영양번식작물은 영양번식과 유성생식이 가능하며, 영양계는 이형접합성이 높다.

④ 고구마와 같은 영양번식작물은 감수분열 때 다가염색체를 형성하므로 불임률이 높다.

9 1대 잡종(F_1) 육종법

(1) 개요

① 1대잡종육종은 자식계통을 육성하여 잡종강세를 높인다.

② 1대잡종품종은 수량이 높고 균일도도 우수하며 우성유전자 이용의 장점이 있다.

③ 조합능력을 검정하여 우수한 교배친을 선발할 수 있다.

④ 일반적으로 1대잡종품종은 수량이 높고 균일한 생산물을 얻을 수 있다.

⑤ 타식성 작물에서는 1대잡종품종으로 옥수수, 무, 배추 등을 이용하여 1과당 채종량이 많은 박과나 가지과 채소에 많이 재배되고 있다.

⑥ 자식성 작물에서는 벼나 밀 등에서 웅성불임성을 이용하여 1대잡종이 육성되고 교잡이 쉬운 토마토나 가지, 담배 등에서 재배되고 있다.

(2) 1대잡종품종의 육성

① 품종간 교배

㉠ F_1 종자의 채종이 유리하다.

㉡ 자연수분품종끼리 교배한 1대잡종품종은 자식계통을 사용하였을 때보다 생산성과 균일성이 낮다.

② 자식계통간 교배

㉠ 자식계통으로 1대잡종품종을 육성하는 방법에는 단교배, 3원교배, 복교배 등이 있다.

㉡ 사료작물에는 3원교배 및 복교배 1대 잡종품종이 많이 이용된다.

㉢ 육성한 자식계통은 자식이나 형매교배에 의해 유지된다.

㉣ 1대잡종 종자 채종을 위해서는 자가불화합성이나 웅성불임성을 많이 이용한다.

㉤ 자식계통 간 교배로 만든 품종의 생산성은 자연방임품종보다 높다.

③ 잡종종자의 생산방식

㉠ 단교배(A×B)

- 2개의 근교계나 자식계 사이의 교배방식을 말한다.
- 1대잡종품종은 잡종강세가 가장 크지만, 채종량이 적고 종자가격이 비싸다는 단점이 있다.

㉡ 변형단교배 ((A×A′)×B)

- 채종량이 적은 단교배의 단점을 보완한 것이다.
- 잡종강세의 발현도나 균일도 및 종자생산량이 많아 좋은 교배방식이다.

㉢ 3계교배 ((A×B)×c) : 잡종강세의 발현도가 높고 채종량도 많지만 균일성이 낮다.

㉣ 복교배 ((A×B)×(c×D)) : 잡종강세의 발현도가 높고 채종량도 많지만 균일성이 낮고 4개의 부모계통을 유지하기가 어렵다.

㉤ 합성품종 : 잡종강세의 저하됨이 낮고 자연수분에 의해 유지되므로 채종노력과 경비를 절감할 수 있다.

㉥ 복합품종 : 품종개량의 재료로 이용되며 방임수분계통을 인공교배 하여 만든다.

④ 조합능력

㉠ 조합능력은 1대잡종이 잡종강세를 나타내는 친교배이다.

㉡ 조합능력은 순환선발에 의해 개량된다.

㉢ 조합능력 검정은 계통간 잡종강세 발현정도를 평가하는 과정이다.

TIP

순환선발 … 우량개체를 선발하고 그들 간에 상호 교배를 함으로써 집단 내에 우량 유전자의 빈도를 높여가는 육종방법을 말한다.

㉠ 단순순환선발 : 기본집단에서 선발한 우량개체를 자가수분하고 동시에 검정친과 교배한다. 검정교배 F_1 중에서 잡종강세가 큰 자식계통으로 개량집단을 만들고, 개체 간 상호 교배하여 집단을 개량한다. 일반조합능력 개량에 효과적이다.

㉡ 상호순환선발 : 두 집단 A, B를 동시에 개량하는 방법이며 3년 주기로 반복한다. 두 집단에 서로 다른 대립유전자가 많을 때 효과적이며, 일반조합능력과 특수조합능력을 함께 개량할 수 있다.

02 신품종의 연구과 현황

❶ 품종개량

(1) 품종개량의 개념

농작물 또는 사육하고 있는 가축의 유전적 특성을 개량하여 보다 실용가치가 높은 품종을 육성 · 증식 · 보급하는 농업기술을 말하며, 넓은 의미로는 육종이라고도 한다.

(2) 품종개량의 목표

① 농작물이나 가축의 수확과 생산성을 향상시킨다.

② 품질을 개선하며 생산의 안정성을 증대시킨다.

(3) 품종개량의 조건

① **우수성** … 품종개량을 통하여 만들어진 새로운 품종은 기존 품종에 비하여 우수해야 한다.

② **균등성** … 모든 개체들이 실용면에서 지장이 없는 정도의 균등성을 갖추어야 한다.

③ **영속성** … 우수성과 균등성이 계속적으로 유지되어야 하는 영속성을 지니고 있어야 한다.

④ **광역성** … 우수한 특성의 발현이나 적응되는 정도가 되도록 넓은 지역에 걸쳐 나타나야 한다.

(4) 품종개량의 성과

① **경제적 효과** : 세계적으로 지난 30여 년 동안에 품종개량을 통하여 각종 농작물의 단위면적당 수량성과 가축의 생산성이 크게 증대되었다.

② 재배 안정성 증대 : 각종 기상재해나 병충해 등에 대한 저항성이 증대됨으로써 생산의 안정성을 향상시켰다.

③ 식량문제 해결 : 근래에 녹색혁명으로 불리는 식량증산은 인류의 식량문제 해결에 크게 기여하였다.

④ 품질 개선의 효과 : 과실이나 채소 등의 품질 또는 꽃의 빛깔이니 모양의 개선 등도 이루어졌다.

⑤ 새품종의 출현 : 기후와 재배지역에 맞는 새로운 품종이 개발되면서 새로운 품종이 개발되고 재배의 한계를 확대할 수 있다.

(5) 품종개발

① 조합육종 … 양친의 우량특성들을 새 품종에 모아서 새 품종의 특성을 종합적으로 향상시키는 방법이다.

② 초월육종 … 양친이 지니고 있지 못하던 새로운 우량특성을 유전자의 집적에 의하여 발현시키는 방법이다.

③ 잡종강세육종법

㉠ 유전자가 이형접합상태인 잡종이 양친보다 형질발현에 강세를 나타내는 현상을 직접 이용하는 것이다.

㉡ 수량과 같은 양적 형질을 개량하고자 할 때 주로 이용되며, 특히 잡종강세 현상이 크게 나타나고 1대 잡종종자 생산이 용이한 작물에서 이용된다.

(6) 신품종

① 신품종의 구비요건

㉠ 균일성 : 품종을 이용하고 재배하는데 차질이 없도록 균일해야 한다.

㉡ 구별성 : 기존에 있던 품종과는 확연히 구별되는 한가지 이상의 특성이 있어야 한다.

㉢ 안정성 : 꾸준히 재배하여 세대가 반복하여도 특성이 변하지 않아야 한다.

② 신품종의 등록과 특성유지

㉠ 신품종이 보호품종으로 등록되기 위해서는 신규성, 구별성, 균일성, 안정성, 품종명칭의 5가지 요건을 구비해야 한다.

㉡ 국제식물신품종보호연맹(UPOV)의 회원국은 국제적으로 육성자의 권리를 보호받으며, 우리나라는 2002년에 가입하였다.

㉢ 품종의 퇴화를 방지하고 특성을 유지하는 방법으로는 개체집단선발, 계통집단선발, 주보존, 격리재배 등이 있다.

㉣ 신품종에 대한 품종보호권을 설정등록하면 「식물신품종보호법」에 의하여 육성자의 권리를 20년(과수와 임목의 경우 25년)간 보장받는다.

❷ 종자산

(1) 종자산업법의 개념

종자의 생산 및 판매에 관한 사항을 규정한 법률을 말한다.

(2) 종자산업법의 목적

식물의 신품종에 관한 사항을 규정하는 법으로, 종자산업의 발전을 도모하고 농업 · 임업 및 수산업 생산의 안정에 이바지하는 것이 목적이다.

(3) 종자산업법의 내용

육성자의 권리보호, 품종보호요건 및 품종보호출원, 품종보호이의신청, 품종명칭등록출원 등의 심사, 품종보호료 및 품종보호등록, 품종보호권자의 보호, 품종보호에 관한 심판과 재심, 품종의 명칭, 품종성능의 관리, 종자의 보증, 종자의 유통 등을 규정한다.

(4) 종자산업

증식용 또는 재배용으로 쓰이는 씨앗 · 버섯종균 또는 영양체를 육성 · 증식 · 생산 · 조제 · 양도 · 대여 · 수출 · 수입 또는 전시하는 것을 의미한다.

최근 기출문제 분석

2024. 6. 22. 제1회 지방직 9급 시행

1 반수체육종법에 대한 설명으로 옳지 않은 것은?

① 반수체는 생육이 불량하고 완전한 불임현상을 나타낸다.

② 반수체를 배가한 2배체에서 열성형질은 발현되지 않는다.

③ 반수체육종법을 이용하면 육종 연한의 단축이 가능하다.

④ 화분배양을 통해 반수체를 확보할 수 있다.

TIP ② 반수체를 배가한 2배체에서 열성형질은 발현되지 않는 것은 아니다. 반수체육종법을 통해 열성형질의 선발을 용이하게 할 수 있다.

2024. 6. 22. 제1회 지방직 9급 시행

2 다음은 양성잡종에서 유전자가 독립적으로 분리하는지 알아보는 실험이다. (가)~(다)에 들어갈 내용을 바르게 연결한 것은?

(가)	열성친(P) 주름진 녹색종자(wwgg) × 이형접합체(F_1) 둥근 황색종자(WwGg)
배우자	wg (난세포) × $\frac{1}{4}$WG $\frac{1}{4}$Wg $\frac{1}{4}$wG $\frac{1}{4}$wg (정세포)
접합자	$\frac{1}{4}$WwGg $\frac{1}{4}$Wwgg $\frac{1}{4}$wwGg $\frac{1}{4}$wwgg
유전자형 빈도	(나)
표현형 빈도	(다)

	(가)	(나)	(다)
①	검정교배	1:1:1:1	1:1:1:1
②	검정교배	4:2:2:1	9:3:3:1
③	정역교배	1:1:1:1	1:1:1:1
④	정역교배	4:2:2:1	9:3:3:1

TIP 배우자 wg(난세포)를 통해 열성동형접합체와 교배하는 검정교배임을 알 수 있다. 유전자형 빈도와 표현형 빈도 모두 1:1:1:1을 보인다.

Answer 1.② 2.①

2024. 6. 22. 제1회 지방직 9급 시행

3 **자식계통으로 1대잡종품종 육성 시 단교배의 특징에 대한 설명으로 옳지 않은 것은?**

① 생육이 빈약한 교배친을 사용하므로 발아력이 약하다.

② 영양번식이 가능한 사료작물을 육종할 때 널리 이용한다.

③ 잡종강세현상이 뚜렷하고 형질이 균일하다.

④ 생산량이 적고 종자가격이 비싸지만 불량형질은 적게 나타난다.

TIP ② 영양번식이 가능한 사료작물을 육종할 때는 3원교배(복교배)를 이용한다.

2024. 3. 23. 인사혁신처 9급 시행

4 **작물의 육종방법에 대한 설명으로 옳은 것은?**

① 계통육종법은 집단육종법에 비해 유용 유전자형을 상실할 염려가 적다.

② 돌연변이육종법은 돌연변이 유발원이 처리된 M0세대에서 변이체를 선발하는 방법이다.

③ 세포분열이 왕성한 생장점에 콜히친을 처리하면 핵의 발달이 저해되어 배수체가 유도된다.

④ 파생계통육종법은 1개체 1계통법보다 초기세대에서 개체선발을 시작한다.

TIP ① 계통육종법은 유용 유전자를 상실할 우려가 있다.
② 돌연변이 육종법은 자체 유전자 변이를 이용하는 것으로, 교배육종이 곤란한 식물종에도 적용이 가능하다는 장점이 있다.
③ 세포분열이 왕성한 생장점에 콜히친을 처리하면 방추체의 형성이 억제된다.

2024. 3. 23. 인사혁신처 9급 시행

5 **자식성 작물과 타식성 작물에 대한 설명으로 옳지 않은 것은?**

① 자식성 작물은 세대가 진전됨에 따라 동형접합체 비율이 증가한다.

② 타식성 작물은 자식이나 근친교배에 의해 이형접합체의 열성유전자가 분리된다.

③ 자식성 작물은 타식성 작물과는 달리 자식약세 현상과 잡종강세가 모두 나타나지 않는다.

④ 자식성 및 타식성 작물 모두 영양번식으로 유전자형을 동일하게 유지할 수 있다.

TIP ③ 자식성 작물도 잡종강세가 있지만 타식성 작물에서 월등히 크게 나타난다.

Answer 3.② 4.④ 5.③

2024. 3. 23. 인사혁신처 9급 시행

6 **타식성 작물의 육종방법에 대한 설명으로 옳은 것은?**

① 집단선발은 기본집단에서 선발한 우량개체를 계통재배하고, 선발된 우량계통을 혼합채종하여 집단을 개량하는 방법이다.

② 순환선발은 우량개체를 선발하고 그들 간에 상호교배를 하더라도 집단 내에 우량유전자의 빈도가 변하지 않는다.

③ 잡종강세는 잡종강세유전자가 이형접합체로 되면 공우성이나 유전자 연관 등에 의하여 잡종강세가 발현된다는 우성설로 설명된다.

④ 상호순환선발은 두 집단에 서로 다른 대립유전자가 많을 때 효과적이며, 일반조합능력과 특정조합능력을 함께 개량할 수 있다.

TIP ① 집단선발은 기본집단에서 우량개체를 선발, 혼합채종하여 집단재배하고, 집단 내 우량 개체 간에 타가수분을 유도함으로 품종을 개량한다.

② 순환선발은 우량개체를 선발하고 그들 간에 상호교배를 함으로써 집단 내에 우량 유전자의 빈도를 높여가는 육종방법이다.

④ 타식성 작물의 근친교배로 약세화한 작물체 또는 빈약한 자식계통끼리 교배하면 그 F1은 양친보다 왕성한 생육을 나타내는 데, 이를 잡종강세라고 한다.

2023. 10. 28. 제2회 서울시 농촌지도사 시행

7 **〈보기〉에서 신품종의 종자증식과 보급에 대한 설명으로 옳은 것을 모두 고른 것은?**

> ㉠ 기본식물은 육종가들이 직접 생산하거나 육종가의 관리하에 생산된다.
> ㉡ 신품종의 종자 증식체계는 기본식물 —원종 —원원종 – 보급종이다.
> ㉢ 원종은 각 도의 농업기술원에서 생산하여 보급한다.
> ㉣ 우량종자는 보급종, 원종, 원원종을 포함한다.

① ㉠㉡

② ㉠㉣

③ ㉡㉢

④ ㉢㉣

TIP ㉡ 기본식물 —원원종 —원종 —보급종 순서이다.

㉢ 원종은 각 도의 농산물 원종장에서 생산하여 보급한다.

Answer 6.④ 7.②

2023. 10. 28. 제2회 서울시 농촌지도사 시행

8 **우수한 유전자형을 개발하기 위한 타식성 작물의 육종에 대한 설명으로 가장 옳은 것은?**

① 타식성 작물은 타가수분을 하므로 대부분 동형접합체이다.

② 타식성 작물보다 자식성 작물에서 잡종강세가 월등히 크게 나타난다.

③ 타식성 작물의 대표적인 육종방법은 순계선발이다.

④ 타식성 작물을 인위적으로 자식시키면 근교약세가 일어난다.

TIP ① 타식성 작물은 타가수분을 하므로 대부분 이형접합체이다.
② 자식성 작물보다 타식성 작물에서 잡종강세가 월등히 크게 나타난다.
③ 순계선발은 주로 자식성 작물에서 사용되는 육종방법이다.

2023. 6. 10 제1회 지방직 9급 시행

9 **다음에서 설명하는 육종방법은?**

> 자식성 작물의 육종 방법 중 하나로 F_2 또는 F_3세대에서 질적형질을 개체 선발하여 계통을 만들고 이 계통별로 집단재배를 한 후 $F_5 \sim F_6$세대에 양적형질에 대해 개체 선발하여 품종을 육성한다.

① 계통육종 ② 파생계통육종

③ 여교배육종 ④ 1개체1계통육종

TIP ① 서로 다른 품종이 따로 따로 가지고 있는 우량형질을 인공교배를 통하여 한 개체로 모으는 교배육종의 한 종류이다.
③ 서로 다른 두 품종의 교잡으로 만들어진 자식세대를 다시 부모 세대와 교잡시키는 육종방법이다.
④ 분리세대 동안 매 세대마다 모든 개체로부터 1립씩 채종해서 집단재배하고 후기세대에 가서 개체별 계통재배를 한다.

Answer 8.④ 9.②

2023. 9. 23. 인사혁신처 7급 시행

10 타식성 작물의 육종에 대한 설명으로 옳지 않은 것은?

① 합성품종은 자연수분에 의해 유지되므로 채종 노력과 비용이 경감되나, 환경 변동에 대한 안정성은 떨어진다.

② 지속적으로 근친교배를 하면 이형접합체의 열성유전자가 분리되어 동형접합체를 만들기 때문에 근교약세 현상이 나타난다.

③ 단순순환선발에서는 기본집단에서 선발한 우량개체를 자가수분하고, 동시에 검정친과 교배한다.

④ 타식성작물의 분리육종에서 근교약세를 방지하고 잡종강세를 유지하기 위해서는, 순계선발을 하지 않고 집단선발이나 계통집단선발을 한다.

TIP ① 타식성 작물은 다른 개체와 교배를 통해 번식한다. 자연 수분을 통해 번식하고 유전적 다양성이 높기 때문에 환경변동에 안정성이 높은 편에 해당한다.

2023. 6. 10 제1회 지방직 9급 시행

11 돌연변이 육종법에 대한 설명으로 옳지 않은 것은?

① 돌연변이 유발원을 처리한 당대에 돌연변이체를 선발한다.

② 돌연변이 유발원으로 X선은 잔류방사능이 없어 많이 이용된다.

③ 인위 돌연변이체는 세포질에 결함이 생기는 등의 원인으로 대부분 수확량이 적다.

④ 이형접합성인 영양번식작물에 돌연변이 유발원 처리로 체세포 돌연변이를 얻는다.

TIP ① 돌연변이 육종에서 타식성 작물은 자식성 작물에 비해 이형접합체가 많으므로 돌연변이원을 종자처리한 후대에는 돌연변이체를 선발하기 어렵다.

2023. 4. 8. 인사혁신처 9급 시행

12 작물의 유전적 특성과 육종방법에 대한 설명으로 옳지 않은 것은?

① 자연수분품종끼리 교배한 1대잡종품종은 자식계통을 교배하였을 때보다 생산성은 낮으나 F1 종자의 채종이 유리하다.

② 반수체육종은 반수체의 염색체를 배가하면 육종연한을 단축할 수 있고 열성형질을 선발하기 쉽다.

③ 돌연변이육종은 돌연변이율이 낮고 열성돌연변이가 많은 것이 특징이며, 영양번식작물에 유리하다.

④ 집단육종은 F_2 세대부터 선발을 시작하므로 육안관찰이나 특성검정이 용이한 질적형질의 개량에 효율적이다.

TIP ④ 계통육종은 F_2 세대부터 선발을 시작하므로 육안관찰이나 특성검정이 용이한 질적형질의 개량에 효율적이다.

Answer 10.① 11.① 12.④

2023. 4. 8. 인사혁신처 9급 시행

13 **자식성 작물의 육종에 대한 설명으로 옳지 않은 것은?**

① 여교배육종은 우량품종에 1~2가지 결점이 있을 때 이를 보완하는 데 효과적이다.
② 초월육종은 같은 형질에 대하여 양친보다 더 우수한 특성이 나타나는 것이다.
③ 자식성 작물에서 분리육종은 주로 집단선발이나 계통집단선발을 이용한다.
④ 조합육종은 교배를 통해 서로 다른 품종이 별도로 가진 우량형질을 한 개체에 조합하는 것이다.

TIP ③ 타식성 작물에서 분리육종은 주로 집단선발이나 계통집단선발을 이용한다.

2023. 4. 8. 인사혁신처 9급 시행

14 **생물공학적 작물육종 기술에 대한 설명으로 옳지 않은 것은?**

① 식물의 조직배양은 세포가 가지고 있는 전형성능을 이용한다.
② 세포융합을 통한 체세포잡종은 원하는 유전자만 도입하는 데 효과적이다.
③ 인공종자는 체세포 조직배양으로 유기된 체세포배를 캡슐에 넣어 만든다.
④ 형질전환육종은 외래 유전자를 목표식물에 도입하는 유전자전환기술을 이용한다.

TIP ② 원하는 유전자만 도입하는 데 효과적인 것은 형질전환육종이다.

2022. 10. 15. 인사혁신처 7급 시행

15 **(가), (나)에 대한 설명으로 바르게 연결한 것은?**

> (가) 검정할 계통들을 몇 개의 검정친과 교배한 F_1의 생산력을 조사한 후 평균하여 조합능력을 검정하는 방법
> (나) 검정할 계통들을 교배하고 F_1의 생산력을 비교함으로써 특정조합능력을 검정하는 방법

	(가)	(나)
①	톱교배	단교배
②	톱교배	다계교배
③	단교배	톱교배
④	다계교배	단교배

TIP (가) 톱교배 : 톱교배는 여러 검정친과 교배하여 그 평균 생산력을 평가하는 방법이다.
(나) 단교배 : 검정할 계통들 간의 교배로 특정 조합능력을 평가하는 방법이다.

Answer 13.③ 14.② 15.①

2022. 10. 15. 인사혁신처 7급 시행

16 **식물세포에서 작용하는 콜히친의 기능으로 옳은 것은?**

① 세포융합을 시켜 염색체 수가 배가되는 작용을 한다.

② 인근 세포의 전사조절 인자를 이동시키는 통로 역할을 한다.

③ 같은 염색체에 동일한 염색체 단편을 2개 이상 되도록 만든다.

④ 분열 중인 세포에서 방추사 형성과 동원체 분할을 억제한다.

TIP ① 콜히친은 세포분열 중 방추사 형성을 억제하여 염색체 수를 배가시키는 역할이다.
② 인근 세포의 전사조절 인자를 이동시키는 통로 역할을 하지 않는다.
③ 콜히친은 염색체 단편을 중복시키지 않으며 염색체 수를 배가시키는 역할을 합니다.

2022. 10. 15. 인사혁신처 7급 시행

17 **작물의 품종과 계통에 대한 설명으로 옳지 않은 것은?**

① 품종 내에서 유전적 변화가 일어나 새로운 특성을 지닌 변이체의 자손을 계통이라고 한다.

② 키의 큼 · 작음이나 개화기의 빠름 · 늦음은 형질에 해당한다.

③ 영양번식작물에서 변이체를 골라 증식한 개체군을 영양계라고 한다.

④ 자식성 작물은 우량한 순계를 골라 신품종으로 육성한다.

TIP ② 키의 큼 · 직음은 형질에 해당하지만 개화기의 빠름 · 늦음은 특성에 해당한다.

2022. 10. 15. 인사혁신처 7급 시행

18 **자식성 작물의 교배육종법에 대한 설명으로 옳지 않은 것은?**

① 계통육종법은 질적형질의 개량에 효과적이다.

② 1개체 1계통법은 후기 세대에서 양적형질에 대한 동형접합체의 비율이 낮다.

③ 파생계통육종법에서는 F_2에서 질적형질에 대하여 개체선발하여 파생계통을 만든다.

④ 집단육종법에서는 집단의 동형접합성이 높아진 후기 세대에 가서 개체선발을 한다.

TIP ② 1개체 1계통법에서는 초기 세대에서부터 개체를 선발하여 그 자손을 지속적으로 평가하고 선발한다.

Answer 16.④ 17.② 18.②

2022. 6. 18. 제1회 지방직 9급 시행

19 **작물의 육종에 대한 설명으로 옳은 것은?**

① 자식성 작물은 자식에 의해 집단 내에서 동형접합체의 비율이 감소한다.

② 계통육종은 양적 형질을, 집단육종은 질적 형질을 개량하는 데 유리하다.

③ 타식성 작물의 분리육종은 순계 선발 후, 집단선발 또는 계통집단선발을 한다.

④ 배수성육종은 염색체 수를 배가하는 것으로 일반적으로 식물체의 크기가 커진다.

TIP ① 자식성 식물은 자식을 거듭함에 따라 동형접합체의 비율이 증가한다.
② 계통육종은 질적 형질의 개량에 유리하며 집단육종은 양적형질을 개량하는 데 유리하다.
③ 타식성 작물의 분리 육종은 순계선발을 하지 않고 집단선발이나 계통집단선발을 한다.

2022. 6. 18. 제1회 지방직 9급 시행

20 **우리나라 자식성 작물의 종자증식에 대한 설명으로 옳지 않은 것은?**

① 원원종은 기본 식물을 증식하여 생산한 종자이다.

② 원종은 원원종을 각 도 농산물 원종장에서 1세대 증식한 종자이다.

③ 보급종은 기본식물의 종자를 곧바로 증식한 것으로 농가에 보급할 목적으로 생산한 종자이다.

④ 기본식물은 신품종 증식의 기본이 되는 종자로 육종가가 직접 생산한 종자이다.

TIP ③ 보급종은 원원종 또는 원종에서 1세대 증식하여 농가에 보급되는 종자를 말한다.

2022. 6. 18. 제1회 지방직 9급 시행

21 **작물의 신품종이 보호품종으로 보호받기 위하여 갖추어야 할 요건이 아닌 것은?**

① 구별성 ② 균일성

③ 안전성 ④ 고유한 품종 명칭

TIP ③ 안전성이 아닌 안정성이다.
※ 품종보호제도 … 식물 신품종 육성자의 권리를 법적으로 보장하여 주는 지적재산권의 한 형태이다.
※ 품종보호제도의 요건
㉠ 신규성(Novelty) : 출원 전에 품종의 종자와 수확물의 상업적 처분이 없어야 한다.
㉡ 구별성(Distinctness) : 출원시에 일반인들에게 알려진 다른 품종과 분명하게 구별되어야 한다.
㉢ 균일성(Uniformity) : 번식을 할 때 예상되는 변이를 고려해서 관련 특성이 균일하게 분포해야 한다.
㉣ 안정성(Stability) : 반복으로 번식하여도 관련특성이 안정성을 유지하여야 한다.
㉤ 품종의 명칭(Denomination) : 모든 품종은 하나의 고유한 품종 명칭을 가져야 한다.

Answer 19.④ 20.③ 21.③

2022. 4. 2. 인사혁신처 9급 시행

22 **자식성 작물의 육종방법에 대한 설명으로 옳지 않은 것은?**

① 계통육종은 세대를 진전하면서 개체선발과 계통재배 및 계통선발을 반복하여 우량한 순계를 육성한다.

② 집단육종은 초기세대부터 선발을 진행하고 후기세대에서 혼합채종과 집단재배를 실시한다.

③ 여교배육종에서 처음 한 번만 사용하는 교배친은 1회친이다.

④ 여교배육종은 우량품종의 한두 가지 결점 보완에 효과적인 방법이다.

TIP ② 집단육종은 초기세대까지는 그냥 한 곳에 집단으로 재배하여 씨앗을 얻고, 집단의 80% 정도가 동형접합체가 된 다음부터 개체를 선발하여 순계를 육성하는 방법이다.

2022. 4. 2. 인사혁신처 9급 시행

23 **합성품종의 특성에 대한 설명으로 옳지 않은 것은?**

① 5 ~ 6개의 자식계통을 다계교배한 품종이다.

② 타식성 사료작물에 많이 쓰인다.

③ 환경변동에 대한 안정성이 높다.

④ 자연수분에 의한 유지가 불가능하다.

TIP ④ 합성품종은 여러 계통이 관여된 것이기 때문에 세대가 진전되어도 비교적 높은 잡종강세가 나타나고, 유전적 폭이 넓어 환경변동에 대한 안정성이 높으며, 자연수분에 의해 유지하므로 채종노력과 경비 채종노력과 경비가 절감된다.

2021. 9. 11. 인사혁신처 7급 시행

24 **계통육종의 특성에 대한 설명으로 옳은 것은?**

① 유용한 유전자를 상실할 가능성이 작다.

② 내병성과 같은 양적형질의 개량에 효율적이다.

③ 육종 규모는 커지지만, 육종 연한을 단축할 수 있다.

④ 세대마다 개체와 계통을 관리하고 특성검정을 해야 한다.

TIP ① 계통육종에서 특정 형질을 가진 개체를 선택하고 이들을 통해 계통을 형성하면서 다양한 유전자가 섞이면서 상실한 가능성이 크다.

② 단일 유전자나 소수의 유전자에 의한 형질 개량에 효과적이다.

③ 육종 규모는 커질 수 있지만 육종 연한이 단축되지 않는다.

Answer 22.② 23.④ 24.④

2021. 9. 11. 인사혁신처 7급 시행

25 **여교배육종에 대한 설명으로 옳지 않은 것은?**

① 반복친으로 사용될 만한 우량품종이 있어야 한다.

② 이전하려는 목표형질은 반복친에 있으므로 여러 형질을 이전하려고 할 때 유용하다.

③ 여러 번의 여교배를 거친 후에도 반복친의 특성을 충분히 유지하고 회복해야 한다.

④ 여교배를 실시하는 동안 이전하려는 형질의 특성이 변하지 않아야 한다.

TIP ② 여교배육종은 특정 형질을 반복친에서 도입한다. 이전하려는 목표형질은 일반적으로 반복친에 없는 형질을 도입하고, 반복친에는 목표형질이 없기 때문에 다른 품종에서 도입한다.

2021. 9. 11. 인사혁신처 7급 시행

26 **타식성 작물의 육종에 대한 설명으로 옳지 않은 것은?**

① 타식성 작물에서는 단순한 집단선발보다 계통집단선발의 육종효과가 확실하다.

② 상호순환선발은 서로 다른 대립유전자가 적을 때 효과적이며 4년 주기로 반복하여 실시한다.

③ 합성품종은 세대가 진전되어도 비교적 높은 잡종강세가 나타나고 환경변동에 대한 안정성이 높다.

④ 단순순환선발은 일반조합능력을 개량하는 데 효과적이나 검정친의 사용에 따라 특정조합능력을 개량할 수도 있다.

TIP ② 상호순환선발은 유전적 다양성을 증가시키기 위해 상이한 대립유전자를 가진 집단을 교배하여 선발하는 방법으로 대립유전자가 많을 때 효과적이다.

Answer 25.② 26.②

2021. 4. 17. 인사혁신처 9급 시행

27 **아조변이에 대한 설명으로 옳지 않은 것은?**

① 주로 생식세포에서 일어나는 돌연변이이다.

② 생장점에서 돌연변이가 발생하는 경우가 많다.

③ 햇가지에서 생기는 돌연변이의 일종이다.

④ '후지' 사과와 '신고' 배는 아조변이로 얻어진 것이다.

TIP ① 주로 생장 중인 가지와 줄기의 생장점의 유전자에 일어나는 돌연변이이다.

2021. 4. 17. 인사혁신처 9급 시행

28 **조합능력에 대한 설명으로 옳지 않은 것은?**

① 상호순환선발법을 통해 일반조합능력과 특정조합능력을 개량한다.

② 일반조합능력은 어떤 자식계통이 다른 많은 검정계통과 교배되어 나타나는 1대잡종의 평균잡종강세이다.

③ 조합능력은 1대잡종이 잡종강세를 나타내는 교배친의 상대적 능력이다.

④ 특정조합능력은 다계교배법을 통해 자연방임으로 자가수분시켜 검정한다.

TIP ④ 특정조합능력은 특정한 교배조합의 F1에서만 나타나는 잡종강세이다.

2021. 4. 17. 인사혁신처 9급 시행

29 **신품종의 종자증식 보급체계를 순서대로 바르게 나열한 것은?**

① 기본식물 → 원원종 → 원종 → 보급종

② 기본식물 → 원종 → 원원종 → 보급종

③ 원원종 → 원종 → 기본식물 → 보급종

④ 원종 → 원원종 → 기본식물 → 보급종

TIP 우리나라에서 신품종을 보급할 때 종자중식 보급체계는 기본식물 → 원원종 → 원종 → 보급종 순서이다.

Answer 27.① 28.④ 29.①

2020. 9. 26. 인사혁신처 7급 시행

30 **자식성작물과 타식성작물에 대한 설명으로 옳지 않은 것은?**

① 자식성작물은 유전적으로 세대가 진전함에 따라 유전자형이 동형접합체로 된다.

② 자식성작물은 자식을 계속하면 자식약세 현상이 나타난다.

③ 타식성작물은 유전적으로 잡종강세현상이 두드러진다.

④ 타식성작물은 자식성작물보다 유전변이가 더 크다.

TIP ② 자가수분에 적응한 식물인 자식성작물은 자가수분을 반복해도 자식약세 현상이 나타나지 않는다.

2020. 9. 26. 인사혁신처 7급 시행

31 **배수체의 염색체 조성에 대한 설명으로 옳은 것은?**

① 반수체 생물 : $\frac{1}{2}n$

② 1 염색체 생물 : $2n+1$

③ 3 염색체 생물 : $4n-1$

④ 동질배수체 생물 : $3x$

TIP ① 반수체 생물 : n
② 1 염색체 생물 : $2n-1$
③ 3 염색체 생물 : $2n+1$

2020. 9. 26. 인사혁신처 7급 시행

32 **집단육종에 대한 설명으로 옳은 것은?**

① 양적 형질보다 질적 형질의 개량에 유리한 육종법이다.

② 타식성작물의 육종에 유리한 방법이다.

③ 출현 빈도가 낮은 우량유전자형을 선발할 가능성이 높다.

④ 계통육종에 비하여 육종 연한을 단축할 수가 있다.

TIP ① 양적 형질의 개량에 유리하다.
② 집단육종은 주로 자식성작물의 육종에 사용된다.
④ 계통육종에 비하여 육종 연한이 늘어날 수가 있다.

Answer 30.② 31.④ 32.③

2010. 10. 17. 제3회 서울시 농촌지도사 시행

33 **작물이 재배형으로 변화하는 과정에서 생겨난 형태적 · 유전적 변화가 아닌 것은?**

① 기관의 대형화

② 종자의 비탈락성

③ 저장전분의 찰성

④ 종자 휴면성 증가

TIP ④ 재배자가 의도한 시기에 쉽게 발아할 수 있도록 하기 위해서 재배형 작물에서는 일반적으로 종자 휴면성이 감소한다.

2010. 10. 17. 지방직 7급 시행

34 **타식성작물의 육종 방법이 아닌 것은?**

① 순계선발 ② 집단선발

③ 합성품종 ④ 순환선발

TIP ① 순계선발은 자식성작물의 육종 방법에 해당한다.

2010. 10. 17. 지방직 7급 시행

35 **다음 작물의 육종과정 순서에서 ㉠~㉣에 들어갈 내용으로 옳은 것은?**

> 육종목표 설정 → 육종재료 및 육종방법 결정 → (㉠) → (㉡) → (㉢) → (㉣) → 신품종 결정 및 등록 → 종자증식 → 신품종 보급

	㉠	㉡	㉢	㉣
①	변이작성	우량계통육성	생산성검정	지역적응성검정
②	우량계통육성	변이작성	생산성검정	지역적응성검정
③	변이작성	우량계통육성	지역적응성검정	생산성검정
④	우량계통육성	변이작성	지역적응성검정	생산성검정

TIP 육종목표 설정 → 육종재료 및 육종방법 결정 → (㉠ 변이작성) → (㉡ 우량계통육성) → (㉢ 생산성검정) → (㉣ 지역적응성검정) → 신품종 결정 및 등록 → 종자증식 → 신품종 보급

Answer 33.④ 34.① 35.①

출제 예상 문제

1 **돌연변이 육종법에 대한 설명으로 옳지 않은 것은?**

① 인위배수체의 임성이 향산이 가능하다.
② 새로운 유전자를 창조할 수 있다.
③ 영양번식식물에는 인위적으로 이용할 수 없다.
④ 품종 내 특성조화를 파괴하지 않고 1개의 특성만을 쉽게 치환할 수 있다.

TIP ③ 헤테로로 되어 있는 영양번식식물에서 변이를 인위적으로 조절하기가 용이하다.

2 **다음 중 교잡육종법에 해당하지 않는 것은?**

① 파생계통육종법
② 여교잡육종법
③ 계통분리법
④ 계통육종법

TIP ③ 분리육종법에 해당한다.
※ 교잡육종법의 종류 … 계통육종법, 집단육종법, 파생계통육종법, 여교잡육종법, 타계교잡법

3 **다음 중 자식약세인 것은?**

① 보리
② 벼
③ 콩
④ 옥수수

TIP 자식약세(Inbreeding Depression)
㉠ 일반적으로 자가수정작물의 경우 자식을 계속적으로 하여도 그다지 약세화를 보이지 않지만, 타가수정작물의 경우에는 자식을 계속하면 후대에는 유전적인 약세를 보이게 되는데, 이러한 현상을 자식약세 또는 근교약세라고 한다.
㉡ 이와 달리 타가수정을 계속하여 유전적인 강세를 보이는 현상을 잡종강세라고 한다.
㉢ 옥수수는 자식약세작물이고, 벼 · 보리 · 콩 · 밀 · 땅콩 · 담배 · 토마토 등은 자식성 작물이다.

Answer 1.③ 2.③ 3.④

4 **잡종강세육종법의 이용과 관계가 먼 것은?**

① 주로 타가수정작물에 이용되나 일부는 자가수정작물에도 이용된다.

② 단위면저당 사용되는 종자의 양이 많이 드는 작물에 유용하다.

③ 옥수수, 오이, 배추, 호박 등의 작물에 이용된다.

④ 모계 웅성불임성을 이용할 경우 교배시 모계의 제웅의 노력이 필요치 않아 유용하다.

TIP 잡종강세육종법의 실시조건

㉠ 잡종강세가 현저하여 1대 잡종을 재배하는 이익이 1대 잡종을 생산하는 경비보다 커야 한다.

㉡ 단위면적당 재배에 필요한 종자량이 적어야 한다.

㉢ 교잡조작이 용이해야 한다.

㉣ 1회의 교잡에 의해 많은 종자를 생산할 수 있어야 한다.

5 **아조변이를 이용하는 작물 육종방법은?**

① 잡종강세육종법 ② 영양번식육종법

③ 교잡육종법 ④ 분리육종법

TIP 영양체로 번식하는 작물에서는 아조변이나 기타 원인에 의한 유전적 변이체가 많고, 이를 분리하여 영양계를 육성하면 새로운 품종을 만들 수 있다.

6 **어느 기본 집단에서 목표로 하는 우수한 개체를 선발하여 완전한 순계를 가려내어 종자를 증식시키고 품종을 육성하는 육성법은?**

① 교잡육종법 ② 잡종강세육종법

③ 배수성육종법 ④ 분리육종법

TIP ① 교잡에 의해 유전적 변이를 만들어 그 중 우량계통을 선발하여 품종을 육성하는 방법이다.

② 잡종강세가 뚜렷이 나타나는 1대 잡종 그 자체를 품종으로 이용하는 육성방법이다.

③ 식물의 배수성을 이용하여 인위적으로 염색체의 배수체를 작성하여 우수한 품종을 육성하는 방법이다.

Answer 4.② 5.② 6.④

7 람쉬 육종법의 정의로 옳은 것은?

① F_2세대 이후부터 개체선발과 선발개체별 계통재배를 계속하여 계통간 우열을 판별하여 선발과 고정을 통해 순계를 육성하는 방법이다.

② 계통이 거의 고정되는 F_5 ~ F_6세대까지는 교배조합별로 보통재배를 하여 집단선발을 계속하고 그 뒤에 계통선발법으로 바꾸는 방법이다.

③ F_1어버이의 어느 한쪽을 다시 교잡하는 방법이다.

④ 교배모본으로 세 품종 이상을 쓰는 방법으로 특별한 형질을 얻기 위한 목적으로 이용하는 방법이다.

TIP ① 계통육종법 ③ 여교잡육종법 ④ 다계잡교잡법

8 여교잡 육종법을 바르게 나타낸 것은?

① (A × B)
② (A × B) × C
③ (A × B) × (C × D)
④ [(A × B) × B] × B

TIP 여교잡 … 교잡으로 생긴 잡종을 다시 그 양친의 한쪽과 교배시키는 방법으로 2회 이상의 여교잡을 반복여교잡이라 한다.

9 한번 교잡 후 다시 아비를 교잡하는 방식은?

① 여교잡
② 다계교잡
③ 복교잡
④ 단교잡

TIP 여교잡 … 교잡으로 생긴 잡종을 다시 그 양친의 한쪽과 교배시키는 방법을 말한다.

Answer 7.② 8.④ 9.①

10 조합능력 검정능력에서 특정 조합능력을 검정하는 방식은?

① 단교잡 ② 이면교잡
③ 복교잡 ④ 톱교배

TIP 단교잡
㉠ 2개의 근친교배계 사이에 잡종을 만드는 방법을 말한다.
㉡ (A×B), (C×D)와 같이 2개의 자식계나 근교계를 교잡시킨다.
㉢ F_1의 잡종강세의 발현도와 균일성은 매우 우수하다.

11 20세기의 육종기술과 육종학 발전에 기본토대가 된 것은?

① X선을 이용한 돌연변이 유발기술의 개발
② Mendel의 유전법칙 발견
③ 생물통계학의 발전
④ DNA 구조의 해명

TIP 멘델
㉠ 1856년부터 교회 뜰에서 완두로 유전실험을 하여 7년 후 '멘델법칙'을 발견하였다.
㉡ 유전, 진화의 문제에서 획기적인 발견을 함으로써 유전학을 창시한 셈이다.

12 순계분리법을 이용하지 못하는 작물은?

① 완두 ② 호밀
③ 보리 ④ 귀리

TIP 순계분리법
㉠ 주로 벼 · 귀리 · 콩 · 보리 같은 자가수정작물에서 이용되며, 타가수정작물 중에서는 근교약세를 나타내지 못하는 작물에 대하여 이용할 수 있다.
㉡ 한국의 벼 중에서의 우량품종 중에는 이런 방법으로 얻어진 것이 적지 않다.

Answer 10.① 11.② 12.②

13 배추를 자연교잡할 때 격리거리는?

① 15m
② 50m
③ 70m
④ 100m

TIP 자연교잡
㉠ 교잡할 염려가 있는 것과 멀리 떨어진 곳에서 재배하여 꽃가루가 혼입되는 것을 막는 방법이다.
㉡ 다른 품종과의 격리거리는 옥수수는 400～500m, 호밀은 300～500m, 십자화과식물은 100m 이상이다.

14 밀과 호밀을 교배해서 트리티게일을 얻었다. 장점에 속하지 않는 것은?

① 높은 품질
② 내병성
③ 수량성
④ 내동성

TIP 교배의 장점과 단점
㉠ 교배의 장점
- 육종 연한이 81년이나 된다.
- 내동성이 증가한다.
- 호밀의 불량환경 적응성 및 병충해 저항성이 결합할 수 있다.
- 밀의 다수확성이 결합 가능하다.

㉡ 교배의 단점 : 착립률과 품질이 낮다.

15 원원종포에서 증식된 종자를 재배하는 포장은?

① 기본식물포
② 원원종포
③ 원종포
④ 채종포

TIP ② 원원종을 얻기 위해 재배하는 포장을 말한다.
④ 벼나 맥류재배시 신품종이나 우량품종의 농가보급을 목적으로 설치하는 포장을 말한다.

Answer 13.④ 14.① 15.③

16 원종포 및 채종포의 경영규모는?

① 원원종포 50%, 원종포 80%, 채종포 100%가 되도록 계산한다.
② 원원종포 50%, 원종포 80%, 채종포 90%가 되도록 계산한다.
③ 원원종포 30%, 원종포 50%, 채종포 100%가 되도록 계산한다.
④ 원원종포 50%, 원종포 50%, 채종포 100%가 되도록 계산한다.

TIP 원원종을 재증식하는 포장이 원종포이며, 이를 통해 채종포에서 채종을 하며, 작물재배에 필요한 종자를 생산한다.

17 순계분리육종법에 주로 이용되는 작물은?

① 벼, 보리
② 옥수수, 조
③ 수수, 알팔파
④ 옥수수, 밀

TIP 순계분리육종법
㉠ 주로 자가수정에 의하여 번식하는 작물의 분리육종에 쓰인다.
㉡ 특성이 다른 계통이 혼재하고 있는 재래종으로부터 우량계통을 분리 · 선발하여 신품종으로 독립시킨다.

18 내병성이 강한 품종을 육성하기 위해 이용되는 방법은?

① 여교잡
② 3계교잡
③ 복교잡
④ 단교잡

TIP 여교잡
㉠ F_1어버이의 어느 한쪽을 교잡하는 방법이다.
㉡ 재배되고 있는 우량품종이 가지고 있는 1 ~ 2가지 결점을 개량하는 데 효과적이다.
㉢ 1회친의 특성만을 선발하므로 육종의 효과가 확실하고, 선발환경을 고려할 필요가 없으며 재현성이 높은 장점이 있다.
㉣ 목표 형질 이외의 다른 형질에 대한 새로운 유전자 조합을 기대하기 어렵다.

Answer 16.① 17.① 18.①

19 잡종강세 식물 중 종자생산이 적은 단점이 있는 것은?

① 단교잡 ② 3계교잡
③ 복교잡 ④ 여교잡

TIP 단교잡
㉠ F_1의 잡종강세의 발현도와 균일성은 매우 우수하다.
㉡ 약세화된 자식계 또는 근교계에서 종자가 생산되므로 종자생산량이 적다.
㉢ 품질의 균일성을 중요시하는 작물에 이용한다(옥수수, 배추 등).

20 F_1을 부모 중 하나와 다시 교잡하는 방법은?

① 다계교잡 ② 보교잡
③ 여교잡 ④ 톱교잡

TIP 교잡육종법
㉠ 다계교잡 : 교배모본으로서 세 품종 이상을 쓰는 방법이다.
㉡ 여교잡 : 어떤 품종이 우량형질을 가졌을 때 이것을 다른 우량품종에 도입하고자 할 때 이용한다.
㉢ 톱교잡 : 조합능력 검정에서 Top교잡했을 때 우량한 성적을 나타낸 F_1을 그대로 실제 재배에 이용하는 방식이다.

21 동일 3배체를 이용하는 작물은?

① 무 ② 라이밀
③ 코스모스 ④ 수박

TIP 동일 3배체와 4배체 이용작물
㉠ 동일 3배체 이용작물 : 사탕무, 씨없는 수박 등
㉡ 동일 4배체 이용작물 : 무, 코스모스, 페튜니어 등

Answer 19.① 20.③ 21.④

22 다음 중 벼의 중생종은?

① 설악벼　　② 화성벼
③ 금오벼　　④ 영덕벼

TIP 설악벼와 화성벼

㉠ 설악벼
- 내냉성 품종인 후지280호와 내병성 품종인 BL-1을 교배하여 1978년에 철원21호를 선발하고 1979년에 준장려품종으로, 1980년에 장려품종으로 지정하고 설악벼로 명명하였다.
- 중 · 북부지방에서 조생종에 속하며 단간 수수형 품종이다.
- 황백색의 짧은 까락이 드물게 있고 탈립이 안 되는 중립종이다.
- 수량성이 높고 도복과 냉해에 강하여 북부평야, 중 · 북부 산간지 및 남부 고랭지에서 재배하기에 알맞다.

㉡ 화성벼
- 우리나라 최초로 약배양 기법으로, 반수체 육종법에 의해 가장 짧은 기간 안에 육성 · 보급된 벼 품종이다.
- 농촌진흥청에서 정한 18종의 고품질 품종 중의 하나로 중생종이다.

23 어느 기본집단에서 목표로 하는 우수한 개체를 선발하여 완전한 순계를 가려내어 종자를 증식시키고 품종을 육성하는 방법은?

① 교잡육종법　　② 잡종강세육종법
③ 돌연변이육종법　　④ 분리육종법

TIP 분리육종법

㉠ 순계분리법 : 주로 자가수정에 의하여 번식하는 작물의 분리육종에 쓰인다.
㉡ 계통분리법 : 순계분리법처럼 완전한 순계를 얻기 힘들다.

Answer 22.② 23.④

24 종자갱신의 채종단계는?

① 원원종포 ② 원종포
③ 채종포 ④ 기본식물포

TIP 채종포
㉠ 채종을 하기 위하여 특별히 설치한 밭은 채종포라 한다.
㉡ 기본식물포 → 원원종포 → 원종포 → 채종포 → 농가보급

25 폴리진이 지배하는 양적 형질을 개량할 때 효과적인 육종법은?

① 돌연변이 육종법 ② 분리육종법
③ 계통육종법 ④ 여교잡육종법

TIP 여교잡육종법 … 교잡으로 생긴 잡종을 다시 그 양친의 한쪽과 교배시키는 방법으로서 재배되고 있는 우량품종이 가지고 있는 1~2가지 결점을 개량하는 데 효과적이다.

26 다음 중 육종연합을 단축하는 데 가장 유리한 육종법은?

① 계통분리법 ② 계통육종법
③ 파생계통육종법 ④ 집단육종법

TIP 계통육종법
㉠ 잡종의 분리세대인 제2대 이후부터 개체선발과 선발개체별 계통재배를 계속하여 계통간을 비교하고, 그들의 우열을 판별하면서 선발과 고정을 통하여 순계를 만드는 방법이다.
㉡ 잡종에 있어서 형질의 분리, 유전자의 조환(組換)이 멘델의 유전법칙에 따라 표현되는 것을 기대하여 체계화시킨 육종법이다.
㉢ 질적 형질 개선방법이다.

Answer 24.③ 25.④ 26.②

27 벼의 혼형집단에서 분리육종에 의해 우수계통을 선발하고자 할 때 바람직한 방법은?

① 순계분리법
② 계통분리법
③ 집단선발법
④ 성군선발법

TIP 벼는 자가수정식물이므로 순계분리법을 이용할 수 있다.

28 양적 형질에 대한 설명으로 옳지 않은 것은?

① 환경의 영향을 적게 받는다.
② 관련되는 유전자 수가 많다.
③ 연속분포를 나타낸다.
④ 조사방법에 따라서 질적 형질로 볼 수도 있다.

TIP 양적 형질과 질적 형질

㉠ 양적 형질
- 여러 개의 유전자가 관여하고 환경의 영향도 크게 받으므로 연속적인 변이를 나타낸다.
- 계량 · 측량이 가능하고 대체로 환경에 따라 변동을 한다.
- 다수의 유전자가 집합하여 상호 작용을 통해 양적 형질로서 발현하기 때문에 이것을 해석하는 데는 통계학적 방법이 필요하다.

㉡ 질적 형질
- 환경의 영향을 덜 받는다.
- 관여하는 유전자의 수가 비교적 적어 쉽게 검정이 가능하다.

Answer 27.① 28.①

29 웅성불임(성)을 이용한 잡종강세육종을 주로 하고 있는 작물은?

① 배추 ② 양배추
③ 양파 ④ 무

TIP 웅성불임성
㉠ 화분만이 불임이 되고 자성기관은 정상적 수정능력을 가진 웅성불임성은 이 성질을 교배모본에 도입하면 인공교배에서 제웅(除雄)을 할 필요가 없으므로 잡종강세육종법에서의 F1 채종에 이용할 수 있다.
㉡ 옥수수, 수수, 양파, 유채 등의 작물에서 이용하고 있다.

30 작물 육종방법에서 가장 많이 쓰이는 것은?

① 분리육종법 ② 교잡육종법
③ 돌연변이육종법 ④ 잡종강세육종법

TIP 교잡육종 … 교잡에 의해 유전적 변이를 만들어 그 중 우량계통을 선발하여 품종을 육성하는 것이다.

31 타식성 작물에 주로 쓰이는 품종 육성법은?

① 계통분리법 ② 교잡육종법
③ 순계분리법 ④ 도입육종법

TIP 계통분리법
㉠ 자식약세가 나타나는 타가수정작물에서 순계상태로 되는 것이 오히려 불리하기 때문에 이용된다.
㉡ 자가수정작물에서도 단기간에 비교적 순수한 집단을 얻을 수 있다.

Answer 29.③ 30.② 31.①

32 잡종강세육종법에 대한 설명 중 옳지 않은 것은?

① 1대 잡종 그 자체를 품종으로 이용한다.
② 다수의 교배에서 다량의 종자가 생산되어야 한다.
③ 단위면적당 재배에 필요한 종자량이 적어야 한다.
④ 조합능력이 높은 품종이나 계통을 육성해야 한다.

TIP 잡종강세육종법
㉠ 잡종강세가 왕성하게 나타나는 1대 잡종 그 자체를 품종으로 이용하는 육종법을 말한다.
㉡ 한번의 교배에서 다량의 종자가 생산되어야 한다.
㉢ 1대 잡종을 주로 이용하는 작물 : 담배, 꽃, 양배추, 양파, 오이, 호박, 수박, 고추, 토마토, 수수, 옥수수 등

33 순계분리법에 대한 설명으로 옳지 않은 것은?

① 첫해에는 많은 개체를 양성하여 정밀한 조사에 의해 상당히 많은 수의 우량개체를 선발한다.
② 한국의 벼 중에서의 우량품종 중에는 이런 방법으로 얻어진 것이 적지 않다.
③ 주로 타가수정에 의하여 번식하는 작물의 분리육종에 쓰인다.
④ 특성이 다른 계통이 혼재하고 있는 재래종으로부터 우량계통을 분리 · 선발하여 신품종으로 독립시킨다.

TIP ③ 순계분리법은 주로 자가수정에 의하여 번식하는 작물의 분리육종에 쓰인다.

Answer 32.③ 33.③

34 교잡으로 생긴 잡종을 다시 그 양친의 한쪽과 교배시키는 방법은?

① 여교잡 ② 다계교잡
③ 람쉬육종 ④ 일수일렬법

TIP 여교잡
㉠ 교잡으로 생긴 잡종을 다시 그 양친의 한쪽과 교배시키는 방법을 이용한다.
㉡ 여교잡을 이용한 육종을 여교잡 육종이라고 한다.
㉢ 재배되고 있는 우량품종이 가지고 있는 1～2가지 결점을 개량하는 데 효과적이다.

35 (A×B)×C와 같이 단교잡과 다른 근교계와의 잡종을 무엇이라고 하는가?

① 단교잡 ② 복교잡
③ 다계교잡 ④ 3계교잡

TIP 3계교잡
㉠ 우량조합을 선정하는 데 이용된다.
㉡ 강세화된 F_1식물에서 채종되므로 종자의 생산량이 많고 잡종강세의 발현도도 높으나 균일성이 다소 떨어진다.

36 동질배수체의 특성에 대한 설명 중 옳지 않은 것은?

① 핵과 세포의 증대 ② 임성 저하
③ 생육, 개화, 결실이 늦어진다. ④ 저항성 감소

TIP 동질배수체의 특성
㉠ 일반적으로 내한성, 내건성, 내병성 등은 증가한다.
㉡ 핵질의 증가에 따라 핵과 세포가 커진다.
㉢ 사과, 토마토, 시금치 등에서는 비타민 C의 함량이 증가한다.
㉣ 식물체, 과실, 종자의 성숙 또는 개화기가 지연되기 쉽다.

Answer 34.① 35.④ 36.④

37 **다음 중 돌연변이 육종법의 특징을 잘못 설명한 것은?**

① 교잡육종의 새로운 재료를 만들 수 있다.

② 방사선을 처리하여 염색체를 절단하면 연관군 내의 유전자들을 분리시킬 수 있다.

③ 인위배수체의 임성은 저하된다.

④ 새로운 유전자를 창조할 수 있다.

TIP 돌연변이 육종법의 특징

㉠ 교잡육종의 새로운 재료를 만들 수 있다.
㉡ 방사선을 처리하여 염색체를 절단하면 연관군 내의 유전자들을 분리시킬 수 있다.
㉢ 방사선을 처리하면 불화합성이던 것을 화합성으로 전환시킬 수 있다.
㉣ 종래 불가능했던 자식계나 교잡계를 만들 수 있다.
㉤ 인위배수체의 임성을 향상시킬 수 있다.
㉥ 헤테로로 되어 있는 영양번식식물에서 변이를 작성하기 용이하다.
㉦ 품종 내에서 특성의 조화를 파괴하지 않고 1개의 특성만을 용이하게 치환할 수 있다.
㉧ 새로운 유전자를 창조할 수 있다.

38 **조합능력 검정에서 Top교잡했을 때 우량한 성적을 나타낸 F1을 그대로 실제 재배에 이용하는 방식은?**

① 합성품종
② Top교잡
③ 다계교잡
④ 3계교잡

TIP Top교잡

㉠ 조합능력 검정에서 Top교잡했을 때 우량한 성적을 나타낸 F_1을 그대로 실제 재배에 이용하는 방식이다.
㉡ 잡종종자의 생산능력은 단교잡, 복교잡, 3계교잡에 비해 떨어진다.

Answer 37.③ 38.②

39 **다음 중 조직배양을 가능하게 하는 식물의 능력은?**

① 기관분화 능력
② 세포분화 능력
③ 전형성 능력
④ 탈분화 능력

TIP 전형성 능력 … 식물세포를 배양하면 모체와 똑같은 개체로 재생되는 능력을 말한다.

40 **일수일렬법은 주로 어느 작물의 계통집단 선발법으로 이용되는가?**

① 콩
② 보리
③ 벼
④ 옥수수

TIP 일수일렬법(Ear To Row Method)

㉠ 계통집단선발법의 한 변형이다.
㉡ 선발한 우량개체의 자수를 1수1렬로 재배하여 각 열의 생산력이나 그밖의 중요한 특성을 조사해서 우수한 계통을 선발해내는 방법이다.
㉢ 옥수수는 한 그루에 암꽃과 수꽃이 따로 피는 자웅동주(雌雄同株, Monoecious) 식물로서 타가수분을 주로 하게 되어 있다.

Answer 39.③ 40.④

재배환경

01 토양환경

01 환경과 지력

❶ 환경의 개요

(1) 환경의 의의

재배학에 있어서 작물생육에 직접적으로 관련되어 있는 것을 자연환경이라고 해석한다. 유전성이 우수한 작물이나 품종도 자연환경이 좋지 못하면 그 특성을 잘 발휘할 수 없기 때문에 재배환경의 중요성은 매우 높다고 할 것이다.

(2) 재배환경의 구성요소

① 기상조건

㉠ 수분 : 강수량, 증발량, 토양 수분 함유량, 수증기, 공기 습도, 수량(水量) 등

㉡ 빛 : 조도, 일조시간, 파장조성 등

㉢ 온도 : 기온, 지온, 수온 등

㉣ 공기 : 대기, 바람, 이산화탄소 함량, 산소의 분압(分壓) 등

② 토양조건

㉠ 위치 : 표고, 위도, 해안에서의 거리 등

㉡ 토양 : 토양성분, 토양공기, 부식, 광물질입자의 대소, 토양의 pH 등

㉢ 지세 : 평탄지, 경사지 등

③ 생물조건

㉠ 동물 : 곤충, 조수 등

㉡ 식물 : 기생식물, 잡초 등

㉢ 미생물 : 토양미생물, 병원균 등

② 지력

(1) 지력의 개념

① 토양의 화학적 · 이학적 · 미생물학적인 여러 성질이 종합된 토양의 작물생산력을 지력이라고 한다.

② 영양분이 많은 토양일수록 지력이 높다.

③ 기름진 땅(옥토)의 조건

㉠ pH가 적정해야 한다. 약 5.5 ~ 6.5 정도면 대부분의 작물에 적당하다.

㉡ 공극의 조화가 이루어져야 한다. 공극이란 흙 사이의 빈 공간을 말하는데, 여기에는 수분과 토양 내의 공기가 있다.

㉢ 토양입자의 크기가 균등해야 한다. 너무 작은 입자만 있으면 땅이 단단해져서 뿌리가 제대로 성장하지 않고, 큰 것만 있으면 공극이 너무 커져서 물이 그냥 빠져 나간다.

㉣ 필수원소가 골고루 있어야 한다. 토양에 질소가 너무 많으면 수량은 많아지지만 당도는 떨어질 수 있다. 필수원소는 적당히 골고루 있어야 한다.

(2) 지력의 구성요소

① 토성

㉠ 토양의 모래, 미사, 점토의 비율을 말한다.

㉡ 사토는 토양수분과 비료성분이 부족하고 식토는 토양공기가 부족하다.

② **토양구조** … 1차적인 토양입자(모래, 점토 등 토양입자의 최소단위 상태에 있는 것)가 복합 · 응집하여 이루는 배열상태를 말한다.

③ **토층** … 토층 중 경운된 부분을 작토(作土)라 하고, 그 밑에 있는 토층을 심토(心土)라고 한다.

④ **토양반응** … 중성 내지 약산성(pH 약 5.5 ~ 6.5)이 알맞다.

⑤ **유기물** … 토양 중의 유기물은 많은 것이 좋으나 습답 등에 있어서는 너무 많은 유기물은 오히려 해가 되기도 한다.

⑥ **무기물** … 무기물이 풍부하고 균형있게 있어야 지력이 높다.

⑦ **토양수분** … 토양수분이 적당해야 작물생육이 좋으며, 일반적으로 밭작물은 포장최대용수량의 80% 내외가 적당하다.

⑧ **토양공기** … 토양 중에 공기가 적거나 이산화탄소 등의 유해가스가 많아지면 작물뿌리의 기능을 저하시켜 생장에 지장을 준다.

⑨ **토양미생물** … 해로운 미생물이 적어야 하며, 이로운 미생물이 번식할 수 있는 환경을 조성해 주도록 하여야 한다.

⑩ **유해물질** … 유기물 및 무기물의 유해물질에 의해 토양이 오염되면 작물의 생장이 불량해진다.

02 토양입자와 토성

❶ 토양입자

(1) 토양 삼상(三相)

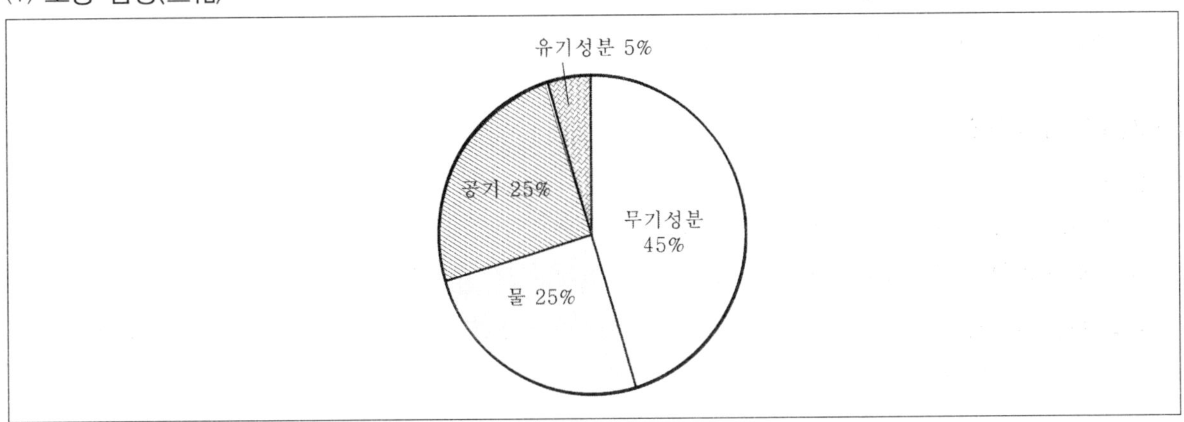

① 토양에는 고체 · 액체 · 기체가 존재하는데, 각각을 고상(固相) · 액상(液相) · 기상(氣相)이라고 하며 이것을 토양의 삼상(三相)이라 한다.

② 토양의 삼상(三相)은 작물의 생육을 지배하는 중요한 토양의 성질이다.

③ 작물생육에 알맞은 토양의 3상 분포는 고상이 약 50%, 액상 및 기상이 각각 약 25% 정도이다.

④ 토양의 3상 중 고상은 기상조건에 따라 크게 변동하지 않는다.

(2) 토양입자의 크기(입경)에 따른 분류

① 자갈

㉠ 암석이 풍화되어 제일 처음 생긴 굵은 입자이다.
㉡ 비료와 수분의 보유능력이 작다.
㉢ 투기성과 투수성을 좋게 한다.

② 모래

㉠ 굵은 모래는 점토 주변에서 골격역할을 해준다.

㉡ 잔모래는 물이 양분을 흡착할 수 있게 해주며, 토양의 투수성과 투기성을 좋게 해준다.

③ 점토

㉠ 토양입자 중 크기가 0.002mm 이하로 가장 작다.

㉡ 물과 양분의 흡착성이 강하며, 토양의 투수성과 투기성을 저해한다.

④ **토양교질**(Colloid)

㉠ 토양입자 중 크기가 0.1μ 이하의 미세한 입자를 말한다.

㉡ 토양에 교질입자가 많으면 치환성 양이온을 강하게 흡착한다.

❷ 토성

(1) 토성의 개념

① 토양입자의 입경에 의한 토양의 분류를 토성이라고 한다.

② 모래, 미사, 점토의 백분율을 삼각형의 3변에 표시한 삼각도표를 써서 명명한다. 현재 우리나라는 미국 농무부(USDA)법을 쓰고 있다.

③ 토성구분을 하려면 우선 2mm 이하의 입자지름을 분석한다.

✵ 토성의 분류 ✵

토성의 종류	점토함량
사토	< 12.5
사양토	12.5 ~ 25
양토	25 ~ 37.5
식양토	37.5 ~ 50
식토	> 50

(2) 각 토성별 특성

작물의 생육에는 일반적으로 자갈이 적고 부식이 풍부한 사양토 또는 식양토가 적당하다.

① 사토

㉠ 척박하고 한해를 입기 쉽다.

㉡ 토양침식이 심하기 때문에 점토를 객토하고 토성을 개량해야 한다.

② 식토

㉠ 투기 · 투수가 불량하고 유기질 분해가 느리다.

㉡ 습해나 유해물질에 의해 피해를 입기 쉽다.

㉢ 접착력이 강하고 건조하면 굳어져서 경작이 불편하다.

③ 역토

㉠ 척박하여 경작이 곤란하며 한해를 입기 쉽다.

㉡ 굵은 자갈을 제거하고 세토와 부식토를 많이 넣어주도록 한다.

④ 부식토

㉠ 세토가 부족하고 강한 산성을 나타내는 경우가 많다.

㉡ 산성을 교정하고 점토를 객토하도록 한다.

TIP

작물별 재배적지

㉠ 감자 : 사토, 세사토, 사양토, 양토, 식양토

㉡ 옥수수 : 사양토, 양토, 식양토

㉢ 담배 : 사양토, 양토

㉣ 밀 : 양토, 식양토

3 양이온 치환용량

(1) 토양의 양이온 치환용량(CEC)

① CEC가 커지면 토양의 완충능이 커지게 된다.

② CEC가 커지면 비료성분의 용탈이 적어 비효가 늦게까지 지속된다.

③ 토양 중 점토와 부식이 늘어나면 CEC도 커진다.

④ 토양 중 교질입자가 많으면 치환성 양이온을 흡착하는 힘이 강해진다.

(2) 주요 토양교질물의 양이온 치환용량

① 버미큘라이트 … 80~150me/100g

② 카올리나이트 … 3~15me/100g

③ 부식 … 100~300me/100g

④ 몬모릴로라이트 … 60~100me/100g

03 토양구조

❶ 토양구조

(1) 토양구조의 의의

① 토양을 구성하는 입자들이 모여 있는 상태를 말하는 것으로, 토양구조형태에 따라서 단립구조, 입단구조, 이상구조로 나뉜다.

❋ 토양구조 ❋

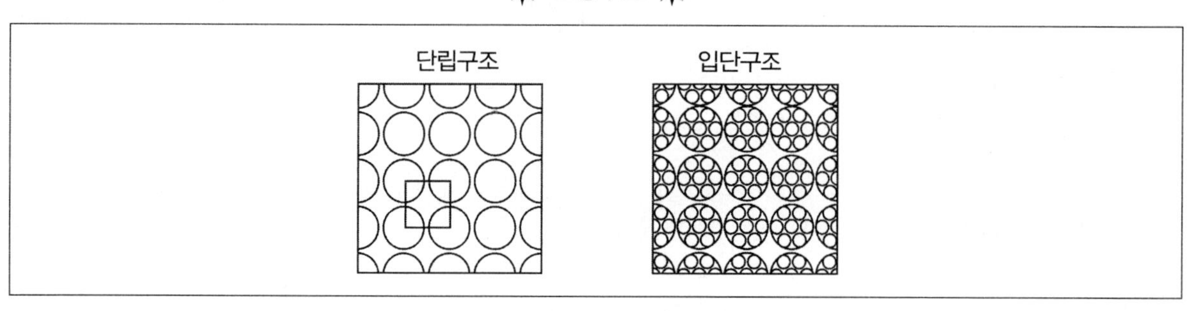

② 토양구조가 단립이냐 입단이냐에 따라서 통기성, 투수성이 달라진다.

③ 토양구조는 모양에 따라서 입상(粒狀), 설립상(屑粒狀), 판상(板狀), 괴상(塊狀), 과립상(顆粒狀), 각주상(角柱狀), 원주상(圓柱狀)이 있다.

(2) 토양구조의 형태별 분류

① 단립구조

㉠ 대공극이 많고 소공극이 적다.
㉡ 투기 · 투수는 좋으나 수분과 비료의 보유력은 작다.
㉢ 해변의 사구지가 이에 속한다.

② 입단구조

㉠ 단일입자가 결합하여 입단을 만들고, 이들 입단이 모여서 토양을 만든 것이다.
㉡ 대공극과 소공극이 모두 많다.
㉢ 투기 · 투수성이 좋고 수분과 비료의 보유력도 커서 작물생육에 알맞다.
㉣ 유기물이나 석회가 많은 표토에서 많이 볼 수 있다.

③ 이상구조

㉠ 각 입자가 서로 결합하여 부정형의 흙덩이를 형성하는 것이 단립구조와 다르다.

㉡ 대공극은 적고 소공극이 많다.

㉢ 부식함량이 적고 토양통기가 불량하다.

㉣ 과습한 식질토양에서 많이 보인다.

(3) 입단의 형성

① 유기물 시용

㉠ 유기물이 증가할 때 입단구조가 형성된다.

㉡ 미생물에 의해 유기물이 분해되면 분비되는 점액에 의해 토양입자가 결합된다.

㉢ 미숙유기물이 완숙유기물보다 효과적이다.

② 석회와 칼슘의 시용

㉠ 석회는 유기물의 분해속도를 촉진시킨다.

㉡ 칼슘은 토양입자를 결합시킨다.

③ 토양의 피복

㉠ 유기물을 공급하고 미생물의 활동을 왕성하게 한다.

㉡ 토양유실을 방지하여 입단을 형성 · 유지시킨다.

㉢ 표토의 건조와 비 · 바람으로부터 토양유실을 방지한다.

④ 작물의 재배

㉠ 작물의 뿌리는 물리작용과 유기물의 공급 등으로 인해 입단형성에 효과적이다.

㉡ 특히 클로버 같은 콩과작물은 잔뿌리가 많고 석회분이 풍부하며 토양을 잘 피복하여 입단형성 효과가 크다.

⑤ 토양개량제의 시용 … 입단을 형성하는 효과가 있는 크릴륨(Krillium) 등을 사용한다.

(4) 입단의 파괴

① 경운 … 경운에 의해 토양통기가 이루어지면 토양입자의 결합이 분해되어 입단이 파괴된다.

② 입단의 팽창과 수축의 반복 … 습기나 온도 등의 환경조건에 의해 입단이 팽창 · 수축하는 과정을 반복하면 입단이 파괴된다.

③ 비, 바람 … 토양입자의 결합이 약할 때는 빗물이나 바람에 날린 모래의 타격에 의해서도 입단이 파괴된다.

④ 나트륨 이온의 작용 … 나트륨은 점토의 결합을 분산시킨다.

(5) 토양의 공극률과 밀도

① 토양의 공극률

$$공극률(\%) = \left(1 - \frac{부피밀도}{알갱이밀도}\right) \times 100$$

② 토양의 밀도

㉠ **토양의 밀도** : 토양질량을 토양부피로 나눈 값이다.

㉡ **토양의 부피밀도**(가밀도) : 알갱이가 차지하는 부피 뿐 아니라 알갱이 사이의 공극까지 합친 부피로 구하는 밀도를 말한다.

㉢ 알갱이 밀도= $\frac{건조한\ 토양의\ 질량}{토양\ 알갱이가\ 차지하는\ 부피}$

㉣ 부피 밀도= $\frac{건조한\ 토양의\ 질량}{토양\ 알갱이가\ 차지하는\ 부피 + 토양공극}$

❷ 토층

(1) 토층의 개념

토양이 수직적으로 분화된 층위를 토층이라고 하며, 작토 · 서상 · 심토로 분류한다.

(2) 토층의 분류

① 작토

㉠ 경토(耕土)라고도 하며, 계속 경운되는 층위이다.

㉡ 작물의 뿌리가 발달한다.

㉢ 부식이 많고 흙이 검으며 입단의 형성이 좋다.

㉣ 미경지에는 경지의 작토와 같은 부식이 풍부한 층위가 표면에만 얕게 형성되어 있는데 이것을 표토라고 한다.

㉤ 유기물 및 석회를 충분히 시용하여 작토층이 깊게 형성되도록 한다.

② 서상

㉠ 작토 바로 밑의 하층을 말한다.

㉡ 작토보다 부식이 적다.

③ 심토

㉠ 서상층 바로 밑의 하층이며, 일반적으로 부식이 매우 적고 구조가 치밀하다.

㉡ 심토가 너무 치밀하면 투기 · 투수가 불량해지고 지온이 낮아지며 뿌리가 제대로 성장하지 못한다. 따라서 가끔 깊이갈이를 해서 심토의 조직을 부수어 주어야 한다.

04 식물필수원소

❶ 식물필수원소의 개요

(1) 식물필수원소의 개념

식물필수원소란 식물의 전 생활과정에서 반드시 필요한 원소를 말한다.

(2) 필수원소기준

① 필수원소가 결핍되면 식물의 생장, 생존, 번식 중 어느 것도 완성되지 않는다.

② 필수원소의 결핍은 그 원소를 줌으로써 회복되고 다른 원소로는 대체되지 않는다.

③ 필수원소는 식물체의 필수적인 구성분이거나 체내의 생화학적 반응에 반드시 필요하다.

(3) 16종의 필수원소

① 탄소(C), 수소(H), 산소(O), 질소(N), 인산(P), 칼륨(K), 칼슘(Ca), 마그네슘(Mg), 유황(S), 철(Fe), 붕소(B), 아연(Zn), 망간(Mn), 몰리브덴(Mo), 염소(Cl), 구리(Cu)

② 탄소는 대기상태의 이산화탄소에서, 수소는 물에서, 산소는 공기 중에서 얻을 수 있고, 이들을 제외한 나머지 13가지 원소들은 토양 중 모암에서 직 · 간접적으로 얻을 수 있다.

(4) 식물필수원소의 분류

① **다량필수원소** … 질소, 인산, 칼륨, 유황, 칼슘, 마그네슘 등

② **미량필수원소** … 철, 구리, 아연, 몰리브덴, 망간, 붕소, 염소 등

③ **비료의 3요소** … 질소, 인, 칼륨

④ **비료의 4요소** … 질소, 인, 칼륨, 칼슘

❷ 필수원소의 결핍진단

(1) 결핍진단법

① **이동성이 좋은 N, P, K, Mg, S 등** : 결핍이 원칙적으로 오래된 잎에 증상이 먼저 나타나는데, 잎에서는 하엽에 결핍이 나타난다.

② 이동성이 나쁜 Fe, Si, Zn, Mo, Mn, Ca, Cu, B 등 : 생장이 왕성한 생장점과 생식기관에 결핍이 나타난다.

(2) 필수원소별 결핍진단

① 질소(N)

㉠ 자연계에 가장 많이 존재하는 원소이다.

㉡ 초장 · 분지수 · 분지장 등이 작고 짧아지며, 노엽은 성숙 전에 떨어진다.

㉢ 식물체에 엽록체 생성이 잘 되지 않아 황백화(Chlorosis)가 생기며, 결국 백화되어 괴사하게 된다.

㉣ Fe, S, Ca의 결핍시 나타나는 황백화 현상은 신엽에서 먼저 발생한다.

㉤ N 결핍시 황백화 현상은 노엽에서 먼저 발생한다.

② 인산(P)

㉠ 핵산 중 RNA 합성이 감소되어 식물의 영양생장에 지장을 주며, 특히 근계가 작아지고 줄기가 가늘어지며 키가 작아진다.

㉡ 곡류는 분얼이 안 되고 과수는 신초의 발육과 화아분화가 저하되며, 종실 형성도 감소된다.

㉢ 결핍증상은 먼저 늙은 잎에 나타나고 벼의 잎은 암청색을 띠며 세장형(細長型)을 이룬다.

㉣ 어린 식물의 인산 함량이 높다.

③ 칼륨(K)

㉠ 벼에서는 잎의 폭이 좁아지고 초장이 짧아진다.

㉡ 생육 초기 결핍시에는 잎이 암록색으로 변하고, 점차 아랫잎으로부터 적갈색의 반점이 나타난다.

㉢ 세포의 팽압이 저하되고 수분부족으로 잎이 축 늘어진다.

㉣ 조기낙엽현상을 일으킨다.

㉤ 보통 엽록소의 생성이 적어지므로 담황색의 무늬가 생기며, 후에는 갈색으로 변하는데 이와 같은 증상이 잎 둘레에 나타나므로 쉽게 알아볼 수 있다.

㉥ 한발에 대한 저항성이 약해지며 염해 등에 대해서도 민감해진다.

④ 칼슘(Ca)

㉠ 결핍증상은 분열이 왕성한 생장점과 어린잎에서 나타나는데, 분열조직의 생장이 감소하고 황화되며 심해지면 잎 주변이 백화되어 고사한다.

㉡ 결핍이 심한 조직은 세포벽이 용해되어 연해지고, 세포의 공간과 유관조직에는 갈색 물질이 생긴 후 집적되며, 전류물질의 수송에 영향을 끼치기도 한다.

㉢ 식물의 잎에 많이 함유되어 있다.

㉣ 과실 끝부분의 세포질이 파괴되는 화단부패가 생긴다(토마토, 수박 : 배꼽썩이병).

㉤ 칼슘은 뿌리에서 흡수 · 이동하므로 뿌리생장의 저해, 통기불량, 저온 등도 칼슘의 흡수를 저해하여 칼슘 결핍을 유발시킨다.

㉥ 칼슘 과다시 망간, 붕소, 아연, 마그네슘 등의 흡수를 방해한다.

㉦ 전체표면이 적갈색과 흑반점의 병증(고두병)이 생긴다(사과).

※ 작물들의 칼슘(Ca) 함유율의 차이 ※

작물	Ca(%)	작물	Ca(%)	작물	Ca(%)
벼	0.22	옥수수	0.42	오이	2.62
수수	0.42	강낭콩	1.82	배추	2.16
당근	2.14	무	2.62	토마토	2.57

⑤ **마그네슘**(Mg)

㉠ 포도졸과 라테라이트 토양처럼 용탈과 풍화작용이 심한 토양은 마그네슘 함량이 낮다.

㉡ 잎맥과 잎맥 사이가 황변 또는 황백화되고 심하면 괴사한다.

㉢ 곡류의 경우는 잎의 기부에 녹색 반점이 나타난다.

⑥ **황**(S)

㉠ 잎이 황백화된다.

㉡ 황백화 현상은 신엽(어린 잎)에서 먼저 발생한다.

※ 동일 토양에 생육하는 작물들의 유황함량의 차이 ※

작물	S(%)	작물	S(%)	작물	S(%)
양배추	3.37	유체	2.39	콩	0.92
꽃치자	2.88	참외류	1.32	밀	0.82
겨자	2.78	상추	0.99	수수	0.48

⑦ **철**(Fe)

㉠ 결핍시 엽록소가 형성되지 않으며, 증상은 마그네슘과는 달리 반드시 생장이 왕성한 어린잎부터 먼저 나타난다.

㉡ 엽록체의 그라나의 수와 크기가 현저히 감소되어 광합성 작용을 방해한다.

㉢ 엽맥과 엽맥 사이에 황백화 증상이 나타나며, 어린잎은 완전히 백화된다.

㉣ 곡류에서는 잎의 상하로 노란 줄과 녹색 줄이 번갈아 그어진다.

㉤ 시트르산염을 다량 축적하게 한다.

⑧ **붕소**(B)

㉠ 붕소의 농도가 높은 곳은 주로 식물의 잎의 끝, 잎의 가장자리, 꽃밥, 암술머리, 씨방 등이다.

㉡ 불임 또는 과실이 생기지 않는다(밀).

㉢ 줄기, 엽병이 쪼개진다(샐러리, 배추심부, 뽕나무 줄기).

㉣ 비대근 내부가 괴사한다(무, 사탕무의 심부, 순무 갈색 심부, 사탕무 심부).

㉤ 과실의 과피나 내부의 괴사가 발생한다(토마토의 배꼽썩이병, 오이 열과, 사과 축과병, 귤 경과병).

㉥ 생장점이 괴사한다(토마토, 당근, 사탕무, 고구마).

⑨ 망간(Mn)

㉠ pH가 높고 유기물이 많을수록 망간 결핍이 일어나기 쉽다.

㉡ 조직은 작아지고 세포벽이 두꺼워지며 표피조직이 오그라든다.

㉢ 결핍증상은 노엽에서 먼저 일어난다.

㉣ 쌍자엽 식물은 잎에 작은 노란반점이 생긴다.

㉤ 단자엽 식물은 잎의 밑 부분에 녹회색 반점과 줄이 나타난다(귀리).

㉥ 과잉시 뿌리가 갈색으로 변하고 잎의 황백화와 만곡현상이 나타난다(사과의 적진병).

⑩ 몰리브덴(Mo)

㉠ 초기에는 잎이 황색이나 황록색으로 변하여 괴사반점이 나타나고 위쪽으로 말려 올라간다(꽃양배추).

㉡ 엽맥과 엽맥 사이에 황백화된 반점이 나타나고, 잎은 전체적으로 녹회색으로 변해 결국 시들어 버린다.

㉢ 결핍이 심하면 잎모양이 회초리처럼 보이는데, 이를 편상엽증(Whiptail Disease)이라 한다.

⑪ 아연(Zn)

㉠ 저온이나 대사 저해제 등이 아연흡수를 방해한다.

㉡ 식물체 내의 아연은 이동성이 적어서 뿌리조직 내에 축적되기도 한다.

㉢ 식물 잎의 옆맥과 엽맥사이에 황백화 현상이 나타나는데 담녹색, 황색, 때로는 백색이 되기도 한다(감귤).

㉣ 엽록체 그라나의 발육이 나빠지고 동시에 액포가 발생된다.

㉤ 갈색의 작은 반점이 엽병이나 엽맥간에 많이 나타난다. 반점의 발생부위는 오래된 구엽이지만 생육저해는 신엽에서 나타난다.

㉥ 엽신과 절간의 신장이 악화되어 잎이 옆으로 퍼져서 로제트형이 되어 신엽이 기형이 되며 잎이 작아진다(사과나무).

⑫ 구리(Cu)

㉠ 유기질 토양, 이탄토, 석회질 토양에서 구리결핍이 야기되기 쉽다.

㉡ 곡류에서 분얼기 잎의 끝이 백색으로 변하고, 나중에 잎 전체가 좁아진 채로 뒤틀린다.

㉢ 절간신장이 억제되고 이삭형성이 불량하며 덤불모양이 된다.

㉣ 과다시 뿌리의 신장저해를 유발한다.

✵ 구리결핍에 대한 작물별 감수성의 차이 ✵

민감도	작물
예민	시금치, 밀, 귀리, 자주개자리
중간	양배추, 사탕무, 꽃양배추, 옥수수
둔함	콩, 감자, 화본과류 풀

⑬ **규소**(Si)

㉠ 결핍시 식물이 축 늘어지고 잎이 마르며 시든다.

㉡ 초본과 곡류의 잎에서는 괴사반점이 생기고, 규소농도가 낮아지면 지상부의 Mn, Fe 및 다른 무기영양소가 농축되어 망간과 철의 독성이 생기기도 한다.

⑭ **염소**(Cl)

㉠ 결핍시 잎 끝의 위조현상과 증산작용에 영향을 미치고, 때로는 식물이 황백화되기도 한다.

㉡ 과다시 잎 끝이나 잎 가장자리의 엽소현상, 청동색변, 조숙황화 등으로 잎이 조기낙엽 된다.

05 토양공기와 토양수분

❶ 토양공기

(1) 토양공기의 조성

① 토양공기 중의 이산화탄소 함량은 0.25%로 대기보다 약 8배가 높다.

② 토양 속으로 깊이 들어갈수록 산소의 농도는 낮아지고 이산화탄소의 농도는 높아진다.

③ 유기물의 분해, 뿌리와 미생물의 호흡에 의해서 산소가 소모되고 이산화탄소가 배출된다.

토양의 깊이와 공기의 조성

(용량 : %)

토양의 깊이	1	2	3	4	5	6
이산화탄소	2.0	3.8	5.8	9.1	11.0	12.7
산소	18.4	11.3	9.7	9.7	7.7	7.7

(2) 토양공기의 지배요인

① **토성**

㉠ 일반적으로 사질인 토양은 용기량이 크다.

㉡ 토양의 용기량이 크면 산소의 농도도 증가한다.

② **토양구조** … 식질토양에서 입단형성이 되면 용기량도 증가한다.

③ **경운** … 심경을 하면 토양의 깊은 곳까지 용기량이 증가한다.

④ **토양수분** … 토양 내 수분량이 증가하면 용기량이 적어지고 이산화탄소의 농도가 높아진다.

⑤ **유기물**

㉠ 미숙유기물을 시용하면 이산화탄소의 농도가 현저히 높아진다.

㉡ 부숙유기물을 시용하면 토양의 가스교환이 원활히 이루어지므로 이산화탄소의 농도가 거의 증대되지 않는다.

⑥ **식생** … 식물이 자라고 있는 토양은 그렇지 않은 토양보다 뿌리의 호흡작용에 의한 이산화탄소의 농도가 훨씬 높다.

(3) 토양의 용기량

① 토양 속에서 공기로 차 있는 공극량을 토양의 용기량(Air Capacity)이라고 한다.

② **최소용기량** … 토양의 수분함량이 최대용수량에 달했을 때의 용기량을 말한다.

③ **최대용기량** … 풍건상태에서의 용기량을 말한다.

④ **최적용기량** … 작물의 최적용기량은 대체로 10 ~ 25%이다.

작물	최적용기량	작물	최적용기량(%)
벼, 양파	10%	보리, 밀, 순무, 오이, 커먼베치	20%
귀리, 수수	15%	양배추, 강낭콩	24%

(4) 토양공기와 작물생육

① 토양용기량이 증가하고 산소가 많아지며, 이산화탄소가 적어지는 것이 작물에 이롭다.

② 토양 중 이산화탄소의 농도가 높아지면 토양이 산성화되고 수분과 무기염류의 흡수가 저해된다.

$$H_2O + CO_2 \leftrightarrow H_2CO_3 \leftrightarrow H^+ + HCO_3^-$$

③ 산소가 부족하면 환원성 유해물질(H_2S 등)이 생성되어 뿌리가 상하게 되고, 유용한 호기성 토양미생물의 활동이 저해되어 작물생육에 악영향을 준다.

(5) 토양 통기법

① 토양 처리

㉠ 배수가 원활하도록 한다.

㉡ 심경을 한다.

㉢ 객토를 한다.

㉣ 식질토성은 개량하고 습지의 지반을 높인다.

② 재배적 처리

㉠ 답리작, 답전작을 한다.

㉡ 중경을 한다.

㉢ 복토의 두께를 알맞게 조절한다.

㉣ 답전 윤환재배를 한다.

❷ 토양수분

(1) 토양수분의 개념

토양 중에 존재하는 물을 말한다.

(2) 토양수분의 역할

① 작물이 생리적으로 필요로 하는 물을 공급한다.

② 작물의 뿌리나 토양미생물의 활동에 영향을 미친다.

(3) 절대수분함량

① 건토에 대한 수분의 중량비를 말한다.

② 절대수분함량은 작물의 흡수량을 제대로 나타내 줄 수 없으며, 따라서 토양수분장력을 이용한 측정법을 사용한다.

(4) 물의 에너지 함량 측정

① 보통 토양수분장력(Soil Moisture Tension)을 측정하는 데 진공게이지형 텐시오 미터(Tensiometer)를 사용한다.

토양수분장력(SMT) = 수압 × (−1)

② 임의의 수분함량의 토양에서 수분을 제거하는 데 소요되는 단위면적당 힘을 나타내며, 단위는 수주의 높이 또는 기압으로 표시한다.

③ 수주 높이를 간략히 하기 위해 수주 높이의 대수를 취하여 pF(Potential Force)라 한다.

④ pF로 표시된 토양의 수분장력은 0(수분포화) ~ 7(건토)사이에 있다.

⑤ pF는 토양수분의 성격을 표시하는 데 이용되고 있다.

pF = log H (H : 수주의 높이)

⑥ 수분장력의 영향

㉠ 수분함량이 많아질수록 수분장력은 작아지고, 수분함량이 적을수록 수분장력은 커진다.

㉡ 수분장력이 커질수록 식물의 생장속도는 작아진다.

(5) 토양수분의 종류

① 결합수

㉠ 토양구성성분의 하나를 이루고 있는 수분으로 분리시킬 수 없어 작물이 이용할 수 없다.

㉡ pF 7.0 이상으로 작물이 이용할 수 없다.

② 흡습수

㉠ 분자간 인력에 의해 토양입자에 흡착되거나 토양입자 표면에 피막현상으로 흡착되어 있다.

㉡ pF 4.5 이상으로 작물은 거의 이용하지 못한다.

③ 중력수

㉠ 중력에 의해 토양층 아래로 내려가는 수분을 말한다.

㉡ pF 0 ~ 2.7로서 작물이 쉽게 이용할 수 있다.

④ 모관수

㉠ 표면장력에 의한 모세관 현상에 의해 보유되는 수분을 말한다.

㉡ pF 2.7 ~ 4.5로서 작물이 주로 이용하고 있다.

⑤ 지하수

㉠ 중력수가 지하에 스며들어 정체상태로 된 수분이다.

㉡ 수위가 너무 높으면 토양은 과습상태가 되기 쉽고, 수위가 너무 낮으면 건조하기 쉽다.

(6) 토양의 수분항수

① 수분항수의 개념 … 작물생육과 뚜렷한 관계를 가진 특정한 수분함유 상태를 말한다.

② 최대용수량

㉠ 토양이 물로 포화된 상태에서 중력에 저항하여 모세관에 최대로 포화되어 있는 수분을 말한다.

㉡ pF값은 0이다.

③ 최소용수량

㉠ 포장용수량이라고도 한다.

㉡ 수분으로 포화된 토양으로부터 증발을 방지하면서 중력수를 완전히 배제하고 남은 수분 상태를 말한다.

㉢ pF값은 2.5 ~ 2.7이다.

④ **위조계수** … 영구위조점에서의 토양함수량[토양 건물중(乾物重)에 대한 수분의 중량비]을 위조계수라 한다.

㉠ **초기위조점**

- 생육이 정지하고 하엽이 위조하기 시작하는 토양의 수분상태를 말한다.
- pF값은 약 3.9이다.

㉡ **영구위조점**

- 위조한 식물을 포화습도의 대기 중에 24시간 놓아 두어도 회복되지 못하는 위조를 말한다.
- 영구위조를 최초로 유발하는 수분상태를 영구위조점이라 한다.
- pF값은 약 4.2이다.

⑤ **흡습계수**

㉠ 상대습도의 공기 중 건조토양이 흡수하는 수분량을 백분율로 환산한 값이다.

㉡ 작물이 이용할 수 없는 수분상태로서 pF값은 약 4.5이다.

(7) 작물생육과 토양수분

① **과잉수분** … 포장용수량 이상의 토양수분을 말한다.

② **무효수분** … 영구위조점 이하의 토양수분으로, 작물이 이용할 수 없는 수분을 말한다.

③ **유효수분** … 포장용수량과 영구위조점 사이의 수분으로 작물이 이용할 수 있는 수분을 말한다. 즉, 위조점 이하의 약한 결합력으로 토양에 보유되어 있는 수분의 전부를 유효수분이라 한다.

④ **최적함수량** … 최적함수량은 작물에 따라 다르며, 일반적으로 최대용수량의 60 ~ 80% 정도이다.

⑤ 용액의 용질분자에 의해 생기는 삼투퍼텐셜은 용질의 농도가 높아지면 그 값이 낮아진다. 순수한 물의 수분퍼텐셜이 0이기 때문에 항상 음(-)의 값을 갖는다.

⑥ 요수량이 작은 작물일수록 가뭄에 대한 저항성이 크다.

⑦ 세포에서 물은 삼투압이 낮은 곳에서 높은 곳으로 이동한다.

⑧ 옥수수, 수수 등은 증산계수가 작은 작물이다.

06 토양의 유기물과 토양미생물

❶ 토양유기물

(1) 토양유기물의 기능

① **토양보호** … 유기물을 피복하면 토양침식이 방지된다.

② **양분의 공급** … 유기물이 분해되어 질소, 인 등의 원소를 공급한다.

③ **완충력의 증대** … 부식 콜로이드는 토양반응을 급격히 변동시키지 않는 토양의 완충능력을 증대시킨다.

④ **보수 · 보비력의 증대** … 입단과 부식 콜로이드의 작용에 의해 토양의 통기, 보수력, 보비력이 증가한다.

⑤ **입단의 형성** … 부식 콜로이드(Humus Colloid)와 유기물은 토양입단의 형성을 유발하여 토양의 물리성을 개선한다.

⑥ **생장촉진물질의 생성** … 유기물이 분해될 때 호르몬, 비타민, 핵산물질 등의 생장촉진물질을 생성한다.

⑦ **지온의 상승** … 토양색을 검게 하여 지온을 상승시킨다.

⑧ **미생물의 번식유발** … 미생물의 영양분이 되어 유용한 미생물의 번식을 유발하고 종류를 다양하게 한다.

⑨ **대기 중의 이산화탄소 공급** … 유기물이 분해될 때 방출되는 이산화탄소는 작물 주변 대기 중의 이산화탄소 농도를 높여서 광합성을 유발한다.

⑩ **암석의 분해촉진** … 유기물이 분해될 때 여러 가지 산을 생성하여 암석의 분해를 촉진한다.

(2) 토양의 부식함량

① 일반적으로 토양부식의 함량증대는 지력의 증대를 의미한다.

② 배수가 잘 되는 토양에서는 유기물의 분해가 왕성하므로 유기물의 축적이 이루어지지 않는다.

(3) 토양유기물 공급

퇴비, 녹비, 구비 등이 주요 공급원이다.

❷ 토양미생물

(1) 토양미생물의 개념

토양 속에 서식하면서 유기물을 분해하는 미생물을 말한다.

(2) 토양미생물의 유익작용

① 균사 등의 점토물질에 의해 토양입단을 형성한다.

② 호르몬 같은 생장촉진물질을 분비한다.

③ 미생물간의 길항작용에 의해 유해작용을 경감시킨다.

④ 토양의 무기성분을 변화시킨다.

⑤ 유기물을 분해하여 암모니아를 생성한다.

(3) 토양미생물의 유해작용

① 황화수소 등의 해로운 환원성 물질을 생성한다.

② 작물과 미생물 간에 양분 쟁탈 경쟁이 일어날 수 있다.

③ 식물에 병을 유발하는 미생물이 많이 존재한다.

④ 탈질작용을 한다.

(4) 근류균과 세균비료

① **근류균의 접종**

㉠ 콩과작물을 새로운 땅에 재배할 경우 순수 배양한 근류균의 우량계통을 종자와 혼합하거나 직접 토양에 첨가한다.

㉡ 콩과작물의 생육이 좋았던 밭의 그루 주변의 표토를 채취하여 근류균을 40 ~ 60kg/10a 정도 첨가한다.

② **세균비료** … Azotobacter와 같은 단독질소고정균, Bacillus Megatherium 같은 질소나 인산을 가급태화하는 세균, 근류균, 미생물의 길항작용에 관여하는 항생물질, 세균의 영양원 등을 혼합하여 만드는 비료를 말한다.

07 토양반응과 토양산성화

❶ 토양반응

(1) 토양반응의 표시법

① 토양반응은 토양용액 중 수소이온농도(H^+)와 수산이온농도(OH^-)의 비율에 따라 결정되고 일반적으로 pH로 반응을 표시한다.

$$pH = \log\frac{1}{[H^+]}$$

② 토양반응은 1～14의 수치로 표시되며 7은 중성, 7 이하는 산성, 7 이상은 알칼리성으로 분류된다.

토양반응의 표시법

pH	반응의 표시	pH	반응의 표시
4.0～4.5	극히 강한 산성	7.0	중성
4.5～5.0	매우 강한 산성	7.0～8.0	미알칼리성
5.0～5.5	강산성	8.0～8.5	약알칼리성
5.5～6.0	약산성	8.5～9.5	강알칼리성
6.0～6.5	미산성	9.5～10.0	매우 강한 알칼리성
6.5～7.0	경미한 미산성		

(2) 토양반응과 작물생육

① 토양 중 작물양분의 가급도는 pH에 따라 다르며 중성 또는 미산성에서 가장 크다.

② 강산성 토양과 강알칼리성 토양

㉠ **강산성 토양** : Al, Fe, Cu, Zn, Mn 등은 용해도가 증가하고 가급도가 감소되어 작물생육에 불리하고, P, Ca, Mg, B, Mo은 가급도가 감소되어 작물생육에 불리하다.

㉡ **강알칼리성 토양** : N, Fe, Mn, B 등은 강염기가 다량으로 존재하고 용해도가 감소하여 작물생육에 불리하고, B는 pH 8.5 이상에서는 용해도가 커지는 특징이 있으며, 강염기(Na2Co2)가 증가되어 작물생육에 불리하다.

③ pH에 따른 작물의 생육

㉠ 작물생육에는 pH 6～7이 가장 적당하다.

㉡ 산성 토양에 강한 작물

구분	종류
극히 강한 것	호밀, 수박, 감자, 밭벼, 벼, 기장, 귀리, 토란, 아마, 땅콩, 봄무 등
강한 것	베치, 밀, 조, 오이, 포도, 당근, 메밀, 옥수수, 호박, 목화, 완두, 딸기, 고구마, 토마토, 담배 등
약간 강한 것	무, 피, 평지(유채) 등
약한 것	양배추, 완두, 삼, 겨자, 보리, 클로버, 근대, 가지, 고추, 상추 등
가장 약한 것	부추, 콩, 팥, 알팔파, 자운영, 시금치, 사탕무, 샐러리, 양파 등

㉢ 알칼리성 토양에 강한 작물

구분	종류
강한 것	수수, 보리, 목화, 사탕무, 평지(유채) 등
중간 정도인 것	호밀, 올리브, 귀리, 당근, 무화과, 상추, 포도, 양파 등
약한 것	레몬, 사과, 배, 샐러리, 감자, 레드클로버 등

❷ 토양의 산성화

(1) 산성화의 개념

기후나 공해에 의해 토양의 pH가 낮아지는 현상을 말한다.

(2) 산성화 원인

① 토양 중의 Ca^{2+}, Mg^{2+}, K^{+} 등의 치환성 염기가 용탈되어 미포화 교질이 많아져 산성화가 이루어진다.

㉠ **포화 교질** : 토양 콜로이드가 Ca^{2+}, Mg^{2+}, K^{+}, Na^{+} 등으로 포화된 것을 말한다.

㉡ **미포화 교질** : H^{+} 등도 함께 흡착하고 있는 것을 말한다.

② 빗물에 의해 토양염기가 서서히 빠져나가면 토양이 산성화한다.

③ 토양 중의 탄산, 유기산은 토양산성화의 원인이 된다.

④ 부엽토는 부식산에 의해 산성이 강해진다.

⑤ 비료에는 황산암모늄 · 과인산석회 · 황산칼륨 등이 들어 있는데, 식물이 자라는 데 필요한 질소 · 인산 · 칼륨을 이용하고 황산이 남기 때문에 토양은 산성화된다.

⑥ 식물은 생장을 위해 흙 속에서 염기성 금속을 섭취하는데, 염기를 충분히 섭취한 작물을 뿌리채 뽑으면 흙이 염기를 빼앗겨 산성이 강해진다.

⑦ 아황산가스나 기타 공해를 유발하는 산성물질 등이 토양에 흡수되면 토양은 산성화된다.

(3) 토양산성화의 영향

① 작물생육에 큰 지장을 준다.

② 낙엽이나 동물 사체의 분해가 제대로 되지 않아 토양미생물의 영양공급에 직접적으로 영향을 주게 된다.

③ 토양이 산성화되면 필수 원소들은 크게 두 가지 유형으로 작물생육에 불이익을 준다. B, Ca, P, Mg, Mo 등은 양분 가급도가 감소되어 작물생육에 불이익을 주며, Al, Fe, Cu, Zn, Mn 등은 용해도가 증가하면서 원소 자체가 갖는 독성이 작물생육에 불이익을 주게 된다.

(4) 산성화 방지대책

① 석회와 유기물을 뿌려서 중화시킨다.

② 산성에 강한 작물을 심는다.

③ 산성비료의 사용을 가급적 피한다.

④ 양토나 식토는 사토보다 잠산성이 높으므로 pH가 같더라도 중화시키는 데 더 많은 석회를 넣어야 한다.

08 논토양

❶ 논토양의 일반적 특성

(1) 논이 갖는 자연환경보전의 기능

① 저수지, 댐으로서 활용한다.

② 토양의 침식을 방지한다.

③ 토양 중에 무기염류의 집적을 방지한다.

④ 온도를 완화하고 잡초를 억제한다.

⑤ 끝없는 연작(連作)에 견딘다.

⑥ 경관이 아름다운 조화를 이루고 생태계를 지킨다.

(2) 토층분화

논토양의 유기물 분해가 왕성할 때 미생물의 산소소비가 논으로의 산소공급보다 크기 때문에 논토양은 환원층을 형성하게 된다. 시간이 경과할수록 유기물은 감소하고 논으로의 산소공급은 미생물이 소비하는 산소량보다 많아지게 된다. 따라서 논토양의 토층분화는 다음과 같이 이루어진다.

① **표층의 수 mm ~ 1-2cm 층** … 산화 제2철(Fe_2O_3)로 적갈색을 띤 산화층이 된다.

② **그 이하의 작토층** … 산화 제1철(FeO)로 청회색을 띤 환원층이 된다.

③ **심토** … 유기물이 적어서 산화층을 형성한다.

(3) 탈질작용과 방지법

① **탈질작용의 개념** … 질산태 질소가 환원되어 생성된 산화질소(NO), 이산화질소(N_2O), 질소가스(N_2) 등이 작물에 이용되지 못하고 대기 중으로 날아가는 것을 말한다.

② **탈질작용의 방지법**

㉠ **심층시비** : 토양에 잘 흡착되는 암모니아 질소를 논토양의 심부 환원층에 준다.

㉡ **전층시비** : 암모니아태 질소를 논갈기 전 논 전면에 미리 뿌린 후, 작토의 전층에 섞이도록 하는 방법이다.

(4) 유기태 질소의 변화

① **건토효과**

㉠ 토양을 건조시키면 토양유기물의 성질이 변화하여 미생물에 의해 쉽게 분해될 수 있는 상태가 되고, 물에 잠기면 미생물의 활동이 촉진되어 다량의 암모니아가 생성되는 것을 건토효과라고 한다.

㉡ 건토효과는 유기물이 많을수록 커진다. 또한, 습답과 1모작답에서 높은 건토효과를 나타낸다.

② **알칼리효과** … 석회 등의 알칼리성 물질을 토양에 첨가하여 유기태 질소의 무기화를 촉진시키는 것을 말한다.

③ **지온상승** … 논토양의 지온이 높아지면 유기태 질소의 무기화가 촉진되어 암모니아가 생성된다.

④ **질소고정** … 논토양의 표층에서 서식하는 남조류는 일광을 받아 대기 중의 질소를 고정하여 질소를 공급한다.

⑤ **인산의 유효화** … 밭 상태에서는 인산알루미늄, 인산철 등이 유효화한다.

❷ 논토양의 노후화

(1) 노후화 현상

논토양에서 작토층의 환원으로 인해 Fe^{3+}, Mn^{3+}을 비롯한 대부분의 무기양분이 유실 또는 하층토로 용탈·집적되어 부족하게 되는 현상을 말한다.

(2) 추락현상

① 늦여름이나 초가을에 벼의 하엽부터 마르고 깨씨무늬병 등이 많이 발생하여 수량이 급격히 감소하는데, 이것을 추락현상이라고 한다.

② 추락현상은 노후답이나 누수가 심해서 양분보유력이 적은 사질답이나 역질답에서 나타나며 습답에서 유기물이 과다하게 집적될 때도 나타난다.

(3) 노후화답의 개량법

① 산의 붉은 흙, 못의 밑바닥 흙, 바닷가의 진흙 등을 객토하여 점토와 철·규산·마그네슘·망간 등을 보급한다.

② 토양의 노후화 정도가 낮은 경우에는 심경을 하여 작토층으로 무기성분을 갈아올린다.

③ 갈철광의 분말, 비철토, 퇴비철 등을 시용한다.

④ 규산, 석회, 철, 망간, 마그네슘 등을 함유하고 있는 규산석회나 규회석을 시용한다.

(4) 노후화답의 재배시 대처법

① 유해물질에 강한 품종을 선택한다.

② 무황산근 비료를 시용한다.

③ 조기수확을 하여 추락을 경감시킨다.

④ 후기 영양의 확보를 위한 추비강화에 중점을 둔다.

⑤ **엽면시비** ··· 추락 초기에 요소망간 및 미량요소를 추가하여 엽면시비 한다.

(5) 논토양과 밭토양의 차이점

① 논토양에서는 환원물(N_2, H_2S, S)이 존재하나, 밭토양에서는 산화물(NO_3, SO_4)이 존재한다.

② 논에서는 관개수를 통해 양분이 공급되나, 밭에서는 빗물에 의해 양분의 유실이 많다.

③ 논토양에서는 혐기성균의 활동으로 질산이 질소가스가 되고, 밭토양에서는 호기성균의 활동으로 암모니아가 질산이 된다.

④ 밭에서는 pH 변화가 거의 없으나, 논토양에서는 담수의 유입 등으로 밭에 비해 상대적으로 pH의 변화가 큰 편이다.

⑤ 논투양은 회색계열이나 밭투양은 갈색계열을 띈다

⑥ 밭토양은 비료의 유실이 많고, 논토양은 유실이 적다.

⑦ 논토양은 환원물이 존재하나 밭토양은 산화물이 존재한다.

⑧ 논토양은 혐기성 균의 활동이 좋고, 밭토양은 호기성 균의 활동이 좋다.

⑨ 논의 pH는 담수상태에 따라 낮과 밤의 차이가 있고, 밭 토양은 그렇지 않다.

(6) 논토양과 시비

① 담수 상태의 논에서는 조류(藻類)의 대기질소고정작용이 나타난다.

② 암모니아태질소가 산화층에 들어가면 질화균이 질화작용을 일으켜 질산으로 된다.

③ 한여름 논토양의 지온이 높아지면 유기태질소의 무기화가 촉진되어 암모니아가 생성된다. → 지온상승효과

④ 답전윤환재배에서 논토양이 담수 후 환원상태가 되면 밭상태에서는 난용성인 인산알루미늄, 인산철 등이 유효화 된다.

❸ 간척지 토양

(1) 간척지 토양의 특성

① 다량의 염분을 함유하여 벼의 생육을 저해한다.

② 토양의 염분농도(NaCl)가 0.3% 이하일 경우에는 벼의 재배가 가능하나 0.1% 이상이 되면 염해의 우려가 있다.

③ 지하수위가 높아서 환원상태가 매우 발달하여 유해한 황화수소(H_2S) 등이 생성된다.

④ 점토와 나트륨이온(Na^+)이 많아서 토양의 투수성, 통기성이 나쁘다.

⑤ 간척 후 다량 집적되어 있던 황화물이 황산으로 산화되어 토양이 강산성으로 변한다.

(2) 간척지 토양의 개량법

① 제염법

㉠ **담수법** : 물을 열흘간씩 깊이 대어 염분을 용출시킨 후 배수하는 것을 반복하여 염분을 제거한다.

㉡ **명거법** : 5 ~ 10cm 간격으로 도랑을 내어 염분이 도랑으로 흘러내리도록 한다.

㉢ **여과법** : 땅 속에 암거를 설치하여 염분을 여과시키고 토양통기도 조장한다.

② 석회를 시용하여 염분의 유출을 쉽게 하며, 유해한 황화물을 중화하여 해작용을 방지한다.

③ 유기물을 병용함으로써 토양의 내부 배수를 양호하게 하여 제염효과를 높인다.

④ 염생(鹽生)식물을 심어 염분을 흡수 · 제거한다.

⑤ 석고(石膏), 토양개량제, 생고(生藁) 등을 시용하여 토양의 물리성을 개량한다.

(3) 내염재배

① 내염성이 강한 작물과 품종을 선택한다.

② 조기재배, 휴립재배를 한다.

③ 논물을 말리지 않으며 자주 갈아준다.

④ 비료는 수 차례 나누어서 많은 양을 시료한다.

⑤ 석회, 규산석회, 규회석을 시용한다.

⑥ 황산근을 가진 비료를 시용하지 않는다.

⑦ 요소, 인산암모니아, 염화가리 등을 시용한다.

⑧ **내염성 작물** … 간척지와 같은 염분이 많은 토양에 강한 작물로, 보리, 사탕무, 목화, 유채, 홍화, 양배추, 수수 등이 특히 내염성이 강하다.

❹ 습답, 건답, 중점토답, 사력질답

(1) 습답

① **습답의 개념** … 지대가 낮고 지하수의 수위가 높아 배수가 잘 되지 않거나 지하수가 용출되는 등의 이유로 토양이 항상 포화상태 이상의 수분을 지니고 있는 논을 말한다.

② **습답의 특징**

㉠ 지하수가 용출되는 습답에서는 지온이 낮아져 벼의 생육이 억제된다.

㉡ 유기물 분해가 저해되어 미숙유기물이 다량 집적되어 있다.

㉢ 지하수위가 높고 수분침투가 적다.

㉣ 투수가 적으므로 작토 중에 유기산이 집적되어 뿌리의 생장과 흡수작용에 장해를 준다.

③ 습답의 대책

㉠ 명거배수, 암거배수를 통하여 투수성을 좋게 하고 유해물질을 배출한다.

㉡ 객토(흙넣기)를 하여 철분을 공급한다.

㉢ 휴립재배를 하여 통기성을 증대시킨다.

㉣ 이랑재배로 배수를 좋게 한다.

㉤ 석회물질을 시용하고 질소 시용량은 줄인다.

(2) 건답

① **건답의 개념** … 벼를 재배하는 기간에는 물을 대면 담수상태가 되지만, 물을 떼면 배수가 잘 되어 벼를 수확한 후에는 마른 논 상태가 되는 논을 말한다.

② 건답기간 중에 토양이 산화되고 담수기간에도 유기물의 분해가 잘 되어 습답에서 일어나는 토양의 과도한 환원현상이 일어나지 않는다.

(3) 중점토답

① 중점토답의 특징

㉠ 건조하면 단단해져서 경운이 힘들고 천경이 되기 쉽다.

㉡ 작토층 밑에 점토의 경반이 형성되어 배수가 불량한 경우가 많다.

② 중점토답의 대책

㉠ 유기물과 토양개량제를 시용하여 입단의 형성을 조장한다.

㉡ 규산질 비료와 퇴비철을 시용한다.

㉢ 답전윤환, 추경, 휴립재배 등을 한다.

(4) 사력질답(누수답)

① 사력질답의 특징

㉠ 투수가 심해 수온과 지온이 낮으며 한해를 입기 쉽다.

㉡ 양분의 함량과 보유력이 적어 토양이 척박하다.

② 사력질답의 대책

㉠ 점토를 객토한다.

㉡ 유기물을 증시하여 토성을 개량한다.

㉢ 비료는 분시하여 유실을 적게 한다.

㉣ 귀리, 호밀 등을 녹비로 재배 · 시용한다.

09 토양침식의 원인과 대책

❶ 토양침식의 원인

(1) 토양침식의 개념

주로 농경지의 표토가 물·바람 등의 힘으로 이동하여 상실되는 현상을 토양침식이라 한다.

(2) 토양침식의 원인

① 빗물에 의해 표토의 비산이 증가하고 유거수도 일시에 증가하여 표토의 비산과 유거가 증가한다.

② 우리나라의 위험 강우기는 7～8월이다.

③ 사토는 분산되기 쉽고 식토는 빗물의 흡수 등이 작아서 침식되기 쉽다.

④ 경사도가 크고 경사면의 길이가 길면 토양이 불안정하고 유거수의 유속이 커지므로 침식을 유발한다.

(3) 토양침식의 종류

① **수식**(Water Erosion) … 강우가 원인이 되는 침식을 말한다.
  ㉠ **우적침식** : 빗물이 표토를 비산시키는 것을 말한다.
  ㉡ **귀류침식** : 빗물이 표토를 씻어 내리는 것을 말한다.

② **풍식**(Wind Erosion) … 바람이 원인이 되는 침식을 말한다.

❷ 토양침식의 대책

(1) 수식 대책

① 삼림조성

② 초지조성

③ **초생재배** … 목초·녹비 등을 나무 밑에 재배하는 방식으로, 토양침식의 방지, 지력증진, 제초효과 등을 얻을 수 있다.

④ 토양피복

㉠ 비에 의한 토양침식방지를 위해 지표면을 항상 피복하도록 한다.

㉡ 피복재료로는 볏짚, 작물 유체, 건초, 거적, 비닐, 폴리에틸렌 등을 이용한다.

⑤ 합리적인 작부체계

㉠ 피복식물은 침식을 방지하며, 중경식물과 나지는 침식을 유발한다.

㉡ 우기에 휴간이나 부분피복을 피한다.

㉢ 연중 내내 피복할 수 있는 작물을 재배할 수 있도록 윤작체계를 수립한다.

㉣ 간작을 한다.

⑥ 경사지 재배

㉠ 등고선 재배

- 경사지에 등고선을 따라 이랑을 만드는 방법이다.
- 강우시에는 이랑 사이의 물이 고여 유거수가 발생하지 않는다.

㉡ 대상 재배

- 등고선으로 일정한 간격(3 ~ 10cm)을 두고 적당한 폭의 목초대를 두는 방법이다.
- 간격이 좁고 목초대의 폭이 넓을수록 토양보호효과가 크다.

㉢ 단구식 재배 : 경사가 심한 곳을 개간할 경우 단구를 구축하고 콘크리트나 돌 등으로 축대를 쌓거나 잔디 등으로 초생화하는 방법이다.

(2) 풍식대책

① 방풍림, 방풍울타리를 조성한다.

② 토양을 피복한다.

③ 관개를 하여 토양이 젖어 있게 한다.

④ 이랑이 풍향과 직각이 되게 한다.

⑤ 건조하고 바람이 센 지역에서는 작물의 높이베기를 통해 벤 그루터기를 높게 남겨 풍세를 약화시킨다.

최근 기출문제 분석

2024. 6. 22. 제1회 지방직 9급 시행

1 **토양수분에 대한 설명으로 옳은 것만을 모두 고르면?**

> ㉠ 작물이 생육하는 데 가장 알맞은 토양수분함량을 최대용수량이라고 한다.
> ㉡ 모관수는 응집력에 의해서 유지되므로 작물이 흡수할 수 없는 무효수분이다.
> ㉢ 수분퍼텐셜은 토양이 가장 높고 식물체는 중간이며 대기가 가장 낮다.
> ㉣ 포장용수량과 영구위조점 사이의 수분은 작물이 이용 가능한 유효수분이다.

① ㉠, ㉡
② ㉠, ㉣
③ ㉡, ㉢
④ ㉢, ㉣

TIP ㉠ 작물이 생육하는 데 가장 알맞은 토양수분함량을 포장용수량이라고 한다.
㉡ 모관수는 공극에 머물러 있으므로 작물이 흡수할 수 있는 유효수분이다.

2024. 6. 22. 제1회 지방직 9급 시행

2 **토양의 입단을 파괴하는 원인으로 옳은 것은?**

① 유기물 시용
② 나트륨이온 시용
③ 콩과작물 재배
④ 토양개량제 투입

TIP ① 토양에 유기물이 결핍되면 입단 구조가 잘 부서진다. 유기물이 분해될 때에는 미생물에 의해 분비되는 점질물질이 토양 입자를 결합시켜 입단이 형성된다.
③ 클로버, 알팔파 등의 콩과작물은 잔뿌리가 많고 석회분이 풍부하여 토양을 잘 피복하여 입단 형성을 조장하는 효과가 크다.
④ 미생물에 분해되지 않고 물에도 안전한 입단을 만드는 점질물을 인공적으로 합성해 낸 것으로 크릴륨이나 아크릴소일 등을 시용한다.

Answer 1.④ 2.②

2024. 3. 23. 인사혁신처 9급 시행

3 **간척지 토양의 재배환경에 대한 설명으로 옳지 않은 것은?**

① 대체로 지하수위가 낮아 산화상태가 발달한다.

② 높은 염분농도 때문에 벼의 생육이 저해된다.

③ 간척지에서는 황화물이 산화되어 강산성을 나타낸다.

④ 점토가 과다하고 나트륨 이온이 많아 뿌리 발달이 저해된다.

TIP ① 간척지 토양은 지하수위가 높아 배수가 불량하며, 초기 염도가 높고 비옥도가 낮아 밭작물 재배나 녹화가 불리한 여건이다.

2024. 3. 23. 인사혁신처 9급 시행

4 **다음 설명에 해당하는 토양 무기성분은?**

> 감귤류에서 결핍 시 잎무늬병, 소엽병, 결실불량 등을 초래하고, 경작지에 과잉 축적되면 토양오염의 원인이 된다.

① 아연 ② 구리

③ 망간 ④ 몰리브덴

TIP ① 감귤류에서 아연 결핍 시, 황색 반점이 잎맥 사이에 나타난다. 엽맥을 따라 불규칙한 녹색부분이 나타나며, 신초는 더 이상 성장하지 않는다.

2023. 10. 28. 제2회 서울시 농촌지도사 시행

5 **〈보기〉에서 논토양 내 질소순환에 대한 설명으로 옳은 것을 모두 고른 것은?**

> ㉠ 유기물은 질산화작용을 통해 식물이 이용할 수 있는 무기태 질소화합물인 암모늄이온 ($NH_4/^+$) 형태로 변한다.
> ㉡ 질산태질소는 논토양에서 용탈이 심하게 일어나 암모니아태질소보다 지속적인 비료 효과가 떨어진다.
> ㉢ 논의 환원층에서는 혐기성인 탈질균의 작용으로 인해 가스태질소로 비산된다.
> ㉣ 논토양은 산화작용이 활발하여 토양의 색깔이 황갈색을 띤다.

① ㉠㉡ ② ㉠㉢

③ ㉡㉢ ④ ㉢㉣

Answer 3.① 4.① 5.③

TIP ㉠ 유기물은 암모니아화 작용을 통해 식물이 이용할 수 있는 무기태 질소화합물인 암모늄이온 (NH_4^+) 형태로 변한다.
㉣ 논토양은 환원 조건이 우세하여 환원 조건에서는 토양이 회색이나 푸른 색을 띤다.

2023. 9. 23. 인사혁신처 7급 시행

6 간척지 재배법에 대한 설명으로 옳지 않은 것은?

① 조기재배, 휴립재배를 한다.
② 석회, 규산석회, 규회석을 시용한다.
③ 땅속에 암거를 설치하여 염분을 걸러 낸다.
④ 내염성이 강한 완두, 고구마를 재배한다.

TIP ④ 완두와 고구마는 내염성이 강하지 않다. 간척지에서는 내염성이 강한 작물인 보리, 밀, 옥수수, 사탕무, 벼 등이 더 적합하다.

2023. 9. 23. 인사혁신처 7급 시행

7 작물의 생육과 토양의 관계에 대한 설명으로 옳은 것은?

① 강산성 토양에서 Al^{3+}은 산도를 높인다.
② 작물이 생육하고 있는 토양은 나지보다 산소 농도가 현저히 높아진다.
③ 토양의 수분함량이 포장용수량에 달했을 때의 용기량을 최소용기량이라고 한다.
④ 토양교질이 Ca^{2+}, Mg^{2+}, K^+, Na^+, H^+ 등으로 포화된 것을 포화교질이라고 한다.

TIP ② 작물이 생육하고 있는 토양은 나지보다 산소 농도가 낮다.
③ 장용수량은 토양이 수분을 최대한 머금을 수 있는 상태이다. 최소용기량은 식물이 이용할 수 있는 최소한의 수분 상태이다.
④ 포화교질은 다양한 양이온으로 포화된 상태이다. Ca^{2+}, Mg^{2+}, K^+, Na^+, H^+ 등과 같은 양이온이 아니라 포화도는 토양의 비옥도를 평가하는 중요한 지표이다.

Answer 6.④ 7.①

2023. 6. 10. 제1회 지방직 9급 시행

8 (가)~(다)에 들어갈 수 있는 원소의 형태를 바르게 연결한 것은?

원소명	밭(산화)	논(환원)
C	CO_2	(가)
N	(나)	NH_4^+
S	SO_4^{2-}	(다)

	(가)	(나)	(다)
①	CH_4	N_2	H_2S
②	CH_4	NO_3^-	H_2S
③	HCO_3^-	NO_3^-	S
④	HCO_3^-	N_2	S

TIP

원소	밭(산화) 상태	논(환원) 상태
C	CO_2	CH_4
N	NO_3^-	N_2, NH_4
Mn	Mn4+Mn3+	Mn^{2+}
Fe	Fe^{3+}	Fe^{2+}
S	SO_4^{2-}	H_2S, S
P	H_2PO_4, $AlPO_4$	$Fe(h_2PO_4)_2$, $Ca(H_2PO_4)_2$
EH	높음	낮음

2023. 4. 8. 인사혁신처 9급 시행

9 강우로 인한 토양침식의 대책으로 적절하지 않은 것은?

① 과수원에 목초나 녹비작물 등을 재배하는 초생재배를 한다.

② 경사지에서는 등고선을 따라 이랑을 만드는 등고선 경작을 한다.

③ 경사가 심하지 않은 곳은 일정한 간격의 목초대를 두는 단구식 재배를 한다.

④ 작토에 내수성 입단이 잘 형성되고 심토의 투수성도 높은 토양으로 개량한다.

TIP ③ 경사가 심한 곳은 일정한 간격의 목초대를 두는 단구식 재배를 한다.

Answer 8.② 9.③

2023. 4. 8. 인사혁신처 9급 시행

10 **건토효과에 대한 설명으로 옳은 것만을 모두 고르면?**

㉠ 유기물 함량이 적을수록 효과가 크게 나타난다. ㉡ 밭토양보다 논토양에서 효과가 더 크다. ㉢ 건조 후 담수하면 다량의 암모니아가 생성된다. ㉣ 건조 후 담수하면 토양미생물의 활동이 촉진되어 유기물이 잘 분해된다.

① ㉠, ㉡　　② ㉠, ㉢

③ ㉡, ㉣　　④ ㉡, ㉢, ㉣

TIP ㉠ 유기물 함량이 많을수록 효과가 크게 나타난다.

2022. 10. 15. 인사혁신처 7급 시행

11 **투명필름을 이용한 토양 피복의 효과가 아닌 것은?**

① 토양수분의 증발이 억제되어 한발해가 경감된다.

② 촉성재배에서 작물의 초기 생육을 촉진한다.

③ 모든 광을 잘 흡수하여 잡초발생 경감에 효과적이다.

④ 강우에 의한 토양 침식이 경감된다.

TIP ③ 투명필름은 빛을 통과시키기 때문에 잡초 발생을 억제하는 데는 효과적이지 않다.

2022. 10. 15. 인사혁신처 7급 시행

12 **무기성분 결핍에 따른 작물 반응에 대한 설명으로 옳지 않은 것은?**

① 질소 또는 마그네슘 결핍 증상은 늙은 조직에서부터 나타난다.

② 인 결핍 증상은 잎이 암녹색 또는 자색을 띤다.

③ 마그네슘 결핍은 콩과작물의 질소고정과정을 저해한다.

④ 강산성이 되면 붕소 또는 몰리브덴은 가급도가 감소하여 작물생육에 불리하다.

TIP ③ 망간 결핍은 콩과작물의 질소고정과정을 저해한다.

Answer 10.④ 11.③ 12.③

2022. 10. 15. 인사혁신처 7급 시행

13 토양미생물의 특성에 대한 설명으로 옳은 것은?

① 토양 1g당 개체수는 방선균 > 사상균 > 세균순이다.

② 니트로박터(*Nitrobacter*)는 아질산을 질산으로 산화시키는 세균이다.

③ 클로스트리듐(*Clostridium*)은 단독생활을 하는 호기성 질소 고정균이다.

④ 외생균근의 균사는 토양양분 흡수를 용이하게 하나 병원균의 침입을 조장한다.

TIP ① 세균 > 방선균 > 사상균 순이다.
③ 클로스트리듐(*Clostridium*)은 혐기성(무산소) 환경에서 자라는 질소 고정균이다.
④ 외생균근의 균사는 토양양분 흡수를 용이하게 하나 병원균의 침입을 조장하지 않는다.

2022. 6. 18. 제1회 지방직 9급 시행

14 토양의 입단에 대한 설명으로 옳지 않은 것은?

① 농경지에서는 입단의 생성과 붕괴가 끊임없이 이루어진다.

② 나트륨 이온은 점토 입자의 응집현상을 유발한다.

③ 수분보유력과 통기성이 향상되어 작물생육에 유리하다.

④ 건조한 토양이 강한 비를 맞으면 입단이 파괴된다.

TIP ② 나트륨 이온은 점토의 결합을 느슨하게 하여 입단을 파괴한다.

2022. 4. 2. 인사혁신처 9급 시행

15 토양의 특성에 대한 설명으로 옳지 않은 것은?

① 토양의 pH가 올라감에 따라 토양의 산화환원전위는 내려간다.

② 암모니아태질소를 논토양의 환원층에 공급하면 비효가 짧다.

③ 공중질소 고정균으로 호기성인 Azotobacter, 혐기성인 Clostridium이 있다.

④ 담수조건의 작토 환원층에서는 황산염이 환원되어 황화수소(H2S)가 생성된다.

TIP ② 암모니아태 질소를 미리 환원층에 주면 토양에 흡착된 채 변하지 않으므로 비효가 증진된다.

Answer 13.② 14.② 15.②

2022. 4. 2. 인사혁신처 9급 시행

16 산성토양에 강한 작물로만 묶인 것은?

① 벼, 메밀, 콩, 상추

② 감자, 귀리, 땅콩, 수박

③ 밀, 기장, 가지, 고추

④ 보리, 옥수수, 팥, 딸기

TIP ㉠ 산성토양에 강한 작물 : 고구마, 감자, 토란, 수박
㉡ 산성토양에 보통 작물 : 무, 토마토, 고추, 가지, 당근, 우엉, 파
㉢ 산성토양에 강한 작물 : 시금치, 상추, 양파

2022. 4. 2. 인사혁신처 9급 시행

17 습답에 대한 설명으로 옳지 않은 것은?

① 작물의 뿌리 호흡장해를 유발하여 무기성분의 흡수를 저해한다.

② 토양산소 부족으로 인한 벼의 장해는 습해로 볼 수 없다.

③ 지온이 높아지면 메탄가스 및 질소가스의 생성이 많아진다.

④ 토양전염병해의 전파가 많아지고, 작물도 쇠약해져 병해 발생이 증가한다.

TIP ② 습해란 토양 공극이 물로 차서 뿌리가 산소 부족으로 호흡을 못해서 해를 입는 것이다.

2021. 6. 5. 제1회 지방직 9급 시행

18 토양 입단에 대한 설명으로 옳은 것은?

① 칼슘이온의 첨가는 토양 입단을 파괴한다.

② 모관공극이 발달하면 토양의 함수 상태가 좋아지나, 비모관공극이 발달하면 토양 통기가 나빠진다.

③ 유기물 시용은 토양 입단 형성에 효과적이나 석회의 시용은 토양 입단을 파괴한다.

④ 콩과작물은 토양 입단을 형성하는 효과가 크다.

TIP ④ 콩과작물은 토양 입단을 파괴한다.

Answer 16.② 17.② 18.④

2021. 4. 17. 인사혁신처 9급 시행

19 **토양의 수분항수에 대한 설명으로 옳지 않은 것은?**

① 최대용수량은 모관수가 최대로 포함된 상태로 pF는 0이다.

② 포장용수량은 중력수를 배제하고 남은 상태의 수분으로 pF는 1.0~2.0이다.

③ 초기위조점은 식물이 마르기 시작하는 수분 상태로 pF는 약 3.9이다.

④ 흡습계수는 상대습도 98%(25℃)의 공기 중에서 건조토양이 흡수하는 수분 상태로 pF는 4.5이다.

TIP ② 포장용수량은 중력수를 배제하고 남은 상태의 수분으로 pF는 2.7이다.

2020. 9. 26. 인사혁신처 7급 시행

20 **산성토양보다 알칼리성토양(pH 7.~8.0)에서 유효도가 높은 필수원소로만 묶은 것은?**

① Fe, Mg, Ca

② Al, Mn, K

③ Zn, Cu, K

④ Mo, K, Ca

TIP 알칼리성 토양(pH 7.0~8.0)에서 유효도가 높은 필수원소는 Mo(몰리브덴), K(칼륨), Ca(칼슘)이다.

2020. 9. 26. 인사혁신처 7급 시행

21 **토양수분장력이 높은 순서대로 바르게 나열한 것은?**

① 모관수 > 중력수 > 흡습수

② 중력수 > 흡습수 > 모관수

③ 흡습수 > 모관수 > 중력수

④ 모관수 > 흡습수 > 중력수

TIP 토양수분장력이 높은 순서대로 나열하면 '흡습수 > 모관수 > 중력수'이다. 흡습수는 토양 입자에 강하게 흡착된 물로 높은 장력을 가지고 있기 때문에 식물이 이용할 수 없다. 모관수는 토양 입자 간의 모세관 현상으로 유지되는 물이다. 중력수는 중력에 의해 토양 입자 사이에서 쉽게 배출되는 물로 장력이 낮다.

2020. 9. 26. 인사혁신처 7급 시행

22 **무기성분 중 결핍 증상이 노엽에서 먼저 황백화가 발생하며, 토양 중 석회 과다 시 흡수가 억제되는 것은?**

① 철

② 황

③ 마그네슘

④ 붕소

TIP ① 신엽에서 황백화가 나타난다.
② 노엽보다는 신엽에서먼저 황백화가 나타난다.
④ 주로 생장점과 신엽에서 괴사나 기형 증상이 나타난다.

Answer 19.② 20.④ 21.③ 22.③

2010. 10. 17. 제3회 서울시 농촌지도사 시행

23 〈보기〉에서 작물의 필수원소와 생리작용에 대한 설명으로 옳은 것을 모두 고른 것은?

> ㉠ 철은 엽록소와 호흡효소의 성분으로, 석회질토양 및 석회과용토양에서는 철 결핍증이 나타난다.
> ㉡ 염소는 통기 불량에 대한 저항성을 높이고, 결핍되면 잎이 황백화되며 평행맥엽에서는 조반이 생기고 망상 맥엽에서는 점반이 생긴다.
> ㉢ 황은 세포막 중 중간막의 주성분으로 분열조직의 생장, 뿌리 끝의 발육과 작용에 반드시 필요하다.
> ㉣ 마그네슘은 엽록소의 형성재료이며, 인산대사나 광합성에 관여하는 효소의 활성을 높인다.
> ㉤ 몰리브덴은 질산환원효소의 구성성분으로, 결핍되면 잎 속에 질산태질소의 집적이 생긴다.

① ㉠㉡㉢
② ㉠㉣㉤
③ ㉡㉢㉣
④ ㉢㉣㉤

TIP ㉡ 염소는 식물에 필요한 미량 원소에 해당하지만 통기 불량에 대한 저항성과는 관련이 없다.
㉢ 황은 아미노산과 단백질의 구성 성분이다. 세포막보다는 단백질 합성에 관여한다.

2010. 10. 17. 지방직 7급 시행

24 수년간 다비연작한 시설 내 토양에 대한 설명으로 옳은 것은?

① 염류집적으로 인한 토양 산성화가 심해진다.
② 철, 아연, 구리, 망간 등의 결핍 장해가 발생하기 쉽다.
③ 연작의 피해는 작물의 종류에 따라 큰 차이가 없다.
④ 연작하지 않은 토양에 비해 토양전염 병해 발생이 적다.

TIP ① 수년간 다비연작을 하면 염류가 토양에 축적되어 토양 염류 집적 문제가 발생한다. 토양 염분 농도가 증가하면서 pH가 변화할 수는 있지만 산성화가 심해지지는 않는다.
③ 연작은 작물의 종류에 따라 달라질 수 있다.
④ 연작을 하면 동일한 병원균이 지속적으로 축적되면서 토양전염 병해 발생이 증가한다.

Answer 23.② 24.②

출제 예상 문제

1 논 토양의 토층분화의 형성에 대한 설명으로 옳은 것은?

① 산화층은 청회색, 환원층은 붉은색을 나타낸다.
② 산화층은 붉은색, 환원층은 청회색을 나타낸다.
③ 유기물의 분해가 왕성할 경우 산화층을 형성하게 된다.
④ 심토는 유기물의 수가 적어 환원층을 형성하게 된다.

TIP 토층분화의 단계
㉠ 표층 수 mm ~ 1 - 2cm층 : 붉은색의 산화층
㉡ 작토층 : 청회색의 환원층
㉢ 심토 : 산화층

2 노후화답의 재배에 대한 설명으로 옳지 않은 것은?

① 노후화 정도가 낮은 경우 심경을 하여 작토층으로 무기성분을 갈아올린다.
② 점토, 철, 규산, 마그네슘 및 망간을 보급한다.
③ 후기 영양의 확보를 위해 추비강화에 중점을 둔다.
④ 석고, 생고, 토양개량제를 사용하여 토양의 물리성을 개량시킨다.

TIP ④ 간척지 토양의 개량에 대한 설명이다.

3 토양수분의 형태 중 식물이 가장 많이 이용하는 유효수분은?

① 흡습수 ② 결합수
③ 지하수 ④ 모관수

TIP 모관수 … 표면장력에 의한 모세관 현상에 의해 보유되는 수분으로 pF 2.7 ~ 4.5로서 작물이 주로 이용한다.

Answer 1.② 2.④ 3.④

4 탈질작용에 대한 설명으로 옳은 것은?

① 심층시비시 암모니아태 질소를 환원층에 주어 탈질을 방지한다.
② 전층시비시 암모니아태 질소를 산화층에 주어 탈질을 방지한다.
③ 유기물이 많을수록 탈질작용은 커진다.
④ 질산태 질소가 환원되어 산화질소가 작물에 이용되는 것을 의미한다.

TIP 탈질작용의 방지법
㉠ 심층시비 : 토양에 잘 흡착되는 암모니아태 질소를 논토양의 환원층에 준다.
㉡ 전층시비 : 암모니아태 질소를 논 갈기 전 전면에 뿌린 후 작토의 전층에 섞이도록 한다.

5 토양의 수분과 관련된 설명 중 옳지 않은 것은?

① 지하수위가 높을 경우 작토층이 낮아 침수되기 쉽다.
② 건조한 토양은 기상의 양이 많다.
③ 액상이 많을수록 뿌리의 활력이 좋아진다.
④ 작물이 주로 이용하는 수분은 흡습수이다.

TIP 흡습수 … 분자간 인력에 의해 토양입자에 흡착되거나 토양입자 표면에 피막현상으로 흡착되어 있으며, pF 4.5 이상으로 작물은 거의 이용하지 못한다.

6 토양미생물의 유리한 작용이 아닌 것은?

① 유기물은 분해하나 무기물은 분해하지 못한다.
② 암모늄태 질소를 질산태로 바꾸어 밭작물에 이롭게 한다.
③ 토양미생물간의 길항작용
④ 유해물질의 분해 및 토양 안정화 작용

TIP ① 토양미생물은 유기물과 무기물의 구별 없이 식물체가 이용 가능하도록 분해한다.

Answer 4.① 5.④ 6.①

7 **다음 중 작물에 필요한 필수원소에 속하지 않는 것은?**

① 구리(Cu)　② 카드뮴(Cd)
③ 붕소(B)　④ 염소(Cl)

TIP 16종의 필수원소 … 탄소(C), 수소(H), 산소(O), 질소(N), 인산(P), 칼륨(K), 칼슘(Ca), 마그네슘(Mg), 황(S), 철(Fe), 붕소(B), 아연(Zn), 망간(Mn), 몰리브덴(Mo), 염소(Cl), 구리(Cu)

8 **겨울작물의 동해방지대책으로 옳지 않은 것은?**

① 생육왕성시 밟아준다.
② 토질을 개선하여 서릿발의 발생을 막는다.
③ 생육을 왕성하게 하기 위해 질소질 비료를 많이 준다.
④ 토양의 물을 뺀다.

TIP ③ 인산과 칼리질 비료를 증시하여 작물의 당 함량을 증대시켜서 내동성을 크게 한다.

9 **엽면시비가 이용되는 경우가 아닌 것은?**

① 토양이 건조한 경우에 실시한다.
② 뿌리의 발달이 왕성한 경우에 실시한다.
③ 빗물에 의한 양분의 용탈이 많은 시기(장마기)에 실시한다.
④ 토양의 염기 밸런스가 나쁠 때에 실시한다.

TIP ② 과습, 건조 등에 의해 뿌리 손상이 있을 때 엽면시비가 이용된다.

Answer 7.② 8.③ 9.②

10 토양에 유기물이 첨가되었을 때 나타나는 현상으로 옳은 것은?

① 비료성분의 용탈이 많고 부식이 적어진다.
② 토양의 무기성분을 변화시킨다.
③ 부식의 함량이 높아지고 무기양분의 흡수량이 많아진다.
④ 탈질작용을 한다.

TIP 토양에 유기물이 첨가되면 토양부식의 함량이 증대되고 배수가 잘 되는 토양에서는 유기물의 축적이 이루어지지 않게 되어 무기물 흡수량이 많아진다.

11 다음 중 토양수분에 대한 설명으로 가장 적합한 것은?

① 작물생육과 뚜렷한 관계를 가진 특정한 수분함유 상태를 흡습계수라 한다.
② 최대용수량에서 영구위조점까지가 유효수분이다.
③ 결합수는 작물이 주로 이용하는 수분이다.
④ 위조한 식물을 포화습도의 공기 중에 24시간 방치해도 회복하지 못하는 위조를 영구위조라 하며 pF는 약 3.9이다.

TIP ① 수분항수에 대한 설명이다.
③ 결합수는 토양구성성분의 하나로 분리시킬 수 없어 작물의 이용이 불가능한 토양수분이다.
④ 위조한 식물을 포화습도의 공기 중에 24시간 방치해도 회복하지 못하는 위조를 영구위조라 하며 pF는 약 4.2이다.

12 다음 중 토양미생물의 생육에 가장 알맞은 pH 농도는?

① 4.0 ~ 4.5
② 6.0 ~ 6.5
③ 6.5 ~ 7.2
④ 9.5 ~ 10.0

TIP 토양미생물의 생육에 가장 알맞은 농도는 pH 6 ~ 7이다.

Answer 10.③ 11.② 12.③

13 부식토의 부식함량은?

① 20%　　② 15%

③ 10%　　④ 5%

TIP 부식토

㉠ 흙 속에 집적한 동식물의 유체나 그것들이 부패하여 생긴 부식을 함유하는 토양을 말하며, 부식토의 부식함량은 20%이다.

㉡ 흙 속의 미생물 작용에 의하여 부식이 형성된다.

㉢ 일반적으로 부식이 풍부한 흙은 유기성분이 많고 비옥하며, 흑색 또는 흑갈색을 띤다.

㉣ 주로 온대(溫帶) 이북지방의 가장 표층부에 발달한다.

㉤ 이탄(泥炭)은 부식토의 일종이며, 석탄은 부식토가 변질된 것이다.

14 토양의 입단구조를 개선하기 위한 방법으로 옳지 않은 것은?

① 경운　　② 석회 시용

③ 유기물 시용　　④ 콩과작물의 재배

TIP 입단을 형성하는 원인

㉠ 유기물과 석회의 시용

㉡ 콩과작물의 재배

㉢ 토양의 피복

㉣ 토양개량제의 시용

15 건토상태의 pF는?

① 0　　② 5

③ 7　　④ 10

TIP 풍건상태와 건토상태의 pF

㉠ 풍건상태 : 6.0 정도

㉡ 건토상태 : 7.0 정도

Answer 13.① 14.① 15.③

16 pH 9 이상에서도 가급도가 낮아지지 않는 것은?

① N ② Fe

③ Mn ④ S

TIP 강산성 토양과 강알칼리성 토양

㉠ 강산성 토양
- P, Ca, Mg, B, Mo 등의 가급도가 감소되어 작물생육에 불리하다.
- Al, Cu, Zn, Mn 등의 용해도가 증가하여 그 독성 때문에 작물생육이 저해된다.

㉡ 강알칼리성 토양
- B, Fe, Mn 등의 용해도가 감소해서 작물생육에 불리하다.
- Na_2CO_3와 같은 강염기가 다량으로 존재하게 되어 작물생육에 불리하다.

17 토양의 입단구조를 파괴하는 것은?

① 볏집 피복 ② 석회 시용

③ 유기물 시용 ④ 경운

TIP 입단의 파괴원인

㉠ 경운
㉡ 입단의 팽창과 수축의 반복
㉢ 비
㉣ 바람
㉤ 나트륨 이온의 작용

18 다량필수원소인 것은?

① Fe ② Mn

③ Cu ④ Mg

TIP 식물필수원소

㉠ 다량필수원소 : 질소, 인산, 칼륨, 유황, 칼슘, 마그네슘 등
㉡ 미량필수원소 : 철, 구리, 아연, 몰리브덴, 망간, 붕소, 염소 등

Answer 16.④ 17.④ 18.④

19 미량원소이면서 반드시 필요한 원소는?

① Mg
② Cu
③ Al
④ Cu

TIP 미량필수원소 … 철, 구리, 아연, 몰리브덴, 망간, 붕소, 염소 등

20 비교적 이동성이 적으면서 상위엽에서 황백화 현상을 일으키기 쉬운 원소는?

① Fe, Mg
② S, Mg
③ Ca, Mg
④ Fe, Zn

TIP 황백화 현상
㉠ 황백화는 엽록소가 격감 · 소실해서 대부분 카로티노이드 색소의 색을 나타내는 것을 말한다.
㉡ 황백화 현상을 일으키기 쉬운 원소에는 Fe, Zn, N, Cu, Mo, Cl 등이 있다.

21 식물양분의 가급도와 pH 5 이하에서도 가급도가 큰 것은?

① N
② Fe
③ Mn
④ Ca

TIP 가급도
㉠ 작물이 흡수 · 이용할 수 있는 유효도의 정도를 말한다.
㉡ 토양 중 작물양분의 가급도는 pH에 따라 다르며, 중성 또는 미산성에서 가장 크다.

22 논토양에서 암모늄태 질소를 심층에 준 것보다 표층에 준 것이 효과가 적었다. 어떠한 작용 때문인가?

① 탈질작용
② 질산화 작용
③ 아질산화 작용
④ 암모늄화 작용

Answer 19.② 20.④ 21.② 22.①

TIP 탈질작용

㉠ 탈질작용의 개념 : 질산태 질소가 환원되어 생성된 산화질소(NO), 이산화질소(N_2O), 질소가스(N_2) 등이 작물에 이용되지 못하고 대기 중으로 날아가는 것을 말한다.

㉡ 탈질작용의 방지법
- 심층시비 : 토양에 잘 흡착되는 암모니아 질소를 논토양의 심부 환원층에 준다.
- 전층시비 : 암모니아태 질소를 논갈기 전 논 전면에 미리 뿌린 후, 작토의 전층에 섞이도록 하는 방법이다.

23 노후화답의 대책으로 옳지 않은 것은?

① 객토　　② 심경
③ 조기재배　　④ 유안시용

TIP 노후화답의 대책

㉠ 객토(흙넣기) : 가장 근본적인 대책으로서 점토로 되어 있는 산의 붉은 흙, 못의 밑바닥 흙, 바닷가의 질흙(海泥土) 등을 논에 넣음으로써 철 · 망간 등의 무기성분을 공급하고, 점토를 증가시킴으로써 보비력(保肥力)을 증가시키고 누수를 방지한다.

㉡ 함철물과 염류를 첨가 : 철분 · 갈철광 등의 함철물의 재료와 망간 · 마그네슘 · 인산 · 칼륨 등의 염류를 시용하면 효과적이다.

㉢ 심경(깊이갈이) : 심토층까지 깊게 갈아서 침전된 철분 등을 다시 작토층으로 되돌린다.

㉣ 관개수 조절 : 논물을 빼고 산화를 촉진시키면 무기염류의 환원을 지연시키고 황화수소의 발생을 얼마간 방지할 수 있다.

24 노후화답의 개량에 알맞지 않은 것은?

① 객토　　② 심경
③ 규산질 비료의 시용　　④ 유기물 시비

TIP 노후화답의 개량

㉠ 규산질 비료를 시용한다.

㉡ 갈철광의 분말, 비철토, 퇴비철 등을 시용한다.

㉢ 20cm 정도 심경한다.

Answer 23.④ 24.④

25 필수원소 중 결핍시 생장점이 말라 죽고 줄기가 약해지며, 어린 잎에 병해가 나타나는 것은?

① K
② Ca
③ N
④ Mg

TIP ② 뿌리나 눈의 생장점이 붉게 변하여 괴사한다.
③ 황백화 현상이 나타나고 화곡류의 분얼이 저해된다.
④ 황백화 현상과 줄기나 뿌리의 생장점의 발육이 저해된다.

26 투수가 심해 수온 · 지온이 낮고 한해를 입기 쉬운 것은?

① 습답
② 건답
③ 중점토답
④ 사력질답

TIP 사력질답(누수답)
㉠ 특징
- 투수가 심해 수온 · 지온이 낮고 한해를 입기 쉽다.
- 양분의 함량과 보유력이 적어 토양이 척박하다.

㉡ 대책
- 점토를 객토한다.
- 유기물을 증시하여 토성을 개량한다.
- 비료는 분시(分施)하여 유실을 적게 한다.
- 귀리 · 호밀 등을 녹비로 재배 · 시용하면 누수가 경감된다.

27 노후화답의 재배시 대처법으로 옳지 않은 것은?

① 저항성 품종의 선택
② 무황산근 비료의 시용
③ 만기재배
④ 엽면시비

TIP 노후화답의 재배시 대처법
㉠ 저항성 품종의 선택
㉡ 무황산근 비료의 시용
㉢ 조기재배
㉣ 추비 중점의 시비
㉤ 엽면시비

Answer 25.① 26.④ 27.③

28 다음 중 산성토양에 매우 강한 작물은?

① 알팔파
② 벼
③ 팥
④ 샐러리

TIP 산성토양에 영향을 받는 작물
㉠ 극히 강한 것 : 벼, 밭벼, 귀리, 토란, 아마, 기장, 땅콩, 감자, 봄무, 호밀, 수박 등
㉡ 가장 약한 것 : 알팔파, 자운영, 콩, 팥, 시금치, 사탕무, 샐러리, 부추, 양파 등

29 다음 중 토양미생물의 기능이 아닌 것은?

① 토양보호
② 양분의 공급
③ 지온의 하락
④ 입단의 형성

TIP 토양미생물의 유익작용
㉠ 점토물질에 의한 토양입단의 형성
㉡ 생장촉진물질 분비
㉢ 미생물간의 길항작용에 의한 유해작용 경감
㉣ 무기성분의 변화
㉤ 비료의 유기화
㉥ 질산화 작용
㉦ 유리질소 고정
㉧ 암모니아 생성
㉨ 토양색을 검게 하여 지온상승

30 다음 중 식물체 내에서 이동성이 좋은 원소는?

① Fe
② P
③ Si
④ Mo

TIP 식물체 내에서의 이동성
㉠ 이동성이 좋은 원소 : N, P, K Mg, S 등
㉡ 이동성이 나쁜 원소 : Fe, Si, Zn, Mo, Mn, Ca, Cu, B 등

Answer 28.② 29.③ 30.②

31 곡류에서 잎의 상하로 노란 줄과 녹색 줄이 번갈아 그어지는 해가 나타났다면 어떤 필수원소가 결핍되었다고 보는가?

① B
② P
③ Si
④ Fe

TIP 식물필수원소

㉠ B
- 불임 또는 과실이 생기지 않는다.
- 줄기, 엽병이 쪼개진다.
- 비대근 내부가 괴사한다.
- 과실의 과피나 내부가 괴사한다.
- 생장점이 괴사한다.

㉡ P
- 근계가 작아지고 줄기가 가늘어지며 키가 작아진다.
- 곡류는 분얼이 안 된다.
- 과수는 신초의 발육과 화아분화가 저하되고 종실형성도 감소된다.
- 결핍증상은 먼저 늙은 잎에 나타나고, 벼의 잎은 암청색을 띠며 세장형(細長型)을 이룬다.

㉢ Si
- 식물이 축 늘어지고 잎이 말리며 시든다.
- 초본과곡류의 잎에서는 괴사반점이 생긴다.

㉣ Fe
- 곡류에서는 잎의 상하로 노란 줄과 녹색 줄이 번갈아 그어진다.
- 엽록체의 그라나의 수와 크기가 현저히 감소된다.
- 엽맥과 엽맥 사이에 황백화 증상이 나타나며, 어린잎은 완전히 백화된다.

32 다음 중 식물의 다량필수원소가 아닌 것은?

① 질소
② 구리
③ 칼륨
④ 인산

TIP 식물필수원소

㉠ 다량필수원소 : 질소, 인산, 칼륨, 유황, 칼슘, 마그네슘 등
㉡ 미량필수원소 : 철, 구리, 아연, 몰리브덴, 망간, 붕소, 염소 등

Answer 31.④ 32.②

33 식토에 대한 설명 중 옳지 않은 것은?

① 투기 · 투수가 불량하고 유기질 분해가 느리다.
② 습해나 유해물질에 의한 피해를 받기 쉽다.
③ 접착력이 강하고 건조하면 굳어져서 경작이 불편하므로 미사 · 부식질을 많이 넣어서 토성을 개량해야 한다.
④ 강한 산성을 나타내는 경우가 많다.

TIP ④ 부식토에 대한 설명이다.

34 다음 중 산성토양에 가장 약한 작물은?

① 감자
② 팥
③ 오이
④ 귀리

TIP 산성토양
㉠ 일반적으로 산성토양은 작물재배에는 부적당한데, 양분이 모자라므로 충분히 시비를 해야 한다.
㉡ 산성토양 개량에는 보통 분말탄산석회를 쓰며, 이 밖에 석회질소 · 과인산석회 · 규산석회도 효과가 있다.
㉢ 간척지 중에는 황의 함량이 비교적 높은 것이 있으며, 이것을 간척하면 토양 중의 황이 산화되어 황산이 되고, 비정상적으로 높은 산성(pH2 이하)을 띠는 일이 있다.
㉣ 산성토양에 가장 약한 작물은 콩, 팥, 시금치, 알팔파 등이다.

35 다음 중 작물을 생육하는 데 가장 적합한 토양구조는?

① 평단구조
② 입단구조
③ 단립구조
④ 이상구조

TIP 입단구조
㉠ 대공극과 소공극이 모두 많다.
㉡ 투기 · 투수성이 좋고 수분과 비료의 보유력도 커서 작물생육에 알맞다.

Answer 33.④ 34.② 35.②

36 **토양입자 중 크기가 0.1μ 이하의 미세한 입자를 무엇이라 하는가?**

① 자갈　　② 모래
③ 점토　　④ 토양교질

TIP 토양교질
㉠ 토양입자 중 교질입자로 취급할 수 있는 미세입자를 말한다.
㉡ 미세입자로 표면적이 크고 토양수에서 음전하를 띠어 식물이 쉽게 이용할 수 있는 양이온의 질소와 칼륨, 마그네슘, 칼슘과 인산과 같은 양분을 흡착해 식물이 이용할 수 있게 한다.

37 **다음 중 옥토의 조건이 아닌 것은?**

① pH가 4.0 ~ 5.0 사이가 적당하다.
② 공극의 조화가 이루어져야 한다.
③ 필수원소가 골고루 있어야 한다.
④ 토양입자의 크기가 균등해야 한다.

TIP 옥토의 조건
㉠ pH가 약 5.5 ~ 6.5 정도로 적정해야 한다.
㉡ 공극의 조화가 이루어져야 한다.
㉢ 토양입자의 크기가 균등해야 한다.
㉣ 필수원소가 골고루 있어야 한다.

38 **엽면 증산, 지면 증발을 억제하는 약제는?**

① 지베렐린　　② MH-30
③ DCPA　　④ OED

TIP 증발억제제의 살포 … OED 유액을 지면이나 수면에 뿌리거나 엽면에 뿌리면 증발 · 증산이 억제된다.

Answer 36.④ 37.① 38.④

39 다음 중 살수관개법에 속하는 것이 아닌 것은?

① 수반법 ② 스프링클러관개
③ 살수관관개 ④ 호스관개

TIP 살수관개법
㉠ 호스관개
㉡ 살수관관개
㉢ 스프링클러관개

40 경사지 재배에 토양유실 억제효과가 있는 작물들 중 콩과목초인 것은?

① 오차드그라스 ② 티모시
③ 수단그라스 ④ 레드클로버

TIP 토양보호작물
㉠ 콩과목초 : 레드클로버, 화이트클로버, 라디노클로버, 싸리풀, 칡 등
㉡ 화본목초 : 오차드그라스, 티모시, 수단그라스, 이탈리안라이그라스 등
㉢ 기타 : 차나무, 뽕나무, 닥나무, 모시풀, 박하, 땅콩, 고구마 등

41 다음 중 토양의 산성화를 방지하기 위한 대책이 아닌 것은?

① 산성비료의 사용을 가급적 피한다.
② 유기물을 뿌린다.
③ 산성에 강한 작물을 심는다.
④ 식토에서는 사토보다 석회의 양을 더 적게 넣는다.

TIP 산성화 방지대책
㉠ 양토나 식토는 사토보다 잠산성이 높으므로 pH가 같더라도 중화시키는 데 더 많은 석회를 넣어야 한다.
㉡ 산성에 강한 작물을 심는다.
㉢ 산성비료의 사용을 가급적 피한다.
㉣ 석회와 유기물을 뿌려서 중화시킨다.

Answer 39.① 40.④ 41.④

02 수분환경

01 수분과 작물의 요수량

❶ 작물의 수분흡수

(1) 작물에 대한 수분의 역할

① 식물체에 필요한 물질의 합성 · 분해의 매개체가 된다.

② 식물체 내의 물질분포를 고르게 한다.

③ 필요물질흡수의 용매역할을 한다.

④ 세포가 긴장상태를 유지하여 식물의 체제유지가 가능해진다.

⑤ 식물체를 구성하는 주요성분이 된다.

⑥ 식물세포 원형질을 유지시킨다.

(2) 흡수기구

① **삼투** … 식물세포 외액의 수분이 세포액과의 농도차에 의해 반투성인 원형질막을 통하여 세포 속으로 확산해 가는 것을 말한다.

② **삼투압**

㉠ 삼투에 의해 나타나는 압력을 말한다.

㉡ 용매는 통과시키나 용질은 통과시키지 않는 반투막을 고정시키고 그 양쪽에 용액과 순용매를 따로 넣으면 용매의 일정량이 용액 속으로 침투하여 평형에 이른다. 이 때 반투막의 양쪽에서 온도는 같지만 압력차가 생기는데, 이 때의 압력차를 삼투압이라 한다.

③ 팽압

㉠ 식물의 세포를 저장액에 담그면 세포의 내용물인 원형질이 물을 흡수하여 팽창하고 세포벽을 넓히려는 힘이 생기는데, 이 때의 힘을 말한다.

㉡ 잎의 기공의 개폐운동도 기공을 둘러싸는 세포의 팽압의 변화가 원인이 되어 일어나는 팽압운동이다.

④ **막압** … 팽압에 의해 세포막이 늘어날 경우 세포막의 탄력에 의해 다시 수축하려는 힘을 말한다.

⑤ **흡수압** … 작물의 흡수가 삼투압과 막압의 차이에 의해 이루어지는 것을 말한다.

⑥ SMS(Soil Moisture Stress)

㉠ 토양의 수분보유력 및 삼투압을 합친 것을 말하며, DPD라고도 한다.

㉡ 작물뿌리의 수분흡수는 DPD와 SMS 차이에 의해서 이루어진다.

$$DPD - SMS(DPD') = (a - m) - (t + a')$$

◦a : 세포의 삼투압 ◦m : 세포의 팽압(막압)

◦t : 토양의 수분보유력 ◦a' : 토양 용액의 삼투압

⑦ DPDD(Diffusion Pressure Deficit Difference, 확산압차 구배)

㉠ 작물의 세포 사이에 DPD 차이가 나는데, 이것을 DPDD라 한다.

㉡ 세포 사이의 수분이동은 DPDD에 따라 이루어진다.

⑧ **팽만상태** … 세포가 최대한 수분을 흡수하면 삼투압과 막압이 같아져 흡수압이 0이 되는 상태를 말한다.

⑨ **원형질 분리** … 세포액의 수분농도가 외액보다 높아질 때에는 세포액의 수분이 외액으로 스며나가 원형질이 수축되고 세포막에서 분리된다.

⑩ 수동적 흡수

㉠ 증산이 왕성할 때에는 도관 내의 DPD가 주위의 세포보다 극히 커지고 DPDD를 크게 하여 흡수를 왕성하게 한다.

㉡ 도관 내의 부압(負壓)에 의한 흡수를 말한다.

⑪ 적극적 흡수

㉠ 세포의 삼투압에 기인한 흡수를 말한다.

㉡ 비삼투적 흡수란 대사에너지를 소비하여 도관 주위의 세포들로부터 도관으로 수분이 비삼투적으로 배출되는 현상이다.

⑫ 일비현상

㉠ 수세미 등의 줄기를 절단했을 때 절구(切口)에서 수분이 솟아나오는 현상을 말한다.

㉡ 일비현상은 뿌리세포의 흡수압(근압)에 의해서 생기며 적극적 흡수의 일종이다.

(3) 식물체의 수분퍼텐셜

① 매트릭퍼텐셜은 식물체 내 수분퍼텐셜에 거의 영향을 미치지 않는다.

② 세포의 수분퍼텐셜이 0이면(압력퍼텐셜= 삼투퍼텐셜) 팽만상태가 되고, 세포의 압력퍼텐셜이 0이면(수분퍼텐셜 = 삼투퍼텐셜) 원형질분리가 일어난다.

③ 삼투퍼텐셜은 항상 음(−)의 값을 가진다.

④ 세포의 부피와 압력퍼텐셜이 변화함에 따라 삼투퍼텐셜과 수분퍼텐셜이 변화한다.

⑤ 수분퍼텐셜은 토양에서 가장 높고, 대기에서 가장 낮으며, 식물체 내에서는 중간의 값을 나타내므로 토양→식물체→대기로 수분의 이동이 가능하게 된다.

⑥ 수분퍼텐셜과 삼투퍼텐셜이 같으면 압력퍼텐셜이 0이 되므로 원형질분리가 일어난다.

⑦ 압력퍼텐셜과 삼투퍼텐셜이 같으면 세포의 수분퍼텐셜이 0이 되므로 팽만상태가 된다.

⑧ 식물체 내의 수분퍼텐셜에는 삼투퍼텐셜과 압력퍼텐셜의 영향이 크고 매트릭퍼텐셜의 영향은 작다.

❷ 작물의 요수량

(1) 요수량의 의의

① **작물의 요수량** … 건물 1g을 생산하는 데 소비하는 수분량(g)을 말한다.

② **증산계수**

㉠ 건물 1g을 생산하는 데 소비된 증산량(g)을 개념화한 수치이다.

㉡ 요수량 또는 증산계수가 작은 작물은 건조한 토양과 한발에 대한 저항성(내건성)이 크다.

③ 수분소비량의 대부분이 증산량에 해당되므로 요수량과 증산계수는 같은 의미로 사용되기도 한다.

(2) 요수량의 지배요인

① **환경** … 비 부족, 저온과 고온, 많은 바람, 토양수분의 과다 및 과소, 공기습도의 저하, 척박한 토양 등은 요수량을 크게 만든다.

② **생육단계** … 건물생산속도가 느린 생육 초기에 요수량이 크다.

③ **작물의 종류** … 옥수수 · 기장 · 수수 등은 요수량이 작고, 알팔파 · 호박 · 흰명아주 등은 크다.

02 공기 중의 수분

❶ 공기 중 수분의 여러 형태

(1) 이슬

① 이슬의 일반적 특징

㉠ 지표면 가까이의 풀이나 물체에 공기 중의 수증기가 응결되어 생긴 물방울을 말한다.
㉡ 야간의 복사냉각에 의하여 기온이 이슬점 이하로 내려갔을 때 생긴다.
㉢ 이슬점 온도가 어는 점 이하가 될 경우에는 서리가 맺히게 된다.
㉣ 이슬이 맺힌 다음 어는 점 이하로 내려가면 이슬이 동결되어 동무(凍霧)가 된다.
㉤ 수증기가 많이 증발되는 호수나 하천 부근에서 이슬이 잘 맺힌다.
㉥ 이슬의 양이 많지는 않지만, 식물에 대해서는 큰 역할을 하기도 한다(특히 사막지방).
㉦ 기공을 막아 광합성을 저해하기도 한다.
㉧ 잎의 증산작용을 억제하여 식물체를 도장시키는 경향이 있다.

② 이슬이 맺히는 조건

㉠ 복사냉각되는 표면이 토양으로부터 열을 절연할 것
㉡ 바람이 약하고 맑으며 비습(比濕)이 낮을 것
㉢ 하층 공기의 상대습도가 높을 것

(2) 안개

① 안개의 일반적 특징

㉠ 극히 작은 물방울이 대기 중에 떠다니는 것을 말한다.
㉡ 구름과 비슷하지만 고도가 낮기 때문에 안개라고 하며, 농도에 따라 계급을 붙인다.
㉢ 안개는 관측지점으로부터 1,000m 이내의 목표물이 보이지 않을 때를 말하며, 그것보다 농도가 엷은 것은 박무(薄霧)라고 한다.
㉣ 안개는 일광을 차단하여 지온의 상승을 저해하고 공기를 과습하게 하는 등 작물의 생육에 지장을 준다.
㉤ 작물의 개화 · 결실이 저해되고, 병충해에 대한 저항성이 약해진다.

② 발생메커니즘에 따른 분류

㉠ 증기안개 : 찬 공기가 그보다 훨씬 따뜻한 수면상을 이동할 때 생기는 안개이다.
㉡ 전선안개 : 온난전선에서 따뜻한 공기가 찬공기의 경사면을 타고 올라갈 때 단열냉각에 의하여 구름을 만들고 비를 내리게 하는데, 그 빗방울이 찬공기 중에 떨어질 때 증발하여 생긴다.

③ 공기냉각에 따른 분류

㉠ **복사안개(방사안개)** : 지면이 복사에 의하여 냉각되고, 지면 부근의 공기도 냉각되어 생기는 안개이며 맑은 날 밤, 바람이 없고 상대습도가 높을 때 잘 생긴다.

㉡ **이류안개** : 공기가 수평으로 퍼질 때 냉각에 의하여 생긴다.

(3) 비

① 대기 중의 수증기가 지름 0.2mm 이상의 물방울이 되어 지상에 떨어지는 현상을 말한다.

② 장기간에 걸친 강우는 일강 부족, 공기 다습, 토양 과습, 기온 · 지온 · 작물 체온의 저하 등을 유발시켜 작물생육에 지장을 준다.

(4) 우박

① 주로 적란운에서 내리는 지름 5mm 정도의 얼음 또는 얼음덩어리 및 그것이 내리는 현상을 말한다.

② 작물에 직접적인 손상을 입힌다.

(5) 눈

① 구름에서 내리는 얼음 결정(눈 결정) 또는 얼음 결정이 구름에서 내리는 현상을 말한다.

② 적당한 보온효과로 작물의 동사를 방지하고 건조사를 방지한다.

③ 과다한 적설은 광합성 저하, 작물의 기계적 상해, 작물의 생리적 쇠약을 가져온다.

④ 맥류의 설부병을 유발한다.

⑤ 저습지에 습해를 유발하기도 한다.

⑥ 눈이 오랫동안 녹지 않으면 봄철 목초 생육이 늦어질 수 있다.

❷ 공기습도

(1) 최적의 공기습도

공기습도가 높지 않고 공기가 적당히 건조해야 양분흡수가 촉진되고 생육에 좋다.

(2) 높은 공기습도가 끼치는 영향

① 병충해에 대한 저항력이 약해지고 병원균이 쉽게 퍼진다.

② 작물의 개화수정과 건조를 방해하고 과실의 품질을 떨어뜨린다.

③ 표피가 약해지고 작물체가 도장하게 되는 등 낙과 및 도복의 원인이 된다.

④ 기공이 폐쇄되어 광합성이 제대로 이루어지지 않는다.

⑤ 증산작용이 약해지고 뿌리의 수분흡수력이 떨어진다.

03 관개와 배수

❶ 관개

(1) 관개의 개념

작물의 생육에 필요한 물과 알맞은 토양환경을 만들기 위해 필요한 물을 인공적으로 농지에 공급해 주는 것을 말한다.

(2) 관개의 효과

① 작물의 생육에 필요한 수분을 공급한다.

② 농경지에 비료성분을 공급한다.

③ 동상해(凍霜害)를 방지한다. 즉, 보온효과가 크다.

④ 지온을 조절한다.

⑤ 작물에 대한 해독을 제거한다.

⑥ 작업관리가 쉬워진다.

⑦ 저습지의 지반을 개량한다.

⑧ 풍식을 방지한다.

⑨ 안정된 다수확을 올릴 수 있다.

⑩ 작물의 생육을 좋게 하여 작물의 수확량 및 품질을 높인다.

⑪ 흙 속의 유해물질을 제거한다.

⑫ 잡초의 번성을 억제하고 병충해의 발생을 적게 한다.

(3) 논의 용수량과 관개

① **논의 (순)용수량** … 재배기간 중 필요한 물의 양을 용수량이라 하며, 다음 식에 의해 계산한다.

> (순)용수량 = (엽면증산량 + 수면증발량 + 지하침투량) − 유효우량
>
> • 유효우량 : 관개수에 더해지는 우량

② **조(租)용수량** … 용수원으로부터 경지까지 물을 끌어오는 도중의 손실까지 합한 총용수량을 말한다. 수로 바닥이나 측면을 통하여 새어나가는 침투량, 누수손실 및 수로의 수표면으로부터 증발손실을 고려해야 한다.

③ **논의 관개**

㉠ 밭과 달리 경지를 담수상태로 유지하며 연속관개가 원칙이다.

㉡ 연속담수로 인해 토양 양분의 공급이 잘 되어 생육이 좋고, 잡초의 발생이 방제되며 경작관리가 쉽고 보온의 효과가 크다.

㉢ 수면이나 작물로부터의 증발산량이 많고 땅 속으로 침투하는 물이 많아 다량의 물이 필요하다.

㉣ 하루에 필요한 용수량은 수심으로 10 ~ 50mm 정도이며, 이는 밭에서 필요한 관개수량의 2 ~ 10배에 해당한다.

㉤ 담수를 위해서는 지면이 평탄해야만 하므로 경지정리가 어렵고 논의 구획이 작아지며, 따라서 농작업의 기계화가 어려운 난점이 있다.

TIP

밭에서는 지표관개로서 휴간관개가 보편적이며, 수익성이 높은 과수나 채소 재배에 대하여는 부분적으로 스프링클러 등의 살수관개법이 쓰인다.

④ **벼의 생육단계와 관개**

㉠ **이앙 준비** : 100 ~ 150mm 담수

㉡ **이앙기** : 2 ~ 3cm 담수

㉢ **이앙기 ~ 활착기** : 6 ~ 7cm 담수

㉣ **활착기 ~ 최고분얼기** : 2 ~ 3cm 담수

㉤ **최고분얼기 ~ 유수형성기** : 낙수 담수

㉥ **유수형성기 ~ 수잉기** : 2 ~ 3cm 담수

㉦ **수잉기 ~ 유숙기** : 6 ~ 7cm 담수

㉧ **유숙기 ~ 황숙기** : 2 ~ 3cm 담수

㉨ **황숙기(출수 30일 후) 이후** : 낙수

⑤ **절수관개**

㉠ 용수가 부족할 때에는 수분요구도가 큰 이앙기 ~ 활착기, 유수형성기, 수잉기 ~ 유숙기에만 담수하고, 그 밖의 시기는 절수 정도로 관개한다.

㉡ 전 생육기간을 담수한 것 보다 20 ~ 30% 절수가 된다.

(4) 전지관개

① 전지관개의 장점 및 유의점

㉠ 관개수의 효율을 높인다.

㉡ 병충해 방제와 제초를 철저하게 한다.

㉢ 다비재배시 재식밀도를 성기게 한다.

㉣ 내도복성 품종을 선택한다.

㉤ 가장 수익성이 높은 작물을 선택할 수 있다.

② 전지관개량

㉠ 강우상태, 토성, 작물종류 등에 따라서 관개를 조절해야 하며, 토성이 식질이고 작물이 심근성일수록 1회의 관개수량을 많게 한다.

✵ 1회의 관개량 ✵

(단위 : mm)

작물뿌리의 깊이	사질토	양토	식질토
천근성(< 60cm)	25 ~ 50	50 ~ 75	75 ~ 100
중근성(60 ~ 90cm)	50 ~ 70	100 ~ 150	150 ~ 200
심근성(> 90cm)	100 ~ 150	200 ~ 250	250 ~ 350

㉡ 1회의 관개량이 적고 작물의 요수량이 클수록 관개와 관개 사이의 일수를 적게 한다.

(5) 관개방법에 따른 분류

① 지표관개 … 땅 위로 물을 대는 방법으로, 세분하면 다음과 같다.

㉠ 휴간관개 : 골을 내고 물을 댄다. 간편하나 물이 입구에 많이 침투하고 골고루 분배되기 어렵다.

㉡ 저류관개 : 논의 경우와 같이 담수한다.

㉢ 일류관개 : 목초지에서 물이 전면으로 흘러 넘치게 하며, 유럽 등지에서 목초지의 관개에 이용되고 있다.

㉣ 보더관개 : 완경사의 포장을 알맞게 구획하고, 상단의 수로에서 전표면에 걸쳐 물을 흘려 댄다.

㉤ 수반법 : 포장을 수평으로 구획하고 관개한다.

② 살수관개 … 공중으로부터 물을 살포하는 방법으로 압력이 필요하다.

㉠ 장점

- 노력과 물을 절약할 수 있다.
- 경사지나 표면이 고르지 못한 밭에 알맞다.
- 사질토나 채소재배에 알맞다.
- 동상해 대책으로 요긴하게 쓸 수 있다.

㉡ 단점

• 시설과 동력비가 추가되므로 비용이 많이 든다.

• 병해가 번질 우려는 있다.

㉢ 도수(導水)재료나 방법에 따른 분류

• 호스관개

• 살수관관개

• 스프링클러관개

③ **지하관개** … 땅 속에 토관 · 목관 · 콘크리트관 등을 묻고, 물을 통과시켜 이은 틈으로 물이 스며나오도록 하는 방법이다. 이은 틈이 막히는 수가 있고, 사질토에서는 물이 위로 스며 올라오기 어려우므로 원예작물의 실내재배시 이용된다.

㉠ 개거법 : 개방된 토수로에 통수하면 이것이 침투해서 모관상승하여 뿌리 부근에 공급된다.

㉡ 암거법 : 지하에 토관, 목관, 콘크리트관, 플라스틱관 등을 묻고 통수하여 간극으로부터 스며오르게 한다.

㉢ 암입법 : 뿌리가 깊은 과수의 주변에 구멍을 뚫고 물을 주입하거나 기계적으로 암입한다.

(6) 물의 이용방식에 따른 분류

① **연속관개** … 끊임없이 계속해서 물을 공급하는 방법으로서 충분한 물의 공급이 가능한 경우, 누수가 심한 논 또는 수온조절이 필요한 논에서 행해진다. 물의 이용이 비경제적이고, 비료성분의 유실 · 용탈(溶脫)이 단점이다.

② **간단관개** … 1일 또는 며칠 간격으로 관개하는 방법으로 논에서는 한 번 관개하여 3일 담수 2일 낙수, 4일 담수 3일 낙수 방법이 쓰인다. 간단관개는 물을 절약하고 유효하게 쓰며 작물의 생장을 촉진하는 이점이 있고, 지온을 높이기 위하여 낮에는 물을 얕게, 밤에는 깊게 댈 때 응용한다.

③ **윤번관개** … 간단관개의 일종으로 지역을 몇 개로 구분하여 순차적으로 관개하는 방법이다.

④ **순환관개** … 관개 후 배수로에 침투되어 나온 물이나 버려진 물을 상류용수로 이용하기 위해 양수기로 퍼올려 재이용하는 관개법이다.

❷ 배수

(1) 배수의 개념

과습상태인 농경지의 물을 자연적 또는 인공적으로 빼주어 작물생육에 알맞은 조건으로 만들어 주는 것을 말한다.

(2) 배수불량의 원인

① 지형

② 지하수위

③ 배수로의 배수능력

④ 토양의 투수성(透水性)

(3) 배수의 효과

① 농작업을 쉽게 하고 기계화를 촉진시킬 수 있다.

② 습해, 수해 등을 방지할 수 있다.

③ 2 · 3모작답이 가능하여 경지이용도를 높일 수 있다.

④ 토양의 성질이 개선되어 작물의 생육을 원활히 할 수 있다.

(4) 배수시설 설치시 유의점

① 경사지이고 비교적 집수유역이 작은 곳에서는 단시간의 우량을 대상으로 계획한다.

② 유역이 큰 곳 또는 평탄지에서는 장시간의 연속우량을 대상으로 계획한다.

③ 밭토양의 경우에는 지하수위를 60cm 이하로 낮추어 주는 것을 기준으로 한다.

(5) 배수방법

① **암거배수** … 지하에 배수시설(암거)을 하여 배수하는 방법으로, 주로 지하수를 배제한다.

② **개거배수**(명거배수) … 포장 안에 알맞은 간격으로 도랑(개거 · 명거)을 치고, 포장 둘레에도 도랑을 쳐서 지상수와 지하수를 배제하는 방법으로, 주로 지상수를 배제한다.

③ **기계배수** … 인력, 축력, 풍력, 기계력 등을 이용해서 배수한다.

④ **객토법** … 객토를 하여 토성을 개량하거나 지반을 높여서 자연적 배수를 꾀한다.

(6) 암거의 종류

① 무재암거 … 중점토, 이탄지 등에서 암거용 천공기로 지하 60 ~ 100m 깊이에 직경 8~12cm의 통수공을 낸 것이다.

② 간이암거 … 돌, 섶, 대, 나무, 상자, 조개껍질, 왕겨, 통나무, 이탄 등을 묻은 것이다.

③ 완전암거 … 도관 · 콘크리트관 · 토관 · 플라스틱관 · 모르타르관 등을 묻고, 접합부에는 양치류 · 유리섬유 · 생솔잎 등을 덮은 것이다.

(7) 암거배수시 유의점

① 암모니아 생성이 많아지므로 질소비료의 시용량을 줄인다.

② 토양이 산성화되기 쉬우므로 석회를 주어 중화한다.

③ 벼 생육의 초기에는 암거를 막아서 배수가 되지 않도록 하는 것이 유리하다.

04 한해, 습해, 수해

❶ 한해

(1) 한해의 개념

① 좁은 의미 … 일반적으로는 농작물의 피해를 가리킨다.

② 넓은 의미 … 상수도나 공업용수의 부족, 발전능력의 저하 등에 의한 생활상 · 산업상의 불이익도 한해에 포함된다.

(2) 한해의 발생원인

① 심한 건조상태가 되면 세포가 탈수되는데, 원형질은 세포막에서 이탈하지 못한 채 수축하므로 원형질과 세포막의 양방향으로 기계적 견인력을 받아 파괴된다.

② 탈수된 세포가 수분을 흡수할 경우에도 같은 원리에 의해 세포막이 원형질과 이탈되지 않은 채 팽창하므로 원형질은 기계적 견인력을 받아 건조 · 고사하게 된다.

(3) 작물의 내건성

작물이 건조에 견디는 성질을 말하며, 작물의 품종 · 생육시기 등에 따라 차이가 있다.

① 형태적 특성

㉠ 잎조직이 치밀하고 표피에 각피가 잘 발달하였으며, 기공이 작고 그 수가 많은 등 기계적 조직이 잘 발달하였다.

㉡ 왜소하고 잎이 작다.

㉢ 기동세포가 발달하여 탈수되면 잎이 말려서 표면적이 축소된다.

㉣ 저수능력이 있고 다육화(多肉化)되는 경향이 있다.

㉤ 지상부에 비해 뿌리가 발달하였다.

② 세포적 특성

㉠ 원형질막의 수분, 요소, 글리세린 등에 대한 투과성이 좋다.

㉡ 탈수될 때 원형질의 응집이 덜하다.

㉢ 원형질의 점성이 높고 세포액의 삼투압이 높으므로 수분보유력이 강하다.

㉣ 세포 중에 원형질이나 저장양분이 차지하는 비율이 높아서 수분보유력이 강하다.

㉤ 세포가 작기 때문에 함수량이 감소되어도 원형질의 변형이 적다.

③ 물질대사적 특성

㉠ 건조할 때 단백질, 당분의 소실이 느리다.

㉡ 건조할 때 증산이 억제되고, 수분이 공급될 때 수분흡수 정도가 크다.

㉢ 건조할 때 호흡이 낮아지는 정도가 크고 광합성의 감퇴 정도가 낮다.

④ 재배조건과 한해

㉠ 작물을 건조한 환경에서 키우면 내건성이 증가한다.

㉡ 밀식을 하지 않는다.

㉢ 질소비료를 지나치게 많이 시용하지 않는다.

㉣ 퇴비, 칼리를 충분히 시용한다.

⑤ 생육시기와 한해

㉠ 내건성은 생식세포의 감수분열기에 가장 약하고, 출수개화기와 유숙기가 그 다음으로 약하며 분얼기에는 강하다.

㉡ 작물의 내건성은 생육단계에 따라 다른데, 영양생장기보다 생식생장기가 한해에 더 약하다.

(4) 한해대책

① **관개** … 가장 근본적이고 효과적인 한해대책이다.

② **내건성 작물 및 품종 선택** … 일반적으로 화곡류는 내건성이 강하며, 맥류 중에서는 호밀과 밀이 한발에 강하다.

③ 토양수분의 증발억제

㉠ **증발억제제의 살포** : OED유액을 지면이나 수면 및 엽면에 뿌리면 증발 · 증산이 억제된다.

㉡ **중경제초** : 표토에 구멍을 뚫고 모세관을 절단한 후 잡초를 제거하여 증발산을 억제한다.

㉢ **피복** : 짚, 풀, 비닐, 퇴비 등으로 지면을 피복하여 토양의 수분증발을 억제한다.

㉣ **드라이 파이밍**(Dry Farming) : 작휴기에 비가 오기 전에 땅을 갈아서 빗물이 땅속 깊이 스며들게 하고, 작기에는 토양을 잘 진압하여 지하수의 모관상승을 유도함으로써 한발에 대한 적응성을 높인다.

㉤ 토양 입단 조성

④ 재배적 대책

㉠ 논

- 모내기가 한계 이상으로 지연될 때에는 메밀, 조, 채소, 기장 등을 대파한다.
- 이앙기가 늦어질 경우는 모의 과숙을 피하기 위해 모솎음, 못자리가식, 본답가식, 저묘(貯苗) 등을 한다.
- 천수답의 경우에 남부에서는 만식적응재배를, 중 · 북부에서는 건답직파재배를 한다.

㉡ 밭

- 봄철 보리밭이 건조할 경우에는 답압을 한다.
- 과다한 질소시용을 피하고, 인산 · 퇴비 · 칼리를 증시한다.
- 재식밀도를 성기게 한다.
- 뿌림골을 낮게 하거나 좁힌다.

❷ 습해

(1) 습해의 개념

일반적으로 토양의 최적함수량은 최대용수량의 70 ~ 80% 정도이며, 이 범위를 넘어 토양의 과습상태가 지속되면 토양산소가 부족하게 됨에 따라 뿌리가 상하고 부패하여 지상부가 황화하고 위조 · 고사하게 된다. 이와 같은 토양 수분과잉현상에 의해 작물이 입는 피해를 습해라고 한다.

(2) 습해의 원인

① 유해성분인 메탄가스, 질소가스, 이산화탄소, 환원성 철 · 망간, 황화수소 등이 생성되어 작물에 피해를 준다.

② 지온이 높을 경우에 과습하면 토양산소 부족으로 환원성 유해물질이 생성되어 작물이 피해를 입는다.

③ 증산작용이나 광합성이 저하되고 생장이 쇠퇴하며 작물생육에 지장을 준다.

④ 과습하면 토양산소의 결핍으로 호흡이 저해되고 에너지 방출이 저해된다.

(3) 작물의 내습성

① 뿌리조직이 목화한 것은 내습성이 강하다.

② 내습성이 강한 것은 이산화철 · 황화수소 등에 대한 저항성이 크며, 막뿌리의 발생력이 크다.

③ 뿌리의 피층세포가 직렬로 배열되어 있는 것이 사열로 배열되어 있는 것보다 산소공급능력이 크기 때문에 내습성이 강하다.

④ 벼는 통기조직이 잘 발달해 있기 때문에 논에서도 습해를 받지 않는다.

(4) 습해대책

① **배수** … 가장 근본적이고 효과적인 습해대책이다.

② **정지(整地)**
- ㉠ 습답에서는 휴립재배를 한다.
- ㉡ 밭에서는 휴립휴파를 한다.

③ **토양개량**
- ㉠ 토양 통기를 조성하기 위해 중경을 실시한다.
- ㉡ 부식, 석회, 토양 개량제 등을 시용하여 공극량이 증대되도록 한다.

④ **시비**
- ㉠ 미숙유기물이나 황산근비료를 사용하지 않는다.
- ㉡ 뿌리를 지표 가까이 유도하여 산소를 쉽게 접할 수 있도록 한다.
- ㉢ 뿌리의 흡수장애시에는 엽면시비를 한다.

⑤ **과산화석회의 시용** … 과산화석회를 시용하면 과습지에서도 상당기간 산소가 방출된다.(4 ~ 8kg/10a)

⑥ **내습성 작물과 품종의 선택** … 골풀, 미나리, 벼, 양배추, 올리브, 포도 등 내습성이 강한 작물 및 품종을 선택한다.

❸ 수해

(1) 수해의 개념

강한 비 등에 의하여 일어나는 재해를 총칭한다.

(2) 수해의 분류

① **홍수해** … 하천의 물이 제방을 넘거나 제방이 붕괴되어 일어난다.

② **침수해**… 농지나 시가지가 침수되는 현상으로서 배수의 미비로 일어난다.

③ **산사태에 의한 피해**… 강한 비가 원인이 되어 산의 암석이나 토양의 일부가 돌발적으로 붕괴되어 일어난다.

TIP

관수해(冠水害)

㉠ 관수해의 개념 : 태풍이나 폭우로 논밭이 침수되어 농작물이 물 속에 잠겨 발생하는 농작물의 피해를 말한다. 피해 정도는 관수시간, 물의 온도 · 청탁 · 유속 등에 지배된다.

㉡ 관수해에 의한 피해

- 배수 후에도 병이 발생하기 쉽고, 수확량과 품질에 주는 영향도 크다.
- 무기호흡에 의하여 기질(基質)이 소모되어 결국은 죽어버린다.
- 산소부족을 초래하여 광합성을 못하게 된다.

(3) 수해대책

① 사전 대책

㉠ 질소 다용을 피한다.

㉡ 수잉기 · 출수기가 수해기와 겹치지 않도록 한다.

㉢ 경지정리를 실시하여 배수가 잘 되도록 한다.

㉣ 수해 상습지에서는 수해에 강한 작물의 종류와 품종을 선택하도록 한다.

㉤ 치산 · 치수를 한다.

② 침수시 대책

㉠ 키가 큰 작물은 서로 결속하여 유수에 의한 도복을 방지한다.

㉡ 물이 빠질 때 잎의 흙 앙금을 씻어준다.

㉢ 관수기간을 최대한 짧게 한다.

③ 사후 대책

㉠ 산소가 많은 새물을 대어 새로운 뿌리의 발생을 촉진한다.

㉡ 뿌리가 새로 자란 후에 추비를 하도록 한다.

㉢ 김을 매어 토양공기가 잘 통하도록 한다.

㉣ 병충해 방제를 실시한다.

㉤ 피해가 클 경우에는 추파, 보식, 개식, 대작 등을 고려한다.

㉥ 퇴수 후 5 ~ 7일이 지난 다음 새로운 뿌리가 자란 후에 이앙한다.

❹ 수질오염

① 논에 유기물 함량이 높은 폐수가 유입되면 혐기조건에서 메탄가스 등이 발생하여 토양의 산화환원전위가 낮아진다.

② 산성 물질의 공장폐수가 논에 유입되면 벼의 줄기와 잎이 황변되고 토양 중 알루미늄이 용출되어 피해를 입는다.

③ 수질은 대장균수와 pH 등이 참작되어 여러 등급으로 구분되며 일반적으로 수온이 높아질수록 용존 산소량은 낮아진다.

④ 화학적 산소요구량은 유기물이 화학적으로 산화되는 데 필요한 산소량으로서 오탁유기물의 양을 ppm으로 나타낸다.

최근 기출문제 분석

2024. 6. 22. 제1회 지방직 9급 시행

1 **작물의 습해 대책으로 옳지 않은 것은?**

① 고휴재배를 한다.
② 세사로 객토한다.
③ 과산화석회를 시용한다.
④ 황산근비료를 시용한다.

TIP ④ 작물의 습해 대책으로는 미숙유기물과 황산근비료의 시용을 피한다. 황산근비료는 습해 시 황화수소로 변해 작물 뿌리에 악영향을 미친다.

2024. 6. 22. 제1회 지방직 9급 시행

2 **수분의 기본역할에 대한 설명으로 옳지 않은 것은?**

① 작물이 필요물질을 용해상태로 흡수하는 데 용질로서 역할을 한다.
② 다른 성분들과 함께 식물체의 구성물질을 형성하는 데 필요하다.
③ 세포의 긴장상태를 유지하여 식물체의 체제 유지를 가능하게 한다.
④ 식물체 내의 물질분포를 고르게 하는 매개체가 된다.

TIP ① 작물이 필요물질을 용해상태로 흡수하는 데 용매로서 역할을 한다.

2024. 3. 23. 인사혁신처 9급 시행

3 **작물의 수분 흡수에 대한 설명으로 옳지 않은 것은?**

① 세포 삼투압과 막압의 차이를 확산압차라고 한다.
② 토양용액 자체의 삼투압이 높으면 수분 흡수를 촉진한다.
③ 세포가 수분을 최대로 흡수하여 팽만상태가 되면 삼투압과 막압이 같아진다.
④ 일비현상은 근압에 의하여 발생하며 적극적 흡수의 일종이다.

TIP ② 토양용액의 삼투압이 높아지면 수분과 양분흡수가 방해를 받게 된다.

Answer 1.④ 2.① 3.②

2024. 3. 23. 인사혁신처 9급 시행

4 **한해(旱害, 건조해)에 대한 설명으로 옳지 않은 것은?**

① 내건성이 강한 작물은 건조할 때 광합성이 감퇴하는 정도가 크다.
② 내건성이 강한 작물의 세포는 원형질의 비율이 높아 수분보유력이 강하다.
③ 작물의 내건성은 생육단계에 따라 차이가 있으며 생식생장기에 가장 약하다.
④ 밭작물의 한해대책으로 질소의 다용을 피하고, 퇴비 또는 칼리를 증시한다.

TIP ① 내건성이 강한 작물은 건조할 때 광합성이 감퇴하는 정도가 크다.

2023. 10. 28. 제2회 서울시 농촌지도사 시행

5 **작물의 습해에 대한 설명으로 가장 옳지 않은 것은?**

① 과습으로 토양산소가 부족하면 호흡이 저해되어 에너지 방출이 저해된다.
② 지온이 높을 때 과습하면 환원성 유해물질이 생성되어 작물의 생육이 저해된다.
③ 맥류의 경우, 저온기에 습해를 받으면 근부조직이 괴사된다.
④ 맥류의 경우, 생육 성기보다 초기에 심한 습해를 받기 쉽다.

TIP ④ 초기에는 뿌리 발달이 덜 진행되어 생육 성기에 비해 습해를 덜 받는다.

2023. 10. 28. 제2회 서울시 농촌지도사 시행

6 **수증기압포차(VPD)에 대한 설명으로 옳지 않은 것은?**

① 포화 수증기압과 실제 수증기압 간의 차이로서 온도와 상대습도로부터 계산된다.
② 식물의 증산 속도에 영향을 미치는 중요한 요인이다.
③ 재배 온실은 보온을 위해 밀폐되는 겨울에 높은 상대 습도와 낮은 VPD 조건이 되기 쉽다.
④ 삽목 단계에서는 증산을 막기 위해 수증기압 포차를 2.2kPa 이상 높게 유지함으로써 삽수가 건조해지는 것을 막을 수 있다.

TIP ④ VPD를 2.2kPa 이상 높게 유지하면 증산을 촉진하여 삽수가 건조해진다.

Answer 4.① 5.④ 6.④

2023. 9. 23. 인사혁신처 7급 시행

7 **뿌리에서 수분의 흡수와 이동에 대한 설명으로 옳지 않은 것은?**

① 수분은 확산을 통해 근모세포 내로 이동할 수 있다.
② 근모는 뿌리의 표면적을 효과적으로 높여 주어 수분의 흡수를 용이하게 한다.
③ 근모는 생장속도가 매우 빠르기 때문에 세포분열이 왕성하게 이루어지는 분열대에 주로 분포한다.
④ 뿌리에서 수분의 이동은 세포간극 사이를 통하는 경로와 세포와 세포 사이를 통하는 경로 둘 다 가능하다.

TIP ③ 근모는 세포분열이 왕성하게 일어나지 않는다. 분열대가 아니고 뿌리의 신장대와 성숙대에 주로 분포한다. 또한 근모는 분열대에 주로 분포하지 않는다.

2023. 9. 23. 인사혁신처 7급 시행

8 **뿌리 생육과 환경요인에 대한 설명으로 옳지 않은 것은?**

① 작물의 뿌리가 주로 발달하는 토층은 작토층이다.
② 칼슘과 마그네슘이 부족하면 뿌리의 생장점 발육이 나빠진다.
③ 습답에서 미숙유기물이 집적되면 뿌리의 생장과 흡수작용에 장해를 준다.
④ 뿌리의 피층세포가 사열로 되어 있는 것이 직렬로 되어 있는 것보다 내습성이 강하다.

TIP ④ 피층세포가 사열로 되어 있으면 공기와 물의 이동이 원활하지 않아 내습성에 약해진다. 직렬로 배열된 피층세포가 내습성에 강하다.

2023. 6. 10. 제1회 지방직 9급 시행

9 **작물의 내습성에 대한 설명으로 옳지 않은 것은?**

① 뿌리조직의 목화는 내습성을 강하게 한다.
② 작물별로는 미나리 > 옥수수 > 유채 > 감자 > 파의 순으로 내습성이 강하다.
③ 뿌리가 황화수소나 아산화철에 대하여 저항성이 크면 내습성이 강해진다.
④ 근계가 깊게 발달하거나, 습해를 받았을 때 부정근의 발생력이 큰 것은 내습성이 강하다.

TIP ④ 근계가 깊게 발달하거나, 습해를 받았을 때 부정근의 발생력이 큰 것은 내습성을 약화시킨다.

Answer 7.③ 8.④ 9.④

2023. 6. 10. 제1회 지방직 9급 시행

10 **다음에서 설명하는 관개법은?**

- 물을 절약할 수 있다.
- 표토의 유실이 거의 없다.
- 시설재배에서 주로 이용한다.
- 정밀한 양의 물과 양분을 공급할 수 있다.

① 고랑관개
② 살수관개
③ 점적관개
④ 전면관개

TIP ① 포장에 이랑을 세우고, 고랑에 물을 흘려서 대는 방법이다.
② 공중에 물을 뿌려서 대는 방법이다.
④ 지표면 전면에 물을 흘려 대는 방법이다.

2023. 4. 8. 인사혁신처 9급 시행

11 **작물의 요수량에 대한 설명으로 옳은 것은?**

① 대체로 요수량이 적은 작물이 건조한 토양과 한발에 대한 저항성이 강하다.
② 작물의 생체중 1g을 생산하는 데 소비된 수분량을 말한다.
③ 증산계수와 같은 뜻으로 사용되고 증산능률과 같은 개념이다.
④ 수분경제의 척도를 표시하는 것으로 수분의 절대소비량을 나타낸다.

TIP ② 작물의 건물 중 1g을 생산하는 데 소비된 수분량을 말한다.
③ 증산계수와 같은 뜻으로 사용되고 증산능률과 반대 개념이다.
④ 수분경제의 척도를 표시하는 것으로 수분의 절대소비량은 알 수 없다.

2022. 10. 15. 인사혁신처 7급 시행

12 **수해와 습해에 대한 설명으로 옳은 것은?**

① 수해는 토양의 과습상태가 지속되어 토양산소가 부족할 때 흔히 발생한다.
② 지온이 높고 토양이 과습하면 환원성 유해물질이 생성되어 습해가 더 커진다.
③ 습해가 발생하면 심층시비를 하여 뿌리가 깊게 자라도록 유도한다.
④ 수온이 낮은 유동청수(流動淸水)에 의해 천천히 생기는 피해를 청고라 한다.

TIP ① 수해는 주로 물에 잠기거나 홍수로 인해 발생하는 물리적 피해이다. 토양의 과습 상태가 지속되어 토양 산소가 부족할 때 발생하는 것은 습해이다.
③ 습해가 발생한 경우에는 심층시비보다는 배수를 개선하고 표토의 과습 상태를 해소한다.
④ 수온이 높은 유동청수에 의해 발생한다.

Answer 10.③ 11.① 12.②

2022. 6. 18. 제1회 지방직 9급 시행

13 **내건성이 강한 작물의 일반적인 특성으로 옳은 것은?**

① 체적에 대한 표면적의 비율이 높고 전체적으로 왜소하다.

② 잎의 표피에 각피의 발달이 빈약하고 기공의 크기도 크다.

③ 잎의 조직이 치밀하고 엽맥과 울타리 조직이 잘 발달되어 있다.

④ 세포 중에 원형질이나 저장양분이 차지하는 비율이 아주 낮다.

TIP ① 표면적, 체적의 비가 작고, 지상부가 왜생화되었다.
② 표피에 각피가 잘 발달하고, 기곡이 작고 수가 적다.
④ 세포에 원형질이나 저장양분이 차지하는 비율이 높아서 수분 보유력이 강하다.

2022. 6. 18. 제1회 지방직 9급 시행

14 **식물체 내의 수분퍼텐셜에 대한 설명으로 옳지 않은 것은?**

① 매트릭퍼텐셜은 식물체 내에서 거의 영향을 미치지 않는다.

② 압력퍼텐셜과 삼투퍼텐셜이 같으면 원형질분리가 일어난다.

③ 수분퍼텐셜은 토양이 가장 높고 식물체가 중간이며 대기가 가장 낮다.

④ 식물이 잘 자라는 포장용수량은 중력수를 완전히 배제하고 남은 수분상태이다.

TIP ② 압력퍼텐셜과 삼투퍼텐셜이 같으면 세포의 수분퍼텐셜이 0이 되므로 팽만상태가 된다.

2021. 9. 11. 인사혁신처 7급 시행

15 **기공에 대한 설명으로 옳은 것은?**

① 증산에서 수분의 이동과 확산속도는 기공의 개도와 같은 확산저항 등에 의해 결정된다.

② 잎의 통도조직에 있는 기공은 공변세포로 둘러싸여 있고 수분이 많아지면 팽창하여 닫힌다.

③ 기공은 관다발처럼 단자엽식물에서는 산재하고 있으나 쌍자엽식물에서는 평행으로 나열되어 있다.

④ 감자와 콩은 아랫면(배축)보다 윗면(향축)에 기공수가 많다.

TIP ② 기공은 공변세포로 둘러싸여 있으며, 수분이 많아지면 공변세포가 팽창하여 기공이 열린다.
③ 기공은 일반적으로 단자엽식물에서는 잎의 양면에 고르게 분포하고, 쌍자엽식물에서는 잎의 아랫면에 주로 분포한다.
④ 감자와 콩과 같은 작물은 잎의 아랫면(배축)에 기공이 더 많이 분포한다.

Answer 13.③ 14.② 15.①

2020. 9. 26. 인사혁신처 7급 시행

16 **작물의 수분흡수에 대한 설명으로 옳지 않은 것은?**

① 수분흡수와 이동에는 삼투퍼텐셜, 압력퍼텐셜, 매트릭퍼텐셜이 관여한다.

② 수분퍼텐셜과 삼투퍼텐셜이 같으면 팽만상태로 세포 내 수분 이동이 없다.

③ 일액현상은 근압에 의한 수분흡수의 결과이다.

④ 수분의 흡수는 세포 내 삼투압이 막압보다 높을 때 이루어진다.

TIP ② 삼투퍼텐셜은 용질 농도로 인해 발생하는 퍼텐셜이고, 수분퍼텐셜은 전체적인 수분 이동을 결정하는 퍼텐셜이다. 세포 내와 외부의 압력퍼텐셜이 평형을 이루는 상태가 팽만상태이다.

2019. 8. 17. 인사혁신처 7급 시행

17 **작물 생육과 수분에 대한 설명으로 옳은 것은?**

① 일반적으로 풍건종자의 수분퍼텐셜은 생장 중인 작물의 잎보다 낮다.

② 작물의 수분퍼텐셜은 생육기간 중 항상 같은 값을 나타낸다.

③ 일반적으로 작물에서 압력퍼텐셜은 0 이하의 값을 갖는다.

④ 두 종류의 토양 중 수분함량이 높은 토양이 수분퍼텐셜 값도 항상 높다.

TIP ② 작물의 수분퍼텐셜은 생육기간 중 항상 다른 값을 나타낸다.
③ 압력포텐셜은 식물세포에서 일반적으로 양(+)의 값을 갖는다. 삼투퍼텐셜과 매트릭퍼텐셜은 항상 음(−)의 값을 갖는다.
④ 두 종류의 토양 중 수분함량이 높은 토양이 수분퍼텐셜 값이 항상 낮다. 토양수분이 감소할수록 수분퍼텐셜도 감소한다.

2019. 8. 17. 인사혁신처 7급 시행

18 **작물의 수분 결핍 또는 과잉에 대한 설명으로 옳지 않은 것은?**

① 뿌리가 환원성 유해물질에 대한 저항성이 큰 것이 내습성을 강하게 한다.

② 습해를 받았을 때, 부정근의 발생을 억제하여 저장양분의 소모를 줄이는 것이 내습성을 강하게 한다.

③ 내건성이 강한 작물은 표피에 각피가 잘 발달되어 있으며, 기공이 작거나 적은 경향이 있다.

④ 내건성이 강한 작물은 원형질의 점성이 높고, 다육화 경향이 있다.

TIP 습해를 받았을 때, 부정근의 발생을 촉진하며 내습성을 강하게 한다.

Answer 16.② 17.① 18.②

2017. 8. 26. 인사혁신처 7급 시행

19 **요수량에 대한 설명으로 옳지 않은 것은?**

① 건물생산의 속도가 낮은 생육초기에 요수량이 작다.
② 요수량이 작은 작물이 건조한 토양과 가뭄에 대한 저항성이 강하다.
③ 공기습도의 저하, 저온과 고온 등의 환경에서 요수량이 많아진다.
④ 작물별 요수량은 옥수수 · 기장 · 수수 등이 작고, 클로버 · 앨팰퍼 등은 크다.

TIP ① 건물생산의 속도가 낮은 생육초기에 요수량이 크다.

2010. 10. 17. 제3회 서울시 농촌지도사 시행

20 **작물과 수분에 대한 설명으로 가장 옳지 않은 것은?**

① 세포가 수분을 최대로 흡수하면 삼투압과 막압이 같아서 확산압차(DPD)가 0이 되는 팽윤(팽만) 상태가 된다.
② 수수, 기장, 옥수수는 요수량이 매우 적고, 명아주는 매우 크다.
③ 세포의 삼투압에 기인하는 흡수를 수동적 흡수라고 한다.
④ 일비현상은 뿌리 세포의 흡수압에 의해 생긴다.

TIP ③ 세포의 삼투압에 기인하는 흡수는 능동적 흡수에 해당한다. 수동적 흡수는 삼투압 차이에 의해 물이 자연스럽게 이동하는 현상이다.

2010. 10. 17. 지방직 7급 시행

21 **내건성이 강한 작물의 특징에 대한 설명으로 옳은 것만을 모두 고르면?**

㉠ 탈수되면 잎이 말려서 표면적이 축소되는 형태적 특성을 지닌다. ㉡ 세포 중 원형질이나 저장 양분이 차지하는 비율이 높다. ㉢ 원형질막의 수분, 요소, 글리세린 등에 대한 투과성이 작다. ㉣ 건조할 때 호흡이 낮아지는 정도가 작고 증산이 억제된다.

① ㉠, ㉡　　② ㉠, ㉢
③ ㉡, ㉣　　④ ㉢, ㉣

TIP ㉢ 원형질막의 수분, 요소, 글리세린 등에 대한 투과성이 크다.
㉣ 건조할 때에는 호흡이 낮아지는 정도가 크다.

Answer 19.① 20.③ 21.①

2010. 10. 17. 지방직 7급 시행

22 작물의 수분퍼텐셜에 대한 설명으로 옳지 않은 것은?

① 세포의 팽만상태는 수분퍼텐셜이 0이다.

② 수분퍼텐셜과 삼투퍼텐셜이 같으면 원형질 분리가 일어난다.

③ 수분퍼텐셜은 토양에서 가장 높고, 대기에서 가장 낮다.

④ 압력과 온도가 낮아지면 수분퍼텐셜이 증가한다.

TIP ④ 수분퍼텐셜은 압력에 비례하고 온도가 낮아지면 수분이동이 줄어들기 때문에 압력과 온도가 낮아지면 수분퍼텐셜이 감소한다.

Answer 22.④

출제 예상 문제

1 **작물의 건조에 견디는 성질로 품종 및 생육시기에 따라 차이가 나는 것은?**

① 내습성
② 내동성
③ 내건성
④ 내열성

TIP ① 수분과잉현상에 대한 저항력을 나타내는 성질
② 추위에 대한 저항력을 나타내는 성질
④ 고온에 대한 저항력을 나타내는 성질

2 **한해대책에 대한 설명으로 옳지 않은 것은?**

① 가장 효과적인 대책은 관개이다.
② 짚, 풀, 비닐, 퇴비 등을 사용하여 지면을 피복한다.
③ 중경을 실시하여 토양 통기를 조성한다.
④ 내건성이 강한 품종을 선택한다.

TIP ③ 습해대책에 대한 설명이다.

3 **작물의 요수량에 대한 설명으로 옳은 것은?**

① 건물 1g을 생산하는 데 소비하는 온도를 말한다.
② 요수량이 적고 증산계수가 적은 작물이 내건성이 크다.
③ 건물생산의 속도가 낮은 생육초기의 요수량은 적다.
④ 요수량은 수수, 기장, 옥수수 등이 크고 호박, 알팔파, 클로버 등은 적다.

TIP ① 건물 1g을 생산하는데 소비되는 수분량을 말한다.
③ 건물생산의 속도가 낮은 생육초기에는 요수량이 크다.
④ 요수량은 수수, 기장, 옥수수 등이 적고 호박, 알팔파, 클로버 등은 적다.

Answer 1.③ 2.③ 3.②

4 작물생육에서 수분의 역할로 옳지 않은 것은?

① 식물체 내 물질분포를 고르게 하는 역할을 한다.
② 세포의 긴장상태를 유지하여 식물의 체제유지를 가능케 한다.
③ 필요 물질의 흡수 용매작용을 하지만 식물체 구성물질의 성분은 되지 못한다.
④ 원형질의 상태를 유지시킨다.

TIP ③ 수분은 식물체 구성물질의 성분이 된다.

5 다음 중 내건성 작물의 특성에 대한 설명으로 옳지 않은 것은?

① 뿌리가 깊고 근군의 발달이 좋다.
② 지수능력이 높고 다육식물이 많다.
③ 기동세포가 잘 발달하여 탈수되면 잎이 말린다.
④ 건조할 때에 수분증산이 잘 이루어진다.

TIP ④ 건조할 때에 수분증산이 억제되고 수분공급시 수분흡수 정도가 크다.

6 밭의 용수량이 몇 %일 때 관개시기로 보는가?

① 20% 이하
② 25 ~ 50%
③ 50 ~ 75%
④ 75% 이상

TIP 관개시기
㉠ 지표로부터 10 ~ 20mm에 있는 토층의 수분이 밭의 용수량에 대하여 20 ~ 50%가 된 시기를 말한다.
㉡ 관개 후 다음 관개까지의 기간은 양토는 5일, 식양토는 7일, 사토는 3일이다.

Answer 4.③ 5.④ 6.②

7 토양에 많을수록 유리한 토양수분은?

① 결정수 ② 모관수
③ 중력수 ④ 지하수

TIP 모관수
㉠ 토양 입자간의 모관 인력에 의하여 그 작은 공극(틈)을 상승하는 수분을 말한다.
㉡ 모관수는 작물이 주로 이용하는 유효수분이다.
㉢ 보통 거친 모래에서는 모관수대의 두께는 2 ~ 5cm, 고운모래에서는 35 ~ 70cm, 점토에서는 150 ~ 300cm이다.
㉣ 토양 중의 모관 속에 흡인된 액면은 관벽과 어떤 접촉각을 이루는 곡면을 형성하며, 특히 관이 가늘 때의 곡면은 구면을 이룬다. 이 곡면을 메니스커스(meniscus)라고 한다.
㉤ 메니스커스는 지하수면과 그 위의 공기와의 경계면에 존재한다. 이 부분을 모관수대(毛管水帶)라고 한다.
㉥ 모관수대의 두께는 땅 속의 모관 안지름의 크고 작음에 의하여 결정되며, 일반적으로 흙의 입자지름이 작을수록 모관상승 높이가 크다.

8 화곡류의 내건성이 가장 약한 시기는?

① 분얼기 ② 감수분열기
③ 출수개화기 ④ 유숙기

TIP 내건성
㉠ 내건성은 생식세포의 감수분열기에 가장 약하고, 출수개화기와 유숙기가 다음으로 약하며 분얼기에는 비교적 강하다.
㉡ 작물의 내건성은 생육단계에 따라 다르며, 영양생장기보다 생식생장기가 한해에 더 약하다.

9 자연포장에서 작물이 주로 이용하는 토양수분은?

① 모관수 ② 중력수
③ 결합수 ④ 지하수

TIP 모관수
㉠ pF 2.7 ~ 4.5 사이의 수분으로 지하수가 모세관현상에 의해 상승하여 작물에 이용된다.
㉡ 모관수는 작물의 흡수 및 생육에 가장 관계깊은 토양수분이다.

Answer 7.② 8.② 9.①

10 **다음 중 요수량이란?**

① 작물이 생활을 하는 데 필요한 전수분량
② 작물의 전 생육기간 중 흡수하는 수분량
③ 개화에 필요한 수분량
④ 건물 1g을 생산하는 데 필요한 수분량

TIP 요수량
㉠ 건물 1g을 생산하는 데 필요한 물의 양을 요수량(要水量)이라 한다.
㉡ 콩의 요수량은 704이며 밀, 보리, 옥수수와 같은 화본과 식물은 400 이하가 되기 때문에 콩은 약 2배의 수분이 필요하다.

11 **수도의 생육시기 중 감수피해가 가장 심한 시기는?**

① 유수형성기 ② 수잉기
③ 분얼기 ④ 출수기

TIP 수도의 생육시기
㉠ 분얼최성기:분얼이 왕성하게 되는 시기
㉡ 최고분얼기:분얼수가 가장 많은 시기
㉢ 유효분얼종지기:최후의 이삭수와 같은 수의 분얼을 하는 시기
㉣ 무효분얼기:유효분얼종지기로부터 최고분얼기까지
㉤ 생식생장기:유수분화(幼穗分化) 이후부터 성숙기까지를 말하며 유수 및 화기(花器)의 형성과 그것들이 발달하여 출수(出穗)·개화(開花)·수정(受精)을 거쳐 쌀알이 완성되는 기간이다.
㉥ 절간신장기:어린 이삭(유수)이 생기는 시기는 대체로 출수 30일 전쯤이며 이 때부터 줄기의 마디 사이가 신장하기 시작하여 출수가 완료되면 줄기의 신장이 끝나는데, 이 기간을 말한다. 절간신장기는 유수형성기와 수잉기로 나눈다.
- 유수형성기:유수분화로부터 유수의 길이가 2mm 정도로 자랄 때까지를 유수분화기라 하고, 그 후 어린 이삭이 3~5cm로 자라서 꽃밥 속에 생식세포가 만들어질 때까지를 말한다.
- 수잉기:출수 10~12일 전부터 출수 직전까지를 말한다. 벼농사에서 물이 필요한 양은 각 생육시기에 따라 다른데 가장 물을 많이 필요로 하는 시기는 수잉기이고, 이 시기에 생식세포가 만들어져 화분과 배낭세포를 완성하게 된다.

Answer 10.④ 11.②

12 **벼의 생육시 내건성이 가장 강한 시기는?**

① 유숙기 ② 감수분열기
③ 분얼기 ④ 유수형성기

TIP 내건성은 생식세포의 감수분열기에 가장 약하고, 출수개화기와 유숙기가 다음으로 약하며 분얼기에는 비교적 강하다.

13 **포장용수량에 대한 설명 중 옳지 않은 것은?**

① 포장용수량을 최대용수량이라고도 한다.
② pF 2.5 ~ 2.7(1/3 ~ 1/2기압)에 해당된다.
③ 강우 또는 관개 후 2~3일 뒤의 수분상태이다.
④ 포장용수량은 작물이 이용하는 유효수분 안에 포함된다.

TIP 포장용수량
㉠ 최소용수량이라고도 한다.
㉡ 수분으로 포화된 토양으로부터 증발을 방지하면서 중력수를 완전히 배제하고 남은 수분 상태를 말한다.
㉢ 지하수위가 낮고 투수성이 중용인 포장에서 강우 또는 관개의 2 ~ 3일 후의 수분상태가 이에 해당된다.
㉣ pF값은 2.5 ~ 2.7(1/3 ~ 1/2 기압)이다.

14 **화아분화를 유도하는 요인이 아닌 것은?**

① C/N율 ② T/R율
③ 일장 ④ 온도

TIP 화아분화의 유도요인 … 내적 요인에는 C/N율 · 식물호르몬이 있고, 외적 요인에는 온도, 일장이 있다.

15 **토양수분 중 절대수분량을 나타내는 수분은?**

① 중력수 ② 모관수
③ 결정수 ④ 흡습수

Answer 12.③ 13.① 14.② 15.③

TIP 절대수분함량

㉠ 건토에 대한 수분의 중량비를 말한다.
㉡ 절대수분함량은 작물의 흡수량을 제대로 나타내 줄 수 없으며, 따라서 토양수분장력을 이용한 측정법을 사용한다.

16 다음 중 습해대책으로 옳지 않은 것은?

① 배수
② 객토
③ 미숙유기물의 시용
④ 정지

TIP 습해대책

㉠ 배수
㉡ 정지(整地)
㉢ 토양 개량
㉣ 시비 : 미숙유기물이나 황산근 비료를 사용하지 않는다.
㉤ 과산화석회의 시용
㉥ 내습성 작물과 품종의 선택

17 완경사의 포장을 알맞게 구획하고, 상단의 수로로부터 전표면에 물을 흘려 대는 방법은?

① 저류관개
② 보더관개
③ 휴간관개
④ 수반법

TIP 지표관개에는 휴간관개, 저류관개, 일류관개, 보더관개, 수반법 등이 있다.

18 용수원으로부터 경지까지 물을 끌어오는 도중의 손실까지 합한 총용수량은?

① 조(租)용수량
② (순)용수량
③ 엽면증산량
④ 수면증발량

TIP 조(租)용수량

㉠ 용수원으로부터 경지까지 물을 끌어오는 도중의 손실까지 합한 총용수량을 말한다.
㉡ 수로 바닥이나 측면을 통하여 새어나가는 침투량, 누수손실 및 수로의 수표면으로부터의 증발손실을 고려해야 한다.

Answer 16.③ 17.② 18.①

19 작물의 습해대책에 대한 설명으로 옳지 않은 것은?

① 저습지에서는 지반을 높이기 위하여 객토한다.

② 저습지에서는 휴립휴파 한다.

③ 저습지에서는 미숙유기물을 다량 시용하여 입단을 조성한다.

④ 저습지에서는 황산근 비료 시용을 피한다.

TIP ③ 저습지에 미숙유기물을 다량 시용하면 토양 환원이 심화되어 습해가 더욱 커진다.

20 분얼에 대한 설명 중 옳지 않은 것은?

① 분얼의 생육은 환경조건에 따라서 영향을 받는다.

② 화본과식물 줄기의 밑동에 있는 마디에서 곁눈(腋芽)이 발육하여 줄기·잎을 형성하는 일, 또는 그 경엽부(莖葉部)를 말한다.

③ 발생한 분얼 중 벼쭉정이를 내는 분얼을 유효분얼이라 한다.

④ 뿌리에 가까운 줄기의 마디에서 가지가 갈라져 나오는 것을 말한다.

TIP 분얼

㉠ 뿌리에 가까운 줄기의 마디에서 가지가 갈라져 나오는 것을 말하며, 화본과 이외의 식물의 곁가지에 해당한다.

㉡ 생육과 더불어 주간(主稈), 즉 원줄기에서 제1차 분얼, 제1차 분얼에서 제2차 분얼, 제2차 분얼에서 제3차 분얼을 형성하는 식으로, 동심원적(同心圓的)으로 줄기가 나온다.

㉢ 벼·보리에 있어서 분얼이 나타나는 날짜와 분얼의 각 잎이 나타나는 날짜는 주간의 특정한 잎이 나타나는 날짜와 일정한 관계가 있다.

㉣ 분얼의 생육은 환경조건에 따라서 영향을 받으며, 한 개체의 분얼 수는 빛·온도·양 분·수분 및 재식밀도(栽植密度)에 의하여 정해진다.

㉤ 발생한 분얼 중 벼쭉정이를 내는 분얼을 무효분얼이라 하고, 벼쭉정이가 아닌 결실(結實)의 분얼을 유효분얼이라 하는데, 유효분얼은 총 분얼 수의 70% 전후이다.

Answer 19.③ 20.③

21 다음 중 pF 7.0 이상으로 작물이 이용할 수 없는 수분은?

① 결합수
② 흡습수
③ 중력수
④ 모관수

TIP 결합수
㉠ 토양구성성분의 하나를 이루고 있는 수분으로 분리시킬 수 없어 작물이 이용할 수 없다.
㉡ pF 7.0 이상으로 작물이 이용할 수 없다.

22 작물생육에 알맞은 최적함수량은?

① 최대용수량의 30 ~ 40%
② 최대용수량의 40 ~ 50%
③ 최대용수량의 60 ~ 80%
④ 최대용수량의 90 ~ 95%

TIP 최적함수량은 작물에 따라 다르며, 일반적으로 최대용수량의 60 ~ 80% 정도이다.

23 다음 중 요수량이 가장 작은 작물은?

① 알팔파, 클로버
② 기장, 수수
③ 아마, 알팔파
④ 호박, 강낭콩

TIP 요수량은 알팔파, 클로버 등이 크고 기장, 수수 등이 작다.

24 상주해가 일어날 수 있는 토양수분농도는?

① 40% 이하
② 40 ~ 50%
③ 50 ~ 60%
④ 60% 이상

TIP 상주해 … 토양수분이 60% 이상, 지표온도가 0℃ 이하, 지중온도가 0℃ 이상으로 유지될 때에 발생한다.

Answer 21.① 22.③ 23.② 24.④

03 온도환경

01 온도변화와 작물

❶ 유효온도와 적산온도

(1) 유효온도

작물의 생육이 가능한 온도의 범위를 말한다.

① **최저온도** … 작물의 생육이 가능한 가장 낮은 온도를 말한다.

② **최고온도** … 작물의 생육이 가능한 가장 높은 온도를 말한다.

③ **최적온도** … 작물이 가장 왕성하게 생육되는 온도를 말한다.

※ 작물의 주요온도 ※

작물	최저온도(℃)	최고온도(℃)	최적온도(℃)
벼	10 ~ 12	36 ~ 38	30 ~ 32
사탕무	4 ~ 5	28 ~ 30	25
보리	3 ~ 4.5	28 ~ 30	20
귀리	4 ~ 5	30	25
삼	1 ~ 2	45	35
밀	3 ~ 45	30 ~ 32	25
담배	13 ~ 14	35	28
옥수수	8 ~ 10	40 ~ 44	30 ~ 32
호밀	1 ~ 2	30	25

TIP

여름작물과 겨울작물의 주요온도

주요온도	여름작물	겨울작물
최저온도(℃)	10 ~ 15	1 ~ 5
최고온도(℃)	40 ~ 50	30 ~ 40
최적온도(℃)	30 ~ 35	15 ~ 25

(2) 적산온도

① 작물의 생육에 필요한 열량을 나타내기 위한 것으로서 생육일수의 일평균기온을 적산한 것을 말한다.

② 적산온도를 계산할 때 일평균기온은 해당 작물이 활동할 수 있는 최저온도(기준온도) 이상의 것만을 택한다.

③ 작물별 적산온도의 최솟값

작물	적산온도
감자	1,000℃
보리	1,600℃
벼	2,500℃

④ 작물의 적산온도는 생육시기와 생육기간에 따라서 차이가 생긴다.

✵ 주요작물의 적산온도 ✵

작물명	최저	최고	작물명	최저	최고
수수	2,500	3,000	담배	1,600	1,850
기장	2,050	2,550	벼	3,500	4,500
조	2,350	2,800	순무	1,550	1,800
메밀	1,000	1,200	스웨덴 순무	2,300	2,500
가을보리	1,700	2,075	가을 평지	1,700	1,900
봄보리	1,600	1,900	봄 평지	1,300	3,000
완두	2,400	3,000	감자	3,200	3,600
강낭콩	2,300	2,940	살갈퀴, 콩	2,500	3,000
잠두	1,780	1,920	아마	2,600	2,850
봄밀	1,870	2,275	해바라기	2,250	2,780
봄호밀	1,750	2,075	양귀비	2,100	2,800
가을호밀	1,700	2,125	귀리	1,940	2,310
가을밀	1,960	2,250	옥수수	2,370	3,000
삼(성숙까지)	2,600	2,900			

⑤ 유효적산온도란 생물이 일정한 발육을 완료하기까지에 요하는 총온열량으로, 보통 일평균 기온으로부터 일정수치를 뺀 값을 일정기간 동안 합한 값으로 계산한다.

$$\text{유효적산온도(GDD℃)} = \sum\left\{\frac{(\text{일최고기온} + \text{일최저기온})}{2} - \text{기본온도}\right\}$$

❷ 온도의 변화

(1) 우리나라의 위치와 기후

① 계절풍기후

㉠ 여름에는 태평양으로부터 덥고 습기가 많은 바람이 불어와 날씨가 무더우며 비가 많이 내린다.

㉡ 겨울에는 시베리아로부터 차고 건조한 북풍 또는 북서계절풍이 불어와 날씨가 몹시 춥고 건조하다.

② 동안기후

㉠ 큰 대륙의 동쪽 해안에 위치한 온대지방에 나타나는 기후를 말한다.

㉡ 동안기후는 대륙의 서쪽지방에 나타나는 서안기후에 비해 여름에는 기후가 높고 습기가 많으며, 겨울에는 기온이 낮고 건조하여 기온의 연교차가 크다.

③ 대륙성기후

㉠ 바다에서 멀리 떨어진 대륙의 내부에서 볼 수 있는 육지의 영향을 크게 받는 기후를 말한다.

㉡ 우리나라는 전체적으로 대륙의 영향을 받고, 남에서 북으로 갈수록, 해안가에서 내륙지방으로 들어갈수록 대륙의 영향을 받는다.

④ 삼한사온 … 우리나라의 겨울철 날씨의 특성을 나타내는 말로서 3일간 춥고 4일간 따뜻한 날씨가 반복되어 나타난다.

⑤ 사계절이 뚜렷한 기후 … 중위도에 위치한 온대와 냉대에 걸친 계절풍 지역에 속하기 때문에 사계절의 변화가 뚜렷하다.

(2) 온도의 계절적 변화

① 무상기간은 월하하는 작물의 생육가능기간을 표시한다.

㉠ 무상기간이 짧은 고지대나 북부지대에서는 벼의 조생종이 재배된다.

㉡ 무상기간이 긴 남부지대에서는 만생종이 재배된다.

② 최저기온은 작물의 월동을 지배하며, 최고기온은 월하를 지배한다.

③ 우리나라 기온은 1월을 최저, 8월을 최고로 하여 계절적 변화를 한다.

(3) 온도의 일변화

① 기온은 하루 중 계속 수시로 변하는데, 이를 기온의 일변화(변온)라 한다.

② 온도의 일변화가 작물에 끼치는 영향

㉠ **개화** : 일반적으로 낮과 밤의 기온차이가 커서 밤의 기온이 낮은 것이 동화물질의 축적을 유발하여 개화를 촉진하고 화기도 커진다(예외 : 맥류).

㉡ **괴경과 괴근의 발달** : 낮과 밤의 기온차이로 인하여 동화물질이 축적되므로 괴경과 괴근이 발달한다. 일정한 온도보다는 변온하에서 영양기관의 발달이 증대된다.

㉢ **생장** : 낮과 밤의 기온차이가 작을 때 양분흡수가 활발해지므로 생장이 빨라진다.

㉣ **동화물질의 축적** : 낮과 밤의 기온차이가 클 때 동화물질의 축적이 증대된다.

㉤ **발아** : 낮과 밤의 기온차이로 인하여 작물의 종자발아를 촉진하는 경우가 있다.

㉥ **결실** : 대부분의 작물은 낮과 밤의 기온차이로 인하여 결실이 조장되며, 가을에 결실하는 작물은 대체로 낮과 밤의 기온차이가 큰 조건에서 결실이 조장된다.

TIP

벼 … 등숙기의 밤 온도가 초기 20℃ 정도에서 후기 16℃ 정도로 낮아지면 등숙이 좋으며, 평야지보다 산간지에서 등숙이 좋다. 산간지는 변온이 커서 동화물질의 축적에 이롭고, 전분을 합성하는 포스포릴라아제의 활력이 고온인 경우보다 늦게까지 지속되어 전분 축적의 기간이 길어지므로 등숙이 양호해져서 입중이 증대한다.

❸ 수온 · 지온 · 작물체온의 변화

(1) 수온

① 수온의 최저 · 최고 시간은 기온의 최저 · 최고 시간보다 약 2시간 후이다.

② 최고온도는 기온보다 낮다.

③ 최저온도는 기온보다 높다.

④ 수심이 깊을수록 수온변화의 폭이 작다.

(2) 지온

① 지온의 최저 · 최고 시간은 기온의 최저 · 최고 시간보다 약 2시간 후이다.

② 최고온도는 수분이 많은 백토의 경우에는 기온보다 낮으나, 건조한 흑토의 경우에는 기온보다 훨씬 높다.

③ 최저온도는 기온보다 약간 높다.

(3) 작물체온

① 밤이나 그늘의 작물체온은 열의 흡수·발산보다 복사나 증산방열이 우세하여 기온보다 낮다.

② 바람이 없고 공기가 습할수록, 작물을 밀생할수록 작물체온이 상승한다.

③ 여름철에는 생활작용의 증대 등으로 열을 흡수하여 작물의 체온이 기온보다 10℃ 이상 높아지는 경우가 있다. 이것은 고온기에 열사를 유발하는 원인이 되기도 한다.

(4) 온도에 따른 작물의 여러 생리작용

① 이산화탄소 농도, 광의 강도, 수분 등이 제한요소로 작용하지 않을 때, 광합성의 온도계수는 고온보다 저온에서 크다.

② 저온일 때 뿌리의 당류농도가 높아져 잎으로부터의 전류가 억제된다.

③ 온도가 상승하면 수분의 흡수와 이동이 증대되고 증산량도 증가한다.

④ 적온 이상으로 온도가 상승하게 되면 호흡작용에 필요한 산소의 공급량이 감소하여 양분의 흡수가 감소된다.

(5) 온도가 작물의 생육에 미치는 영향

① 밤의 기온이 어느 정도 높아서 변온이 작은 것이 생장이 빠르다.

② 변온이 어느 정도 큰 것이 동화물질의 축적이 많아진다.

③ 벼는 변온이 크기 때문에 동화물질의 축적에 유리하여 등숙이 대체로 좋다.

④ 일반적으로 작물은 변온이 큰 것이 개화가 촉진되고 화기도 커진다.

02 열해, 냉해, 한해

❶ 열해

(1) 열해의 의의

① 농작물이 어느 정도 이상의 고온에 접할 때 일어나는 피해를 말한다.

② 여름에 북태평양 고기압 세력이 강해지고, 그 고기압권 내에 우리나라가 들어가서 맑은 날씨가 계속될 때 흔히 일어난다.

③ 이때 지면 가까이에 결실되는 과채류 등이 지면온도의 상승에 의하여 열해를 입는 경우가 종종 있다.

④ 벼의 보온못자리에서 비닐을 늦게 벗기면 하얗게 말라 죽는 열해가 일어난다. 따라서 바깥기온이 높아지면 바로 통풍구를 만들어 환기를 시켜주고, 관개(灌漑)수온을 낮추어 주어야 한다.

⑤ 일반적으로 고등식물의 열사온도는 45 ~ 55℃이다.

(2) 열해의 원인

① **전분의 점괴화** … 전분이 열에 의해 응고되면 엽록체가 응고하여 기능을 상실한다.

② **원형질막의 액화** … 열에 의해 반투성인 인지질이 액화하여 원형질막의 기능을 상실한다.

③ **원형질의 단백질 응고** … 한계점 이상의 열에 의해 원형질 단백질의 응고가 일어난다.

④ **증산과다** … 고온에서는 뿌리의 수분흡수량보다 증산량이 과다하게 증가한다.

⑤ **철분의 침전** … 고온에 의해 철분이 침전되면 황백화된다.

⑥ **질소대사의 이상** … 고온에서는 단백질의 합성이 저해되고, 유해물질인 암모니아의 합성이 많아진다.

⑦ **유기물의 과잉소모** … 고온이 지속되면 유기물 및 기타 영양성분이 많이 소모된다.

(3) 작물의 내열성

① 세포 내의 유리수가 감소하고 결합수가 많아지면 내열성이 커진다.

② 작물의 연령이 많으면 내열성이 증대된다.

③ 일반적으로 세포의 점성, 결합수, 염류농도, 단백질 함량, 지유 함량, 당분 함량 등이 증가하면 내열성이 강해진다.

④ 세포질의 점성이 증가되면 내열성이 증대된다.

⑤ 고온 · 건조하고 일사가 좋은 곳에서 자란 작물은 내열성이 크다.

⑥ 내열성은 주피 · 완피엽이 가장 크며, 중심주가 가장 약하다.

(4) 열해대책

① 질소를 과용하지 않는다.

② 혹서기를 피할 수 있도록 재배시기를 조절한다.

③ 밀식을 피한다.

④ 비닐터널이나 하우스재배에서는 환기를 시켜 온도를 조절한다.

⑤ 지면에 짚이나 풀을 깔아 지온상승을 막는다.

⑥ 관개를 해서 지온을 낮춘다.

⑦ 그늘을 만들어준다.

⑧ 월하할 수 있는 내열성이 강한 작물을 선택한다.

(5) 하고현상

① **하고현상의 개념** … 목초의 생육적온은 15 ~ 21℃로서 여름철 기온이 이보다 높아지면 목초의 뿌리활력이 감퇴하여 수분흡수에 지장을 받게 되고, 반면에 높은 기온에 의하여 잎의 수분증발량은 더욱 많아져서 목초의 생육이 극히 부진해지고 심한 경우에는 말라 죽게 되는데 이러한 현상을 목초의 하고현상이라 한다.

② 하고현상의 원인

㉠ 여름철 고온 · 건조한 날씨는 하고의 원인이 된다.
㉡ 초여름에 장일 조건에 의한 생식생장의 촉진은 하고현상을 조장한다.
㉢ 병충해의 발생이 많아지면 하고현상이 촉진된다.
㉣ 잡초는 목초의 생장을 방해하고 하고현상을 조장한다.
㉤ 북방형 목초는 24℃ 이상이면 생육이 정지상태에 이르고 하고현상이 심해진다.

③ 하고현상의 대책

㉠ 무더운 여름철에는 목초를 너무 낮게 베어내거나 지나친 방목을 시켜서는 안 된다.
㉡ 여름철 하고기간 중이라도 목초가 웃자라 쓰러지면 높게 예취해 주거나 방목을 시켜 초지 내에 통풍이 되도록 하여 밑의 잎들이 썩어 망가지는 것을 예방하여야 한다.
㉢ 북방형 목초의 생산량은 봄철에 집중되는데, 이것을 Spring Flush라 한다. Spring Flush가 심할수록 하고현상도 심해지기 때문에 이른 봄부터 방목, 채초 등으로 Spring Flush를 완화시켜야 한다.
㉣ 고온건조기에 관개를 하여 수분을 공급한다.
㉤ 하고현상이 덜한 품종이나 작물을 선택한다.

TIP

솔라리제이션(solarization)
갑자기 강한 광선을 받았을 때 엽록소가 광산화로 인해 파괴되는 장해를 말한다.

❷ 냉해

(1) 냉해의 의의

① 여름작물이 생육기간 중에 냉온장해에 의하여 생육이 저해되고 수량의 감소나 품질의 저하를 가져오는 기상재해를 말한다.

② 냉해를 받는 정도는 각 작물에 따라 다르며, 저온의 정도 · 저온기간 · 생육 정도 등에 따라서도 다르게 나타난다.

③ 일반적으로 열대작물이 온대작물보다 냉해를 받는 온도가 높다.

(2) 냉해의 분류

① 장해형 냉해

㉠ 화분(꽃가루)의 방출 및 수정에 장애를 일으켜 불임현상을 초래한다.

㉡ 유수형성기부터 출수 · 개화기까지의 기간에 냉온의 영향을 받으면 생식기관이 정상적으로 형성되지 못한다.

② 지연형 냉해

㉠ 벼의 생육 초기부터 출수기에 이르기까지 여러 시기에 걸쳐 냉온이나 일조 부족으로 생육이 지연되고 출수가 늦어져 등숙기에 낮은 온도에 처하게 되어 수량이 저하되는 형이다.

㉡ 등숙기간 중에 평균기온이 20℃ 이하가 되면 미립(米粒)의 비대가 나빠져 사미(死米)나 청치(青米)가 많아진다.

㉢ 외형상으로 이삭의 추출이나 개화 · 수정이 불완전하게 되고, 심하면 선 채로 녹색상태에서 마르는 청고현상(青枯現象)을 나타내기도 한다.

③ 병해형 냉해

㉠ 냉온에서 생육이 부진하여 규산의 흡수가 적어져서 조직의 규질화(硅質化)가 부실하게 되고 광합성 및 질소대사의 이상으로 도열병의 침입이 쉽게 되어 쉽사리 전파되는 형이다.

㉡ 벼농사에서 냉해를 받기 쉬운 시기는 못자리 시기, 수잉기(穗孕期), 등숙기이다.

㉢ 못자리 시기에는 13℃ 이하가 되면 발아 및 생육이 늦어지고, 유수(幼穗)의 발육과정 중의 냉해는 영화착생수(穎花着生數)의 감소, 불완전영화, 기형화, 불임화 등의 발생을 초래하여 출수지연 · 불완전출수 · 출수불능 등의 현상을 초래한다.

㉣ 개화기의 저온은 화분의 능력을 상실시켜 수정을 저해하며, 등숙기의 저온은 특히 초기에 장해가 크며, 배젖의 발달을 저해하고 입중(粒重)을 감소시키며, 청치의 발생을 많게 하므로 결실 · 수량 및 품질을 저하시킨다.

(3) 냉해의 피해

① 뿌리의 수분흡수가 증산보다 훨씬 떨어져 증산과잉이 유발된다.

② 호흡과다로 인한 체내물질의 소모가 증가한다.

③ 효소의 활력이 저하되며 질소대사의 이상으로 가용성 질소화합물이 현저히 증가한다.

④ 수분이나 원형질의 점성이 증가하고 확산압이나 원형질 투과성이 감퇴하기 때문에 물질의 흡수 및 수송에 지장을 준다.

⑤ 호흡과정 중에 유독물질이 생겨 작물에 악영향을 준다.

⑥ 18℃ 이하가 되면 광합성 능력이 급격히 저하된다.

⑦ 생장점으로의 양분의 이동 및 집적이 감소된다.

⑧ 꽃밥이나 화분의 이상발육을 초래하여 불임현상이 올 수 있다.

(4) 냉해의 대책

① 장해형 냉해
- ㉠ 내냉성 품종을 선택한다.
- ㉡ 인산이나 칼륨비료를 증시한다.
- ㉢ 관개 및 배수의 조절에 의한 비효(肥效)를 높인다.
- ㉣ 영양상태를 조절하고 출수기를 변화시킨다.
- ㉤ 누수답(漏水畓)은 개량을 하고 냉수관개를 피한다.

② **지연형 냉해** … 보온절충못자리나 비닐못자리를 만들어 조기육묘하여 벼의 생육기간을 보통 재배보다 약간 빨리 이동시키는 조식재배(早植栽培)를 한다.

❸ 한해

(1) 한해의 일반적 특성

① 겨울철 저온 때문에 월동 중인 농작물에 일어나는 해를 말한다.

② 파종기에는 발아와 초기생육을 저해하고, 월동 전후에는 맥류의 분얼과 생육을, 신장기에는 절간신장을, 등숙기에는 등숙을 저해하여 모두 수량과 품질의 저하를 초래하는데 우리나라에서는 특히 등숙기에 한발이 빈번하다.

③ 일반적으로 평년보다 추위가 심한 겨울에는 보리나 채소류에 한해가 일어난다.

④ 초겨울은 따뜻하고 늦겨울에 저온이 오는 경우에는 작물의 생육이 진행된 상태여서 내한성(耐寒性)이 약해져 있기 때문에 한해를 받기 쉽다.

⑤ 한해는 장기간 피해가 누적되어 나타나는 경우와 강한 한파의 내습에 의해 일시에 발생하는 경우가 있다.

⑥ 식물체는 저온에 부닥치면 세포 속의 수분의 결빙에 의해 수분이 없어지고, 세포막이 원형질에서 떨어져서 다시 기온이 상온으로 되돌아와도 정상적인 기능을 하지 못하므로 말라죽는다.

(2) 한해의 분류

① **동해** … 한해 중에서 특히 빙점 이하의 온도에서 일어나는 해를 말한다.

② **상해** … 0 ~ −2℃에서 동사하는 작물의 서리에 의한 피해를 말한다.

③ **상주해**

㉠ 토양 중의 수분이 가늘고 긴 다발로 되어서 표면에 솟아난 것을 서릿발이라 하며, 이 서릿발에 의해 뿌리가 끊기고 식물체가 솟구쳐 올라와 입는 피해를 말한다.
㉡ 상주해는 토양수분이 60% 이상, 지표온도가 0℃ 이하, 지중온도가 0℃ 이상으로 유지될 때에 발생한다.
㉢ 토양이 얼어붙어 있으면 발생하지 않는다.
㉣ 우리나라에서는 남부지방의 식질토에 많이 생긴다.

④ **건조해** … 겨울철 지표 부근은 낮에 녹아서 수분이 증발하므로 건조해지기 쉽다.

⑤ **습해** … 월동 중 눈이 많이 내리고 따뜻할 때 습해를 받는다.

(3) 작물의 동사점

① **작물의 동사점의 개념** … 작물이 동결될 때 치사점이 되는 동결온도를 말한다.

② **작물의 동사점**

㉠ **고추, 고구마, 감자, 뽕, 포도잎** : −1.85 ~ −0.7℃
㉡ **배** : −2.5 ~ 2℃
㉢ **복숭아** : −3.5℃(만화기), −3.0℃(유과기)
㉣ **감** : −3.0 ~ −2.5℃
㉤ **포도** : −4.0 ~ −3.5℃(맹아전엽기)
㉥ **감귤** : −8.0 ~ −7.0℃(34시간)
㉦ **매화** : −9.0 ~ −8.0℃(만화기), −5.0 ~ −4.0℃(유과기)
㉧ **겨울철 귀리** : −14.0℃
㉨ **겨울철 평지(유채) · 잠두** : −15.0℃
㉩ **겨울철 보리, 밀, 시금치** : −17.0℃
㉪ **수목의 휴면기** : −27.0 ~ −18.0℃

㉢ 조균류 : −190℃에서 13시간 이상
㉣ 효모 : −190℃에서 6개월 이상
㉤ 건조종자의 어떤 것 : −250℃에서 6시간 이상

(4) 한해의 영향

① 세포외 결빙이 신장하여 끝이 뾰족하게 되고, 원형질 내부에 침입하여 세포 원형질 내부에 결빙을 유발한다.

② 동결 · 융해가 반복되어 조직의 동결온도가 높아져서 동해를 받기 쉽다.

③ 조직이 빠른 속도로 녹을 때 원형질이 세포막에서 분리되지 못하여 기계적 견인력을 크게 받게 되어 원형질이 파괴된다.

④ 세포 외 결빙은 원형질의 기계적 파괴를 유발하여 동사를 초래한다.

⑤ 세포 내 결빙이 생기면 원형질 단백질의 변성이 생겨 원형질 구조가 파괴되면서 동사한다.
㉠ 세포 내 결빙 : 결빙이 진전되어 세포 내의 원형질이나 세포액이 얼게 되는 것을 말한다.
㉡ 세포 외 결빙 : 세포간극에 결빙이 생기는 것을 말한다.

⑥ 직접적으로 토양수분이 감소하므로 삼투압이 감소되고 뿌리의 활력이 떨어져 양분흡수가 줄어들고 뿌리가 괴사한다.

⑦ 물의 이용효율이 떨어져 체내의 물질함량이 상대적으로 높아져 수분흡수를 더욱 어렵게 한다.

⑧ 등숙이 제대로 되지 못하여 수량이 55 ~ 66% 감소된다.

⑨ 생육이 부진하고 불임립이 증가한다.

(5) 한해대책

① 일반적 대책
㉠ 내한성 품종과 작물을 선택한다(맥류, 목초류 등).
㉡ 관수를 해준다.
㉢ 관수를 할 여건이 안 된다면 토양표면을 긁어 줌으로써 모세관을 차단하거나 유기물의 피복, 토입 · 답압작업 등으로 수분증발을 억제한다.
㉣ 엄동에 저항력을 가질 수 있도록 재배시기를 조절해 준다.
㉤ 바람막이나 북쪽 이랑을 높게 하는 등 방풍울타리, 짚덮기 등을 해준다.
㉥ 봄철 상주해를 피할 수 있는 품종을 택한다(과수류, 뽕나무 등).
㉦ 토질을 개선하여 서릿발의 발생을 막는다.

② 재배적 대책

㉠ 월동과 답압

- 월동 전 답압 : 내동성을 증대시켜 동해가 경감된다.
- 월동 중 답압 : 상주 발생을 억제하여 상주해 및 동상해를 방지한다.
- 월동 후 답압 : 건조해를 방지한다(맥류).

㉡ 파종 후 퇴구비를 종자 위에 시용하여 생장점을 낮춘다(맥류).

㉢ 인산 · 칼리질 비료를 증시하여 작물의 당 함량을 증대시켜서 내동성을 크게 한다.

㉣ 적기에 파종한다.

㉤ 한랭지역에서는 파종량을 늘려 월동 중 동사에 의한 결주를 보완한다(맥류).

㉥ 이랑을 세워 뿌림골을 깊게 한다[고휴구파(高畦溝播)].

㉦ 비닐, 폴리에틸렌 등을 이용한 보온재배를 한다(화훼류, 채소류 등).

③ 위험시간과 위험온도

㉠ **위험시간** : −1℃ 이하가 되기 쉬운 오전 2 ~ 7시 사이에 동상해를 입기 쉽다.

㉡ **위험온도** : 어린 잎이나 꽃은 −2 ~ −1℃ 이하의 온도에서도 동상해를 입는다.

④ 응급대책

㉠ **살수 결빙법** : 물이 얼 때 1g당 약 80cal의 잠열이 발생하는 점을 이용하여 스프링클러 등으로 작물의 표면에 물을 뿌려주는 방법으로, −8 ~ −7℃ 정도의 동상해를 막을 수 있다.

㉡ **연소법** : 중유, 낡은 타이어 등을 태워서 그 열을 작물에 보내는 방법으로 −4 ~ −3℃ 정도의 동상해를 막을 수 있다.

㉢ **발연법** : 불을 피우고 연기를 발산하여 서리의 피해를 방지하는 방법으로 약 2℃ 정도 온도가 상승한다.

㉣ **피복법** : 이엉, 거적, 비닐, 폴리에틸렌 등으로 작물을 직접 피복하면 체온누출을 막을 수 있다.

㉤ **송풍법** : 동상해가 발생하는 밤의 지면 부근의 온도분포는 온도역전으로 지면에 가까울수록 온도가 낮다. 따라서 상공의 따뜻한 공기를 지면으로 보내면 작물의 온도를 높일 수 있다.

㉥ **관개법** : 저녁에 관개하면 물이 가진 열이 토양에 보급되고, 낮에 더워진 지중열을 빨아 올리며, 수증기가 지열의 발산을 막아서 동상해를 방지한다.

⑤ 사후대책

㉠ 적과 시기를 늦춘다.

㉡ 약제를 살포한다.

㉢ 한해의 피해가 클 경우 대작(代作)을 한다.

㉣ 영양상태 회복을 위해 비료의 추비 및 엽면 시비를 한다.

(6) 작물의 내동성

① **작물의 내동성의 개념** … 추위에 대한 저항력을 나타내는 식물의 성질을 말하며, 내한성(耐寒性)이라고도 한다.

② **생리적 요인**

㉠ 세포 내 자유수 함량이 많으면 결빙이 쉽게 생기므로 내동성이 저하한다.

㉡ 세포액 무기질 및 당분 함량이 높으면 세포액의 삼투압이 높아 빙점이 낮아지고, 세포 내 결빙이 적어지므로 내동성이 증가한다.

㉢ 전분 함량이 많게 되면 당분 함량이 낮아지며 내동성이 감소된다.

㉣ 원형질의 친수성 콜로이드가 많으면 세포 내의 결합수가 많아지고, 자유수가 적어져서 세포의 결빙이 감소하므로 내동성이 증가한다.

㉤ 점도가 낮고 연도가 크면 세포 외 결빙에 의해서 세포가 탈수될 때나 융해시 세포가 물을 다시 흡수할 때 원형질의 변형이 적으므로 내동성이 증가한다.

㉥ 지유와 수분이 존재할 때에는 빙점강하도가 커지므로 내동성이 증가한다.

㉦ 원형질의 친수성 콜로이드가 많고 세포액의 농도가 높으면 조직의 광에 대한 굴절률이 커지므로 내동성이 증가한다.

㉧ 칼슘이온(Ca^{2+})과 마그네슘(Mg^{2+})은 세포 내 결빙을 억제한다.

㉨ 원형단백질에 −SH기가 많으면 원형질의 파괴가 적고 내동성이 증가한다.

㉩ 일반적으로 질소과다는 내동성을 약화시킨다.

③ **계절적 요인**

㉠ 휴면아는 내동성이 매우 크다.

㉡ 맥류를 저온처리하여 추파성을 소거하면 생식생장이 빨리 유도되어 내동성이 약해진다.

㉢ **경화**(硬化, Hardening) : 월동작물이 5℃ 이하의 저온에 계속 처하게 되면 원형질의 수분투과성이 증대될 뿐 아니라 함수량의 저하, 세포액의 삼투압 증대, 당분과 수용성 단백질의 증대 등을 초래하여 내동성이 커지는데, 이를 경화라 한다.

TIP

내동성 상실(Dehardening) … 경화된 것을 다시 높은 온도로 처리하면 내동성이 약해진다.

㉣ 내동성은 가을 ~ 겨울에는 커지고, 봄에는 작아진다.

④ **형태적 요인**(맥류의 경우)

㉠ 포복성 작물이 직립성 작물보다 내동성이 강하다.

㉡ 엽색이 진한 것이 내동성이 강하다.

㉢ 관부(冠部)가 깊어서 생장점이 땅속 깊이 박히는 것이 생장점의 온도 변화가 덜하여 내동성이 강하다.

⑤ **발육단계적 요인** … 작물은 영양생장기보다 생식생장기에서 내동성이 약하다.

03 온도조절과 작물

❶ 피복자재와 작물

(1) 피복자재의 개념

피복자재는 기상재해로부터 작물을 보호하는 데 필요한 1차적인 시설자재를 말한다.

(2) 피복자재의 종류

① **기초 피복자재** … 고정시설을 피복하여 상태의 변화없이 계속 사용하는 자재를 말한다.
- ㉠ 유리
- ㉡ 연질필름(PE, EVA, PVC)
- ㉢ 경질필름(PET)
- ㉣ 경질판(FRP, FRA, MMA, PC)

② **추가 피복자재** … 기초피복 위에 보온, 차광, 반사 등을 목적으로 추가로 피복하는 자재를 말한다.
- ㉠ 부직포
- ㉡ 반사필름
- ㉢ 발포 폴리에틸렌시트
- ㉣ 한랭사
- ㉤ 네트

(3) 주요 피복자재의 특성

① **유리**
- ㉠ 투광성, 내구성, 보온성 등이 우수하다.
- ㉡ 유리를 지탱하는 골격자재가 견고해야 하므로 설치비용이 많이 들어 이용이 보편화되어 있지 않다.
- ㉢ 두께 3mm의 판유리가 가장 많이 사용되며, 4 ~ 5mm의 것도 쓰이고 있다.

② **PE**
- ㉠ 다른 피복재보다 가격이 싸기 때문에 현재까지 가장 많이 사용되고 있다.
- ㉡ 광선투과율이 높고 필름표면에 먼지가 적게 부착되며 필름끼리 서로 달라 붙지 않기 때문에 취급이 편리하다.
- ㉢ 보온성, 내구성이나 강도 면에서 PVC나 EVA에 비해 떨어지기 때문에 피복자재로서의 사용이 점점 줄어들고 있다.

③ EVA

㉠ 보온성과 내구성이 PE와 PVC필름의 중간적 성질을 가지고 있다.

㉡ 물방울이 생기지 않는 무적필름이기 때문에 점차 그 사용면적이 증가되고 있다.

㉢ PE 필름보다 내후성이 좋고 가벼우며 쉽게 더러워지지 않는 장점이 있다.

㉣ 인열 강도가 약하고 가격이 다소 비싸다.

④ PVC

㉠ 투명도나 강도 · 내후성 · 보온성이 우수하며, 피복작업도 비교적 용이하다.

㉡ 먼지의 부착이 많고 필름끼리 잘 달라붙으며 가격이 비싸다.

㉢ 내한성이 약하여 저온에서 피복할 때는 파손에 주의하여 너무 강하게 고정시키지 않도록 하고 가급적 따뜻한 날에 피복하도록 한다.

㉣ 제조과정에서 가소제, 열 안정제, 자외선 흡수제 등을 첨가하여 성능을 향상시킨다.

⑤ PET

㉠ 보온성, 투광성, 내열성이 우수하다.

㉡ 매우 낮은 온도에서도 사용이 가능하고, 필름을 연소시켜도 유독가스가 발생하지 않는다.

㉢ 자외선을 투과시키는 필름은 4 ~ 5년, 투과시키지 않는 필름은 6 ~ 8년 정도 사용이 가능하다.

⑥ FRP

㉠ 폴리에스테르 수지로 만들어졌기 때문에 광선투과가 좋다.

㉡ 평판과 파판이 있는데, 파판인 경우 확산광이 많아서 골격에 의한 그림자가 생기지 않아 광분포가 균일한 것이 특징이다.

㉢ FRP는 370nm 이하의 자외선역 파장광을 완전히 차단하여 가지과 작물이나 적 · 자색 계통의 꽃을 재배할 때 색깔의 발현에 지장을 주며, 광선투과율의 경년 변화에서도 FRA보다 떨어진다.

⑦ MMA

㉠ 내후성과 광선투과 특성이 우수하고 장기간 사용하여도 광선투과율의 감소가 적다.

㉡ 유리에 비하여 장파장의 투과가 적어 보온력이 뛰어나다.

㉢ 충격에 약하고 가격이 비싸다.

㉣ 외피복자재인 폴리카보네이트(PC)판은 충격강도가 크고 내열 · 내한성이 우수하며, 원적외선을 투과하지 않기 때문에 보온력도 우수하다.

㉤ 자외선 투과성은 좋지 않아 가지과 작물에 지장이 있다.

⑧ 부직포

㉠ 광선투과율이 연질필름보다 낮고 보온력도 떨어지지만, 두께를 두껍게 하면 보온력을 높일 수 있다.

㉡ 수명은 대략 3년 정도이고 규격은 너비 90 ~ 300cm, 길이 50 ~ 100m로 다양하다.

㉢ 보수성과 투습성을 가지고 있어 커튼으로 사용할 경우 하우스 내 습도가 높아지는 것을 방지할 수 있으나 흡습하면 보온력이 저하된다.

⑨ 반사필름

㉠ 두께에 의한 보온과는 달리 복사열을 반사시켜 에너지를 보다 적극적으로 이용하는 것이다.

㉡ 하우스 내의 커튼, 터널 등의 보온용이나 하우스 북쪽 면에 피복하여 하우스 내 광량을 증가시키는 데 이용되고 있다.

㉢ 알루미늄 혼입필름, 알루미늄 증착필름, 알루미늄 샌드위치필름 등이 있다.

(4) 피복자재 선택시 고려할 사항

피복자재를 선택하기 위해서는 우선적으로 재배할 작물을 결정하고, 그 지방의 기후나 재배시기, 포장상태 등을 고려하여 작물에 적합한 온실의 모양 · 크기 · 종류 등을 결정한 다음, 다음과 같은 점에 관해서 검토해야 한다.

① **투광성** … 작물이 필요한 양만큼의 태양광선을 흡수할 수 있는 투명도를 갖추어야 하며, 그 투명성을 가급적 오래 유지해야 한다.

② **보온성** … 야간의 냉각방지 및 온도상승 효과가 있어야 한다.

③ **내후성** … 강도를 유지하고, 변색 및 착색이 적어야 한다.

④ **무적성** … 물방울이 맺히지 않고 흘러내려야 하며, 그 효과가 가급적 오래 지속되어야 한다.

⑤ **물리성** … 충격 및 인장에 강하고 팽창 · 수축이 적어야 한다.

⑥ **작업성** … 피복작업이 용이하며 필름간에 접착성이 없고 가벼워야 한다.

⑦ **경제성** … 사용연한이 길고 적절한 가격과 더불어 시설재배시 피복재로서 요구되는 사항을 충족시킬 수 있어야 한다.

❷ 온실

(1) 온실의 개념

식물의 주요 생육환경인 광선, 온도, 습도를 인공적으로 조절할 수 있도록 만든 건축물을 말한다. 일반적으로 난방시설을 갖춘 유리실을 온실이라고 한다.

(2) 유리실

① 유리로 건조되었어도 난방시설이 없는 것을 온실과 구별하여 말한다.

② 난방장치가 되어 있는 비닐하우스는 온실에 포함시킨다.

③ 최근 온실은 난방과 냉방장치를 동시에 갖추어 온도의 조절 폭이 넓어지고 있다.

④ 인공기상실 … 온도, 공중습도 및 광선까지 완전히 조절할 수 있는 온실을 말한다.

(3) 온실의 특성

① 작물의 촉성재배(促成栽培)와 억제재배(抑制栽培)가 가능하여 연중 계속해서 농산물을 생산할 수 있다.

② 노지(露地)에서는 재배가 되지 않는 특수 농작물의 재배 · 생산이 가능하기 때문에 일정한 면적에서 높은 수익을 올릴 수 있다.

③ 여러 농작물의 생육단계를 자유롭게 조절함으로써 교배육종(交配育種)에 널리 이용된다.

④ 온도 · 습도 · 광선을 조절하여 작물의 반응을 조사함으로써 환경과 작물생육의 관계를 연구할 수 있다.

⑤ 열대 · 아열대 식물을 보호 · 육성함으로써 교육시설로 이용할 수 있는 등의 경제적 · 학문적 · 교육적인 목적을 가지고 있다.

(4) 온실의 장점과 단점

① 시설비와 관리유지비가 많이 소요된다.

② 한번 시설을 하면 반영구적이기 때문에 장기적으로 보면 경제적으로 유리하다.

(5) 온실의 종류

① 건축재료에 따른 분류
- ㉠ 목조(木造)온실
- ㉡ 철조(鐵造)온실
- ㉢ 반철조(半鐵造)온실
- ㉣ 알루미늄온실

② 사용목적에 따른 분류
- ㉠ 가정온실
- ㉡ 표본식물온실
- ㉢ 실험용온실
- ㉣ 영리생산온실

③ 재배하는 식물에 따른 분류
- ㉠ 화훼온실
- ㉡ 채소온실
- ㉢ 과수온실
- ㉣ 일반작물온실

④ 온실의 지붕모양에 따른 분류

㉠ 양쪽지붕형(兩面式)온실

• 지붕의 양쪽 길이 및 경사각도가 같도록 설계된 것이다.
• 천장이나 옆의 창문을 전부 열어 놓으면 통풍이 좋다.
• 각종 작물재배에 가장 적당한 형태의 온실이다.

㉡ 3/4식(不等式)온실

• 지붕의 길이가 남쪽면이 3, 북쪽면이 1의 비율이 되도록 만든 구조이다.
• 겨울철에 보온은 잘 되지만 충분한 환기가 불가능하다.
• 주로 고온을 필요로 하거나 고온에 견디는 작물재배에 이용된다.

㉢ 외쪽지붕형(片面式)온실

• 건물 벽 또는 축대의 남쪽을 이용하는 것으로, 지붕의 북쪽은 높고 남쪽은 낮게 하는 방식이다.
• 온실 중에서 가장 간단한 구조를 가졌기 때문에 시설비가 적게 들고 누구나 쉽게 만들 수 있어서 가정용 및 취미용으로 많이 이용되며, 소규모 영리생산용으로도 이용된다.
• 겨울철의 보온면에서는 유리하나 통풍이 불충분하고 광선도 남쪽으로 제한되어 작물이 한쪽 방향으로만 생육을 하며 여름철에는 고온다습하다.

㉣ 반원형식(半圓形式)온실

• 지붕모양이 반원에 가까운 것으로서 광선이 균일하게 투사되기 때문에 실내의 조도(照度)가 높고 온실 내의 공간이 넓다.
• 대개 표본식물 재배용으로 공원, 유원지, 학교 등에서 이용한다.

㉤ 연동식(連棟式)온실

• 2동(棟) 이상의 온실이 연결된 형태를 말한다.
• 보통 양쪽지붕형 온실이 연동식으로 이용된다.
• 이 형은 시설비용과 연료 등을 절약하는 면에서는 유리하나 광선의 투사 및 통기가 불충분하고 연결부의 재료가 부패되기 쉬워 수명이 짧아지는 단점이 있다.
• 온난지나 난방시설이 충분한 곳에서는 온도관리가 용이하고 단위면적당 건축비를 낮출 수 있다는 장점도 있다.

⑤ 난방방법에 따른 분류

㉠ 전열(電熱)난방

㉡ 보일러를 이용한 증기난방

㉢ 각종 난로를 이용한 열풍(熱風)난방

(6) 온실장소 선택시 고려해야 할 점

① 태양광선의 이용가능성

② 지하수위의 높이

③ 수질

④ 통풍상태

⑤ 각종 작업수행상의 편리성

❸ 비닐하우스

(1) 비닐하우스의 의의

① 채소류의 촉성재배(促成栽培) 또는 열대식물을 재배하기 위하여 비닐필름을 씌운 온실을 말한다.

② 1954년경부터 비닐필름이 농업에 이용되기 시작하면서 하우스, 터널 등이 눈부시게 발전하였다.

③ 특히 비닐하우스는 급속도로 발전하여 현재 가장 중요한 원예시설로 전국에서 이용되고 있다.

④ 비닐하우스는 채소류의 재배에 가장 많이 쓰이며, 화훼류(花卉類)·과수류(果樹類)의 재배에도 이용되고 있다.

⑤ 비닐하우스는 기밀성(氣密性)이 높아 온실보다는 약간 떨어지나 비교적 보온력이 높다.

⑥ 조도(照度)에 있어서도 비교적 높아 작물생육에서 유리온실에 비하여 떨어지지 않으나, 점차 더러워져서 투광률이 떨어진다.

(2) 비닐하우스의 재료

① 우리나라에서는 주로 폴리에틸렌필름을 사용하고 있다.

② 아세트산비닐필름 등도 이용되지만 이것은 일광의 투광률은 거의 비슷하나 파장이 긴 열선(熱線)의 투과에는 큰 차가 있다.

③ 투과율이 가장 높은 것은 폴리에틸렌필름이고 가장 낮은 것은 염화비닐필름이므로, 야간의 보온을 고려한다면 폴리에틸렌필름보다는 염화비닐필름이 훨씬 유리하다.

④ 일본에서는 주로 염화비닐이 비닐하우스의 피복재료로 사용되며, 터널 등에는 아세트산비닐이, 지면의 보온과 습도 유지를 위해 사용되는 멀칭재료에는 폴리에틸렌필름이 사용되고 있다. 그러나 한국에서는 비닐이 적게 사용되고 대부분 폴리에틸렌필름이 하우스에 이용되고 있으며, 두께는 대부분 0.03 ~ 0.1mm의 것이 이용되고 있다.

최근 기출문제 분석

2024. 6. 22. 제1회 지방직 9급 시행

1 시설 피복자재에 대한 설명으로 옳지 않은 것은?

① 연질 필름을 방진처리하면 내구성을 높일 수 있다.

② 적외선을 반사하는 유리는 온실의 고온화를 방지하는 효과가 있다.

③ 무적 필름은 소수성을 친수성 필름으로 변환시킨 것이다.

④ 광파장변환 필름은 녹색파장을 증대시킨 것으로 광합성 효율이 높다.

TIP ④ 광파장변환 필름은 자외선을 식물에 필요한 적색광으로 광변환할 수 있기 때문에 식물의 성장에 효과적일 것으로 기대된다.

2024. 3. 23. 인사혁신처 9급 시행

2 작물의 열해에 대한 설명으로 옳지 않은 것은?

① 단백질의 합성이 저해되고 암모니아의 축적이 많아진다.

② 원형질단백의 열응고가 유발되어 열사가 나타난다.

③ 철분이 침전되면 황백화 현상이 일어난다.

④ 작물체의 연령이 높아질수록 내열성이 대체로 감소한다.

TIP ④ 작물체의 연령이 높아질수록 내열성이 증대된다.

2023. 9. 23. 인사혁신처 7급 시행

3 소 방목용 초지에 대한 설명으로 옳지 않은 것은?

① 스프링플러시 경향이 심하면 하고현상에 의한 피해를 줄일 수 있다.

② 초지에 콩과목초가 50% 이상 번성하면 고창증 발생의 우려가 있다.

③ 상번초 작물과 하번초 작물을 함께 심으면 공간의 효율적 이용이 가능하다.

④ 난지형목초가 한지형목초에 비해서 하고현상의 피해가 적다.

TIP ① 스프링플러시 경향이 심하면 초지의 생육 주기가 불균형해지고 여름철에 생산성이 떨어져 하고현상이 발생할 확률이 높다.
※ 스프링플러시 … 봄철에 일시적으로 초지의 생산성이 급격히 증가하는 현상이다.

Answer 1.④ 2.④ 3.①

2023. 9. 23. 인사혁신처 7급 시행

4 **작물재해에 대한 설명으로 옳지 않은 것은?**

① 고온에서는 수분흡수보다 증산이 과다하여 위조를 유발한다.

② 밀식재배와 질소과다 시용은 줄기를 연약하게 하여 도복을 유발한다.

③ 당분함량이 많으면 내동성이 크나, 지방함량이 높으면 내동성이 약해진다.

④ 내염성 식물은 삼투적 적응에 중요한 역할을 하는 다량의 프롤린을 갖고 있다.

TIP ③ 당분 함량이 높은 식물은 세포 내 용질 농도가 증가하여 세포액의 어는점을 낮추어 내동성을 높인다. 지방은 세포막의 유동성을 유지하고 추운 환경에서도 세포막을 안정화시킨다.

2023. 6. 10. 제1회 지방직 9급 시행

5 **냉해의 대책으로 옳은 것만을 모두 고르면?**

㉠ 물이 넓고 얕게 고이는 온수저류지를 설치한다. ㉡ 암거배수하여 습답을 개량한다. ㉢ 객토를 실시하여 누수답을 개량한다. ㉣ 만기재배 · 만식재배를 하여 성숙기를 늦춘다.

① ㉠, ㉡

② ㉠, ㉣

③ ㉠, ㉡, ㉢

④ ㉡, ㉢, ㉣

TIP ㉣ 조기재배, 조식재배를 하여 성숙기를 앞당긴다.

2023. 4. 8. 인사혁신처 9급 시행

6 **재배시설의 유리온실 지붕 모양이 아닌 것은?**

① 아치형

② 벤로형

③ 양지붕형

④ 외지붕형

TIP ① 아치형은 플라스틱 온실 지붕 모양이다.

Answer 4.③ 5.③ 6.①

2022. 10. 15. 인사혁신처 7급 시행

7 **온실 내 환경적 특이성에 대한 설명으로 옳지 않은 것은?**

① 광은 광질이 다르고, 광분포가 균일하지 않다.
② 온도는 일교차가 크고, 지온이 높다.
③ 탄산가스 농도는 일정하게 유지되고, 유해가스 배출은 수월하다.
④ 토양은 건조해지기 쉽고, 공기습도가 높다.

TIP ③ 온실 내에서 환기가 제한되면서 탄산가스 농도가 부족하여 유해가스 배출이 수월하지 않다.

2022. 10. 15. 인사혁신처 7급 시행

8 **우리나라에서 작물이 월동하는 동안 발생하는 피해에 대한 설명으로 옳지 않은 것은?**

① 서릿발 피해는 남부지방의 식질토양에서 많이 발생한다.
② 광산파보다는 조파가 보리의 서릿발 피해를 줄이는 데 유리하다.
③ 과수의 동해는 급속한 동결과 빠른 융해에서 커진다.
④ 강설량이 적은 경우 천근성 작물은 건조해를 받기도 한다.

TIP ② 서릿발 현상을 예방하기 위해서는 땅이 녹는 곳을 답압기를 이용해 밟아주고 물 빠짐 골을 정비한다. 밟아주기를 통해서 뿌리 발달을 유도하면서 웃자람 피해를 줄일 수 있다.

2022. 10. 15. 인사혁신처 7급 시행

9 **작물의 인공교배에 대한 설명으로 옳지 않은 것은?**

① 벼의 성숙 화분 수명은 개화 후 2시간까지 활력이 유지된다.
② 밀의 수분 능력은 개화 전 2일부터 개화 후 7일 정도이다.
③ 감자의 제웅 시기는 개화가 시작되거나 개화 직전의 꽃봉오리 때이다.
④ 보리의 제웅은 개화 전 영화 속에 있는 3개의 수술을 제거하는 것이다.

TIP ① 벼의 성숙 화분 수명은 매우 짧다. 개화 후 30분 이내에 활력이 감소한다. 벼의 화분의 수명은 매우 짧기 때문에 개화 후 즉시 수분한다.

Answer 7.③ 8.② 9.①

2022. 6. 18. 제1회 지방직 9급 시행

10 밀폐된 무가온 온실에 대한 설명으로 옳지 않은 것은?

① 오후 2~3시경부터 방열량이 많아 기온이 급격히 하강한다.
② 오전 9시경에는 온실 내의 기온이 외부 기온보다 낮다.
③ 노지와 온실 내의 온도 차이는 오후 3시경에 최대가 된다.
④ 야간의 유입 열량은 낮에 저장해 둔 지중전열량에 대부분 의존한다.

TIP ② 오전 9시경에는 온실 내의 기온이 외부 기온보다 높다.
※ 무가온 온실
온풍기와 같은 별도의 난방기구를 사용하지 않고 온실을 난방 할 수 있는 시스템으로, 주간에 온실 내의 더운 공기를 이용하여 축열을 하고 이렇게 축열된 에너지를 야간에 사용할 수 있도록 한다.

2022. 6. 18. 제1회 지방직 9급 시행

11 온도가 작물 생육에 미치는 영향에 대한 설명으로 옳지 않은 것은?

① 벼에 알맞은 등숙기간의 일평균기온은 21~23℃이다.
② 감자는 밤 기온이 25℃ 정도일 때 덩이줄기 발달이 잘된다.
③ 맥류는 밤 기온이 높고 변온이 작을 때 개화가 촉진된다.
④ 콩은 밤 기온이 20℃ 정도일 때 꼬투리가 맺히는 비율이 높다.

TIP ② 감자가 자라기 적당한 온도는 14~23℃이며, 덩이줄기가 굵어지는 데는 낮 온도가 23~24℃, 밤 온도가 10~14℃일 때가 가장 좋다.

2021. 9. 11. 인사혁신처 7급 시행

12 온도와 관련된 작물의 반응에 대한 설명으로 옳은 것은?

① 지연형 냉해는 저온에 의해 불임현상이 발생하는 것이다.
② 작물 세포 내에 수분함량이 높아지면 내동성이 증대된다.
③ 월동작물은 경화(hardening)를 시키면 내동성이 감소한다.
④ 고온에서는 수분흡수보다도 증산이 과다하여 위조를 유발한다.

TIP ① 지연형 냉해는 저온이 오래 지속되어 작물의 생장과 발달이 지연되거나 억제된다.
② 세포 내 수분함량이 높아지면 동결의 위험이 증가하여 내동성이 감소한다.
③ 월동작물을 저온에 적응시키는 과정인 경화(hardening)는 내동성을 증가시킨다.

Answer 10.② 11.② 12.④

2021. 9. 11. 인사혁신처 7급 시행

13 **목초의 하고현상에 대한 설명으로 옳지 않은 것은?**

① 한지형 목초는 난지형 목초보다 일반적으로 요수량이 크다.

② 난지형 목초를 혼파하면 하고현상에 의한 피해를 줄일 수 있다.

③ 이른 봄에 방목이나 채초를 한 후 추비를 늦추면 스프링플러시가 완화된다.

④ 고랭지에서는 오처드그래스를 재배하고 평지에서는 티머시를 재배하면 하고현상이 줄어든다.

TIP ④ 오처드그래스와 티머시 모두 한지형 목초이다. 고랭지에서는 티머시가 더 적합하고 평지에서는 오처드그래스가 더 적합하다.

2021. 9. 11. 인사혁신처 7급 시행

14 **봄철 늦추위에 대비하는 동상해 응급대책으로 옳지 않은 것은?**

① 수증기가 적은 연기를 발생시켜야 하므로 건초나 마른 가마니를 태운다.

② 지상 10m 정도의 높이에 팬을 설치하여 지면으로 송풍한다.

③ 저온이 지속되는 동안 살수장치로 식물체 표면을 빙결시킨다.

④ 물이 가진 열을 이용하도록 저녁에 충분히 관개를 한다.

TIP ① 연기를 발생시켜 공기 중의 열을 유지하려는 방법이다. 수증기가 적은 연기는 효과가 없고 습한 연기가 효과가 있다.

2021. 9. 11. 인사혁신처 7급 시행

15 **작물 재배에서 온도에 대한 설명으로 옳지 않은 것은?**

① 흐린 날 밤과 음지에서는 작물체온이 기온보다 낮다.

② 토양의 색이 검거나 진해지면 보통 지온이 높아진다.

③ 지하수를 바로 관개하면 벼의 냉해 피해를 줄일 수 있다.

④ 기온의 연변화 중 무상기간은 여름작물을 선택하는 데 중요한 요인이다.

TIP ③ 지온보다 낮은 온도인 지하수는 바로 관개하면 벼의 냉해 피해를 증가시킨다.

Answer 13.④ 14.① 15.③

2021. 9. 11. 인사혁신처 7급 시행

16 작물의 적산온도에 대한 설명으로 옳지 않은 것은?

① 유효온도는 작물의 생육이 효과적으로 이루어지는 온도를 말한다.

② 겨울작물인 추파맥류가 여름작물인 메밀보다 크다.

③ 유효적산온도 계산 시 기본온도는 유채가 0°C, 벼는 5°C가 타당하다.

④ 춘파작물의 최저온도는 그 작물의 파종시기를 결정하는 온도와 대체로 일치한다.

TIP ③ 유효적산온도 계산 시 기본온도는 유채가 5°C, 벼는 10°C가 타당하다.

2021. 6. 5. 제1회 지방직 9급 시행

17 목초의 하고현상에 대한 설명으로 옳지 않은 것은?

① 스프링플러시가 심할수록 하고가 심하다.

② 초여름의 장일조건은 하고를 조장한다.

③ 여름철 기온이 서늘하고 토양수분함량이 높을수록 촉진된다.

④ 사료의 공급을 계절적으로 평준화하는 데 불리하다.

TIP ③ 여름철 기온이 높고 토양수분함량이 낮을수록 촉진된다.

※ 하고현상

북방형 다년생 목초는 내한성이 강하여 겨울을 잘 넘기지만 여름철 고온기에는 생육이 쇠퇴하거나 정지하고 심하면 황하 · 고사하여 여름철 목초 생산량이 급격히 감소하는데, 이러한 현상을 목초의 하고현상이라고 한다. 이면 생육이 정지상태에 이르고 하고현상이 심해진다.

2021. 4. 17. 인사혁신처 9급 시행

18 작물의 생육에서 변온의 효과에 대한 설명으로 옳은 것은?

① 고구마는 변온보다 30℃ 항온에서 괴근 형성이 촉진된다.

② 감자는 밤의 기온이 10~14℃로 저하되는 변온에서는 괴경의 발달이 느려진다.

③ 맥류는 야간온도가 높고 변온의 정도가 상대적으로 작을 때 개화가 촉진된다.

④ 벼는 밤낮의 온도차이가 작을 때 등숙에 유리하다.

TIP ① 고구마는 항온보다 변온에서 괴근 형성이 촉진된다.

② 감자는 변온에서는 괴경의 발달이 촉진된다.

④ 벼는 변온조건에서 등숙에 유리하다.

Answer 16.③ 17.③ 18.③

2021. 4. 17. 인사혁신처 9급 시행

19 **작물의 내동성을 증대시키는 요인으로 옳지 않은 것은?**

① 원형질단백질에 – SH기가 많다.

② 원형질의 수분투과성이 크다.

③ 세포 내에 전분과 지방 함량이 높다.

④ 원형질에 친수성 콜로이드가 많다.

TIP ③ 세포 내의 전분함량이 적으면 내동성이 강하다.

2018. 6. 23. 농촌진흥청 지도직 시행

20 **온도가 작물생육에 미치는 영향으로 옳지 않은 것은?**

① 작물의 유기물축적이 최대가 되는 온도는 호흡이 최고가 되는 온도보다 낮다.

② 벼는 평야지가 산간지보다 변온이 커서 등숙이 좋은 경향이 있다.

③ 고구마는 29℃의 항온보다 20~29℃ 변온에서 덩이뿌리의 발달이 촉진된다.

④ 맥류는 밤의 기온이 높아서 변온이 작은 것이 출수 및 개화가 촉진된다.

TIP 산간지는 변온이 커서 동화물질의 축적에 이롭고, 등숙기의 평균기온이 낮아 전분합성효소의 활력이 평야지보다 오래 지속되어 전분축적의 기간이 길어진다. 따라서 벼는 평야지보다 산간지에서 등숙이 좋은 경향이 있다.

2018. 6. 23. 농촌진흥청 지도직 시행

21 **벼의 장해형 냉해에 해당되는 것은?**

① 유수형성기에 냉온을 만나면 출수가 지연된다.

② 저온조건에서 규산흡수가 적어지고, 도열병 병균침입이 용이하게 된다.

③ 질소동화가 저해되어 암모니아의 축적이 많아진다.

④ 융단조직(tapete)이 비대하고 화분이 불충실하여 불임이 발생한다.

TIP 장해형 냉해는 유수형성기부터 출수·개화기에 이르는 기간에 냉온의 영향을 받아 생식기관이 정상적으로 형성되지 못하거나, 화분의 방출 및 수정에 장애를 일으켜 불임현상을 초래하는 냉해를 말한다.
①③ 지연형 냉해 ② 병해형 냉해

Answer 19.③ 20.② 21.④

2017. 8. 26. 인사혁신처 7급 시행

22 **작물의 한해(寒害, winter injury)에 대한 설명으로 옳지 않은 것은?**

① 맥류는 칼리질 비료를 증시하고, 서릿발이 설 때 답압을 한다.

② 월동 중 강설량이 적은 경우 천근성 작물은 건조해를 받기도 한다.

③ 우리나라에서 서릿발 피해는 남부지방의 식질토양에서 많이 발생한다.

④ 맥류에서 저온처리를 통해 추파성을 소거하면 생식생장이 빨리 유도되어 내동성이 증가한다.

TIP ④ 맥류에서 저온처리를 통해 추파성을 소거하면 생식생장이 빨리 유도되어 내동성이 약해진다.

2010. 10. 17. 제3회 서울시 농촌지도사 시행

23 **작물의 시설재배에서 사용되는 피복재는 기초피복재와 추가피복재로 나뉜다. 일반적으로 사용되는 기초피복재가 아닌 것은?**

① 알루미늄 스크린

② 폴리에틸렌 필름

③ 염화비닐

④ 판유리

TIP ① 추가 피복재로 사용된다. 열 차단, 차광 및 온도 조절을 위해 사용된다.

2010. 10. 17. 제3회 서울시 농촌지도사 시행

24 **변온과 작물생육에 대한 설명으로 가장 옳은 것은?**

① 감자의 괴경은 20~29℃의 변온에서 현저히 촉진된다.

② 계속되는 야간의 고온은 콩의 개화를 촉진시키나 낙뇌낙화를 조장한다.

③ 벼는 분얼최성기까지는 밤의 저온이 신장과 분얼을 증가시킨다.

④ 분지에서 재배된 벼가 해안지에서 재배된 벼보다 등숙이 느리다.

TIP ① 16~20℃에서 가장 잘 이루어진다.
③ 벼는 일반적으로 따뜻한 온도에서 분얼이 잘 일어나고, 밤의 저온은 벼의 신장과 분얼을 저해한다.
④ 해안지에서 재배된 벼가 등숙이 더 빠르다.

Answer 22.④ 23.① 24.②

출제 예상 문제

1 **기온의 일변화를 변온이라 하는데 이에 대한 설명으로 옳지 않은 것은?**

① 낮과 밤의 기온차가 작을수록 양분흡수가 활발해진다.
② 가을에 결실하는 작물은 낮과 밤의 기온차가 큰 조건에서 조장된다.
③ 변온은 작물의 종자발아를 촉진시키는 기능을 한다.
④ 온도가 일정해야 괴경, 괴근 등의 영양기관이 발달하게 된다.

TIP 낮과 밤의 기온차로 인하여 동화물질이 축적되어 괴경이나 괴근이 발달하게 된다. 즉, 일정 온도보다 변온하에서 영양기관의 발달이 증대된다.

2 **작물과 온도와의 관계를 설명한 것 중 옳지 않은 것은?**

① 일반적으로 0℃ 이상의 일평균기온을 합산한 것을 적산온도라고 한다.
② 생육적온까지는 온도가 증가할수록 광합성의 양은 증가한다.
③ 작물의 생육에는 최저 · 최적 · 최고 온도가 있다.
④ 작물의 생육과 관련된 것은 최적온도만 가능하다.

TIP ④ 작물의 생육에는 최적 · 최고 · 최저 온도 등이 복합적으로 작용한다.

3 **다음 중 냉해의 종류에 포함되지 않는 것은?**

① 병해형 냉해
② 지연형 냉해
③ 장해형 냉해
④ 생리적 냉해

TIP 냉해의 종류
㉠ 장해형 냉해
㉡ 지연형 냉해
㉢ 병해형 냉해

Answer 1.④ 2.④ 3.④

4 다음 중 목초의 하고현상을 일으키는 원인으로 적당한 것은?

① 고온, 다습, 장일 ② 고온, 건조, 장일
③ 고온, 다습, 단일 ④ 고온, 건조, 단일

TIP 하고현상의 원인
㉠ 고온, 건조한 날씨
㉡ 장일조건에 의한 생식생장 촉진
㉢ 병충해의 발생
㉣ 잡초의 발생

5 작물의 내동성에 대한 설명으로 옳지 않은 것은?

① 내동성은 가을과 겨울 사이에 증가하며 봄이 되면 줄어든다.
② 포복성 작물은 직립성 작물보다 내동성이 강하다.
③ 원형질의 친수성 콜로이드가 많으면 세포 내 결합수가 많아지고 자유수가 줄어들어 세포의 결빙을 감소시켜 내동성은 증가하게 된다.
④ 휴면아는 내동성이 매우 적다.

TIP ④ 계절적 요인에 속하는 휴면아는 내동성이 매우 크다.

6 종자용 수확재배에 대한 설명으로 옳지 않은 것은?

① 종자수분 함량이 15 ~ 16% 되도록 저장한다.
② 건조기 온도는 45℃ 이하가 되도록 한다.
③ 질소질 비료는 과다시용을 회피한다.
④ 결실기에는 적산온도를 가급적 높여야 한다.

TIP 적산온도
㉠ 작물의 생육에 필요한 열량을 나타내기 위한 것으로서 생육일수의 일평균기온을 적산한 것을 말한다.
㉡ 적산온도를 계산할 때는 일평균기온은 해당작물이 활동할 수 있는 최저온도(기준온도라고 한다) 이상의 것만을 택한다.
㉢ 적산온도는 작물과 지역에 따라 다르며 일반적으로 보리 1,700℃, 밀 1,900℃, 벼 2,500℃, 감자 1,000℃이다.

Answer 4.② 5.④ 6.④

7 **작물생육과 온도에 관한 설명으로 옳은 것은?**

① 고구마는 변온에 의해 괴근의 발달이 촉진된다.
② 최저온도는 월하를 지배한다.
③ 무상기간이 짧은 고지대나 북부지대에서는 벼의 만생종이 재배된다.
④ 잡초는 목초의 생장을 방해하나 하고의 원인은 아니다.

TIP ② 최고온도는 월하를 지배한다.
③ 무상기간이 짧은 고지대나 북부지대에서는 벼의 조생종이 재배된다.
④ 잡초는 목초의 생장을 방해하고 하고현상을 조장한다.

8 **한해(동상해)에 대한 설명으로 옳은 것은?**

① 상해는 밤에 바람이 없고 맑은 날에는 잘 나타나지 않는다.
② 습해는 겨울철 지표부근의 수분증발에 의해 나타난다.
③ 세포의 결빙은 세포 내 원형질이나 세포액이 얼게 되는 것이다.
④ 겨울에는 이상 난동이 왔을 경우 동해를 받을 위험성이 크다.

TIP ① 상해는 −2～0℃에 동사하는 작물의 서리에 의한 피해이다.
② 습해는 눈이 많이 내리고 따뜻할 때 발생한다.
③ 세포의 결빙은 세포간극에 결빙이 생기는 것이다.

Answer 7.① 8.④

9 내동성이 가장 강한 것은?

① 호밀 ② 수도
③ 대맥 ④ 엽맥

TIP 호밀
㉠ 호밀은 내동성이 매우 강하여 −25℃ 정도의 낮은 온도에서도 재배가 가능하다.
㉡ '호밀 > 밀 > 보리 > 귀리' 순으로 내동성이 강하다.

10 토양의 온도변화에 영향을 끼치는 요인이 아닌 것은?

① 경사방향 ② 토양수분
③ 토양색깔 ④ pH 정도

TIP 토양의 온도변화
㉠ 토양온도는 토양생성뿐만 아니라 작물생육에도 큰 영향을 준다.
㉡ 토양수분과 함께 토양 내에서 일어나는 생 · 이 · 화학적 작용을 조절하기도 한다.
㉢ 토양온도에 영향을 끼치는 요인은 가장 중요한 요인은 빛이며, 어두운 색깔의 토양은 많은 빛을 흡수한다.

11 목초의 하고현상의 원인이 되지 않는 것은?

① 고온 ② 장일
③ 건조 ④ 포장과습

TIP 하고현상의 원인
㉠ 여름철 고온 · 건조한 날씨
㉡ 초여름에 장일조건에 의한 생식생장의 촉진
㉢ 병충해의 증가
㉣ 잡초의 번무

Answer 9.① 10.④ 11.④

12 작물의 장해형 냉해와 관계없는 것은?

① 불임립의 증가
② 이삭수 감소
③ 수정의 장애
④ 영화의 퇴립화

TIP 장해형 냉해
㉠ 생식기관이 정상적으로 형성되지 못하거나 또는 꽃가루의 방출 및 수정에 장애를 일으켜 불임현상이 초래되는 냉해이다.
㉡ 장해형 냉해는 수도의 경우 수잉기 또는 개화수정기의 온도에 민감한 때에 저온에 부닥쳐 수정 불량과 빈깍지가 많게 되어 감산되는 것이다.

13 장해형 냉해에서 피해가 가장 심한 시기는?

① 유수형성기
② 감수분열기
③ 출수기
④ 개화기

TIP 장해형 냉해 … 유수형성기부터 개화기까지의 사이, 특히 감수분열기에 냉온의 영향을 받아 불임현상이 초래되는 냉해이다.

14 이른 봄철 갑자기 밤 온도가 5℃ 이하로 내려간다는 예보가 있다. 벼의 냉해를 방지하려면 어떤 조처가 필요한가?

① 논물을 빼준다.
② 우회 수로를 설치한다.
③ 관개수를 높이 댄다.
④ 규산질 비료를 뿌려준다.

TIP 심수관개
㉠ 저온에서도 유수의 발육장해를 경감할 수 있고, 강풍 또는 건조풍에 의한 백수현상의 예방과 도체의 동요가 적어 도복방지에도 큰 효과가 있다.
㉡ 잎집의 발달을 촉진시켜 도복에 대한 저항성을 높여 직파재배의 수량성을 향상시킨다.
㉢ 식물체의 일부분이 물속에 잠기게 되므로 이미 분화되어 있는 분얼아는 물속에서 그 생장이 멈추고 분얼이 억제되는 특성이 있어 무효분얼을 억제할 수 있다.
㉣ 유수형성기 및 감수분열기에 냉온이 올 경우 심수관개를 하면 장해형 냉해를 경감시킬 수 있다.

Answer 12.② 13.② 14.③

15 다음 중 적산온도가 가장 낮은 작물은?

① 벼
② 보리
③ 메밀
④ 담배

TIP 적산온도

㉠ 작물의 생육에 필요한 열량을 나타내기 위한 것으로서 생육일수의 일평균기온을 적산한 것을 말한다.

㉡ 작물별 적산온도
- 벼 : 3,500 ~ 4,500℃
- 보리 : 1,600 ~ 1,900℃
- 메밀 : 1,000 ~ 1,200℃
- 담배 : 3,200 ~ 3,600℃

16 작물의 내동성을 증대시키지 못하는 원형질의 성질은?

① 수분 투과성이 크다.
② SH기가 많다.
③ 친수성 콜로이드가 많다.
④ 점도가 높다.

TIP 원형질의 점도가 낮고 연도가 클수록 내동성이 커진다. 세포 외 결빙에 의해서 세포가 탈수되거나 융해될 때 세포가 물을 다시 흡수하게 되는데, 이 때 원형질의 변형이 적어서 내동성이 커지게 된다.

17 동상해 대책에서 살수결빙법은 다음 중 어떤 것을 이용하는 것인가?

① 잠열
② 기화열
③ 응결열
④ 지열

TIP 살수결빙법 … 물이 얼 때 1g당 약 80cal의 잠열이 발생하는 점을 이용하여 스프링클러 등으로 작물의 표면에 물을 뿌려주는 방법으로 −8 ~ −7℃ 정도의 동상해를 막을 수 있다.

Answer 15.③ 16.④ 17.①

18 작물의 적산온도란?

① 작물생육 최적온도 × 생육일수
② 작물생육 최고온도 × 생육일수
③ 작물생육 최저온도 × 생육일수
④ 생육기간 중 매일 평균기온에서 0℃ 이상의 일평균 기온을 합산하여 구한다.

TIP 작물의 생육에 필요한 열량을 나타내기 위한 것으로서 생육일수의 일평균기온을 적산한 것을 말한다.

19 벼의 등숙에 관한 설명으로 옳지 않은 것은?

① 평야지보다 산간지에서 등숙이 좋다.
② 등숙기의 밤 온도가 초기 20℃ 정도에서 후기 16℃ 정도로 낮아지면 등숙이 좋다.
③ 산간지는 변온이 커서 동화물질의 축적에 이롭다.
④ 전분을 합성하는 포스포릴라아제의 활력이 저온인 경우보다 늦게까지 지속된다.

TIP ④ 전분을 합성하는 포스포릴라아제의 활력이 고온인 경우보다 늦게까지 지속된다.

20 다음 중 온도에 대한 설명으로 옳지 않은 것은?

① 유효온도 – 작물의 생육이 가능한 범위의 온도
② 주요온도 – 유효 · 최적 · 최고의 3온도
③ 최적온도 – 작물의 생육이 가장 왕성한 온도
④ 최고온도 – 작물의 생육이 가능한 가장 높은 온도

TIP 주요온도 … 최저 · 최적 · 최고의 3온도

Answer 18.④ 19.④ 20.②

21 내동성에 관한 설명으로 옳지 않은 것은?

① 추위에 대한 저항력을 나타내는 식물의 성질을 말한다.
② 내동성은 가을에서 겨울 동안은 커지고, 봄에는 작아진다.
③ 수목의 영양상태와는 관계가 없다.
④ 질소과다는 일반적으로 내동성을 약화시키는 경향이 있다.

TIP 내동성
㉠ 추위에 대한 저항력을 나타내는 식물의 성질이며, 내한성(耐寒性)이라고도 한다.
㉡ 생장 중인 잎이나 가는 가지 등에서 일어나는 상해에 대한 저항성을 포함하는 경우와 휴면 중인 가지나 엄동기 상록수의 잎 따위에서 일어나는 한해에 대한 저항성의 의미만으로 사용되는 경우도 있으며, 두 가지를 포함하여 내동성이라고도 한다. 겨울의 추위와 이에 수반하는 건조나 한풍에 대한 저항성을 포함하는 경우도 있다.
㉢ 수종(樹種)이나 품종에 따라 다른 유전적 능력의 차 외에 계절이나 생육조건에 따라서도 변화한다.
㉣ 내동성은 가을에서 겨울 동안은 커지고, 봄에는 작아진다.
㉤ 수목의 영양상태와도 밀접한 관계가 있다.
㉥ 질소과다는 일반적으로 내동성을 약화시킨다.
㉦ 휴면 중에는 내동성이 크다.

22 온도의 일변화가 작물에 끼치는 영향에 대한 설명으로 옳지 않은 것은?

① 낮과 밤의 기온차이가 클 때 동화물질의 축적이 증대된다.
② 낮과 밤의 기온차이가 작을 때 양분흡수가 활발해지므로 생장이 빨라진다.
③ 가을에 결실하는 작물은 대체로 낮과 밤의 기온차이가 큰 조건에서 결실이 조장된다.
④ 변온보다 일정한 온도하에서 영양기관의 발달이 증대된다.

TIP 온도의 일변화
㉠ 일반적으로 낮과 밤의 기온차이가 커서 밤의 기온이 낮은 것이 동화물질의 축적을 유발하여 개화를 촉진하고 화기도 커진다(예외 : 맥류).
㉡ 낮과 밤의 기온차이로 인하여 동화물질이 축적되므로 괴경과 괴근이 발달한다. 일정한 온도보다는 변온하에서 영양기관의 발달이 증대된다.
㉢ 낮과 밤의 기온차이가 작을 때 양분흡수가 활발해지므로 생장이 빨라진다.
㉣ 낮과 밤의 기온차이가 클 때 동화물질의 축적이 증대된다.
㉤ 낮과 밤의 기온차이로 인하여 작물의 종자발아를 촉진하는 경우가 있다.
㉥ 대부분의 작물은 낮과 밤의 기온 차이로 인하여 결실이 조장되며, 가을에 결실하는 작물은 대체로 낮과 밤의 기온 차이가 큰 조건에서 결실이 조장된다.

Answer 21.③ 22.④

23 **다음 중 수온에 대한 설명으로 옳은 것은?**

① 수온의 최저 · 최고 시간은 기온의 최저 · 최고 시간보다 약 5시간 후이다.
② 최고온도는 기온보다 높다.
③ 수심이 깊을수록 수온변화의 폭이 작다.
④ 최저온도는 기온보다 낮다.

TIP ① 수온의 최저 · 최고 시간은 기온의 최저 · 최고 시간보다 약 2시간 후이다.
② 최고온도는 기온보다 낮다.
④ 최저온도는 기온보다 높다.

24 **열해의 원인에 대해 설명으로 옳지 않은 것은?**

① 전분이 열에 의해 응고되면 엽록체가 응고하여 기능을 상실한다.
② 한계점 이상의 열에 의해 원형질 단백질의 응고가 일어난다.
③ 고온에 의해 철분이 침전되면 뿌리의 양분흡수가 촉진된다.
④ 고온이 지속되면 유기물 및 기타 영양성분이 많이 소모된다.

TIP 열해의 원인
㉠ 전분의 점괴화 : 전분이 열에 의해 응고되면 엽록체가 응고하여 기능을 상실한다.
㉡ 원형질막의 액화 : 열에 의해 반투성인 인지질이 액화하여 원형질막의 기능을 상실한다.
㉢ 원형질의 단백질 응고 : 한계점 이상의 열에 의해 원형질 단백질의 응고가 일어난다.
㉣ 증산과다 : 고온에서는 뿌리의 수분흡수량보다 증산량이 과다하게 증가한다.
㉤ 철분의 침전 : 고온에 의해 철분이 침전되면 황백화된다.
㉥ 질소대사의 이상 : 고온에서는 단백질의 합성이 저해되고 유해물질인 암모니아의 합성이 많아진다.
㉦ 유기물의 과잉소모 : 고온이 지속되면 유기물 및 기타 영양성분이 많이 소모된다.

Answer 23.③ 24.③

25 작물의 내열성에 관해 옳게 설명한 것은?

① 세포 내의 유리수가 감소하고 결합수가 많아지면 내열성이 감소된다.
② 작물의 연령이 많으면 내열성이 증대된다.
③ 내열성은 주피 · 완피엽이 가장 약하며 중심주가 가장 크다.
④ 세포질의 점성이 증가되면 내열성이 감소된다.

TIP 작물의 내열성
㉠ 세포 내의 유리수가 감소하고 결합수가 많아지면 내열성이 커진다.
㉡ 작물의 연령이 많으면 내열성이 증대된다.
㉢ 일반적으로 세포의 점성, 결합수, 염류농도, 단백질 함량, 지유 함량, 당분 함량 등이 증가하면 내열성이 강해진다.
㉣ 세포질의 점성이 증가되면 내열성이 증대된다.
㉤ 고온 · 건조하고 일사가 좋은 곳에서 자란 작물은 내열성이 크다.
㉥ 내열성은 주피 · 완피엽이 가장 크며 중심주가 가장 약하다.

26 열해대책에 대한 설명 중 옳지 않은 것은?

① 질소를 과용하지 않는다.
② 혹서기를 피할 수 있도록 재배시기를 조절한다.
③ 밀식을 한다.
④ 비닐터널이나 하우스재배에서는 환기를 시켜 온도를 조절한다.

TIP 열해대책
㉠ 질소를 과용하지 않는다.
㉡ 혹서기를 피할 수 있도록 재배시기를 조절한다.
㉢ 밀식을 피한다.
㉣ 비닐터널이나 하우스재배에서는 환기를 시켜 온도를 조절한다.
㉤ 지면에 짚이나 풀을 깔아 지온상승을 막는다.
㉥ 관개를 해서 지온을 낮춘다.
㉦ 그늘을 만들어준다.
㉧ 월하할 수 있는 내열성이 강한 작물을 선택한다.

Answer 25.② 26.③

27 **하고현상의 원인에 대한 설명 중 옳지 않은 것은?**

① 병충해의 발생과 하고현상은 관계가 없다.
② 초여름에 장일조건에 의한 생식생장의 촉진은 하고현상을 조장한다.
③ 여름철 고온 · 건조한 날씨는 하고의 원인이 된다.
④ 잡초는 목초의 생장을 방해하고 하고현상을 조장한다.

TIP 하고현상의 원인

㉠ 여름철 고온 · 건조한 날씨는 하고의 원인이 된다.
㉡ 초여름에 장일조건에 의한 생식생장의 촉진은 하고현상을 조장한다.
㉢ 병충해의 발생이 많아지면 하고현상이 촉진된다.
㉣ 잡초는 목초의 생장을 방해하고 하고현상을 조장한다.
㉤ 북방형 목초는 24℃ 이상이면 생육이 정지상태에 이르고 하고현상이 심해진다.

Answer 27.①

04 대기환경과 빛환경

01 대기환경과 작물생육

1 대기의 구성과 작용

(1) 대기의 구성성분

① 질소(N)… 약 79%

② 산소(O_2) … 약 21%

③ 이산화탄소(CO_2) … 약 0.03%

④ 기타 … 수증기, 먼지와 연기 입자, 미생물, 화분, 각종 가스 등

(2) 산소 농도와 이산화탄소 농도

① 대기 중의 산소 농도는 약 21%로서 작물이 호흡작용을 하는 데 가장 알맞다.

② 일반적으로 대기 중의 탄산가스 농도가 높아지면 작물의 호흡속도는 감소한다.

(3) 광합성

① 녹색식물이 빛에너지를 이용하여 이산화탄소와 물로부터 유기물을 합성하는 일련의 과정을 말한다.

② 광합성 요인 … 빛의 강약, 이산화탄소의 농도, 온도

③ 광합성 요인간의 상호관계

㉠ 일정한 농도의 CO_2와 어느 온도하에서 빛이 약한 범위에서는 빛의 세기가 증가하면 광합성률은 증가한다.

㉡ 어느 정도 이상의 강한 빛이 되면 광포화상태가 되어 더 이상 광합성률이 증가하지 않는다.

㉢ 이 때의 광합성률은 광합성 과정에서 흡수되는 이산화탄소와 방출되는 산소의 몰비(比)이다.

㉣ 이산화탄소 농도가 배증되면 광합성 속도는 급증한다.

④ **보상점**

㉠ 호흡에 따른 산소의 흡수와 광합성에 따른 산소의 방출이 같아서 가스의 출입이 외관상 0이 되는 조도를 말한다.

㉡ 일반적으로 작물의 CO_2 보상점은 대기 중 농도(0.03%)의 1/10 ~ 1/3 정도이다.

⑤ **포화점**

㉠ CO_2 농도가 증가할수록 광합성 속도도 증가하나 어느 농도에 도달하게 되면 CO_2 농도가 그 이상 증가해도 광합성 속도는 그 이상 증가하지 않게 되는데, 이 한계점의 CO_2 농도를 말한다.

㉡ 일반적으로 작물의 탄산가스 포화점은 대기 중 농도의 7 ~ 10배(0.21 ~ 0.3%) 정도이다.

⑥ **광합성의 장소** … 엽록체 속에서 이루어진다.

⑦ **광인산화**

㉠ 광합성에서 빛에너지를 사용하여 ADP와 무기인산(Pi)으로부터 ATP를 합성하는 반응을 말하며, 광합성적 인산화라고도 한다.

㉡ **순환적 광인산화** : 순환형 전자전달에 공액하는 것으로서 광화학반응계에 포함되는 색소로부터 들떠서 방출된 전자가 고리모양의 전자전달경로를 지나서 원래의 점으로 되돌아가는 과정이다.

$$\text{ADP} + \text{Pi} \xrightarrow{\text{빛}} \text{ATP}$$

㉢ **비순환적 광인산화** : 비순환형 전자전달로서 전자주개와 전자받개 사이에서 산화환원반응이 일어난다.

$$\text{ADP} + \text{Pi} + \text{AH}_2 + \text{B} \xrightarrow{\text{빛}} \text{ATP} + \text{A} + \text{BH}_2$$

(4) 이산화탄소 시비(탄산시비)

시설 내에서는 탄산가스가 부족하기 쉽고, 시간과 위치에 따라 농도분포가 다르게 되는데 이 때 시설 내에서 인위적으로 공기 환경을 조절하면서 탄산가스를 공급하여 작물의 생육을 촉진시키는 것을 이산화탄소 시비(탄산 시비, carbon dioxide enrichment or carbon dioxide fertilization)라고 한다.

① **이산화탄소 보상점** : 광합성에 의해 흡수되는 이산화탄소의 양과 농도가 낮아 호흡에 의해 방출되는 이산화탄소의 양이 같아져서 순광합성량이 0이 되는 때의 이산화탄소 농도를 이산화탄소 보상점이라고 하며, 작물의 이산화탄소 보상점은 대기 중의 이산화탄소 농도인 350ppm보다 낮은 30~80ppm 정도가 적당하다.

② **이산화탄소 포화점** : 이산화탄소의 농도가 증가하면 광합성량이 증가하다가 어느 수준의 농도에 이르면 더 이상 증가하지 않게 되는데, 이때의 농도를 이산화탄소 포화점이라고 한다.

③ **탄산가스의 농도** : 식물에 1,500ppm 이상의 탄산가스 농도는 적합하지 않으며, 보통 700~1,200ppm의 농도가 표준적으로 사용된다.

④ 이산화탄소 시비의 효과

㉠ 탄산가스 농도를 증가시키면 광합성 속도를 증가시킬 수 있으므로 시설원예에서는 이산화탄소 시비를 통하여 작물의 품질을 향상시키고 수량을 증대시킬 수 있다.

㉡ 이산화탄소 시비의 효과는 특히 오이, 멜론, 가지, 토마토, 고추 등의 열매채소에서 수량증대의 효과가 두드러지게 나타나고 있다.

㉢ 화훼류에서 장미의 경우 개화기를 단축시키고 꽃잎의 수를 크게 증가시키는 효과가 있다.

㉣ 육묘 중의 이산화탄소 시비는 모종의 소질을 향상시킴은 물론이고, 정식 후에도 시용효과가 계속 유지된다.

㉤ 이산화탄소 시용효과는 작물의 광합성과 관련이 깊은 온도나 광도 및 습도, 공기의 유동, 무기영양 상태에 따라 다르게 나타나며, 특히 저온이나 저광도보다 고온이나 고광도에서 시용 효과가 높다.

㉥ 이산화탄소를 시용할 때는 온실 내 환경을 적절히 조절해야 그 효과를 극대화할 수 있다.

㉦ 시설원예에서 작물의 생육을 촉진하고 수량을 증대시키기 위해서는 적정 수준까지는 광도와 함께 이산화탄소의 농도를 높여 주는 것이 바람직하다.

⑤ 오이에 대한 탄산가스 시비 효과

㉠ 프로판가스를 연소시켜 탄산가스를 시비한 경우 오이 수량은 약 50% 증가되었다.

㉡ 개화일에는 큰 차이가 없었지만 특히 1급품의 수량이 많아 품질도 좋았고 수확이 빠르다는 것을 알 수 있다.

⑥ 토마토에 대한 탄산가스 시비 효과

㉠ 수량은 탄산가스 2배 처리구에서 표준구에 비해 약 20% 증수되었고, 다비구에서는 과실수 약 30%가 증가하였다.

㉡ 탄산가스 시비는 장기재배보다 재배기간이 짧은 촉성재배의 과실 비대기에 중점적으로 사용하면 효과가 높고 장기재배에 비해 노화현상 정도가 적다.

⑦ 파프리카에 대한 탄산가스 시비효과

㉠ 액화탄산가스를 이용해 탄산가스 시비를 하고 시용 농도는 700~1,000ppm 범위이며, 광합성량이 증가되면서 파프리카의 엽 면적과 수량이 증가하였다.

㉡ 환기창의 개도가 50% 이상인 경우에는 탄산가스 시비를 중지하는 것이 경제적이다.

(5) CO_2 농도에 관여하는 요인

① 바람은 공기 중의 CO_2 농도를 균등하게 만들어준다.

② 미숙유기물을 시용하면 CO_2 발생이 많으며, 작물 주변의 CO_2 농도를 높여서 탄산시비의 효과를 나타낸다.

③ 지표면에서 가까울수록 CO_2 농도가 높아진다.

④ 지표면에서 가까운 부위는 뿌리의 호흡이 왕성하고, 바람을 막아서 CO_2 농도가 높아진다.

⑤ 지표면에서 가까운 부위는 여름철 토양유기물의 분해와 뿌리의 호흡이 왕성해져서 CO_2 농도가 높다.

(6) 질소고정

① 대기 중의 유리질소를 생물체가 생리적으로 또는 화학적으로 이용할 수 있는 상태의 질소화합물로 바꾸는 것을 말한다.

㉠ **생물적 질소고정**: 생물체에 의한 것으로서 보통 질소대사의 한 과정으로 질소동화라고도 불린다

㉡ **비생물적 질소고정**: 생물체에 의하지 않고 번개의 공중방전(空中放電) 등의 자연현상, 또는 화학공업적인 공중질소고정에 의한 것이다.

② **화합태 질소** … 대기 중에는 소량이지만 화합물 형태의 질소가 존재하며, 암모니아 · 질산 · 아질산 등이 토양에 공급되어 작물의 양분이 된다.

(7) 질소동화

생물체가 대기 중의 기체질소 또는 토양이나 물 속의 무기질소화합물을 사용하여 각종 유기질소화합물(아미노산, 단백질, 핵산, 인지질 등)을 만드는 것을 말한다.

(8) 유해가스

① 이산화황

㉠ 황이 연소할 때에 발생하는 기체이다.

㉡ 광합성 속도를 크게 저하시킨다.

㉢ 호흡은 낮은 농도에서는 촉진되나, 농도가 높아지면 낮아진다.

㉣ 줄기 · 잎이 퇴색하며 잎의 끝이나 가장자리가 황록화하거나 잎 전면이 퇴색 · 황화한다.

② 이산화질소(과산화질소)

㉠ 실온에서는 보통기체이다.

㉡ 아황산가스의 피해증상과 비슷하다.

③ 암모니아

㉠ 엽육세포가 괴사한다.

㉡ 잎은 급격히 거무스름해져 시들게 된다.

④ 아질산가스

㉠ **경미할 때**: 잎의 엽맥 간의 백색 또는 갈색의 반점이 생겨서 점차 확대된다.

㉡ **심할 때**: 잎이 뜨거운 물을 맞은 것 같이 시들어서 수일 후에는 백색이 되어 고사한다.

⑤ 탄산가스

㉠ 하우스 재배에서는 탄산가스의 시비가 보급되고 있다.

㉡ 대기 중 탄산가스의 농도가 1,000ppm 이상이 되면 작물의 종류나 영양상태에 따라 중위엽을 중심으로 엽신에 탄산가스 과잉장해가 나타나는 일이 있다.

⑥ 옥시던트

㉠ 대도시 근교에서 자주 발생하는 대기오염 물질이다.

㉡ 그 중에서 농작물에 해를 입히는 가스는 오존과 PAN이다.

⑦ 오존(O_3)

㉠ 다 자란 잎의 표면에 회백색이나 갈색의 균일한 작은 반점이나 무늬가 생기거나 불규칙한 주근깨 모양과 같은 기미가 생긴다.

㉡ 잎의 울타리 조직이 침해되기 쉽다.

⑧ PAN(Peroxy Acetyl Nitrate)

㉠ 비교적 젊은 잎의 해면상 조직이 침해되기 쉬워서 잎의 뒷면에 은회색 또는 청동색의 금속광택의 반점이 생겨 전면에 흩어진다.

㉡ 독성은 오존보다 상당히 강하여 0.01ppm으로 6시간 접촉하면 감수성이 강한 근대는 피해증상을 나타낸다.

⑨ 불화수소(HF)

㉠ 피해지역은 한정되어 있으나 독성은 가장 강하여 낮은 농도에서 피해를 끼친다.

㉡ 잎의 끝이나 가장자리가 백변한다.

⑩ 에틸렌

㉠ 도시의 가스제조 공장, 폴리에틸렌 공장, 유기물의 불완전 연소, 자동차의 배기가스 등에서 배출된다.

㉡ 낙엽 · 낙과가 발생하고, 어린 가지가 구부러진다.

⑪ 염소가스(Cl_2)

㉠ 화학공장에서 배출된다.

㉡ 잎끝이 퇴색하여 암갈녹색으로 된다.

⑫ 기타 … 납(Pb), 시안화수소, 암모니아, 염화수소 및 매연 등도 작물에 피해를 준다.

❷ 바람과 생육작용

(1) 연풍

① 연풍의 개념

㉠ 바람의 강도분류 중 약한 바람군의 명칭을 말한다.

㉡ 보퍼트(Beaufort)의 풍력계급표에 의하면 2 ~ 6급까지가 여기에 해당한다.

㉢ 미풍(남실바람), 연풍(산들바람), 화풍(건들바람), 질풍(흔들바람), 웅풍(된바람)까지를 연풍으로 볼 수 있다.

㉣ 4 ~ 6km/hr 이하의 바람을 말한다.

② 연풍의 장점

㉠ 한여름에는 기온과 지온을 낮춘다.

㉡ 봄 · 가을에는 서리를 막으며, 수확물의 건조를 촉진시킨다.

㉢ 풍매화의 결실에 도움을 준다.

㉣ 작물 주위의 탄산가스 농도를 높여 준다.

㉤ 잎을 움직여 그늘졌던 잎이 빛을 잘 받게 해준다.

㉥ 작물의 증산작용을 유발하여 양분흡수를 증대시킨다.

③ 연풍의 단점

㉠ 냉풍은 작물체에 냉해를 유발하기도 한다.

㉡ 잡초의 씨나 병균을 전파한다.

㉢ 건조할 때는 더욱 건조상태를 조장한다.

(2) 풍해

① 풍해의 개념

㉠ 넓은 의미로는 바람에 의한 모든 재해를 말하며, 좁은 의미로는 강풍 및 강풍의 급격한 풍속변화에 의하여 발생하는 강풍피해를 말한다.

㉡ 풍속이 4 ~ 6km/hr 이상의 강풍을 말한다.

② 장해유형

㉠ 풍속이 2 ~ 4m/sec 이상 강해지면 기공이 닫혀서 광합성이 저하된다.

㉡ 작물체온이 저하되며, 냉풍은 냉해를 유발한다.

㉢ 건조한 강풍은 작물의 수분증산을 이상적으로 증대시켜 건조해를 유발한다.

㉣ 바람이 강할 경우 낙과 · 절손 · 도복 · 탈립 등을 유발하며, 2차적으로 병해 · 부패 등이 유발되기도 한다.

㉤ 바람에 의해 작물이 손상을 입으면 호흡이 증가하므로 체내 양분의 소모가 커진다.

㉥ 벼에서는 수분 · 수정이 저해되어 불임립이 발생한다.

③ 대책

㉠ 방풍림을 만든다.

㉡ 너비는 20 ~ 40m, 풍향의 직각방향으로 설치한다.

㉢ 조성용 수종은 크고 빨리 자라며 바람에 견디는 힘이 좋은 상록수, 특히 오래 사는 침엽수가 알맞다.

㉣ 재배적 대책

- 작기를 이동하여 위험기의 출수를 피한다.
- 낙과 방지제를 살포한다.
- 태풍 위험기에 논물을 깊이 대어 두면 도복과 건조가 경감된다.

02 광환경

❶ 광과 작물의 생리작용

(1) 광합성

① 녹색식물은 빛을 받아 엽록소를 만들고, 이산화탄소와 물을 합성하며 산소를 방출한다.

② 광합성은 6,750Å을 중심으로 한 6,200 ~ 7,700Å의 적색부분과 4,500Å을 중심으로 한 4,000 ~ 5,000Å의 청색부분이 가장 효과적이다.

③ 녹색, 황색, 주황색 부분은 대부분 투과 · 반사되어 효과가 적다.

TIP

엽록소

식물의 잎이 초록색을 띠는 것은 엽록체 속에 엽록소가 들어 있기 때문이다.

엽록소는 탄소, 수소, 질소, 마그네슘으로 구성된 화합물로 엽록소 a, b, c, d 등 여러 종류가 있다. 엽록소 a는 청록색으로 광합성에서 중심적인 역할을 하는 중심 색소이며, 광합성을 하는 모든 생물에서 발견된다. 엽록소 b는 황록색으로 육상식물과 녹조류에 존재하며, 엽록소 c는 황적조류와 규조류 및 갈조류에 존재한다. 엽록소 d는 홍조류에 존재한다. 엽록소 a를 제외한 나머지 색소들은 빛에너지를 흡수하여 엽록소 a에 전달해 주는 역할을 하므로 보조 색소이다.

(2) C_3 · C_4 · CAM식물의 생리적 특성

① C_3식물 … 표피와 책상조직, 해면조직을 갖고 있으며 이 해면조직의 사이에 엽맥을 갖고 있는 구조로 rubisco를 사용하여 탄소를 고정하도록 되어 있다.

② C_4식물 … 잎의 엽맥주변에 유관속초를 갖고 있으며 그 주변을 많은 엽육세포가 감싸고 있는 구조이다.

③ CAM 식물 … CAM식물은 야간에 CO_2를 흡수하고 흡수된 CO_2는 유기산(주로 사과산)의 모양으로 고정되어 야간에는 세포 내의 액포에 축적되며 주간에는 그 유기산을 액포로부터 꺼내어 분해하고 세포내에 CO_2를 발생시키는 식물로 대표적인 것이 선인장이다.

✲ C_3 식물과 C_4 식물의 비교 ✲

특성	C_3 식물	C_4 식물	CAM 식물
CO_2 고정계	칼빈회로	C_4+칼빈회로	C_4+칼빈회로
잎의 형태	엽록체가 적은 유관속초세포	밀집된 엽록체를 갖고 있는 유관속초세포	커다란 액포
1g의 건조된 광합성 산물을 생산하는데 소요되는 물의 양	450~950	250~350	50~55
광호흡률이 증가되는 온도	15~25℃	30~40℃	35℃ 이상
이론적 에너지 요구량	1 : 3 : 2	1 : 5 : 2	1 : 6.5 : 2
최대 광합성 능력	15~40	35~80	1~4
CO_2 보상점(ppm)	30~70	0~10	0~5
내건성	약함	강함	극히 강함
광호흡 여부	일어난다.	유관속초 세포에서 일어난다.	일어나지 않는다.
광포화점	최대일사의 1/4~1/2	최대일사 이상으로 강한 광조건에서 높음	부정
해당 식물	벼, 담배, 보리 밀 등	덥고 건조한 지역 식물(옥수수, 사탕수수, 수수, 기장, 명아주, 버뮤다그래스, 수단그래스 등)	선인장, 파인애플, 돌나물, 다육식물 등

(3) 증산작용

① 식물의 수분이 식물체의 표면에서 수증기가 되어 배출되는 현상을 말한다.

② 증산이 주로 일어나는 부위는 잎이다(기공 증산).

③ 외적 조건 중에서 빛이 가장 큰 영향을 준다.

④ 광합성에 의해 체내에 동화물질이 축적되고, 공변세포의 삼투압이 높아져 기공이 열리면 체외로의 수분방출을 유발하기 때문에 증산이 조장된다.

(4) 호흡작용

빛은 광합성에 의해 호흡을 증대시킨다.

(5) 굴광작용

① 식물이 광조사의 방향에 반응하여 굴곡반응을 나타내는 현상을 말한다.

② 굴광현상은 4,000 ~ 5,000Å 범위의 청색광이 유효하며, 특히 4,400 ~ 4,800Å의 청색광이 가장 유효하다.

③ 굴광작용은 작물 체내의 생장호르몬(옥신)의 농도를 변화시킨다.

④ **향광성** … 줄기나 초엽에서 옥신의 농도가 낮은 쪽의 생장속도가 반대쪽보다 낮아져서 빛을 향하여 구부러지는 성질을 말한다.

⑤ **배광성** … 뿌리에서 빛의 반대쪽으로 구부러지는 성질을 말한다.

(6) 착색

① 빛이 없을 때는 엽록소의 형성이 저해되고, 에티올린(Etiolin)이라는 담황색 색소가 형성되어 황백화 현상이 일어난다.

② 안토시안(Anthocyan ; 화청소)은 사과, 포도, 딸기, 순무 등의 착색을 일으킨다.

③ 엽록소의 생성에는 4,500Å을 중심으로 한 4,000 ~ 5,000Å 범위의 청색광역과 6,500Å을 중심으로 한 6,200 ~ 6,700Å의 적색광역이 가장 효과적이다.

(7) 신장과 개화

① 종자식물의 생식기관인 꽃이 피는 현상을 개화라 한다.

② 빛이 조사되는 시간(일장의 장단)도 화성 · 개화에 큰 영향을 준다.

③ 대부분이 빛이 있을 때에 개화하지만, 수수처럼 빛이 없을 때 개화하는 것도 있다.

❷ 빛과 광합성

(1) 광합성과 태양에너지

① 지표면에 도달하는 태양에너지량

㉠ 지표면에 도달하는 태양에너지의 양은 지역에 따라 다르다.

㉡ 우리나라는 40 ~ 50kcal/cm^2/year이다.

② 작물의 태양에너지 이용률

㉠ 작물의 광합성에 의한 태양에너지 이용률은 2 ~ 4%로 매우 적다.

㉡ 생육이 빈약한 작물은 0.5 ~ 1%이다.

(2) 광포화점

① **광포화점의 의의** … 식물의 광합성 속도가 더 이상 증가하지 않을 때의 빛의 세기를 말한다.

② 고립상태

㉠ 1개체나 특정한 몇 개의 잎이 고립되어 있을 때 잎의 전부가 직사광선을 받는 상태를 말한다.

㉡ 포장에서는 생육 초기에 여러 개체의 잎들이 서로 엉기기 전의 상태가 이에 해당한다.

㉢ 어느 정도 자라면 고립상태는 형성되지 않는다.

③ **각 식물별 광포화점** … 대개의 일반 작물의 광포화점은 30 ~ 60%이다.

✵ 전광(100 ~ 120klux)에 대한 비율 ✵

식물명	광포화점	식물명	광포화점
음생식물	10% 정도	벼, 목화	40 ~ 50% 정도
감자, 담배, 강낭콩, 해바라기	20 ~ 23% 정도	밀, 알팔파	50% 정도
구약나물	25% 정도	옥수수, 사탕무우, 무, 사과나무	40 ~ 60% 정도
콩	30% 정도		

④ 광포화점의 변화

㉠ 광포화점은 외부의 공기 온도가 높아짐에 따라 변화한다.

㉡ 광포화점은 탄산가스 농도와 비례하여 높아진다.

㉢ 군집상태에서는 고립상태의 작물보다 광포화점이 훨씬 높아진다.

(3) 광합성 속도

① 식물의 잎에 빛을 쪼이면 빛의 세기에 비례하여 광합성 속도가 증가한다.

② 이산화탄소의 양이 증가하면 광합성 속도는 증가하지만, 어느 농도를 초과하면 더 이상 농도가 높아져도 광합성 속도는 빨라지지 않는다.

(4) 보상점

① 일정한 온도에서 빛의 강도에 의해 결정되는 호흡과 광합성의 평형점을 말한다.

② 외견상 광합성의 속도가 0이 되는 빛의 조도를 말한다.

③ 보상점이 낮은 식물일수록 약한 빛을 잘 이용할 수 있다.

④ 보상점은 식물의 종류, 나이, 환경조건 등에 따라 달라진다.

⑤ 보상점은 같은 식물이라도 양지 잎은 그늘 잎보다, 늙은 잎은 어린잎보다 밝은 값을 나타낸다.

⑥ 내음성과의 관계

㉠ 식물은 보상점 이상의 광을 받아야 지속적인 생육이 가능하다.

㉡ 보상점이 낮은 식물은 그늘에 견딜 수 있어 내음성이 강하다.

(5) 음지식물과 광합성

① 광포화점이 비교적 낮아 그늘에서 자라는 식물을 말한다. 음광(陰光)식물, 음영(陰影)식물이라고도 한다.

② 내음성(耐陰性)이 강하며 육지에서 건강하게 자라는 식물을 말한다.

③ 양지식물과 대응되는 말로서, 음지식물에서는 보상점과 최소수광량(식물의 성장에 필요한 최소한의 빛의 양)이 양지식물에서보다 낮다.

❸ 포장상태에서의 광합성

(1) 군락의 광포화점

① 포장에서 잎이 서로 엉기고 포개져 많은 양의 직사광선을 받지 못하고 그늘에 있는 상태를 군락이라 한다.

② 군락의 형성도가 높을수록 군락의 광포화점은 높아진다.

③ 포장벼의 시기별 광합성과 빛의 조도와의 관계

㉠ 생육 초기에는 낮은 조도에서 광포화를 이룬다.

㉡ 군락이 무성한 출수기 전후에서는 전광에 가까운 조도에서도 광포화가 보이지 않는다.

㉢ 군락이 무성한 시기일수록 강한 일사가 필요하다.

(2) 포장동화능력

① 포장군락의 단위면적당 동화능력(광합성 능력)을 포장동화능력이라고 한다.

② 포장동화능력은 수확량을 결정짓는다.

③ 포장동화능력은 일정한 빛의 투사아래에서 다음과 같이 표시된다.

$$P = AfP_0$$

- P : 포장동화능력
- f : 수광능률
- A : 총엽면적
- P_0 : 평균 동화능력

④ 수광능률을 높이기 위한 방법
　㉠ 총엽면적을 알맞은 한도 내로 조절한다.
　㉡ 군락 내로의 광투과를 좋게 한다.

(3) 최적엽면적

① 건물생산이 최대로 되는 단위면적당 군락 엽면적을 말한다.

② 군락의 진정 광합성량은 엽면적의 증가에 비례하여 커지지만, 엽면적이 어느 수준 이상 커지면 진정 광합성량은 더 이상 증가하지 않고 감소하게 된다.

③ 엽면적 지수
　㉠ 군락의 엽면적을 토지면적에 대한 배수치로 표시하는 지수를 말한다.
　㉡ 최적엽면적에 대한 엽면적 지수를 최적엽면적 지수라 한다.

(4) 군락의 수광태세

① 군락의 수광태세가 좋을 때 군락의 최적엽면적 지수가 커진다.

② 동일 엽면적이라도 군락의 수광능력은 수광태세가 좋을 때 커진다.

③ 수광태세의 개선은 빛 에너지의 이용도를 높이는 것이 중요하다.

④ 수광태세의 개선 … 좋은 품종을 육성하고 재배법을 개선하여 군락의 엽군구성을 좋게 하여야 한다.

(5) 생육단계와 일사

① 생육단계와 차광의 영향
　㉠ 일조 부족의 영향은 작물의 생육단계에 따라 다르다.
　㉡ 벼의 수량은 '이삭수 × 1 이삭의 영화수 × 등숙률 × 1립중'으로 표시된다.
　　• 유수분화 초기 : 최고 분얼기를 전후한 약 1개월 동안의 시기에 일조가 부족하면 유효 경수 및 유효경 비율이 저하하여 이삭수가 감소된다.
　　• 감수분열 성기 : 일조가 부족하면 분화 생성된 직후 영화의 생장이 정지되고 퇴화하기 때문에 1이삭의 영화수를 적게하고, 영(穎)의 크기를 적게 하여 1알의 무게를 감소시킨다.
　　• 유숙기 : 유숙기를 전후한 1개월 동안의 일조 부족은 동화물질을 감소시키고, 배유로의 전류 · 축적을 감퇴시켜 배유의 발육을 저해하여 등숙률을 감소시킨다.

② 일사 부족이 가장 크게 영향을 미치는 시기
　㉠ 감수분열기의 일사 부족은 분화된 영화의 크기를 작게 한다.
　㉡ 1수 영화수와 정조 천립중을 감소시킨다.
　㉢ 분얼 성숙기의 일사 부족은 크게 영향을 미치지 않는데, 왜냐하면 그 후의 조건만 좋으면 유효경수와 이삭수의 감소는 충분히 보상되기 때문이다.

③ 소모도장효과

㉠ 일조의 건물생산효과에 대한 온도의 호흡촉진효과의 비를 말한다.

㉡ 소모도장효과가 크면 건물의 생산에 비해 소모경향이 커지고 도장하는 경향이 있다.

㉢ 소모도장효과

$$z = \frac{f(t)}{h}$$

- z : 소모도장효과,
- f(t) : 온도(t)의 호흡촉진함수
- f(t) : 100.0301(t−10)
- h : 일조의 건물생산효과(h = 일당 일조 시수)

㉣ 소모도장효과가 큰 시기는 7 ~ 8월이고 적은 시기는 5 ~ 6월, 9 ~ 10월이다.

(6) 수광과 작물의 재배조건

① 작물과 빛

㉠ 혼작이나 간작의 경우 재식밀도를 조절하는 등 그늘을 적게 한다.

㉡ 벼, 목화, 조, 기장, 감자 등은 광부족에 적응하지 못하므로 일사가 좋은 곳이 알맞다.

㉢ 딸기, 감자, 당근, 목초 등은 빛이 많은 곳보다 흐린 날이 많아야 생장에 좋다.

② 작물과 이랑의 방향

㉠ 일반적으로 대부분의 작물은 이랑의 방향을 남북향으로 하면 동서향으로 하는 것보다 수광시간은 짧지만 작물 생장기의 수광량이 훨씬 많아서 수량이 증가하게 된다.

㉡ 겨울작물이 생장 초기일 때는 수광량이 많아지기 때문에 동서 방향의 이랑이 적당하다.

③ 피복과 투광률

㉠ 피복물의 투광률은 유리 90%, 비닐 85%, 유지 40% 정도이다.

㉡ 유리나 플라스틱 필름을 쓰는 것이 투광이 잘 되어 보온이 잘 되고 생육도 건실해진다.

④ 보광(補光)

㉠ 광합성을 조장하기 위해 밤이나 흐린 날에 보광을 하는 경우가 있다.

㉡ 보광을 할 때에는 일장효과를 고려해야 한다.

⑤ 차광(遮光)

㉠ 인삼처럼 그늘에서 자라는 작물을 미리 차광막을 설치하고 재배한다.

㉡ 여름철에는 고온건조 및 과다한 일사를 막기 위해 발 등으로 차광막을 설치해준다.

최근 기출문제 분석

2024. 6. 22. 제1회 지방직 9급 시행

1 **노지재배에서 광과 온도가 적정 생육 조건일 때 이산화탄소 농도와 작물의 생리작용에 대한 설명으로 옳지 않은 것은?**

① C_4 식물의 이산화탄소 보상점은 30~70ppm 정도이다.

② C_4 식물은 C_3 식물보다 낮은 농도의 이산화탄소 조건에서도 잘 적응한다.

③ 이산화탄소 농도가 높아지면 일반적으로 호흡속도는 감소한다.

④ 이산화탄소 농도가 높아지면 온도가 높아질수록 동화량이 증가한다.

TIP ① C_4 식물의 이산화탄소 보상점은 0~10ppm 정도이다.

2024. 3. 23. 인사혁신처 9급 시행

2 **작물과 대기환경에 대한 설명으로 옳지 않은 것은?**

① 작물의 이산화탄소 보상점은 대기 중 평균 이산화탄소 농도보다 높다.

② 이산화탄소, 메탄가스, 아산화질소 등이 온실효과를 유발한다.

③ 풍해로 인한 벼의 백수현상은 대기가 건조할수록 발생하기 쉽다.

④ 시속 4~6km 이하의 약한 바람은 광합성을 증대시키는 효과가 있다.

TIP ① 일반적으로 작물의 이산화탄소 보상점은 대기 중의 이산화탄소 농도 370ppm보다 낮은 30~80ppm 수준이다.

2023. 10. 28. 제2회 서울시 농촌지도사 시행

3 **광과 작물의 생리작용에 대한 설명으로 가장 옳지 않은 것은?**

① 광보상점이 낮은 식물은 내음성이 강하다.

② 광보상점보다 낮은 광도조건에서 식물 잎은 이산화탄소를 방출한다.

③ 녹색광파장 영역은 적색과 청색에 비해 상대적으로 광합성에 미치는 효과가 적다.

④ 지나치게 강한광 조건과 고온조건에서는 광호흡보다 광합성이 우세하다.

TIP ④ 지나치게 강한 광 조건과 고온 조건에서는 광합성 효율이 감소하고 광호흡이 우세하게 되면서 식물의 생장을 저해한다.

Answer 1.① 2.① 3.④

2023. 10. 28. 제2회 서울시 농촌지도사 시행

4 **이산화탄소 농도에 대한 설명으로 가장 옳은 것은?**

① 여름철 지표면과 접한 공기층은 토양유기물의 분해와 뿌리 호흡으로 인해 이산화탄소의 농도가 낮다.

② 이산화탄소는 공기보다 무거워 가라앉기 때문에 지표로 부터 멀어짐에 따라 농도가 더 낮게 나타난다.

③ 미숙유기물을시용하면 이산화탄소의 발생을 적게 하여 작물주변공기층에서 이산화탄소농도가 낮게 나타난다.

④ 바람은 공기 중의 이산화탄소 농도의 불균형을 촉진하고, 식생이 무성하면 바람을 막아 가까운 공기층에서 이산화탄소 농도를 낮춘다.

TIP ① 토양유기물의 분해와 뿌리 호흡으로 인해 이산화탄소가 발생하면서 여름철 지표면과 접한 공기층에서는 이산화탄소 농도가 높다.

③ 미숙유기물을 시용하면 유기물의 분해가 활발하게 일어나 이산화탄소 농도가 높게 나타난다.

④ 바람은 공기 중의 이산화탄소 농도를 균일하게 하는 데 도움을 주고 식생이 무성하면 바람을 막아 공기 중 이산화탄소 농도는 유지된다.

2023. 9. 23. 인사혁신처 7급 시행

5 **작물의 광합성에 대한 설명으로 옳은 것은?**

① 광보상점이 높은 식물은 내음성이 강하다.

② 동일한 작물에서 군락상태의 광포화점은 고립상태의 광포화점보다 높다.

③ C_4 식물은 C_3 식물에 비하여 광호흡이 활발하게 일어난다.

④ 엽면적이 증대함에 따라 군락의 외견상광합성량은 계속 증가한다.

TIP ① 광보상점이 낮은 식물이 내음성이 강하다.

③ C_4 식물은 광호흡을 억제하는 기작을 가지고 있기 때문에 C_3 식물에 비해 광호흡이 적게 발생한다.

④ 엽면적이 계속 증가하면 초기에는 광합성량이 증가하지만 일정 한계에 도달하면 빛의 투과가 감소하여 광합성량이 더 이상 증가하지 않는다.

Answer 4.② 5.②

2023. 4. 8. 인사혁신처 9급 시행

6 **콩에서 군락의 수광태세가 좋고 밀식적응성이 높은 초형 조건에 해당하지 않는 것은?**

① 가지를 적게 치고 가지가 짧다.

② 키가 크고 도복이 잘 되지 않는다.

③ 잎이 작고 가늘며 잎자루가 길고 늘어진다.

④ 꼬투리가 원줄기에 많이 달리고 밑에까지 착생한다.

TIP ③ 잎이 작고 가늘며 잎자루가 짧고 직립한다.

2023. 4. 8. 인사혁신처 9급 시행

7 **이산화탄소 농도와 작물의 생리작용에 대한 설명으로 옳은 것은?**

① 이산화탄소 포화점은 유기물의 생성속도와 소모속도가 같아지는 이산화탄소 농도이다.

② 식물이 광포화점에 도달하였을 때 이산화탄소 농도를 높이면 광포화점이 높아진다.

③ 이산화탄소 농도가 높아질수록 광합성 속도는 계속 증대한다.

④ 이산화탄소 보상점은 이산화탄소 농도가 높아져도 광합성 속도가 더 이상 증가하지 않는 농도이다.

TIP ① 이산화탄소 보상점은 유기물의 생성속도와 소모속도가 같아지는 이산화탄소 농도이다.
③ 이산화탄소 농도가 높아질수록 광합성 속도는 이산화탄소 포화점까지 증대한다.
④ 이산화탄소 포화점은 이산화탄소 농도가 높아져도 광합성 속도가 더 이상 증가하지 않는 농도이다.

2022. 6. 18. 제1회 지방직 9급 시행

8 **작물의 광합성에 대한 설명으로 옳지 않은 것은?**

① 광보상점에서는 이산화탄소의 방출 속도와 흡수 속도가 같다.

② 광포화점에서는 광도를 증가시켜도 광합성이 더 이상 증가하지 않는다.

③ 군락 상태의 광포화점은 고립 상태의 광포화점보다 낮다.

④ 진정광합성은 호흡을 빼지 않은 총광합성을 말한다.

TIP ③ 고립상태의 광포화점은 전광의 30~60% 범위에 있고, 군락상태의 광포화점은 고립상태보다 높다.

Answer 6.③ 7.② 8.③

2022. 4. 2. 인사혁신처 9급 시행

9 **대기조성 변화에 따른 작물의 생리현상으로 옳지 않은 것은?**

① 광포화점에 있어서 이산화탄소 농도는 광합성의 제한요인이 아니다.

② 산소 농도에 따라 호흡에 지장을 초래한다.

③ 과일, 채소 등을 이산화탄소 중에 저장하면 pH 변화가 유발된다.

④ 암모니아 가스는 잎의 변색을 초래한다.

TIP 광합성에 영향을 주는 요인으로는 빛의 세기, 이산화탄소 농도, 온도가 있다. 이 중 한 가지 요인이라도 부족하면 부족한 요인에 의해 광합성이 억제된다. 이러한 요인을 제한 요인이라고 한다.

㉠ 빛의 세기 어느 한계 이상의 빛의 세기(광포화점)가 되면 광합성량이 증가하다가 일정해진다.

㉡ 이산화탄소 농도 어느 한계 이상으로 이산화탄소 농도가 높아지면 광합성량이 증가하다가 일정해진다.

㉢ 온도 최적 온도까지 온도 상승에 따라 광합성량이 증가하다가 최적 온도 이상이 되면 광합성량이 급격히 감소한다.

2021. 9. 11. 인사혁신처 7급 시행

10 **작물의 포장광합성에 대한 설명으로 옳은 것은?**

① 옥수수는 상위엽이 직립하고 아래로 갈수록 기울어져 하위엽은 수평인 경우가 유리하다.

② 군락의 수광태세가 좋을수록 최적엽면적지수는 낮아진다.

③ 포장동화능력은 총엽면적과 평균동화능력의 곱으로 표시된다.

④ 군락의 광포화점은 군락형성도가 낮을수록 높아진다.

TIP ② 군락의 수광태세가 좋을수록 최적엽면적지수는 높아진다.

③ 포장동화능력은 총엽면적, 수광능률, 평균동화능력의 곱으로 표시된다.

④ 군락의 광포화점은 군락형성도가 높을수록 높아진다.

2021. 6. 5. 제1회 지방직 9급 시행

11 **화본과작물의 군락상태에서 최적엽면적지수에 대한 설명으로 옳지 않은 것은?**

① 일사량이 줄어들면 최적엽면적지수는 작아진다.

② 최적엽면적지수가 커지면 군락의 건물 생산이 늘어나 수량이 증대된다.

③ 수평엽 품종은 직립엽 품종에 비해 최적엽면적지수가 크다.

④ 최적엽면적지수 이상으로 엽면적지수가 늘어나면 건물 생산은 감소한다.

TIP ③ 직립엽 품종은 적립엽 품종에 비해 최적엽면적지수가 크다.

※ 최적엽면적지수

순광합성량이 최대가 되는 엽면적지수(LAI)이다. 엽면적이 증가함에 따라 호흡량도 따라 증가하므로 엽면적 최대인 시기가 순광합성이 최대가 되지 않는다.

Answer 9.① 10.① 11.③

2021. 6. 5. 제1회 지방직 9급 시행

12 식물의 굴광성에 대한 설명으로 옳은 것은?

① 뿌리는 양성 굴광성을 나타낸다.

② 광을 생장점 한쪽에 조사하면 조사된 쪽의 옥신 농도가 높아진다.

③ 덩굴손의 감는 현상은 굴광성으로 설명할 수 있다.

④ 굴광성에는 청색광이 가장 유효하다.

TIP ① 뿌리는 양성 배광성을 나타낸다.
② 광을 생장점 한쪽에 조사하면 조사된 반대쪽의 옥신 농도가 높아진다.
③ 덩굴손의 현상은 굴광성으로 설명할 수 없다.

2021. 6. 5. 제1회 지방직 9급 시행

13 군락의 수광태세가 좋아지는 벼의 초형이 아닌 것은?

① 잎이 얇고 약간 넓다.

② 분얼이 약간 개산형이다.

③ 각 잎이 공간적으로 균일하게 분포한다.

④ 상위엽이 직립한다.

TIP ① 군락의 수광태세가 좋아지는 벼는 잎이 얇지 않고 좁으며, 상위엽 직립이다.

2021. 4. 17. 인사혁신처 9급 시행

14 식물의 광합성에 관한 설명으로 옳은 것은?

① C_3 식물은 C_4 식물에 비해 이산화탄소의 보상점과 포화점이 모두 낮다.

② 강광이고 고온이며 O_2 농도가 낮고 CO_2 농도가 높을 때 광호흡이 높다.

③ 일반적인 재배조건에서 온도계수(Q_{10})는 저온보다 고온에서 더 크다.

④ 양지식물은 음지식물에 비해 광보상점과 광포화점이 모두 높다.

TIP ① C_4 식물은 C_3 식물에 비해 이산화탄소의 보상점이 낮고 포화점이 높아 광합성효율이 뛰어나다.
② 강광이고 고온이며 CO_2 농도가 낮고 O_2 농도가 높을 때 광호흡이 높다.
③ 일반적인 재배조건에서 온도계수(Q_{10})는 고온보다 저온에서 더 크다.

Answer 12.④ 13.① 14.④

2020. 9. 26. 인사혁신처 7급 시행

15 **C_3식물과 C_4식물의 광합성에 대한 비교 설명으로 옳은 것은?**

① CO_2 보상점은 C_4식물이 높다.

② 광합성 적정온도는 C_3식물이 높다.

③ 증산율(gH_2O/g 건량 증가)은 C_3식물이 높다.

④ CO_2 1분자를 고정하기 위한 이론적 에너지요구량(ATP)은 C_3식물이 높다.

TIP ① C_4식물의 CO_2 보상점은 매우 낮다.
② C_3식물은 일반적으로 광합성에 최적인 온도가 낮다. C_4식물은 더 높은 온도에서 최적의 광합성 활성을 나타낸다.
④ CO_2 1분자를 고정하는 데 필요한 ATP의 양은 C_4식물이 더 높다.

2020. 9. 26. 인사혁신처 7급 시행

16 **자가불화합성을 일시적으로 타파하기 위한 방법이 아닌 것은?**

① 전기자극

② 노화수분

③ 질소가스 처리

④ 고농도 CO_2 처리

TIP ③ 질소가스는 주로 저장, 보존 및 다른 생리적 연구에 사용된다.

2019. 8. 17. 인사혁신처 7급 시행

17 **작물별 군락의 수광태세를 향상하는 방법에 대한 설명으로 옳은 것은?**

① 옥수수는 수(♂)이삭이 큰 초형이 유리하다.

② 맥류는 드릴파재배보다 광파재배가 유리하다.

③ 콩은 주경에 꼬투리가 많이 달리는 초형이 유리하다.

④ 벼는 줄사이(조간)를 좁게 하고, 포기사이(주간)를 넓히는 것이 유리하다.

TIP ① 옥수수는 수이삭이 빛을 가리므로 작은 초형이 유리하고 암이삭이 큰 초형이 유리하다.
② 맥류는 광파재배보다 드릴파재배가 유리하다.
④ 벼는 밀식할 때는 줄 사이를 넓히고, 포기사이를 좁히는 파상군락을 형성하는 것이 유리하다.

Answer 15.③ 16.③ 17.③

2017. 8. 26. 인사혁신처 7급 시행

18 이산화탄소의 이용에 대한 설명으로 옳지 않은 것은?

① 시설재배에서 탄산시비는 오전보다 오후에 하는 것이 효과적이다.

② 이산화탄소 가스처리로 자가불화합성을 일시적으로 타파할 수 있다.

③ 강낭콩 종자를 파종하기 전에 CO_2가 함유된 물에 담그면 생장이 증대된다.

④ 미숙퇴비나 낙엽을 시용하면 이산화탄소가 많이 발생되므로 일종의 탄산시비 효과가 난다.

TIP ① 시설재배에서 탄산시비는 오전에 하는 것이 오후에 하는 것보다 효과적이다.

2016. 8. 27. 인사혁신처 7급 시행

19 작물의 엽록소에 대한 설명으로 옳은 것은?

① 가시광선 중 녹색광을 가장 잘 흡수한다.

② 엽록소 분자는 C, H, O, N, Mn으로 이루어져 있다.

③ 세포 내에서 엽록소는 엽록체 안에 존재한다.

④ 엽록소 a와 b의 흡광 스펙트럼은 같다.

TIP ① 가시광선 중 적색광을 가장 잘 흡수한다.
② 엽록소 분자는 C, H, O, N, Mg으로 이루어져 있다.
④ 엽록소 a는 p700, 엽록소 b는 p680으로 흡광 스펙트럼은 다르다.

2016. 8. 27. 인사혁신처 7급 시행

20 작물의 재배환경에서 이산화탄소의 농도에 관여하는 요인에 대한 설명으로 옳지 않은 것은?

① 식물의 잎이 무성한 공기층은 여름철에 광합성이 왕성하여 이산화탄소의 농도가 낮고, 가을철에는 다시 높아진다.

② 지표로부터 멀어지면 이산화탄소 농도가 높아지는 경향이 있는데, 이는 이산화탄소가 가벼워 상승하기 때문이다.

③ 식생이 무성하면 뿌리의 호흡이 왕성하고 바람을 막아서, 지면에 가까운 공기층의 이산화탄소 농도가 높아진다.

④ 미숙퇴비 · 낙엽 · 구비 · 녹비를 시용하면 이산화탄소의 발생이 많아져, 작물 주변 공기층의 이산화탄소 농도가 높아진다.

TIP ② 지표로부터 멀어지면 이산화탄소 농도가 낮아지는 경향이 있는데, 이는 이산화탄소가 무거워서 가라앉기 때문이다.

Answer 18.① 19.③ 20.②

2016. 8. 27. 인사혁신처 7급 시행

21 군락의 수광태세를 개선하기 위한 재배적 조치로 옳지 않은 것은?

① 맥류에서 드릴파재배보다 광파재배를 하는 것이 수광태세가 좋아진다.

② 콩에서 밀식을 할 때에는 줄사이를 넓히고, 포기사이를 좁히는 것이 군락 하부로의 광투사를 좋게 한다.

③ 벼에서 과번무하고 잎이 늘어지는 것을 방지하기 위해 질소의 과다한 시용을 피한다.

④ 벼에서 규산과 칼리를 충분히 시용하여 잎을 꼿꼿하게 한다.

TIP ① 맥류에서 광파재배보다 드릴파재배를 하는 것이 잎이 조기에 포장 전면을 덮어서 수광태세가 좋아지고, 포장의 지면증발량도 적어진다.

2010. 10. 17. 제3회 서울시 농촌지도사 시행

22 〈보기〉에서 설명하고 있는 특성을 모두 지닌 작물은?

> • 광합성 과정에서 광호흡이 거의 없다.
> • 고립상태일 때의 광포화점은 80~100%이다.(단위는 조사광량에 대한 비율이다.)

① *Oryza sativa* L.

② *Zea mays* L.

③ *Triticum aestivum* L.

④ *Glycine max* L.

TIP ② 옥수수(*Zea mays* L.)는 C_4 식물로, 광호흡이 거의 없고 광포화점이 높다.
①③④ C_3 식물로 광호흡이 발생하고 광포화점이 낮다.

Answer 21.① 22.②

2010. 10. 17. 제3회 서울시 농촌지도사 시행

23 **특정 광도에서 이산화탄소의 흡수 및 방출을 측정하여 외견상광합성률이 $30mg/m^2/h$이고, 호흡으로 소모된 이산화탄소가 $0.5mg/m^2/min$인 경우 진정광합성률은?**

① $30.5mg/m^2/min$
② $30.5mg/m^2/h$
③ $29.5mg/m^2/h$
④ $60.0mg/m^2/h$

TIP 외견상광합성률은 30 $mg/m^2/h$, 호흡으로 소모된 이산화탄소는 0.5 $mg/m^2/min$이다.
호흡으로 소모된 이산화탄소를 시간 단위로 환산하면 0.5 $mg/m^2/min$ * 60 min/h = $30mg/m^2/h$이다.
진정광합성률은 '외견상광합성률 + 호흡으로 소모된 이산화탄소'으로 구할 수 있다.
진정광합성률 = $30mg/m^2/h + 30mg/m^2/h = 60mg/m^2/h$

2010. 10. 17. 지방직 7급 시행

24 **광과 관련된 작물의 생리작용에 대한 설명으로 옳은 것은?**

① 광포화점은 외견상광합성속도가 0이 되는 조사광량으로서, 유기물의 증감이 없다.
② 보상점이 낮은 나무는 내음성이 강해, 수림 내에서 생존경쟁에 유리하다.
③ 광호흡은 광합성 과정에서만 이산화탄소를 방출하는 현상으로서, 엽록소, 미토콘드리아, 글리옥시좀에서 일어난다.
④ 광포화점과 광합성속도는 온도 및 이산화탄소 농도와는 관련성이 없다.

TIP ① 외견상광합성속도가 0이 되는 조사광량은 보상점이다.
③ 광호흡은 엽록체, 미토콘드리아, 퍼옥시좀에서 나타난다.
④ 온도와 이산화탄소 농도는 광합성의 효율과 속도에 영향을 준다.

Answer 23.④ 24.②

출제 예상 문제

1 이산화탄소의 포화점에 대한 설명으로 옳은 것은?

① 작물의 포화점은 대기 중 농도의 1/10 ~ 1/3이다.
② 이산화탄소의 농도가 증가할수록 광합성의 속도는 감소하게 된다.
③ 이산화탄소의 농도가 증가하여도 광합성 속도가 증가하지 않게 되는 한계점을 말한다.
④ 포화점은 외관상 0이 되는 조도를 의미한다.

TIP 이산화탄소의 포화점 … 이산화탄소의 농도가 증가할수록 광합성 속도도 증가하나 어느 농도에 도달하게 되면 이산화탄소의 농도가 그 이상 증가해도 광합성 속도는 그 이상 증가하지 않게 되는데 이 한계점의 이산화탄소의 농도를 말한다.

2 대기 중 이산화탄소의 농도로 옳은 것은?

① 0.3%
② 3%
③ 0.03%
④ 0.5%

TIP 이산화탄소의 대기 중 농도는 0.03% 정도이다.

3 일반적인 작물의 광합성에 의한 태양에너지의 이용률은?

① 0.1 ~ 0.2%
② 1 ~ 2%
③ 5 ~ 6%
④ 10 ~ 20%

TIP 작물의 태양에너지 이용률
㉠ 광합성에 의한 태양에너지 이용률 : 2 ~ 4%
㉡ 생육이 빈약한 작물의 경우 : 0.5 ~ 1%

Answer 1.③ 2.③ 3.②

4 식물의 수분이동원리가 아닌 것은?

① 광호흡 ② 응집력
③ 장력 ④ 광합성

TIP 광호흡 … 대부분의 식물에서 광합성과 동시에 일어나는 현상으로, 이탄당화합물이 이산화탄소로 산화되는 것을 말한다.

5 다음 중 광합성과 관련된 설명 중 옳지 않은 것은?

① 광호흡의 양은 C_4식물보다 C_3식물이 더 많다.
② 외견상 광합성과 호흡에 의한 이산화탄소의 소모량이 같아지는 점을 광포화점이라 한다.
③ 생육적온까지는 온도가 증가할수록 광합성의 양은 증가한다.
④ 광포화점은 광포화가 개시되는 광의 조도이다.

TIP 광포화점과 보상점
㉠ 광포화점 : 식물의 광합성 속도가 더 이상 증가하지 않을 때의 빛의 세기를 말한다.
㉡ 보상점 : 외견상 광합성과 호흡에 의한 이산화탄소의 소모량이 같아지는 점이다.

6 작물의 이산화탄소 포화점은 대기농도의 몇 배나 되는가?

① 대기 중 농도의 1 / 10 ~ 1 / 3 ② 대기 중 농도의 1 ~ 2배
③ 대기 중 농도의 4 ~ 6배 ④ 대기 중 농도의 7 ~ 10배

TIP 작물의 이산화탄소의 포화점은 대기 중 농도의 7 ~ 10배(0.21 ~ 0.3%) 정도이다.

7 광합성 효율이 가장 낮은 파장은?

① 가시광선 ② 적색광
③ 녹색광 ④ 청색광

TIP 녹색, 황색, 주황색의 대부분은 통과 · 반사되어 광합성 효율이 낮다.

Answer 4.① 5.② 6.④ 7.③

8 광포화점에 대한 설명 중 옳지 않은 것은?

① 광합성의 양이 최대에 이르게 된다.
② 포장광합성에서 광포화점은 온도와 일사광에 따라 변화한다.
③ 군집상태의 작물은 고립상태의 작물보다 광포화점이 훨씬 높다.
④ 광합성과 호흡속도가 같아서 외견상 광합성이 된다.

TIP ④ 보상점에 대한 설명이다.
※ 광포화점 … 식물의 광합성 속도가 더 이상 증가하지 않는 상태의 빛의 세기를 말하며 광합성의 양은 최대가 된다.

9 광합성에 영향을 주는 파장은?

① 2,000Å
② 675nm
③ 3,900Å
④ 775nm

TIP 광합성에 영향을 주는 파장
㉠ 광합성에는 6,500 ~ 7,000Å의 적색광과 4,500Å을 중심으로 하는 4,000 ~ 5,000Å의 청색광이 유효하다.
㉡ 태양빛은 200 ~ 40,000nm의 파장범위 안에 있는데 식물은 그 중에서 가시광선의 파장(약 400 ~ 700nm)에서 광합성이 이루어진다.

10 탄소동화작용을 증가시킬 수 있는 요인은?

① CO_2의 농도와 광도의 증가 및 온도의 상승
② CO_2의 농도 감소
③ CO_2의 농도 증가
④ CO_2의 온도 저하

TIP 광합성량은 빛, 온도, 이산화탄소 농도 등 여러 가지 환경요인이 복합적으로 작용하여 조절된다.

Answer 8.④ 9.② 10.①

11 벼 생육기간 중 유숙기의 일사부족이 수량을 감소시키는 주된 요인은?

① 무효분얼의 증대
② 1수 영화수의 감소
③ 불임률의 증대
④ 등숙비율의 저하

TIP 일사부족이 수량에 미치는 영향 … 유숙기의 일사부족은 등숙률과 천립중의 감소를 유발한다.

12 최적엽면적이란?

① 건물생산량(외견상 동화량)이 최대로 되는 단위면적당 군락의 엽면적이다.
② 건물생산량(외견상 동화량)이 최소로 되는 단위면적당 군락의 엽면적이다.
③ 건물생산량(외견상 동화량)이 0이 되는 단위면적당 군락의 엽면적이다.
④ 건물생산량(외견상 동화량)이 1이 되는 단위면적당 군락의 엽면적이다.

TIP 최적엽면적

㉠ 건물생산이 최대로 되는 단위면적당 군락엽면적을 말한다.
㉡ 식물의 건물생산은 진정 광합성량과 호흡량의 차이, 즉 외견상의 광합성량에 의해 좌우된다.
㉢ 군락의 진정 광합성량은 엽면적의 증가에 비례하여 커지지만, 엽면적이 어느 수준 이상 커지면 진정 광합성량은 더 이상 증가하지 않고 감소하게 된다.

13 풍해의 기계적 장해가 아닌 것은?

① 도복, 수발아, 부패립 등을 발생시킨다.
② 불임립이 발생한다.
③ 수정, 수분이 저해된다.
④ CO_2흡수가 증가한다.

TIP 풍해의 장해유형

㉠ 해안지대에서는 태풍 후에 염풍의 해를 받을 수 있다.
㉡ 풍속이 2 ~ 4m/sec 이상 강해지면 기공이 닫혀서 광합성이 저하된다.
㉢ 작물체온이 저하되며, 냉풍은 냉해를 유발한다.
㉣ 건조한 강풍은 작물의 수분증산을 이상적으로 증대시켜 건조해를 유발한다.
㉤ 바람에 의해 작물이 손상을 입으면 호흡이 증가하므로 체내 양분의 소모가 커진다.
㉥ 벼에서는 수분 · 수정이 저해되어 불임립이 발생한다.
㉦ 바람이 강할 때는 절손 · 열상 · 낙과 · 도복 · 탈립 등을 유발하며, 2차적으로 병해 · 부패 등이 유발된다.

Answer 11.④ 12.① 13.④

14 광포화점이 가장 높은 작물은?

① 담배 ② 옥수수
③ 삼사 ④ 해바라기

TIP ①③④ 30% ② 40 ~ 60%

15 작물의 광합성에 관한 설명으로 가장 적절한 것은?

① 작물은 보통 생육온도까지 온도가 높아질수록 광포화점이 높아지고 광합성 속도가 빨라진다.
② 농도가 높아지면 CO_2 포화점까지는 광합성 속도가 증대하고 광포화점도 높아진다.
③ C_4식물은 C_3식물보다 광보상점과 광포화점이 높다.
④ 음생식물은 양생식물에 비해서 광보상점이 높고 광포화점이 낮다.

TIP 포화점

㉠ CO_2 농도가 증가할수록 광합성 속도 또한 증가하지만, 어느 농도에 도달하면 CO_2 농도가 그 이상 증가하더라도 광합성 속도는 그 이상 증가하지 않는 상태에 이르게 되는데, 이 한계점의 CO_2 농도를 CO_2 포화점이라 한다.
㉡ 일반적으로 작물의 탄산가스 포화점은 대기 중 농도의 7 ~ 10배(0.21% ~ 0.3%) 정도이다.

16 탄산시비에 대한 설명으로 옳지 않은 것은?

① 탄산시비를 하면 광합성이 감소한다.
② 작물의 수량이 증대된다.
③ 미숙퇴비를 사용하면 탄산시비의 효과가 발생한다.
④ 탄산공급원으로는 프로판가스, 천연가스, 정유 등이 좋다.

TIP 탄산시비

㉠ 작물의 주위에 CO_2를 공급하여 작물생육을 촉진하고 수량과 품질을 향상시키는 재배기술을 말하며 이산화탄소 시비라고도 한다.
㉡ CO_2 농도를 쉽게 조절할 수 있는 하우스, 온실 재배 등에서 이용성이 크다.
㉢ 탄산시비에 이용되는 연소재는 완전연소하고 CO_2 발생량이 많으며, 유해가스를 배출하지 않는 프로판 가스나 정유, LNG 등이 적당하다.

Answer 14.② 15.② 16.①

17 **일반적으로 작물에 탄산가스를 공급한다면 어느 농도까지 광합성이 증가하는가?**

① 0.03%
② 0.3%
③ 3%
④ 30%

TIP 일반적으로 작물의 탄산가스 포화점은 대기 중 농도의 7～10배(0.21～0.3%) 정도이다.

18 **일조부족으로 벼의 수량에 미치는 영향이 가장 큰 때는?**

① 유숙기
② 유효분얼기
③ 최고 분얼기
④ 이앙기

TIP 유숙기 … 유숙기의 차광이 수량을 가장 감소시키고 다음이 생식세포 감수분열기이다. 따라서 유숙기와 생식세포 감수분열기에 일사를 좋게 하는 것이 매우 중요하다.

19 **광합성은 다음 식으로 요약된다. (　　)안에 들어갈 것을 차례대로 나열한 것은?**

$$CO_2 + H_2O \xrightarrow{(\quad,\quad,\quad)} \text{탄수화물} + O_2 + H + ATP$$

① 광선, 산소, 질소
② 질소, 엽록소, 인
③ 엽록소, 인, 광선
④ 인, 광선, 산소

TIP 주어진 식은 광합성의 반응단계 중 순환적 광인산화 반응에 해당되므로 엽록소, 인, 광선이 필요하다.

※ 순환적 광인산화와 비순환적 광인산화

㉠ 순환적 광인산화 : 순환형 전자전달에 공액하는 것으로서 광화학반응계에 포함되는 색소로부터 들떠서 방출된 전자가 고리 모양의 전자전달경로를 지나서 원래의 점으로 되돌아가는 과정이다.

$$ADP + \Pi \xrightarrow{\text{빛}} ATP$$

㉡ 비순환적 광인산화 : 비순환형 전자전달로서 전자주개와 전자받개 사이에서 산화환원반응이 일어난다.

$$ADP + \Pi + AH_2 + B \xrightarrow{\text{빛}} ATP + A + BH_2$$

Answer 17.② 18.① 19.③

20 색소단백질의 일종으로 광수용성인 색소인 것은?

① 피토크롬
② 크산토필
③ 안토시안
④ 카로티노이드

TIP 안토시안(Anthocyan, 화청소, 花靑素)
㉠ 식물의 꽃 · 과실 · 잎 등에 나타나는 수용성 색소를 말하며, 사과 · 포도 · 딸기 · 순무 등의 착색을 일으킨다.
㉡ 안토시안은 비교적 저온에서, 비교적 단파장의 자외선이나 자색광에 의해서 잘 만들어지며, 빛이 잘 들 때 착색이 좋아진다.
㉢ 색소배당체인 안토시아닌과 그 아글리콘(非糖部)인 안토시아니딘의 두 가지를 말한다.
㉣ 적색 · 청색 · 보라색 꽃이나 봄의 새눈, 가을의 단풍 등은 이 색소 때문이다.
㉤ 엽록소가 없는 꽃잎이나 새눈 등에서는 안토시안이 생기기 쉽다.
㉥ 식물에 인 · 칼륨 · 마그네슘 등이 결핍되면 잎 등에 안토시안이 생겨 빨갛게 되는 일이 많다.
㉦ 안토시안은 매우 불안정한 물질이며, 절화(切花)나 압화(押花) 등에서는 쉽게 퇴색 · 분해된다.

21 대기 중 이산화탄소의 보상점과 포화점은?

① 이산화탄소 보상점은 대기 중의 1/10 ~ 1/3이고, 포화점은 7 ~ 10배이다.
② 이산화탄소 보상점은 대기 중의 1/10 ~ 1/3이고, 포화점은 4 ~ 6배이다.
③ 이산화탄소 보상점은 대기 중의 1/10 ~ 1/3이고, 포화점은 3 ~ 4배이다.
④ 이산화탄소 보상점은 대기 중의 1/10 ~ 1/3이고, 포화점은 2 ~ 3배이다.

TIP 보상점과 포화점
㉠ 보상점 : 일반적으로 작물의 CO_2 보상점은 대기 중 농도(0.03%)의 1/10 ~ 1/3 정도이다.
㉡ 포화점 : 일반적으로 작물의 탄산가스 포화점은 대기 중 농도의 7 ~ 10배(0.21% ~ 0.3%) 정도이다.

22 다음 중 작물의 광합성에 가장 유효한 빛의 종류는?

① 적색, 청색
② 황색, 자외선
③ 녹색, 자외선
④ 자색, 녹색

TIP 녹색, 황색, 주황색의 대부분은 투과되거나 반사되어 효과가 적고 6,750Å 정도의 적색광과 4,500Å 정도의 청색광이 가장 효과적이다.

Answer 20.③ 21.① 22.①

23 작물의 광합성량(속도)에 대한 이산화탄소의 농도와 빛의 세기와의 관계를 옳게 설명한 것은?

① 이산화탄소 농도가 높고 빛의 세기가 약할수록 광합성량은 증가한다.
② 이산화탄소 농도와 빛의 세기와 관계없이 광합성량은 온도에 좌우된다.
③ 이산화탄소 농도가 높고 빛의 세기가 강할수록 광합성량은 증가한다.
④ 이산화탄소 농도가 낮고 빛의 세기가 약할수록 광합성량은 증가한다.

TIP 이산화탄소와 광합성 요인간의 상호관계
㉠ 일정한 농도의 CO_2와 어느 온도하에서, 빛이 약한 범위에서는 빛의 세기가 증가하면 광합성률은 증가한다.
㉡ 어느 정도 이상의 강한 빛이 되면 광포화상태가 되어 더 이상 광합성률이 증가하지 않는다.
㉢ 이 때의 광합성률은 광합성 과정에서 흡수되는 이산화탄소와 방출되는 산소의 몰비(比)이다.
㉣ 이산화탄소 농도가 배증되면 광합성 속도는 급증한다.

24 C/N율이란?

① 탄수화물과 산소의 비율이다.
② 산소와 질소의 비율이다.
③ 질소와 탄소의 비율이다.
④ 탄수화물과 질소의 비율이다.

TIP 식물체내의 탄수화물과 질소의 비율을 Carbon Source/Nitrogen 또는 C/N율이라 한다.

25 굴광작용에 대한 설명 중 옳지 않은 것은?

① 식물이 광조사의 방향에 반응하여 굴곡반응을 나타내는 현상을 말한다.
② 굴광현상은 5,000 ~ 6,000Å 범위의 청색광이 유효하며, 특히 5,400 ~ 5,800Å의 청색광이 가장 유효하다.
③ 굴광작용은 작물체내의 생장 호르몬(옥신, Auxin)의 농도를 변화시켜 생장에 관여한다.
④ 향광성(向光性)이 있다.

TIP 굴광성
㉠ 빛의 자극이 원인이 되어 일어나는 식물의 굴성운동을 말한다.
㉡ 4,000 ~ 5,000Å 범위의 청색광이 유효하며, 특히 4,400 ~ 4,800Å의 청색광이 가장 유효하다.

Answer 23.③ 24.④ 25.②

26 포장에서 작물이 밀생하고 크게 자라서 잎이 서로 엉키고 포개져서 많은 수효의 잎이 직사광을 받지 못하고 그늘에 있는 상태는?

① 밀식상태
② 군락상태
③ 밀집상태
④ 과번무상태

TIP 군락상태
㉠ 포장의 작물은 군락상태를 형성한다.
㉡ 군락의 광포화점은 군락의 형성도가 높을수록 높아진다.
㉢ 군락의 광합성량에 따라 면적당 수확량이 결정된다.

27 다음 중 대기의 구성성분과 그 농도의 연결이 잘못 짝지어진 것은?

① 산소 – 약 21%
② 질소 – 약 59%
③ 이산화탄소 – 약 0.03%
④ 미세먼지 – 약 0.001%

TIP ② 질소의 대기 중 농도는 약 79%이다.

28 탄소동화작용에 대한 설명 중 옳지 않은 것은?

① 녹색식물이나 세균류가 이산화탄소와 물로 탄수화물을 만드는 작용을 말한다.
② 녹색식물의 광합성으로 유기탄소화합물의 거의 대부분이 생성된다.
③ 광합성 작용으로 최종적으로 글루코오스 형태로 저장된다.
④ 광합성에서는 탄소동화의 에너지원으로 빛을 사용한다.

TIP 탄소동화작용
㉠ 녹색식물이나 세균류가 이산화탄소와 물로 탄수화물을 만드는 작용을 말한다.
㉡ 반응양식에 따라 녹색식물의 광합성, 세균의 광환원(光還元), 세균류의 화학합성 등으로 구분된다.
㉢ 일반적으로 다음과 같이 나타낼 수 있다.

$$CO_2 + 2H_2A \xrightarrow{빛} C(H_2O) + 2A + H_2O$$

㉣ 광합성에서는 탄소동화의 에너지원으로 빛을 사용한다.
㉤ 생물은 태양에너지를 그대로는 이용할 수 없으므로, 탄소동화에 의해 유기탄소화합물을 생산하여 이용가능한 에너지 형태로 저장해 둔다.
㉥ 녹색식물의 광합성에서는 빛에너지의 작용으로 물과 이산화탄소로부터 글루코오스를 합성하고, 이것을 녹말로 바꾸어 저장한다.

Answer 26.② 27.② 28.③

05 상적 발육과 환경

01 상적 발육의 개념

❶ 발육상과 상적 발육

(1) 생장

① 여러 기관이 양적으로 증가하는 것을 말한다.

② 식물에서는 형성층이나 줄기 끝, 뿌리 끝의 분열조직만이 증식을 계속한다.

(2) 발육

① 작물이 아생(芽生), 분얼(分蘖), 화성(花成), 등숙(登熟) 등의 과정을 거치면서 단순한 양적 증가뿐 아니라 질적인 재조정 작용이 생기는 것을 말한다.

② 발육단계설

㉠ T.D. 리센코가 식물발육에 관한 실험, 특히 춘화처리 실험을 바탕으로 세운 이론을 말한다.

㉡ 생물발육의 전 과정은 질적으로 다른 몇 개의 단계로 이루어진다고 보고, 각 단계는 특정한 외적환경조건을 요구하는데 각각 특징이 있다고 보았다.

㉢ 각 단계의 순서는 정해져 있어서 선행하는 단계가 끝나지 않으면 다음 단계가 시작되지 않는다고 보았다.

(3) 발육상과 상적 발육

① 발육상(Development Phase) … 아생, 화성, 개화, 결실 등과 같은 작물의 단계적 양상을 발육상이라 한다.

㉠ 감온상(感溫像) : 작물의 발육상 특정한 온도를 필요로 하는 단계이다.

㉡ 감광상(感光像) : 작물의 발육상 특정한 일장을 필요로 하는 단계이다.

② 상적 발육(Phasic Development)

㉠ 작물이 순차적인 몇 개의 발육상을 거쳐 발육이 완성되는 현상을 말한다.

㉡ 화성(Flowering) : 화성 전의 영양적 발육 또는 영양생장을 거쳐 화성을 이루고 계속하여 체내의 질적인 체내 변화를 계속하는 생식적 발육 또는 생식생장으로 전환하는 것을 말한다.

❷ 화성 유도

(1) 화성 유도의 내적 · 외적 요인

① 외적 요인 … 온도, 빛

② 내적 요인 … 식물 호르몬 및 C/N율 등의 동화생산물의 양

(2) C/N율

① C/N율의 개념

㉠ 식물체내의 탄수화물과 질소의 비율을 Carbon Source/Nitrogen 또는 C/N율이라 한다.

㉡ 모든 식물의 개화와 결실이 모두 C/N율에 일치하는 것은 아니다. C/N율보다 결정적인 요인(식물호르몬, 버널리제이션, 일장효과 등)이 많기 때문이다.

TIP

환상박피를 하게 되면 잎에서 만들어진 탄수화물이 도관을 따라 내려가지 못하게 되므로 환상박피를 한 윗부분에 C/N율이 높아진다. 즉 탄수화물이 위쪽에 많아지게 되므로 그 영양물질들이 꽃을 피우고 열매를 맺는데 도움을 준다. 그래서 일시적으로 열매를 많이 맺는다. 그러나 이러한 영양을 공급받지 못하는 아랫부분은 죽게 되어 결국 나무는 고사하게 된다.

② Kraus · Kraybil(1918)의 실험

㉠ 토마토를 재료로 하여 실험하였다.

㉡ 수분과 질소의 공급이 감소하고 탄수화물의 생성이 촉진되어 탄수화물의 양이 풍부해지면 화성 및 결실은 양호해지지만 생육은 약간 감퇴한다.

㉢ 탄수화물의 생성이 풍부하고 수분과 광물질 양분이 풍부하면 생육은 왕성하지만 화성 및 결실은 불량해진다.

㉣ 탄수화물의 증가를 막지 않고서 수분과 질소가 쇠퇴하면 생육이 더욱 저하되고 화아는 형성되지만 결실하지 못하며, 더욱 심해지면 화아도 형성되지 않는다.

❸ 화성에 대한 환경의 지배도

(1) 추파맥류의 최소엽수

① 주경간에 화아분화가 생길 때까지 형성된 엽수를 말하는 것으로, 주경간 착엽수를 최소엽수라 한다.

② 일반적으로 최소엽수는 작물의 종류나 품종에 따라 차이가 있으며, 같은 작물에서는 만생종일수록 많다.

(2) 기타 작물

① 화성에 대한 환경의 지배도가 작물에 따라 큰 차이가 있음을 알려주는 경우 … 옥수수는 배(胚)시기에 이미 주간 엽수가 결정되어 있다.

② 맥류보다 환경이 화성을 지배하는 정도가 큰 경우 … 양배추는 저온처리를 하지 않음으로써 2년 이상 추대 억제한 경우도 있었다.

02 버널리제이션(춘화처리)

❶ 버널리제이션(Vernalization)의 개요

(1) 버널리제이션의 의의

① 상적 발육에 있어서 감온상을 경과시키기 위해 생육 초기나 생육 도중에 일정한 온도환경 처리를 해주어야 한다.

② 작물의 출수 및 개화를 유도하기 위하여 생육기간 중의 일정시기에 온도처리(저온처리)를 하는 것을 말한다.

③ 춘화처리라고도 한다.

④ 버널리제이션은 추파 품종의 종자를 봄에 뿌릴 수 있도록 처리하는 방법을 말한다.

⑤ 추위에 강한 작물들은 어느 정도의 낮은 온도에 노출되어야 생육상 전환이 일어난다.

⑥ 버널리제이션은 러시아의 T.D. Lysenko(1932)에 의하여 밝혀졌다.

(2) 버널리제이션의 구분

① 처리시기에 따른 구분

㉠ 녹체 버널리제이션(綠體春化)

- 식물이 일정한 크기에 달한 녹체기에 처리하는 것을 말한다.
- 양배추나 양파 등에서는 식물체가 어느 정도 커진 다음이 아니면 저온을 만나도 춘화되지 않는다.
- 채종재배나 육종을 위해 세대단축을 하는 데도 이용된다.
- 양배추, 히요스 등

㉡ 종자 버널리제이션(種子春化)

- 최아 종자의 시기에 온도처리를 한다.
- 싹틔울종자(催芽種子, 최아종자)를 춘화하여 생육기간을 단축시킬 수가 있어 농업상 유익하다.
- 추파맥류, 완두, 잠두, 봄무, 밀 등

㉢ 기타

- 단일 춘화 : 종자 버널리제이션형 식물을 본잎 1매 정도의 녹체기에 약 한달 동안 단일처리를 하고 명기에 적외선이 많은 빛을 조명하면 저온처리와 같은 효과가 발생하는 것을 말한다.
- 화학적 춘화 : 지베렐린 같은 화학물질처리로 버널리제이션 효과가 발생하는 것이다.

② 처리온도에 따른 구분

㉠ 고온 버널리제이션 : 단일식물은 비교적 고온인 10 ~ 30℃의 온도처리에 의해 춘화가 된다.

㉡ 저온 버널리제이션

- 월동하는 작물에 0 ~ 10℃의 저온처리를 하는 것을 말한다.
- 일반적으로 고온보다 저온처리의 효과가 크다.

❷ 버널리제이션의 감응기구

(1) 감응 부위

① 저온 처리의 감응부위는 생장점이다.

② 가을 호밀의 배만을 분리하여 당분과 산소를 공급하면 버널리제이션 효과가 일어난다.

(2) 감응전달

① **호르몬설** … 춘화에 의해서 이행성인 호르몬성 물질이 배의 생장점에 집적하거나 생성되어 이 물질의 작용에 의해 화아분아가 유도된다는 학설이다.

② **원형질 변화설**(질적 변화설) … 불이행적이고 생장점의 감응된 세포의 세포분열에 의해서만 감응이 전달된다는 학설이다.

❸ 버널리제이션에 영향을 미치는 조건

(1) 최아(催芽)

① 버널리제이션을 할 때에는 종자근의 시원체인 백체가 나타나기 시작할 무렵까지 최아하여 처리한다.

② 버널리제이션에 알맞은 수온은 12℃ 정도이다.

❋ 버널리제이션에 필요한 종자의 흡수량 ❋

작물명	흡수율(%)	작물명	흡수율(%)
보리	25	봄밀	30 ~ 50
귀리	30	가을밀	35 ~ 55
호밀	30	옥수수	30

(2) 산소

① 처리 중에 산소가 부족하여 호흡이 불량하면 저온에서는 버널리제이션 효과가 지연되며, 고온에서는 아예 발생하지 않을 수도 있다.

② 처리 중 공기가 부족하지 않도록 과도한 수분공급을 피한다.

(3) 처리온도와 처리기간

① 처리온도와 처리기간은 작물의 종류와 품종의 유전성에 따라 다르다.

② 처리온도는 저온, 상온, 고온으로 구별된다.

③ 처리온도는 대체로 0 ~ 30℃ 범위이다.

④ 처리기간은 대개 5 ~ 50일 정도이다.

⑤ 품종에 따라 추파성의 정도가 달라서 추파성을 완전 소거하는 데 필요한 기간은 다르다.

⑥ 추파성

㉠ 씨앗을 가을에 뿌려서 겨울의 저온기간을 경과하지 않으면 개화 · 결실하지 않는 식물의 성질을 말한다.

㉡ 밀, 보리, 귀리 등과 가을에 파종하는 작물은 모두가 추파성 작물이다. 이들은 춘화처리를 하여 봄에 파종할 수도 있는데, 가을에 파종하는 것보다 수확량이 적다는 단점이 있다.

⑦ 춘파성

㉠ 겨울작물이 꽃눈을 형성하기 위해서 겨울의 저온을 필요로 하는 성질을 말한다.

㉡ 춘파성은 품종의 지리적 분포와 관계가 깊다.

㉢ 보리, 밀, 평지(유채), 무 등의 겨울작물에서는 동일 작물이라도 품종에 따라서 저온을 필요로 하는 정도에 차이가 있다.

㉣ 가을에 파종하여 겨울의 저온을 경과시키지 않으면 꽃눈을 형성하지 않는 품종은 '춘파성 정도가 낮다' 또는 '추파성 정도가 높다'고 한다.

㉤ 봄에 파종하여도 꽃눈을 형성하는 품종을 '춘파성 정도가 높다' 또는 '추파성 정도가 낮다'고 한다.

⑧ 일반적으로 겨울작물은 저온이, 여름작물은 고온이 효과적이다.

❹ 이춘화, 재춘화, 화학적 춘화

(1) 이춘화

① **이춘화의 개념** … 저온처리과정에서 환경이 고온건조 통기불량하게 되면 저온처리효과가 떨어지거나 심한 경우 아주 소실되고 마는데, 이것을 이춘화라고 한다.

② 저온처리기간이 길어질수록 이춘화하기 어렵다.

③ 춘화가 완전히 진행된 것은 이춘화 현상이 생기지 않는다. 이것을 버널리제이션의 정착이라고 한다.

④ 밀에서 저온 버널리제이션을 실시한 직후 35℃ 정도의 고온처리를 하게 되면 버널리제이션 효과를 상실한다.

(2) 재춘화

① **재춘화의 개념** … 이춘화 후에 다시 저온처리를 하면 다시 완전히 버널리제이션이 되는 현상을 말한다.

② 춘화처리는 가역적 현상이다.

(3) 화학적 춘화

① **화학적 춘화의 개념** … 화학물질이 저온처리와 동일한 춘화효과를 가지는 것을 말한다.

② **화학적 춘화의 예**

㉠ 소량의 옥신은 파인애플의 개화를 촉진한다.

㉡ **저온처리와 동일한 효과를 가지는 화학물질**

- 지베렐린(Gibberellin)
- IAA, IBA
- 4-chlorophenoxy Acetic Acid, 2-naphthoxy Acetic Acid

③ **화학적 이춘화** … 화학물질의 처리에 의해서 버널리제이션의 효과가 상실 또는 감퇴되는 것을 말한다.

④ 버널리제이션의 응용

㉠ 추파 맥류가 동사하였을 때 버널리제이션을 해서 봄에 대파할 수 있다.

㉡ 월동하는 작물들은 저온처리를 하여 봄에 심어도 출수·개화하므로 채종재배에 이용할 수 있다.

㉢ 화아분화를 촉진시켜 촉성재배를 할 수 있다.

㉣ 증수효과가 있으며, 육종연한을 단축시킬 수 있다.

㉤ 추파맥류의 춘파성화가 가능하다.

03 일장효과

❶ 일장효과의 의의

(1) 일장효과의 개념

① 하루 중 낮의 길이의 장단에 따라 식물의 꽃눈 형성이 달라지는 현상을 말한다.

② 광주기, 광주율, 광주기성이라고도 한다.

③ 1918년, 가너는 일장효과에 대한 최초의 실험을 하였다. 이 실험에서 기온과 흙 속의 수분량, 영양조건 등의 변화가 개화기를 좌우하는 것을 확인한 다음 만생종의 콩이 자연조건하에서 개화되는 것은 가을의 낮의 길이가 짧아지기 때문이라는 결론에 도달하였다.

(2) 식물의 화성과 일장

① **유도 일장** … 식물의 화성을 유도할 수 있는 일장을 말한다.

② **비유도 일장** … 식물의 화성을 유도할 수 없는 일장을 말한다.

③ **한계 일장** … 유도 일장과 비유도 일장의 경계, 즉 화성 유도의 한계가 되는 일장을 말한다.

(3) 명기의 길이와 일장

① **장일** … 명기의 길이가 12 ~ 14시간 이상인 것을 말한다.

② **단일** … 명기의 길이가 12 ~ 14시간 이하인 것을 말한다.

③ 일장처리

㉠ 인위적으로 명·암기의 길이를 조절하여 장(長)·단일(短日) 조건을 만들어 자연상태에 있는 개화기와 다른 시기에 식물을 개화시키는 것을 말한다.

㉡ 장일조건으로 하는 것을 장일처리, 단일조건으로 하는 것을 단일처리라 한다.

(4) 광주작용

① 광주기성(光週期性)이 있는 식물에 광주기(光週期)가 주어졌을 때에 일어나는 일련의 현상을 말한다.

② 중성식물을 제외하면 개화를 위해서 반드시 명기(明期)가 필요하며, 이 경우 일정한 기간에 일정한 시간의 강광(强光)을 주었으면 그 다음은 약광이라도 무방하다.

③ 단일식물에서는 명기 다음에 일정한 시간 이상의 암기(暗期)가 필요하다.

④ 암기 도중에 단시간이라도 빛을 쬐어 암기를 중단하면 암기의 효과가 없어져서 개화하지 않는다.

2 작물의 일장형

(1) 장일식물

① 낮이 길 때 꽃눈을 형성하는 것을 장일식물(長日植物)이라고 한다.

② 장일상태(보통 16 ~ 18시간)에서 개화가 유도 · 촉진된다.

③ 단일상태에서는 개화가 저해된다.

④ 장일식물의 대부분은 단일조건하에서는 매우 짧은 줄기에서 잎이 나오는 이른바 로제트형(型)이 되나, 장일조건이면 비로소 줄기가 뻗는다.

⑤ 장일식물의 대부분은 온대에서 생육하며, 해가 긴 봄에서 초여름까지 꽃을 피운다.

⑥ 맥류, 감자, 시금치, 양파, 무, 배추, 산추, 아마, 티머시, 아주까리, 자운영, 티머시, 베치, 완두, 알팔파, 클로버 등이 있다.

※ 방사엽 식물 : 배추, 양배추 같은 장일식물이 단일조건에 놓이면 추대가 되지 않고 땅가에서 잎만 나오는 방사엽식물이 된다.

(2) 단일식물

① 낮이 짧을 때 꽃눈을 형성하는 것을 단일식물(短日植物)이라 한다.

② 단일상태(보통 8 ~ 10시간)에서 화성이 유도 · 촉진된다.

③ 장일상태에서는 화성이 저해된다.

④ 조, 기장, 피, 옥수수, 담배, 도꼬마리, 나팔꽃, 벼, 목화, 국화, 코스모스, 콩, 참깨, 들깨, 샐비어 등이 있다.

⑤ 온대에 분포하는 단일식물은 늦여름에 꽃눈을 형성하여 가을에 꽃을 피운다.

(3) 중성식물

① 일정한 한계일장이 없고 매우 넓은 범위의 일장에서 화성이 유도된다.

② 화성이 일장에 영향을 받지 않는다.

③ 가지, 토마토, 강낭콩, 당근, 샐러리, 고추 등이 있다.

(4) 중간식물

① 정일식물이라고도 하며, 2개의 한계일장이 있다.

② 좁은 범위의 일장에서만 화성이 유도 · 촉진된다.

③ 사탕수수의 F106이란 품종은 12시간 45분과 12시간의 좁은 일장범위에서만 개화한다.

(5) 장단일 식물

① 처음에는 장일이고 뒤에 단일이 되면 화성이 유도된다.

② 항상 일장에만 두면 화성이 유도되지 않는다.

(6) 단장일 식물

① 처음에는 단일이고 뒤에 장일이 되면 화성이 유도된다.

② 항상 일장에만 두면 개화하지 않는다.

일장 감응의 9개형

명칭	화아분화 전	화아분화 후	종류
LL식물	장일성	장일성	시금치, 봄보리
LI식물	장일성	중일성	Phlox paniculata, 사탕무
LS식물	장일성	단일성	Blotonia, Physostegia
IL식물	중일성	장일성	밀
II식물	중일성	중일성	고추, 올벼, 메밀, 토마토
IS식물	중일성	단일성	소빈국
SL식물	단일성	장일성	프리뮬러, 시네라리아, 양딸기
SI식물	단일성	중일성	늦벼(신력 · 욱), 도꼬라미
SS식물	단일성	단일성	코스모스, 나팔꽃, 늦콩

❸ 일장효과의 감응기구

(1) 반응부위

① 일장처리에 감응하는 부위는 잎이다.

② 모든 잎이 잘 반응하는 것은 아니며, 어린잎은 거의 일장에 반응하지 않는다.

(2) 자극의 전달

① 자극은 줄기의 체관부 또는 피층을 통하여 화아가 형성되는 정단분열조직이나 측생분열조직으로 이동한다.

② 차조기의 경우 24시간에 줄기에서는 2cm, 뿌리에서는 0.5cm를 이동한다.

(3) 화학물질의 일장효과

① 장일식물은 옥신 시용으로 화성이 촉진된다.

② 파인애플은 NAA나 2 · 4-D에 의해 개화가 유도된다.

③ 지베렐린은 저온 · 장일하에서 개화촉진이 탁월하다.

(4) 일장효과의 본체

① 일장효과에 관여하는 물질적 본체는 식물성 호르몬이다.

② 잎에서 형성되어 줄기의 생장점으로 이동하여 화아형성을 유도한다.

③ 플로리겐(Florigen) 또는 개화 호르몬이라고 한다.

❹ 일장효과에 영향을 미치는 조건

(1) 질소비료

① 질소가 부족한 경우 장일식물에서는 개화가 촉진된다.

② 단일식물에서는 질소가 충분해야 단일효과가 잘 나타난다.

(2) 암기

① 명암의 주기에서 상대적으로 명기가 암기보다 길면 장일효과가 나타난다.

② 단일식물은 일정시간 이상의 연속암기가 있어야만 단일효과가 나타난다.

③ 명기의 합계가 암기의 합계보다 길 경우 개화가 촉진된다.

(3) 빛

① 일반적으로 빛의 세기가 증가할수록 효과가 크다.

② 일반적으로 약한 빛도 일장효과에 작용한다.

(4) 온도

① 일장효과는 특히 암기온도의 영향을 받는다.

② 암기의 온도가 적온보다 훨씬 낮으면 장일식물에서는 암기의 개화억제효과가 감소하고, 단일식물에서는 암기의 개화촉진효과가 감소된다.

③ 단일식물인 가을국화는 10 ~ 15℃ 이하에서는 일장 여하에 불구하고 개화한다.

④ 장일성인 히요스는 저온하에서는 단일조건이라도 개화한다.

(5) 처리일수

① 민감한 식물은 극히 단시간의 처리에도 잘 감응하지만, 상당한 정도의 연속처리를 하는 것이 화아의 형성도 빠르고 화아의 수도 많다.

② 도꼬마리나 나팔꽃에서는 1회로도 충분하다.

(6) 발육단계

① 발아 초기의 어린 식물은 일장에 감응하지 않고 어느 정도 자란 후에 감응하게 된다.

② 발육이 진행된 후에는 일장에 대한 감수성이 떨어진다.

③ 감수성이 발육단계에 따라서 변화하는 상태는 작물의 종류 및 품종에 따라서 다르다.

④ 단일처리의 경우 벼는 주간 엽수 7 ~ 9매, 도꼬마리는 발아 1주일 후, 차조기는 발아 15일 후부터 잘 감응한다.

5 일장효과의 이용

(1) 재배적 이용

① 수확량을 증가시킨다.

② 작물의 성전환에 이용할 수 있다.

③ 파종 · 이식기를 조절하여 채종상의 편의를 도모할 수 있다.

④ 화훼류에서는 개화기를 조절할 수 있다.

⑤ 차광재배

㉠ 단일성 작물의 개화기를 빠르게 하기 위하여 자연의 일장시간을 제한하여 재배하는 방법을 말한다.

㉡ 밤낮의 장단이 식물의 생장발육에 현저한 영향을 미친다.

㉢ 우리나라에서는 원예작물, 특히 국화의 개화를 촉진하는 기술로서 널리 보급되고 있다.

(2) 농업적 이용

① 개화 유도

② 개화기 조절

③ 육종 연한 단축

④ 수량 증대

⑤ 성전환에 이용

6 개화 이외의 일장효과

(1) 수목의 휴면

① 수종과 관계없이 15 ~ 21℃에서는 일장 여하에도 불구하고 휴면이 유도된다.

② 21 ~ 27℃에서 장일(16시간)은 생장을 계속하게 하는 경향이 있다.

③ 21 ~ 27℃에서 단일(8시간)은 휴면을 유도하는 경향이 있다.

④ 단일의 감응 정도는 수종에 따라 다르다.

TIP

휴면

㉠ 휴면의 의의 : 종자나 구근 또는 수목의 겨울눈 따위가 생장에 필요한 물리적 · 화학적인 외계조건을 부여하여도 한때 생장이 정지되어 있는 상태를 말한다.

㉡ 휴면단계

- 휴면의 시기는 식물종류에 따라 온도, 습도의 영향이 크고 그 기간의 장단도 다르다.
- 온대식물은 겨울철에 영향을 받고, 열대 · 아열대 식물은 우기와 건기의 영향을 받는다.

㉢ 휴면타파

- 물리적 휴면타파(온탕법) : 화목류의 가지를 30 ~ 35℃에 9 ~ 12시간 담갔다가 15 ~ 18℃의 온실에서 관리한다.
- 화학적 유면타파(약액법) : 글라디올러스는 에틸렌 클로로히드린 40%액을 1l 에 대해 1 ~ 4ml 용량을 용기에 넣고 구근과 함께 밀봉하여 24 ~ 28시간 정도 기욕시키면 효과가 크다.

㉣ 온도처리

- 화훼류의 촉성억제시 휴면 중에 온도조절을 함으로써 눈과 뿌리에 자극을 주어 휴면에서 깨어나게 할 수 있다.
- 휴면심도가 깊은 것 : 프리지어, 글라디올러스, 아시단데라
- 휴면심도가 중도인 것 : 튤립, 백합, 수선, 아이리스, 히야신스
- 휴면하지 않는 것 : 아마릴리스, 다알리아

(2) 결협 및 등숙

단일식물인 콩에서 화아형성 후의 일장이 장일일 때에는 결협 및 등숙이 억제되고 단일일 때에는 결협 및 등숙이 촉진된다.

(3) 저장기관의 발육

① 양파의 비늘줄기는 16시간 이상의 장일에서는 발육이 촉진되지만 8 ~ 10시간의 일장에서는 발육이 정지된다.

② 고구마의 덩이뿌리, 봄무, 마의 비대근, 다알리아의 알뿌리감자나 돼지감자의 덩이줄기 등은 단일조건에서 발육이 촉진된다.

(4) 영양생장

① 장일식물이 단일하에 놓이면 추대현상이 일어나지 않고 지표면에서 잎만 출현하는 방사엽 식물이 된다.

② 단일식물이 장일하에 놓이면 추대현상이 계속되어 거대형이 된다.

04 작물의 기상생태형

❶ 기상생태형의 구성요소

(1) 기본영양생장성

① 작물이 출수개화(出穗開花)하기까지는 최소한의 영양생장을 필요로 한다는 것이다.

② 작물이 아무리 출수개화에 알맞은 온도와 일장조건을 가지더라도 일정한 기간의 기본영양생장을 하지 않으면 출수개화에 이르지 못한다.

③ 기본영양생장의 기간이 길고 짧음에 따라서 '기본영양생장이 크다(B, 높다) 또는 작다(b, 낮다)'라고 표시한다.

④ 환경에 의해서 단축되지 않는다.

⑤ 영양생장기간 중에는 분얼이 왕성하여 줄기의 수가 늘어나고 신장은 서서히 자라며, 새로운 잎이 규칙적으로 출현함으로써 태양광선을 많이 받을 수 있게 되고 뿌리가 왕성하게 생육되어 영양분을 많이 흡수할 수 있게 된다.

TIP

가소영양생장

㉠ 감광성이나 감온성에 지배되는 영양생장은 일장(단일)이나 온도(고온)에 의해서 크게 단축시킬 수 있기 때문에 이를 가소영양생장이라 한다.

㉡ 가소영양생장기간은 온도, 일장과 같은 환경조건에 따라 달라진다.

(2) 감광성

① 농작물의 출수나 개화가 일조시간의 영향을 받는 성질을 말한다.

② **감광성 정도** … 식물이 일장환경에 의해 주로 단일식물이 단일환경에 의해서 출수나 개화가 촉진되는 정도를 말한다.

③ 출수나 개화의 촉진도에 따라서 '감광성이 크다(L, 높다) 또는 작다(l, 낮다)'라고 한다.

④ 감광성은 작물의 종류에 따라 다른데, 벼 · 콩 등의 여름작물은 단일(短日)에 의해 출수나 개화가 촉진되고 장일(長日)에 의해 지연되는 데 비하여 보리 · 밀 등의 겨울작물은 그 반대가 된다.

(3) 감온성

① 농작물의 출수나 개화가 온도에 따라 영향을 받는 성질을 말한다.

② 온도반응성, 일장반응성이라고도 한다.

③ 감온성의 정도에 따라서 '감온성이 크다(T, 높다) 또는 작다(t, 낮다)'라고 한다.

2 기상생태형의 분류

(1) 기본영양생장형

① **기본영양생장성** … 크다.

② **감광성** … 작다.

③ **감온성** … 작다.

④ 따라서 생육기간은 주로 기본영양생장성에 지배된다.

(2) 감온형

① 기본영양생장성 … 작다.

② 감광성 … 작다.

③ 감온성 … 크다.

④ 따라서 생육기간은 주로 감온성에 지배된다.

(3) 감광형

① 기본영양생장성 … 작다.

② 감광성 … 크다.

③ 감온성 … 작다.

④ 따라서 생육기간은 주로 감광성에 지배된다.

(4) blt형

기상생태형의 세 가지 성질이 모두 작아서 어떤 환경에서도 생육기간이 짧다.

❋ 벼의 기상생태형 ❋

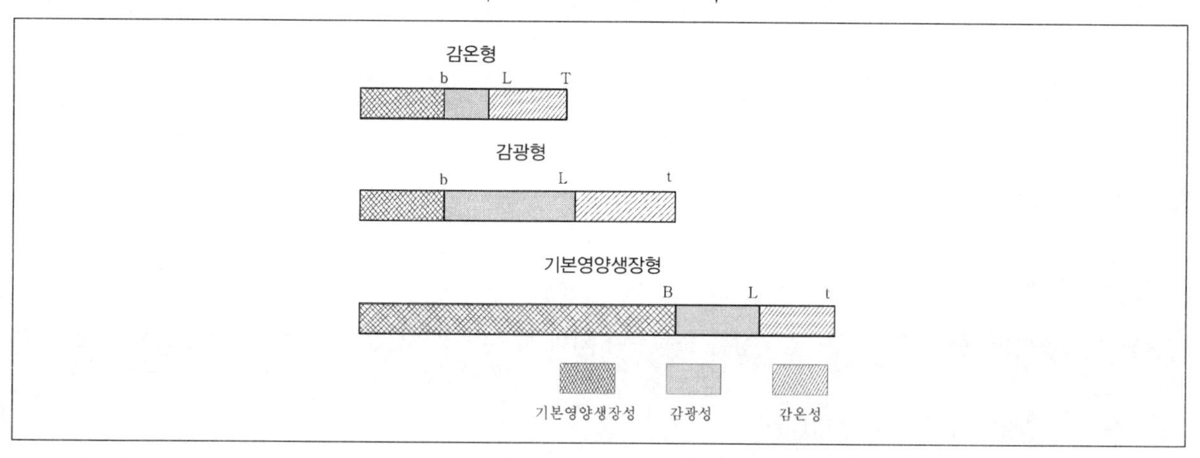

❸ 기상생태형과 지리적 분포

(1) 저위도지대

① 저위도지대인 적도 부근은 연중고온과 단일의 환경이다.

② 감온성이나 감광성이 큰 것은 출수가 빨라져서 생육기간이 짧고 수량이 적다.

(2) 중위도지대

① 중위도지대에서는 여름철과 가을철의 기온이 비교적 높고, 가을에 서리가 늦게 오기 때문에 어느 정도 늦게 출수하여도 안전하게 수확할 수 있다.

② 중위도지대에서는 감광성이 큰 bLt형이 만생종으로 되고 blT형은 조생종으로 된다.

(3) 고위도지대

① 고위도지대에서는 생육기간이 짧고 서리가 일찍 온다.

② 감온성이 발동하는 고온기는 늦봄으로부터 여름에 걸쳐서 온다.

③ 감광성이 발동하는 단일기는 여름부터 초가을에 걸쳐서 온다.

④ 여름의 고온기에 일찍 감응하여 출수·개화가 되어 서리가 오기 전에 성숙할 수 있는 감온성이 큰 blT형이 재배된다.

❹ 기상생태형과 재배적 분포

(1) 조만성(早晩性)

파종과 이앙을 일찍 할 경우 blt형·감온형은 조생종이 되며, 기본영양생장형과 감광형은 만생종이 된다.

(2) 묘대일수 감응도(苗垈日數 感應度)

① 못자리 기간을 길게 할 경우에 모가 노숙하고 모낸 뒤 생육에 난조가 생기는 정도를 말한다.

② 벼가 못자리에서 이미 생식생장의 단계로 접어들기 때문에 생기는 현상이다.

③ 묘대일수 감응도는 감온형이 높고 감광형과 기본생장형은 낮다.

(3) 출수기의 조절

① 조생종은 재배방식에 따라 출수기를 조절할 수 있다.

② 만생종은 출수기의 조절이 어렵다.

③ 조파조식 때보다 만파만식할 때 출수기가 지연되는 정도는 기본생장형과 감온형이 크고 감광형이 작다.

(4) 만식적응성(晩植適應性)

① 이앙기가 늦어졌을 때 적응하는 정도를 말한다.

② 만식적응성은 기본생장형과 감온형이 작고 감광형이 크다.

③ 조생종(早生種)

㉠ 묘대일수감응도가 크고 만식적응성이 작아서 만식에 부적당하다.

㉡ 조생종은 일반적으로 수확량이 적지만 일찍 수확 · 출하할 수 있다는 이점 때문에 재배상 · 경영상 유리하다.

④ 만생종(晩生種)

㉠ 묘대일수감응도가 작고 만식적응성이 커서 만식에 적당하다.

㉡ 생태적으로 정상보다 늦되는 품종을 말한다.

㉢ 만생종이라 하더라도 감광 · 감온 환경이 달라지면 품종 고유의 만숙성이 조숙화할 수도 있다.

최근 기출문제 분석

2024. 6. 22. 제1회 지방직 9급 시행

1 춘화처리의 농업적 이용에 대한 설명으로 옳지 않은 것은?

① 추파밀을 춘화처리해서 파종하면 육종상의 세대단축에 이용할 수 있다.
② 일부 사료작물은 춘화처리 후 발아율로 종이나 품종을 구별할 수 있다.
③ 동계 출하용 딸기는 촉성재배를 위해서 고온으로 화아분화를 유도한다.
④ 월동채소를 봄에 심어도 저온처리를 하면 추대와 결실이 되므로 채종이 가능하다.

TIP ③ 동계 출하용 딸기는 촉성재배를 위해서 저온으로 화아분화를 유도한다.

2024. 3. 23. 인사혁신처 9급 시행

2 일장과 작물의 화성에 대한 설명으로 옳지 않은 것은?

① 유도일장과 비유도일장의 경계를 한계일장이라고 한다.
② 단일식물은 유도일장의 주체가 단일측에 있고, 한계일장은 보통 장일측에 있다.
③ 장일식물은 24시간 주기가 아니더라도 상대적으로 명기가 암기보다 길면 장일효과가 나타난다.
④ 중간식물은 일정한 한계일장이 없고, 대단히 넓은 범위의 일장에서 화성이 유도된다.

TIP ④ 중성식물(중일성 식물)은 일정한 한계일장이 없고, 대단히 넓은 범위의 일장에서 화성이 유도되며, 화성이 일장의 영향을 받지 않는다고 할 수도 있다.

2023. 10. 28. 제2회 서울시 농촌지도사 시행

3 상적 발육설에 대한 설명으로 가장 옳지 않은 것은?

① 한 식물체가 발육상을 경과하려면 서로 다른 특정한 환경조건이 필요하다.
② 종자식물인 1년생 작물의 발육상은 하나하나의 단계로 구성되어 있다.
③ 앞과 뒤의 발육상은 분리되어 성립하여 앞의 발육상을 경과하지 못하여도 다음 발육상으로 이행된다.
④ 양적 증가 인생 장과 달리 발육은 체내의 순차적인 질적 재조정작용을 의미한다.

TIP ③ 발육상은 순차적으로 진행되기 때문에 앞의 발육상을 경과해야만 다음 발육상으로 이행된다.

Answer 1.③ 2.④ 3.③

2023. 9. 23. 인사혁신처 7급 시행

4 **벼의 기상생태형에 따른 재배적 특성에 대한 설명으로 옳은 것은? (단, 중위도 지대를 대상으로 함)**

① 감광형은 감온형보다 만식적응성이 크다.

② 묘대일수감응도는 감온형보다 감광형이 높다.

③ 파종과 모내기를 일찍 할 경우 기본영양생장형은 조생종이 된다.

④ 조파조식할 때보다 만파만식할 때, 출수기의 지연 정도는 감온형보다 감광형이 더 크다.

TIP ② 묘대일수감응도는 감온형이 높고 감광형이 낮다.
③ 파종과 모내기를 일찍 하면 조생종보다는 만생종이 유리할하다.
④ 감광형은 일조 시간에 민감하여 출수 시기가 크게 변동하지 않기 때문에 감온형보다 출수기 지연이 크지 않다.

2023. 9. 23. 인사혁신처 7급 시행

5 **일장효과에 대한 설명으로 옳지 않은 것은?**

① 일장효과에 가장 효과적인 파장은 적색광 영역이다.

② 단일식물의 개화에는 일정 기간 이상의 연속암기가 필요하다.

③ 장일식물의 질소함량이 높으면 장일효과가 더 잘 나타난다.

④ 대체로 단일처리 횟수가 증가하면 단일처리의 효과가 커진다.

TIP ③ 장일식물의 개화와 질소함량 간에는 연관성이 없다. 일식물은 빛의 기간이 길어질 때 개화한다.

2023. 6. 10. 제1회 지방직 9급 시행

6 **작물의 상적발육에 대한 설명으로 옳지 않은 것은?**

① 고위도 지대에서의 벼 종자 생산은 감광형이 감온형에 비하여 개화와 수확이 안전하다.

② 광중단을 통한 장일유도에는 적색광이 효과가 크다.

③ 오처드그래스와 클로버 등은 야간조파로 단일조건을 파괴하면 산초량이 증대한다.

④ 벼의 묘대일수감응도는 감온형이 높고, 감광형과 기본영양생장형이 낮다.

TIP ① 고위도지대에서는 감온형 품종을 심어야 일찍 출수하여 안전하게 수확할 수 있다.

Answer 4.① 5.③ 6.①

2023. 6. 10. 제1회 지방직 9급 시행

7 **버널리제이션에 대한 설명으로 옳지 않은 것은?**

① 단일식물은 비교적 고온인 10~30°C의 처리가 유효한데 이를 고온버널리제이션이라고 한다.
② 화학물질을 처리해도 버널리제이션과 같은 효과를 얻을 수 있는데 이를 화학적 춘화라고 한다.
③ 배나 생장점에 탄수화물의 공급을 차단하여 버널리제이션의 효과를 증가시킬 수 있다.
④ 월동채소는 버널리제이션을 해서 봄에 파종해도 추대 · 결실하므로 채종에 이용될 수 있다.

TIP ③ 배나 생장점에 당과 같은 탄수화물이 공급되지 않으면 버날리제이션효과가 나타나기 힘들다.

2023. 4. 8. 인사혁신처 9급 시행

8 **작물 종자의 휴면타파에 대한 설명으로 옳지 않은 것은?**

① 일반적으로 벼는 50°C에 4~5일간 보관하면 휴면이 타파된다.
② 스위트클로버는 분당 180회씩 10분간 진탕 처리한다.
③ 레드클로버는 진한 황산을 15분간 처리한다.
④ 감자와 양파는 절단해서 2ppm 정도의 MH수용액에 처리한다.

TIP ④ 감자와 양파는 절단해서 2ppm 정도의 GA수용액에 처리한다.

2022. 10. 15. 인사혁신처 7급 시행

9 **작물의 상적발육에 대한 설명으로 옳지 않은 것은?**

① 추파 맥류를 늦은 봄에 파종하면 좌지현상(座止現象)을 보인다.
② 단일식물의 개화 유도에는 일정 시간 이상의 연속 암기가 반드시 필요하다.
③ 이춘화는 저온처리 기간이 충분히 길어서 다시 고온이 오더라도 버널리제이션 효과가 지속되는 현상이다.
④ 지베렐린, NAA처리는 일부 식물에서 화성을 유도한다.

TIP ③ 이춘화는 저온처리 기간이 충분히 길어서 다시 고온이 오면 버널리제이션 효과가 상실된다.

Answer 7.③ 8.④ 9.③

2022. 10. 15. 인사혁신처 7급 시행

10 일장형이 중성인 식물로만 묶은 것은?

① 상추, 도꼬마리

② 포인세티아, 당근

③ 밀, 시금치

④ 고추, 강낭콩

TIP ① 상추는 장일식물, 도꼬마리는 단일식물이다.
② 포인세티아는 단일식물, 당근은 장일식물이다.
③ 포인세티아는 단일식물, 당근은 장일식물이다.

2022. 4. 2. 인사혁신처 9급 시행

11 다음 일장효과에 대한 설명으로 옳은 것만을 모두 고르면?

㉠ 빛을 흡수하는 피토크롬이라는 색소단백질과 연관되어 있다.
㉡ 일장효과에 유효한 광의 파장은 일장형에 따라 다르다.
㉢ 명기에는 약광일지라도 일장효과에 작용하고, 일반적으로 광량이 증가할 때 효과가 커진다.
㉣ 도꼬마리의 경우 8시간 이하의 연속암기를 주더라도 상대적 장일상태를 만들면 개화가 촉진된다.
㉤ 장일식물의 경우 야간조파 해도 개화유도에 지장을 주지 않는다.
㉥ 장일식물은 질소가 풍부하면 생장속도가 빨라져서 개화가 촉진된다.

① ㉠, ㉢, ㉤ ② ㉠, ㉣, ㉥

③ ㉡, ㉢, ㉤ ④ ㉡, ㉣, ㉥

TIP ㉡ 일장효과에 유효한 광의 파장은 장일식물이나 단일식물이나 같다.
㉣ 도꼬마리의 경우 10시간 이상 연속암기를 주면 개화가 촉진된다.
㉥ 질소가 부족한 경우 장일식물은 개화가 촉진된다.

Answer 10.④ 11.①

2021. 9. 11. 인사혁신처 7급 시행

12 **춘화처리(vernalization)에 대한 설명으로 옳은 것은?**

① 식물체가 일정 시기에 저온에 노출됨으로써 화성을 갖게 되는 현상이다.

② 종자의 수분함량이 15%일 때 저온처리를 하면 효과가 가장 좋게 나타난다.

③ 앱시스산(ABA) 호르몬을 사용하면 저온처리의 효과를 대체할 수 있다.

④ 러시아의 Vavilov가 추파 화곡류를 재료로 한 실험에서 처음 구명하였다.

TIP ② 수분함량은 종자에 따라서 다르다.
③ 앱시스산(ABA)은 휴면을 유도하고 유지한다.
④ Lysenko가 밀과 같은 추파 화곡류를 이용한 실험에서 처음 구명하였다.

2021. 9. 11. 인사혁신처 7급 시행

13 **벼의 기상생태형에 대한 설명으로 옳은 것은?**

① 우리나라에서 조생종은 감광형(bLt 형)이고 만생종은 감온형(blT 형)이 된다.

② 저위도 지역에서 기본영양생장형(Blt 형)이 주요 다수성 품종이 된다.

③ 중위도 지역에서 감온형(blT 형)이 주요 다수성 품종이 된다.

④ 고위도 지역에서 감광형(bLt 형)이 가을철 서리에 안전한 품종이 된다.

TIP ① 우리나라에서 조생종은 감온형(blT 형)이고 만생종은 감광형(bLt 형)이다.
③ 중위도 지역에서 감광형(bLt 형)이 주요 다수성 품종이 된다.
④ 고위도 지역에서 감온형(blT 형)이 가을철 서리에 안전한 품종이 된다.

2021. 6. 5. 제1회 지방직 9급 시행

14 **일장효과의 농업적 이용에 대한 설명으로 옳지 않은 것은?**

① 고구마의 개화 유도를 위해 나팔꽃에 접목 후 장일처리를 한다.

② 국화는 조생국을 단일처리할 경우 촉성재배가 가능하다.

③ 일장처리를 통해 육종연한 단축이 가능하다.

④ 들깨는 장일조건에서 화성이 저해된다.

TIP ① 나팔꽃은 단일식물로, 고구마의 개화 유도를 위해 나팔꽃에 접목 후 단일처리를 한다.
※ 장일식물과 단일식물
㉠ 장일식물 : 시금치, 완두, 아마, 맥류, 양귀비, 양파, 감자, 상추
㉡ 단일식물 : 샐비어, 코스모스, 목화, 도꼬마리, 국화, 들깨, 콩, 나팔꽃, 담배, 벼

Answer 12.① 13.② 14.①

2021. 6. 5. 제1회 지방직 9급 시행

15 **작물의 생장과 발육에 대한 설명으로 옳지 않은 것은?**

① 밤의 기온이 어느 정도 높아서 일중 변온이 작을 때 생장이 느리다.
② 작물의 생장은 진정광합성량과 호흡량 간의 차이에 영향을 받는다.
③ 토마토의 발육상은 감온상과 감광상을 뚜렷하게 구분할 수 없다.
④ 추파맥류의 발육상은 감온상과 감광상이 모두 뚜렷하다.

TIP ① 밤의 기온이 어느 정도 높아서 일중 변온이 작을 때 생장이 빠르다.

2021. 4. 17. 인사혁신처 9급 시행

16 **다음 중 작물의 화성을 유도하는 데 가장 큰 영향을 미치는 외적 환경 요인은?**

① 수분과 광도
② 수분과 온도
③ 온도와 일장
④ 토양과 질소

TIP 화성유도
㉠ 내적요인 : 영양상태(C/N율), 식물호르몬(옥신, 지베렐린)
㉡ 외족요인 : 광조건(감광성), 온도조건(감온성)

2018. 6. 23. 농촌진흥청 지도직 시행

17 **춘화처리에 대한 설명으로 옳지 않은 것은?**

① 완두와 같은 종자춘화형식물과 양배추와 같은 녹체춘화형식물로 구분한다.
② 종자춘화를 할 때에는 종자근의 시원체인 백체가 나타나기 시작할 무렵까지 최아하여 처리한다.
③ 춘화처리 기간 중에는 산소를 충분히 공급해야 한다.
④ 춘화처리 기간과 종료 후에는 종자를 건조한 상태로 유지해야 한다.

TIP ④ 춘화처리 도중뿐만 아니라 처리 후에도 고온과 건조는 저온처리의 효과를 경감 또는 소멸시키므로 처리기간 중에는 물론 처리 후에도 고온과 건조를 피해야 한다.

Answer 15.① 16.③ 17.④

2017. 8. 26. 인사혁신처 7급 시행

18 **일장효과에 대한 설명으로 옳지 않은 것은?**

① 만생추국(晩生秋菊)에 장일처리하면 억제재배가 가능하다.

② 삼(대마)은 자웅이주식물로서 일장처리로 성전환이 가능하다.

③ 오이 · 호박은 단일조건에서 암꽃이 많아지고, 장일조건에서 수꽃이 많아진다.

④ 고구마의 덩이뿌리와 감자의 덩이줄기는 장일조건에서 발육이 촉진된다.

TIP ④ 고구마의 덩이뿌리와 감자의 덩이줄기는 단일조건에서 발육이 촉진된다.

2016. 8. 27. 인사혁신처 7급 시행

19 **단일식물로만 묶인 것은?**

㉠ 들깨	㉡ 양파
㉢ 상추	㉣ 국화
㉤ 시금치	㉥ 보리
㉦ 도꼬마리	㉧ 사탕무

① ㉠, ㉡, ㉥　　② ㉠, ㉣, ㉦

③ ㉡, ㉣, ㉧　　④ ㉢, ㉤, ㉦

TIP 장일식물과 단일식물

㉠ 장일식물 : 맥류, 양귀비, 시금치, 양파, 상추, 아마, 티머시, 아주까리, 감자, 사탕무, 배추, 양배추, 무 등

㉡ 단일식물 : 국화, 코스모스, 콩, 담배, 들깨, 사루비아, 도꼬마리, 코스모스, 목화, 벼, 나팔꽃 등

2010. 10. 17. 제3회 서울시 농촌지도사 시행

20 **춘화처리의 농업적 이용에 대한 설명으로 가장 옳지 않은 것은?**

① 월동작물의 채종에 이용한다.

② 맥류의 육종에 이용한다.

③ 딸기의 반촉성재배에 이용한다.

④ 라이그래스류의 종 또는 품종의 감정에 이용한다.

TIP ③ 딸기의 반촉성재배는 저온 요구 없이 겨울철에 딸기를 재배하여 조기 수확하는 것이다. 저온 처리가 아닌 온실 등에서 재배 환경을 조절하는 방식이므로 춘화처리와 관련이 없다.

Answer 18.④ 19.② 20.③

출제 예상 문제

1 고위도 지대에서 나타나는 기상생태형의 특징으로 옳은 것은?

① 기본영양생장성이 크고 감온성, 감광성은 작다.
② 기본영양생장성, 감온성이 크고 감광성은 작다.
③ 기본영양생장성, 감온성, 감광성 모두 크다.
④ 기본영양생장성, 감온성, 감광성 모두 작다.

TIP blt형 … 기본영양생장성, 감온성, 감광성이 모두 작은 형태로 어떠한 환경에서도 생육기간이 짧다.

2 다음 중 장일조건에서 영양기관의 발육이 조장되는 작물은?

① 돼지감자
② 봄무
③ 양파
④ 마

TIP 양파의 비늘줄기는 16시간 이상의 장일에서는 발육이 촉진되지만 8～10시간의 일장에서는 발육이 정지된다.

3 다음 중 녹체춘화형 식물에 해당하는 것은?

① 밀
② 잠두
③ 추파맥류
④ 양배추

TIP ①②③ 종자춘화형 식물에 해당한다.
※ 녹체춘화 … 식물이 일정 크기에 달한 녹체기에 저온처리하는 것으로 채종재배 및 육종을 위한 세대단축에도 사용된다(예 양배추, 히요스 등).

Answer 1.④ 2.③ 3.④

4 다음 중 일장효과의 농업적 이용과 거리가 먼 것은?

① 특정시기에 한해서만 재배 가능
② 개화 유도
③ 육종 연한의 단축
④ 특정자문에서의 성전환 가능

TIP 일장효과의 농업적 이용
㉠ 개화유도
㉡ 개화기 조절
㉢ 수량 증대
㉣ 성전환에 이용
㉤ 육종 연한 단축

5 불량환경에 강한 것은?

① 호밀
② 귀리
③ 보리
④ 벼

TIP 호밀
㉠ 화본과의 1년초 또는 월년초이며 라이보리라고도 한다.
㉡ 분류체계상 식물계 > 종자식물문 > 외떡잎식물아강 > 벼목 > 화본과이다.
㉢ 카프카스 · 터키 원산이며 크기는 약 1.5 ~ 3m이다.
㉣ 맥류 중에서도 냉량한 기후에 적합하고 내한성이 강하며, 건조한 사질토나 메마른 땅에서도 잘 자란다.
㉤ 밀과는 속이 다르지만 근연종이며 인공적으로 교배한 잡종이 생겨 라이밀이라고한다.

6 다음 중 중 · 남부지역에서 재배하는 기상생태형으로 옳은 것은?

① blt
② bLt
③ BLt
④ bLT

TIP 중위도지대의 기상생태형
㉠ 여름철과 가을철 기온이 비교적 높고 가을에 서리가 늦게 오기 때문에 어느 정도 늦게 출수하여도 안전하게 수확할 수 있다.
㉡ 감광성이 큰 bLt형이 만생종, blT형은 조생종이 된다.

Answer 4.① 5.① 6.②

7 가을에 국화를 개화시키려면 어떠한 처리를 해야 하는가?

① 단일처리　　② 장일처리
③ 고온처리　　④ 저온처리

TIP 우리나라에서는 장일처리를 이용하여 국화의 개화를 촉진시키는 차광재배를 널리 사용하고 있다.

8 일장효과의 재배적 이용이 아닌 것은?

① 수량의 증대　　② 꽃의 개화기 조절
③ 육종상에 이용　　④ 단위결과 유도

TIP 일장효과의 재배적 이용
㉠ 수확량의 증가
㉡ 성 전환을 채종에 이용(삼)
㉢ 파종 · 이식기 조절
㉣ 개화기 조절
㉤ 차광재배

9 환경이 생물에 불리하면 어떻게 되는가?

① 동물은 좋은 환경을 찾아 이동할 수 없다.
② 식물은 좋은 환경을 찾아 이동한다.
③ 식물은 동물에 비하여 환경의 영향을 크게 받는다.
④ 동물은 식물에 비하여 환경의 영향을 크게 받는다.

TIP 식물은 이동할 수 없기 때문에 동물에 비해 환경의 영향을 많이 받을 수밖에 없다.

Answer 7.② 8.④ 9.③

10 종자 춘화처리(Vernalization)를 할 때 가장 중요한 조건은?

① 생장점 ② 어린잎
③ 성숙한 잎 ④ 줄기

TIP 춘화처리의 감응부위
㉠ 저온처리의 감응부위는 생장점이다.
㉡ 가을 호밀의 배만을 분리하여 당분과 산소를 공급하면 버널리제이션 효과가 일어난다.

11 다음 중 생물상이 가장 단순하리라고 생각되는 토지이용형태는?

① 산림 ② 밭
③ 논 ④ 시설재배

TIP 시설재배
㉠ 시설물을 세우고 모든 재배환경을 인위적으로 조절하여야 한다.
㉡ 재배되는 작물이 단순하여 이에 서식하는 동물도 땅속에 사는 곤충이나 동물 정도로 한정되어 단순한 생물상으로 변하게 된다.

12 춘화처리를 할 때 가장 중요한 조건은?

① 산소 ② 습도
③ 온도 ④ 일장

TIP 춘화처리에 영향을 미치는 요인에는 온도 · 산소 · 빛 · 습도 · 탄수화물 등이 있으며, 그 중에서 온도가 가장 중요하다.

Answer 10.① 11.④ 12.③

13 **다음의 형질 중에서 지리적 특성에 속하는 것은?**

① 수량성, 조만성
② 감온성, 감광성
③ 품질, 내병충성
④ 내병충성의 기계화 적응설

TIP 감온성과 감광성
㉠ 감온성(感溫性) : 농작물의 출수나 개화가 온도에 따라 영향을 받는 성질을 말한다.
㉡ 감광성(感光性) : 농작물의 출수나 개화가 일조시간에 의해 영향을 받는 성질을 말한다.

14 **춘화처리란 무엇인가?**

① 식물이 잘 자랄 수 있도록 적당한 온도를 처리하는 것
② 봄에 꽃이 피도록 처리하는 것
③ 봄에 종자를 처리하여 발아를 촉진하는 것
④ 작물의 추파성을 없애기 위하여 저온에 처리하는 것

TIP 춘화처리 … 작물의 출수 및 개화를 유도하기 위하여 생육기간 중의 일정시기에 온도처리(저온처리)를 하는 것을 말한다.

15 **다음 중 조생종에 대한 설명으로 옳지 않은 것은?**

① 묘대일수감응도와 만식적응성이 작아서 만식에 부적당하다.
② 같은 지역에서도 조생 · 만생품종을 섞어서 냉해 · 태풍 등의 피해를 경감시키는 경우도 있다.
③ 같은 종(種)의 작물 중에서 표준적인 개화기의 것보다 일찍 꽃이 피고 성숙하는 종을 말한다.
④ 일반적으로 수확량은 적으나 일찍 수확 · 출하할 수 있는 이점 때문에 재배상 · 경영상 유리한 경우가 많다.

TIP ① 묘대일수감응도가 크고 만식적응성이 작아서 만식에 부적당하다.

Answer 13.② 14.④ 15.①

16 일장효과에 영향을 미치는 조건 중에서 온도의 영향으로 옳은 것은?

① 일장효과와 온도는 무관하다.

② 단일식물인 가을 국화는 10℃ 이하에서는 일장 여하에 불구하고 개화한다.

③ 저온하에 장일식물이 단일조건에서 개화하는 경우는 많다.

④ 위의 모든 내용은 옳지 않다.

TIP ① 일장효과는 암기온도에 의해 크게 좌우된다.
③ 저온하에서 장일성 작물이 단일조건이라도 개화하는 경우가 있다(히요스).

17 춘화처리에 대한 설명으로 옳지 않은 것은?

① 러시아의 리센코가 발견하였다.

② 식물의 저온에 대하여 화아분화가 촉진되는 것을 춘화라고 한다.

③ 종자 춘화형 식물로는 무, 배추가 있다.

④ 춘화처리는 휴면을 타파하기 위해서 한다.

TIP 춘화처리 … 상적 발육에 있어서 감온상을 경과시키기 위해서 생육 초기나 생육 도중에 일정한 온도환경 처리를 해 주어야 한다. 즉, 작물의 출수 및 개화를 유도하기 위하여 생육기간 중의 일정시기에 온도처리(저온처리)를 하는 것을 말한다.

18 저온처리(버널리제이션)에 대한 설명 중 옳지 않은 것은?

① 주로 생육 초기에 온도처리를 하여 개화를 촉진한다.

② 저온처리의 감응점은 생장점이다.

③ 감응은 원형질 변화와 호르몬에 의해 전달된다.

④ 추파 시금치에 대한 실험에서 발견되었다.

TIP ④ 버널리제이션은 러시아의 T.D. Lysenko(1932)가 추파 화곡류를 이용한 실험에 의하여 밝혀졌다.

Answer 16.② 17.④ 18.④

19 가을 보리를 봄에 파종하려면 어떤 처리를 해야 하는가?

① 장일처리 ② 생장조절제 처리
③ 단일처리 ④ 춘화처리

TIP 추파성
㉠ 씨앗을 가을에 뿌려서 겨울의 저온기간을 경과하지 않으면 개화 · 결실하지 않는 식물의 성질을 말한다.
㉡ 밀, 보리, 귀리 등과 가을에 파종하는 작물은 모두가 추파성 작물이다.
㉢ 이들은 춘화처리(春化處理)를 하여 봄에 파종할 수도 있는데, 가을에 파종하는 것보다 수확량이 적다는 단점이 있다.

20 다음 중 대표적인 장일성 식물은?

① 시금치 ② 벼
③ 감자 ④ 도꼬마리

TIP 작물의 일장형
㉠ 장일식물 : 맥류, 양귀비, 시금치, 양파, 상추, 아마, 티머시, 아주까리, 감자 등
㉡ 단일식물 : 국화, 콩, 담배, 들깨, 사르비아, 도꼬마리, 코스모스, 목화, 벼, 나팔꽃 등
㉢ 중성식물 : 강낭콩, 고추, 토마토, 당근, 샐러리 등

21 일장처리에 가장 잘 반응하는 부분은?

① 성엽(성숙한 엽) ② 유엽
③ 노엽 ④ 뿌리

TIP 춘화처리와 일장처리의 감응부위
㉠ 춘화처리의 감응부위 : 생장점
㉡ 일장처리의 감응부위 : 성엽

Answer 19.④ 20.① 21.①

22 **만생종 벼의 일장에 관한 설명 중 옳은 것은?**

① 화아분화 전은 단일성, 분화 후는 중일성이다.
② 전 생육기간이 중일성이다.
③ 일장반응이 분명치 않다.
④ 전 생육기간이 단일성이다.

TIP 조생종 벼와 만생종 벼
㉠ 조생종 벼 : 화아분화 전 – 중일성, 화아분화 후 – 중일성
㉡ 만생종 벼 : 화아분화 전 – 단일성, 화아분화 후 – 중일성

23 **작물이 영양생장에서 생식생장으로 전환하는 데 관여하는 환경요인은?**

① 온도, 수분
② 온도, 양분
③ 온도, 일장
④ 빛, 이산화탄소

TIP 일장효과에 영향을 미치는 요인
㉠ 생식생장으로의 전환은 일정한 온도와 일장환경이 충족되어야만 가능하다.
㉡ 작물의 내건성은 생육단계에 따라 다르며, 영양생장기보다 생식생장기가 한해에 더 약하다.

24 **다음 중 춘화처리 효과에 관여하는 주된 환경요인은?**

① 저온, 고온
② 저온, 산소
③ 빛, 질소
④ 고온, 일장

TIP 처리온도에 따른 버널리제이션의 구분
㉠ 고온 버널리제이션 : 단일식물은 비교적 고온인 10 ~ 30℃의 온도처리에 의해 춘화가 된다.
㉡ 저온 버널리제이션 : 월동하는 작물에 0 ~ 10℃의 저온처리를 하는 것을 말하며, 일반적으로 고온보다 저온처리의 효과가 크다.

Answer 22.① 23.③ 24.①

25 **가소영양생장에 대한 설명으로 옳은 것은?**

① 온도 · 일장과 관계없이 일정하다.

② 저온(低溫)조건에서 단축된다.

③ 장일조건에서 단축된다.

④ 감광성이나 감온성에 지배되는 영양생장은 일장(단일)이나 온도(고온)에 의해서 크게 단축시킬 수 있다.

TIP 가소영양생장

㉠ 감광성이나 감온성에 지배되는 영양생장은 일장(단일)이나 온도(고온)에 의해서 크게 단축시킬 수 있다.

㉡ 가소영양생장 기간은 온도 · 일장과 같은 환경조건에 따라 달라진다.

㉢ 일반적으로 고온 및 단일 조건에서 단축된다.

26 **고위도 지대의 기상생태형을 설명한 것 중 옳지 않은 것은?**

① 고위도 지대에서는 생육기간이 짧고 서리가 일찍 온다.

② 감온성이 발동하는 고온기는 늦봄으로부터 여름에 걸쳐서 온다.

③ 감광성이 발동하는 단일기는 여름부터 초가을에 걸쳐서 온다.

④ Blt형은 생육기간이 짧아서 서리가 오기 전에 성숙한다.

TIP 고위도 지대의 기상생태형

㉠ Blt형은 생육기간이 길어서 서리가 오기 전에 성숙하지 못한다.

㉡ bLt형은 늦은 단일기에 감응하여 출수 · 개화가 늦어 저온기에 등숙기간에 처하게 되어 성숙하기 어렵다.

㉢ 여름의 고온기에 일찍 감응하여 출수 · 개화가 되어 서리가 오기 전에 성숙할 수 있는 감온성이 큰 blT형이 재배된다.

Answer 25.④ 26.④

27 다음 중 묘대일수 감응도에 대한 설명으로 옳지 않은 것은?

① 못자리 기간을 길게 할 때 모가 노숙하고 모낸 뒤 생육에 난조가 생기는 정도이다.
② 묘대일수 감응도는 감광형이 높고 감온형과 기본생장형은 낮다.
③ 못자리 영양이 결핍되면 감온형은 생식생장의 경향을 보인다.
④ 벼가 못자리에서 이미 생식생장의 단계로 접어들기 때문에 생기는 현상이다.

TIP ② 묘대일수 감응도는 감온형이 높고 감광형과 기본생장형은 낮다.
③ 못자리 영양이 결핍되어도 감광형이나 기본생장형은 생식생장의 경향을 보이지 않는다.

28 우리나라 작물의 기상생태형에 관한 설명으로 옳은 것은?

① 북부지방으로 갈수록 감광성인 만생종이 재배된다.
② 남부지방으로 갈수록 감온형인 조생종이 재배된다.
③ 우리나라의 작물 중 조생종은 대체로 감온형이다.
④ 우리나라의 작물 중 조생종은 대체로 감광형이다.

TIP ① 북부지방으로 갈수록 감온형인 조생종이 재배된다.
② 남부지방으로 갈수록 감광성인 만생종이 재배된다.
④ 우리나라의 작물 중 만생종은 대체로 감광형이다.

29 다음 중 만식적응성에 대한 설명으로 옳지 않은 것은?

① 이앙기가 늦어졌을 때 적응하는 정도를 말한다.
② 기본생장형과 감온형은 만식적응성이 크고, 감광형은 작다.
③ 조생종은 묘대일수감응도가 크고 만식적응성이 작아서 만식에 부적당하다.
④ 만생종은 묘대일수감응도가 작고 만식적응성이 커서 만식에 적당하다.

TIP ② 기본생장형과 감온형은 만식적응성이 작고, 감광형은 만식적응성이 크다.

Answer 27.② 28.③ 29.②

30 다음 중 휴면에 대한 설명으로 옳지 않은 것은?

① 생장에 필요한 물리적 · 화학적인 조건을 부여하여도 한때 생장이 정지되어 있는 상태를 말한다.

② 온대식물은 겨울철에 영향을 받고, 열대 · 아열대 식물은 우기와 건기의 영향을 받는다.

③ 단일의 감응 정도는 수종에 따라 다르다.

④ 21 ~ 27℃에서는 일장 여하에도 불구하고 휴면이 요구된다.

TIP ④ 수종과 관계없이 15 ~ 21℃에서는 일장 여하에도 불구하고 휴면이 요구된다.

Answer 30.④

재배기술

01 작부체계

01 연작, 윤작, 윤답

❶ 연작

(1) 연작의 개념

이어짓기라고도 하며, 같은 작물을 항상 한 포장에서 해마다 재배하는 방법을 말한다.

(2) 연작시 주의할 점

① 지력이 저하되어 수확하기 어려워지기도 한다. 작물을 매년 바꾸어 재배함으로써 어느 정도 지력을 유지할 수 있으나, 양분을 공급해야 한다.

② 병충해도 증가하여 수량을 감소시키므로 연작은 피하는 것이 좋다.

(3) 기지현상

① 이어짓기하는 경우에 작물의 생육이 뚜렷하게 나빠지는 현상을 말하며 그루타기라고도 한다.

② 이어짓기를 하지 않고 2 ~ 3년을 주기로 하여 해마다 작물을 바꾸어 재배하면 기지현상을 막을 수 있고 지력이 증진된다.

(4) 기지현상의 원인

① 유독물질의 집적 … 작물의 찌꺼기나 뿌리의 분비물에 의한 유해작용으로 생육이 나빠진다.

② 토양 전염병의 해 … 이어짓기를 하면 토양 중의 병원균이 번성하여 병해를 유발한다.

③ 토양 비료분의 소모 … 이어짓기를 하면 특수한 비료성분만이 집중적으로 수탈되어 특정한 양분이 결핍되고 양분이 불균형해지기 쉽다.

④ **잡초의 번성** … 잡초가 잘 발생하면 작물에 피해를 주게 된다.

⑤ **토양물리성의 악화** … 화곡류(禾穀類)와 같이 뿌리가 얕게 퍼지는 작물을 이어짓기하면 토양이 굳어져서 물리성이 악화된다.

⑥ **토양선충(土壤線蟲)의 피해** … 이어짓기를 하면 토양선충이 번성하여 직접적으로 피해를 끼치고, 또 2차적으로 병균의 침입을 조장하여 병해를 유발함으로써 기지의 원인이 된다.

⑦ **토양 중의 염류 집적** … 비닐하우스에서는 용탈이 적으므로, 거름을 많이 주고 이어짓기를 하면 갈이흙(耕土)에 염류가 과잉 집적되어서 이것이 작물의 생육을 저해한다.

(5) 작물에 따른 기지현상

① **연작에 강한 작물** … 화본과, 겨자과, 백합과, 미나리과 등(사과, 포도, 자두, 살구 등)

② **연작에 약한 작물** … 콩과, 가지과, 메꽃과, 국화과 등(복숭아, 무화과, 앵두, 감귤 등)

③ 뿌리가 깊게 뻗은 작물은 뿌리가 얕게 뻗는 작물보다 연작의 해가 크다.

작물별 휴작 요구 년수

휴작 요구 년수	작물
1년 휴작 필요	쪽파, 생강, 콩, 파, 시금치 등
2년 휴작 필요	오이, 감자, 마, 잠두, 땅콩 등
3년 휴작 필요	토란, 쑥갓, 참외, 강낭콩 등
5～7년 휴작 필요	레드클로버, 가지, 수박, 우엉, 완두, 고추, 토마토, 사탕무 등
10년 휴작 필요	인삼, 아마 등

(6) 기지현상의 대책

① 과수의 기지성은 어릴 때 심하여 묘목을 심을 부분에 구덩이를 파고 여기에 기지성이 없는 새 흙을 채우고 심으면 생육이 좋아진다.

② 기지현상에 강한 품종을 선택한다.

③ 기지의 원인이 토양선충일 경우 클로로피크린, DD, 베이팜, EDB, TMTD 같은 살선충제로 토양을 소독한다.

④ 기지의 원인이 병원균일 경우 클로로피크린, 메틸브로마이드, 에틸렌디브로마이드, 황, CBP, 베이팜, 포르말린 같은 살균제로 토양을 소독한다. 그 밖에 가열소토(加熱燒土)나 증기소독을 하기도 한다.

⑤ 기지의 원인이 지력저하일 경우 깊이갈이 · 퇴비다용(堆肥多用)하고, 결핍성분 · 미량요소를 줌으로써 기지현상을 경감시킨다.

⑥ 기지의 원인이 유독물질일 경우 알코올 · 황산 · 수산화칼륨 · 계면활성제의 희석액이나 물로 유독물질을 씻어낸다.

⑦ 이어짓기를 하지 않고 몇 해(2 ~ 3년)를 주기로 하여 해마다 작물을 바꾸어 재배하면 기지현상을 막을 수 있고, 지력이 증진된다.

⑧ 하우스 재배에서 염류가 과잉 집적되었을 때에는 배양토를 바꾸도록 한다.

⑨ 저항성 대목(臺木)에 접붙이기를 하여 재배하면 기지현상을 방지 또는 경감시킬 수 있다.

❷ 윤작

(1) 윤작의 개념

작물을 일정한 순서에 따라서 주기적으로 교대하여 재배하는 방법을 말하며, 돌려짓기라고도 한다.

(2) 윤작의 역사

① 윤작은 예로부터 유럽에서 발달하였다. 초기에는 토지를 가축의 사료용 초지와 곡식을 심는 밭으로 나누고 곡식을 심는 밭의 지력이 떨어지면 초지를 밭으로 교체하여 이용하였다.

② 삼포식 농업

㉠ 개념 : 곡물을 심는 땅의 비율이 많아짐에 따라 경작지를 3등분하여 한 쪽은 땅을 휴한하고 또 한 쪽은 봄보리나 가을보리를 심어 해마다 번갈아 재배하는 3포식 돌려짓기를 하였다.

㉡ 방법 : 땅을 3등분하여 1/3은 여름작물, 1/3은 겨울작물, 나머지 1/3은 휴한한다.

③ 개량삼포식 농업

㉠ 개념 : 토지의 지력쇠퇴를 방지하고 노력의 분배를 합리화하려는 돌려짓기 영농법을 말한다.

㉡ 방법

- 3등분 토지 중의 어느 1구간도 휴한시키는 일이 없이 휴한될 토지에 클로버, 알팔파와 같은 녹비작물을 파종하여 지력을 보존시킨다.
- 근채류와 같은 중경시비를 필요로 하는 작물을 재배함으로써 자연적인 토지의 개량을 꾀하는 방법이다.

④ 노퍽식 돌려짓기

㉠ 노퍽식 돌려짓기는 1730년 영국 Townshend가 제창한 방식이다.

㉡ 4년 단위로 '순무 – 보리 – 클로버 – 밀'을 순환시키는 방법이다.

㉢ 사료(순무 · 보리 · 클로버)와 식량(밀)의 생산, 지력 수탈(보리 · 밀), 지력 증진(순무 · 클로버)의 관계가 균형 있게 고려된 방식이다.

노퍽식 돌려짓기(Norfolk System Of Rotation)

연차	1년	2년	3년	4년
작물	순무	보리	클로버	밀
생산물	사료	사료	사료	식량
지력	증강(다비)	수탈	증강(질소 고정)	수탈
잡초	경감(중경)	증가	경감(피복)	증가
주비(主肥)	구비/인산	질소/인산	칼리	질소/인산

(3) 돌려짓기의 효과

① **경영 안정화** … 투입하는 노동력의 연간 평준화로 매년 수입이 균등하게 된다.

② **작물의 생산량 증대** … 지력을 유지 · 증대시켜 작물의 생산량이 많아진다.

③ **병충해의 방제** … 연작에 의한 병충해의 증가를 예방하고 방제한다.

④ **토양의 침식방지** … 작물의 종류에 따라 잡초의 종류가 달라지므로 잡초발생을 억제하고 토양의 침식이 방지된다.

⑤ **기지현상의 회피** … 연작에 의한 생육장애를 피할 수 있다.

⑥ **지력 증강**
- ㉠ 콩과작물은 공중질소를 고정한다.
- ㉡ 다비성 작물(순무)을 재배하면 비료분이 남는다.
- ㉢ 근채류, 알팔파 등은 뿌리가 깊게 발달함에 따라 토양의 입단형성을 조장하여 그 구조를 좋게 한다.
- ㉣ 윤작에 사료작물을 삽입하면 구비의 생산이 많아져서 지력이 증진된다.
- ㉤ 피복작물을 재배하면 토양이 보호된다.
- ㉥ 녹비작물을 재배하면 토양유기물이 증대되고 목초류도 잔비량이 많아진다.
- ㉦ 기지현상을 회피하도록 작물을 배치한다.
- ㉧ 지력유지를 위하여 콩과작물이나 다비작물을 반드시 포함 한다.
- ㉨ 토지의 이용도를 높이기 위하여 여름작물과 겨울작물을 결합한다.

❸ 윤답법

(1) 윤답법의 개념

① 벼농사와 밭농사를 몇 해씩 교체하며 재배하는 방법이다.

② 환답(換畓), 변경답(變耕畓), 답전윤환(畓田輪換)이라고도 한다.

(2) 윤답법의 발달

① 예전에는 직파재배가 보통이었으나 점차 이앙재배를 하는 이앙법(모내기)으로 발전하였다.

② 윤답에 있어서의 교호작(交互作) 순위의 대표적인 예

㉠ 5년식 : 3년은 밭작물인 조 · 봄보리나 콩 · 수수 등을 재배하고, 그 뒤 2년은 계속 수도 (水稻)를 재배하는 방식이다.

㉡ 4년식 : 2년을 밭작물인 조 · 봄보리 · 콩을 재배하고, 그 뒤 2년은 수도를 재배하는 방법이다.

(3) 윤답법의 효과

① 지력 증진

㉠ 채소, 콩과목초를 재배하면 지력이 증대된다.

㉡ 철, 망간 등 미량요소의 용탈이 적어진다.

㉢ 환원성 유해물질이 잘 생성되지 않는다.

㉣ 토양의 입단구조가 발달하고 건토효과에 의해 질소가 많이 생성된다.

② 기지현상의 회피 … 각종 유해세균 · 미생물 등이 줄어들고 기지현상도 피할 수 있다.

③ 잡초 감소 … 담수와 배수 상태가 서로 교체되어 잡초의 발생량이 적어진다.

④ 수확량 증가

㉠ 2 ~ 3년 정도 클로버 등을 재배하다가 벼를 재배하면 벼의 수량이 초년도에 30%가량 늘고 질소의 사용량도 크게 줄어든다.

㉡ 윤답에서의 논 기간과 밭 기간을 각각 2 ~ 3년으로 하는 것이 가장 적절하다.

02 기타 작부체계

❶ 혼파

(1) 혼파의 의의

① 두 가지 이상의 종자를 섞어서 파종하는 것을 말한다.

② 가장 널리 쓰이는 경우는 목초지에서 화본과목초와 콩과목초를 약 3 : 1로 혼파하는 경우이다.

(2) 혼파의 장점

① 입지공간의 효율적 이용

② 비료성분의 합리적 이용

③ 잡초의 경감

④ 가축영양의 증대

⑤ 안정적 수확량 확보

⑥ 쉬운 건초 제조

⑦ 산초량의 평준화

(3) 혼파의 단점

① 병충해 방제가 잘 되지 않는다.

② 채종이 어렵다.

③ 혼파가 가능한 작물의 종류가 제한적이다.

④ 수확시기가 일치하지 않아 수확작업이 번거롭다.

❷ 간작(間作)

(1) 간작이 개념

① 한정된 기간 동안 어떤 작물의 이랑이나 포기 사이에 다른 작물을 심는 것을 말하며, 사이짓기라고도 한다.

② 일반적으로 두 작물의 재배시기나 수확기는 다른 것이 보통이다.

③ 주작물 또는 상작(上作)이란 이미 생육되고 있는 작물을 말하며, 간작물 또는 하작(下作)이란 후에 이랑 사이에 파종 또는 심는 작물을 말한다.

(2) 간작의 방식

① 이랑을 넓게 구성하여 뒷그루가 충분한 수분과 양분을 받을 수 있도록 한다.

② 단간(短稈)이어야 뒷그루의 통풍과 통광이 좋아지고 햇빛을 차단하지 않는다.

(3) 간작의 장점

① 토지이용률이 높아진다.

② 비료의 경제적 이용으로 지력을 증강시킬 수 있다.

③ 잡초의 번식을 막는다.

④ 상작(上作)이 하작(下作)에 대하여 불리한 기상조건과 병충해에 대한 보호역할을 하기도 한다.

⑤ 하작이 조파되어야 하는 경우 간작은 이것을 가능하게 하여 수량이 증대된다.

(4) 간작의 단점

① 하작(下作)이 상작(上作)의 그늘에 들게 되어 나쁜 영향을 받을 때도 많다.

② 밭갈이와 파종작업, 수확작업이 곤란할 때도 있다.

③ 사이짓기가 있을 경우 대형기계화 작업이 어려운 결점이 있다.

④ 상작(上作)에 의해 하작(下作)에 필요한 비료가 부족하게 되는 경우가 있다.

❸ 혼작

(1) 혼작의 개념

두 종류 이상의 작물을 동시에 같은 경지에 재배할 때 그들 사이에 주작물·부작물의 관계가 없는 작부방식을 말하며, 섞어짓기라고도 한다.

(2) 혼작의 방식

① 조혼작(條混作)
  ㉠ 여름작물과 함께 조파하는 방법이다.
  ㉡ 조와 콩의 혼작이나 팥과 녹두의 혼작이 이에 해당된다.

② 점혼작(點混作)
  ㉠ 군데군데에 다른 작물을 한 두 포기씩 질서있게 점재하는 방법이다.
  ㉡ 콩밭에 옥수수를 혼작시키는 것이 이에 해당된다.

③ 난혼작(亂混作)
  ㉠ 군데군데에 다른 작물을 한 두 포기씩 질서없게 재식하는 방법이다.
  ㉡ 목화밭에 참깨 등을 혼작시키는 것이 이에 해당된다.

(3) 혼작을 하지 말아야 하는 경우

혼작은 재배관리에 많은 노력을 필요로 하기 때문에 특수한 관계가 있는 작물 이외에는 이용하지 않는다.

❹ 교호작

(1) 교호작의 의의

간작(사이짓기)의 일종으로 이랑을 만들고 두 가지 이상의 작물을 일정한 이랑씩 배열해서 재배하는 방식을 말하며, 엇갈아짓기라고도 한다.

(2) 간작과의 차이점

① 전작물(前作物, 앞그루)의 이랑 사이를 이용하여 후작물(後作物, 뒷그루)을 재배하는 간작과는 다르다.

② 시비나 관리를 다른 작물에 구애됨이 없이 충분히 할 수 있으며, 재배기간도 비슷하고 주작(主作)·부작(副作)의 구별이 뚜렷하지 않다.

(3) 교호작의 효과

바람이나 병충해에 대해서 서로 도우므로 단작(單作)의 경우보다 양자(兩者)의 소출이 많아진다.

(4) 교호작의 방식

① 1줄씩 교호로 재배하는 방식

② 한 작물을 1줄로 하고 다른 것을 2줄이나 3줄로 하는 방식

③ 2 ~ 3줄씩 교호로 작부하는 방식

(5) 대상재배

① 대규모적인 교호작을 말한다.

② 토양의 침식방지를 목적으로 한다.

③ 목초밭에서는 침식이 방지되는 동시에 목초와의 돌려짓기에 의해 지력의 증강을 도모할 수 있다는 이점도 있다.

TIP

대상재배의 방법

㉠ 긴 경사면에 작물을 재배할 때는 파종기나 수확기가 서로 다른 작물을 일정한 간격으로 등고선을 따라 띠 모양으로 식재한다.

㉡ 같은 종류의 작물을 경사면 전역에 재배할 때는 등고선을 따라 적당한 간격으로 나누고 그 경계에 목초를 심는다.

5 주위작(둘레짓기)

(1) 주위작의 개념

포장 주위에 포장 내의 작물과는 다른 작물을 재배하는 것을 말한다.

(2) 주위작의 예

① 논두렁에 콩을 심는 것이 대표적

② 경사지 주위에 뽕나무나 닥나무를 심는 방법(토양침식 방지)

③ 콩 주위에 옥수수를 심는 방법(방풍효과)

❻ 홑짓기

(1) 홑짓기의 개념

① 농경지에 한 종류의 작물만을 재배하는 방식을 말한다.

② 사이짓기(間作) 또는 섞어짓기(混作)에 대응되는 말이다.

③ 한국의 벼농사는 대표적인 홑짓기의 예이다.

(2) 홑짓기를 하는 경우

① 노동력에 대하여 토지가 충분하고 특정한 입지조건을 활용할 수 있을 때 홑짓기가 실시된다(농작물 재배의 기본적 · 원시적인 방식).

② 미국 · 캐나다 · 오스트레일리아와 같이 경영규모와 자본축적이 클 때에는 유리하지만, 영세농업에서는 불리한 점이 더 많다.

(3) 홑짓기의 장점과 단점

① **홑짓기의 장점** … 고도의 기술체계를 받아들여 작업능률을 올릴 수 있다.

② **홑짓기의 단점** … 토지이용도가 낮고 지력유지가 어려우며, 노동력의 편중현상과 작물에 대한 각종 재해의 위험성이 크다.

최근 기출문제 분석

2024. 6. 22. 제1회 지방직 9급 시행

1 답전윤환의 효과로 옳지 않은 것은?

① 지력 증강
② 잡초 감소
③ 수량 증가
④ 기지현상 증가

TIP 답전윤환 … 논 또는 밭을 논 상태와 밭 상태로 몇 해씩 돌려가면서 벼와 밭 작물을 재배하는 방식
※ 답전윤환의 효과
㉠ 지력 증강
㉡ 잡초 감소
㉢ 수량 증가

2024. 3. 23. 인사혁신처 9급 시행

2 기지(忌地)현상의 원인에 대한 설명으로 옳지 않은 것은?

① 콩, 땅콩 등을 연작하면 토양선충이 번성한다.
② 심근성 작물을 연작하면 토양의 긴밀화로 그 물리성이 악화된다.
③ 앨팰퍼, 토란을 연작하면 석회가 많이 흡수되어 그 결핍증이 나타나기 쉽다.
④ 가지, 토마토 등을 연작하면 토양 중 특정 병원균이 번성하여 병해를 유발한다.

TIP ② 화곡류와 같은 천근성 작물을 연작하면, 토양이 긴밀화해져서 물리성이 악화된다.

2023. 10. 28. 제2회 서울시 농촌지도사 시행

3 연작의 피해인 기지현상이 가장 크게 나타나는 작물로 옳게 짝지은 것은?

① 양배추, 뽕나무
② 옥수수, 감나무
③ 인삼, 복숭아나무
④ 고구마, 포도나무

TIP 연작(연속재배) 피해는 특정 작물들을 동일한 토지에 반복해서 재배할 때 발생한다. 원인으로는 병해충의 축적, 토양의 영양 불균형, 유해물질의 축적 등이 있다. 인삼과 복숭아는 연작장해가 크게 나타나는 작물이다.

Answer 1.④ 2.② 3.③

2022. 6. 18. 제1회 지방직 9급 시행

4 **다음에서 설명하는 효과로 옳지 않은 것은?**

> 가축용 조사료를 생산하기 위해 사료용 옥수수와 콩과식물을 함께 섞어서 심는 재배기술이다.

① 가축의 영양상 유리하다.

② 질소질 비료를 절약할 수 있다.

③ 토양에 존재하는 양분을 효율적으로 이용할 수 있다.

④ 제초제를 이용한 잡초 방제가 쉽다.

TIP ④ 혼파의 단점은 파종작업이 불편하며 목초별로 생장이 달라 시비, 병충해 방제, 수확작업 등이 불편하며 채종이 곤란하다.

2022. 4. 2. 인사혁신처 9급 시행

5 **기지 현상이 나타나는 정도를 순서대로 바르게 나열한 것은?**

① 아마 > 삼 > 토란 > 벼

② 인삼 > 담배 > 마 > 생강

③ 수박 > 감자> 시금치 > 딸기

④ 포도나무 > 감나무 > 사과나무 > 감귤류

TIP 동일한 포장에 같은 종류의 작물을 계속해서 재배하는 것을 연작이라고 하는데, 연작을 할 때 작물의 생육이 뚜렷하게 나빠지는 것을 기지라고 하며 이러한 현상을 기지현상이라고 한다. 기지현상은 작물의 종류에 따라 큰 차이가 있다.

※ 작물의 기지 정도

㉠ 연작의 해가 적은 작물 : 벼, 맥류, 조, 수수, 옥수수, 고구마, 무, 당근, 연, 순무, 뽕나무, 아스파라거스, 토당귀, 미나리, 딸기, 양배추, 꽃양배추, 목화, 삼, 양파, 담배, 사탕수수, 호박

㉡ 1년 휴작이 필요한 작물 : 쪽파, 시금치, 콩, 파, 생강 등

㉢ 2년 휴작이 필요한 작물 : 마, 감자, 잠두, 오이, 땅콩 등

㉣ 3년 휴작이 필요한 작물 : 쑥갓, 토란, 참외, 강낭콩 등

㉤ 5년~7년 휴작이 필요한 작물 : 수박, 가지, 완두, 우엉, 고추, 토마토, 레드클로버, 사탕무 등

㉥ 10년 이상 휴작이 필요한 작물 : 아마, 인삼 등

Answer 4.④ 5.③

2022. 4. 2. 인사혁신처 9급 시행

6 목초의 혼파에 대한 설명으로 옳지 않은 것은?

① 화본과목초와 콩과목초가 섞이면 가축의 영양상 유리하다.

② 잡초 경감 효과가 있으나, 병충해 방제와 채종작업이 곤란하다.

③ 상번초와 하번초가 섞이면 광을 입체적으로 이용할 수 있다.

④ 화본과목초와 콩과목초가 섞이면 콩과목초만 파종할 때보다 건초 제조가 어렵다.

TIP ④ 목초를 혼파하면 유리한 점 건초, 사일리지, 방목 등 이용방법의 선택이 쉬워진다.

2021. 9. 11. 인사혁신처 7급 시행

7 윤작 시 작물선택에 대한 설명으로 옳지 않은 것은?

① 주작물이 특수하더라도 식량과 사료의 생산이 병행되는 것이 좋다.

② 화본과, 두과, 근경작물의 교대배치를 통해 기지현상을 회피하도록 한다.

③ 잡초의 발생을 경감시키려면 피복작물과 중경작물을 피한다.

④ 토지이용도를 높이도록 여름작물과 겨울작물을 결합한다.

TIP ③ 피복작물은 잡초의 발생을 억제한다. 잡초 발생을 경감시키기 위해서는 피복작물을 사용한다.

2021. 4. 17. 인사혁신처 9급 시행

8 기지현상과 작부체계에 대한 설명으로 옳지 않은 것은?

① 답리작으로 채소를 재배하면 기지현상이 줄어든다.

② 순3포식 농법은 휴한기에 두과나 녹비작물을 재배한다.

③ 연작장해로 1년 휴작이 필요한 작물은 시금치, 파 등이다.

④ 중경작물이나 피복작물을 윤작하면 잡초 경감에 효과적이다.

TIP ② 개량3포식 농법은 휴한기에 두과나 녹비작물을 재배한다.

Answer 6.④ 7.③ 8.②

2019. 8. 17. 인사혁신처 7급 시행

9 **작부체계에 대한 설명으로 옳지 않은 것은?**

① 윤작 시 지력유지를 위해 콩과작물이나 다비작물을 포함한다.

② 벼－보리의 논 2모작 작부양식은 답전윤환에 해당한다.

③ 교호작과 혼작은 생육기간이 비슷한 작물들을 이용한다.

④ 윤작 및 답전윤환을 통해 기지현상이 회피될 수 있다.

TIP 답전윤환은 논토양의 심층까지 균열이 발달되고 표토가 입단화되며 경반이 파쇄된다. 심토의 기상률이 증대되고 공극률이 증가하며 양이온이 증가한다. 답전윤환으로 가장 바람직한 작물은 콩이다.
벼-보리의 논 2모작 작부양식은 보리 조숙종 품종과 벼 조생종의 조합에 의한 직파 작부 체계이다.

2018. 6. 23. 농촌진흥청 지도직 시행

10 **다음 중 혼작에 대한 의미를 바르게 설명한 것은?**

① 간작(사이짓기)의 일종으로 이랑을 만들고 두 가지 이상의 작물을 일정한 이랑씩 배열해서 재배하는 방식을 말하며, 엇갈아짓기라고도 한다.

② 한정된 기간 동안 어떤 작물의 이랑이나 포기 사이에 다른 작물을 심는 것을 말하며, 사이짓기라고도 한다.

③ 두 종류 이상의 작물을 동시에 같은 경지에 재배할 때 그들 사이에 주작물 · 부작물의 관계가 없는 작부방식을 말하며, 섞어짓기라고도 한다.

④ 포장 주위에 포장 내의 작물과는 다른 작물을 재배하는 것을 말한다.

TIP ① 교호작
② 간작
④ 주위작

Answer 9.② 10.③

2017. 8. 26. 인사혁신처 7급 시행

11 **작부체계에 대한 설명으로 옳지 않은 것은?**

① 근채류를 윤작작물로 이용하면 토양의 입단형성을 조장하여 그 구조를 좋게 한다.
② 혼파를 하면 목초의 산초량을 시기적으로 평준화할 수 있으나 파종작업이 불리하다.
③ 감자나 순무 같은 다비작물을 윤작작물로 이용하면 잔비량(殘肥量)이 낮아진다.
④ 옥수수와 콩의 교호작은 지력유지와 공간의 이용 측면에서 유리하다.

TIP ③ 감자나 순무 같은 다비작물을 윤작작물로 이용하면 잔비량(殘肥量)이 많아진다.

2010. 10. 17. 제3회 서울시 농촌지도사 시행

12 **작부체계에 대한 설명으로 가장 옳지 않은 것은?**

① 교호작은 전작물의 휴간을 이용하여 후작물을 재배하는 방식이다.
② 혼작 시 재해 및 병충해에 대한 위험성을 분산시킬 수 있다.
③ 간작의 단점은 후작으로 인해 전작의 비료가 부족하게 될 수 있다는 점이다.
④ 주위작으로 경사지의 밭 주위에 뽕나무를 심어 토양 침식을 방지하기도 한다.

TIP ① 교호작은 한 해 또는 같은 시기에 다른 두 작물을 같은 밭에 번갈아 재배하는 방식이다. 전작물의 휴간을 이용하는 방식은 윤작이다.

Answer 11.③ 12.①

출제 예상 문제

1 **다음 중 기지현상이 가장 심한 것은?**

① 살구 ② 자두
③ 수박 ④ 포도

TIP 작물에 따른 기지현상
㉠ 연작에 강한 작물 : 사과, 포도, 자두, 살구 등
㉡ 연작에 약한 작물 : 복숭아, 감귤, 무화과, 수박 등

2 **기지현상의 원인이 아닌 것은?**

① 토양선충의 번식 ② 양분결핍
③ 토양 중의 염류집적 ④ 온도하락

TIP 기지 … 이어짓기하는 경우에 작물의 생육이 뚜렷하게 나빠지는 현상을 말하며 토양비료성분의 소모, 토양선충의 번식, 염류의 집적, 유독물질의 축적 등 여러 가지 복잡한 원인 때문에 발생한다.

3 **다음 중 호광성 종자의 조합만으로 바르게 짝지어진 것은?**

① 담배, 상추, 베고니아, 가지 ② 티머시, 담배, 상추, 페튜니어
③ 토마토, 가지, 담배, 상추 ④ 토마토, 가지, 호박, 오이

TIP 호광성 종자와 혐광성 종자
㉠ 호광성 종자 : 담배, 상추, 우엉, 차조기, 베고니아, 뽕나무, 티머시, 페튜니어, 캐나다블루그래스, 버뮤다그래스, 켄터키 블루그래스 등
㉡ 혐광성 종자 : 호박, 토마토, 가지, 오이, 파, 나리과 식물의 대부분 등

Answer 1.③ 2.④ 3.②

4 다음 중 기지현상의 가장 근본적인 대책에 해당하는 것은?

① 윤작 ② 토양소독
③ 연작 ④ 대상재배

TIP 윤작 … 작물을 일정 순서에 따라 주기적으로 교대하여 재배하는 방법으로 경영안정, 생산량 증대, 병충해방지, 기지현상의 회피 등의 효과가 있다.

※ 기지현상의 대책

㉠ 토양 소독
㉡ 심경, 퇴비 다용 등에 의한 지력 증강
㉢ 객토
㉣ 유독물질 제거
㉤ 윤작
㉥ 밭상태와 담수상태를 돌아가면서 재배

5 연작의 해가 심한 작물은?

① 벼 ② 옥수수
③ 살구 ④ 복숭아

TIP 연작

㉠ 연작의 해가 적은 작물 : 옥수수, 맥류, 조, 벼, 고구마, 담배, 당근, 양파, 순무, 딸기, 양배추, 삼(대마) 등
㉡ 연작의 해가 적은 과수 : 살구, 자두, 포도, 사과 등

6 벼종자의 발아수분 흡수율은?

① 23% ② 30%
③ 50% ④ 100%

TIP 작물에 따른 발아수분 흡수율

㉠ 벼 : 23%
㉡ 밀 : 30%
㉢ 쌀보리 : 50%
㉣ 콩 : 100%

Answer 4.① 5.④ 6.①

7 **노퍽식에 들어가는 지력증강 작물은?**

① 순무 ② 보리
③ 밀 ④ 수수

TIP 노퍽식 윤작법
㉠ 4년 단위로 '순무 → 보리 → 클로버 → 밀'을 순환시킨다.
㉡ 사료(순무 · 보리 · 클로버)와 식량(밀)의 생산, 지력 수탈(보리 · 밀), 지력 증진(순무 · 클로버)의 관계가 균형있게 고려된 방식이다.

8 **혼파의 장점이 아닌 것은?**

① 가축영양의 균형 도모 ② 공간의 효율적 이용
③ 질소비료의 절약 ④ 비배관리의 편리

TIP 혼파의 장점
㉠ 입지공간의 효율적 이용
㉡ 비료성분의 합리적 이용
㉢ 가축영양의 증대

9 **다음 작물 중 기지가 문제가 되는 작물은?**

① 포도 ② 감귤
③ 사과 ④ 자두

TIP ①③④ 기지가 문제시 되지 않는 작물

Answer 7.① 8.④ 9.②

10 다음 중 식물학상 종자는?

① 옥수수　② 벼
③ 참깨　④ 메밀

TIP 식물학상 종자와 과실
㉠ 식물학상 종자 : 두류, 평지(유채), 담배, 아마, 목화, 참깨 등
㉡ 식물학상 과실
- 과실이 나출된 것 : 밀, 쌀보리, 옥수수, 메밀, 홉, 대마
- 과실이 껍질에 싸여 있는 것 : 벼, 겉보리, 귀리
- 과실이 내과피에 싸여 있는 것 : 복숭아, 자두, 앵두

11 기지를 유발하는 원인이라고 할 수 없는 것은?

① 유독물질의 축적　② 작물의 퇴화
③ 토양 전염병원균의 번성　④ 특수비료 성분의 결핍

TIP 기지현상의 원인
㉠ 토양 전염균의 번성
㉡ 잡초 번식
㉢ 토양비료의 소모
㉣ 토양염류 성분 증가
㉤ 지력 약화
㉥ 유독물질의 축적

12 기지대책이 아닌 것은?

① 윤작　② 종자소독
③ 토양소독　④ 담수

TIP 종자소독 … 종자 안이나 종자 위에 붙어 있는 병원체를 살상시키거나, 싹튼 어린식물을 토양의 병원미생물과 해충으로부터 보호하기 위하여 종자를 물리적·화학적 방법으로 소독하는 일을 말한다.

Answer 10.③ 11.② 12.②

13 **종자의 휴면원인이 아닌 것은?**

① 종피의 불투기성
② 종피의 기계적 저항
③ 배와 배유의 미숙
④ 생장소의 과다

TIP 휴면의 원인
㉠ 종피의 산소흡수 저해
㉡ 종피의 기계적 저항
㉢ 배의 미숙
㉣ 발아억제 물질
㉤ 경실

14 **겨울철에 이랑의 방향은?**

① 동서이랑
② 남북이랑
③ 남서이랑
④ 남쪽이랑

TIP 동서이랑 … 월동이 문제되는 곳에 설치하여 겨울의 수광량을 많게 하고 서북풍을 막아서 지온을 높이는 것이 목적이다.

15 **윤작의 효과로 옳지 않은 것은?**

① 동해 예방
② 지력유지 증강
③ 토양 보호
④ 기지의 회피

TIP 윤작의 효과
㉠ 잡초의 경감
㉡ 수량 증대
㉢ 지력 증대
㉣ 토지이용도 향상
㉤ 노력 분배의 합리화
㉥ 농업경영의 안정화
㉦ 병충해의 감소
㉧ 지력 유지
㉨ 기지의 회피

Answer 13.④ 14.① 15.①

16 다음 중 연작을 해도 지장이 없는 작물은?

① 양파, 딸기
② 시금치, 콩
③ 오이, 감자
④ 쑥갓, 토마토

TIP 작물에 따른 기지현상
㉠ 연작의 해가 적은 작물 : 옥수수, 맥류, 조, 벼, 고구마, 담배, 당근, 양파, 순무, 딸기, 양배추, 삼(대마) 등
㉡ 뿌리가 깊게 뻗은 작물은 뿌리가 얕게 뻗는 작물보다 연작의 해가 크다.
㉢ 여름작물은 겨울작물보다 연작의 해가 크다.

17 교호작과 주위작에 대한 설명으로 옳지 않은 것은?

① 교호작은 옥수수와 같이 생육기간이 비등한 작물을 서로 건너서 교호로 재배하는 것이다.
② 주위작은 포장 주위에 다른 작물을 재배하는 것이다.
③ 주위작의 대표적인 것은 논두렁 콩이다.
④ 교호작은 사이짓기라고도 한다.

TIP ④ 교호작은 엇갈아짓기라고도 한다.

18 작물의 기지현상에 관한 설명 중 옳지 못한 것은?

① 기지현상은 연작에 의해 유발된다.
② 기지현상은 작물의 종류에 따라 다르다.
③ 기지현상은 토양이 적합성을 상실하기 때문에 일어난다.
④ 기지현상은 휴재만으로 그 방재가 가능하다.

TIP 기지현상의 대책 … 윤작, 토양 소독, 결핍성분의 보충, 유독물질의 제거, 객토 및 환토, 담수 등을 들 수 있다.

Answer 16.① 17.④ 18.④

19 과수의 기지가 가장 문제되는 것은?

① 사과나무 ② 포도나무
③ 복숭아나무 ④ 자두나무

TIP 기지가 문제되는 작물 … 복숭아, 무화과, 감귤, 앵두 등

20 윤작방법 중 개량삼포식이란?

① 경작지의 2/3에는 추파 또는 춘파 곡류를 심고 1/3은 휴한한다.
② 경작지의 2/3에는 추파 또는 춘파 곡류를 심고 1/3은 콩과작물을 심는다.
③ 경작지의 1/3에는 추파 또는 춘파 곡류를 심고 2/3는 휴한한다.
④ 경작지의 1/3에는 추파 또는 춘파 곡류를 심고 2/3는 콩과작물을 심는다.

TIP 개량삼포식 농법 … 삼포식농법에서 휴한할 곳에 클로버 같은 콩과작물을 재배하여 사료도 얻고 지력도 얻을 수 있도록 개량한 것을 말한다.

21 다음 중 10년 이상 휴작을 요하는 작물은?

① 시금치 ② 토란
③ 감자 ④ 인삼

TIP 작물별 휴작요구 년수

휴작요구 년수	작물
1년 휴작 필요	콩, 시금치, 생강, 쪽파, 파 등
2년 휴작 필요	오이, 잠두, 마, 감자, 땅콩 등
3년 휴작 필요	참외, 쑥갓, 강낭콩, 토란 등
5～7년 휴작 필요	완두, 가지, 수박, 우엉, 고추, 사탕무, 토마토, 레드클로버 등
10년 휴작 필요	인삼, 아마 등

Answer 19.③ 20.② 21.④

22 답전윤환재배의 효과에 해당하지 않는 것은?

① 지력 증강
② 기지의 회피
③ 잡조의 감소
④ 품질향상

TIP 답전윤환의 효과
㉠ 벼의 수량 증가
㉡ 잡초 감소
㉢ 기지 회피
㉣ 지력 증강

23 다음 중 연작의 피해가 가장 적은 것은?

① 아마
② 인삼
③ 맥류
④ 수박

TIP 연작의 해가 가장 적은 작물 … 벼, 맥류, 고구마, 수수, 조, 무, 당근, 미나리, 딸기, 양배추, 호박, 양파 등이 있다.

24 과수의 기지가 문제가 되는 작물은?

① 사과
② 살구
③ 자두
④ 무화과나무

TIP 기지가 문제되지 않는 것 … 사과, 포도, 자두, 살구 등

25 다음 중 삼포식 농법의 목적으로 올바른 것은?

① 지력 회복
② 종자 개발
③ 발아 촉진
④ 냉해 방지

TIP 삼포식 농법 … 땅을 3등분하여 1/3은 여름작물, 1/3은 겨울작물, 나머지 1/3은 지력 회복을 위해 휴한한다.

Answer 22.④ 23.③ 24.④ 25.①

26 윤작의 효과로서 옳지 않은 것은?

① 지력 증강
② 토지이용도 향상
③ 가뭄 방지
④ 농업경영의 안정성 증대

TIP 윤작의 효과
㉠ 경영 안정화
㉡ 병충해의 방제
㉢ 토양침식 방지
㉣ 기지현상의 회피
㉤ 지력 증강

27 노퍽(Norfolk)식 돌려짓기에 대한 설명 중 옳지 않은 것은?

① 영국의 Townshend경이 제창하였다.
② '순무 → 콩 → 클로버 → 밀'의 순으로 윤작한다.
③ 이상적 윤작방식의 모범을 제시하였다.
④ 윤작 4년째의 주비(主肥)는 질소와 인산이다.

TIP 4년 단위로 '순무 → 보리 → 클로버 → 밀'을 순환시키는 방법이다.

28 도시근교에서 많이 실시되며 영리성이 높은 채소류를 중심으로 시장의 경기상황에 맞추어 적당히 작부체계를 변경하는 방식은?

① 자유작
② 연작
③ 윤작
④ 간작

TIP ② 이어짓기라고도 하며, 같은 작물을 항상 한 포장에서 해마다 재배하는 방법을 말한다.
③ 작물을 일정한 순서에 따라서 주기적으로 교대하여 재배하는 방법을 말하며, 돌려짓기라고도 한다.
④ 어떤 작물의 이랑이나 포기 사이에 한정된 기간 동안 다른 작물을 심는 것을 말한다.

Answer 26.③ 27.② 28.①

29 기지현상의 대책으로 옳지 않은 것은?

① 침종
② 윤작
③ 객토 및 환토
④ 토양 소독

TIP ① 파종하기 전에 종자를 일정기간 물에 담가 발아에 필요한 수분을 흡수시키는 것을 말한다.

30 개량삼포식 농법에서 지력증진을 위해 쓰이는 작물은?

① 민들레
② 벼
③ 복숭아
④ 클로버

TIP 개량삼포식 농법에서는 콩과식물을 심어서 지력을 배양한다.

31 답전윤환재배의 효과에 대한 설명으로 옳은 것은?

① 잡초의 감소
② 가축 영양상의 이점
③ 산초량의 평준화
④ 비료성분의 효율적 이용

TIP ②③④ 혼파의 장점에 해당한다.

32 혼파의 단점을 설명한 것 중 옳지 않은 것은?

① 혼파시 작물의 종류가 제한된다.
② 채종작업이 곤란하다.
③ 병충해 방제가 곤란하다.
④ 산초량이 평준화된다.

TIP ④ 혼파의 장점에 대한 설명이다.

Answer 29.① 30.④ 31.① 32.④

02 종묘

01 종묘의 의의와 분류

❶ 종묘의 의의

(1) 종묘의 개념

① 농작물이나 수상생물의 번식이나 생육의 근원이 되는 것을 말한다.

② 종물과 모를 총칭하여 종묘라고 한다.

(2) 종물

① **종물의 개념** … 농작물에서는 종자를 비롯하여 뿌리 · 줄기 · 잎 등 영양기관의 일부가 변형된 것 등이 쓰이며, 이들을 종물이라 총칭한다.

② **종물로 쓸 수 있는 줄기** … 땅속줄기(地下莖), 뿌리줄기(根莖), 덩이줄기(塊莖), 알줄기(球莖), 비늘줄기(鱗莖) 등이 있으며, 어느 것이나 그것들의 정아(定芽)의 생장을 이용한다.

③ **종물로 쓸 수 있는 뿌리** … 덩이뿌리(塊根), 지근(枝根), 비대직근(肥大直根) 등이 있으며, 이들에서 생기는 부정아(不定芽)를 이용한다. 땅속줄기와 덩이뿌리 등을 알뿌리(球根)라고 총칭한다.

④ 종물을 묘상에서 길러 약간 생장시켜 정식할 경우의 초본식물의 모나 수목의 묘목도 종묘에 포함된다.

⑤ 종자를 얻기 곤란한 작물에서는 영양기관의 일부를 이용한다.

(3) 종자

겉씨식물과 속씨식물에서 수정한 밑씨가 발달 · 성숙한 식물기관을 말하며 씨라고도 한다.

❷ 종자의 분류

(1) 배유의 유무에 따른 뷰류

① 유배유종자(有胚乳種子)

㉠ 배젖(胚乳)이 있다.

㉡ 종피는 종자를 둘러싸서 보호한다.

㉢ 배젖은 배낭의 중심핵에서 형성되며, 영양물질을 저장하고 있다.

㉣ 벼, 보리, 옥수수 등이 이에 속한다.

② 무배유종자(無胚乳種子)

㉠ 배젖(胚乳)이 발달하지 않았으며, 떡잎이 영양물질을 함유하고 있다.

㉡ 콩, 팥 등이 이에 속한다.

(2) 저장물질에 따른 분류

① 녹말(전분)종자

㉠ 녹말을 주된 영양물질로 저장한다.

㉡ 벼, 미곡, 맥류(옥수수), 잡곡이 이에 속한다.

② 지방종자

㉠ 지방을 주된 영양물질로 저장한다.

㉡ 유채, 아주까리, 참깨, 들깨가 이에 속한다.

(3) 형태에 따른 분류

① 과실이 나출된 것 … 밀, 쌀, 옥수수, 메밀, 홉, 삼(대마), 차조기, 박하, 제충국 등

② 과실이 영에 싸여 있는 것 … 벼, 겉보리, 귀리 등

③ 과실이 내육피에 싸여 있는 것 … 복숭아, 자두, 앵두 등

❸ 종묘로 이용되는 영양기관의 분류

(1) 눈

① 식물의 생장점과 생장점에서 생성되어 얼마 되지 않은 어린 줄기나 다수의 어린 잎의 원기(原基)로 되는 부분을 말한다.

② 식물체의 일정한 부분에 생기는 눈을 정아(定芽), 그 밖의 부분에 생기는 눈을 부정아(不定芽)라고 한다.

(2) 잎

줄기의 둘레에 규칙적으로 배열하여 광합성을 하는 녹색의 기관을 말한다.

(3) 줄기

① **땅위줄기**(지상경, 지조)

㉠ 지표면보다 위에 있는 줄기를 말하며, 땅속줄기(地下莖)에 대응되는 말이다.

㉡ 직립하는 것, 옆으로 뻗는 것, 다른 물체를 감고 자라 올라가는 것 등 여러 가지 형이 있다.

㉢ 사탕수수, 포도, 사과, 귤, 모시풀, 호프 등

② **땅속줄기**(지하경)

㉠ 식물의 종류에 따라서는 땅속에 줄기가 있는 것이 있다.

㉡ 땅속줄기는 단지 땅속에 있다는 것만이 아니고, 형태상으로도 특수화되어 있어 대개의 경우 녹말 등의 양분을 저장하여 부풀어져 있다.

㉢ 생강, 연, 박하, 호프 등

③ **덩이줄기**(괴경)

㉠ 식물의 뿌리줄기가 가지를 치고 그 끝이 양분을 저장하여 비대해진 형태를 말한다.

㉡ 종자를 심지 않고 이 덩이줄기를 잘라 번식시킨다.

㉢ 감자, 토란, 돼지감자, 튤립 등

④ **알줄기**(구경)

㉠ 땅속줄기가 구형으로 비대한 알뿌리의 한 형태를 말한다.

㉡ 비늘줄기와 비슷하지만, 비늘줄기는 잎에 양분이 저장된 것이고, 알줄기는 줄기 그 자체가 비대해진 것이다.

㉢ 구약나물, 소귀나물, 글라디올러스 등

⑤ **흡지**(吸枝) … 박하, 모시풀 등

⑥ **비늘줄기**(인경)

㉠ 짧은 줄기 둘레에 많은 양분이 있는 다육의 잎이 밀생하여 된 땅속줄기를 말한다.

㉡ 알뿌리라고 부르는 대부분은 비늘줄기이다.

㉢ 나리(百合), 마늘, 파, 튤립, 수선화 등

(4) 뿌리

① **지근**(枝根) … 닥나무, 고사리, 부추 등

② **덩이뿌리**(괴근)

㉠ 뿌리의 변태형으로 방추형 또는 구형을 하고 있다.

㉡ 다수의 눈이 있어서 영양생식을 한다.
㉢ 다량의 녹말이나 당분을 저장하는 것이 보통이다.
㉣ 순무, 고구마, 쥐참외, 다알리아, 마 등

02 종자의 일반적 특성

❶ 종자의 형태와 구조

(1) 종자의 의의

종자는 휴면상태에 해당되며, 그 속에 들어 있는 배(胚)는 어린 식물로 자라서 새로운 세대로 연결된다.

(2) 종피의 구조

① 일반적으로 종자의 바깥쪽은 종피라고 불리는 겹질로 싸여 있고, 내부에는 장차 새로운 식물체로 발달될 배와 발아 중에 필요한 영양분을 간직하는 배젖의 3부분으로 되어 있다.

② **내종피 및 외종피** … 종피는 1장 또는 2장으로 이루어져 있는데, 2장인 경우에는 내종피와 외종피로 나누어진다.

㉠ **내종피** : 부드러운 조직인 경우가 많다.
㉡ **외종피 및 종피가 1장인 경우** : 세포벽이 목질화되었거나 코르크화하여 후막조직(厚膜組織)으로 된 것이 많다.

(3) 땅위떡잎과 땅속떡잎

① 떡잎은 식물에 따라 종자가 발아한 후에 땅 위에서 퍼지는 것(땅위떡잎)과 땅속에 그대로 머물러 있는 것(땅속떡잎)이 있다.

② 땅속떡잎은 다육(多肉)이며, 양분을 많이 저장한다.

(4) 배유종자(胚乳種子)

① 배유종자는 배와 배유의 두 부분으로 구성되어 있다.

② 배와 배유 사이에 흡수층이 있으며, 배유에는 양분이 저장되어 있다.

③ 배에는 잎, 생장점, 줄기, 뿌리의 어린 조직이 모두 있다.

(5) 무배유종자(無胚乳種子)

① 배유가 흡수당하여 저장양분이 자엽에 저장된다.

② 영양분은 떡잎 속에 저장되므로 떡잎이 다육질로 비후되어 있다.

③ 콩의 배는 잎, 생장점, 줄기, 뿌리의 어린 조직이 구비되어 있다.

④ 배는 유아, 배축, 유근의 세부분으로 형성되어 있다.

(6) 괴경과 괴근

① 정부와 기부의 위치가 상반되어 있다.

② 눈(芽)은 정부에 많고 세력도 정부의 눈이 강한데, 이것을 정아 우세(頂芽 優勢)라 한다.

❷ 종자의 산포법

(1) 풍산포(風散布)

① 바람에 의한 방법이다.

② 종자에 털이나 날개가 달려 있으므로 바람에 잘 날려서 종자가 비산(飛散)되는 것이다.

③ 단풍나무, 민들레, 소나무, 버드나무 등의 종자가 이에 해당된다.

(2) 동물산포(動物散布)

① 동물에 의한 방법이다.

② 종자에 갈고리나 미늘과 같은 것이 있어서 움직이는 동물의 몸이나 털에 쉽게 붙어서 종자가 산포되는 방법이다.

③ 동물의 몸에 부착되어 흩어지는 종자를 가진 식물에는 도둑놈의 갈고리, 도꼬마리 등이 있다.

④ 맛있는 과육 때문에 새나 짐승이 열매를 먹고 배설함으로써 동물의 이동에 따라 종자가 산포되는 방법이 있다. 감, 포도, 귤, 겨우살이 등의 열매가 이에 속한다.

(3) 열개압출산포(裂開壓出散布)

① 압력에 의한 방법이다.

② 열매가 익은 후 터질 때 열매 자체의 열개압출에 의해 종자가 산포되는 방법이다.

③ 콩, 봉선화, 제라늄, 유채 등의 열매가 이에 해당된다.

(4) 수류산포(水流散布)

① 수류(水流)에 의한 방법이다.

② 해수나 담수의 수류(水流)를 따라서 종자가 이동되는 방법을 말한다.

③ 야자나무, 모감주나무, 맹그로브의 열매와 같이 딱딱한 종피에 싸인 종자가 산포되는 경우이다.

(5) 낙하활주산포(落下滑走散布)

① 열매가 구형인 식물의 종자가 땅에 떨어져 굴러서 산포되는 것을 말한다.

② 도토리 열매가 대표적인 예이다.

❸ 종자의 이용

(1) 주식원

벼 · 보리 · 밀 · 옥수수 등은 주식원이 되고, 그 밖에 조 · 피 · 기장 · 강낭콩 · 콩 등도 주요 식량자원이 된다.

(2) 유지류(油脂類)

콩, 땅콩, 참깨, 아주까리, 동백나무, 해바라기 등이 이용된다.

(3) 기호품

커피, 코코아, 콜라 등이 이용된다.

(4) 향신료

겨자, 육두구, 후추 등이 이용된다.

❹ 광발아종자와 암발아종자

(1) 광발아종자(光發芽種子)

① 발아할 때에 햇빛을 필요로 하는 종자를 말한다.

② 담배, 벌레잡이제비꽃, 무화과나무, 개구리자리, 겨우살이 등의 종자가 이에 속한다.

③ 수분을 흡수한 후에 빛을 느끼고 일정한 시간만 빛을 쬐어 주면 그 후에는 암소(暗所)에서도 발아한다.

(2) 암발아종자(暗發芽種子)

① 빛에 의하여 발아가 억제되는 종자로서 광발아종자에 대응되는 말이다.

② 맨드라미속(屬) · 비름속 · 호박 · 오이 · 참외 등의 오이과 식물, 시클라멘, 광대나물 등이 이에 속한다.

③ 암발아성은 본래 유전적인 것이 특성인데, 온도 · 산소분압 등과 같은 여러 가지 환경조건이나 묵은 종자 등 종자 자체의 생리적인 상태에 따라서도 암발아성을 나타내는 경우가 있다.

④ 청비름(Amaranthus Viridis) 등에서는 발아에 대한 빛의 억제작용이 종피의 유무에 따라 좌우되지만, 오이 · 참외 등은 종피의 유무와 빛의 작용과는 관계가 없다.

03 종자품질의 내 · 외적 조건

❶ 종자품질의 내적 조건

(1) 병충해

① 종자 전염의 병충해를 지니지 않는 종자가 우량하다.

② 바이러스병처럼 종자 전염을 하면서도 종자소독으로 방제할 수 없는 병은 종자의 품질을 크게 손상시킨다.

③ 맥류의 깜부기병, 감자의 바이러스병 등은 종자로 전염된다.

(2) 발아력

① 종자의 진가 또는 용가는 종자의 순도와 발아율에 의해서 결정된다.

② 종자의 진가(용가)= $\dfrac{\text{발아율}(\%) \times \text{순도}(\%)}{100}$

③ 발아율이 높고 발아가 빠르며 균일한 것이 우량하다.

(3) 유전성

우량품종에 속하고 이형종자의 혼입이 없어 유전적으로 순수한 것이 양호하다.

❷ 종자품질의 외적 조건

(1) 종자의 형성

① **수분** … 수술의 꽃밥에서 만들어진 화분이 바람 · 곤충 등의 매개로 암술의 암술머리에 도달하면 수분이 일어난다.

② 수정
- ㉠ 수분에 이어 복잡한 과정을 거쳐서 수정이 이루어진다.
- ㉡ 수정된 난세포는 세포분열과정을 거쳐서 배를 형성한다.

③ 겉씨식물에서의 종자형성과정
- ㉠ 중앙세포 내의 난핵이 수정한 후 유리핵분열하여 다수의 핵을 형성한다.
- ㉡ 세포막이 형성되어 전배(前胚)로 된다.
- ㉢ 여기에서 분화하여 배를 만든다.
- ㉣ 배는 다시 떡잎, 배축(胚軸), 어린눈(幼芽) 및 어린뿌리(幼根)로 분화하게 된다.
- ㉤ 이 때 배젖과 종피도 발달하여 종자가 완성된다.

④ 속씨식물에서의 종자형성과정
- ㉠ 중복수정을 하는 데 수정한 난핵이 분열하여 배를 형성한다.
- ㉡ 2개의 극핵과 1개의 웅성생식핵이 다른 양식으로 수정한 후 배젖으로 발달한다.
- ㉢ 배는 자라서 떡잎, 배축이 형성된다.
- ㉣ 배축에서 어린줄기와 어린뿌리의 구분이 생긴다.
- ㉤ 주피는 발달하여 종피가 되고, 이것이 배와 배젖을 둘러싸서 종자가 완성된다.

(2) 수분함량과 건전도

① **수분함량** … 수분함량이 낮을수록 저장이 잘 되고, 발아력이 오래 유지되며, 변질 · 부패의 우려가 적으므로 종자의 수분함량이 낮을수록 좋다.

② **건전도** … 오염 · 변색 · 변질이 없고, 탈곡 중의 기계적 손상이 없는 종자가 우량하다.

(3) 색깔과 냄새

① 색깔과 냄새가 안 좋을 때
- ㉠ 수확기에 일기가 안 좋을 때
- ㉡ 수확이 너무 빠르거나 느릴 때
- ㉢ 저장을 잘못하였을 때
- ㉣ 병에 걸렸을 때

② 품종 고유의 신선한 색깔과 냄새를 가진 것이 건전 · 충실하고 발아 및 생육이 좋다.

(4) 종자의 크기와 중량

① 종자는 크고 무거운 것이 발아 및 생육이 좋다.

② 종자의 크기는 대개 1000립중 또는 100립중으로 표시한다.

③ 종자의 무게(충실도)는 비중 또는 1L/중(1립중)으로 표시한다.

(5) 순도

① 전체종자에 대한 순수종자(불순물 제외)의 중량비를 순도라 한다.

② 불순물에는 이형종자, 잡초종자, 협잡물(돌 · 흙 · 이삭줄기 등)이 있다.

③ 순도가 높을수록 종자의 품질이 좋아진다.

04 종자보증 및 검사

❶ 종자보증

(1) 의의

종자의 채종부터 관리까지 적합한 기준에 따라 처리되고 있음을 보증하는 것으로 국가가 보증하면 국가보증, 종자관리사가 보증하면 자체보증이라고 한다.

(2) 보증 방법

① **포장검사** … 개화기를 전후로 1회 이상 포장검사를 받아야 하며, F1종자는 제웅을 하기 위해 여러 차례 검사를 받아야 한다.

② **종자검사** … 포장검사에서 합격한 종자를 순도검사하여 발아율의 최저한도와 규격 및 이종종자, 수분 등에 대한 종자검사를 받는다.

③ **보증의 표시** … 종자검사를 받고 보증종자를 판매할 때에는 채종단계와 발아율, 이품종율, 품종명, 종명, 분류번호, 소집단 번호, 유효기간, 포장일자, 수량, 보증기관 등을 명시하여 보증표시를 하여야 한다.

❷ 종자검사

(1) 검사기관 및 항목

① **검사기관** … 농촌진흥청, 국립종자원, 국립농산물품질관리원 등에서 실시한다.

② **검사항목**

㉠ **순도분석** : 순수종자와 이종종자 및 이물로 구분하여 실시한다.

㉡ **수분검사** : 저장종자의 품질에 여향을 미치는 요인으로 검사를 실시한다.

㉢ **이종종자 입수검사** : 검사신청자가 요구하는 종이나 유사한 종 및 특정한 이종종자의 숫자를 검사하는 것으로 국가간 거래 시 해초나 기피종자의 유무를 판단한다.

㉣ **천립중검사** : 순수종자 1,000립을 세어 계량한 후 천립중을 측정하는 것으로 소수점 아래 한자리까지 g으로 표시한다.

㉤ **발아검사** : 종자의 발아력을 검사하는 것으로 종자의 품질을 결정하는 중요 항목이다.

㉥ **품종검증** : 종자나 유묘 및 식물체의 외형이나 형태적인 차이로 구분한다.

㉦ **종자 건전도 검사** : 종자의 병해상태 유무를 가리는 검사방법으로 식물의 방역이나 종자의 보증 및 농약처리, 작물의 평가 등에 중요한 검사이다.

(2) 검사 방법

① **형태에 따른 검사**

㉠ **종자의 특성조사** : 종자의 크기나 너비 및 비중 등 전반적인 조사방법으로 가장 오래된 조사방법이다.

㉡ **유묘의 특성조사** : 잎의 색이나 형태 및 엽맥의 형태, 잎몸의 무게 등 종자의 특성을 조사하는 방법으로 자세한 정보를 얻을 수 있다.

㉢ **전생육 검사** : 종자를 파종하여 수확할 때까지의 과정을 검사하는 것으로 개화기의 꽃색깔이나 결실종자의 특성 등을 조사한다.

㉣ **생화학적 검정**

- 페놀검사 : 벼, 밀 등은 페놀에 의한 이삭의 착색반응으로 품종을 비교할 수 있다.
- 자외선형광검정 : 자외선 아래에서 형광을 띄는 물질을 가진 종자를 검사하는 방법
- 염색체수 조사 : 뿌리 끝 세포의 염색체수를 조사하여 2배체와 4배체를 구별하는 방법이다.

② **영상분석법** … 종자의 특성을 카메라나 컴퓨터를 이용하여 영상화 한 후 자료를 전산화하는 방법을 말한다.

③ **분자생물학적 검정** … 핵산증폭지문법이나 전기영동법으로 단백질의 조성을 분석하거나 DNA를 추적하여 품종을 구별하는 방법이다.

05 종자처리

❶ 선종

(1) 선종의 개념

발육이 좋은 우량종자를 선별하는 작업을 말한다.

(2) 선종의 방법

① **육안선종** … 콩 종자 등을 상 위에 펴고 대조각(竹片)으로 굵고 건실한 것을 고른다.

② **체치기**(篩選)
  ㉠ 용적에 의한 선별법이다.
  ㉡ 맥류의 종자 등을 체로 쳐서 작은 알을 가려낸다.

③ **바람쐬기**(風選) … 중량에 의한 선별법으로 선풍기 등을 이용한다.

④ 물에 담그기(水選)

⑤ **비중에 의한 선별법**
  ㉠ 비중이 큰 종자가 대체로 굵고 충실한 점을 이용한다.
  ㉡ 알맞은 비중의 용액에 종자를 담그고 가라앉는 충실한 종자만을 가려낸다.
  ㉢ 비중선이라고도 한다.

❷ 침종

(1) 침종의 개념

① 파종하기 전에 종자를 일정기간 물에 담가 발아에 필요한 수분을 흡수시키는 것을 말한다.

② 벼, 가지, 시금치, 수목의 종자에서 실시된다.

(2) 침종의 장점

① 발아가 빠르고 균일해진다.

② 발아기간 중 피해가 줄어든다.

(3) 침종의 단점

① 오래 담가두면 산소부족으로 발아장애가 올 수 있다.

② 낮은 수온에 오래 담가두면 종자의 저장양분이 손실될 수 있다.

(4) 침종의 기간

작물의 종류와 수온에 따라 다르다.

❋ 벼의 침종기간 ❋

수온	10℃	15℃	22℃	25℃	27℃
기간	10 ~ 15일	6일	3일	2일	1일

❸ 최아

(1) 최아의 의의

① 농작물의 종자를 파종하기 전에 싹을 틔우는 일을 말하며, 싹틔우기라고도 한다.

② 벼, 맥류, 땅콩, 가지 등에서 실시된다.

(2) 최아 작업시 주의할 점

① 싹틔우는 정도는 싹이 약간 나온 정도(종자근의 원시체인 백체가 출현할 정도)가 알맞으며, 어린 눈이나 뿌리가 길게 자라면 파종능률이 떨어진다.

② 흡수시킨 종자를 공기가 통하고 마르지 않게 따뜻한 곳에 보관하면 며칠 후에 백체가 출현한다.

(3) 최아를 이용하는 경우

① 작물의 종자 또는 알뿌리가 경지에서는 발아하기 곤란한 경우

② 발아할 때까지 오랜기간이 걸리는 경우

❹ 종자소독과 경화

(1) 종자소독의 의의

① 종자 안이나 종자 위에 붙어 있는 병원체를 살상시키거나, 싹튼 어린식물을 토양의 병원미생물과 해충으로부터 보호하기 위하여 종자를 물리적 · 화학적 방법으로 소독하는 일을 말한다.

② 병균이 종자의 외부에 부착해 있을 때는 화학적 소독을 한다.

③ 병균이 종자의 내부에 들어가 있을 때는 보통 물리적 소독을 한다.

④ 51 ~ 52℃ 물에서 10분 동안, 또는 45 ~ 47℃ 물에 2 ~ 2.5시간 동안 종자를 담그고 종자소독제처리 · 증기처리로 보충한다.

⑤ 바이러스 같은 것은 종자소독법으로는 방제할 수 없다.

(2) 물리적 소독

① **열처리 종자소독방법(냉수온탕침법)** … 담그는 시간과 온도를 엄수하지 않으면 발아율이나 소독효과가 없으므로 주의해야 한다.

㉠ 맥류의 깜부기병 방제

- 종자를 15℃ 내외의 냉수에 6 ~ 7시간 담갔다가 광주리에 건져 50℃의 뜨거운 물이 든 통에 2 ~ 3분간 담가서 젓는다.
- 곧 이어서 광주리 채로 밀은 54℃, 겉보리는 52℃, 쌀보리는 50℃의 물통에 5분간 저으면서 담갔다가 건져내어 냉수로 식혀서 그늘에 널어 말린다.

㉡ 벼의 잎마름선충병 방제

- 볍씨를 냉수에 24시간 침지한 후 45℃ 온탕에 담근다.
- 그 후 52℃의 온탕에 10분간 정확히 처리하여 바로 건져 냉수에 식힌다.

② **욕탕침법** … 욕탕이 있는 농가에서는 입욕 후의 욕탕의 온도를 46℃ 정도로 조절한 후 맥류종자를 보자기에 싸서 담그고 다음날 아침(약 10시간 후, 욕탕의 온도는 25 ~ 40℃)에 꺼내어 그늘에서 건조시킨다.

③ **온탕침법**

㉠ 목화의 모무늬병의 경우에는 60℃ 온탕에서 10분간 종자를 담그면 효과가 있다.

㉡ 보리의 누름무늬병의 경우에는 46℃의 온탕에 10분간 종자를 담그면 효과가 있다.

㉢ 밀의 씨알선충병의 경우에는 55℃의 온탕에 10분간 종자를 담그면 효과가 있다.

㉣ 고구마검은무늬병의 경우에는 씨고구마를 47 ~ 48℃의 온탕에 40분간 담그면 효과가 있다.

④ **태양열 이용법** … 물에 4 ~ 6시간 담근 종자를 한여름에 3 ~ 6시간 직사광선에 노출시키는 방법이다.

(3) 화학적 종자소독

① 분의(粉衣)소독

㉠ 농약분을 종자에 그대로 묻게 하는 방법을 말한다.

㉡ 종자를 적절한 종자소독제로 분의 처리한다.

㉢ 싹튼 식물을 토양의 병원체로부터 보호하기 위하여 특수하게 제형화(製型化)된 종자 소독제 가루를 종자 표면에 바른다.

② 침지(浸漬)소독

㉠ 농약의 수용액에 담그는 방법을 말한다.

㉡ 종자소독제로는 지오람(호마이), 베노람(벤레이트티) 등이 사용된다.

(4) 종자 발아를 위한 생육촉진처리

① 경화 … 종자는 흡수와 건조를 1회 또는 수회 반복하여 파종하면 발아 · 생육의 촉진, 수량증대를 가져오는데, 이 방법을 파종 전 종자의 경화라고 하며, 당근, 밀, 옥수수, 순무, 토마토 등에 효과적이다.

② 프라이밍 … 파종 전에 수분을 공급하여 종자가 발아하는데 필요한 생리적인 준비를 갖도록 하여 발아를 촉진하는 것으로 고형물 처리나 반투성막프라이밍, 삼투용액프라이밍, PEG용액 등으로 처리하며 채소류에 이용한다.

③ 저온 및 고온처리

㉠ 저온처리 : 흡수한 종자를 5~10℃ 정도의 저온에 7~10일정도 저온처리 한다.

㉡ 고온처리 : 벼의 종자를 50℃ 정도로 예열한 후 질산칼륨이나 물로 24시간 정도 고온처리 한다.

④ 과산화물 … 물속에서 H_2O_2가 분해하면 O_2를 방출하여 용존산소를 증가시킴으로서 발아와 어린묘의 생육을 촉진시키는 방법으로 벼를 직파할 때 사용한다.

⑤ 박피제거 … 황산이나 염산과 같은 강산이나 강알칼리성 용액 또는 차아염소산나트륨, 차아염소산칼슘에 종자를 담가놓아 종피를 녹여서 발아를 촉진시키는 방법이다.

⑥ 전발아처리 … 전체를 포장발아하는 것을 말하며, 유체파종과 전발아종자가 있다.

㉠ 옥수수, 밀, 완두, 양파, 귀리, 무 등은 발아 후 건조처리를 해도 발아가 된다.

㉡ 전발아처리 시 사용하는 액상은 알긴산 나트륨이다.

❺ 종자코팅

(1) 의의

종자에 특수물질을 덧씌우는 것을 말한다.

(2) 종류

① **필름코팅** … 종자의 질을 높이고 식별하기 쉬우며 농약이 묻거나 인체에 해를 주는 것을 방지하기 위해 친수성 종합체에 농약이나 색소를 섞어서 종자의 표면에 5~15㎛ 정도로 덧씌우는 방법이다.

② **종자펠릿** … 종자가 매우 작거나 불균일한 경우 및 가벼워서 기계로 파종하기가 어려운 종자들을 종자의 표면에 화학적인 방법으로 불활성의 고체물질을 피복해서 종자를 키운 뒤에 파종는 방법으로 적정량을 파종하게 되어 솎아내는 노력을 덜 수 있으며 종자에 전염성 병을 방지할 수 있다.(담배, 당근, 참깨, 상추 등)

③ **종자코팅** … 필름코팅보다 조금 크게 처리할 수 있으므로 양분이나 농약을 첨가할 수 있다.

❻ 훈증처리

(1) 의의

종자를 저장하거나 운송할 때 해충으로부터 보호하기 위해 훈증제를 이용하여 처리하는 방법이다.

(2) 방법

사람이나 가축에 해가 되지 않아야 하며 가격이 저렴하고 확산이 잘되고 증발이 쉬운 것을 택하여 실시하도록 한다.

(3) 종류

에피흄, 메틸브로마이드, 이황화탄소, 청산화수소, 이염화에틸렌 및 사염화탄소 등이 있다.

06 종자의 발아와 휴면

❶ 종자의 발아

(1) 발아, 출아, 맹아

① 발아 … 종자에서 유아, 유근이 출현하는 것을 말한다.

② 출아

㉠ 종자를 파종했을 경우 발아한 새싹이 지상에 출현하는 것을 말한다.

㉡ 식물체에 싹이라는 작은 돌기가 생겨 그것이 발달하여 식물체에 가지나누기가 생기게 하는 과정을 말한다.

③ 맹아 … 목본식물에서 지상부의 눈이 벌어져서 새싹 또는 씨고구마처럼 지하부에서 지상부로 자라나는 새싹을 말한다.

(2) 발아조건

① 수분

㉠ 흡수량

- 종자는 일정량의 수분을 흡수해야만 발아할 수 있다.
- 발아에 필요한 종자의 수분흡수량은 종자무게에 대하여 벼는 23%, 밀은 30%, 쌀보리는 50%, 콩은 100%이다.

㉡ 수분이 발아에 미치는 영향 … 수분을 흡수한 내부세포는 원형질의 농도가 낮아지고 각종 효소가 활성화되어 저장물질의 전화(轉化), 전류(轉流) 및 호흡작용 등이 활발해진다.

② 온도

㉠ 발아온도 : 발아의 최저온도는 0 ~ 10℃, 최적온도는 20 ~ 30℃, 최고온도는 35 ~ 50℃ 이다.

㉡ 발아와 고온 : 일반적으로 파종기의 기온이나 지온은 발아의 최저온도보다 높고 최고온도보다 낮다.

㉢ 발아와 저온 : 최저온도보다 낮은 시기에 파종하면 발아와 초기생육이 지연된다.

㉣ 발아와 변온

- 샐러리, 오차드그라스, 버뮤다그래스, 켄터키블루그래스, 레드톱, 페튜니어, 담배, 아주까리, 박하 등은 변온에 의해 작물의 발아가 촉진된다.
- 당근, 파슬리, 티머시 등은 변온에 의해 발아가 촉진되지 않는다.

✲ 작물종자의 발아온도 ✲

작물명	최저온도(℃)	최적온도(℃)	최고온도(℃)	작물명	최저온도(℃)	최적온도(℃)	최고온도(℃)
목화	12	35	40	호박	10 ~ 15	37 ~ 40	44 ~ 50
강낭콩	10	32	37	오이	15 ~ 18	31 ~ 37	44 ~ 50
겉보리	0 ~ 2	26	38 ~ 40	옥수수	6 ~ 8	34~38	44 ~ 46
쌀보리	0 ~ 2	24	38 ~ 40	조	0 ~ 2	32	44 ~ 46
들깨	14 ~ 15	31	35 ~ 36	완두	0 ~ 5	25 ~ 30	31 ~ 37
담배	13 ~ 14	28	35	콩	2 ~ 4	34 ~ 36	42 ~ 44
해바라기	5 ~ 10	31 ~ 37	40 ~ 44	삼	0 ~ 4.8	37 ~ 40	44 ~ 50
아마	0 ~ 5	25 ~ 30	31 ~ 37	레드클로버	0 ~ 2	31 ~ 37	37 ~ 44
기장	4 ~ 6	34	44 ~ 46	뽕나무	16	32	38
메밀	0 ~ 4	30~34	42 ~ 44	메론	15 ~ 18	31, 37	44 ~ 50
호밀	0 ~ 2	26	40 ~ 44	벼	8 ~ 10	34	42 ~ 44
귀리	0 ~ 2	24	38 ~ 40	밀	0 ~ 2	26	40 ~ 42

③ 산소

㉠ 벼 종자는 못자리 물이 너무 깊어 산소가 부족하게 되면 유근의 생장이 불량하고, 유아가 도장해서 연약해지는 이상발아를 유발하게 된다.

㉡ 수중에서 발아의 난이에 의한 종자의 분류

- 수중에서 발아 가능한 종자 : 샐러리, 벼, 티머시, 상추, 당근, 캐나다블루그래스, 페튜니어 등
- 수중에서 발아 불가능한 종자 : 무, 양배추, 밀, 콩, 귀리, 메밀, 파, 가지, 고추, 알팔파, 루핀, 호박, 옥수수, 수수, 율무 등
- 수중에서 발아가 감퇴되는 종자 : 미모사, 담배, 종자, 토마토, 카네이션, 화이트클로버 등

④ 빛

㉠ 대부분의 종자는 빛의 유무에 관계없이 발아한다.

㉡ 호광성 종자

- 빛에 의해 발아가 유발되며 어둠에서는 전혀 발아하지 않거나 발아가 몹시 불량하다.
- 뽕나무, 상추, 차조기, 담배, 우엉, 베고니아, 캐나다블루그래스, 버뮤다그래스, 켄터키 블루그래스 등이 있다.
- 복토를 얕게 한다.

㉢ 혐광성 종자

- 빛이 있으면 발아가 안 되고, 어둠 속에서 발아가 잘 되는 종자이다.
- 오이, 파, 가지, 토마토, 호박, 나리과 식물의 대부분
- 복토를 깊게 한다.

㉣ 광무관계 종자

- 발아에 빛이 관계하지 않고, 빛에 관계없이 잘 발아하는 종자이다.
- 옥수수, 화곡류, 콩과작물의 많은 작물 등

(3) 발아의 진행

① 저장양분의 분해

㉠ 전분

- 배유나 자엽에 저장된 전분은 산화효소에 의해 분해되어 맥아당(Maltose)이 된다.
- 맥아당은 Malthase에 의해 가용성 포도당(Glucose)이 되어서 배나 생장점으로 이동하여 호흡기질이 되거나 Celluose · 비환원당 · 전분 등으로 재합성된다.

㉡ 단백질 : Protease에 의해 가수분해되어 Amino acid, Amicle 등으로 분해되어 단백질 구성물질이나 호흡기질로 이용된다.

㉢ 지방 : Lipase에 의해 지방산 · Glycerol로 변하고 화학변화를 일으켜 당분으로 변해 유식물로 이동하여 호흡기질로 쓰이며, 탄수화물 · 지방의 형성에도 이용된다.

② 호흡작용

㉠ 종자가 발아할 때에는 호흡이 왕성해지고 에너지의 소비가 커진다.

㉡ 발아할 때의 호흡은 건조 종자의 100배가 된다.

③ **동화작용** … 배나 생장점에 이동해 온 물질에서 원형질 및 세포막 물질이 합성되고 유근, 유아, 자엽 등의 생장이 일어난다.

④ 생장

㉠ 발아에 적합한 환경이 되면 배의 유근이나 유아가 종피 밖으로 출현한다.

㉡ 대체로 유근이 유아보다 먼저 출현한다.

⑤ **가용성 물질의 이동** … 종자 내 저장물질이 분해되면 가용성 물질이 되어서 배나 생장점으로 이동한다.

⑥ **이유기** … 발아 후 어린식물은 한동안 배젖에 있는 저장양분을 이용하여 생육하지만 점차 뿌리에서 흡수하는 양분에 의존하게 되는데, 배젖의 양분이 거의 흡수당하고 뿌리에 의한 독립적인 영양흡수가 시작되는 때를 이유기라 한다.

⑦ **종자의 발아과정** … 수분의 흡수 ⇨ 저장양분의 분해효소 생성과 활성화 ⇨ 저장양분의 분해와 전류 및 재합성 ⇨ 배의 성장개시 ⇨ 과피(종피)의 파열 ⇨ 유묘의 출현 ⇨ 유묘의 성장

(4) 발아시험

① **발아시험의 개념** … 종자의 좋고 나쁨을 시험하기 위하여 발아에 적당한 인공조건으로 종자를 발아시키는 시험을 말한다.

② 발아시험방법

㉠ 시험대상 종자 전체를 대표하도록 평등하게 시료(試料)를 골라 잘 혼합한다.

㉡ 발아시험기 또는 샤레에 그 작물의 발아에 적당한 여과지 또는 모래 등으로 발아상(發芽床)을 만든다.

㉢ 발아상 위에 종자를 같은 간격으로 배열시킨다.

㉣ 시험할 종자 수는 작물종류에 따라 다르나 대체로 400알 내외로 한다.

③ 주요 조사대상

㉠ 발아율

- 발아능력은 유전적 성질이나 영양상태 · 연령 등의 내부 요인과 외적 환경 요인에 따라 결정된다. 보통 외적 요인을 적정하게 하였을 경우 전체 수에서 발아된 수의 비율을 발아율이라 한다.
- 발아율 = 발아 개체수/공시 개체수 × 100

㉡ 발아세

- 발아시험 개시 후 일정기간 내의 발아율의 증가속도를 발아세라고 한다.
- 일정기간은 곡류는 3일, 강낭콩 · 시금치 · 귀리는 4일, 삼은 6일 등 미리 정해져 있는 규약에 따른다.

㉢ **발아시** : 최초의 1개체가 발아한 때를 말한다.

㉣ **발아기** : 전체 종자수의 50%가 발아한 때를 말한다.

㉤ **발아전** : 전체 종자수의 80% 이상이 발아한 때를 말한다.

㉥ **발아일수** : 파종기부터 발아일까지의 일수를 말한다.

㉦ 평균발아일수

- 모든 종자의 평균적인 발아일수를 표시한 것이다.
- 평균발아일수 = $\frac{\text{(파종부터의 일수} \times \text{그날 발아한 개체수)의 합계}}{\text{발아한 총개체수}}$

④ **발아측정방법** … 종자를 뿌린 후에는 각 작물의 발아에 필요한 온도 및 광선 조건하에 두고 적시에 수분을 공급하면서 발아수를 측정한다.

⑤ 종자 발아력의 간이 검정법

㉠ **인디고카민법** : 죽은 종자의 세포가 반투성을 상실하는 것을 이용한다.

㉡ **테트라졸리움법** : 배 · 유아의 단면적이 전면 적색으로 염색되는 것이 발아력이 강하다.

㉢ **구아이아콜법** : 발아력이 강한 종자는 배 · 배유부의 절구가 갈색으로 변한다.

⑥ 종자의 수명과 저장

㉠ **종자의 저장** : 건조한 종자를 저온 · 저습 · 밀폐 상태로 저장하면 수명이 오래 간다.

㉡ 종자의 수명

- 단명종자(1 ~ 2년) : 양파, 고추, 메밀, 토당귀 등
- 상명종자(2 ~ 3년) : 목화, 쌀보리, 벼, 완두, 토마토 등
- 장명종자(4 ~ 6년 또는 그 이상) : 연, 콩, 녹두, 가지, 배추, 오이, 아욱 등

㉢ **수명에 영향을 미치는 조건** : 종자의 수분함량, 저장온도와 습도상태, 통기상태 등이 영향을 미친다.

㉣ 종자의 저장 중 발아력 상실
- 종자가 발아력을 상실하는 것은 원형질 단백의 응고와 효소의 활력저하 때문이다.
- 저장양분의 소모도 원인 중 하나이다.

❷ 종자의 휴면

(1) 휴면의 의의

① **휴면의 개념** … 성숙한 종자에 수분, 산소, 온도 등 발아에 적당한 환경을 만들어 주어도 일정기간 발아하지 않는 것을 말한다.

② **후숙**

㉠ 겉보기 성숙을 거친 후에 있어서의 식물의 성숙을 말한다.

㉡ 종자가 일단 성숙해도 금방 발아능력을 가지지 못하고 일정한 휴면기를 거치고 난 뒤에 발아가 가능해진다. 이렇게 종자가 발아능력을 가지게 되는 변화기간은 종자가 완전히 성숙하기 위한 시간이라고 보며, 이 현상을 후숙이라고 한다.

㉢ 후숙기간은 식물에 따라서는 거의 없는 것도 있고(보리 · 까치콩 등), 며칠 ~ 몇 년을 필요로 하는 것도 있다(가시연꽃).

(2) 휴면의 원인

① **종피의 불투수성** … 경실의 종피가 수분을 통과시키지 않기 때문에 종자수분을 흡수할 수 없어서 휴면하게 된다.

② **종피의 불투기성** … 종피가 이산화탄소를 통과시키지 않기 때문에 내부에 축적된 이산화탄소가 발아를 억제하고 휴면하게 된다.

③ **종피의 기계적 저항** … 종자가 산소와 수분을 흡수하게 되면 종피가 기계적 저항성을 가지게 되어 휴면이 유발된다.

④ **배(胚)의 미숙** … 배가 발아를 하기에는 아직 성숙하지 못해서 휴면하게 되는 것을 말한다.

⑤ **양분의 부족** … 발아에 필요한 양분이 원활히 공급되지 못하여 휴면하게 된다.

⑥ **발아억제물질**

㉠ 장미과 식물의 청산(HCN)은 발아를 억제한다.

㉡ 옥신은 곁눈의 발육을 억제한다.

㉢ ABA는 자두, 사과, 단풍나무의 동아(冬芽)의 휴면을 유도한다.

㉣ 왕겨에 있는 발아억제물질은 벼를 휴면시킨다. 종자를 물에 씻거나 과피를 제거하면 종자는 발아한다.

(3) 방사선 조사와 경실

① 방사선 조사

㉠ 발아 억제, 살충, 살균, 숙도 조정 등을 목적으로 방사선(γ선 · β선 · X선 등)을 조사하는 것을 말한다.

㉡ 감자를 수확한 후 β선(7,000 ~ 15,000rad)을 조사하면 품질의 손상없이 실온에서 8개월간 발아를 억제할 수 있다.

② 경실

㉠ 종피(種皮)의 최외층에 특수물질을 함유하여 물이나 기체의 투과를 방해하기 때문에 발아가 어려운 종자를 말하며, 경피종자라고도 한다.

㉡ 식물이 나타내는 휴면현상의 하나로 보존상 유리한 성질이다.

㉢ 기계적 또는 황산 등의 약품으로 종피에 상처를 내면 발아가 촉진된다.

㉣ 종자의 크기가 작은 것이 경실이 많은 경향이 있다.

(4) 휴면의 형태

① **자발적 휴면** … 외부환경조건이 발아에 알맞더라도 내적 요인에 의해서 휴면하는 것을 말하며, 본질적인 휴면이다.

② 강제적 휴면

㉠ 외부환경조건이 발아에 부적당하여 휴면하는 것을 말한다.

㉡ 잡초 종자 등

③ **전휴면(하휴면)** … 휴면아가 형성된 당시에 잎을 제거하면 다시 생육을 개시하는 것을 말한다.

④ **동휴면** … 어느 기간을 경과하면 잎을 제거해도 휴면이 깨지지 않는 자발적 휴면의 단계를 말한다.

⑤ **후휴면** … 월동 후 휴면이 깨져도 외부환경이 부적당하면 강제휴면이 계속되는 것을 말한다.

⑥ 2차 휴면

㉠ 휴면이 끝난 종자라도 발아에 불리한 외부환경에서 장기간 보존되면 그 후에 발아에 적합한 환경이 되어도 발아하지 않고 휴면상태를 유지하는 것을 말한다.

㉡ 화곡류, 화본과 목초 종자는 파종할 때 고온을 만나면 2차 휴면을 하기도 한다.

(5) 휴면타파

① 경실의 발아촉진법

㉠ 씨껍질에 상처를 내서 뿌린다.

㉡ 농황산을 처리한다.

② 감자의 휴면타파법

㉠ **박피 절단** : 수확 직후에 껍질을 벗기고 절단하여 최아상에 심는다.

㉡ 지베렐린 처리 : 절단하여 2ppm 수용액에 5 ~ 60분간 담갔다가 심는다.

㉢ 에틸렌 클로로하이드린 처리 : 액침법 · 기욕법 · 침지법 등이 있고, 씨감자는 절단하여 처리하여야만 효과가 있다.

③ 목초 종자의 발아촉진법 … 질산염류액이나 지베렐린을 처리한다.

④ 경실종자의 휴면타파법

㉠ 종피파상법 : 경실의 발아촉진을 위하여 종피에 상처를 내는 방법

㉡ 진한황산처리 : 경실에 진한 황산을 처리하고 일정 시간 교반하여 종피의 일부를 침식시킨 후 물에 씻어 파종

㉢ 저온처리 : 종자를 −190℃의 액체공기에 2~3분간 침지하여 파종

㉣ 건열처리 : 알팔파 · 레드클로버 등은 105℃에서 4분간 종자를 처리하여 파종

㉤ 습열처리 : 라디노클로버는 40℃의 온도에 5시간 또는 50℃의 온탕에 1시간 정도 종자를 처리하여 파종

㉥ 진탕처리 : 스위트클로버는 플라스크에 종자를 넣고 분당 180회씩의 비율로 10분간 진탕하여 파종

㉦ 질산염처리 : 버팔로그래스는 0.5% 질산칼륨에 24시간 종자를 침지하고, 5℃에 6주일간 냉각시킨 후 파종

㉧ 기타 : 알코올처리, 이산화탄소처리, 펙티나아제처리 등

(6) 휴면연장 및 발아억제

① 온도조절 … 감자는 0 ~ 4℃로 저장하면 장기간 발아가 억제된다.

② 약품처리 … MH − 30 등의 약품으로 처리한다.

07 채종재배와 종자의 퇴화

❶ 채종

(1) 채종의 개념

일반적인 종자의 재배와 달리 우수한 종자의 생산을 위해 여러 가지 대책을 강구하면서 재배하는 것을 채종재배라 한다.

(2) 채종포

① 채종을 위하여 설치한 밭을 말한다.

② 신품종, 우량품종의 농가보급을 목적으로 설치한다.

③ 채소 등의 타가수분작물에서는 반드시 채종포가 필요하므로 다른 품종의 꽃가루의 비래(飛來), 곤충에 의한 매개를 방지하기 위하여 다른 품종과 격리된 장소, 때에 따라서는 산간지, 바다 가운데의 섬 등에 설치하기도 한다.

④ 씨감자의 채종포는 진딧물의 발생이 적은 고랭지가 적합하다.

⑤ 타가수정작물의 채종포는 일반포장과 반드시 격리되어야 한다.

⑥ 채종포에서는 한지역에서 단일품종을 집중적으로 재배하는 것이 유리하다.

⑦ 채종포에서는 순도가 높은 종자를 채종하기 위해 이형주를 제거한다.

(3) 격리재배

① **격리재배의 개념** … 자연교잡에 의해 품종의 퇴화가 일어나는 것을 방지하기 위한 재배법을 말한다.

② **격리재배의 종류**

㉠ **차단격리법** : 봉지씌우기 · 망실(網室)과 같은 것으로, 다른 꽃가루의 혼입을 차단하여 자연교잡을 방지하는 방법이다.

㉡ **거리격리법**

- 교잡할 염려가 있는 것과 멀리 떨어진 곳에서 재배하여 꽃가루가 혼입되는 것을 막는 방법이다.
- 채종농원과 같은 많은 집단을 격리시키려고 할 때 사용하며, 산간 · 도서(島嶼)와 같은 격리된 장소에서 재배한다.
- 무 · 배추와 같은 십자화과 작물의 충매화에서는 벌이나 나비가 날아다니는 거리를 보아 8km 정도가 실용적으로 안전한 거리라고 한다.

㉢ **시간격리법** : 불시재배와 춘화처리(春化處理)에 의하여 개화기를 이동시켜 교잡되는 것을 피하는 방법이다.

❷ 종자퇴화 방지대책

(1) 저장

① 잘 건조하여 습하지 않은 곳에 저장한다.

② 저장 중에는 병충해나 쥐에 의한 피해를 막아준다.

③ 종자용 곡물은 새 가마니를 이용하여 저장하고 알맞은 온도와 습도를 유지시켜 준다.

(2) 재배

① 지나친 밀식과 질소질 비료의 과용을 막는다.

② 제초를 철저히 하고 이형주를 도태시킨다.

③ 도복 및 병충해를 방제한다.

(3) 수확

① 탈곡시에는 종자에 손상이 가지 않도록 한다.

② 이형립이나 협잡물이 섞이지 않도록 한다.

(4) 종자 선택

① 선종 및 종자 소독 등의 필요한 처리를 해서 파종한다.

② 원종포 등에서 생산된 믿을 수 있는 우수한 종자여야 한다.

(5) 재배지 선정

① 감자는 고랭지에서, 옥수수와 십자화과 작물 등은 격리포장에서 채종한다.

② 잡초와 병충해의 발생이 되도록 적은 곳을 택한다.

최근 기출문제 분석

2024. 6. 22. 제1회 지방직 9급 시행

1 채종재배에 대한 설명으로 옳지 않은 것은?

① 채종지의 기상조건으로는 기온이 가장 중요하다.

② 채종포는 개화기부터 등숙기까지 강우량이 많은 곳이 유리하다.

③ 씨감자는 진딧물이 적은 고랭지에서 생산하는 것이 유리하다.

④ 채종포에서 조파(條播)를 하면 이형주 제거와 포장검사가 편리하다.

TIP ② 채종포는 개화기부터 등숙기까지 강우량이 적은 곳이 유리하다.

2024. 3. 23. 인사혁신처 9급 시행

2 다음은 보리 종자 100립의 발아조사 결과이다. 이에 대한 설명으로 옳지 않은 것은? (단, 최종 조사일은 파종 후 7일, 발아세 조사일은 파종 후 4일이다. 소수점 이하는 둘째 자리에서 반올림한다)

파종 후 일수(일)	1	2	3	4	5	6	7	합계
조사 당일 발아종자수(개)	0	3	15	40	15	10	2	85

① 발아율은 85%이다.

② 발아세는 58%이다.

③ 평균발아일수는 3.6일이다.

④ 발아전은 파종 후 6일이다.

TIP 평균발아일수

$$=\sum\left\{\frac{(2\times3)+(3\times15)+(4\times40)+(5\times15)+(6\times10)+(7\times2)}{85}\right\}=4.24$$

Answer 1.② 2.③

2023. 10. 28. 제2회 서울시 농촌지도사 시행

3 **〈보기〉는 배추종자 100립을 7월 1일에 치상하여 발아시킨 결과이다. 이 실험의 평균발아일수[일]는? (단, 발아종자 수는 치상 후 해당 일에 새롭게 발아된 종자수이다. 평균발아 일수는 소수점둘째 자리에서 반올림한다.)**

조사 날짜	7월 2일	7월 4일	7월 6일	7월 8일	7월 10일	7월 12일	계
치상 후 일수	1	3	5	7	9	11	
발아한 종자 수	10	20	40	15	5	0	90

① 4.3
② 4.7
③ 5.1
④ 5.5

TIP 평균발아일수 $= \frac{(1\times10)+(3\times20)+(5\times40)+(7\times15)+\times(9\times5)}{90} = 4.67$

2023. 9. 23. 인사혁신처 7급 시행

4 **작물의 종자와 종묘에 대한 설명으로 옳은 것은?**

① 마늘은 땅속줄기로 번식한다.
② 감자, 토란은 덩이줄기로 번식한다.
③ 상추, 오이 종자는 배유종자이다.
④ 벼, 보리, 밀 종자는 무배유종자이다.

TIP ① 비늘줄기(구근)로 번식한다.
③ 상추와 오이 종자는 무배유종자이다.
④ 벼, 보리, 밀 종자는 배유종자이다.

Answer 3.② 4.②

2023. 9. 23. 인사혁신처 7급 시행

5 **종자의 발아에 대한 설명으로 옳은 것은?**

① 담배는 광에 의하여 발아가 억제된다.

② 보리의 발아 최적온도는 콩에 비해 상대적으로 높다.

③ 대체로 전분종자가 단백종자에 비해 발아에 필요한 최소수분함량이 많다.

④ 벼 종자는 무기호흡으로 발아에 필요한 에너지를 얻을 수 있다.

TIP ① 담배는 광에 의해 발아가 촉진되는 광발아종자이다.
② 보리의 발아 최적온도는 콩보다 낮다.
③ 전분종자는 단백종자에 비해 발아에 필요한 최소수분함량이 적다.

2023. 6. 10. 제1회 지방직 9급 시행

6 **종묘로 이용되는 영양기관과 작물을 옳게 짝 지은 것은?**

① 지근 – 모시풀, 마늘

② 덩이줄기 – 달리아, 마

③ 덩이뿌리 – 토란, 돼지감자

④ 땅속줄기 – 생강, 박하

TIP 종묘로 이용되는 영양기관의 분류
㉠ 눈(bud) : 마, 포도 나무꽃의 아삼 등
㉡ 잎 : 베고니아 등
㉢ 줄기
- 지상경(지상부에 나온 고등 식물의 줄기) 또는 지조(식물의 줄기) : 사탕수수, 포도나무, 사과나무, 귤나무, 모시풀 등
- 땅속줄기 : 생강, 연, 박하, 호프 등
- 덩이줄기 : 감자, 토란, 돼지감자 등
- 알줄기 : 글라디올러스 등
- 비늘줄기 : 나리, 마늘 등
- 흡지(온대지역 여러해살이풀에 있는 휴면 기관의 일종이다. 각 마디에서 방사상 형태로 발생한 땅속줄기 또는 기는 줄기 의 일부로 나온 눈이다) : 박하, 모시풀 등

㉣ 뿌리
- 지근(땅위줄기에서 나온 막뿌리의 하나로 땅속으로 뻗어 들어가 줄기를 버티어 준다) : 닥나무, 고사리, 부추 등
- 덩이뿌리 : 달리아, 고구마, 마 등

Answer 5.④ 6.④

2022. 10. 15. 인사혁신처 7급 시행

7 **채종재배에 대한 설명으로 옳은 것만을 모두 고르면?**

> ㉠ 종자는 원종포 또는 원원종포에서 생산된 것을 사용한다.
> ㉡ 자연교잡을 방지하기 위해서 배추과 식물은 500m 이상 격리거리를 유지한다.
> ㉢ 화곡류는 황숙기, 배추과 채소는 갈숙기가 채종적기이다.
> ㉣ 가지나 오이의 종자충실도를 높이기 위해서는 1개체당 결과수를 제한하지 않는다.
> ㉤ 난지에서 생산한 무 종자를 봄에 파종하면 한지에서 생산한 무 종자보다 추대가 많아지는 것은 생리적 퇴화의 예이다.

① ㉠, ㉡
② ㉡, ㉣
③ ㉠, ㉢, ㉤
④ ㉢, ㉣, ㉤

TIP ㉡ 자연교잡을 방지하기 위해서 배추과 식물은 1,000m 이상 격리거리를 유지한다.
㉣ 1개체당 결과수를 제한하여 개체당 열매의 수를 적게 유지한다.

2022. 10. 15. 인사혁신처 7급 시행

8 **종자의 프라이밍(priming)에 대한 설명으로 옳은 것은?**

① 친수성 중합체에 농약이나 색소를 혼합하여 종자표면에 얇게 덧씌워 주는 기술이다.
② 파종 전에 수분을 가하여 발아에 필요한 생리적 준비를 갖추게 하는 기술이다.
③ 진한황산처리로 경실종피를 약화시켜 휴면타파 또는 발아를 촉진시키는 기술이다.
④ 효소 분석을 통하여 활력이 높은 종자를 고르는 기술이다.

TIP ① 종자 코팅
③ 경실의 휴면타파법
④ 효소활력측정법

Answer 7.③ 8.②

2022. 6. 18. 제1회 지방직 9급 시행

9 발아를 촉진하는 방법에 대한 설명으로 옳은 것은?

① 벼과 목초의 종자에 질산염류를 처리한다.

② 감자에 말레산하이드라자이드(MH)를 처리한다.

③ 알팔파와 레드클로버는 105℃에서 습열처리를 한다.

④ 당근, 양파 등에 감마선(γ −ray)을 조사한다.

TIP ② 감자에 지베렐린을 처리한다.
③ 알팔파, 레드클로버 등은 105°C에 4분간 종자를 처리한다.
④ 당근, 양파 등에 감마선(γ −ray)을 조사하면 발아가 억제된다.

2022. 4. 2. 인사혁신처 9급 시행

10 종자소독에 대한 설명으로 옳은 것은?

① 화학적 소독은 세균 및 바이러스를 모두 제거할 수 있다.

② 맥류에서 냉수온탕침법 시 온탕 처리는 100℃에서 2분간 실시한다.

③ 곡류종자는 온탕침법을 이용하고, 채소종자는 건열처리를 이용한다.

④ 친환경농업에서는 화학적 소독을 선호한다.

TIP ① 화학적 소독이 모든 세균 및 바이러스를 제거할 수 있는 것은 아니다.
② 맥류에서 냉수온탕침법 시 온탕 처리는 45~50℃에서 2분간 실시한다.
④ 친환경 농업은 농림축산물 생산 과정에서 화학 농약이나 비료를 최소한으로 투입하여 생물 환. 경(물, 토양 등)의 오염을 최소화하는 농법이다.

2022. 4. 2. 인사혁신처 9급 시행

11 종자펠릿 처리의 이유가 아닌 것은?

① 종자의 크기가 매우 미세한 경우

② 종자의 표면이 매우 불균일한 경우

③ 종자가 가벼워서 손으로 다루기 어려운 경우

④ 종자의 식별이 어려운 경우

TIP ④ 펠렛의 목적은 종자크기를 증가시켜 기계화 파종을 가능하게 하여 파종과 솎음노력을 절감하고 종자를 절약하는데 있다.

Answer 9.① 10.③ 11.④

2021. 9. 11. 인사혁신처 7급 시행

12 보리 포장을 조사한 결과가 아래와 같이 나타났을 때 '혜강' 보리의 품종순도는?

- 보리 '혜강' 품종 : 94주
- 보리 '태강' 품종 : 3주
- 밀 '조한' 품종 : 2주
- 이형주 : 1주

① 94% ② 95%

③ 96% ④ 97%

TIP 전체 개체 수는 94+3+2+1=100(주)이다.
'혜강' 보리의 품종 순도 계산 공식은 ('혜강' 보리 품종 개체 수 / 전체 개체 수) * 100이다.
품종순도 = (94/100)*100=94%

2021. 9. 11. 인사혁신처 7급 시행

13 종자의 수명과 퇴화에 대한 설명으로 옳은 것은?

① 옥수수와 콩은 장명종자이고 가지와 토마토는 단명종자이다.

② 감자는 평지재배 시 가을재배보다 봄재배에서 퇴화가 경감된다.

③ 격리재배를 하면 자연교잡에 의한 유전적 퇴화를 줄일 수 있다.

④ 종자의 수명은 종자의 퇴화가 일어나지 않는 기간을 말한다.

TIP ① 옥수수와 콩은 단명종자이고 가지와 토마토는 장명종자이다.
② 감자는 평지재배 시 봄재배보다 가을재배에서 퇴화가 경감된다.
④ 종자의 수명은 종자가 발아 능력을 유지하는 기간이다.

2021. 4. 17. 인사혁신처 9급 시행

14 종자의 형태나 조성에 대한 설명으로 옳지 않은 것은?

① 종자가 발아할 때 배반은 배유의 영양분을 배축에 전달하는 역할을 한다.

② 벼와 겉보리는 과실이 영(穎)에 싸여있는 영과이다.

③ 쌍떡잎식물의 저장조직인 떡잎은 유전자형이 3n이다.

④ 옥수수 종자는 전분 세포층이 배유의 대부분을 차지한다.

TIP ③ 배유의 유전자형이 3n이다.

Answer 12.① 13.③ 14.③

2021. 4. 17. 인사혁신처 9급 시행

15 **종자의 발아과정 단계를 순서대로 바르게 나열한 것은?**

① 분해효소의 활성화→수분흡수→배의 생장→종피의 파열
② 분해효소의 활성화→종피의 파열→수분흡수→배의 생장
③ 수분흡수→분해효소의 활성화→종피의 파열→배의 생장
④ 수분흡수→분해효소의 활성화→배의 생장→종피의 파열

TIP 종자의 발아 순서: 수분 흡수→효소의 활성→씨눈의 생장 개시→껍질의 열림→싹, 뿌리 출현

2020. 9. 26. 인사혁신처 7급 시행

16 **종자퇴화 중 이형종자의 기계적 혼입에 의해 생기는 것은?**

① 유전적 퇴화
② 생리적 퇴화
③ 병리적 퇴화
④ 물리적 퇴화

TIP ① 기계적 혼입에 의해서 이형종자의 유전적 퇴화가 발생한다. 유전적 퇴화는 자연교잡, 돌연변이 등의 원인으로 나타난다.

2020. 9. 26. 인사혁신처 7급 시행

17 **종자의 휴면타파 또는 발아촉진을 유도하는 물질이 아닌 것은?**

① 황산(H_2SO_4)
② 쿠마린(Coumarin)
③ 에틸렌(C_2H_4)
④ 질산칼륨(KNO_3)

TIP ② 쿠마린은 종자 발아를 억제하는 물질로 종자의 발아를 촉진하는 대신 억제한다.

Answer 15.④ 16.① 17.②

2020. 9. 26. 인사혁신처 7급 시행

18 **채종포 관리에 대한 설명으로 옳은 것은?**

① 이형주를 제거하기 위해 조파보다 산파가 유리하다.

② 이형주는 개화기 이후에만 제거한다.

③ 무․배추 채종재배에는 시비하지 않는다.

④ 우량종자를 생산하기 위해 토마토는 결과수를 제한한다.

TIP ① 조파가 산파보다 유리하다.
② 이형주는 개화기 이전부터 지속적으로 제거한다.
③ 무와 배추의 채종재배 시에도 적절한 시비를 하지 않으면, 생육이 불량해지고 종자의 품질이 저하된다.

2019. 8. 17. 인사혁신처 7급 시행

19 **종자의 형태와 구조에 대한 설명으로 옳지 않은 것은?**

① 옥수수는 중배축에서 줄기와 잎이 분화되고 배반에서 뿌리가 분화된다.

② 상추는 과피와 종피의 안쪽에 배유층이 있고 2개의 떡잎을 가진다.

③ 쌍자엽식물은 대부분 지상자엽형 발아를 하지만, 완두는 지하자엽형 발아를 한다.

④ 강낭콩은 배유가 완전히 또는 거의 퇴화되어 양분을 자엽에 저장하는 무배유종자이다.

TIP 옥수수는 중배축에서 잎 · 줄기 · 뿌리가 분화되고 배유조직과 접해있으면서 배유의 영양분을 배축에 전달하는 역할은 배반이 한다.

2018. 6. 23. 농촌진흥청 지도직 시행

20 **다음 중 단명종자에 해당하는 것은?**

① 완두
② 녹두
③ 오이
④ 양파

TIP 종자의 수명
- 단명종자(1 ~ 2년) : 양파, 고추, 메밀, 토당귀 등
- 상명종자(2 ~ 3년) : 목화, 쌀보리, 벼, 완두, 토마토 등
- 장명종자(4 ~ 6년 또는 그 이상) : 연, 콩, 녹두, 가지, 배추, 오이, 아욱 등

Answer 18.④ 19.① 20.④

2017. 8. 26. 인사혁신처 7급 시행

21 **휴면에 대한 설명으로 옳은 것은?**

① 자발적 휴면은 환경 조건이 부적합할 때 발생한다.

② 감자 휴면타파에 지베렐린이 이용된다.

③ 휴면성이 강한 맥류 종자는 수발아가 발생하기 쉽다.

④ 수확직후 벼 종자를 0℃에 2 ~ 3일 처리하면 휴면이 타파된다.

TIP ② 감자 휴면타파에는 지베렐린이 이용된다.
① 타발적 휴면은 환경조건이 부적합할 때 발생한다.
③ 휴면성이 강한 맥류 종자는 수발아가 발생하기 어렵다. (억제효과가 크기 때문에)
④ 수확직후 벼 종자를 40℃에서 3주일 또는 50℃에 4 ~ 5일 처리(보관)하면 (발아 억제 물질이 불활성화 되어 완전히) 휴면이 타파된다.

2010. 10. 17. 제3회 서울시 농촌지도사 시행

22 **종자의 발아촉진물질 처리에 대한 설명으로 가장 옳지 않은 것은?**

① 지베렐린은 감자, 약용인삼에 효과적이다.

② 에스렐 수용액은 딸기에 효과적이다.

③ 시토키닌은 양상추에서 지베렐린의 효과가 있으나 땅콩의 발아촉진에는 효과가 없다.

④ 질산염은 화본과목초의 발아를 촉진한다.

TIP ③ 양상추와 땅콩의 발아촉진에는 에세폰이 효과가 있다.

2010. 10. 17. 지방직 7급 시행

23 **종자 휴면에 대한 설명으로 옳은 것은?**

① 배휴면은 배가 미숙한 상태이어서 수주일 혹은 수개월의 후숙의 과정을 거쳐야 하는 경우를 말한다.

② 귀리와 보리는 종피의 불투기성 때문에 발아하지 못하고 휴면하기도 한다.

③ 경실은 수분의 투과를 수월하게 돕기 때문에 발아하기 쉽고 휴면이 일어나지 않는다.

④ 발아억제물질로는 ABA, 시안화수소(HCN), 질산염이 있다.

TIP ① 배의 미숙에 대한 설명이다.
③ 경실은 종피가 단단하여 수분과 산소의 투과를 방해한다.
④ 질산염은 발아를 촉진한다.

Answer 21.② 22.③ 23.②

출제 예상 문제

1 다음 중 감자의 영양기관으로 옳은 것은?

① 지상경 ② 지하경
③ 괴경 ④ 구경

TIP 괴경 … 식물의 뿌리줄기가 가지를 치고 그 끝이 양분을 저장하여 비대해진 형태로 종자를 심지 않고 이 덩이줄기를 잘라 번식시킨다. 대표적인 예로는 감자, 토란, 돼지감자 등이 있다.

2 애멸구에 의해 발생하는 병이 아닌 것은?

① 보리줄무늬오갈병 ② 벼잎집무늬마름병
③ 맥류북지모자이크병 ④ 벼줄무늬잎마름병

TIP 벼잎집무늬마름병의 전염경로 … 벼잎집무늬마름병의 바이러스는 병든 식물체의 표면이나 토양 내에서 균사 혹은 균핵의 형태로 존재한다. 균핵은 월동 후 논의 써레질에 의해 물 표면에 떠오르게 되며, 떠오른 균핵은 이앙 후 벼가 자라는 동안 수면부위의 벼 잎집에 부착된 후 발아하여 균사에 의해 벼 잎집의 조직 내로 침투한다.

3 종자의 품질을 결정하는 내적조건으로 적당한 것은?

① 종자의 수분함량 ② 종자의 크기와 중량
③ 종자의 병충해 ④ 종자의 색깔과 냄새

TIP ①②④ 종자품질의 외적조건에 해당한다.
※ 종자품질의 내적조건
㉠ 종자의 병충해
㉡ 종자의 발아력
㉢ 종자의 유전성

Answer 1.③ 2.② 3.③

4 종묘에 대한 설명으로 옳지 않은 것은?

① 종묘는 형태에 의해 분류할 수 있다.
② 종묘는 저장물질에 따라 분류할 수 있다.
③ 종묘는 종자의 색에 의해 분류할 수 있다.
④ 종묘는 배유의 유무에 따라 분류할 수 있다.

TIP 종묘의 분류
㉠ 배유유무에 따른 분류 : 유 · 무배유종자
㉡ 저장물질에 따른 분류 : 녹말, 지방종자
㉢ 형태에 따른 분류
- 과실이 나출된 것
- 과실이 영에 싸여 있는 것
- 과실이 내육피에 싸여 있는 것

5 파 · 양파의 인경형성 촉진조건은?

① 단일 ② 장일
③ 저온 ④ 고온

TIP 양파의 비늘줄기는 16시간 이상의 장일에서 발육이 촉진된다.

6 낙엽과수의 휴면원인이 아닌 것은?

① 저온 ② 고온
③ 배의 미숙 ④ 불투수성

TIP 휴면의 원인
㉠ 발아억제 물질
㉡ 배의 미숙
㉢ 종피의 기계적 저항
㉣ 종피의 산소흡수 저해
㉤ 경실
㉥ 저온
㉦ 불투수성

Answer 4.③ 5.② 6.②

7 **종자휴면에 관한 내용 중 옳은 것은?**

① 벼의 휴면타파에는 과산화수소가 사용된다.
② 종자의 휴면타파에는 M · H가 사용된다.
③ 감자의 휴면타파에는 지베렐린이 사용된다.
④ 종자의 휴면에는 시토키닌이 사용된다.

TIP 감자의 휴면타파법
㉠ 박피 절단 : 수확 직후 껍질을 벗기고 절단하여 최아상에 심는다.
㉡ 지베렐린 처리 : 절단하여 2ppm 수용액에 5 ~ 60분간 담갔다가 심는다.
㉢ 에틸렌 클로로하이드린 처리 : 액침법 · 기욕법 · 침지법 등이 있고, 씨감자는 절단하여 처리하여야만 효과가 있다.

8 **종자의 발아조건은?**

① 비료, 수분, 공기
② 광선, 수분, 온도
③ 수분, 온도, 산소
④ 소독, 온도, 비료

TIP 발아의 3요소 … 수분, 온도, 산소

9 **종묘로 이용되는 영양기관의 분류로 옳은 것은?**

① 고구마 – 괴경, 감자 – 괴근
② 고구마 – 인경, 감자 – 괴경
③ 고구마 – 괴경, 감자 – 인경
④ 고구마 – 괴근, 감자 – 괴경

TIP 종묘로 이용되는 영양기관
㉠ 괴근 : 순무, 고구마, 쥐참외, 다알리아, 마 등
㉡ 괴경 : 감자, 토란, 돼지감자, 튤립 등
㉢ 구경 : 구약나물, 소귀나물, 글라디올러스 등
㉣ 인경 : 나리(百合), 마늘, 파, 튤립, 수선화 등

Answer 7.③ 8.③ 9.④

10 종자발아의 외적 조건에 해당하는 것은?

① 휴면 ② 수면

③ 발아시의 온도 ④ 후숙의 유무

TIP 식물 각각에 정해진 적온(適溫)과 충분한 산소, 적당한 수분, 빛이 필요하다.

11 종자의 진가율을 나타내는 식은?

① $진가(\%) = \frac{순도 \times 발아율}{100}$

② $장일(\%) = \frac{순수종자}{전체종자}$

③ $진가(\%) = \frac{발아종자수}{치상종자수} \times 100$

④ $진가(\%) = A \cdot f \cdot P_0$

TIP 종자의 진가 또는 용가는 종자의 순도와 발아율에 의해서 결정된다.

12 종묘로 줄기를 이용하는 작물은?

① 다알리아 ② 고구마

③ 마 ④ 토란

TIP ①②③ 종묘로 뿌리를 이용한다.

13 다음 중 잡초종자의 일반적 특징이 아닌 것은?

① 조산 ② 다산

③ 만숙 ④ 휴면성

TIP 잡초종자의 특징으로는 조산성 · 다산성 · 조숙성 등이 있으며, 잡초가 종자번식을 할 경우 휴면성을 가져 외부환경이 생육에 불완전한 조건이면 발아하지 않는다.

Answer 10.③ 11.① 12.④ 13.③

14 **배낭 내의 낭핵이 수정하여 이루어진 것으로 자엽(초엽), 유아, 배축, 유근 등으로 이루어진 것은?**

① 배 ② 줄기
③ 뿌리 ④ 눈

TIP 배(胚)
㉠ 다세포생물에서 그 개체발생 초기단계에 있는 생물체를 말한다.
㉡ 보통 수정한 난세포에서 발달한 유식물체를 말하며, 유배(幼胚)라고도 한다.
㉢ 자엽, 유아, 배축, 유근 등으로 이루어졌다.
㉣ 일반적으로 배의 시기는 개체발생 중에서 대단히 중요하며, 이 동안에 그 개체분화의 계획이 완성된다.
㉤ 초기배의 세포는 분열능력이 높고 미분화이거나 또는 그 분화 정도가 낮다.

15 **다음 중 품질이 좋은 종자는?**

① 이형 종자가 많을수록 좋다.
② 수분함량이 높아야 발아력이 커서 좋다.
③ 탈곡 중에 기계적 손상이 있는 종자는 발아력이 좋다.
④ 크고 무거운 것이 좋다.

TIP 순도가 높고 종자의 크기가 크며 무거운 것이 품질이 좋다.

16 **무배유종자로서 배유가 흡수당하여 자엽에 양분이 저장된 것은?**

① 밀 ② 콩
③ 보리 ④ 벼

TIP 무배유종자
㉠ 종자에 배젖이 없는 것을 무배유종자라고 한다.
㉡ 영양분은 떡잎 속에 저장되므로 떡잎이 다육질로 비후되어 있다.
㉢ 콩, 팥 등이 이에 속한다.

Answer 14.① 15.④ 16.②

17 **발아 및 생육이 좋은 우수한 종자를 가려내는 작업을 무엇이라 하는가?**

① 선종 ② 침종
③ 최아 ④ 경화

TIP 선종…수확한 종자 중에서 병충해를 입었거나 파손된 종자, 토사·경엽 등의 협잡물, 다른 식물의 종자 등을 제거하여 계통적 순정(純正)을 보존하고 생리적 기능이 완전한 종자를 선별하는 작업을 말한다.

18 **벼의 침종기간으로 옳은 것은?**

① 10℃ 내외에서 1일 ② 15℃ 내외에서 2일
③ 22℃ 내외에서 3일 ④ 25℃ 내외에서 6일

TIP 침종기간은 작물의 종류와 수온에 따라 다르다.
※ 벼의 침종기간

수온	10℃	15℃	22℃	25℃	27℃
기간	10 ~ 15일	6일	3일	2일	1일

19 **빛의 유무와 관계없이 잘 발아하는 종자는?**

① 호박 ② 토마토
③ 옥수수 ④ 오이

TIP 빛의 유무에 따른 종자 발아
㉠ 호광성 종자 : 상추, 담배, 뽕나무, 우엉, 차조기, 베고니아, 캐나다블루그래스, 버뮤다그래스, 켄터키블루그래스 등
㉡ 혐광성 종자 : 파, 오이, 토마토, 호박, 가지, 나리과 식물의 대부분 등
㉢ 광무관계 종자 : 옥수수, 화곡류, 콩과작물의 많은 작물 등

Answer 17.① 18.③ 19.③

20 침종에 대한 설명으로 옳지 않은 것은?

① 발아가 빠르고 균일해진다.
② 오래 침종하면 할수록 좋다.
③ 낮은 수온에 오래 담가두면 종자의 저장양분이 손실될 수 있다.
④ 벼, 가지, 시금치 등의 종자에 실시한다.

TIP 종자의 프라이밍(priming) … 파종 전에 수분을 흡수시켜 발아에 필요한 생리적 준비를 하게 하는 기술이다.
② 오래 담가두면 산소부족으로 발아장애가 올 수 있다.

21 흡수와 건조를 1회 또는 수회 반복하고 파종하여 종자의 질적 향상을 가져오는 방법은?

① 종자경화
② 종자소독
③ 최아
④ 종자검사

TIP 종자경화는 당근, 밀, 옥수수, 순무, 토마토 등에 사용한다.

22 종자발아에 대한 설명으로 옳지 않은 것은?

① 종자발아에 필요한 생리작용은 온도에 크게 지배된다.
② 종자발아시 최적 온도가 될 때 발아율이 높고 발아속도도 빠르다.
③ 모든 종자는 일정량의 수분을 흡수해야만 발아한다.
④ 발아 중의 종자는 모든 호흡작용이 멈추게 된다.

TIP 종자발아
㉠ 발아 중의 종자는 호흡이 활발해진다.
㉡ 대부분의 종자는 산소가 충분히 공급되어 호기 호흡이 잘 이루어져야 발아가 잘 된다.

Answer 20.② 21.① 22.④

23 수중에서 발아가 잘 되는 종자는?

① 콩 ② 토마토
③ 담배 ④ 벼

TIP 수중에서의 종자발아에 따른 분류
㉠ 수중에서 발아 불가능한 종자 : 콩, 밀, 귀리, 메밀, 무, 양배추, 가지, 고추, 파, 알팔파, 루핀, 옥수수, 수수, 호박, 율무 등
㉡ 수중에서 발아가 감퇴되는 종자 : 종자, 담배, 토마토, 화이트클로버, 카네이션, 미모사 등
㉢ 수중에서 발아 가능한 종자 : 벼, 상추, 당근, 샐러리, 티머시, 캐나다블루그래스, 페튜니어 등

24 종묘로 덩이줄기를 이용하는 작물은?

① 생강 ② 연
③ 감자 ④ 박하

TIP 덩이줄기를 종묘로 이용하는 작물은 감자, 토란, 돼지감자, 튤립 등이 있다.

25 다음 중 괴근이 아닌 작물은?

① 감자 ② 다알리아
③ 고구마 ④ 마

TIP 괴근
㉠ 뿌리 자체가 방추상이나 봉상의 형태로서 비대하고 많은 양의 양분을 함유하고 있는 것을 말한다.
㉡ 다알리아, 나나큐러스, 생강, 참마, 고구마 등

Answer 23.④ 24.③ 25.①

26 과실이 껍질에 싸여 있는 것이 아닌 것은?

① 벼 ② 겉보리
③ 귀리 ④ 메밀

TIP 과실의 나출 정도에 따른 분류
㉠ 과실이 나출된 것: 옥수수, 제충국, 차조기, 메밀, 밀, 쌀, 홉(hop), 삼(대마), 박하 등
㉡ 과실이 영에 싸여 있는 것: 귀리, 벼, 겉보리 등
㉢ 과실이 내육피에 싸여 있는 것: 앵두, 자두, 복숭아 등

27 단위결실에 대한 설명 중 옳지 않은 것은?

① 속씨식물에서 수정하지 않고도 씨방이 발달하여 종자가 없는 열매가 되는 현상을 말한다.
② 열매에는 종자가 들어 있다.
③ 포도의 경우 만화기 전 14일 및 후 10일경의 2회 처리로서 무핵과가 형성된다.
④ 살구의 경우 개화기와 그 8일 후에 지베렐린 50ppm액을 살포하면 15.4%의 무핵과가 형성된다.

TIP ② 열매에는 종자가 들어 있지 않다.

28 전체 종자의 80% 이상이 발아한 상태를 무엇이라 하는가?

① 발아시 ② 발아전
③ 발아기 ④ 발아후

TIP 발아
㉠ 발아시(發芽始): 최초의 1개체가 발아한 때를 말한다.
㉡ 발아전(發芽揃): 전체 종자수의 80% 이상이 발아한 때를 말한다.
㉢ 발아기(發芽期): 전체 종자수의 50%가 발아한 때를 말한다.

Answer 26.④ 27.② 28.②

29 종자의 수명이 가장 긴 종자는?

① 메밀 ② 고추
③ 양파 ④ 콩

TIP 종자의 수명
㉠ 1～2년 : 메밀, 고추, 양파, 토당귀 등
㉡ 2～3년 : 벼, 쌀보리, 완두, 목화, 토마토 등
㉢ 4년 이상 : 콩, 녹두, 오이, 가지, 배추, 아욱, 연 등

30 전체 종자의 50%가 발아한 상태는?

① 발아시 ② 발아전
③ 발아기 ④ 발아후

TIP 발아기 … 전체 종자수의 50%가 발아한 때를 말한다.

31 다음 중 수중에서 잘 발아하는 종자끼리 바르게 짝지어진 것은?

① 양파, 메밀 ② 콩, 양배추
③ 당근, 페튜니어 ④ 밀, 귀리

TIP 수중에서 잘 발아하는 종자에는 벼, 상추, 당근, 샐러리, 페튜니어, 티머시 등이 있다.

Answer 29.④ 30.③ 31.③

32 격리재배에 대한 설명으로 옳지 않은 것은?

① 자연교잡에 의해 품종의 퇴화가 일어나는 것을 방지하기 위한 재배법이다.
② 차단격리법은 다른 꽃가루의 혼입을 차단하여 자연교잡을 방지하는 방법이다.
③ 거리격리법은 소규모 원예집단을 격리시키고자 할 때 사용한다.
④ 시간격리법은 개화기를 이동시켜 교잡되는 것을 피하는 방법이다.

TIP ③ 거리격리법은 채종농원과 같은 많은 집단을 격리시키려고 할 때 사용한다.

33 다음 중 목초 종자의 발아촉진법으로 적당한 것은?

① 질산염류액 처리
② 에틸렌 클로로하이드린 처리
③ 농황산 처리
④ MH-30 처리

TIP 휴면 타파
㉠ 목초 종자의 발아촉진법 : 질산염류액 또는 지베렐린을 처리한다.
㉡ 감자의 휴면타파법 : 에틸렌 클로로하이드린 또는 지베렐린을 처리한다.
㉢ 경실의 발아촉진법 : 농황산을 처리한다.
㉣ 발아억제 : MH-30 또는 TCNB 6% 분제를 처리한다.

34 다음 중 경실에 대한 설명으로 옳지 않은 것은?

① 식물이 나타내는 휴면현상의 하나로 보존상 유리한 성질이다.
② 기계적 또는 황산 등의 약품으로 종피에 상처를 내면 발아가 촉진된다.
③ 종자의 크기가 큰 것이 경실이 많은 경향이 있다.
④ 토끼풀, 붉은 토끼풀, 알팔파, 자운영 등의 콩과식물과 소나무과식물에 특히 많다.

TIP 경실(硬實)
㉠ 종피(種皮)의 최외층에 특수물질을 함유하여 물이나 기체의 투과를 방해하기 때문에 발아가 어려운 종자를 말하며 경피종자라고도 한다.
㉡ 종자의 크기가 작은 것이 경실이 많은 경향이 있다.
㉢ 유전적으로 경실이 생기거나 생육조건, 저장조건 등에 의해 발아율이 다르다.

Answer 32.③ 33.① 34.③

03 육묘와 영양번식

01 육묘

❶ 묘와 육묘

(1) 육묘의 의의

① **육묘의 개념** … 묘란 번식용으로 이용되는 어린 모를 말하며, 육묘란 묘를 묘상(苗床) 또는 못자리에서 기르는 일을 말한다.

② 묘의 분류

㉠ 초본묘

㉡ 목본묘

㉢ **실생묘**(實生苗) : 종자로부터 자라난 묘를 말한다.

㉣ 삽목묘(꺾꽂이묘)

㉤ 접목묘(접붙이기묘)

㉥ 취목묘(휘묻이묘)

(2) 육묘의 목적과 육묘의 필요성

① 육묘의 목적

㉠ 종자 절약

㉡ 토지이용률 제고

㉢ 유모기 관리 용이

㉣ 결구성 채소(배추, 무)의 추대(抽薹)방지

㉤ 과채류의 조기수확과 수확량 증대

② **육묘의 필요성** … 묘상에서 육묘하여 이식을 하면 본포에 직접 파종하는 것보다 많은 노력이 들지만 육묘해야 할 경우가 있다.

㉠ 추대현상을 방지할 수 있다.
㉡ 종자의 집약적 관리가 가능하고, 직파 때보다 종자를 절약할 수 있다.
㉢ 농업용수를 절약할 수 있고, 토지이용률을 높일 수 있다.
㉣ 조기수확이 가능하고 수확량이 증대된다.

③ **추대(抽薹)**
㉠ **추대의 개념** : 식물이 꽃줄기를 내는 것을 말한다.
㉡ **조기추대현상** : 목적하는 줄기 · 잎 또는 뿌리가 충분히 생육되기 전에 추대가 나와 상품가치를 크게 저하시키는 현상을 말한다.

④ **이식**
㉠ **이식의 개념** : 묘상에서 기른 식물을 밭으로 내서 심는 것을 이식이라고 한다.
㉡ **정식(定植)** : 이식 중에서 수확까지 그대로 둘 위치에 이식하는 것을 말한다.
㉢ **가식(假植)** : 정식까지의 사이에 묘상에 두었다가 이식하는 것을 말한다.
㉣ **이식의 장점**
• 줄기나 잎의 웃자람을 억제한다.
• 이식할 때 뿌리가 잘려 새로운 뿌리가 많이 나와 오히려 생육이 좋아지게 하여 수확기를 단축시킬 수 있다.
• 수목의 자세를 바로 잡고, 노화를 방지하며 개화를 촉진시킨다.
• 벼는 육묘 시 생육이 조장되어 증수할 수 있다.
• 봄 결구배추를 보온육묘해서 이식하면 직파할 때 포장해서 냉온의 시기에 저온에 감응하여 추대하고 결구하지 못하는 현상을 방지할 수 있다.
• 과채류는 조기에 육묘해서 이식하면 수확기를 앞당길 수 있다.
• 벼를 육묘이식하면 답리작이 가능하여 경지이용률을 높일 수 있다.

2 묘상(苗床)

(1) 묘상의 개념

묘상이란 모를 기르기 위하여 시설을 갖추어 놓은 곳을 말한다.

(2) 묘상의 명칭에 의한 분류

① **못자리(묘대:苗垈)** … 벼농사의 경우에 묘상을 일컫는 말이다.

② **묘상(苗床)** … 각종 채소 또는 꽃의 모종을 기르는 곳을 말한다.

③ **묘포(苗圃)** … 과수나 꽃나무 등의 묘목을 기르는 곳을 말한다.

(3) 묘상의 온도조절법에 의한 분류

① 온상(溫床)

㉠ 온상의 개념 : 못자리의 온도를 조절하는 방법에 따라서 인위적으로 온도를 높일 수 있도록 설치한 것을 말한다.

㉡ 열원(熱源)에 따른 온상의 분류

- 양열(釀熱)온상
- 전열(電熱)온상
- 온돌(溫突)온상

㉢ 모판흙의 높이에 따른 온상의 분류

- 고설(高設)온상
- 저설(低設)온상

㉣ 발효열(醱酵熱)

- 유기물 · 외양간두엄 · 짚 · 낙엽 · 깻묵 · 왕겨 등을 밟아 넣으면서 적당한 수분을 넣고 압축하면 발효되는데, 이 때 생기는 열을 이용한다.
- 이 발효물질을 양열재료라고도 하며 이를 사용하는 양과 종류는 계절, 재배하는 작물이 필요로 하는 온도, 지속일수 등에 따라 다르다.

㉤ 전열(電熱)온상

- 땅속에 전열선을 부설하고 전류를 통하여 발생하는 열을 열원으로 이용하는 온상이다.
- 전열온상은 육묘 이외에 채소류를 연하게 하거나 촉성용으로도 이용한다.
- 전열온상의 장점
  - 온도조절이 용이하다.
  - 설비가 비교적 간단하다.
  - 여러 가지 작물의 모를 동시에 키워낼 수 있다.
- 전열온상의 단점
  - 모판흙이 건조해지기 쉽다.
  - 전기료가 높을 경우에는 비경제적이다.

㉥ 우리나라와 같은 조건에서는 저설 · 양열 온상이 실용적이며 가장 유리하다.

② 냉상(冷床)

㉠ 비교적 저온에서도 잘 생육하는 작물의 육묘(育苗)에 이용되는 묘상(苗床)을 말하며, 비닐 · 유리 등으로 태양열만을 이용하도록 한 것을 말한다.

㉡ 양열재료(釀熱材料)나 전열(電熱) 등에 의한 적극적인 가온(加溫)을 하는 온상과는 다르다.

㉢ 온상 육묘보다 늦은 시기나 따뜻한 지방에서 육묘할 때 이용된다.

㉣ 양열재료나 시설비용이 온상보다 적어 유리하다.

㉤ 보온못자리(苗板)와 틀냉상이 흔히 사용된다.

• 보온못자리
–벼의 육묘용으로 한랭지에서나 조기재배를 위하여 사용된다.
–못자리에 비닐 또는 폴리에틸렌 필름을 터널식으로 피복하고 못자리 말기까지 보온한다.
• 틀냉상
–주로 채소나 고구마 등의 육묘에 많이 사용한다.
–온상과 같은 방법으로 틀을 송판 또는 콘크리트로 만들고 보온자재로써 피복하고 관리한다.
–야간이나 비가 올 때 기온이 내려가면 거적 등을 덮어 상온(床溫)을 유지한다.

ⓑ 엽채류(葉菜類)나 벼 등의 육묘(育苗)에 많이 이용된다.

③ 노지상(露地床)
㉠ 자연적인 조건에서 모를 기르는 것을 말한다.
㉡ 각종 채소 · 화훼류와 벼 등의 육묘에 많이 이용된다.
㉢ 맨땅못자리에 해당하며, 가장 널리 이용되고 있는 형태이다.
㉣ 평상이나 양상으로 하는 경우가 많다.

(4) 묘상의 높낮이에 의한 분류

① **양상(揚床)** … 못자리 바닥이 주위의 땅바닥보다 높은 것을 말한다.

② **평상(平床)** … 못자리 바닥이 땅바닥과 비슷한 것을 말한다.

③ **지상(地床)** … 못자리 바닥이 땅바닥보다 낮은 것을 말한다.

(5) 묘상의 시설 유무에 의한 분류

① **맨땅못자리** … 땅의 일부를 그대로 이용하여 모를 기르는, 즉 특별한 시설이 필요없는 경우를 말한다.

② **틀못자리** … 특별한 틀을 짜서 시설을 한 것을 말하며, 대부분의 온상과 일부 냉상이 이에 해당 한다.

(6) 못자리(묘대 : 苗垈)의 종류

벼농사에서는 물의 이용상태와 온도를 높이기 위하여 피복(被覆)을 하느냐에 따라서 못자리의 종류가 나누어진다.

① **물못자리** … 못자리를 만든 다음 물을 댄 상태로 씨앗을 뿌려 모를 기르는 방식을 말한다.

② **밭못자리** … 물을 대지 않은 밭이나 마른 논에 볍씨를 파종하여 육묘하는 못자리를 말한다.
㉠ 밭못자리의 장점
• 튼튼하다.
• 내건성(耐乾性)이 강하다.
• 식상(植傷)이 적다.

• 뿌리를 빨리 내리고 초기생육도 왕성하다.
• 비옥한 논 또는 다비재배(多肥栽培)에 알맞다.
• 밭못자리에서는 모의 노숙화(老熟化)가 늦어지기 때문에 물이 모자라서 모내기가 늦어지는 경우에 유리하다.

㉡ 밭못자리의 단점

• 도열병(稻熱病)에 잘 감염된다.
• 잡초발생이 많다.
• 땅강아지, 쥐, 새 등의 피해를 받기 쉽다.
• 볍씨의 발아와 생육이 불균일하게 되기 쉽다.
• 보온을 하지 않고서는 물못자리보다 일찍 파종할 수 없다.

㉢ 비닐보온 밭못자리

• 밭못자리의 보온문제를 해결하기 위한 것으로서 비닐과 같은 우수한 보온재료를 이용하는 방법이다.
• 농장에서 대규모로 가장 일찍 육묘할 수 있는 방법이다.
• 뿌리가 내릴 수 있는 최저한계온도가 가장 낮아서 조식재배(早植栽培)에 가장 유리한 못자리 형태이다.

③ 절충못자리

㉠ 물못자리와 밭못자리를 절충(折衷)한 방식을 말한다.
㉡ 초기에는 물못자리, 후기에는 밭못자리와 같이 하는 방식이 있다.
㉢ 초기에는 밭못자리, 후기에는 물못자리와 같이 하는 방식이 있다.

④ 보온절충못자리

㉠ 밭못자리 또는 절충못자리에 가온(加溫)하기 위하여 비닐이나 폴리에틸렌으로 피복을 하였다가 일정한 기간이 지난 후에 피복물을 벗겨내는 형태의 못자리를 말한다.
㉡ 실시시기

• 한랭지역의 벼농사에서 많은 수확량을 얻고자 할 때
• 저온(低溫)피해를 막기 위하여 파종기를 앞당기려고 할 때
• 기온이 낮아서 종래의 물못자리로서는 볍씨의 싹이 잘 트지 않을 때
• 싹이 튼 후 어린 모가 냉해를 받을 위험이 클 때

㉢ 보온절충못자리의 장점

• 볍씨의 발아가 좋다.
• 성묘비율(成苗比率)이 높아진다.
• 모가 균일하게 자란다.
• 비료의 흡수가 좋아진다.
• 모의 웃자람을 억제할 수 있다.
• 뿌리의 발육이 좋다.
• 어린모가 산소를 충분히 공급받을 수 있다.
• 한랭지 특유의 못자리 장애인 괴불, 모썩음병 등의 피해를 완전히 막을 수 있다.
• 파종하면서부터 보온이 가능하기 때문에 파종시기를 앞당길 수 있다.

⑤ 건못자리 - 마른못자리(건묘대, 乾苗垈)

㉠ 물을 대지 않고 마른 논 상태의 모판에서 육묘하는 못자리를 말한다.

㉡ 이앙 직전에 관수를 충분히 하고 모를 뽑아내어 심는다.

㉢ 밭못자리와 같이 물이 부족한 곳이나, 답리작물(畓裏作物)이나 답전작물(畓前作物)의 수확이 늦어져서 늦심기가 될 경우 등에 실시한다.

⑥ 기계이앙용 상자육묘

㉠ 모판 흙은 산도(pH) 4.5~5.8을 유지토록 하는 것이 좋다.

㉡ 싹을 틔운 후에는 모 기르는 방법에 따라 알맞은 양을 파종하는 데 어린모의 경우 한상자당 200~220g, 중묘의 경우 130g 정도 파종하는 것이 적당하다.

㉢ 출아기의 적정 온도는 30~32℃이다.

㉣ 녹화는 어린 싹이 1cm 정도 자랐을 때 시작하며, 낮에는 25℃, 밤에는 20℃ 정도로 유지한다.

⑦ 채소류의 육묘

㉠ **재래식 육묘** : 주로 냉상이나 전열온상에서 파종상자에 파종하여 검은색 플라스틱분에 이식한 후 포장에 정식하는 방법으로 모를 충실하게 키울 수는 있지만 면적이용률이 매우 낮다.

㉡ **공정육묘** : 상토준비나 혼입, 파종 및 재배관리 등이 자동적으로 이루어지는 자동화 육묘시설을 말하며 공정묘, 성형묘, 셀묘, 플러그묘 등으로 부르기도 하고 재래식에 비해 장점은 다음과 같다.

- 묘 소질이 향상되므로 육묘기간은 짧아진다.
- 대량생산이 가능하고 연중 생산이 가능하여 생산 횟수가 늘어난다.
- 규모화가 가능하고 운반 및 취급이 편리하다.
- 정식묘의 크기가 작아지므로 기계정식이 용이하다.
- 관리 인건비와 모의 생산비를 절감할 수 있다.
- 대규모로 경작하는 조합영농, 기업화 등이 가능하다.

⑧ 접목육묘

㉠ 박과 채소류와 접목할 경우 흰가루병에 약해진다는 단점이 있다. 덩굴쪼김병 등을 방제할 수 있다.

㉡ 핀접과 합접은 가지과 채소의 접목육묘에 이용된다.

㉢ 박과 채소는 접목육묘를 통해 저온, 고온 등 불량환경에 대한 내성이 증대된다.

㉣ 접목육묘한 박과 채소는 흡비력이 강해질 수 있다.

(7) 묘포(苗圃)

묘목 양성에 이용되는 토지로 모밭이라고도 한다.

① 고정묘포(固定苗圃)

㉠ 영구적인 묘포시설을 갖추고 장기 또는 영구적으로 사용하는 묘포이다.

㉡ 묘포경영상 여러 가지 편리한 점이 많다.

㉢ 지력유지(地力維持), 병충해 방제, 묘목 수송비가 많이 드는 등의 단점이 있다.

② 이동묘포(移動苗圃)

㉠ 1년 또는 몇 년간 일시적으로 사용하는 묘포이다.
㉡ 묘포시설을 갖추지 못하여 경영상 불편하다.
㉢ 지력유지, 병충해 방제, 운반비 등이 절약되는 장점이 있다.

③ 임간묘포(林間苗圃) … 이동묘포 중 특히 임내공지(林內空地)에 설치한 묘포를 말한다.

④ 묘포지 선정기준 … 위치, 기후, 토양, 수리(水利), 지형 및 노동력의 공급상황 등을 고려하여야 한다.

㉠ 교통이 편리하고 가급적 조림지에 가까울 것
㉡ 기후의 변화가 적고 따뜻하며 묘목의 생육기간이 길 것
㉢ 토양이 비옥하고 물리적 성질이 양호할 것
㉣ 관수(灌水) 및 배수(排水)가 편리할 것
㉤ 약간 경사지고 북동 · 북서 · 남서의 3면이 막힌 곳일 것
㉥ 계절에 관계없이 노동력 공급이 쉬울 것

(8) 묘상의 설치장소

① 서북쪽이 막힌 곳

② 배수가 잘 되는 곳

③ 집과 우물 및 본밭에서 멀지 않은 곳

(9) 온상의 구조와 가온방법

① 온상의 구조

㉠ 상틀은 판자, 볏집, 콘크리트 등으로 만든다.
㉡ 온상덮개는 비닐, 폴리에틸렌, 유지, 유리 등을 쓴다.
㉢ 비닐은 자외선을 통과시켜 모를 튼튼하게 키울 수 있게 한다.

② 온상의 가온방법 … 일반적으로 양열재료를 쓴다.

(10) 양열재료와 상토

① 양열재료

㉠ 양열온상은 양열재료를 밟아 넣어서 열을 낸다.
㉡ 재료로는 구비, 볏짚, 낙엽, 쌀겨 등이 많이 이용된다.

② 상토(床土)

㉠ 배수와 보수가 좋고 비료분이 넉넉해야 한다.
㉡ 퇴비와 흙을 잘 섞어서 쌓았다가 썩은 후 어레미로 쳐서 쓴다.

(11) 묘상의 관리

① 이식기가 가까워지면 관수와 보온을 조절한다.

② 상토를 소독하고 병충해가 발생하면 약제를 살포한다.

③ 솎기를 자주하여 항상 알맞은 재식밀도를 유지한다.

④ 가식을 하였다가 정식을 한다.

⑤ 모의 생장상태를 보면서 추비(追肥)를 한다.

⑥ 건조해지기 쉬우므로 관수에 주의한다.

⑦ 육묘 초기에는 낮에도 장지를 덮고 밤에는 이엉까지 덮어서 보온해야 한다.

02 영양생식

❶ 영양생식의 의의

(1) 영양생식의 개념

① 특별한 생식기관을 만들지 않고 영양체의 일부에서 다음 대의 종족을 유지해가는 무성번식을 말한다.

② 영양번식, 영양체생식, 영양증식이라고도 한다.

③ 일반적으로 다세포생물의 영양기관 일부에서 새로운 개체가 생길 경우에 사용한다.

(2) 영양생식의 장점

① 모체와 같은 유전형질을 전달한다.

② 결실을 빠르게 하고 품질을 좋게 한다.

③ 내충내병성(耐蟲耐病性)을 부여한다(수박 · 포도).

④ 수세를 강화시키거나 약하게 할 수 있다(귤 · 사과).

⑤ 자웅이주의 식물에서는 한쪽만을 재배할 수 있다(홉).

⑥ 종자가 없거나 생기기 어려운 것에 사용한다(바나나, 고구마).

❷ 인공 영양생식

(1) 꺾꽂이(삽목)

① **꺾꽂이의 개념** … 식물체의 일부인 가지나 잎을 어미나무에서 잘라내어 완전한 개체로 생육시키는 것을 말하며, 삽목이라고도 한다.

② **꺾꽂이의 장점** … 어미나무의 소질을 그대로 계승할 수 있다.

③ **꺾꽂이의 종류** … 꺾꽂이에 사용하는 부분에 따라 분류된다.
　㉠ 엽삽(잎꽂이) : 베고니아, 펠라고늄, 차나무 등
　㉡ 지삽(가지꽂이) : 가장 보편적이다.

④ **발근촉진제** … α 나프탈렌아세트산, 인돌아세트산, 인돌부티르산 등이 가장 보편적이다.

⑤ **삽수(揷穗)의 길이** … 10 ~ 30cm가 적절한데, 보통은 삽수의 단면을 경사지게 자르고, 반대쪽도 조금 자른다.

⑥ 꽂이모판에는 화산회토양(火山灰土壤) · 모래 · 물이끼를 섞은 것, 적토(赤土) · 화산회의 풍화토(風化土) 등이 많이 사용되며, 맨땅에다 심기도 하지만 화분이나 상자를 흔히 사용하며, 온실이나 묘상(苗床)에 심는 경우도 있다.

⑦ 꽂은 직후에 물을 주고, 나무는 판흙이 건조하지 않도록 적절한 때 물을 준다.

⑧ 고온다습한 6~7월에는 삽목 중 부패하기 쉬우므로 벤레이트액에 30초간 침지하여 삽목한다.

(2) 휘묻이(취목)

① **휘묻이의 개념** … 식물의 일부를 어미그루에 달린 채 발근(發根)을 시킨 다음 잘라내어 새로운 독립된 개체를 만드는 번식법을 말하며 취목(取木)이라고도 한다.

② **휘묻이의 장점**
　㉠ 작업이 쉽고도 확실하다.
　㉡ 품종의 특성을 완전히 이어받을 수 있다.

③ **휘묻이의 단점** … 대량생산이 곤란하다.

④ **휘묻이의 종류**
　㉠ **고취법(高取法)** : 석류 · 매화나무 등의 2 ~ 3년생의 세력이 좋은 가지를 1 ~ 2cm 폭으로 목질부에 달하지 않도록 껍질만을 둥글게 박피하고 물이끼로 싼 다음 다시 폴리에틸 렌으로 싸고 위아래를 잡아맨다. 건조되지 않도록 물을 주고 발근이 되면 어미 그루에서 잘라낸다.
　㉡ **저취법(低取法)** : 수국 · 덩굴장미 등과 같이 밑가지가 지표 가까이에서 많이 나오는 것이나 길고 휘청거리는 것은 박피나 칼자국을 낸 다음 땅에 묻거나 흙을 쌓으며, 발근 후 잘라낸다.

✵ 고취법 ✵

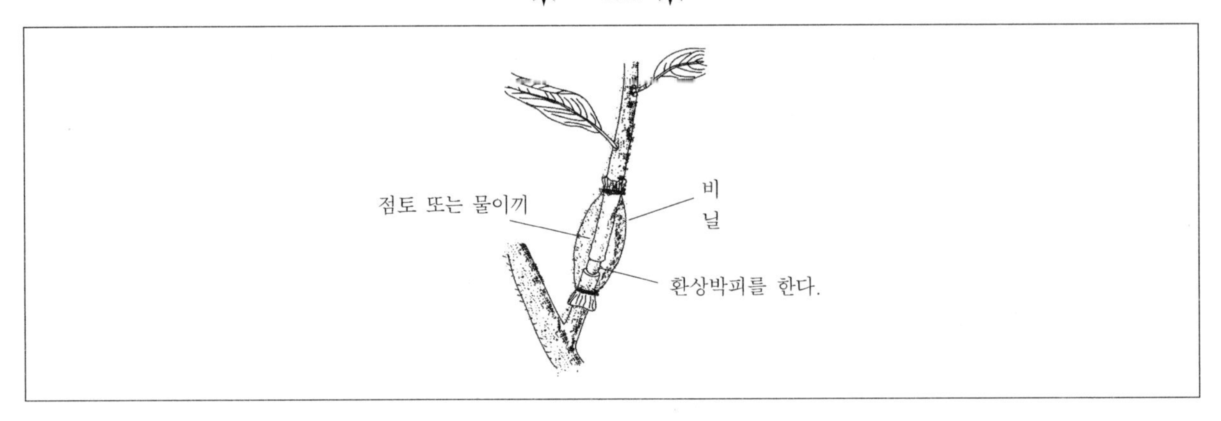

(3) 포기나누기(분주)

① **포기나누기의 개념** … 다년생 초본 및 관목류에 이용되는 영양번식법을 말하며, 분주(分株)라고도 한다.

② **포기나누기의 시기**

㉠ 꽃이 시든 직후

㉡ 봄에 눈이 트기 직전

㉢ 늦가을 잎이 물들 무렵

③ **방법**

㉠ **땅속줄기** : 2 ~ 3마디 이상 붙여서 분리한다.

㉡ **카틀레야, 텐드로비움, 에피데드럼, 온시리움 등** : 지면에 마디줄기가 있고 2 ~ 3마디를 붙여서 나눈다.

㉢ **대나무나 종려죽, 꽃창포, 만년청 등** : 1 ~ 2마디라도 좋다.

㉣ 포기나누기한 작은 알뿌리는 개화 전에 꽃자루를 따주어야 큰 알뿌리로 키울 수 있다.

(4) 접목(접붙이기)

① **접목의 개념** … 번식시키려는 식물체의 눈이나 가지를 잘라내어 뿌리가 있는 다른 나무에 붙여 키우는 것을 말한다.

② 접을 하는 가지나 눈 등을 접수(接穗), 접지(接枝) 또는 접순이라 한다.

③ 접수의 바탕이 되는 나무를 대목(臺木)이라 한다.

④ **접목의 종류** … 접수가 가지 · 눈 또는 새순인지에 따라 분류된다.

㉠ **가지접** : 가지를 잘라 대목에 접붙이는 방법에 따라 깎기접, 쪼개접, 복접(腹接), 혀접, 고접(高接)으로 세분된다.

㉡ **대목의 이동여부에 따른 분류** : 대목을 제자리에 두고 접붙이기를 하느냐, 뽑아서 장소를 옮겨 하느냐에 따라 분류된다.

• 제자리접 : 활착(活着)이 잘 되고 생육이 좋으나, 일의 능률이 떨어진다.
• 들접 : 활착(活着)률이 떨어지나, 일의 능률이 높다.

㉢ **합접** : 접붙이할 나무와 접가지가 비슷한 크기일 때 서로 비스듬히 깎아 맞붙이는 접목 방법

㉣ **호접** : 뿌리를 가진 접수와 대목을 접목하여 활착한 다음에는 접수 쪽의 뿌리 부분을 절단하는 접목법

㉤ **삽접** : 접본의 목질 부분과 껍질 사이에 접가지를 꽂아 넣는 접붙이기 방법

㉥ **핀접** : 세라믹이나 대나무 소재의 가는 핀을 꽂아 대목과 접수를 고정시켜 새로운 개체로 번식시키는 접목법

⑤ 접목의 장점

㉠ 어미나무(母樹)의 유전적 특성을 가지는 묘목을 일시에 대량으로 양성할 수 있다.

㉡ 결과연령을 앞당겨 주고 풍토적응성을 부여한다.

㉢ 병해충에 대한 저항성을 높여준다.

㉣ 대목의 선택에 따라 수세(樹勢)가 왜성화(矮性化)되기도 하고 교목이 되기도 한다.

㉤ 고접을 함으로써 노목(老木)의 품종갱신이 가능하다.

⑥ 접목방법

㉠ **깎기접** : 깎기접에 쓸 접수는 겨울 전정(剪定) 때 충실한 가지를 골라 그늘진 땅에 묻어 두었다가 쓰는 것이 활착에 좋다.

㉡ **눈접** : 눈접의 시기는 핵과류는 7월 하순부터, 사과 · 배는 8월 상순～9월 상순 사이에 한다. 핵과류는 늦으면 접붙이기 어렵다.

㉢ **순접**

• 순접은 6～7월에 실시하는데, 순접된 눈은 활착이 되면 곧 발아 · 신장한다.
• 보통 순접 후 15일이면 싹이 튼다.

✵ 접붙이기의 종류 ✵

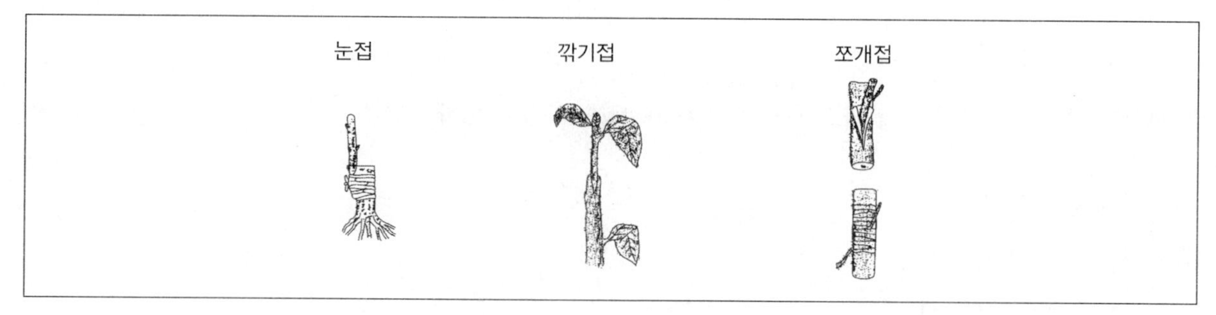

③ 발근 및 탈착 촉진법

(1) 라놀린(Lanolin) 도포

접목시 대목의 절단면에 라놀린을 바르면 증산이 경감되어 활착이 좋아진다.

(2) 환상박피(環狀剝皮)

취목을 할 때 발근 부위에 환상박피, 절상, 절곡 등의 처리를 하면 탄수화물이 축적되고 발근이 촉진된다.

(3) 자당액 침지

포도의 단아삽에서 6%의 자당액에 60시간 침지하면 발근이 조장된다.

(4) 황화(黃化)

새 가지의 일부에 흙을 덮거나 종이를 싸서 일광을 차단하여 엽록소의 형성을 억제하고 황화시킨다.

(5) 생장호르몬 처리

β-IBA, NAA 등의 생장호르몬을 처리한다.

④ 조직배양

(1) 조직배양의 의의

① 다세포생물의 개체로부터 무균적으로 조직편(組織片)을 떼내어 여기에 영양을 주고 유리용기 내에서 배양·증식시키는 일을 말한다.

② 배양법에는 커버글라스법, 플라스크법, 회전관법(回轉管法) 등이 있다.

(2) 조직배양의 이유

① 대량급속증식이 가능하다.

② 무병주 생산이 가능하다.

③ 육종에의 응용이 가능하다.

④ **2차 대사산물의 생산이 가능** … 식물은 생장, 발육 및 생식과정과 같이 생존에 필수적인 물질 이외에 수천 가지의 부수적인 천연산물을 생산하는데, 이를 식물의 2차 대사산물이라고 한다.

최근 기출문제 분석

2023. 4. 8. 인사혁신처 9급 시행

1 작물의 무병주를 얻기 위한 조직배양과 이용에 대한 설명으로 옳지 않은 것은?

① 유관속 조직이 미발달된 작물의 생장점을 이용하면 감염률이 낮아 유리하다.
② 조직배양한 바이러스 무병주를 포장에서 재배하면 재감염이 되므로 일정주기로 교체해야 한다.
③ 영양번식식물보다 종자번식식물에서 바이러스 문제가 심하기 때문에 더 많이 이용된다.
④ 기내에서 증식한 재료의 조직을 이용하면 페놀물질의 발생이 적어 무병주 확보에 유리하다.

TIP ③ 종자번식식물보다 영양번식식물에서 바이러스 문제가 심하기 때문에 더 많이 이용된다.

2022. 4. 2. 인사혁신처 9급 시행

2 작물의 이식재배에 대한 설명으로 옳지 않은 것은?

① 보온육묘를 하면 생육기간이 연장되어 증수를 기대할 수 있다.
② 본포에 전작물(前作物)이 있을 경우 전작물 수확 후 이식함으로써 경영 집약화가 가능하다.
③ 시비는 이식하기 전에 실시하며, 미숙퇴비는 작물의 뿌리에 접촉되지 않도록 주의해야 한다.
④ 묘상에 묻혔던 깊이로 이식하는 것이 원칙이나 건조지에서는 다소 얕게 심고, 습지에서는 다소 깊게 심는다.

TIP ④ 묘상에 묻혔던 깊이로 이식하는 것이 원칙이나 건조지에서는 다소 깊게 심고, 습지에서는 다소 얕게 심는다.

2021. 9. 11. 인사혁신처 7급 시행

3 접목의 이점에 대한 설명으로 옳지 않은 것은?

① 접목묘는 실생묘에 비하여 결과 연한이 단축된다.
② 온주밀감은 탱자나무 대목보다 유자나무를 대목으로 하면 착색과 감미가 좋아진다.
③ 감나무를 고욤나무에 접목하면 내한성(耐寒性)이 증대된다.
④ 호박 대목에 수박을 접목하면 만할병이 회피되거나 경감된다.

TIP ② 온주밀감은 탱자나무를 대목으로 사용한다. 탱자나무 대목이 착색과 감미가 좋아진다.

Answer 1.③ 2.① 3.②

2020. 7. 11. 인사혁신처 시행

4 **다음 ㈎와 ㈏에 해당하는 박과(Cucurbitaceae) 채소의 접목 방법을 바르게 연결한 것은?**

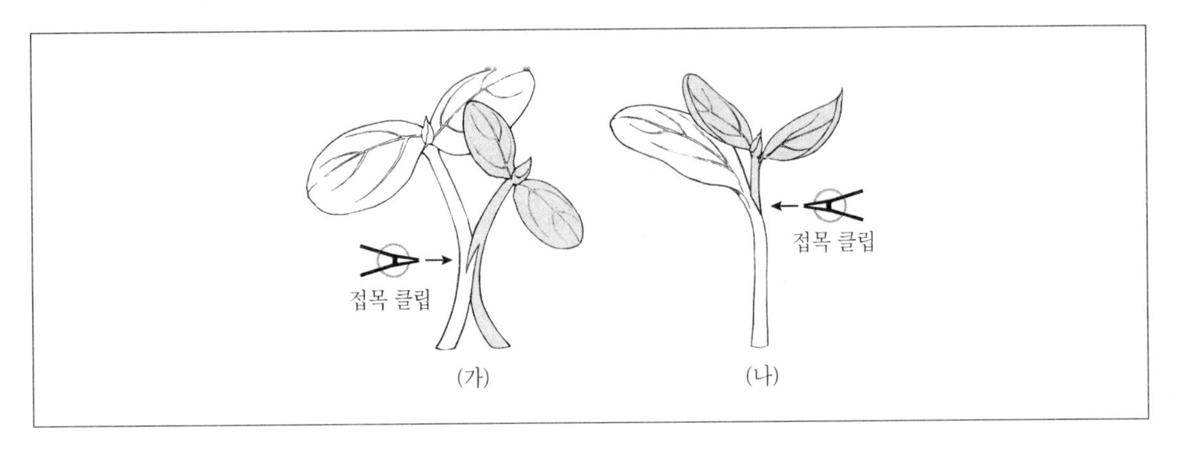

㈎	㈏
① 삽접	합접
② 호접	합접
③ 삽접	핀접
④ 호접	핀접

TIP ㈎ 호접: 접붙이할 나무와 접가지가 비슷한 크기일 때 서로 비스듬히 깍아 맞붙이는 접목 방법으로 접수를 하는 가지는 모수에 붙여둔 채 행하는 방법

㈏ 합접: 싹이 나올 무렵에 대목과 접수의 굵기가 같을 때 양자를 비스듬히 잘라서 서로 형성층을 합해서 묶고, 접수의 선단이 겨우 나올 정도로 흙을 덮는 방법

2019. 6. 15. 제1회 지방직 시행

5 **영양번식을 통해 얻을 수 있는 이점이 아닌 것은?**

① 종자번식이 어려운 작물의 번식수단이 된다.

② 우량한 유전특성을 쉽게 영속적으로 유지시킬 수 있다.

③ 종자번식보다 생육이 왕성할 수 있다.

④ 유전적 다양성을 확보할 수 있다.

TIP ④ 영양번식은 식물의 모체로부터 영양기관의 일부가 분리되어 독립적인 새로운 개체가 탄생되는 과정으로, 모체와 유전적으로 완전히 동일한 개체를 얻기 때문에 유전적 다양성을 확보할 수 없다.

Answer 4.② 5.④

2019. 6. 15. 제2회 서울특별시 시행

6 **작물의 영양번식에 관한 설명이 가장 옳은 것은?**

① 영양번식은 종자번식이 어려운 감자의 번식수단이 되지만 종자번식보다 생육이 억제된다.

② 성토법, 휘문이 등은 취목의 한 형태이며 삽목이나 접목이 어려운 종류의 번식에 이용된다.

③ 흡지에 뿌리가 달린 채로 분리하여 번식하는 분주는 늦은 봄 싹이 트고 나서 실시하는 것이 좋다.

④ 채소에서 토양전염병 발생을 억제하고 흡비력을 높이기 위해 주로 엽삽과 녹지삽과 같은 삽목을 한다.

TIP ① 영양번식은 종자번식보다 생육이 왕성하다.
③ 모주에서 발생하는 흡지를 뿌리가 달린 채로 분리하여 번식시키는 것을 분주라고 한다. 분주는 초봄 눈이 트기 전에 해주는 것이 좋다.
④ 채소에서 토양전염병 발생을 억제하고 흡비력을 높이기 위해 주로 엽삽과 녹지삽과 같은 접목을 한다.

2018. 4. 7. 인사혁신처 시행

7 **채소류에서 재래식 육묘와 비교한 공정육묘의 이점으로 옳은 것은?**

① 묘 소질이 향상되므로 육묘기간은 길어진다.

② 대량생산은 가능하나 연중 생산 횟수는 줄어든다.

③ 규모화는 가능하나 운반 및 취급은 불편하다.

④ 정식묘의 크기가 작아지므로 기계정식이 용이하다.

TIP ① 묘 소질이 향상되므로 육묘기간은 짧아진다.
② 대량생산이 가능하고 연중 생산이 가능하여 생산 횟수가 늘어난다.
③ 규모화가 가능하고 운반 및 취급이 편리하다.

2018. 6. 23. 제2회 서울특별시 시행

8 **삽목방법과 대상작물을 연결한 것으로 가장 옳지 않은 것은?**

① 엽삽 - 베고니아, 차나무

② 녹지삽 - 카네이션, 동백나무

③ 경지삽 - 펠라고늄, 무화과

④ 근삽 - 자두, 사과

TIP ③ 펠라고늄은 잎을 이용하는 삽목법인 엽삽을 하는 작물이다.

Answer 6.② 7.④ 8.③

2018. 6. 23. 제2회 서울특별시 시행

9 **고추 대목과 고추 접수를 각각 비스듬히 50-60° 각도로 자르고 그 자른 자리를 서로 밀착시킨 후 접목용 클립으로 고정하는 방법으로 경험이 있는 전업육묘자들이 가장 선호하는 접목방법은?**

① 호접
② 삽접
③ 핀접
④ 합접

TIP ④ 합접 : 접붙이할 나무와 접가지가 비슷한 크기일 때 서로 비스듬히 깎아 맞붙이는 접목 방법
① 호접 : 뿌리를 가진 접수와 대목을 접목하여 활착한 다음에는 접수 쪽의 뿌리 부분을 절단하는 접목법
② 삽접 : 접본의 목질 부분과 껍질 사이에 접가지를 꽂아 넣는 접붙이기 방법
③ 핀접 : 세라믹이나 대나무 소재의 가는 핀을 꽂아 대목과 접수를 고정시켜 새로운 개체로 번식시키는 접목법

2018. 6. 23. 제2회 서울특별시 시행

10 **6월 초순경에 국화의 삽수를 채취하여 번식하고자 할 경우 가장 옳지 않은 방법은?**

① 삽목 후 비닐 터널을 만들어 그늘에 둔다.
② 삽목 시 절단부위에 지베렐린 수용액을 묻혀 준다.
③ 삽목 시 절단부위에 아이비에이분제를 묻혀 준다.
④ 삽목 시 절단부위에 루톤분제를 묻혀 준다.

TIP ② 고온다습한 6~7월에는 삽목 중 부패하기 쉬우므로 벤레이트액에 30초간 침지하여 삽목한다.

2017. 6. 17. 제1회 지방직 시행

11 **육묘해서 이식재배할 때 나타나는 현상으로 옳지 않은 것은?**

① 벼는 육묘 시 생육이 조장되어 증수할 수 있다.
② 봄 결구배추를 보온육묘해서 이식하면 추대를 유도할 수 있다.
③ 과채류는 조기에 육묘해서 이식하면 수확기를 앞당길 수 있다.
④ 벼를 육묘이식하면 답리작이 가능하여 경지이용률을 높일 수 있다.

TIP ② 봄 결구배추를 보온육묘해서 이식하면 직파할 때 포장해서 냉온의 시기에 저온에 감응하여 추대하고 결구하지 못하는 현상을 방지할 수 있다.

Answer 9.④ 10.② 11.②

2017. 6. 17. 제1회 지방직 시행

12 **채소류의 접목육묘에 대한 설명으로 옳지 않은 것은?**

① 오이를 시설에서 연작할 경우 박이나 호박을 대목으로 이용하면 흰가루병을 방제할 수 있다.

② 핀접과 합접은 가지과 채소의 접목육묘에 이용된다.

③ 박과 채소는 접목육묘를 통해 저온, 고온 등 불량환경에 대한 내성이 증대된다.

④ 접목육묘한 박과 채소는 흡비력이 강해질 수 있다.

TIP ① 박과 채소류와 접목할 경우 흰가루병에 약해진다는 단점이 있다. 덩굴쪼김병 등을 방제할 수 있다.

2016. 8. 27. 인사혁신처 7급 시행

13 **접목의 이점과 관련된 내용으로 옳지 않은 것은?**

① 배와 감에서 접목묘는 실생묘에 비해 결과에 소요되는 연수가 단축된다.

② 사과나무를 파라다이스 대목에 접목하면 왜화하여 결과연령이 단축된다.

③ 채소류의 경우 접목을 하면 토양전염성 병 발생이 억제되고, 기형과 발생이 줄어들고 당도가 높아진다.

④ 온주밀감은 유자나무보다 탱자나무를 대목으로 하는 것이 과피가 매끄럽고, 성숙도 빠르다.

TIP ③ 채소류의 경우 접목을 하면 토양전염성 병 발생이 억제되고, 기형과 발생이 많아지고 당도가 떨어진다.

2010. 10. 17. 제3회 서울시 농촌지도사 시행

14 **양열온상에 대한 설명으로 가장 옳지 않은 것은?**

① 볏짚, 건초, 두엄 같은 탄수화물이 풍부한 발열재료를 사용한다.

② 물을 적게 주고 허술하게 밟으면 발열이 빨리 일어난다.

③ 발열에 적당한 발열재료의 C/N율은 30~40 정도이다.

④ 낙엽은 볏짚보다 C/N율이 더 낮다.

TIP ③ 발열에 적당한 발열재료의 C/N율은 20~30이다.

Answer 12.① 13.③ 14.③

2010. 10. 17. 지방직 7급 시행

15 박과 채소류 접목육묘의 특성으로 옳은 것만을 모두 고르면?

> ㉠ 흡비력이 상해진다.
> ㉡ 기형과 발생이 감소한다.
> ㉢ 토양전염성 병 발생이 억제된다.
> ㉣ 과습에 약하다.

① ㉠, ㉡ ② ㉠, ㉢

③ ㉡, ㉣ ④ ㉢, ㉣

TIP ㉡ 접목 부위의 부적합이나 생리적 불균형 등으로 기형과 발생이 증가할 수 있다.
㉣ 접목을 통해 과습에 대한 저항성이 증가한다.

Answer 15.②

출제 예상 문제

1 **조직배양에 대한 설명으로 옳지 않은 것은?**

① 다세포 생물의 개체로부터 무균적으로 조직편을 떼어내어 영양을 주고 유리용기 내에서 배양시키는 일이다.
② 바이러스에 감염되지 않는 새로운 개체를 육성할 수 있다.
③ 번식이 어려운 관상식물을 대량증식시킬 경우 기간이 길어진다.
④ 독성 및 방사능에 대한 감수성을 검정할 수 있다.

TIP ③ 번식이 어려운 관상식물을 단시일 내 대량급속 증식시킬 수 있다.

2 **조직배양으로 많이 번식하는 것은?**

① 팬지
② 장미
③ 카네이션
④ 고구마

TIP 조직배양번식 … 카네이션, 감자, 난, 딸기, 마늘, 국화, 과수 등에 이용한다.

3 **약배양의 가장 큰 장점은?**

① 대량증식
② 신개체 육성
③ 육종기간 단축
④ 바이러스에 감염되지 않은 무병주 생산

TIP 약배양
㉠ 약배양의 이용 : 꽃밥(약)을 이용하는 약배양은 새로운 개체의 분리육성이나 육종기간 단축에 이용된다.
㉡ 약배양 육종법 : 약배양으로 반수체를 얻어 염색체를 배가하는 방법으로, 순계를 만들고 순계간 비교로 우수 순계를 획득하는 방법이다.

Answer 1.③ 2.③ 3.③

4 접목을 하면 변이가 유리한 것이 있는데 이와 관계없는 것은?

① 결과(結果)의 촉진
② 풍토 적응성
③ 수령의 연장
④ 병충해 저항성

TIP 접목의 이점
㉠ 수세 회복
㉡ 결과 향상
㉢ 병충해 저항성의 증대
㉣ 풍토 적응성 증대
㉤ 수세 조절
㉥ 결과 촉진 등

5 묘포지 선정기준에 대한 설명으로 옳은 것은?

① 위치, 기후, 토양, 수리 등과는 관계없다.
② 조림지와 멀수록 좋다.
③ 기후의 변화가 적어야 한다.
④ 경사지지 않고 평탄해야 한다.

TIP 묘포지 선정기준
㉠ 위치, 기후, 토양, 수리(水利), 지형 및 노동력의 공급상황 등을 고려하여야 한다.
㉡ 교통이 편리하고 가급적 조림지에 가까워야 한다.
㉢ 기후의 변화가 적고 따뜻하며, 묘목의 생육기간이 길어야 한다.
㉣ 토양이 비옥하고 물리적 성질이 양호해야 한다.
㉤ 관수 및 배수가 편리해야 한다.
㉥ 약간 경사지고 북동, 북서, 남서의 3면이 막힌 곳이어야 한다.
㉦ 계절에 관계없이 노동력 공급이 쉬워야 한다.

6 영양생식에 대한 설명 중 옳지 않은 것은?

① 모체와 다른 유전형질을 전달한다.
② 결실을 빠르게 한다(과수).
③ 품질을 좋게 한다(과수).
④ 조숙화시킨다(과수, 화훼).

TIP ① 영양생식은 모체와 같은 유전형질을 전달한다.

Answer 4.③ 5.③ 6.①

7 **휘묻이에 관한 설명으로 옳지 않은 것은?**

① 식물의 일부를 어미그루에 달린 채 발근(發根)을 시킨 다음 잘라내어 새로운 독립된 개체를 만드는 번식법이다.

② 작업이 쉽고도 확실하다.

③ 품종의 특성을 완전히 이어받을 수 있다.

④ 대량생산이 가능하다.

TIP 휘묻이

㉠ 대량생산이 곤란하다.
㉡ 마음에 드는 포기를 늘릴 수 있다.
㉢ 돌보지 않고 포기의 갱신을 꾀할 수 있다.
㉣ 씨앗으로 기르는 것보다 생육이 빠르다.
㉤ 한번에 많은 포기를 만들 수 있다.

8 **다음은 묘상 중 노지상(露地床)에 대한 설명이다. 옳지 않은 것은?**

① 자연적인 조건에서 모를 기르는 것을 말한다.

② 각종 채소, 화훼류와 벼 등의 육묘에 많이 이용된다.

③ 맨땅못자리에 해당한다.

④ 지상(地床)으로 하는 경우가 대부분이다.

TIP 노지상(露地床)

㉠ 자연적인 조건에서 모를 기르는 것을 말한다.
㉡ 각종 채소, 화훼류와 벼 등의 육묘에 많이 이용된다.
㉢ 맨땅못자리에 해당하며, 가장 널리 이용되고 있는 형태이다.
㉣ 평상이나 양상으로 하는 경우가 많다.

Answer 7.④ 8.④

9 **다음 중 접목에 대한 설명으로 옳지 않은 것은?**

① 들접은 활착률이 떨어지나 일의 능률이 높다.
② 병해충에 대한 저항성이 낮은 단점이 있다.
③ 접수의 바탕이 되는 나무를 대목이라 한다.
④ 깎기접이 가장 많이 이용된다.

TIP 접목의 장점
㉠ 어미나무(母樹)의 유전적 특성을 가지는 묘목을 일시에 대량으로 양성할 수 있다.
㉡ 결과연령을 앞당겨 준다.
㉢ 풍토에 적응시켜 준다.
㉣ 병해충에 대한 저항성을 높여 준다.
㉤ 대목의 선택에 따라 수세(樹勢)가 왜성화(矮性化)되기도 하고 교목이 되기도 한다.
㉥ 고접을 함으로써 노목(老木)의 품종갱신이 가능하다.

Answer 9.②

04 정지, 파종, 이식

01 정지

❶ 정지의 개요

(1) 정지(整地)의 의의

① **정지의 개념** … 작물을 재배하는 데 있어서 작물의 발아와 생육에 적당한 상태를 만들기 위하여 파종 또는 이식 전에 토양조건을 개량 · 정비하는 작업을 말한다.

② **간이정지법**(簡易整地法) … 추수가 늦어지거나 급격한 추위가 닥쳐와 정상적인 정지작업의 과정을 다 밟으면 보리, 마늘, 유채 등과 같은 월동작물의 파종이 늦어지게 된다. 이런 경우, 부득이 정지작업의 과정 일부를 생략하고 파종하게 되는데, 이러한 정지작업을 간이정지법이라 한다.

(2) 경기(耕起)

① **경기의 개념** … 작토(作土)를 갈아 일으켜 큰 흙덩이를 대강 부스러뜨리는 작업을 말하며, 정지작업의 제1단계이다.

② 경기의 효과

㉠ 토양이 팽연다공질(膨軟多孔質)로 되어 물리적 상태와 통기성이 좋아지므로 유기물의 분해가 촉진된다.
㉡ 잡초발생이 억제되고 해충이 구제된다.
㉢ 토양미생물의 활동이 조장되어 유기물의 분해가 촉진되므로 유효태 비료성분이 증가한다.

③ 경기의 시기

㉠ 일반적으로 파종 · 이식에 앞서서 경기가 이루어진다.
㉡ 하경은 늦은 봄부터 초가을까지에 하는 경기이고, 춘경과 추경은 봄에 일찍 심는 작물을 위해서 하는 경기이다.
㉢ 경기하는 시기는 대체로 춘경(春耕), 하경(夏耕), 추경(秋耕)으로 크게 나뉜다.

㉣ 동기휴한(冬期休閑)하는 경우에는 추경(秋耕)을 해두는 것이 유리하다.

㉤ 토양이 습하고 유기물의 함량이 많을 경우에는 추경을 하는 것이 유리하다.

④ 경기의 깊이

㉠ 근군(根群)의 발달이 작은 작물에 대해서는 천경(淺耕 : 10cm 미만)을 해도 좋으나, 대부분의 작물에 대해서는 심경(深耕)을 하는 것이 좋다.

㉡ 심경을 하면 심토가 작토 내에 섞여 작물생육에 불리하게 되므로 유기질 비료를 많이 시비해야 한다.

㉢ 심경은 서서히 경심(耕深)을 늘리고 유기질 비료도 증시하여 점차적으로 작토를 깊게 만드는 것이 좋다.

㉣ 누수가 심한 사력토(砂礫土)나 벼의 만식재배는 오히려 심경이 안 좋다.

⑤ 불경기 재배

㉠ 불경기 재배의 개념 : 경기를 하지 않고 재배하는 것을 말한다.

㉡ 부정지파 : 답리작으로 보리 · 밀 등을 재배할 때에는 종자가 뿌려지는 논바닥을 전혀 경기하지 않고 파종 · 복토하는 방법이다.

㉢ 제경법 : 경사가 심한 곳에 초지를 조성할 때에는 방목을 심하게 하여 잡초를 없애고 목초 종자를 파종한 다음 다시 방목을 하여 답압시켜 목초의 발아를 유도한다.

❷ 작휴와 쇄토

(1) 작휴(作畦)

① 작휴의 의의

㉠ 작휴의 개념 : 경기를 한 후에 흙덩이를 부수고 밭을 고른 다음 이랑이나 고랑을 만드는 것을 말한다.

㉡ 이랑과 고랑

- 이랑(畦) : 작물이 심긴 부분과 심기지 않은 부분이 규칙적으로 반복될 때 반복되는 한 단위를 말한다.
- 고랑 : 이랑이 평평하지 않고 기복이 있을 때는 융기부를 이랑, 함몰부를 고랑이라고 한다.

✲ 이랑의 단면도 ✲

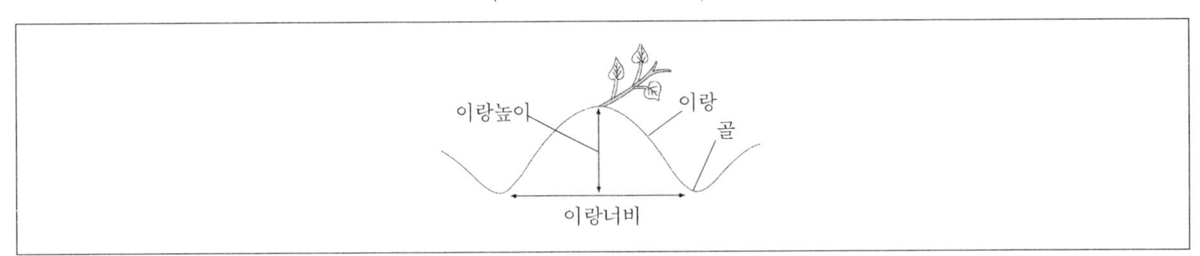

② 작휴의 종류

㉠ 성휴법(盛畦法)

- 이랑을 보통보다 넓게 만드는 방법이다.
- 4줄로 콩을 점파하며 네가웃지기 이랑이라고도 불린다.
- 이랑너비는 1.2m 정도이고 이랑과 이랑 사이에는 30cm 정도의 깊은 도랑이 있어 통로와 배수로의 역할을 한다.
- 파종이 편리하며 생육 초기의 건조해와 장마철 습해의 방제효과가 있다.

㉡ 휴립법(畦立法) : 이랑을 세우고 고랑을 낮추는 방법이다.

- 휴립구파법(畦立構播法)
  - 이랑을 세우고 낮은 골에 파종한다.
  - 중북부 지방의 맥류재배의 경우 한해와 동해를 방지할 목적으로 실시된다.
- 휴립휴파법(畦立畦播法)
  - 이랑을 세우고 이랑에 파종한다.
  - 토양통기와 배수가 좋다.
- 벼의 이랑재배
  - 습답이나 간척지에서 이랑을 세우고 벼를 파종한다.
  - 지온이 높아지고 토양 통기성이 좋아진다.

㉢ 평휴법(平畦法)

- 이랑을 갈아서 평평하게 하여 이랑과 고랑의 높이가 같아지도록 하는 것을 말한다.
- 건조해와 습해가 동시에 완화되어 밭벼 · 채소 등의 재배에 이용된다.

(2) 쇄토

① **쇄토의 개념** … 갈아 일으킨 흙덩이를 곱게 부수고 지면을 평평하게 고르는 작업을 말한다.

② **써레질** … 논에서는 경기한 다음 물을 대서 토양을 연하게 하여 비료를 주고 써레로 흙덩이를 곱게 부수는 작업을 말한다.

02 파종

❶ 파종시기

(1) 파종시기

① **작물의 생리상 적기** … 토양의 기후조건, 작물의 특성 등

② **실제 재배상의 시기** … 경영상의 노동력, 수확물의 가격변동, 재해의 회피 등

(2) 파종시기 결정요인

① **노동력** … 적기에 파종하기 위한 기계화 생력재배가 필요하다.

② **출하기** … 시장상황에 따라 더 높은 가격을 받기 위해 출하기를 조절한다.

③ **토양조건** … 토양의 과건 · 과습은 파종을 지연시킨다.

④ **재해회피**

㉠ 냉 · 풍해 방지를 위해서는 벼를 조파 · 조식한다.

㉡ 봄채소는 한해를 막기 위해 조파한다.

⑤ **작부체계**

㉠ 벼 1모작시에는 5월 중순 ~ 6월 상순에 이앙한다.

㉡ 벼를 맥류와 2모작 할 때는 6월 하순 ~ 7월 상순에 이앙한다.

> **TIP**
>
> **작부체계의 발전방향**
>
> 식량생산증대를 위한 벼-맥류의 2모작 작부체계는 벼의 본답생육 기간을 140 ~ 150일이 확보되도록 남부평야지대에 제한하고, 맥류 수확이 5월 말에 이루어지도록 맥류 조숙성 품종개발과 재배기술을 개발해야 한다.

⑥ **재배지역** … 감자는 평지에서는 이른 봄에, 고랭지에서는 늦봄에 파종한다.

⑦ **작물의 품종**

㉠ 추파성 정도가 높은 품종은 조파(早播)한다.

㉡ 추파성 정도가 낮은 품종은 만파(晩播)한다.

⑧ **작물의 종류** … 여름작물이어도 낮은 온도에 견디는 춘파맥류는 초봄에 파종하나 생육온도가 높은 옥수수는 늦봄에 파종한다.

❷ 파종량

(1) 파종량의 의의

파종량이 많을 경우 작물이 과도한 번무를 함으로써 수광상태가 나빠지고 식물이 약해져서 도복 · 병충해 · 한해가 유발되고 수량 및 품질이 떨어진다.

(2) 파종량 결정요인

① 재배지역

㉠ 맥류는 남부보다 중부에서 파종량을 늘린다.

㉡ 감자는 산간지보다 평야지에서 파종량을 늘린다.

② 재배법

㉠ 맥류의 경우, 조파할 때보다 산파할 때 파종량을 늘린다.

㉡ 콩, 조 등에서는 단작할 때보다 맥후작할 때 파종량을 늘린다.

③ 기후 … 일반적으로 한지에서는 난지보다 발아율이 낮고 개체의 발육도가 낮기 때문에 파종량을 늘린다.

④ 종자의 조건 … 경실이 많이 포함된 것, 종자의 저장조건이 나빠서 발아력이 감퇴한 것, 병충해를 입은 것, 쭉정이나 협잡물이 많이 섞인 것, 저장기간이 오래된 것 등은 파종량을 늘린다.

⑤ 파종기 … 일반적으로 파종기가 늦어질수록 모든 작물이 개체의 발육도가 작아지므로 파종량을 늘린다.

⑥ 토양 및 시비 … 땅이 척박하거나 시비량이 적을 경우에는 파종량을 늘린다.

⑦ 작물의 품종

㉠ 같은 작물이라도 품종에 따라 종자의 크기가 다르므로 파종량을 달리하여야 한다.

㉡ 생육이 왕성한 품종은 적게 파종하고 그렇지 못한 품종은 많이 파종한다.

⑧ 작물의 종류

㉠ 작물의 종류에 따라서 종자의 크기가 다르기 때문에 재식밀도와 파종량은 달라져야 한다.

㉡ 주요 작물의 10a당 파종량

작물	파종량	작물	파종량
콩	3 ~ 10kg	오이	5.5 ~ 7.5dl
팥	3 ~ 4kg	토마토	2.0 ~ 2.4dl
옥수수	2 ~ 3kg	목화	5.5 ~ 7.5kg
고구마	75 ~ 100kg	유채	0.5 ~ 1.5kg
벼	4 ~ 8kg	배추	0.7 ~ 2dl
보리밀	15 ~ 18kg	씨감자	150kg
녹두	1.6 ~ 2.5kg	땅콩	6 ~ 12kg
고추	1 ~ 3dl	참깨	0.3 ~ 0.6kg
무	1 ~ 2l	가지	1.8dl

❸ 파종양식

(1) 적파(摘播)

① 일정간격을 두고 여러 개의 종자를 한 곳에 파종하는 방법이다.

② 점파의 변형으로 조파나 산파보다는 노력이 많이 든다.

③ 수분, 비료분, 수광, 통풍 등이 좋아서 생육이 좋다.

④ 개체가 평면으로 좁게 퍼지는 작물에서 사용된다(목초, 맥류, 결구배추 등).

(2) 점파(點播)

① 일정한 간격을 두고 하나에서 여러 개의 종자를 띄엄띄엄 파종하는 방법이다.

② 개체가 평면공간으로 널리 퍼지는 작물에서 사용된다(두류, 감자 등).

③ 통풍 및 통광이 좋고 개체간 거리간격이 조절되어 생육이 좋다.

(3) 조파(條播)

① 뿌림골을 만들고(작조) 종자를 줄지어 뿌리는 방법이다.

② 골 사이가 비어 있어서 수분과 양분의 공급이 원활하다.

③ 맥류처럼 공간을 많이 차지하지 않는 작물에 사용된다.

④ 통풍 및 통광이 좋고 관리작업이 간편하며 생장이 고르다.

(4) 산파(散播)

① 포장 전면에 종자를 흩어 뿌리는 방법이다.

② 노력은 적게 드나 종자가 많이 들고 균일하게 파종하기 어렵다.

③ 중경 제초 등의 관리가 불편하다.

④ 통풍 및 통광이 나쁘다.

❹ 파종절차

(1) 작조

① 파종할 때 종자를 뿌리는 골을 만드는 것을 말한다.

② 점파에서는 작조 대신 구덩이를 만들어 뿌리기도 한다.

③ 산파, 부정지파에서는 작조를 하지 않는다.

(2) 간토

① 종자가 직접 비료에 닿으면 유아나 유근이 상하게 된다.

② 비료를 뿌린 후 약간의 흙을 넣어 종자가 비료에 직접 닿지 않게 한다.

(3) 복토

① 종자를 뿌린 후 발아에 필요한 수분을 보전하고 조수(鳥獸)의 해를 방지하기 위해 흙으로 덮는 것을 말한다. 복토는 비, 바람에 종자가 이동되는 것을 막는 구실도 한다.

② **복토의 깊이**
   - ㉠ 몹시 춥거나 더울 때에는 약간 깊게 복토를 한다.
   - ㉡ 대체로 복토가 두꺼우면 발아에 필요한 산소가 부족하여 발아가 불량하게 되고, 새싹이 지상에 나타날 때까지 에너지를 많이 필요로 하므로 생육이 불량하게 된다.
   - ㉢ 일반적 표준은 뿌린 종자 지름의 3배이다.

③ **종자의 크기**
   - ㉠ 소립의 종자는 얕게 복토한다.
   - ㉡ 대립의 종자는 깊게 복토한다.

④ **발아 습성** … 호광성 종자는 파종 후 복토를 하지 않거나, 복토를 해도 얕게 한다.

⑤ 토질

㉠ 중점토에서는 얕게 하고 경토에서는 깊게 한다.

㉡ 토양이 습윤한 경우에는 얕게 하고 건조할 경우에는 깊게 해서 공기의 유통 및 수분공급을 원활하게 한다.

⑥ 온도

㉠ 저온이나 고온에서는 깊게 복토를 한다.

㉡ 적온에서는 얕게 한다.

주요 작물의 복토의 깊이

복토의 깊이	작물명
종자가 보이지 않을 정도	화본과와 콩과목초의 소립 종자, 유채, 상추, 양파, 당근, 파 등
5～10mm	차조기, 오이, 순무, 양배추, 가지, 토마토, 고추, 배추 등
15～20	시금치, 수박, 무, 기장, 조, 수수, 호박 등
25～30	귀리, 호밀, 밀, 보리, 아네모네 등
30～45	강낭콩, 콩, 완두, 팥, 옥수수 등
50～90	생강, 크로커스, 감자, 토란, 글라디올러스 등
100mm 이상	나리, 수선, 튤립, 히야신스 등

(4) 진압(鎭壓)

① 진압의 개요 … 파종을 하고 복토의 전이나 후에 종자 위를 가압하는 것을 말한다.

② 진압의 효과

㉠ 풍해 위험지역에서는 토양 입자의 비산을 방지한다.

㉡ 굵은 흙덩이를 잘게 부수어 평평하게 한다.

㉢ 종자와 토양을 밀착시켜 수분상승을 유도하여 발아를 촉진시킨다.

03 이식

❶ 이식의 의의와 이식시기

(1) 이식(移植)의 의의

① 식물을 다른 장소에 옮겨 정상적으로 생장시키는 일을 말한다.

② 정식(定植) … 수확을 할 때까지 그대로 둘 장소에 옮겨 심는 것을 말한다.

③ 이앙 … 벼농사에서 이식을 부르는 말이다.

④ 가식(假植) … 정식할 때까지 잠시동안 이식해 두는 것이다.
- ㉠ 재해 방지
- ㉡ 활착 증진
- ㉢ 묘상의 절약

⑤ 가식상(假植床) … 가식해 두는 곳을 말한다.

(2) 이식의 장점과 단점

① 장점
- ㉠ 본포에 전작물이 있을 경우, 묘상 등에서 모를 양성하여 전작물의 수확이나 전작물 사이에 정식함으로써 농업을 보다 집약적으로 할 수 있다.
- ㉡ 육묘 중에 가식을 하면 뿌리가 절단되어 새로운 세근이 밀생해서 근군이 충실해지므로 정식시에 활착을 빠르게 할 수 있다.
- ㉢ 채소의 경우 경엽의 도장이 억제되고 생육이 양호하여 숙기를 빠르게 하고 양배추, 상추 등에서는 결구(結球)를 촉진한다.

② 단점
- ㉠ 벼의 경우 한랭지에서 이앙재배를 하면 생육이 늦어지고 냉해로 인해 임실이 불량해진다.
- ㉡ 참외, 수박, 목화 등의 뿌리가 끊기는 것은 매우 안 좋다.
- ㉢ 당근, 무와 같이 직근을 가진 것을 어릴 때 이식하면 뿌리가 손상되어 근계발육이 저하된다.

(3) 이식시기

① 토양수분이 넉넉하고 바람이 없으며 흐린 날에 이식한다.

② 동상해의 우려가 없는 시기에 이식한다.

③ 다년생 목본식물은 싹이 움트기 이전인 이른 봄과 낙엽이 진 뒤에 이식하는 것이 좋다.

❷ 이식 · 이앙의 양식과 이식방법

(1) 이식의 양식

① **조식(條植)** … 골에 줄지어 이식한다(파, 맥류 등).

② **점식(點植)** … 포기를 일정한 간격을 띄우고 점점이 이식한다(콩, 수수, 조 등).

③ **혈식(穴植)** … 그루 사이를 많이 띄워서 구덩이를 파고 이식한다(양배추, 토마토, 오이, 호박 등).

④ **난식(亂植)** … 일정한 질서없이 점점이 이식한다(들깨, 조 등).

(2) 이앙의 양식

① **난식(亂植, 막모)**

㉠ 줄을 띄우지 않고 눈어림으로 이식한다.

㉡ 노력은 적게 드는 반면, 제포기수를 심지 못하여 대체로 감수되며, 관리작업이 불편하다.

② **정조식(正條植, 줄모)**

㉠ 모내기할 때 포기 사이와 줄 사이의 거리를 똑같이 하여 심는 방법을 말한다.

㉡ 노력이 많이 드는 반면, 예정 포기수가 정확히 심어지고, 생육간격이 균일하며 통수성과 통기성이 좋아진다.

㉢ 관리작업이 편하고 수확량이 늘어난다.

㉣ 종류

- 직사각형식
  - 포기 사이는 좁고 줄 사이를 넓게 심는 방법이다.
  - 줄 사이가 넓어 관리가 용이하고, 통기성과 수광이 좋으며 수온도 높아지는 장점이 있다.
- 정사각형식
  - 줄 사이와 포기 사이가 거의 같아서 정사각형식으로 심는 방법이다.
  - 초기에 재식밀도가 낮아 초기 생육이 억제되나, 후기에 재식밀도가 높아서 생육이 억제된다.
  - 비옥답, 다비, 평야지, 소식, 수수형 품종 등에 적응하는 이앙방식이다.

③ 병목식(竝木埴)

㉠ 줄 사이는 넓고 포기 사이를 매우 좁게 심는 방법이다.

㉡ 초기 생육이 억제되고 후기 생육이 조장되며, 수광과 통풍성이 매우 좋아진다.

㉢ 다비밀식해서 증수를 해야 할 때 이용된다.

(3) 이식방법

① 이식간격 … 작물의 생육습성에 따라 결정되며, 그 외 파종량을 지배하는 조건들에 의해 달라진다.

② 이식 준비

㉠ 이식을 하면 식물체는 시들고 활착이 나쁘게 된다. 따라서 잎에 증산 억제제인 OED 유액을 1 ~ 3%로 만들어 살포하거나 가지나 잎의 일부를 전정한다.

㉡ 활착하기 힘든 것은 미리 뿌리돌림을 하여 좁은 범위 내에서 세근을 밀생시켜 이식한다.

㉢ 모는 경화시킨 것을 뿌리의 절단이나 손상이 최소한이 되도록 한다.

③ 본포 준비

㉠ 정지를 잘 한다.

㉡ 비료는 이식하기 전에 사용한다.

㉢ 퇴비와 금비를 기비로 시용할 때는 비료가 흙과 잘 섞이도록 한다.

㉣ 미숙 퇴비는 작물의 뿌리에 접촉하지 않도록 한다.

④ 이식

㉠ 표토를 안에 넣고 심토를 겉으로 덮는다.

㉡ 묘상에서 묻혔던 깊이로 이식하는 것이 원칙이지만, 건조지에서는 더 깊게, 습윤지에서는 더 얕게 심는다.

⑤ 이식 후 관리

㉠ 이식물이 쓰러질 우려가 있을 경우는 지주를 세워준다.

㉡ 건조가 심할 경우 토양과 작물을 피복하며, 매우 심할 경우 식물체에게 볕가림을 해준다.

㉢ 토양입자와 뿌리가 잘 밀착되게 진압하고 충분히 관수한다.

최근 기출문제 분석

2024. 6. 22. 제1회 지방직 9급 시행

1 종자를 토양에 밀착시켜 흡수가 잘 되도록 하여 발아를 조장하는 작업은?

① 시비 ② 이식

③ 진압 ④ 경운

TIP 진압 … 종자의 출아를 빠르고 균일하게 하기 위해 파종 전후에 인력 또는 기계로 토양을 눌러주거나 다져주는 작업
㉣ 기지현상 감소

2023. 9. 23. 인사혁신처 7급 시행

2 이식에 대한 설명으로 옳지 않은 것은?

① 벼는 한랭지에서 이앙재배하면 착근까지 장시간이 걸려 생육이 지연되고 임실이 불량해지기 쉽다.

② 양배추는 이식을 하면, 경엽이 도장되고 생육이 불량하여 결구를 지연시킨다.

③ 수박과 참외는 뿌리가 잘리면 매우 해로우므로 부득이 이식하는 경우, 플라스틱 포트 등에 분파(盆播)하여 육묘한다.

④ 무, 당근, 우엉과 같이 직근을 가진 작물은 어릴 때 이식하여 뿌리가 손상되면 근계의 발육에 나쁜 영향을 미친다.

TIP ② 양배추는 이식 후에도 비교적 잘 자라게 되어 도장이나 생육 불량으로 결구가 지연되는 경우는 드물다. 양배추는 이식에 용이한 식물 중에 하나이다.

2023. 9. 23. 인사혁신처 7급 시행

3 정지 및 파종에 대한 설명으로 옳지 않은 것은?

① 토양이 건조할 때 진압을 통해 종자의 흡수를 조장하여 발아를 향상시킬 수 있다.

② 논에서 비료 시용 후, 써레질은 전층시비의 효과가 있다.

③ 맥류는 조파보다 산파 시, 콩은 단작보다 맥후작에서 파종량을 늘린다.

④ 겨울철이나 봄철에 강우량이 적으면 추경에 의한 건토효과는 현저히 줄어든다.

TIP ④ 강우량이 적은 상황에 추경으로 건토효과를 줄이기는 어렵다. 강우량이 적어 토양 수분 보유량이 부족하고 추경 효과의 한계 등으로 건토효과가 현저히 줄어들지 않는다.

Answer 1.③ 2.② 3.④

2023. 6. 10. 제1회 지방직 9급 시행

4 작물의 파종량과 파종 시기에 대한 설명으로 옳지 않은 것은?

① 맥류는 녹비용보다 채종용으로 재배할 때 파종량을 늘린다.
② 콩의 경우 단작에 비해 맥후작으로 심을 때는 늦게 심는다.
③ 추파성이 낮은 맥류 품종은 다소 늦게 파종하는 것이 좋다.
④ 파종 시기가 늦을수록 대체로 발육이 부실하므로 파종량을 늘린다.

TIP ① 녹비용 재배는 채종용보다 파종량을 늘린다.

2021. 6. 5. 제1회 지방직 9급 시행

5 작휴방법별 특징을 기술한 것으로 옳은 것은?

① 평휴법으로 재배 시 건조해와 습해 발생의 우려가 커진다.
② 휴립구파법은 맥류 재배 시 한해(旱害)와 동해를 방지할 목적으로 이용된다.
③ 휴립휴파법으로 재배 시 토양통기와 배수가 불량해진다.
④ 성휴법으로 맥류 답리작 산파 재배 시 생장은 촉진되나 파종 노력이 많이 든다.

TIP ① 평휴법으로 재배 시 건조해와 습해가 동시에 완화된다.
③ 휴립휴파법으로 재배 시 토양통기와 배수가 좋아진다.
④ 성휴법으로 맥류 답리작 산파 재배 시 파종이 편리하다.

2019. 6. 15. 제1회 지방직 시행

6 이식의 이점에 대한 설명으로 옳지 않은 것은?

① 가식은 새로운 잔뿌리의 밀생을 유도하여 정식 시 활착을 빠르게 하는 효과가 있다.
② 채소는 경엽의 도장이 억제되고, 숙기를 늦추며, 상추의 결구를 지연한다.
③ 보온육묘를 통해 초기생육의 촉진 및 생육기간의 연장이 가능하다.
④ 후작물일 경우 앞작물과의 생육시기 조절로 경영을 집약화 할 수 있다.

TIP ② 채소는 이식으로 인한 단근(뿌리끊김)으로 경엽의 도장이 억제되고, 일부 채소에서는 숙기를 앞당기며, 상추의 결구를 촉진한다.

Answer 4.① 5.② 6.②

2018. 5. 19. 제1회 지방직 시행

7 **이식의 효과에 대한 설명으로 옳지 않은 것은?**

① 토지이용효율을 증대시켜 농업 경영을 집약화할 수 있다.
② 채소는 경엽의 도장이 억제되고 생육이 양호해져 숙기가 빨라진다.
③ 육묘과정에서 가식 후 정식하면 새로운 잔뿌리가 밀생하여 활착이 촉진된다.
④ 당근 같은 직근계 채소는 어릴 때 이식하면 정식 후 근계의 발육이 좋아진다.

TIP ④ 당근 같은 직근계 채소는 어릴 때 이식하면 정식 후 근계의 발육이 나빠진다.

2018. 6. 23. 제2회 서울특별시 시행

8 **파종 후 흙덮기(또는 복토)를 종자가 보이지 않을 정도로만 하는 작물끼리 짝지은 것으로 가장 옳은 것은?**

① 파, 담배, 양파, 상추
② 보리, 밀, 귀리, 호밀
③ 토마토, 고추, 가지, 오이
④ 수수, 무, 수박, 호박

TIP ① 파, 담배, 상추는 빛이 있어야 발아가 잘 되는 호광성 종자이다. 양파는 복토두께가 두꺼우면 발아소요 일수가 많이 걸리고 발아율도 떨어진다.
※ 발아에 빛의 유무가 영향을 미치는 종자로 호광성 종자와 혐광성 종자가 있다. 빛이 있어야 발아가 쉬운 호광성 종자에는 상추, 파, 당근, 유채, 담배, 뽕나무, 베고니아 등이 있고 빛이 없어야 발아가 쉬운 혐광성 종자로는 토마토, 가지, 호박, 오이 등이 있다.

2017. 8. 26. 인사혁신처 7급 시행

9 **파종관리에 대한 설명으로 옳지 않은 것은?**

① 감자는 평야지보다 산간지에서 파종량을 늘리는 것이 좋다.
② 벼는 풍해나 냉해를 회피하기 위하여 조파조식하는 것이 좋다.
③ 같은 품종이라도 감자는 평지에서 이른 봄에 파종하지만 고랭지에서는 늦봄에 파종하는 것이 좋다.
④ 추파맥류에서 추파성이 높은 품종은 조파하는 것이 좋고, 추파성이 낮은 품종은 만파하는 것이 좋다.

TIP ① 감자는 산간지보다 평야지에서 개체의 발육도가 낮아지므로 산간지보다 평야지에서 파종량을 늘리는 것이 좋다.

Answer 7.④ 8.① 9.①

2017. 6. 17. 제1회 지방직 시행

10 **작물종자의 파종에 대한 설명으로 옳지 않은 것은?**

① 추파하는 경우 만파에 대한 적응성은 호밀이 쌀보리보다 높다.

② 상추 종자는 무 종자보다 더 깊이 복토해야 한다.

③ 우리나라 북부지역에서는 감온형인 올콩(하대두형)을 조파(早播)한다.

④ 맥류 종자를 적파(摘播)하면 산파(散播)보다 생육이 건실하고 양호해진다.

TIP ② 상추 종자는 종자가 보이지 않을 정도로만 복토한다. 반면 무 종자는 1.5~2.0cm 정도의 깊이로 상추 종자보다 더 깊이 복토해야 한다.

2016. 8. 27. 인사혁신처 7급 시행

11 **우리나라의 작부체계 발전방향을 설명한 것으로 옳지 않은 것은?**

① 식량생산 증대를 위한 합리적인 벼-맥류의 2모작 작부체계를 구현하기 위해서는 맥류의 수량증대에 중점을 둔 만숙종 맥류품종육성과 재배기술 개발이 필요하다.

② 농가소득 증대를 위한 채소-벼 작부체계를 위해서는 쌀 수량성의 감소를 최소화할 수 있는 단기 생육성 벼 품종의 개발이 필요하다.

③ 작물의 재배특성상 벼 · 콩 · 맥류와 같은 작물을 이용한 작부체계를 도입 · 정착시키는 것이 환경농업에 바람직하다.

④ 중 · 북부지역에서는 곡실생산보다 사료용 청예나 총체맥류 생산으로 답리작을 이용할 수 있을 것이다.

TIP ① 식량생산 증대를 위한 합리적인 벼-맥류의 2모작 작부체계를 구현하기 위해서는 벼의 본답생육기간을 140 ~ 150일 확보될 수 있도록 남부평야지에 제한시키고 맥류의 수확이 5월말에 이루어질 수 있도록 수량증대에 중점을 둔 조숙종 맥류 품종육성과 재배기술 개발이 필요하다.

Answer 10.② 11.①

2016. 4. 9. 인사혁신처 시행

12 작물의 파종 작업에 대한 설명으로 옳지 않은 것은?

① 파종기가 늦을수록 대체로 파종량을 늘린다.
② 맥류는 조파보다 산파 시 파종량을 줄이고, 콩은 단작보다 맥후작에서 파종량을 줄인다.
③ 파종량이 많으면 과번무해서 수광태세가 나빠지고, 수량 · 품질을 저하시킨다.
④ 토양이 척박하고 시비량이 적을 때에는 일반적으로 파종량을 다소 늘리는 것이 유리하다.

TIP ② 맥류는 산파할 경우 조파보다는 파종량을 약간 늘려주고, 콩은 단작보다 맥후작에서 파종량을 늘린다.

2010. 10. 17. 지방직 7급 시행

13 파종 양식에 대한 설명으로 옳지 않은 것은?

① 산파는 통기 및 투광이 나빠지며 도복하기 쉽고, 관리 작업이 불편하나 목초와 자운영 등에 적용한다.
② 조파는 개체가 차지하는 평면 공간이 넓지 않은 작물에 적용하는 것으로 수분과 양분의 공급이 좋다.
③ 점파는 종자량이 적게 들고, 통풍 및 투광이 좋고 건실하며 균일한 생육을 하게 된다.
④ 적파는 개체가 평면으로 넓게 퍼지는 작물 재배 시 적용하는 방식이다.

TIP ④ 적파는 적당한 간격으로 줄을 맞춰서 파종하는 방식으로 넓게 퍼지는 작물보다는 밀식재배가 가능한 작물에 적용된다.

2010. 10. 17. 지방직 7급 시행

14 파종량에 대한 설명으로 옳은 것은?

① 파종 시기가 늦어질수록 파종량을 줄인다.
② 감자는 큰 씨감자를 쓸수록 파종량이 적어진다.
③ 토양이 척박하고 시비량이 적을 시 파종량을 다소 줄이는 것이 유리하다.
④ 경실이 많거나 발아력이 낮으면 파종량을 늘린다.

TIP ① 파종 시기가 늦어질수록 발아와 초기 생육이 어려워지기 때문에 파종량을 늘린다.
② 개체당 씨감자의 크기가 크기 때문에 더 많은 무게와 부피를 차지하면서 동일한 면적에 파종을 하 ㄹ때에 크기가 커질수록 파종량은 증가하게 된다.
③ 토양이 척박하고 시비량이 적을 때는 작물의 발아율이 낮고 생육이 어렵기 때문에 파종량을 늘린다.

Answer 12.② 13.④ 14.④

출제 예상 문제

1 **다음 작물 중 복토의 깊이가 가장 깊은 것은?**

① 토마토 ② 옥수수
③ 귀리 ④ 생강

TIP ① 0.5 ~ 1.0cm ② 3.0 ~ 4.5cm ③ 2.5 ~ 3.0cm ④ 5.0 ~ 9.0cm

2 **이식이 어려워 포트묘를 이용하는 채소로 알맞은 것은?**

① 양배추 ② 호박
③ 수박 ④ 오이

TIP 이식의 단점
㉠ 한랭지에서 이앙재배하는 벼는 생육이 늦고 냉해로 인해 임실이 불량해진다.
㉡ 참외, 수박, 목화 등 뿌리가 끊기는 것은 이식이 안 좋다.
㉢ 당근, 무 등은 어릴 때 이식하면 근계발육이 저하된다.

3 **종자 파종시 종자가 가장 적게 드는 파종방법은?**

① 산파 ② 조파
③ 점파 ④ 적파

TIP 파종방법
㉠ 산파 : 포장 전면에 종자를 흩어 뿌리는 방법이다.
㉡ 조파 : 뿌림골을 만들고(작조) 종자를 줄지어 뿌리는 방법이다.
㉢ 점파 : 일정한 간격을 두고 하나에서 여러 개의 종자를 띄엄띄엄 파종하는 방법이다.
㉣ 적파 : 일정한 간격을 두고 여러 개의 종자를 한 곳에 파종하는 방법이다.

Answer 1.④ 2.③ 3.④

4 **복토를 종자가 보이지 않을 정도로만 얕게 해야 하는 것은?**

① 당근, 상추　② 금어초, 호박
③ 토마토, 상추　④ 오이, 가지

TIP 주요작물의 복토의 깊이

복토의 깊이	작물명
종자가 보이지 않을 정도	화본과와 콩과목초의 소립 종자, 유채, 상추, 양파, 당근, 파 등
5 ~ 10mm	차조기, 오이, 순무, 양배추, 가지, 토마토, 고추, 배추 등
15 ~ 20	시금치, 수박, 무, 기장, 조, 수수, 호박 등
25 ~ 30	귀리, 호밀, 밀, 보리, 아네모네 등
30 ~ 45	강낭콩, 콩, 완두, 팥, 옥수수 등
50 ~ 90	생강, 크로커스, 감자, 토란, 글라디올러스 등
100mm 이상	나리, 수선, 튤립, 히야신스 등

5 **적파에 대한 설명으로 옳지 않은 것은?**

① 일정간격을 두고 여러 개의 종자를 한 곳에 파종하는 방법이다.
② 수분, 비료분, 수광, 통풍 등이 좋아서 생육이 좋다.
③ 점파의 변형으로 조파나 산파보다는 노력이 적게 든다.
④ 목초, 맥류, 결구배추 등 개체가 평면으로 좁게 퍼지는 작물에서 사용된다.

TIP ③ 적파는 점파의 변형으로 조파나 산파보다는 노력이 많이 든다.

Answer 4.① 5.③

6 이식의 장점이 아닌 것은?

① 줄기나 잎의 웃자람을 억제한다.
② 수확기를 연장시킬 수 있다.
③ 노화를 방지한다.
④ 개화를 촉진시킨다.

TIP 이식의 장점
㉠ 수확기를 단축시킬 수 있다.
㉡ 집약적 농업이 가능하다.
㉢ 정식시에 활착을 빠르게 할 수 있다.
㉣ 경엽의 도장이 억제되고 생육이 양호하여 숙기를 빠르게 한다(채소).
㉤ 초기 생육이 촉진된다.
㉥ 생육기간이 연장되어서 작물의 발육이 크게 조장되어 증수를 기대할 수 있다.

7 작토(作土)를 갈아 일으켜 큰 흙덩이를 대강 부스러뜨리는 작업은?

① 경기
② 정지
③ 작휴
④ 진압

TIP ① 작토(作土)를 갈아 일으켜 큰 흙덩이를 대강 부스러뜨리는 작업을 말하며, 정지작업의 제1단계가 바로 경기이다.
② 파종 또는 이식 전에 토양조건을 개량 · 정비하는 작업을 말한다.
③ 경기를 한 후에 흙덩이를 부수고 밭을 고른 다음 이랑이나 고랑을 만드는 것을 말한다.
④ 파종을 하고 복토의 전이나 후에 종자 위를 가압하는 것을 말한다.

8 다음 이식의 양식 중 그루 사이를 많이 띄워서 구덩이를 파고 이식하는 방법은?

① 조식
② 점식
③ 혈식
④ 난식

TIP 이식의 양식
㉠ 조식 : 골에 줄지어 이식하는 방법이다(파, 맥류 등).
㉡ 점식 : 포기를 일정한 간격을 띄우고 점점이 이식하는 방법이다(콩, 수수, 조 등).
㉢ 혈식 : 그루 사이를 많이 띄워서 구덩이를 파고 이식하는 방법이다(양배추, 토마토, 오이, 호박 등).
㉣ 난식 : 일정한 질서가 없이 점점이 이식하는 방법이다(들깨, 조 등).

Answer 6.② 7.① 8.③

9 다음이 설명하는 파종양식은?

> ㉠ 포장 전면에 종자를 흩어 뿌리는 방법이다.
> ㉡ 노력은 적게 드나 종자가 많이 들고 균일하게 파종하기 어렵다.
> ㉢ 중경 제초 등의 관리가 불편하다.
> ㉣ 통풍 및 통광이 나쁘다.

① 적파　　② 점파
③ 조파　　④ 산파

TIP 지문은 파종양식 중 산파에 대한 설명이다.

10 다음 중 복토시 100mm 이상 깊이를 필요로 하는 작물은?

① 당근　　② 상추
③ 튤립　　④ 유채

TIP 주요작물의 복토의 깊이
㉠ 종자가 보이지 않을 정도 : 화본과와 콩과목초의 소립 종자, 유채, 상추, 양파, 당근, 파 등
㉡ 5 ~ 10mm : 차조기, 오이, 순무, 양배추, 가지, 토마토, 고추, 배추 등
㉢ 15 ~ 20 : 시금치, 수박, 무, 기장, 조, 수수, 호박 등
㉣ 25 ~ 30 : 귀리, 호밀, 밀, 보리, 아네모네 등
㉤ 30 ~ 45 : 강낭콩, 콩, 완두, 팥, 옥수수 등
㉥ 50 ~ 90 : 생강, 크로커스, 감자, 토란, 글라디올러스 등
㉦ 100mm 이상 : 나리, 수선, 튤립, 히야신스 등

Answer 9.④ 10.③

11 이식의 단점에 대한 설명으로 옳지 않은 것은?

① 참외, 수박 등 뿌리가 끊기는 것은 매우 안 좋다.
② 직근을 가진 당근은 어릴 때 이식해야 근계발육이 잘 된다.
③ 한랭지에서 이앙재배를 할 경우 생육이 늦어진다.
④ 식물을 다른 장소에 옮겨 심는 것을 이식이라 한다.

TIP ② 직근을 가진 당근을 어릴 때 이식하면 뿌리가 손상되어 근계발육이 저하된다.

12 다음이 설명하고 있는 이앙양식은?

> ㉠ 줄 사이는 넓고 포기 사이를 매우 좁게 심는 방법이다.
> ㉡ 초기 생육이 억제되고 후기 생육이 조장되며, 수광과 통풍성이 매우 좋아진다.
> ㉢ 다비 밀식해서 증수를 해야 할 때 이용된다.

① 난식
② 정조식
③ 병목식
④ 조식

TIP ① 줄을 띄우지 않고 눈어림으로 이식하는 방법이다.
② 모내기할 때 포기 사이와 줄 사이의 거리를 똑같이 심는 방법이다.
④ 이식의 양식으로서 골에 줄지어 이식하는 방법이다.

13 다음 중 파종에 대한 설명으로 옳지 않은 것은?

① 감자는 평야지보다 산간지에서 파종량을 늘린다.
② 맥류는 조파할 때보다 산파할 때 파종량을 늘린다.
③ 땅이 척박하거나 시비량이 적을 경우에는 파종량을 늘린다.
④ 맥류는 남부보다 중부에서 파종량을 늘린다.

TIP ① 감자는 산간지보다 평야지에서 파종량을 늘린다.

Answer 11.② 12.③ 13.①

14 **이식의 시기에 대한 설명으로 옳지 않은 것은?**

① 맑고 햇빛이 많은 날에 이식한다.

② 토마토는 첫 꽃이 피었을 정도의 모가 좋다.

③ 가지는 첫 꽃이 피었을 정도의 모가 좋다.

④ 동상해의 우려가 없는 시기에 이식한다.

TIP 이식시기

㉠ 토양수분이 넉넉하고 바람이 없으며 흐린 날에 이식한다.

㉡ 동상해의 우려가 없는 시기에 이식한다.

㉢ 일반적으로 벼는 40일 모가 좋고, 토마토 · 가지는 첫 꽃이 피었을 정도의 모가 좋다.

㉣ 다년생 목본식물은 싹이 움트기 이전 이른 봄과 낙엽이 진 뒤에 이식하는 것이 좋다.

Answer 14.①

05 시비

01 비료와 필수원소

❶ 비료의 개요

(1) 비료의 의의

① 비료의 개념

㉠ 토지를 기름지게 하고 초목의 생육을 촉진시키는 것의 총칭이다.

㉡ 비료의 조건

- 식물의 생육에 필요한 양분이 일정량 함유되어 있어야 한다.
- 식물생육이나 환경보전에 대하여 유해한 물질이 들어 있지 않아야 한다.
- 수송, 저장, 사용하는 데 불편이 없어야 한다.
- 가격이 저렴하고 비효(肥效)가 높아 농업경영에 도움이 되어야 한다.

② 시비

㉠ 재배하는 작물에 인위적으로 비료성분을 공급하여 주는 일을 말한다.

㉡ 인공적인 시비 외에도 토양, 빗물, 관개수 등에 의해서 천연적으로 공급되기도 한다.

(2) 비료의 발달

① J.F. Liebig가 주장한 **무기영양설**(1840년, 독일) … 광물질이 식물에게 필요한 양분이라는 것을 발견하였다. 즉, 재배식물에 의한 토양 중의 무기성분의 탈취를 보충하기 위한 비료의 이론을 확립하였다.

② 로이스(Lawes)와 길버트(Gilbert)에 의한 과인산석회의 제조로 인조비료(人造肥料)의 제조가 시작되었다(1843년).

③ 하버(Harber)와 보슈(Bosch)에 의한 암모니아 합성의 성공으로 화학비료공업이 발달하게 되었다(1913년).

④ 삭스(Sachs)와 놉스(Knops) 등에 의해 수경재배가 개발되었고, 이로부터 식물의 무기영양생리의 급진적 발달이 이루어지게 되었다(1860년).

② 작물생육의 필수원소

(1) 필수원소

식물의 전 생활과정에서 반드시 필요한 원소를 말한다.

① 다량원소(9종) … C, H, O, N, S, K, P, Ca, Mg

② 미량원소(7종) … Fe, Mn, Zn, Cu, Mo, B, Cl

③ 기타원소 … Si, Al, Na, I, Co 등

④ 비료의 3요소 … 질소, 인, 칼륨

⑤ 비료의 4요소 … 비료의 3요소 + 석회

⑥ 비료의 5요소 … 비료의 4요소 + 부식(腐食)

(2) 필수원소의 기준

① 그 원소가 결핍되면 식물의 생장, 생존, 번식 중 어느 것도 완성되지 않는다.

② 그 결핍은 그 원소를 줌으로써 회복되고 다른 원소로는 대체되지 않는다.

③ 체내의 생화학적 반응에 반드시 필요하다.

(3) 필수원소의 생리작용

① 탄소(C), 수소(H), 산소(O)

㉠ 물이나 유기물의 구성원소로 식물체의 대부분을 구성한다(90 ~ 98%).

㉡ 대기 중의 산소와 이산화탄소는 호흡과 광합성 작용에 있어서 기본적인 요소이다.

② 질소(N)

㉠ 엽록소, 단백질, 효소 등의 구성성분이다.

㉡ 부족시 증상

- 황백화 현상
- 발육의 저하

㉢ 과잉시 증상

- 병충해에 대한 저항성 약화
- 성숙 지연
- 자실의 수확량 감소

③ 인(P)

㉠ 어린 조직이나 종자에 많이 들어 있다.

㉡ 세포핵, 분열조직, 효소 등의 구성성분이다.

㉢ 광합성, 호흡작용, 질소동화, 녹말과 당분의 합성과 분해 등에 관여한다.

㉣ **부족시 증상**

- 뿌리발육이 저하된다.
- 잎이 암청색으로 변하고 둘레에 오점이 생긴다.
- 심하면 황화하고 결실이 저해된다.

④ 칼륨(K)

㉠ 광합성, 탄수화물 · 단백질 형성, 세포 내의 수분공급, 증산에 의한 수분상실의 제어 등의 역할을 한다.

㉡ 특정 화합물보다는 이온화가 쉬운 형태로, 잎 · 생장점 · 뿌리의 선단에 많이 들어 있다.

㉢ **부족시 증상**

- 줄기가 약해지고 생장점이 말라 죽는다.
- 잎의 끝이나 둘레가 황화하고 하엽이 탈락하며 결실이 저해된다.

⑤ 칼슘(Ca)

㉠ 분열조직의 생장과 뿌리 끝의 발육 및 작용에 필요하다.

㉡ 체내의 유독한 유기산을 중화한다.

㉢ 알루미늄의 과잉흡수를 억제한다.

㉣ 단백질 합성과 물질전류에 관여한다.

㉤ 질산태 질소(NO_3)의 흡수를 조장한다.

㉥ 잎에 많이 존재하며, 체내 이동이 힘들다.

㉦ 세포막 중에서 중간막의 주성분이다.

㉧ **과다시 증상** : 마그네슘, 철, 아연, 코발트, 붕소 등의 흡수가 저해된다.

㉨ **부족시 증상** : 뿌리나 눈(芽)의 생장점이 붉게 변하면서 괴사한다.

⑥ 마그네슘(Mg)

㉠ 녹말의 이동과 인산의 흡수이동운반 및 유지류의 생성에 관여한다.

㉡ 체내이동을 쉽게 할 수 있다.

㉢ 엽록소를 구성하는 유일한 금속원소이다.

㉣ **부족시 증상**

- 종자의 성숙이 저하되고 석회가 부족한 산성토양이나 석회가 과다하게 시용되었을 때 결핍현상이 나타나기 쉽다.
- 체내의 비단백태 질소가 증가하고 탄수화물이 감소된다.
- 황백화 현상이 나타난다.
- 줄기나 뿌리의 생장점의 발육이 저해된다.

⑦ 황(S)

㉠ 체내 이동이 어려워서 결핍증상은 새 조직부터 나타난다.

㉡ 기름의 합성을 돕고 엽록소 형성에 관여한다.

㉢ 식물체의 함량은 0.1 ~ 1.0%이며, 단백질 · 아미노산 · 효소 등이 구성성분이다.

㉣ 부족시 증상

- 콩과작물의 경우, 근류균의 질소고정이 저하된다.
- 엽록소의 형성이 저해된다.
- 황화현상이 나타난다.

⑧ 철(Fe)

㉠ 과다한 Ni, Cu, Co, Cr, Zn, Mo, Ca 등은 철의 흡수 및 이동을 저해한다.

㉡ 호흡효소의 구성성분이다.

㉢ 엽록체 안의 단백질과 결합하고 엽록소 형성에 관여한다.

㉣ 부족시 증상 : 어린잎부터 황백화하여 엽맥 사이가 퇴색한다.

⑨ 망간(Mn)

㉠ 토양이 강알칼리성이 되거나 철분이 과다하거나 또는 과습하면 결핍상태가 된다.

㉡ 생리작용이 활발한 곳에 많이 함유되어 있다.

㉢ 체내 이동성이 낮아서 결핍증은 새 잎부터 나타난다.

㉣ 각종 효소의 활성을 높여서 동화물질의 합성분해, 호흡작용, 광합성 등에 관여한다.

㉤ 부족시 증상

- 화곡류에서는 세로로 줄무늬가 생긴다.
- 엽맥에서 먼 부분이 황색으로 된다.
- 갈색의 반점이 생기고 조직이 괴사한다.

⑩ 붕소(B)

㉠ 석회의 과잉과 토양산성화는 붕소결핍을 가져온다.

㉡ 생장점 부근에 함유량이 많다.

㉢ 체내 이동성이기 때문에 결핍증세는 생장점이나 저장기관에 나타나기 쉽다.

㉣ 촉매 또는 반응조절물질로 이용된다.

㉤ 분열조직의 발달, 화분 발아, 유관속의 발달, 세포벽의 형성, 화분관의 신장 등에 필수적이다.

㉥ 부족시 증상

- 수정결실이 나빠진다.
- 분열조직이 갑자기 괴사한다.
- 콩과작물의 근류형성과 질소고정이 저해된다.
- 사탕무의 속썩음병, 순무의 갈색속썩음병, 샐러리의 줄기쪼김병, 담배의 끝마름병, 사과의 축과병, 꽃양배추의 갈색병, 알팔파의 황색병 등이 유발된다.

⑪ 아연(Zn)

㉠ 단백질과 탄수화물의 대사 및 엽록소 형성에 관여한다.

㉡ 촉매 또는 반응조절물질로 이용되며, 옥신류의 생성에 관여한다.

㉢ **부족시 증상**

- 감귤류의 경우 반엽병, 소엽병, 결실불량 등을 일으킨다.
- 황백화, 괴사, 조기 낙엽 등이 유발된다.

⑫ 구리(Cu)

㉠ 이탄토나 부식토를 개간하였을 때 사토 및 역토에 결핍증상이 많이 나타난다.

㉡ 광합성, 호흡작용 등에 관여하고 엽록소의 생성을 조장한다.

㉢ **부족시 증상** : 황백화, 괴사, 조기 낙엽 등이 유발된다.

⑬ 몰리브덴(Mo)

㉠ IAA를 산화 · 분해하여 최적 농도로 유지하는 IAA 산화효소의 활동에도 관여한다.

㉡ 콩과작물에 많이 들어 있어 뿌리혹박테리아의 발육과 질소고정에 관여한다.

㉢ 질산환원효소의 구성성분으로 질소대사에 필요하다.

㉣ **부족시 증상** : IAA농도가 너무 커지면 생장이 억제되고, 황백화 · 모자이크병 증세가 나타난다.

⑭ 염소(Cl)

㉠ 섬유작물에서는 염소의 시용이 유리하고 전분작물, 담배 등에서는 불리하다.

㉡ 광합성을 할 때 산소발생을 수반하는 광화학 반응에 망간과 함께 촉매로 작용한다.

㉢ 아밀라아제 효소를 활성화시키고 세포액의 pH를 조절한다.

㉣ **부족시 증상** : 사탕무에서 염소가 부족하면 황백화 현상이 나타난다.

⑮ 규소(Si)

㉠ 인산과 칼륨의 체내 이동을 원활하게 한다.

㉡ 망간의 엽내 분포를 균일하게 한다.

㉢ 표피조직의 세포막에 침전하여 병에 대한 저항성을 높인다.

㉣ 잎을 서게 하여 수광성을 높인다.

㉤ 식물체에 다량으로 존재하며 화본과 식물등에서 회분의 주성분이다.

㉥ **부족시 증상** : 황갈색으로 고사한다.

⑯ 코발트(Co)

㉠ 근류균의 활동에 필요한 성분으로, 콩과작물의 근류에 있는 비타민 B_{12}의 구성 성분이다.

㉡ 코발트 결핍토양의 목초를 가축에 먹이면 코발트 결핍증상이 나타난다.

(4) 무기성분의 과잉증상

① 알루미늄(Al)
　㉠ Ca · Mg · NO_3의 흡수와 P의 체내 이동이 저하된다.
　㉡ 뿌리의 신장을 저해한다.
　㉢ 맥류의 잎에서는 엽맥 사이의 황화를 일으킨다.

② 2가철(Fe^{2+}) … 벼 잎에 갈색의 반점이 나타나고, 점차 확대되어 끝부분부터 흑변 · 고사한다.

③ 니켈(Ni) … 철 결핍과 비슷한 증상인 황백화가 나타나며, 뿌리의 신장을 억제한다.

④ 카드뮴(Cd) … 잎에 황백화를 나타내며, 뿌리의 신장을 억제한다.

⑤ 수은(Hg) … 뿌리의 신장을 억제한다.

02 비료의 분류 및 성분

❶ 비료의 분류

(1) 효과의 지속성에 따른 분류

① 속효성 비료 … 요소, 과인산석회, 암모니아, 염화가리 등

② 완효성 비료 … 깻묵, 피복비료 등

③ 지효성 비료 … 퇴비, 구비 등

(2) 반응에 따른 분류

① 화학적 반응(수용액의 직접적 반응) … 시비한 다음 식물의 뿌리흡수나 미생물의 작용을 받은 후에 반응이 나타난다.
　㉠ 산성 비료 : 과인산석회, 중과인산석회 등
　㉡ 중성 비료 : 황산암모니아, 질산암모니아, 황산가리, 염화가리, 콩깻묵 등
　㉢ 염기성 비료 : 재, 석회질소, 용성인비 등

② 생리적 반응
　㉠ 생리적 산성 비료 : 황산암모니아, 황산가리, 염화가리 등
　㉡ 생리적 중성 비료 : 질산암모니아, 과인산석회, 중과인산석회, 요소 등
　㉢ 생리적 염기성 비료 : 석회질소, 용성인비, 재, 칠레 초석 등

(3) 생산 및 공급수단에 따른 분류

① 보통 비료

㉠ 무기질 질소 비료 : 황안, 요소, 염안, 질안, 석회질소, 암모니아수, 초석 등

㉡ 무기질 인산 비료 : 과석, 중과석, 용인, 용과인, 토머스인비 등

㉢ 무기질 칼륨 비료 : 염화칼륨, 황산칼륨 등

㉣ 복합 비료 : 제1종복비(化成複肥), 제2종복비(配合複肥), 제3종복비(有機質複肥), 제4종복비(液狀複肥)

㉤ 유기질 비료 : 어박(魚粕 또는 魚粉), 골분(骨粉), 대두박(大豆粕), 각종 유박, 계분가공비료

㉥ 석회질 비료 : 생석회, 소석회, 석회석 분말, 부산(副産) 소석회 등

㉦ 규산질 비료(珪酸質肥料) : 규산질 비료(제철광재), 규회석 비료 등

㉧ 마그네슘 비료 : 황산고토, 백운석(白雲石) 분말 등

㉨ 붕소 비료(硼素肥料)

㉩ 기타 비료(亞鉛肥料 등)

② 특수 비료

㉠ 퇴구비(堆廏肥)를 비롯한 각종 자급 비료

㉡ 부산물 비료

③ 배합비료

㉠ 2가지 이상의 비료성분이 함유되도록 혼합한 비료이다.

㉡ 원료로 사용한 비료의 형태를 그대로 갖고 있다.

㉢ 황산암모늄을 유기질 비료와 배합하면 건조할 때 굳어지는 것을 막아준다.

㉣ 황산암모늄 · 인분뇨 등에 석회 등 알칼리성 비료를 섞으면 암모니아가스가 휘산된다.

㉤ 배합비료의 장점

- 단일비료를 여러 차례 시비하는 번거로움을 덜 수 있다.
- 속효성비료와 지효성비료를 섞어주어 비효의 지속을 조절할 수 있다.
- 비효를 높이기도 한다. 어비류(魚肥類)에 회류(灰類) 비료를 섞으면 회 중의 탄산칼륨이 어비 중의 유분을 분해하여 비효를 증진시킨다.

㉥ 배합비료를 혼합할 때 주의할 사항

- 암모니아태질소를 함유하고 있는 비료에 석회와 같은 알칼리성 비료를 혼합하면 암모니아가 기체로 변하여 비료성분이 소실된다.
- 질산태질소를 유기질비료와 혼합하면 저장 중 또는 시용 후에 질산이 환원되어 소실된다.
- 알루미늄, 철, 칼슘, 점토 등과 결합하여 쉽게 불용화 되고 축적된다.
- 과인산석회와 같은 석회염을 함유하고 있는 비료에 염화칼륨과 같은 염화물을 배합하면 흡습성이 높아져 액체가 된다.

2 비료의 성분

(1) 주요 비료의 성분

(단위 : %)

종류	질소	인산	칼리	종류	질소	인산	칼리
염화가리			60	퇴비	0.5	0.26	0.5
황산가리			48 ~ 50	콩깻묵	6.5	1.4	1.8
계분(건)	3.5	3.0	1.2	탈지강	2.08	3.78	1.4
짚재		3.7	9.6	뒷거름	0.57	0.13	0.27
과인산석회		16		녹비(생)	0.48	0.18	0.37
중과인산석회		44		구비(소)	0.34	0.16	0.4
용성인비		18 ~ 19		구비(돼지)	0.45	0.19	0.6
황산암모니아	21			질산암모니아	35		
요소	46			석회질소	20 ~ 22		

TIP

비료성분의 배합

용성인비는 구용성 인산을 함유하며, 작물에 빠르게 흡수되지 못하므로 과인산석회 등과 배합하여 사용하는 것이 좋다.

(2) 비료성분의 형태

① 인산 형태

㉠ 수용성 인산(H_2PO_4)

- 토양이 산성이면 철 · 알루미늄과 반응하여 불용화되고 토양에 고정되므로 흡수율이 매우 낮다.
- 과인산석회 · 중과인산석회에 함유되어 있고, 작물에 잘 흡수되어 속효성이다.

㉡ 구용성 인산(HPO_4)

- 용성 인비($3MgO$, Ca, P_2O_5, $CaSiO_2$)는 구용성 인산을 함유하며 작물에 빨리 흡수되지 않아서 과인산석회 등과 병용해야 한다.
- 규산, 석회, 마그네슘 등을 함유하는 염기성 비료이기 때문에 산성토양을 개량하는 효과가 있다.

㉢ 불용성 인산(PO_4)

- 물과 묽은 구연산 용액에 녹지 않으며, 비효가 느리게 나타난다.
- 인광석, 동물 뼛가루 등에 함유되어 있다.

② 질소 형태

㉠ 암모늄태 질소(NH_4)

- 물에 잘 녹고 작물에 잘 흡수되므로 속효성이다.

- 암모니아는 양이온이기 때문에 토양에 잘 흡착되어 유실되지 않는다.
- 황산암모늄[$(NH_4)_2SO_4$], 인산암모늄[$(NH_4)_2HPO_4$], 염화암모늄(NH_4Cl), 암모니아수(NH_4OH), 탄산암모늄[$(NH_4)_2CO_3$] 등이 있다.

㉡ 질산태 질소(NO_3)

- 논토양에서 쉽게 유실되고 환원되어 탈질현상이 발생한다.
- 질산은 음이온이기 때문에 토양에 흡착되지 않아서 유실되기 쉽다.
- 물에 잘 녹으며 작물에 잘 흡수되므로 속효성을 가진다.
- 밭작물에 대한 추비로 알맞다.
- 질산암모늄(NH_4NO_3), 질산석회[$Ca(NO_3)_2$], 질산나트륨($NaNO_3$) 등이 있다.

㉢ 요소태 질소[$(NH_2)_2CO$]

- 요소는 토양에서 Urease 효소의 작용에 의해 탄산암모니아[$(NH_4)_2CO_3$]로 가수분해된다.
- 물에 잘 녹고 이온이 아니기 때문에 토양에 잘 흡착되지 않아서 시용 직후에 유실될 우려가 있다.

㉣ Cyanamide태 질소

- 시안아미드태 질소는 토양에서 화학변화하여 작물이 흡수할 수 있는 형태로 변하게 되는데, 이 기간이 약 1주일 정도 걸리므로 작물을 파종하기 1주일 전에 시용해야 한다.
- 석회질소($CaCN_2$)의 주성분이고 물에 잘 녹는다.

㉤ 단백태 질소

- 토양에서 미생물의 작용에 의해 암모늄태 질소로 바뀐 후 이용된다.
- 어비나 깻묵 등에 들어 있다.

③ 칼륨 형태

㉠ 대부분 물에 잘 녹고, 토양 점토에 흡착되기 쉽다.

㉡ 황산가리, 염화가리, 유기질 비료, 초목회 등이 있다.

03 시비

❶ 시비의 의의

(1) 최소양분율

① Liebig의 최소양분율

㉠ 작물의 생육은 양분공급의 다소와는 상관없이 최소양분의 공급량에 의해 수량이 지배된다는 것이다.

㉡ 양분 중 필요량에 대해 공급이 가장 적어서 작물생육을 제한하고 있는 것이다.

② Wollny의 최소율

㉠ 작물의 생육에는 수분, 빛, 온도, 양분, 공기 등의 여러 가지 인자가 작용한다.

㉡ 작물의 생산량은 생육에 필요한 모든 인자 중 요구조건을 가장 충족시키지 못하고 있는 인자에 의해 지배된다는 것이다.

㉢ 요구조건을 가장 충족시키지 못하는 인자를 제한인자라고 한다.

(2) 수량점감의 법칙

① 비료를 시용할 경우, 처음에는 시비에 따라 수량이 크게 늘어나지만 어느 한계 이상으로 시비량이 많아지면 수량의 증가량이 점점 작아지게 되며, 마침내 시비량이 증가해도 수량은 더 이상 증가하지 못하는 상태에 도달하게 되는데, 이런 현상을 수량점감의 법칙이라고 한다.

② 일정량의 비료공급에 따르는 보수의 측면에서 보수체감의 법칙이라고도 한다.

❷ 시비량

(1) 시비량의 의의

일반적으로 비료의 이용률은 낮으며, 양분의 종류와 토양의 성질에 따라 차이가 크다. 나머지 양분은 토양 교질물에 고정되어 무효한 형태로 되거나, 물에 씻겨나가는 것, 가스상태로 되는 것 등에 의한 손실이 많다. 이러한 손실을 줄이기 위하여 토양 및 작물에 알맞은 비료의 형태를 개발하거나 시비방법과 시비시기 등의 시비기술을 개선하여 흡수율을 높이기 위한 연구가 필요하다.

(2) 시비량의 계산

① 시용한 비료가 전부 작물에 흡수되는 것이 아니므로 흡수율을 고려하여 다음과 같이 계산한다.

$$\text{시비량} = \frac{\text{흡수소요량} - \text{천연공급량}}{\text{비료요소의 흡수율}}$$

② **비료요소의 흡수량** … 단위면적당 전수확물 중에 함유되어 있는 비료요소를 분석하여 계산한다.

③ **비료요소의 천연공급량** … 어떤 비료요소에 대하여 무비료 재배를 할 때의 단위면적당 전수확물 중 함유되어 있는 비료요소량을 분석 · 계산하여 구한다.

④ **비료요소의 흡수율**(이용률)

㉠ 토양에 시용된 비료성분 가운데 직접 작물에 흡수되어 이용되는 비율을 그 비료성분의 흡수율이라고 한다.

㉡ 흡수율은 비료, 토양, 작물 등의 조건에 따라 다르다.

⑤ **3요소 시험** … 비료의 3요소에 대하여 각 포장에서 각 요소들을 어느 정도의 분량으로 주어야 하는지 시험하여 시비량을 결정하는 것을 말한다.

❸ 시비시기

(1) 시비의 분류

① 시비목적에 따른 분류(화곡류)

㉠ **분얼비(줄기거름)** : 분얼수의 증가를 위하여 주는 추비를 말한다.

㉡ **수비(이삭거름)**

- 이삭의 충실한 발육을 위하여 주는 비료이다.
- 유수형성기 무렵에 시용한다.

㉢ **실비(알거름)**

- 열매의 충실한 발육을 위하여 주는 비료이다.
- 출수기의 전후에 시용한다.

② 시비시기에 따른 분류

㉠ **기비(밑거름)** : 파종 또는 이식할 때 주는 비료를 말한다.

㉡ **추비(덧거름)** : 생육 도중에 주는 비료로서 분얼비, 수비, 실비 등이 있다.

㉢ **지비(최종거름)** : 마지막 거름을 말한다.

③ 기타 분류

㉠ **전면시비** : 논이나 과수원에서 여름철에 속효성 비료를 사용할 경우에 이용한다.

㉡ **부분시비** : 시비구를 파고 시용한다.

㉢ **표층시비** : 작물의 생육기간 중에 시비한다.

㉣ **심층시비** : 작토 속에 비료를 시용한다.

㉤ **전층시비** : 비료가 작토 전층에 고루 혼합되도록 한다.

㉥ **고형시비(주먹거름, 입자시비)** : 노후답 등에서 비효를 오래 지속시키고 벼 뿌리를 보호하기 위해 비료를 붉은 진흙에 섞어 주먹 크기의 덩어리로 만들어 벼 포기 사이사이에 꽂아준다.

㉦ **심층추비** : 벼의 후기 영양을 확보하기 위해 수비를 작토의 심층에 주는 방식으로 한랭지에서 이용된다.

(2) 시비할 때의 유의점

① 감자처럼 생육기간이 짧은 경우는 주로 기비로 주고, 맥류나 벼처럼 생육기간이 긴 경우는 분시한다.

② 생육기간이 길고 시비량이 많은 경우일수록 질소의 밑거름(기비량)을 줄이고 덧거름(추비량)을 많이 하며 그 횟수도 늘린다(추비중점 시비).

③ 사질토, 누수답, 온난지 등에서는 비료가 유실되기 쉬우므로 덧거름의 분량과 횟수를 늘린다.

④ 퇴비나 깻묵 등의 지효성 비료나 인산, 칼륨 등의 비료는 밑거름으로 일시에 준다.

⑤ 속효성 비료는 작물의 생육기간과 생육상황에 따라 적절하게 분시한다.

⑥ 엽채류처럼 잎을 수확하는 것은 질소추비를 늦게까지 해도 된다.

⑦ 벼 만식재배 시에는 도열병의 발생 우려가 있기 때문에 질소 시비량을 줄여야 한다.

04 엽면시비

❶ 엽면시비의 개요

(1) 엽면시비의 의의

① 요소나 엽면 살포용 비료를 물에 아주 엷게 희석하여 분무상태로 잎이나 줄기에 시비하는 것을 말한다.

② 수체가 쇠약해졌을 때, 또는 단기간 왕성한 생육을 유도할 때 사용하는 것으로 멀칭과 함께 사용되는 것이 바람직하다.

(2) 엽면시비의 이용

① 과수원에서 초생재배를 하거나 수박 · 참외 등의 덩굴이 지상에 만연해 있는 경우 토양시비가 곤란할 때 이용한다.

② 노후화답의 벼는 뿌리의 흡수력이 약하기 때문에 요소, 망간 등의 엽면살포를 한다.

③ 병충해 · 습해 · 유해물질 등에 의해 뿌리가 피해를 입었을 경우 심하지 않았을 때는 엽면살포를 하면 생육이 좋아지고 신근도 발생한다.

④ 작물이 상해나 풍수해 및 병충해 등을 입어서 빠른 회복이 요구될 때 요소 등을 엽면시비하면 토양시비보다 빨리 흡수되므로 효과가 크다.

⑤ 작물에 미량요소의 결핍이 일어날 경우 토양에 주는 것보다 엽면살포가 효과가 더 빠르고 사용량도 적게 들기 때문에 경제적이다.

⑥ 일시에 다량을 시비할 수 없어 토양시비를 완전 대체하기 어렵다.

❷ 엽면흡수에 영향을 미치는 요인

(1) 전착제(展着劑)의 가용

표면 활성제인 전착제를 첨가하여 살포하면 엽면 흡수율을 높일 수 있다.

(2) 농약과의 관계

① 농약을 요소 등의 엽면 시비용 비료와 혼할할 때는 살포액의 화학적 변화를 고려해야 한다.

② 요소액에 혼합해도 좋은 것은 포르말린, 보르도액, 석회유황합제, DDT유제, 황산니코틴, 2·4-D 등이다.

③ 요소액에 혼합하면 안되는 것은 우스풀룬, 석회질소, 제충국 유제, BHC 등이다.

(3) 살포액의 pH

살포액의 pH가 미산성인 것이 흡수가 잘 된다.

(4) 살포액의 농도

피해가 나타나지 않는 한 농도가 높으면 흡수가 빠르다.

(5) 엽의 상태

① 당분함량이 많을 경우 요소의 동화가 좋고 농도가 높은 것을 살포해도 해가 없다.

② 잎 안의 질소농도가 낮으면 잎의 생리작용이 활발하지 못하고, 잎도 경화되어 엽면흡수가 좋지 못하다.

③ 잎 표면보다 표피가 얇은 이면에서 더 잘 흡수된다.

④ 엽면흡수는 잎의 생리작용이 왕성할 때 활발하므로 가지나 줄기의 정부에 가까운 성엽에서 흡수율이 높다.

(6) 기타

① 기상조건이 좋을 때는 작물의 생리작용이 왕성하므로 흡수가 빠르다.

② 석회를 가용하면 흡수를 억제하여 고농도 살포의 해를 경감한다.

(7) 요소의 엽면시비 효과

① 감귤이나 사과, 딸기 등에서는 화아분화 촉진 효과가 있다.

② 사과와 딸기에서는 과실비대 효과가 있다.

③ 화훼류에서는 엽색 및 화색이 선명해지는 효과가 있다.

④ 배추와 무에서는 수확량 증대 효과가 있다.

⑤ 보리와 옥수수에 요소를 엽면시비할 경우 활착이 잘 되고 수정된 후 정상적인 종자가 잘 맺히도록 하는 효과(임실양호)가 있다.

최근 기출문제 분석

2024. 6. 22. 제1회 지방직 9급 시행

1 다음은 콩과식물의 근류균에 관여하는 원소를 설명한 것이다. (가)~(다)에 들어갈 원소를 바르게 연결한 것은?

> • [(가)] 은 질산환원효소의 구성성분이며 질소대사와 고정에 필요하고 콩과식물에 많이 함유되어 있다. 결핍 시 잎이 황백화되고 모자이크병에 가까운 증상을 보인다.
> • [(나)] 가 결핍되면 분열조직에 괴사를 일으키는 일이 많고 수정과 결실이 나빠지며, 사탕무에서는 속썩음병이 발생한다. 특히 콩과식물에서는 근류형성과 질소고정이 저해된다.
> • [(다)] 은/는 근류균 활동에 필요하고 근류균에는 B_{12}가 많은데 이 원소는 B_{12}의 구성성분이다.

	(가)	(나)	(다)
①	칼슘	붕소	니켈
②	칼슘	규소	코발트
③	몰리브덴	붕소	코발트
④	몰리브덴	규소	니켈

TIP (가) 몰리브덴은 질산환원효소의 구성성분이며 질소대사와 고정에 필요하고 콩과식물에 많이 함유되어 있다. 결핍 시 잎이 황백화되고 모자이크병에 가까운 증상을 보인다.
(나) 붕소가 결핍되면 분열조직에 괴사를 일으키는 일이 많고 수정과 결실이 나빠지며, 사탕무에서는 속썩음병이 발생한다. 특히 콩과식물에서는 근류형성과 질소고정이 저해된다.
(다) 코발트는 근류균 활동에 필요하고 근류균에는 B_{12}가 많은데 이 원소는 B_{12}의 구성성분이다.

Answer 1.③

2024. 6. 22. 제1회 지방직 9급 시행

2 **성분량으로 질소 50kg을 추비하려면 요소비료의 시비량[kg]은?**

① 46 ② 64

③ 96 ④ 109

TIP 요소 시비량=질소 시비량/질소 함량
요소 비료의 질소 함량은 46%이므로, 50/0.46=약 109이다.

2024. 3. 23. 인사혁신처 9급 시행

3 **시비방법에 대한 설명으로 옳지 않은 것은?**

① 꽃을 수확하는 작물은 꽃망울이 생길 무렵에 질소의 효과가 잘 나타나도록 하면 개화와 발육이 양호하다.

② 뿌리를 수확하는 작물은 초기에는 칼리를 충분히 주고, 양분 저장이 시작될 무렵에는 질소를 충분히 시용한다.

③ 종자를 수확하는 작물은 영양생장기에는 질소의 효과가 크고, 생식생장기에는 인과 칼리의 효과가 크다.

④ 과실을 수확하는 작물은 특히 결과기에 인과 칼리가 충분해야 과실의 발육과 품질의 향상에 유리하다.

TIP ② 뿌리를 수확하는 작물은 초기에는 질소를 넉넉히 주어 생장을 촉진시키고, 양분의 저장이 시작될 무렵에는 칼리를 충분히 시용하도록 한다.

2023. 6. 10. 제1회 지방직 9급 시행

4 **작물생육과 무기원소의 과잉에 대한 설명으로 옳지 않은 것은?**

① 망간이 과잉되면 잎에 갈색의 반점이 생긴다.

② 아연은 과잉되어도 거의 장해가 나타나지 않는다.

③ 구리가 과잉되면 철 결핍증과 비슷한 황화현상이 나타난다.

④ 알루미늄이 과잉되면 칼슘 · 마그네슘 · 질산의 흡수가 저해된다.

TIP ② 아연은 과잉되면 잎이 황백 되며 콩과 작물에서 잎줄기나 잎의 뒷면이 자줏빛으로 변하는 증상이 생긴다.

Answer 2.④ 3.② 4.②

2023. 6. 10. 제1회 지방직 9급 시행

5 **엽면시비에 대한 설명으로 옳은 것은?**

① 습해를 받은 맥류는 요소·망간 등의 엽면시비를 삼가야 한다.
② 수확 전의 밀이나 뽕잎에 요소를 엽면시비하면 단백질 함량이 감소한다.
③ 출수 전의 꽃에 엽면시비를 하면 잎이 마르므로 삼가야 한다.
④ 비료를 농약에 혼합해서 살포할 수도 있으므로 시비의 노력이 절감된다.

TIP ① 습해를 받은 맥류는 요소·망간 등의 엽면시비를 해야 한다.
② 수확 전의 밀이나 뽕잎에 요소를 엽면시비하면 단백질 함량이 증가한다.
③ 출수 전의 꽃에 엽면시비를 하면 잎이 싱싱해진다.

2023. 4. 8. 인사혁신처 9급 시행

6 **작물생육에 필요한 무기원소의 주요 기능으로 옳은 것만을 모두 고르면?**

㉠ 철(Fe) – 삼투압 조절과 단백질 대사의 효소기능에 관여한다.
㉡ 칼슘(Ca) – 세포분열에 관여하고 세포벽의 구성성분이다.
㉢ 칼륨(K) – 호흡, 광합성, 질소고정 관련 효소들의 구성성분이다.
㉣ 마그네슘(Mg) – 엽록소의 구성성분이고 많은 효소반응에 관여한다.
㉤ 몰리브덴(Mo) – 콩과 작물의 질소고정에 관여하고 질소대사 등에 필요하다.

① ㉠, ㉡, ㉢
② ㉠, ㉣, ㉤
③ ㉡, ㉢, ㉣
④ ㉡, ㉣, ㉤

TIP ㉠ 철(Fe) : 엽록소의 형성에 관여한다.
㉢ 칼륨(K) : 삼투압 조절과 단백질 대사의 효소기능에 관여한다.

2022. 10. 15. 인사혁신처 7급 시행

7 **엽면시비에 대한 설명으로 옳지 않은 것은?**

① 큐티클층이 발달한 잎의 표면에서는 이면보다 흡수가 더 잘된다.
② 살포액의 pH는 미산성인 것이 흡수가 잘된다.
③ 기상조건이 좋을 때 요소는 5시간 내에 잎에 묻은 양의 50% 이상이 흡수될 수 있다.
④ 잎의 생리작용이 왕성할 때 줄기의 정부에 가까운 잎에서 흡수율이 높다.

Answer 5.④ 6.④ 7.①

TIP ① 큐티클층이 발달한 잎의 표면에서는 흡수가 잘 안되기 때문에 이면보다 흡수가 더 안된다.

2022. 4. 2. 인사혁신처 9급 시행

8 **10a의 논에 질소 성분 10kg을 시비할 경우, 복합비료(20－10－12)의 시비량[kg]은?**

① 20　　② 30

③ 50　　④ 80

TIP 복합비료량 중 질소를 기준으로 시비량을 구하면, 20-10-12의 복합비료이기 때문에

$10\text{kg} \times \frac{100}{20} = 50\text{kg}$

∴ 복합비료의 시비량은 50kg

2021. 6. 5. 제1회 지방직 9급 시행

9 **퇴비 제조에 사용되는 재료 중 C/N율이 가장 높은 것은?**

① 자운영　　② 쌀겨

③ 밀짚　　④ 콩깻묵

TIP ① 보리짚과 밀짚이 C/N율이 가장 높다.

※ 퇴비 제조 재료별 C/N율

재료	C/N율
보리짚	72
밀짚	72
볏짚	67
감자	29
낙엽	25
쌀겨	22
자운영	16
앨팰퍼	13
면실박	3.2
콩깻묵	2.4

Answer 8.③ 9.③

2021. 6. 5. 제1회 지방직 9급 시행

10 **토양에 유안과 요소 비료를 각각 10kg 시비하였다면 이를 통해서 공급하는 질소(N)의 양[kg]은?**

	유안	요소
①	1.0	1.0
②	2.1	2.5
③	2.1	4.6
④	3.3	2.2

TIP 유안 : $10 \times \frac{21}{100} = 2.1$

요소 : $10 \times \frac{46}{100} = 4.6$

※ 비료별 질소 함유율

종류	질소(%)
황산암모늄(유안)	21
석회질소	21
염화암모늄	25
질산암모늄	33
요소	46

2021. 6. 5. 제1회 지방직 9급 시행

11 **비료요소에 대한 설명으로 옳지 않은 것은?**

① 유기물을 함유하지 않은 암모니아태질소를 해마다 사용하면 지력 소모가 일어나고 토양이 산성화 된다.

② 과인산석회의 인산은 대부분 수용성이고 속효성이며, 산성토양에서는 철 · 알루미늄과 반응하여 토양에 고정되므로 흡수율이 높다.

③ 칼리질 비료로 사용되는 칼리는 거의 수용성이고 속효성이다.

④ 칼슘은 다량으로 요구되는 필수원소이나 간접적으로는 토양의 물리적, 화학적 성질을 개선한다.

TIP ② 과인산석회의 인산은 대부분 수용성이고 속효성이며, 산성토양에서는 철 · 알루미늄과 반응하여 토양에 고정되므로 흡수율이 낮다.

Answer 10.③ 11.②

2021. 4. 17. 인사혁신처 9급 시행

12 **일반적인 재배 조건에서 탄산가스 시비에 대한 설명으로 옳지 않은 것은?**

① 시설재배 과채류의 착과율을 증대시킨다.

② 시설 내 탄산가스 농도는 일출 직전이 가장 높다.

③ 온도와 광도가 높아지면 탄산시비 효과가 더 높아진다.

④ 탄산가스의 공급 시기는 오전보다 오후가 더 효과적이다.

TIP ④ 탄산가스의 공급 시기는 오전이 더 효과적이다. 하우스 내 작물의 광합성은 이른 아침(일출 후 30분)부터 시작되고 오전 중에 전체 광합성 전량의 70%가 진행되어 일출 후 1~2시간 후면 탄산가스가 급격히 저하된다. 따라서 이 시기에 탄산가스를 공급하여야 광합성의 증가로 인한 식물성장을 촉진시키게 된다.

2021. 4. 17. 인사혁신처 9급 시행

13 **다음에서 설명하는 원소를 옳게 짝지은 것은?**

> (가) 필수원소는 아니지만, 화곡류에는 그 함량이 많으며 병충해 저항성을 높이고 수광태세를 좋게 한다.
> (나) 두과작물에서 뿌리혹 발달이나 질소고정에 관여하며 결핍되면 단백질 합성이 저해된다.

	(가)	(나)
①	규소	나트륨
②	나트륨	셀레늄
③	셀레늄	코발트
④	규소	코발트

TIP ㉠ 규소 : 광합성 능력의 향상(단엽에 있어서 물 수지 균형의 양화, 군락에 있어서 엽신의 직립성 향상에 의한 수광태세의 개선), 뿌리의 산화력의 향상, 내병성의 강화, 내도복성의 향상

㉡ 코발트 : 콩과식물, 오리나무, 남조류 등의 뿌리혹 발달이나 질소고정에 필요하고, 조효소인 비타민 B12의 구성분이므로 부족시 단백질합성이 저해된다.

Answer 12.④ 13.④

2019. 8. 17. 인사혁신처 7급 시행

14 **작물 생육에서 무기성분의 생리작용에 대한 설명으로 옳지 않은 것은?**

① 황은 아미노산의 구성 성분이며, 엽록소 형성에 관여한다.

② 규소는 잎에서 망간의 분포를 균일하게 하는 역할을 한다.

③ 수은이 과잉 축적되면 벼에서는 뿌리보다 지상부에 과잉해가 현저하다.

④ 붕소가 결핍되면 분열조직에 갑자기 괴사를 일으키는 일이 많다.

TIP 수은이 과잉 축적되면 벼 뿌리의 신장이 현저하게 저하되며, 지상부에서는 과잉해가 잘 나타나지 않는다.

2019. 8. 17. 인사혁신처 7급 시행

15 **작물의 수확대상에 따른 합리적인 시비법에 대한 설명으로 옳지 않은 것은?**

① 종자수확 작물은 영양생장기에는 질소가, 생식생장기에는 인산과 칼리가 부족하지 않도록 한다.

② 뿌리나 땅속줄기를 수확하는 작물은 양분의 저장이 시작되면 질소비료 시용량을 증가시킨다.

③ 연화재배하여 줄기를 수확하는 작물은 연화기 생장을 위해 전년도에 충분히 시비한다.

④ 잎수확 작물은 충분한 질소를 계속 유지하는 것이 유리하다.

TIP 뿌리나 땅속줄기를 수확하는 작물은 질소를 충분히 주어 생육을 촉진시키고, 양분의 저장이 시작되면 칼륨을 충분히 시용하여야 한다. 그러므로 질소비료 시용량은 감소시켜야 한다.

2010. 10. 17. 제3회 서울시 농촌지도사 시행

16 **〈보기〉에서 시설 내 탄산 시비에 대한 설명으로 옳은 것을 모두 고른 것은?**

㉠ 탄산가스 시용 최적농도 범위는 엽채류가 토마토나 딸기보다 더 높다. ㉡ 탄산가스 발생제를 이용하면 발생량과 시간의 조절이 쉽다. ㉢ 시설 내 광도에 따라 탄산가스 포화점이 변하기 때문에 시비량을 조절한다. ㉣ 일반적으로 광합성 효율이 좋은 오후가 오전보다 탄산시비 시기로 적당하다.

① ㉠㉢ ② ㉠㉣

③ ㉡㉢ ④ ㉡㉣

TIP ㉠ 엽채류 1,500~2,500ppm, 딸기나 토마토 500ppm으로 더 높다.
㉡ 탄산가스 발생제를 이용하면 조절이 쉽지 않다.
㉣ 광합성 효율은 오전에 더 높기 때문에 탄산시비는 오전에 하는 것이 적당하다.

Answer 14.③ 15.② 16.①

2010. 10. 17. 제3회 서울시 농촌지도사 시행

17 **질소 · 인산 및 칼륨질 성분이 각각 30% · 5% 및 10%로 구성된 복합비료를 이용하여 질소시비를 하고자 한다. 질소의 흡수량이 10kg/10a이고, 천연 공급량이 1kg/10a, 질소의 흡수율이 30%인 경우 1ha 시비에 필요한 복합비료의 양[kg]은?**

① 100kg

② 1000kg

③ 90kg

④ 900kg

TIP 질소의 흡수량이 10kg/10a이고, 천연 공급량이 1kg/10a이므로 추가로 필요한 질소량은 9kg/10a이다.
흡수율이 30%이므로 9kg/10a ÷ 0.3 = 30kg/10a이다.
복합비료 중 질소의 비율을 이용하여 복합비료의 필요량 계산하면 30kg/10a÷0.3 = 100kg/10a이다.
1ha로 환산하면 100 kg/10a * 10 = 1000 kg/ha이다.

2010. 10. 17. 지방직 7급 시행

18 **작물의 생육에 필요한 무기성분에 대한 설명으로 옳은 것은?**

① 작물의 생육에서 탄소, 수소, 산소를 제외한 7개의 다량원소와 6개의 미량원소가 토양 중에서 이온 상태로 공급된다.

② 칼슘은 세포의 팽압을 유지하는 기능과 함께 알루미늄의 과잉 흡수를 조장한다.

③ 마그네슘은 엽록소의 구성 원소로 잎에 많이 축적되며, 체내 이동이 용이하지 않다.

④ 붕소는 식물 체내 이동성이 낮으므로 결핍증이 주로 식물체의 생장점이나 저장기관에서 나타나기 쉽다.

TIP ① 작물의 생육에 필요한 다량원소는 질소(N), 인(P), 칼륨(K), 칼슘(Ca), 마그네슘(Mg), 황(S)로 6개이다. 미량원소는 철(Fe), 망간(Mn), 아연(Zn), 구리(Cu), 몰리브덴(Mo), 염소(Cl), 붕소(B)로 7개이다.
② 칼슘은 세포의 팽압을 유지하는 역할을 하지만, 알루미늄의 과잉 흡수를 조장하지 않는다.
③ 마그네슘은 엽록소의 중심 원소이다. 마그네슘은 체내 이동이 용이하여 결핍 시 잎의 가장자리부터 황화 현상이 나타난다.

Answer 17.② 18.④

출제 예상 문제

1 작물 생육의 필수원소에 대한 설명으로 옳은 것은?

① Mg – 각종 효소의 활성을 높여 동화물질의 합성분해, 광합성 등에 관여한다.
② Ca – 세포막 중간막의 주성분으로 단백질 합성 및 물질전류에 관여한다.
③ N – 물이나 유기물의 구성원소로 식물체의 대부분을 구성한다.
④ Mn – 생장점 부근에 많이 존재하며 분열조직의 발달, 화분 발아, 세포벽 형성에 중요하다.

TIP ① Mn ③ C, H, O ④ B

2 물에 잘 녹고 토양에 흡착되어 유실되지 않으며, 논의 환원층에 주면 효과가 오래 지속되는 질소의 형태는?

① 질산태 질소
② 요소태 질소
③ 암모니아태 질소
④ 시안아이드태 질소

TIP ① 물에 잘 녹고 작물에 흡수는 되나 논토양에 의해 쉽게 유실되고 탈질현상을 유발한다.
② 물에 잘 녹으나 토양에 흡착되지 않아 유실의 우려가 있고 토양에서 탄산암모니아로 가수분해된다.
④ 석회질소의 주성분으로 작물이 흡수할 수 있는 형태로 화학변화를 나타내는 데 1주일이 걸리므로 파종 1주일 전에 시용해야 한다.

3 다음 중 생리적 산성비료는?

① 요소
② 염화가리
③ 용성인비
④ 석회질소

TIP 생리적 산성비료 … 염화가리, 황산가리, 황산암모니아

Answer 1.② 2.③ 3.②

4 **사과 고두병의 원인은?**

① Ca의 부족 ② Fe의 부족
③ B의 부족 ④ N의 부족

TIP 고두병
㉠ 과실 내 Ca함량이 부족하면 반점성 장해(고두병, Cork Spot, 홍옥반점병)가 발생하여 품질을 저해시킨다.
㉡ 고두병에 대한 대책은 응급조치로는 0.3% CaCl2를 생육기에 4～5회 엽면살포하고 토양내 석회를 시용하고 한발시 관수를 한다.

5 **엽면시비에 대한 설명 중 옳지 않은 것은?**

① 농도가 너무 높으면 잎이 탈수된다.
② 잎의 각피와 기공을 통해서 양분이 세포 내로 흡수된다.
③ 과수원에서의 초생재배와 같이 토양시비가 곤란할 때 사용한다.
④ 살포액의 농도가 알카리성인 것이 흡수가 좋다.

TIP ④ 살포액의 농도는 미산성인 것이 흡수가 좋다.

6 **생리적 염기성 비료에 속하는 것은?**

① 과인산석회 ② 석회질소
③ 염화가리 ④ 요소

TIP 생리적 염기성 비료 … 석회질소, 용성인비, 재, 칠레초석

Answer 4.① 5.④ 6.②

7 다음 중 생리적 중성비료는?

① 황산암모니아
② 석회질소
③ 용성인비
④ 요소

TIP 생리적 중성비료 … 질산 암모니아, 요소, 과인산석회, 중과인산석회

8 작물재배에 있어 시비량에 따라 수량은 늘지만, 어느 정도 증가하면 그 후에는 그 효과가 점차 작게 나타나는 것을 무엇이라 하는가?

① 희소인자율의 법칙
② 최소양분율의 법칙
③ 수량점검의 법칙
④ 증수율의 법칙

TIP 수량점검의 법칙 … 비료를 시용할 경우, 처음에는 시비에 따라 수량이 크게 늘어나지만 어느 한계 이상으로 시비량이 많아지면 수량의 증가량이 점점 작아지게 되며, 마침내 시비량이 증가해도 수량은 더 이상 증가하지 못하는 상태에 도달하게 되는 현상을 말한다.

9 일시적으로 질소기아현상을 유발할 수 있는 탄질비는?

① 7
② 10
③ 20
④ 30

TIP 탄질비
㉠ 30 이상 : 토양질소의 미생물 이용이 유기물의 무기화보다 커져 질소기아현상을 일으킨다.
㉡ 15 ~ 30 : 질소를 잘 흡수한다.
㉢ 15 이하 : 무기화가 미생물의 이동보다 커진다.

Answer 7.④ 8.③ 9.④

10 요소비료의 질소성분함량은 몇 %인가?

① 35%　　② 46%
③ 57%　　④ 78%

TIP 주요비료의 성분

종류	질소	인산	칼리	종류	질소	인산	칼리
염화가리			60	퇴비	0.5	0.26	0.5
황산가리			48 ~ 50	콩깻묵	6.5	1.4	1.8
계분(건)	3.5	3.0	1.2	탈지강	2.08	3.78	1.4
짚재		3.7	9.6	뒷거름	0.57	0.13	0.27
과인산석회		16		녹비(생)	0.48	0.18	0.37
중과인산석회		44		구비(소)	0.34	0.16	0.4
용성인비		18 ~ 19		구비(돼지)	0.45	0.19	0.6
황산암모니아	21			질산암모니아	35		
요소	46			석회질소	20 ~ 22		

11 엽면시비를 해야 할 경우가 아닌 것은?

① 작물에 미량요소 결핍증이 나타난 경우
② 작물의 급속한 영양회복이 필요한 경우
③ 분얼비가 필요한 경우
④ 토양시비로서는 뿌리가 흡수하기 곤란한 경우

TIP 엽면시비를 해야 할 경우
㉠ 품질향상 등 특수한 목적이 있을 경우
㉡ 작업 중 토양시비가 곤란한 경우
㉢ 토양시비로서 뿌리흡수가 곤란한 경우
㉣ 작물의 영양상태를 급속히 회복시켜야 할 경우
㉤ 작물에 미량요소 결핍증이 나타났을 경우

Answer 10.② 11.③

12 다음의 성분 중 주로 생장점이나 어린 조직에서 그 결핍증세가 잘 나타나는 것은?

① 칼륨　　② 유황
③ 칼슘　　④ 인산

TIP 칼슘(Ca)
㉠ 분열조직의 생장과 뿌리 끝의 발육 및 작용에 필요하다.
㉡ 체내의 유독한 유기산을 중화한다.
㉢ 과다시 증상 : 마그네슘, 철, 아연, 코발트, 붕소 등의 흡수가 저해된다.
㉣ 부족시 증상 : 뿌리나 눈(芽)의 생장점이 붉게 변하면서 괴사한다.

13 수확체감의 법칙을 주장한 사람은?

① Liebig　　② Knop
③ Pasteur　　④ Millardet

TIP ① 수확체감의 법칙을 주장하였다.
② 수경재배를 개발하였다.
③ 저온살균법을 개발하였다.
④ 살충제인 석회보르도액(구리 + 석회)을 개발하였다.

14 다음 중 필수원소가 아닌 것은?

① Si　　② Cu
③ Fe　　④ C

TIP 필수원소 … 다량원소와 미량원소를 합한 16종의 원소
㉠ 다량원소(9종) : C, H, O, N, S, K, P, Ca, Mg
㉡ 미량원소(7종) : Fe, Mn, Zn, Cu, Mo, B, Cl

Answer 12.③ 13.① 14.①

15 엽면시비에 대한 설명으로 옳지 않은 것은?

① 뿌리의 흡수력이 떨어졌을 때 효과가 있다.
② 일부 미량원소는 엽면시비가 토양시비보다 효과적이다.
③ 지효성 무기물을 사용할 경우 엽면시비가 효과적이다.
④ 영양부족상태인 식물은 급속히 회복시키기 어렵다.

TIP ④ 동상해, 풍수해, 병충해 등을 입어서 급속한 영양회복이 필요할 경우에도 엽면시비는 효과적이다.

16 시비할 때의 유의점으로 옳지 않은 것은?

① 벼를 재배할 때는 기비로 준다.
② 생육기간이 길수록 기비량을 줄인다.
③ 온대지방에서는 덧거름의 양을 늘린다.
④ 일반적으로 인산, 칼리 등은 기비로 준다.

TIP 시비할 때의 유의점
㉠ 감자처럼 생육기간이 짧은 경우에는 주로 기비로 주고, 맥류나 벼처럼 생육기간이 긴 경우에는 분시한다.
㉡ 일반적으로 퇴비나 깻묵 등의 지효성이나 완효성 비료 또는 인산 · 칼리 · 석회 등의 비료는 대체로 기비로 준다.
㉢ 엽채류와 같이 잎을 수확하는 작물은 질소비료를 늦게까지 덧거름으로 주어도 좋지만, 화곡류와 같이 종실을 수확하는 작물은 마지막 거름을 주는 시기에 주의해야 한다.
㉣ 생육기간이 길고 시비량이 많은 경우일수록 질소의 밑거름(기비량)을 줄이고 덧거름(추비량)을 많이 하며 그 횟수도 늘린다.(추비중점 시비)
㉤ 사질토, 누수답, 온난지 등에서는 비료가 유실되기 쉬우므로 덧거름의 분량과 회수를 늘린다.

17 엽면시비의 효과가 가장 큰 경우는?

① 질소결핍이 있을 때
② 잎이 떨어질 때
③ 뿌리의 흡수력이 약해졌을 때
④ 건조할 때

Answer 15.④ 16.① 17.③

TIP 엽면시비

㉠ 요소나 엽면 살포용 비료를 물에 아주 엷게 희석하여 분무상태로 잎이나 줄기에 시비하는 것을 말한다.

㉡ 미량요소의 공급, 뿌리의 흡수력 증대, 급속한 영양회복 등의 효과가 있다.

18 다음 중 비료의 3요소가 아닌 것은?

① 질소 ② 철

③ 인 ④ 칼륨

TIP 비료의 필수원소

㉠ 비료의 3요소 : 질소, 인, 칼륨

㉡ 비료의 4요소 : 비료의 3요소 + 석회

㉢ 비료의 5요소 : 비료의 4요소 + 부식(腐食)

② 철은 미량원소이다.

19 배합비료에 대한 설명으로 옳지 않은 것은?

① 2가지 이상의 비료성분이 함유되도록 혼합한 비료이다.

② 원료로 사용한 비료의 형태를 그대로 갖고 있다.

③ 과인산석회와 염화칼륨을 섞으면 저장 중에 굳어지는 결점이 보완된다.

④ 황산암모늄 · 인분뇨 등에 석회 등 알칼리성 비료를 섞으면 암모니아가스가 휘산된다.

TIP ③ 황산암모늄을 유기질 비료와 배합하면 건조할 때 굳어지는 것을 막아준다.

※ 배합비료의 장점

㉠ 단일비료를 여러 차례 시비하는 번거로움을 덜 수 있다.

㉡ 속효성비료와 지효성비료를 섞어주어 비효의 지속을 조절할 수 있다.

㉢ 비효를 높이기도 한다. 어비류(魚肥類)에 회류(灰類) 비료를 섞으면 회 중의 탄산칼륨이 어비 중의 유분을 분해하여 비효를 증진시킨다.

Answer 18.② 19.③

20 작물별 요소의 안정농도를 설명한 것으로 옳은 것은?

① 화곡류 - 4 ~ 5%
② 고구마 - 1%
③ 차나무 - 1.5%
④ 채소 - 1.5 ~ 3%

TIP 작물별 요소의 안정농도
㉠ 채소 : 0.5 ~ 2%
㉡ 과수 : 0.5 ~ 1%
㉢ 뽕나무, 차나무, 목초 : 0.5%
㉣ 콩, 고구마, 담배 : 1%
㉤ 벼나 맥류의 화곡류 : 2 ~ 3%
㉥ 일반 노지 작물 : 0.5 ~ 2.5%

21 필수원소 중 질소에 대한 설명으로 옳지 않은 것은?

① 엽록소, 단백질, 효소 등의 구성성분이다.
② 부족시 황백화 현상이 나타난다.
③ 광합성, 호흡작용, 녹말과 당분의 합성과 분해 등에 관여한다.
④ 과잉시 자실의 수확량이 감소한다.

TIP ③ 필수원소 중 인(P)에 대한 설명이다.

22 다음 중 미량원소끼리 묶인 것은?

① B, S
② Mg, Mo
③ Ca, Cu
④ Fe, Mn

TIP 필수원소
㉠ 다량원소(9종) : C, H, O, N, S, K, P, Ca, Mg
㉡ 미량원소(7종) : Fe, Mn, Zn, Cu, Mo, B, Cl
㉢ 기타원소 : Si, Al, Na, I, Co 등

Answer 20.② 21.③ 22.④

06 작물관리

01 보식, 솎기, 중경

❶ 보식과 솎기

(1) 보식

① 보식(補植) … 발아가 불량한 곳, 이식 후에 병충해나 그 밖의 이유로 고사한 곳에 보충하여 이식하는 것을 말한다.

② 보파(補播) … 파종이 고르지 못하거나 발아가 불량하여 작물 개체간의 거리를 조절하기 위해 보충적으로 파종하는 것을 말하며, 추파(追播)라고도 한다.

(2) 솎기

① 솎기의 개념 … 작물의 씨를 빽빽하게 뿌린 경우에 싹이 튼 뒤 그 중 일부의 개체를 제거하고 알맞은 개체 수를 고르게 생육시키려고 하는 작업을 말한다.

② 솎기의 효과

㉠ 개체의 생육공간을 넓혀 주어 균일한 생육을 할 수 있다.

㉡ 솎기를 전제로 하여 종자를 넉넉히 뿌리면 발아가 불량하여도 빈 곳이 생기는 일이 없다.

㉢ 종자에서 판별이 곤란한 생리적 · 유전적인 열악형질(劣惡形質)을 가진 개체를 싹튼 후 제거하여 우량 개체만을 남길 수 있다.

❷ 중경

(1) 중경의 개념

작물의 생육 도중에 작물 사이의 토양을 가볍게 긁어주어 부드럽게 하는 작업을 말한다.

(2) 중경의 효과

① 밭에서는 딱딱해진 토양을 부드럽게 하여 투수성(透水性) · 통기성을 증가시킴으로써 작물의 뿌리가 잘 자라게 하고 토양 내부의 건조를 막는다.

② 토양을 갈아엎기 때문에 잡초를 제거할 수 있다.

③ 굳어있는 표층토를 얕게 중경하여 피막을 부숴주면 발아가 조장된다.

(3) 중경의 단점

① 작물의 뿌리가 끊어지므로 중경제초에 의한 피해도 있으며 한발의 해를 조장하게 된다.

② 유수형성(幼穗形成) 이후의 중경은 감수(減收)의 원인이 된다.

③ 표층토가 빨리 건조되어 바람이 심한 곳에서는 풍식이 조장된다.

④ 토양 중의 온열이 지표까지 상승하는 것이 줄어들어 발아 중의 어린 식물이 서리나 냉온을 만났을 때 한해를 입기 쉽다.

02 제초

❶ 잡초의 개요

(1) 잡초의 의의

① 경작지 · 도로 그 밖의 빈터에서 자라며, 생활에 큰 도움이 되지 못하는 풀을 총칭하는 말이다.

② 농업에서는 경작지에서 재배하는 식물 이외의 것을 잡초라고 하며, 경작지 이외에서 자라는 것은 야초(野草)라고 한다.

③ 잡초는 작물에 비하여 생육이 빠르고 번식력이 강할 뿐 아니라 종자의 수명도 길다.

(2) 잡초의 유해작용

① **병충해의 전파** … 잡초는 작물 병원균의 중간 기주역할을 하는 경우가 있다.

② **품질의 저하** … 목초의 품질과 상품성이 떨어지게 된다.

③ **미관 손상** … 잔디밭의 잡초는 미관을 훼손한다.

④ **가축 피해** … 일부 잡초는 가축에 중독을 일으키는 경우도 있다.

⑤ **유해물질 분비** … 어떤 식물의 분비물이나 경엽근(莖葉根)의 유체가 다른 식물의 생리작용을 해칠 수도 있다.

⑥ **작물과의 경쟁**

㉠ 잡초는 작물과 생육상의 경쟁을 하고 작물의 생육환경을 불량하게 만든다.

㉡ 잡초는 일반적으로 작물보다 양분흡수력이 강하여 작물이 필요로 하는 양분을 흡수한다.

⑦ **우리나라의 주요 논잡초**

㉠ **다년생 방동사니과 논잡초** : 올방개, 너도방동사니

㉡ **1년생 방동사니과 노잡초** : 올챙이고랭이

㉢ **1년생 광엽 논잡초** : 여뀌, 자귀풀

㉣ **다년생 광엽 논잡초** : 벗풀

(3) 잡초의 전파와 발아

① **잡초의 전파** … 잡초는 전파력이 매우 크므로 자기포장을 정결히 하여도 인접포장에서 전파되기 쉽다.

② **잡초의 발아**

㉠ **휴면** : 잡초 종자는 성숙 후 곧 발아하는 것도 있지만, 채종 후 3 ~ 4개월 간 발아하지 않는 것도 많다.

㉡ **수명** : 잡초 종자가 땅 속 깊이 묻히면 1 ~ 2차 휴면이 유도되어 발아하지 않고 오랫동안 수명이 지속되는 경우가 있다.

㉢ **빛** : 잡초 종자는 대부분 호광성이다.

㉣ **복토** : 복토가 깊어지면 산소와 광선이 부족해져 잡초의 발아가 억제된다.

㉤ **변온** : 호광성 종자라도 변온상태에서는 암중 발아하는 것도 있다.

㉥ **토양수분** : 토양이 습하면 복토 증대에 따른 발아 저하가 심해진다.

❷ 잡초의 방제

(1) 잡초방제의 개념

생육 중인 잡초를 제거할 뿐만 아니라 잡초 종자의 발아를 미연에 억제하는 것을 말한다.

(2) 잡초 예방대책

① **경운** … 경지를 깊이하고 표토에 많이 있는 잡초 종자를 깊이 묻어 버리는 방법이다.

② **피복** … 짚, 비닐 등으로 지면을 덮는 이른바 멀칭에 의해서 발아를 억제시키는 방법 등이다.

③ **윤작** … 논과 밭의 윤환경작(輪換耕作)도 잡초발생 방지에 매우 효과가 있다.

㉠ **소토, 소각** : 화전을 일굴 때 잡초 종자가 많이 소멸한다.

㉡ **방목** : 작물을 수확한 후에 방목하여 잡초를 먹이로 한다.

㉢ **재배방식**

- 목초 파종시 동반작물을 혼파하면 잡초발생을 경감시킨다.
- 과수원의 초생재배도 잡초발생을 억제한다.

㉣ **퇴비** : 퇴비용 목초는 성숙한 잡초 종자를 가진 풀을 사용하는 일이 없도록 한다.

(3) 제초제에 의한 제초

① **제초제 사용법**

㉠ **파종 전 처리** : 경기하기 전 포장에 제초제를 살포하는 방법으로 Gramoxone, TOK, PCP, EDPD, CBN, G-315(론스타) 등이 이용된다.

㉡ **파종 후 관리**

- 포장에 직접 파종하는 작물에 대하여 파종 후 3일 이내에 제초제를 토양에 살포하는 것으로 출아 전 처리라고도 한다.
- PCP, TOK, Simazine(CAT), Machete, Afalon(Lorox), Swep, Lasso, Ramrod, Karmex 등이 이용된다.

㉢ **이식 전 처리** : 이식을 하는 작물로서 이식할 때에 토양을 심하게 교반하지 않는 작물에 대해서는 이식 2 ~ 3일 전에 포장 전면에 제초제를 살포하는 방법이다.

㉣ **생육 초기 처리(출아 후 처리)** : Stam F-34(DCPA), 2 · 4-D, Saturn-S, Pamcon, Simazine (CAT), Cl-IPC 등이 이용된다.

② **제초제 사용시 유의점**

㉠ 사람이나 가축에 유해한 것은 특히 주의한다.

㉡ 파종 후 처리시 복토를 다소 깊게 한다.

㉢ 선택시기와 사용량을 적절히 한다.

㉣ 농약, 비료 등과의 혼용을 고려해야 한다.

㉤ 제초제는 성분이 같아도 제형이 다를 경우 제초 효과에 차이가 날 수 있다.

(4) 제초제의 종류

① 제초제의 활성에 따른 분류

㉠ 선택성 여부에 따른 분류

- 선택성 제초제 : 작물에는 피해를 주지 않고 잡초만 제거하는 제초제를 말하며, 종류에는 2.4D, butachlor, bentazon 등이 있다.
- 비선택성 제초제 : 작물과 잡초 모두를 제거하는 것으로 작물과 잡초가 혼재되지 않은 지역에서 사용하며, 종류에는 glyphosate, paraquat(gramoxone), glufosinate, bialaphos, sulfosate 등이 있다.

㉡ 이행성 여부에 따른 분류

- 접촉형 제초제 : 제초제를 처리한 부위에 제초효과가 나타나는 것으로 종류에는 paraquat, diquat 등이 있다.
- 이행성 제초제 : 제초제를 처리한 부위로부터 수분이나 양분의 이동 경로를 따라 이동해서 다른 부위에도 제초효과가 나타나는 것으로 종류에는 bentazon, glyphosate 등이 있다.

② 제초제의 화학적 특성에 따른 분류

㉠ 페녹시(Phenoxy)계 제초제 : 선택형, 호르몬형 유기제초제로 2,4-D, 메코프로프(MCPP) 등이 있다.

- 2,4-D : 우리나라에서 최초로 사용된 제초제로 화곡류, 사탕수수, 잔디, 목초, 비농경지의 1년생 및 다년생 광엽잡초 방제에 사용되며, 화곡류의 경우 유효분얼종지기로부터 유수형성기 사이에 처리하는 것이 바람직하다.

㉡ 벤조산(Benzoic acid)계 제초제 : 페녹시계 제초제와 같이 옥신 활성을 나타내고 식물체 내 또는 토양 중에서의 안전성은 페녹시계보다 높은 편이며, 종류로는 콩과작물, 잔디, 화본과목초의 광엽잡초 방제에 사용되는 디캄바(dicamba), 2,3,6-TBA 등이 있다.

㉢ 유기인계 제초제 : 비선택성 제초제이며, 과수원의 잡초 방제에 이용되고 종류로는 글리포세이트(glyphosate)와 글리포세이트암모늄(glyphosate ammonium), 피페로포스(piperophos), 비알라포스(bialaphos) 등이 있다.

㉣ 비피리딜리움(Bipyridilium)계 제초제 : 비선택성 제초제이며, 과수원, 조림지 방제 등에 이용되며, 종류로는 paraquat디클로라이드, diquat디브로마이드 등이 있다.

㉤ 벤조티아디아졸(Benzothiadiazole)계 제초제 : 광엽 및 방동사니과 잡초의 경엽에 처리하는 선택성 이행형 제초제이며, 광합성 저해에 의해 방제하고 이앙한 논이나 보리밭에서 사용되며 종류로는 벤타존(bentazone)이 있다.

㉥ 트리아진(Triazine)계 제초제 : 광합성 저해제로 식물체 내의 엽록소가 작용점이고, 종류에는 과수원이나 옥수수, 딸기, 뽕나무밭에서 1년생 잡초방제에 사용되는 시마진(simazine), 침엽수 조림지의 삼림제초제 헥사지논(hexazinone) 등이 있다.

㉦ 요소(Urea)계 제초제 : 잡초 발생 전에 처리하고 식물세포에만 작용하므로 사람이나 가축에 대한 독성 및 토양잔류성이 낮아 많이 사용하고 있고 종류로는 보리, 콩, 양파 등의 1년생 잡초방제에 사용되는 리뉴론(linuron)과 메타벤즈티아주론(methabenzthiazuron) 등이 있다.

ⓞ **설포닐우레아(sulfonylurea)계 제초제** : 화본과보다 광엽잡초에 많이 활용하고 세포분열과 식물의 생육을 억제하며, 논에서 피를 제외한 1년생 및 다년생 광엽잡초와 방동사니과 잡초 방제에 활용하고 종류로는 설퓨론메틸(bensulfuron-methyl)과 파라조설퓨론에틸, 아짐설퓨론, 시노설푸론 등이 있다.

ⓩ **디페닐에테르(Diphenyl ether)계 제초제** : 접촉형 제초제로 잡초 발생 전에 처리하며, 토양 표면에 막을 형성하여 갓 발아하는 유묘가 접촉되어 고사하는 것으로 종류에는 손이앙 논에서 1년생잡초 및 올챙이고랭이 방제에 사용되는 비페녹스와 옥시플루오르펜 등이 있다.

ⓒ **카바메이트(carbamate)계 제초제** : 이행성으로 잡초 발생 전에 처리하며, 화본과 및 방동사니과에 선택적 방제로 콩, 당근 등의 1년생 잡초에 방제하고 종류로는 클로프로팜(chlopropham), 아슐람(asulam) 등이 있다.

ⓚ **아마이드(Amide)계 제초제** : 밭에 사용하는 접촉형으로 종류에는 콩, 옥수수, 감자 등의 1년생 잡초방제에 사용하는 알라클로르(alachlor), 이앙 및 직파 논의 1년생 잡초방제에 사용하는 나프로파마이드, 뷰타클로르, 프로파닐(propanil) 등이 있다.

ⓣ **디니트로아닐린(Dinitroaniline)계 제초제** : 밭에 사용하는 접촉형으로 보리, 콩 등의 1년생 화본과 잡초의 방제에 사용하며, 종류로는 에탈플루랄린, 트리플루랄린, 펜티메탈린 등이 있다.

ⓟ **티오카바메이트(Thiocarbamate)계 제초제** : 논에 사용하는 이행성으로 논에서 피와 1년생 화본과 및 광엽잡초 방제에 사용하며, 종류로는 티오벤카보가 있다.

03 멀치, 배토, 토입, 답압

❶ 멀치

(1) 멀치의 의의

① 농작물을 재배할 때 경지토양의 표면을 덮어주는 자재를 멀치(Mulch)라고 하며, 덮어주는 일을 멀칭(Mulching)이라고 한다.

② 토양침식 방지, 토양수분 유지, 지온 조절, 잡초 억제, 토양전염성병균 방지, 토양오염 방지 등의 목적으로 실시된다.

(2) 멀치의 분류

① **토양 멀치** … 토양의 표면을 얇게 갈면 하층과 표면의 모세관이 단절되고 표면에 건조한 토층이 생겨서 멀칭한 것과 같은 효과를 보이는 것을 말한다.

② **스티플 멀치 농법** … 미국의 건조 또는 반건조 지방의 밀재배에 있어서 토양을 갈아엎지 않고 경운하여 앞 작물의 그루터기를 그대로 남겨서 풍식과 수식을 경감시키는 농법이다.

③ **폴리멀치** … 예전에는 볏짚 · 보릿짚 · 목초 등을 썼으나, 오늘날은 폴리에틸렌이나 폴리염화비닐필름을 이용한다.

(3) 멀치의 효과

① 동해 경감, 한해 경감

② 잡초 억제, 생육 촉진

③ 과실 품질향상, 토양 보호

(4) 필름의 종류와 효과

① **흑색필름** … 모든 광을 흡수하여 잡초의 발생이 적으나, 지온상승 효과가 적다.

② **투명필름** … 모든 광을 투과시켜 잡초의 발생이 많으나, 지온상승 효과가 크다.

③ **녹색필름** … 잡초를 억제하고 지온상승의 효과가 크다.

(5) 비닐 멀칭

플라스틱 필름으로 땅의 표면을 덮어 주는 방법으로 폴리에틸렌이나 폴리염화 비닐 필름을 이용한다. 작물의 생육 촉진, 지중 온도 조절, 토양 수분 유지, 잡초발생 억제, 토양 전염성 병균 방지, 토양 오염 방지 따위의 효과가 있으며, 이용방법은 다음과 같다.

① 지온을 상승시키는 데는 흑색필름보다 투명필름이 효과적이다.

② 작물을 멀칭한 필름 속에서 상당기간 재배할 때에는 흑색이나 녹색필름 보다 투명필름이 안전하다.

③ 밭 전면을 비닐멀칭하였을 때에는 빗물을 이용하기가 곤란하다.

④ 앞작물 그루터기를 남겨둔 채 재배하여 토양유실을 막는 스터블멀치농법도 있다.

2 배토

(1) 배토의 의의

① 이랑 사이의 토양을 작물의 포기 밑에 모아주는 작업을 말한다.

② 중경(사이갈이)의 일종으로 맥류, 채소류, 밭벼, 감자, 옥수수 등의 작물에 실시한다.

③ 배토시 뿌리가 잘리지 않도록 주의하고 건조한 시기는 가급적 피한다.

(2) 배토의 효과

① 작물의 뿌리줄기를 고정하므로 풍우에 대한 저항력이 증대되어 쓰러지는 것을 방지한다.

② 토란, 파 등에서는 작물의 품질을 좋게 하고 소출을 증대시킨다.

③ 제초(除草)의 효과와 함께 배수를 돕고 지온을 상승시켜 뿌리의 발달이 좋아진다.

④ 도복이 경감되고 무효분얼의 발생이 억제되어 증수효과가 있다.

⑤ 연백(軟白)효과가 있다.

❸ 토입

(1) 토입의 개념

맥류재배에서 생육 초기 또는 중기에 이랑 사이의 흙을 중경하여 부드럽게 하여 작물의 포기 사이에 뿌려 넣어 주는 작업을 말한다.

(2) 토입의 효과

① **가을에서 겨울까지의 어린 모** … 토입을 하면 보리포기를 보호하고 바람이나 비에 의해 흙이 흘러내려서 생기는 뿌리의 노출을 막으며, 보온의 효과도 있다.

② **봄에 마디 사이가 자라기 시작할 때, 또는 그 이후**
   ㉠ 무효분얼을 억제하고 포기의 간격을 넓혀 통풍을 좋게 하며, 일광을 잘 쬐게 함으로써 줄기의 발육을 돕는다.
   ㉡ 이삭이 나온 후 넘어지는 것을 예방한다.

❹ 답압

(1) 답압의 개념

가을부터 겨울 동안 밭에서 생육하고 있는 보리를 발 또는 답압기(踏壓機)로 밟아 주는 작업을 말하며, 보리밟기라고도 한다.

(2) 답압의 효과

① 보리의 경엽(莖葉)에 상처를 주어 월동 전에 지상부의 웃자람(徒長)을 억제하고 분얼을 촉진하며, 상처로 수분의 증산이 많아지기 때문에 세포액 농도가 높아져서 생리적으로 내한성이 높아진다.

② 뿌리의 발달이 촉진되므로 유묘기에 심근화(深根化)되어 겨울의 동상해(凍霜害)에 대한 저항성이 높아진다.

③ 주위의 토양도 함께 밟아 다져지므로 겨울의 이 작업은 서릿발에 의해서 토양이나 보리가 솟아오르는 것을 막는 효과가 있다.

④ 난지(暖地)에서의 보리밟기는 주로 지상부의 웃자람 방지와 분얼수의 증가에 효과가 있다.

⑤ 한지(寒地)에서는 주로 서릿발의 피해 등의 내한성(耐寒性)을 높이는 것에 효과가 있다.

04 생육 형태의 조정

❶ 전정

(1) 전정의 의의

① 가지를 잘라 주는 일을 말한다.

② 주로 과수재배에서 수형(樹形)을 만들기 위해서도 가지를 자르는데 이 경우는 정지(가지고르기)라고 하며, 세부의 가지를 솎아주거나 잘라내는 경우를 전정(剪定)이라 하여 구별한다.

③ 전정은 나무의 생장이 왕성할 때에는 생장을 억제하고 결실을 늦추는 효과가 있으므로 가지치기의 목적 이외에는 가볍게 한다.

(2) 전정의 효과

① 부러졌거나 약해서 이상이 생긴 가지를 제거하고, 혼잡한 부분의 가지를 정리한다.

② 열매가 달릴 가지의 수를 제한하여 지나치게 많이 열리는 것을 방지한다.

③ 가지를 적당히 솎아 수광과 통풍을 좋게 하여 과실의 품종이 좋아진다.

④ 공간을 최대한 이용할 수 있고 관리작업이 용이하다.

(3) 전정의 종류

① 가지의 기부를 잘라내는 것을 솎음전정이라 한다.

② 가지의 중간을 잘라서 튼튼한 새 가지를 발생시키려는 것을 자름전정이라 한다.

❷ 정지

(1) 정지의 의의

과수 등의 경우, 자연적 생육형태를 변형하여 목적하는 생육형태로 유도하는 것을 말한다.

(2) 정지법의 종류

① 덕식

㉠ 철사 등을 공중 수평면으로 가로 · 세로로 치고, 가지를 수평면의 전면에 유인하는 방법이다.

㉡ 포도, 배 등에서 이용된다.

㉢ 증수와 품질이 좋아지고 나무의 수명도 길어진다.

㉣ 시설비가 많이 들고 관리가 불편하다.

② 울타리형

㉠ 가지를 2단 정도로 길게 직선으로 친 철사 등에 유인하여 결속시킨다.

㉡ 포도의 정지법으로 흔히 이용된다.

㉢ 시설비가 적게 들고 관리가 간편하다.

㉣ 나무의 수명이 짧아지고 수량이 적다.

㉤ 관상용으로 이용되기도 한다(배, 자두 등).

③ 변칙주간형(變則主幹型)

㉠ 원추형과 배상형의 장점을 취하기 위해 처음에는 수년간 원추형으로 기르다가 그 후 주간의 선단을 잘라서 주지가 바깥쪽으로 벌어지도록 하는 방법이다.

㉡ 수연개심형이라고도 하며, 사과 · 감 · 밤 · 서양배 등에 이용된다.

④ 배상형(盃狀型)

㉠ 개심형이라고도 한다.

㉡ 주간을 일찍 끊고 3 ~ 4본의 주지를 발달시켜서 수형을 술잔 모양이 되게 하는 방법이다.

㉢ 관리가 편하고 통풍과 통광이 좋다.

㉣ 주지의 부담이 커서 가지가 늘어지기 쉽고, 수량이 떨어진다.

㉤ 배, 복숭아, 자두 등에 이용된다.

⑤ 원추형(圓錐型)

㉠ 수형이 원추상태가 되게 하는 방법을 말하며, 주간형 또는 폐심형이라고도 한다.

㉡ 주지수가 많고 주간과의 결합이 강하다.

㉢ 관리가 불편하고 풍해를 심하게 받는다.

㉣ 아래쪽 가지가 광부족으로 발육이 불량해지기 쉽다.

㉤ 과실의 품질이 저하되기 쉽다.

❸ 기타 조정법

(1) 절상

눈이나 가지 바로 위에 가로로 깊은 칼금을 넣어서 눈이나 가지의 발육을 조장한다.

(2) 잎따기

잎을 따는 일을 말하며, 적엽(摘葉)이라고도 한다.

(3) 환상박피

① 줄기나 가지의 껍질을 2 ~ 6cm 정도 둥글게 도려내는 것이다.

② 화아분화나 숙기를 촉진시키기 위해 이용된다.

(4) 눈따기

눈이 트려 할 때에 필요없는 눈을 손끝으로 따는 것을 말한다(포도).

(5) 순지르기

① 주경이나 주지의 순을 질러 생장을 억제하고 측지의 발생을 많게 하여 개화 · 착과 · 탈립을 조장하는 것을 말한다.

② 과수, 과채류, 목화, 두류 등에서 이용된다.

(6) 과수의 결과습성

꽃눈이 착생하는 습성을 말하며 과수마다 종류에 따라 다르기 때문에 결과습성에 맞는 전정을 해줘야 좋은 결과를 맺게 한다.

① 1년생 가지에 결실하는 과수 … 감귤, 무화과, 호두, 감, 밤, 포도 등

② 2년생 가지에 결실하는 과수 … 복숭아, 자두, 매실, 살구 등

③ 3년생 가지에 결실하는 과수 … 사과, 배 등

05 결실의 조절

❶ 적화 및 적과

(1) 적화(摘花)

① 과실이나 종자가 맺지 않도록 핀 꽃을 따서 버리는 것을 말하며, 꽃솎아내기라고도 한다.

② 튤립, 수선화, 히야신스 등의 알뿌리를 비배양성할 때 시행된다.

(2) 적과(摘果)

① 나무의 세력에 비하여 너무 많이 달린 열매를 일찍 솎아내는 것을 말하며, 열매솎기라고도 한다.

② 열매의 크기를 크고 고르게 한다.

③ 열매의 착색을 돕고 품질을 높여 준다.

④ 나무의 잎, 가지, 뿌리 등의 영양체의 생장을 돕는다.

⑤ 병충해를 입은 열매나 모양이 나쁜 것을 제거한다.

TIP

가장 널리 사용되는 적과제는 사과나무에 쓰는 카르바릴과 감귤에 쓰는 NAA가 있으며 그 외에도 MEP, 에틸클로제트, 아브시스산, 에세폰, 벤질아데닌 등이 있다.

❷ 수분 매조

(1) 인공수분

① 과수나 원예식물의 열매를 잘 맺게 하기 위하여 인공적으로 수분을 시키는 것을 말한다.

② 화분으로 이용할 꽃을 따서 꽃자루를 잡고 수분하려는 꽃의 암술머리에 화분이 묻도록 돌리면서 가볍게 접촉하는 것이 좋다.

③ 곤충의 수가 적거나 수분수가 가까이 있지 않을 때 인공수분의 효과가 크다.

(2) 곤충의 방사

벌이나 파리를 방사하여 수분을 매조하는 경우도 있다.

(3) 수분수(授粉樹)의 혼식

① 과수에서 화분이 불완전하거나 전혀 없을 경우, 자가불화합성인 경우에 화분을 공급하기 위하여 섞어 심는 나무를 말한다.

② 자가결실 또는 단위결실을 하는 품종이라도 타가수분을 함으로써 결실률이 높거나 과실의 품질이 좋아질 경우에도 수분수를 혼식하는 것이 좋다.

❸ 낙과 방지

(1) 낙과의 종류

① 기계적 낙과

② 생리적 낙과

③ 병해충에 의한 낙과

(2) 생리적 낙과

① 개화된 후 꽃, 열매 등이 떨어지는 현상을 말한다.

② 수정이 되지 못하거나 수정이 되더라도 발육이 불량한 것이 낙과하므로, 과수 자체의 자기조절작용이라고도 할 수 있다.

③ 낙과의 방지
- ㉠ 옥신 등의 생장조절제를 살포한다.
- ㉡ 병충해를 방지한다.
- ㉢ 방풍시설을 설치한다.
- ㉣ 수광상태를 향상시킨다.
- ㉤ 관개와 멀칭에 의한 건조를 방지한다.
- ㉥ 비료를 넉넉히 주어야 한다.
- ㉦ 한해에 대비한다.
- ㉧ 수분의 매조가 잘 이루어지도록 한다.

❹ 복대와 성숙촉진

(1) 복대

① 과수재배의 경우 적과를 끝마친 다음에 과실에 봉지를 씌우는 것을 말한다.

② 병충해가 방제되고 외관이 좋아진다.

③ 너무 오래 씌워 놓으면 과실의 색깔이 안 좋아지므로 수확 전에 제거해 주어야 한다.

④ 복대를 하면 노동력이 많이 소모되어 최근에는 복대 대신 농약에 의한 방제방법으로 바뀌는 경향이 있는데, 이것을 무대재배라고 한다.

(2) 성숙촉진

① 생장조절제를 이용하여 과실의 성숙을 촉진시킨다.

② 하우스 재배는 과수와 채소의 촉성재배로서 널리 이용되고 있다.

06 도복 및 수발아

❶ 도복(倒伏)

(1) 도복의 개념

작물이 비바람 등에 쓰러지는 것을 말한다.

(2) 도복의 발생원인

① 비나 바람이 세게 불면 도복이 유발된다.

② 병충해가 있으면 대가 약해져 도복이 유발된다.

③ 키가 크고 대가 약하며, 근계의 발달 정도가 빈약한 품종일수록 도복이 심하다.

(3) 도복의 피해

① 간작물에 대한 피해 … 맥류에 콩이나 목화를 간작했을 경우, 맥류가 도복하면 어린 간작물을 덮어서 생육을 방해한다.

② **수확작업의 불편** … 기계수확시 작업이 매우 불편해진다.

③ **품질저하** … 결실이 불량해지고 토양이나 물에 접하게 되어 변질, 부패, 수발아 등이 유발된다.

④ **감수** … 도복이 되면 잎이 망가져서 광합성이 감퇴하고 대가 꺾여 양분이 이동이 저해되며, 식물체에 상처가 나서 양분의 호흡소모가 많아지므로 등숙이 나빠져서 수량이 감소된다.

⑤ **시기** … 도복의 시기가 빠를수록 피해가 크다.

(4) 대책

① 벼에서 마지막 논김을 벨 때 배토를 한다.

② 옥수수, 수수, 벼 등에서 몇 포기씩 미리 결속을 해둔다.

③ 대를 약하게 하는 병충해를 방제한다.

④ 유효분얼 종지기에 2 · 4-D, PCD 등의 생장조절제를 이용한다(벼).

⑤ 재식밀도를 적절하게 조절한다.

⑥ 복토를 깊게 한다(맥류).

⑦ 질소 편중의 시비를 줄인다.

⑧ 키가 작고 대가 강해서 도복에 강한 품종을 선택한다.

❷ 수발아(穗發芽)

(1) 수발아의 개념

연속되는 강우로 식물체에 붙어있는 이삭에서 싹이 나게 되는 현상을 말하는데 우리나라는 2~3년에 한 번씩 밀의 등숙기가 장마철과 겹치면서 등숙기가 늦은 품종이나 비가 많이 오는 지역에서는 등숙 후기에 수발아의 위험이 크며, 이에 대한 대책으로는 다음과 같다.

(2) 대책

① 출수 후 20일경 종피가 굳어지기 전에 0.5 ~ 1% MH액이나 α-나프탈린초산 등과 같은 발아 억제제를 살포한다.

② 도복을 방지하고 조기수확 한다.

③ 조숙종이 만숙종보다 수발아의 위험이 적다.

④ 휴면기간이 긴 품종은 수발아의 위험이 적다.

⑤ 예취 가능한 시기에 바로 수확하여 건조시키는 방법이 가장 바람직하다.

07 방제

❶ 병충해 방제

(1) 경종적 방제법

① 병충해의 중간 기주식물을 제거한다.

② 수확물을 잘 건조하면 병충해의 발생이 경감된다.

③ 포장을 항상 청결히 하여 해충의 전염원을 없앤다.

④ 비료의 잘못된 사용은 병충해를 유발한다.

⑤ 조기수확 및 조기파종으로 생육기를 조절한다.

⑥ 윤작에 의해 병충해가 경감될 수 있다.

⑦ 병충해에 강한 품종을 선택한다.

⑧ 냉수관개답(冷水灌漑畓)이나 냉수가 흘러들어오는 수구(水口)의 벼는 도열병에 걸리기 쉬우므로, 웅덩이나 우회수로(迂廻水路) 등을 만들어 수온을 높여서 물을 대면 병의 발생을 상당히 억제할 수 있다.

⑨ 밭벼나 메밀밭에 무를 사이짓기하면 무에 진딧물이 적게 날아들어 무 바이러스병 방제에 상당한 효과가 있다.

⑩ 고농도의 산성토양에는 석회를 뿌려주어 토양산도를 낮춘다.

⑪ 직파재배를 통해 줄무늬잎마름병의 발생을 줄일 수 있다.

(2) 생물학적 방제법

미생물 · 곤충 · 식물, 그 밖의 생물 사이의 길항작용이나 기생관계를 이용하여 인간에게 유해한 병원균 · 해충 · 잡초를 방제하려는 방법을 말한다.

① 병원균

㉠ 담배의 흰비단병 : 트리코데르마균(Trichoderma)

㉡ 송충이 : 졸도병균, 강화병균

② 포식성 곤충

㉠ 진딧물 : 풀잠자리, 꽃등에, 됫박벌레 등이 포식한다.

㉡ 딱정벌레 등은 각종 해충을 잡아먹는다.

③ 기생성 곤충 … 침파리, 고추벌, 맵시벌, 꼬마벌 등은 나비목의 곤충에 기생한다.

(3) 물리적 방제

주로 열에 의한 토양소독이나 온탕(溫湯)에 의한 종자소독 등 물리적 수단으로 병원균의 살멸(殺滅)을 도모하고 병의 발생을 예방하는 방법이다.

① 온도처리

㉠ 온탕침법
- 목화의 모무늬병의 경우에는 60℃ 온탕에서 10분간 처리한다.
- 보리의 누름무늬병의 경우에는 46℃의 온탕에서 10분간 처리한다.

㉡ 냉수온탕침법 : 주로 맥류의 겉깜부기병 등을 방지하기 위하여 쓰이는 방법이다.

㉢ 욕탕침법 : 욕탕이 있는 농가에서는 입욕 후의 욕탕의 온도를 46℃ 정도로 조절한 후 맥류종자를 보자기에 싸서 담그고 다음날 아침(약 10시간 후, 욕탕의 온도는 25 ~ 40℃)에 꺼내어 그늘에서 건조시킨다.

㉣ 태양열 이용법 : 물에 4 ~ 6시간 담근 종자를 한여름에 3 ~ 6시간 직사일광에 노출시킨다.

② 독이법 … 해충이나 쥐가 좋아하는 먹이에 독극물을 넣는다.

③ 차단

㉠ 어린 식물을 피복하고 과실에 복대한다.

㉡ 도랑을 파서 멸강충 등의 이동을 막는다.

④ 유살

㉠ 해충이 좋아하는 먹이로 유인하여 죽인다.

㉡ 나무 밑동에 짚을 둘러서 잠복하는 해충을 구제한다.

⑤ 담수 … 밭 토양에 장기간 담수해 두면 병원충을 구제할 수 있다.

⑥ 소토(燒土) … 흙에 열을 가하여 소독하는 방법이다.

⑦ 소각 … 해충이 숨어 있을 수 있는 낙엽 등을 소각한다.

⑧ 증기소독 … 보일러에서 나오는 고압수증기를 파이프로 땅속에 분출시키는 방법이다.

⑨ 전기소독 … 전열장치가 들어 있는 용기 안에 흙을 넣고 약 70℃의 온도에서 살균한다.

(4) 화학적 방제법

① 살균제

㉠ 동제(銅劑) : 석회 보르도액, 분말 보르도, 동수은제 등

㉡ **유기수은제 :** Uslpulun, Mercron, Riogen, Ceresan 등

㉢ **무기황제(無機黃劑) :** 황분말, 석회황합제 등

② 살충제

㉠ **살선충제 :** D-D, Vapam, VC-13, PRD 등

㉡ **훈증제 :** Chloroplcrin 등

㉢ **비소제(砒素劑) :** 비산연, 비산석회 등

㉣ **살비제(殺蜱劑) :** DNC, D-N, DNBP, CCS, DMC, CPAS, DDDS 등

㉤ **염소계 살충제 :** DDT, BHC, Chlordane, Heptachlor, Aldrin, Dieldrin 등

③ 유인제

㉠ 곤충을 유인할 목적으로 사용하는 약제를 말한다.

㉡ 지프톨(매미나방의 암컷이 분비), 파네졸(띠호박벌의 암컷이 분비), Pheromone 등이 있다.

④ 기피제

㉠ 해충이나 작은 동물에 자극을 주어 가까이 오지 못하도록 하는 약제이다.

㉡ **쥐, 산토끼 :** β-나프톨제와 콜타르제가 있다.

㉢ **두더지 :** 나프탈린, 크레졸 혼합제

㉣ **쥐 :** 시크로헥실아미드

⑤ **화학 불임제 …** 콜히친(Colchicine), 티오(Thio) 요소 등이 있다.

❷ 조해, 서해, 수해 방제

(1) 조(鳥)해 방제

① 종자에 비소계 화합물을 묻혀서 파종하거나 과실에 기피제를 묻힌다.

② 새가 싫어하는 소리나 허수아비 등을 이용한다.

(2) 서(鼠)해 방제

작물에 기피제를 살포하고 포장주위를 청결히 한다.

(3) 수(獸)해 방제

① 작물에 기피제를 살포한다.

② 울타리를 치거나 총을 이용한다.

최근 기출문제 분석

2024. 6. 22. 제1회 지방직 9급 시행

1 병해충 관리를 위한 천연살충제가 아닌 것은?

① 보르도액　　② 피레드린
③ 니코틴　　④ 로테논

TIP ① 살균제 농약으로 석회보르도액이라고도 한다.

2024. 3. 23. 인사혁신처 9급 시행

2 작물의 병충해 방제법 중 경종적 방제법과 생물학적 방제법을 바르게 연결한 것은?

> ㉠ 과실에 봉지를 씌워 병충해를 차단한다.
> ㉡ 농약을 살포하여 병충해를 방제한다.
> ㉢ 맵시벌, 꼬마벌과 같은 기생성 곤충을 활용한다.
> ㉣ 배나무의 붉은별무늬병은 주변의 향나무를 제거하여 방제한다.

	경종적 방제법	생물학적 방제법
①	㉠	㉡
②	㉠	㉢
③	㉣	㉡
④	㉣	㉢

TIP ㉣ 병해충, 잡초의 생태적 특징을 이용하여 작물의 재배조건을 변경시키고 내충, 내병성 품종의 이용, 토양관리의 개선 등에 의하여 병충해, 잡초의 발생을 억제하여 피해를 경감시키는 방법이다.
㉢ 식물체에는 해를 주지 않지만, 식물병원체에는 길항작용을 나타내는 미생물을 이용하여 병해를 방제하는 방법이다.

Answer 1.① 2.④

2024. 3. 23. 인사혁신처 9급 시행

3 **작물의 재배관리에 대한 설명으로 옳은 것은?**

① 중경으로 인한 단근의 피해는 생식생장기보다 어릴 때 더 크다.

② 제초제를 사용하는 잡초방제는 물리적 방제법에 해당된다.

③ 맥류 재배 시 월동 후 답압은 한해(旱害)를 경감하는 효과가 있다.

④ 토양멀칭은 골 사이의 흙을 포기 밑으로 긁어 모아주는 것을 말한다.

TIP ① 중경으로 인한 단근의 피해는 작물이 어릴 때는 크지 않지만, 생식생장기에 피해가 커진다.
② 제초제를 사용하는 잡초방제는 화학적 방제법에 해당된다.
④ 토양멀칭은 농작물이 자라고 있는 땅에 잡초 발생을 억제하기 위해 짚이나 비닐 따위로 덮는 일이다.
※ 잡초방제 방법
㉠ 예방적방제 : 잡초위생, 법적장치(검역)
㉡ 생태적(재배적, 경종적) : 방제경합특성이용(재배법), 환경제어
㉢ 물리적(기계적) 방제 : 인, 축, 동력
㉣ 생물적방제 : 균, 충, 어폐류, 동 · 식물
㉤ 화학적방제 : 제초제, PGR
㉥ 종합방제(IPM)

2023. 10. 28. 제2회 서울시 농촌지도사 시행

4 **작물의 생육형태 조정법에 대한 설명으로 가장 옳지 않은 것은?**

① 환상박피를 하면 상부에서 생성된 동화양분이 껍질부를 통하여 내려가지 못하므로 화아분화가 억제된다.

② 적심은 원줄기나 원가지의 순을 질러서 그 생장을 억제하고 곁가지 발생을 많게 하는 것이다.

③ 적아는 필요하지 않은 눈을 손으로 따주는 것이다.

④ 제얼이란 감자 및 토란재배 등에서 한포기로 부터 여러 개의 싹이 나올 경우, 충실한 것을 몇 개만 남기고 나머지는 제거해주는 것이다.

TIP ① 환상박피는 상부에서 생성된 동화양분이 아래로 내려가지 못하게 하여 상부에 양분이 축적하면서 화아분화가 촉진된다.

Answer 3.③ 4.①

2023. 10. 28. 제2회 서울시 농촌지도사 시행

5 **작물 재배 시 발생하는 도복과 수발아 대책에 대한 설명으로 가장 옳지 않은 것은?**

① 키가 작고 대가실한 품종을 선택하면도 복방지에 효과적이다.

② 만숙종이 조숙종 보다 수발아 위험이 적고, 숙기가 같더라도 휴면기간이 짧은 품종은 수발아가 적다.

③ 도복 방지를 위해 질소 중심의 시비를 피하고, 칼리, 인, 규소, 석회 등을 충분히 시용한다.

④ 도복하면 수발아 발생 가능성이 커진다.

TIP ② 만숙종이 조숙종 보다 수발아 위험이 크고, 숙기가 같더라도 휴면기간이 짧은 품종은 수발아가 많다.

2023. 10. 28. 제2회 서울시 농촌지도사 시행

6 **멀칭필름의 종류별 효과에 대한 설명으로 가장 옳지 않은 것은?**

① 녹색필름은 청색광과 적색광을 강하게 흡수하여 잡초 발생 억제 효과가 크다.

② 투명필름은 지온을 상승시키지만 잡초의 발생은 많아진다.

③ 흑색필름은 모든 광을 잘 흡수하여 잡초 발생 억제 효과가 크다.

④ 녹색필름은 멀칭필름 중 지온 상승 억제 효과가 가장 크다.

TIP ④ 녹색필름보다 흑색필름이 지온 상승 억제 효과가 크다.

2023. 9. 23. 인사혁신처 7급 시행

7 **중경에 대한 설명으로 옳지 않은 것은?**

① 토양의 모세관이 절단되어 한해(旱害)를 줄일 수 있다.

② 서리나 냉온에 의한 어린 식물의 동해(凍害)를 줄일 수 있다.

③ 논에 요소, 황산암모늄 등을 덧거름으로 주고 중경을 하면 비효가 증가된다.

④ 파종 후 비가 와서 토양 표층에 굳은 피막이 생긴 경우 중경을 하면 발아가 조장된다.

TIP ② 중경은 서리나 냉온에 의한 동해를 직접적으로 줄이는 데는 직접적인 효과가 없다. 중경은 토양 물리성을 개선하고 수분 관리를 한다.

※ 중경

㉠ 정의: 농작물 재배 과정에서 작물의 생육을 촉진하고 잡초를 방제하고 토양 물리성을 개선하기 위해 밭을 경작하는 작업이다.

Answer 5.② 6.④ 7.②

ⓛ 특징
- 토양에 공기와 수분의 침투를 촉진하여 뿌리에 산소 공급을 늘리고 뿌리 발달을 촉진한다.
- 잡체 제거 · 억제에 효과적이다. 토양을 뒤집거나 긁어서 잡초의 성장을 억제한다.
- 토양 표면에 모세관을 차반하여 수분 증발을 방지하여 수분을 보존한다.
- 비료를 고르게 토양에 혼합하여 작물에 비료를 효과적으로 흡수시킬 수 있다.
- 토양 표면을 부드럽게 만든다. 파종 후에 비가 내리면서 발생하는 토양 표층의 피막을 깨뜨리고 발아를 조장한다.
- 토양의 온도 조절에 도움이 된다.

2023. 6. 10. 제1회 지방직 9급 시행

8 **(가)~(다)에 들어갈 말을 A~C에서 바르게 연결한 것은?**

> (가) 은 광을 잘 투과시켜 지온상승 효과는 크나, 잡초의 발생이 많다.
> (나) 은 광을 잘 흡수하여 지온상승 효과는 적으나, 잡초억제 효과는 크다.
> (다) 은 녹색광과 적외광을 잘 투과시키고, 청색광과 적색광을 강하게 흡수한다.

> A. 녹색 필름
> B. 흑색 필름
> C. 투명 필름

	(가)	(나)	(다)
①	A	B	C
②	B	C	A
③	C	A	B
④	C	B	A

TIP ㉠ 녹색 필름 : 흑색비닐과 투명 비닐의 중간에 있는 비닐로 흑색보단 1~3도 정도 지온을 높여주고 적외선 투과율이 좋은 비닐이다.
㉡ 흑색 필름 : 지온을 내려주며 자외선 차단에 효과적이다.
㉢ 투명 필름 : 광을 잘 투과시켜 지온상승 효과는 크나, 잡초의 발생이 많다.

Answer 8.④

2023. 6. 10. 제1회 지방직 9급 시행

9 경종적 방법에 의한 병충해 방제에 해당하지 않는 것은?

① 고랭지는 감자의 바이러스병 발생이 적어서 채종지로 알맞다.

② 감자 · 콩 등의 바이러스병은 무병종자 선택으로 방제된다.

③ 낙엽에 들어 있는 해충은 낙엽을 소각하면 피해가 경감된다.

④ 기지의 원인이 되는 토양전염성 병해충은 윤작으로 경감된다.

TIP 경종적 방제법

㉠ 건전 종묘 및 저항성 품종 이용
㉡ 파종시기(생육기) 조절
㉢ 합리적 시비 : 질소비료 과용 금지, 적절한 규산질 비료 시용
㉣ 토양개량제(규산, 고토석회) 시용
㉤ 윤작
㉥ 답전윤환
㉦ 접목(박과류 덩굴쪼김병 예방)
㉧ 멀칭 재배 : 객토 및 환토

2023. 4. 8. 인사혁신처 9급 시행

10 경종적 방제법만을 나열한 것은?

① 재식밀도 조정, 윤작, 토양개량

② 재배시기의 개선, 비닐피복, 기피제 사용

③ 태양열 소독, 장기간 담수, 화학적 불임제 사용

④ 병충해저항성 품종 선택, 무병종자의 선택, 천적곤충 이용

TIP 경종적 방제법

㉠ 건전 종묘 및 저항성 품종 이용
㉡ 파종시기(생육기) 조절
㉢ 합리적 시비 : 질소비료 과용 금지, 적절한 규산질 비료 시용
㉣ 토양개량제(규산, 고토석회) 시용
㉤ 윤작
㉥ 답전윤환
㉦ 접목(박과류 덩굴쪼김병 예방)
㉧ 멀칭 재배 : 객토 및 환토

Answer 9.③ 10.①

2022. 10. 15. 인사혁신처 7급 시행

11 **농경지 잡초에 대한 설명으로 옳지 않은 것은?**

① 돼지풀, 도꼬마리, 개망초는 귀화잡초이다.

② 손제초, 경운, 피복, 소각은 물리적 방제법에 속한다.

③ 논의 수온을 낮추어 벼의 생육에 영향을 주기도 한다.

④ 답전윤환에서는 밭잡초와 논잡초 모두 발생량이 늘어난다.

TIP ④ 답전윤환은 잡초의 발생을 억제하고 병해충의 발생을 줄인다.

2022. 10. 15. 인사혁신처 7급 시행

12 **낙과에 대한 설명으로 옳지 않은 것은?**

① 병충해에 의한 낙과는 생리적 낙과에 해당한다.

② 조기낙과는 대부분 개화 후 1~2개월 사이의 유과기에 일어난다.

③ 시토키닌, 칼슘이온은 수확 전 낙과를 억제하는 방향으로 작용한다.

④ 2,4-D나 NAA를 살포하면 후기낙과 방지에 효과가 있다.

TIP ① 병충해에 의한 낙과는 생물적 손상으로 인한 낙과이다.

2022. 10. 15. 인사혁신처 7급 시행

13 **우리나라의 주요 잡초에 대한 설명으로 옳은 것은?**

① 참방동사니와 너도방동사니는 1년생으로 주로 밭에 발생한다.

② 개비름과 명아주는 1년생으로 광엽잡초에 속한다.

③ 강피와 참새피는 다년생으로 주로 밭에 발생한다.

④ 물옥잠과 가래는 다년생으로 주로 논에 발생한다.

TIP ① 참방동사니와 너도방동사니는 다년생 잡초이다.
③ 강피와 참새피는 1년생 잡초이고 주로 논에서 발생한다.
④ 물옥잠은 1년생 잡초이다.

Answer 11.④ 12.① 13.②

2022. 6. 18. 제1회 지방직 9급 시행

14 **친환경 재배에서 태양열 소독에 대한 설명으로 옳은 것만을 모두 고르면?**

> ㉠ 별도의 장비나 시설이 불필요하여 비용이 적게 든다.
> ㉡ 크기가 큰 진균(곰팡이)보다 세균의 방제가 잘된다.
> ㉢ 비닐하우스가 노지보다 태양열 소독의 효과가 크다.
> ㉣ 선충이나 토양해충, 잡초종자의 방제에 효과가 있다.

① ㉠, ㉡
② ㉠, ㉢, ㉣
③ ㉡, ㉢, ㉣
④ ㉠, ㉡, ㉢, ㉣

TIP ㉡ 크기가 비교적 큰 곰팡이 병균은 잘 방제가 되지만 세균 중에는 잘 죽지 않는 것도 있으며 토양 깊이 분포하고 있는 균에 대해서는 비교적 효과가 적다.

2022. 6. 18. 제1회 지방직 9급 시행

15 **재배적 방제에 대한 설명으로 옳지 않은 것은?**

① 토양 유래성 병원균의 방제를 위해서 윤작을 실시하면 효과적이다.
② 감자를 늦게 파종하여 늦게 수확하면 역병이나 해충의 피해가 적어진다.
③ 질소비료를 과용하고 칼리비료나 규소비료가 결핍되면 병충해의 발생이 많아진다.
④ 콩, 토마토와 같은 작물에 발생하는 바이러스병은 무병 종자를 선택하여 줄인다.

TIP ② 수확 시기를 늦추면 감자가 많이 굵어져 일부 품종의 경우 터질 가능성이 20~40까지 높아진다.

2022. 6. 18. 제1회 지방직 9급 시행

16 **잡초와 제초제에 대한 설명으로 옳은 것은?**

① 클로버는 목야지에서는 목초이나 잔디밭에서는 잡초이다.
② 대부분의 경지 잡초들은 혐광성 식물이다.
③ 2,4-D는 비선택성 제초제로 최근에 개발되었다.
④ 가래와 올미는 1년생 논잡초이다.

TIP ② 대부분의 경지잡초들은 호광성 식물로서 광에 노출되는 표토에서 발아한다.
③ 2,4-D는 선택성 제초제로 수도본답과 잔디밭에 이용된다.
④ 가래와 올미는 광엽다년생잡초이다.

Answer 14.② 15.② 16.①

2022. 6. 18. 제1회 지방직 9급 시행

17 **멀칭에 대한 설명으로 옳지 않은 것은?**

① 생육 일수를 단축할 수 있다.

② 잡초의 발생을 억제할 수 있다.

③ 작물의 수분이용효율을 감소시킨다.

④ 재료는 비닐을 많이 사용한다.

TIP ③ 멀칭은 수분의 함유량을 증가시키며 수분의 이용 효율을 좋게 한다.

2022. 4. 2. 인사혁신처 9급 시행

18 **페녹시(phenoxy)계로 이행성이 크고 일년생 광엽잡초 제초제는?**

① Alachlor

② Simazine

③ Paraquat

④ 2,4−D

TIP ④ 2,4−디클로로페녹시아세트산(2,4−Dichlorophenoxyacetic acid, 이사디. 간단히 2,4−D)는 잎이 넓은 잡초를 제어하는 데 쓰이는 일반적인 제초제 농약 가운데 하나이다. 전 세계에서 가장 널리 쓰이고 있는 제초제이며 북아메리카에서 세 번째로 많이 쓰인다.

2021. 9. 11. 인사혁신처 7급 시행

19 **농경지에 발생하는 잡초 특성으로 옳지 않은 것은?**

① 일반적으로 논 잡초는 발아에 필요한 산소요구도가 낮다.

② 밭 잡초는 대부분 혐광성이어서 광이 없는 조건에서도 잘 발아한다.

③ 잡초 종자는 바람이나 물, 동물이나 사람 등을 통한 전파력이 매우 높다.

④ 가래와 올미는 다년생 광엽 논 잡초이고 여뀌와 망초는 광엽 밭 잡초이다.

TIP ② 밭 잡초는 대부분 호광성이어서 광이 있는 조건에서도 잘 발아한다.

Answer 17.③ 18.④ 19.②

2021. 9. 11. 인사혁신처 7급 시행

20 **과실의 숙성과정 중 나타나는 변화에 대한 설명으로 옳지 않은 것은?**

① 저장녹말이 당화되고 가용성 고형물이 증가한다.

② 유기산은 기질로 소모되거나 당으로 전환되어 감소한다.

③ 안토시아닌 함량과 엽록소 함량이 모두 감소한다.

④ 에틸렌의 발생과 공급은 과채류에서 호흡을 증가시킨다.

TIP ③ 숙성 과정에서 안토시아닌 함량은 증가하여 과일의 색이 진해지고, 엽록소 함량은 감소하여 녹색이 사라진다.

2021. 9. 11. 인사혁신처 7급 시행

21 **경종적 방제법에 대한 설명으로 옳지 않은 것은?**

① 밤나무혹벌을 방제하기 위하여 저항성품종을 재배한다.

② 기지의 원인이 되는 토양전염성 병해충은 윤작으로 줄인다.

③ 고구마의 시들음병을 방제하기 위하여 비병원성인 *Fusarium* 균주를 상호처리한다.

④ 감자의 종서는 바이러스병을 방제하기 위하여 진딧물이 서식하기 어려운 고산지역에서 생산한다.

TIP ③ 비병원성인 *Fusarium* 균주를 상호처리하는 것은 생물학적 방제이다.

2021. 6. 5. 제1회 지방직 9급 시행

22 **제초제의 활성에 따른 분류에 대한 설명으로 옳은 것은?**

① bentazon, 2,4-D 등 선택성 제초제는 작물에는 피해가 없고 잡초에만 피해를 준다.

② simazine, alachlor 등 비선택성 제초제는 작물과 잡초가 혼재되어 있지 않은 곳에서 사용된다.

③ bentazon, diquat 등 접촉형 제초제는 처리된 부위로부터 양분이나 수분의 이동을 통하여 다른 부위에도 약효가 나타난다.

④ paraquat, glyphosate 등 이행형 제초제는 처리된 부위에서 제초효과가 일어난다.

TIP 제초제의 종류

㉠ 선택성 제초제 : 2,4-D, 뷰티크로르, 벤타존, 프로파닐

㉡ 비선택성 제초제 : 글리포사이트(근사미), 파라과트

㉢ 접촉형 제초제 : 파라과트, 다아이쿼트, 프로파닐

㉣ 이행형 제초제 : 글리포사이트, 벤타존

Answer 20.③ 21.③ 22.①

2021. 6. 5. 제1회 지방직 9급 시행

23 **우리나라 잡초 중 주로 밭에서 발생하는 잡초로만 짝지어진 것은?**

① 돌피 – 올방개 – 바랭이

② 알방동사니 – 가막사리 – 물피

③ 둑새풀 – 가막사리 – 돌피

④ 바랭이 – 깨풀 – 둑새풀

TIP 경지잡초의 종류

㉠ 논잡초
- 화본과1년생잡초 : 피, 둑새풀
- 화본과다년생잡초 : 나도겨풀
- 방동사니과 1년생잡초 : 알방동사니, 참방동사니, 바람하늘지기, 바늘골
- 방동사니과 다년생잡초 : 너도방동사니, 매자기, 올방개, 올챙이고랭이, 쇠털꼴, 파대가리
- 광엽1년생잡초 : 물달개비, 물옥잠, 사마귀풀, 여뀌, 여뀌바늘, 마디꽃, 밭뚝외풀, 생이가래, 곡정초, 자귀풀, 중대가리풀
- 광엽다년생잡초 : 가래, 버술, 올미, 개구리밥, 좀개구리밥, 네가래, 미나리

㉡ 밭잡초
- 화본과1년생잡초 : 강아지풀, 개기장, 바랭이
- 방동사니과 1년생잡초 : 참방동사니, 바람하늘지기, 파대가리
- 광엽1년생잡초 : 개비름, 까마중, 명아주, 쇠비름, 여뀌, 자귀풀, 환삼덩쿨, 주름잎, 석류풀, 도꼬마리
- 광엽월년생잡초 : 망초, 중대가리풀, 황새냉이
- 광엽다년생잡초 : 반하, 쇠뜨기, 쑥, 토끼풀, 메꽃

2021. 4. 17. 인사혁신처 9급 시행

24 **해충에 대한 생물적 방제법이 아닌 것은?**

① 길항미생물을 살포한다.

② 생물농약을 사용한다.

③ 저항성 품종을 재배한다.

④ 천적을 이용한다.

TIP ③ 경종적 방제에 해당한다. 경종적 방제란 병해충, 잡초의 생태적 특징을 이용하여 작물의 재배조건을 변경시키고 내충, 내병성 품종의 이용, 토양관리의 개선 등에 의하여 병충해, 잡초의 발생을 억제하여 피해를 경감시키는 방법으로 병충해 방제의 보호적인 방지법이다.

※ 해충의 방제

㉠ 경종적방제 : 윤작, 혼작과 소식, 포장위생

㉡ 화학적방제 : 소화중독제, 접촉제, 침투성 살충제, 훈증제, 유인제, 기피제, 불임제 등

㉢ 생물적방제 : 천적, 척추동물 이용, 거미 이용, 병원미생물 등

㉣ 물리적 방제 : 온도, 물, 감압, 고압전기, 방사선, 고주파, 초음파 등

㉤ 해충종합관리

Answer 23.④ 24.③

2020. 9. 26. 인사혁신처 7급 시행

25 **과수 중 2년생 가지에서 결실하는 것으로만 묶은 것은?**

① 자두, 감귤, 비파

② 매실, 양앵두, 살구

③ 자두, 포도, 감

④ 무화과, 사과, 살구

TIP ①③④ 감귤, 비파, 포도, 무화과, 사과는 주로 1년생 가지에서 결실한다.

2020. 9. 26. 인사혁신처 7급 시행

26 **작물의 생육형태를 조정하는 재배기술이 아닌 것은?**

① 적과(摘果)

② 언곡(偃曲)

③ 절상(切傷)

④ 유인(誘引)

TIP ① 과일의 과실을 솎아내어 남은 과실에 품질 향상과 수확량 조절 기술인 적과는 생육형태보다는 수확물의 품질과 양을 조정한다.

2019. 8. 17. 인사혁신처 7급 시행

27 **멀칭의 이용성에 대한 설명으로 옳지 않은 것은?**

① 작물이 멀칭한 필름 속에서 장기간 자랄 때에는 녹색필름이 투명필름보다 안전하다.

② 스터블멀칭을 하면 풍식, 수식 등의 토양 침식이 경감되거나 방지된다.

③ 토양 표면을 곱게 중경하는 토양멀칭을 하면 건조한 토층이 생겨서 수분보존 효과가 있다.

④ 봄의 저온기에 투명필름으로 멀칭하면 온도상승 효과가 있어 촉성재배 등에 이용된다.

TIP 작물이 멀칭한 필름 속에서 장기간 자랄 때에는 투명필름이 녹색필름보다 안전하다.
광합성을 위해 흑색 또는 녹색필름보다 투명필름을 사용하여야 한다.

Answer 25.② 26.① 27.①

2019. 8. 17. 인사혁신처 7급 시행

28 **잡초와 잡초관리에 대한 설명으로 옳지 않은 것은?**

① 발아 시 산소요구도는 올챙이고랭이가 명아주보다 높다.

② 물리적인 잡초방제법에는 예취, 피복, 소토처리가 있다.

③ 밭에서 출현하는 다년생 광엽잡초로는 쑥과 토끼풀이 있다.

④ 비선택성 제초제에는 glyphosate, paraquat가 있다.

TIP 발아시 산소요구도는 논잡초인 올챙이고랭이보다 밭잡초인 명아주가 더 높다.

2019. 8. 17. 인사혁신처 7급 시행

29 **작물의 수발아에 대한 설명으로 옳은 것은?**

① 맥류는 조숙종이 만숙종보다 수발아 위험이 크다.

② 밀은 분상질 품종이 초자질 품종보다 수발아 위험이 크다.

③ 벼의 저온 발아속도는 인디카 품종이 자포니카 품종보다 빠르다.

④ 수분을 흡수한 맥류 종자의 휴면은 15 ℃ 이하의 낮은 온도에서 빨리 끝난다.

TIP ① 맥류는 만숙종보다 조숙종의 수확기가 빠르므로 수발아 위험이 낮다.
② 밀은 초자질 품종 · 백립 품종 · 다부모종 품종 등이 수발아 위험이 높다.
③ 벼의 저온 발아속도는 고위도 한랭지의 자포니카 품종이 저위도 열대품종인 인디카 품종보다 빠르다.

2017. 8. 26. 인사혁신처 7급 시행

30 **잡초에 대한 설명으로 옳지 않은 것은?**

① 대부분의 경지잡초는 호광성 식물로서 표토에서 발아한다.

② 우리나라 주요 일년생 잡초에는 강피, 바랭이, 명아주 등이 있다.

③ 잡초종자는 일반적으로 크기가 작아서 초기 생장속도는 느리다.

④ 잡초는 작물 병원균의 중간기주가 되며 병해충의 서식처나 월동처가 되기도 한다.

TIP ③ 잡초종자는 일반적으로 크기가 작아서 발아가 빠르고, 이유기가 빨리 오기 때문에 개체로의 독립생장을 작물보다 빠른 시기부터 하여 초기 생장 속도가 빠르다.

Answer 28.① 29.④ 30.③

2016. 8. 27. 인사혁신처 7급 시행

31 **논잡초 중에서 다년생 광엽잡초로만 나열한 것은?**

① 가래, 올미, 생이가래
② 벗풀, 나도겨풀, 물달개비
③ 올챙이고랭이, 알방동사니, 여뀌
④ 개구리밥, 가막사리, 불옥잠

TIP 우리나라 주요 논잡초의 종류

㉠ 1년생 잡초
- 화본과 : 강피, 돌피, 물피, 둑새풀 등
- 방동사니과 : 알방동사니, 참방동사니, 바람하늘지기, 바늘골, 올챙이고랭이 등
- 광엽잡초 : 물달개비, 물옥잠, 사마귀풀, 여뀌, 여뀌바늘, 마디꽃, 밭뚝외풀, 등외풀, 곡정초, 자귀풀, 중대가리, 가막사리 등

㉡ 다년생 잡초
- 화본과 : 나도겨플
- 방동사니과 : 너도방동사니, 매자기, 올방개, 쇠털꼴, 파대가리 등
- 광엽잡초 : 가래, 벗풀, 올미, 개구리밥, 좀개구리밥, 네가래, 수염가래, 수염가래꽃, 미나리, 보풀 등

2010. 10. 17. 지방직 7급 시행

32 **중경의 이점이 아닌 것은?**

① 가뭄 피해를 줄일 수 있다.
② 비효증진의 효과가 있다.
③ 토양 통기 조장으로 뿌리의 생장이 왕성해진다.
④ 동상해를 줄일 수 있다.

TIP ④ 중경은 토양 표면을 부드럽게 하고 통기성을 높여 뿌리의 생장을 돕지만 동상해 감소에는 효과가 없다.

2010. 10. 17. 지방직 7급 시행

33 **잡초와 제초제에 대한 설명으로 옳은 것은?**

① 경지잡초의 출현 반응은 산성보다 알칼리성 쪽에서 잘 나타난다.
② 대부분의 경지잡초는 혐광성으로서 광에 노출되면 발아가 불량해진다.
③ 나도겨풀, 너도방동사니, 올방개 등은 대표적인 다년생 논잡초이다.
④ 벤타존(bentazon), 글리포세이트(glyphosate) 등은 대표적인 접촉형 제초제이다.

TIP ① 중성에서 잘 나타난다.
② 대부분의 경지잡초는 호광성이다.
④ 벤타존은 접촉형 제초제가 맞지만, 글리포세이트는 전신형 제초제에 해당한다.

Answer 31.① 32.④ 33.③

출제 예상 문제

1 잡초방제법으로 볼 수 없는 것은?

① 화학적 방제
② 생물학적 방제
③ 물리적 방제
④ 생식적 방제

TIP 잡초방제법의 종류
㉠ 경종적 방제
㉡ 생물학적 방제
㉢ 물리적 방제
㉣ 화학적 방제

2 다음 병충해 방제법 중 물리적 방제법이 아닌 것은?

① 윤작
② 담수
③ 소토
④ 온도처리

TIP ① 경종적 방제법에 해당한다.
※ 물리적 방제법의 종류 … 온도처리, 독이법, 차단, 유살, 담수, 소토, 소각, 증기소독, 전기소독 등

3 다음 중 냉수온탕침법에 효과적인 병해는?

① 맥류의 겉깜부기병
② 보리의 누름무늬병
③ 벼의 도열병
④ 목화의 모무늬병

TIP ②④ 온탕침법 ③ 수온상승에 의한 경종적 방제법

Answer 1.④ 2.① 3.①

4 **두류에서 도복의 위험이 가장 큰 시기는?**

① 개화기로부터 약 10일간
② 개화기로부터 약 15일간
③ 개화기로부터 약 20일간
④ 개화기로부터 약 25일간
⑤ 개화기로부터 약 45일간

TIP 도복의 시기가 빠를수록 피해는 커진다.

5 **필름의 종류별 멀칭의 효과에 대해 바르게 설명한 것은?**

① 투명필름은 지온상승 효과는 작으나, 잡초발생을 억제하는 효과가 크다.
② 흑색은 지온상승 효과는 크나, 잡초발생이 많아진다.
③ 녹색필름은 잡초를 거의 억제하며, 지온상승 효과도 크다.
④ 투명필름은 모든 광을 잘 흡수하고, 흑색필름은 모든 광을 잘 투과시킨다.

TIP 필름의 종류와 효과
㉠ 흑색필름 : 모든 광을 흡수하여 잡초의 발생이 적으나, 지온상승 효과가 적다.
㉡ 투명필름 : 모든 광을 투과시켜 잡초의 발생이 많으나, 지온상승 효과가 크다.
㉢ 녹색필름 : 잡초를 억제하고 지온상승의 효과가 크다.

6 **제초제 사용시 주의해야 할 사항으로 옳지 않은 것은?**

① 농약, 비료 등과의 혼용을 고려해야 한다.
② 파종 후 처리의 경우에는 복토를 다소 얕게 한다.
③ 제초제의 사용시기 및 사용농도를 적절히 고려해야 한다.
④ 인축에 유해한 것은 취급에 주의한다.

TIP 제초제 사용시 유의점
㉠ 제초제의 연용에 의한 토양조건이나 잡초군락의 변화에 유의해야 한다.
㉡ 사람이나 가축에 유해한 것은 특히 주의한다.
㉢ 파종 후 처리에는 복토를 다소 깊게 한다.
㉣ 선택시기와 사용량을 적절히 한다.
㉤ 농약, 비료 등과의 혼용을 고려해야 한다.

Answer 4.① 5.③ 6.②

7 **필름의 광투과율은?**

① 55%
② 65%
③ 85%
④ 95%

TIP 광투과율
㉠ 유리 : 90%
㉡ 비닐 : 85%
㉢ 유지 : 40%
㉣ 필름 : 85%

8 **배토의 목적이 아닌 것은?**

① 도복방지
② 신근 발생의 조장
③ 무효분얼의 촉진
④ 연백 또는 괴경 발생 촉진

TIP 배토
㉠ 작물의 생육기간 중에 골 사이나 포기 사이의 흙을 밑으로 긁어모아 주는 것이다.
㉡ 토란, 파 등에서는 작물의 품질을 좋게 하고 소출을 증대시킨다.
㉢ 연백(軟白, Blancing)효과가 있다.
㉣ 도복이 경감되고 무효분얼의 발생이 억제되어 증수효과가 있다.
㉤ 제초(除草)의 효과와 함께 배수를 돕고 지온을 상승시켜 뿌리의 발달이 좋아진다.
㉥ 작물의 뿌리줄기를 고정하므로 풍우에 대한 저항력이 증대되어 쓰러지는 것을 방지한다.

9 **배나무의 적성병은 주변에 중간기주식물인 향나무를 제거하여 방제한다. 이러한 방법은?**

① 생물적 방제
② 경종적 방제
③ 물리적 방제
④ 화학적 방제

TIP 방제법
㉠ 생물학적 방제법 : 기생곤충, 포식곤충, 기생균, 곤충바이러스 등의 이용에 의한 방제법이다.
㉡ 경종적 방제 : 작물의 경작기 변경 등에 의한 방제법이다.
㉢ 물리적 방제법 : 초단파(超短波), 초음파, 감압(減壓), 광선, 온도, 습도 등의 이용에 의한 방제법이다.
㉣ 화학적 방제법 : 살충제, 훈증제(燻蒸劑), 기피제, 유인제, 불임제 등에 의한 방제법이다.

Answer 7.③ 8.③ 9.②

10 초생재배의 이점으로 옳지 않은 것은?

① 토양침식 방지
② 지력 증진
③ 제초노력 경감
④ 한발 조장

TIP 초생재배

㉠ 초생재배는 풀을 키워 지표면을 피복하므로 과원의 표토유실이 방지되고 풀을 베어 퇴비로 시용함으로써 토양유기물이 증가되어 비옥도를 높이게 된다.
㉡ 풀이 지나치게 많으면 작업능률이 저하되며, 나무와 양수분 흡수의 쟁탈이 생기고, 수분의 증발량이 증가하여 가뭄을 받게 된다.
㉢ 경사지와 성목원에 있어서는 전면 초생도 좋으나 어린 유목원은 나무 주위만 부초하거나 김을 매 가꾸는 청경을 하고, 나머지 부분에는 풀을 심어 초생한다.
㉣ 감나무의 발아 신장기와 과실 생육기에 때때로 풀을 베어 나무 밑에 깔아 토양수분의 증발을 억제한다.
㉤ 장마기에는 풀을 키워 수분증발을 조장시키고 가뭄에는 풀을 베어 나무 주위를 덮어 수분증발을 억제한다.
㉥ 착색기 이후에는 풀을 베어 습도를 낮춤으로써 과피흑변의 발생을 줄인다.
㉦ 초생재배를 시작한 2～3년간은 질소질 비료를 10a당 5kg 정도 더 많이 시용한다.

11 화아분화나 숙기를 촉진시킬 목적으로 실시하는 것은?

① 순지르기
② 환상박피
③ 잎따기
④ 절상

TIP 환상박피 … 줄기나 가지의 껍질을 3～6mm 정도 둥글게 도려내는 것이다.

12 다음 중 생물학적 방제법에 속하는 것은?

① 살충제 사용
② 살균제 사용
③ 유인제 사용
④ 병원미생물 사용

TIP ①②③ 화학적 방제법이다.

Answer 10.④ 11.② 12.④

13 다음 중 경종적 방제법은?

① 기생관계 이용 ② 온도처리
③ 시비법 개선 ④ 살균제

TIP 경종적 방제법
㉠ 중간 기주식물 제거
㉡ 수확물의 건조
㉢ 정결한 관리
㉣ 시비법 개선
㉤ 생육기의 조절
㉥ 혼식
㉦ 재배방식의 변경
㉧ 윤작

14 작물의 생육 도중에 작물 사이의 토양을 가볍게 긁어주어 부드럽게 하는 작업은?

① 중경 ② 보식
③ 솎기 ④ 보파

TIP 중경…딱딱해진 토양을 부드럽게 하여 투수성·통기성을 증가시킴으로써 작물의 뿌리가 잘 자라게 하고 토양 내부의 건조를 막는다.

15 멀치의 효과를 설명한 것 중 옳지 않은 것은?

① 잡초 억제 ② 동해 경감
③ 한해 경감 ④ 생육 지연

TIP 멀치의 효과
㉠ 잡초 억제
㉡ 동해 경감
㉢ 한해 경감
㉣ 생육 촉진
㉤ 과실의 품질 향상
㉥ 토양 보호

Answer 13.③ 14.① 15.④

16 전정에 대한 설명 중 옳지 않은 것은?

① 결과지를 알맞게 조절하여 해거리를 예방한다.
② 가지의 기부를 잘라내는 것을 자름전정이라 한다.
③ 공간을 최대한 이용할 수 있고 관리작업이 용이하다.
④ 열매가 달릴 가지의 수를 제한하여 지나치게 많이 열리는 것을 방지한다.

TIP 전정
㉠ 솎음전정 : 가지의 기부를 잘라내는 것을 말한다.
㉡ 자름전정 : 가지의 중간을 잘라서 튼튼한 새 가지를 발생시키려는 것을 말한다.

17 파종시 종자가 화학비료와 접촉하는 것을 방지하기 위해 실시하는 것은?

① 진압
② 토입
③ 배토
④ 간토

TIP 간토
㉠ 종자가 직접 비료에 닿으면 유아나 유근이 상하게 된다.
㉡ 비료를 뿌린 다음 약간의 흙을 넣어서 종자가 비료에 직접 닿지 않게 하는 것을 말한다.

18 다음 중 중경의 단점으로 옳지 않은 것은?

① 한발의 해를 조장한다.
② 유수형성(幼穗形成) 이후의 중경은 증수(增收)에 도움이 된다.
③ 바람이 심한 곳에서는 풍식이 조장된다.
④ 발아 중의 어린 식물이 서리나 냉온을 만났을 때 한해를 입기 쉽다.

TIP 중경의 단점
㉠ 작물의 뿌리가 끊어지므로 중경제초에 의한 피해도 있으며, 한발의 해를 조장하게 된다.
㉡ 유수형성(幼穗形成) 이후의 중경은 감수(減收)의 원인이 된다.
㉢ 벼에 있어서도 유수형성 이후에 뿌리가 끊어지면 감수를 초래하므로 중경은 출수(出穗) 30 ~ 35일 이전에 해야 한다.
㉣ 표층토가 빨리 건조되어 바람이 심한 곳에서는 풍식이 조장된다.
㉤ 토양 중의 온열이 지표까지 상승하는 것이 줄어들어 발아 중의 어린 식물이 서리나 냉온을 만났을 때 한해를 입기 쉽다.

Answer 16.② 17.④ 18.②

07 식물생장 조절제와 방사성 동위원소

01 식물생장 조절제의 개요

❶ 식물생장 조절제의 의의

(1) 식물호르몬

① **식물호르몬의 개념** … 식물체 내에서 합성되어 합성된 장소와는 다른 장소에 이동하여 식물의 각종 생리작용을 조절하는 미량물질을 말한다.

② **식물호르몬의 종류**
㉠ 옥신
㉡ 지베렐린
㉢ 시토키닌
㉣ 에틸렌
㉤ 기타 호르몬

(2) 식물생장 조절제

① **식물생장 조절제의 개념** … 식물의 생육을 촉진시키거나 반대로 생육을 억제 또는 이상생육을 인위적으로 유발시키는 화학물질을 말한다.

② 생장 조정제라고도 한며, 경제적인 농산물을 생산하기 위하여 사용된다.

③ **식물생장 조절제의 종류**
㉠ **생장촉진제** : 아토닉, 지베렐린, 토마토톤 등
㉡ **발근촉진제** : 루톤 등
㉢ **착색촉진제** : 에테폰 등
㉣ **낙과방지제** : 2 · 4 · 5-TP 등
㉤ **생장억제제** : 말레산히드라지드(마하) 등

❷ 옥신류(Auxin)

(1) 옥신류의 개념

식물에서 줄기세포의 신장생장 및 여러 가지 생리작용을 촉진하는 호르몬을 말한다.

(2) 옥신의 발견

① 찰스 다윈(1870) … 다윈은 화본과식물의 떡잎집(子葉)이 빛의 방향으로 굽는 굴광성을 조사하고, 그 실험 결과로부터 떡잎집의 끝에 성장을 자극하는 물질이 존재한다는 가설을 제창하였다.

② Boysen-jensen(1910)과 Paal(1915) … 귀리의 초엽으로 시험하여 굴광현상이 선단부의 작용에 의한다는 것을 발견하였다.

③ F.W. Went(1928) … 메귀리(Avena Sativa) 떡잎집의 끝을 자르면 떡잎집의 성장은 거의 정지되는데, 자른 끝 조각을 붙여주면 다시 성장한다는 것을 밝혔다.

④ F. Kogl(1934)

㉠ 쾨글과 하겐-슈미트는 오줌에서 이 작용물질을 분리하여 그것이 인돌아세트산임을 밝혔다.

㉡ 지금은 인돌아세트산이나 같은 작용을 가지는 인돌아세토니트릴 등이 식물체 내에 실제로 존재하는 것이 화학적으로 증명되었다.

(3) 주요한 합성 옥신

① NAA(Naphthalene Acetic Acid)

② IBA(Indole-butyric Acid)

③ PCPA(PCA, P-chlorophenoxy Acetic Acid)

④ 2 · 4 · 5-T(2 · 4 · 5-Trichlorophenoxy)

⑤ 2 · 4 · 5-Tp[Silverx, 2-(2 · 4 · 5-Trichlorophenoxy) Propionic Acid]

⑥ 2 · 4-D(Dichlorophenoxy Acetic Acid)

⑦ BNOA(β-naphthoxy Acetic Acid)

(4) 옥신의 생성과 작용

① 세포생장

㉠ 생물체 내에서 옥신은 줄기나 뿌리의 끝에서 만들어지고, 거기에서 줄기 · 뿌리의 생장부분으로 이동하여 세포생장을 일으키게 한다.

ⓛ 이 작용은 메귀리의 떡잎집의 끝에 인돌아세트산을 함유한 한천을 얹으면 굴곡생장이 일어나는 것과 인돌아세트산의 수용액 속에 떡잎집 조각을 띄울 경우에 물 속에 띄운 것과 비교하여 신장생장이 촉진되는 것에 의하여 쉽게 알 수 있다.

ⓒ 한계 이상으로 농도가 높아지면 오히려 생장을 억제한다.

② 굴광현상

ⓐ 자엽초를 이용한 실험에서 자엽초의 끝에 햇빛이 비치면 그곳에서 옥신의 합성이 활발히 일어나고, 합성된 옥신은 반대쪽으로 운반되어 그쪽 생장을 촉진시키기 때문에 자엽초 전체가 햇빛을 향하여 구부러진다.

ⓛ 빛이 있는 반대쪽에 옥신의 농도가 높아질 때 줄기에서는 그 부분의 생장이 촉진되지만 뿌리에서는 생장이 억제된다.

ⓒ 뿌리에서는 선단을 절제하면 오히려 생장이 촉진된다.

③ 정아우세(頂牙優勢)

ⓐ 제일 끝가지의 생장을 촉진하고, 그 밑의 가지의 생장을 억제하는 현상을 말한다.

ⓛ 식물의 끝가지 끝을 잘라내면 바로 그 아래 가지가 제일 빨리 자라게 된다.

④ 낙엽과 낙과도 방지한다.

⑤ 기타 작용

ⓐ 세포의 신장 촉진

ⓛ 뿌리의 형성 촉진

ⓒ 단위결과(單爲結果) 촉진

ⓔ 과실의 생장 촉진

ⓜ 이층형성(離層形成) 저해

ⓑ 측아형성(側芽形成) 저해

ⓢ 세포분열 촉진

(5) 옥신의 재배적 이용

① 발근 촉진 … 삽목이나 취목 등이 영양번식을 할 경우 발근량 및 발근속도를 촉진시키기 위해 이용된다.

② 접목에서의 활착 촉진

ⓐ 알맞은 옥신농도는 앵두나무에서 0.1 ~ 1%, 매화나무에서 0.05 ~ 0.5% 등이다.

ⓛ 접수의 절단면이나 접수와 대목의 접착부위에 IAA 라놀린 연고를 바르면 조직의 형성이 촉진되어 작업효과를 높이기도 한다.

③ 개화 촉진 … 파인애플의 경우 NAA, β-IBA, 2 · 4-D 등의 10 ~ 50mg/l 수용액을 살포해 주면 화아분화를 촉진시킬 수 있다.

④ 낙과 방지 … 사과의 경우 자연낙과하기 직전에 NAA 20 ~ 30ppm 수용액이나 2 · 4 · 5-Tp 50ppm수용액, 2 · 4-D를 4 ~ 5ppm 수용액으로 살포하면 과경(果梗)의 이층 형성을 억제하여 낙과현상을 방지할 수 있다.

⑤ 기지의 굴곡 유도 … 관상수목 등에서 가지를 구부리려는 반대쪽에 IAA 라놀린 연고를 바르면 옥신농도가 높아져 가지를 원하는 방향으로 구부릴 수 있다.

⑥ 적화 및 적과

㉠ 사과나무, 홍옥, 딜리셔스 등에서 꽃이 만개된 후 1~ 2주 사이에 Na-NAA 10ppm 수용액을 살포해 주면 결실하는 과실수는 1/2 ~ 1/3로 감소한다.

㉡ 과실수가 감소하는 현상은 NAA 수용액이 수분을 저해하고 어린 과일의 발육을 저해하며 과경(果梗)의 약화현상 등을 초래하기 때문에 발생한다.

⑦ 과실의 비대와 성숙 촉진

㉠ 무화과의 과경이 3.8 ~ 4cm일 때, 2 · 4 · 5-T 100ppm액을 살포하면 성숙이 가장 촉진된다. 2 · 4 · 5-Tp 100ppm액 살포도 효과적이다.

㉡ 강낭콩에 PCA 2ppm 용액 또는 분말을 살포하면 꼬투리의 비대를 촉진한다.

⑧ 단위결과 … 토마토와 무화과 등의 개화기에 PCA 또는 BNOA의 25 ~ 50ppm액을 살포하면 단위결과가 유도되고, 씨가 없고 상품성이 높은 과실이 생산된다.

⑨ 증수효과 … NAA 1ppm 용액에 고구마 싹을 6시간 정도 침지하거나 IAA 20ppm 용액 또는 헤테로옥신(Hetero Auxin) 62.5ppm 용액에 감자의 종자를 약 24시간 침지하였다가 파종하면 약간의 증수효과를 갖는다.

⑩ 제초제로서의 이용 … 2 · 4-D는 최초로 사용된 인공제초제이다.

❸ 지베렐린

(1) 지베렐린(Gibberellin)의 의의

① 벼의 키다리병균에 의해 생산된 고등식물의 식물생장 조절제를 말한다.

② 1938년 벼의 키다리병의 병균인 지베렐라 푸지쿠로이(Gibberella fujikuroi)의 배양액에서 벼의 모를 웃자라게 하는 물질을 결정체로 분리하여 지베렐린 A라고 명명하였으며, 그것은 뒤에 A_1, A_2, A_3 및 A_4의 혼합 결정이란 것이 밝혀졌다.

③ 지베렐린은 식물체내에서 생합성되어 식물체의 뿌리 · 줄기 · 잎 · 종자 등의 모든 기관으로 이행되며, 특히 미숙한 종자에 많이 들어 있다.

④ 식물체의 어느 곳에서 처리하더라도 식물체 전체에서 반응이 나타난다.

⑤ 근래에는 벼의 키다리병균 이외에도 많은 식물에 이것이 존재한다는 것이 알려져 현재 14종에 이르며, 유리(遊離) 또는 결합형으로 존재한다.

⑥ 사람과 가축에는 독성을 나타내지 않는다.

⑦ 일반적으로 지베렐린은 지베렐린산의 칼륨염 희석액을 쓴다.

(2) 지베렐린의 이용

① 신장촉진작용

㉠ 지베렐린을 살포하면 대부분의 고등식물은 키가 현저하게 자란다.

㉡ 이 작용은 지베렐린산이 가장 강하고, 다음에 $A_1 \cdot A_4$의 순이다.

② 종자발아 촉진작용이 있다.

③ 화성촉진작용

㉠ 스톡, 팬지, 프리지어 등에 지베렐린을 살포하면 개화가 촉진된다.

㉡ 배추, 양배추, 당근 등에서 저온처리를 대신하여 지베렐린을 살포하면 추대 · 개화한다.

㉢ 저온과 장일에 추대하고 개화하는 월년생 작물에 대하여 지베렐린이 저온과 장일을 대체하여 화성을 유도 · 촉진한다.

④ 착과(着果)의 증가와 열매의 생장촉진작용이 있다.

⑤ 경엽의 신장 촉진

㉠ 기후가 냉한 생육 초기에 목초에 지베렐린 10 ~ 100ppm액을 살포하면 초기 생산량이 증가한다.

㉡ 지베렐린은 왜성식물의 경엽 신장을 촉진하는 효과가 탁월하다.

⑥ 섬유식물의 섬유를 길게 하여 그 생산량을 높이고, 꽃잎에 사용하면 2년 초를 1년째에 개화시킬 수 있다.

⑦ **성분의 변화** … 뽕나무에 지베렐린 50ppm액을 살포하면 단백질이 증가한다.

⑧ 채소의 수확시기를 빠르게 하여 그 증수를 도모하는데, 특히 샐러리에 있어서 이용가치가 크다.

⑨ 열매(씨없는 포도 등)와 감자의 증수(감자의 발아촉진과 증수)작용이 있다.

⑩ 단위결실

㉠ 속씨식물에서 수정하지 않고도 씨방이 발달하여 종자가 없는 열매가 되는 현상을 말하며, 단위결과라고도 한다.

㉡ 수정하지 않고도 씨방이 발달하여 열매가 되는 현상으로, 열매에는 종자가 들어 있지 않다.

❹ 에틸렌

(1) 생물학적 성질

① 과일 성숙 호르몬 또는 스트레스 호르몬으로도 불린다.

② ABA와 함께 생장을 조절하는 작용을 한다.

③ 환경적인 스트레스는 에틸렌 발생을 촉진한다.

④ 오이에서 에세폰을 처리하면 암꽃의 착생 수가 증대한다.

⑤ 토마토 등에서는 성숙과 함께 착색을 촉진한다.

(2) 작용 및 용도

① **에틸렌의 작용** … 낮은 농도(0.1ppm)에서도 식물의 생장과 발생에 중요한 영향을 끼친다.

② 식물 호르몬으로 작용하여 과일의 성숙을 촉진하는 성질을 이용하여 감귤류나 토마토의 성숙을 촉진하기 위한 목적으로도 사용된다.

❺ 생장억제물질

(1) B-Nine(B-9, B-995, N-dimethylamino Succinamic Acid)

① 포도의 경우 가지의 신장억제, 엽수증대, 과방의 발육증대 등의 효과가 있다.

② 사과의 경우 가지의 신장억제, 수세의 왜화, 착화증대, 개화지연, 낙화방지, 숙기지연, 저장성의 향상 등의 효과가 있다.

③ 밀의 경우 도복을 방지하고 국화에서는 변착색을 방지한다.

(2) Phosfon-D(2 · 4-dichlorobenzy-tributyl Phosphonium Chloride)

① 실용적인 사용농도는 $1ft^3$당 1 ~ 2kg이다.

② 콩, 메밀, 목화, 땅콩, 강낭콩, 나팔꽃, 해바라기 등에서 초장의 감소가 인정된다.

③ 국화, 포인세티아 등에서 줄기의 길이를 단축하는 데 이용된다.

(3) CCC[Cycocel, (2-chloroethyl) Trimethylammonium Chloride]

① 밀에서는 줄기를 단축시켜 도복이 경감된다.

② 토마토에서는 개화를 촉진하고 하위엽부터 개화시킨다.

③ 제라늄, 옥수수, 국화 등에서 줄기를 단축시킨다.

④ 많은 식물에서 절간 신장을 억제한다.

(4) Amo-1618(2-isopropyl-4-dimethylamine-5-methyl-phenyl-1-peperdinecar-boxylate Methyl Chloride)

① 강낭콩 · 해바라기 등에서는 키를 작게 하고, 잎의 녹색을 짙게 한다.

② 국화의 발근한 삽수에 처리하면 키가 작아지고 개화가 지연된다.

(5) MH(Maleic Hydrazide)

① 생장저해물질이다.

② 저장 중인 감자나 양파의 발아를 막으며, 당근 · 무 · 파 등에서는 추대를 억제한다.

③ 생울타리나 잔디밭에서는 생장을 억제한다.

④ 담배를 적심한 후 MH-30 0.5%액을 살포하면 곁눈(側芽)의 발육을 억제한다.

❻ 기타 생장 조절제

(1) 시토키닌(Cytokinin)

① 시토키닌의 발견

㉠ 생장을 조절하고 세포분열을 촉진하는 역할을 하는 모든 물질을 총칭하는 말이다.

㉡ 1955년에 미국에서 고압 멸균한 정어리의 정자 DNA에서 키네틴(Kinetin)이라는 물질을 분리함으로써 발견되었다.

㉢ 키네틴은 담배 캘러스 조직의 배양에서 유사분열과 세포분열을 촉진하는 데 매우 효과적이라고 알려졌으며 키네틴은 시토키닌의 일종으로 여겨진다.

㉣ 1963년 제아틴이 발견된 이후 여러 가지 다른 시토키닌이 분리되었다.

② 주요한 시토키닌

㉠ 키네틴(6-furfurylaminopurine)

㉡ 6-benzyl aminopurine zeatin(4-hydroxy-3methyl-2-buthenylaminopurine)

㉢ 2-methyl-2-bythenyl-aminopurine 등

③ 시토키닌의 작용

㉠ 시토키닌은 식물분열조직의 세포분열을 촉진하므로 옥신과 함께 조직배양에 이용된다.

㉡ 휴면타파 작용을 한다.

㉢ 식물조직의 노화를 억제한다.

㉣ 잎과 곁눈의 생장과 발아를 촉진하고, 잎과 과일의 노화를 방지한다.

㉤ 시토키닌은 지베렐린 등과 같은 다른 생장조절제와 상호작용을 하면서 단백질 대사를 조절한다.

㉥ 아브시스산과는 달리 많은 식물에서 기공을 열리게 하는 작용도 한다.

㉦ 잎에 있어서 탄소동화작용으로 생긴 산물의 이동을 조절하는 데 중요한 역할을 한다.

㉧ 장미와 코스모스에 있어서 꽃잎의 시토키닌 활성은 개화시 증가하고, 만개 후에는 감소한다.

㉨ 꽃의 개화에도 영향을 준다. 어린 종자나 과일에 있어서 시토키닌 함량은 매우 높으나 열매가 익어가면서 차츰 감소한다.

㉩ 작물의 내한성을 증대시킨다.

㉪ 저장물의 신선도를 증가시킨다.

(2) ABA(Abscisic Acid)

① 어린 식물로부터 이층의 형성을 촉진하여 낙엽을 촉진하는 물질이다.

② 콘포스(Conforth) 등은 단풍나무의 휴면 유도물질로 ABA를 확인하였다.

③ ABA의 작용

㉠ 냉해 저항성이 커진다(목본식물).

㉡ ABA가 증가하면 기공이 닫혀서 위조 저항성이 커진다(토마토).

㉢ 단일식물에서 장일하의 화성을 유도하는 효과가 있다(나팔꽃, 딸기 등).

㉣ 종자의 휴면을 연장하여 발아를 억제한다(감자, 장미, 양상추 등).

㉤ 생육 중에 연속 처리하여 휴면아를 형성한다(단풍나무).

㉥ 잎의 노화와 낙엽을 촉진하고 휴면을 유도한다.

④ 에틸렌(Ethylene)과 에스렐(Ethrel)

㉠ 에틸렌 : 과실의 성숙과 촉진 등 식물생장의 조절에 이용한다.

㉡ 에테폰(Ethephon)

- 1965년에 에스렐(Ethrel)이란 이름으로 개발한 생장 조절제이다.
- 무색의 고체이며, 녹는점은 74 ~ 75℃이다.
- 물, 저급알코올, 글리콜에는 매우 잘 녹는다.
- pH 3 근처에서는 안정하나 높은 pH에서는 분해한다.
- 식물의 노화를 촉진하는 식물호르몬의 일종인 에틸렌(Ethylene)을 생성함으로써 과채류 및 과실류의 착색을 촉진하고, 숙기를 촉진하는 작용을 하므로 토마토 · 고추 · 담배 · 사과 · 배 · 포도 등에 널리 사용되고 있다.

ⓒ 이용

- 탈엽제 및 건조제로서 이용된다.
- 과실의 성숙을 촉진시킨다.
- 낙엽을 촉진한다.
- 오이, 호박 등에 에스렐을 살포하면 암꽃의 착생수가 많아진다.
- 꽃눈이 많아지고 개화가 촉진된다.
- 생육속도가 늦어진다(옥수수, 당근, 양파, 양배추 등).
- 곁눈의 발생을 조장한다(완두, 진달래, 국화).
- 발아를 촉진한다.
- 과수에서 적과의 효과가 있다(에스렐 살포).

7 작물의 내적 균형

(1) C/N율

① 탄수화물질소비율로 식물체 내의 탄수화물과 질소의 비율을 말한다.

② 탄수화물과 질소의 생성이 풍부하면 생육은 왕성하지만 화성과 결실은 미약하다.

③ 고구마 순을 나팔꽃 대목에 접목하면 덩이뿌리 형성을 위한 탄수화물의 전류가 촉진되어 경엽의 C/N율이 높아진다.

④ 작물체 내 탄수화물과 질소가 풍부하고 C/N율이 높아지면 개화 결실은 촉진된다.

(2) T/R율

① 작물 지하부의 생장량에 대한 지상부 생장량의 비율을 말한다.

② 토양통기가 불량해지면 지상부보다 지하부의 생장이 더욱 억제되므로 T/R율이 높아진다.

③ 근채류는 근의 비대에 앞서 지상부의 생장이 활발하기 때문에 생육의 전반기에는 T/R율이 높다.

02 방사성 동위원소

❶ 방사성 동위원소의 의의

(1) 동위원소와 방사성 동위원소

① **동위원소** … 원자번호는 같지만 질량수가 다른 원소를 말한다.

② **방사성 동위원소** … 어떤 원소의 동위원소 중에서 방사능을 지니고 있는 것을 말한다.

(2) 농업에 많이 이용되는 방사성 동위원소

^{14}C, ^{32}P, ^{45}Ca, ^{36}Cl, ^{35}S, ^{59}Fe, ^{60}Co, $^{13}1I$, ^{42}K, ^{64}Cu, ^{137}Cs, ^{99}Mo, ^{24}Na 등

❷ 방사성 동위원소의 이용

(1) 에너지로서의 이용

① 식품저장

㉠ ^{60}Co, ^{137}Cs 등에 의한 γ선 조사는 살균 및 발아억제의 효과가 있어 수확물의 저장에 이용한다.

㉡ 감자, 당근, 양파, 밤 등은 γ선을 조사하면 발아가 억제되므로 장기저장이 가능해진다.

② 재배적 이용

㉠ 작물에 돌연변이를 일으키므로 작물육종에 이용한다.

㉡ 건조 종자에 γ선이나 X선 등을 조사하면 생육이 조장되고 증수된다.

(2) 추적자로서의 이용

어떤 화학물질의 경로를 추적하기 위한 특정한 방사성 동위원소를 추적자(Tracer)라고 하며, 추적자로 표시된 화합물을 표지화합물(Labeled Compound)이라고 한다.

① ^{24}Na를 표지한 화합물을 이용하여 제방의 누수 발견, 지하수 탐색, 유속 측정 등에 이용한다.

② ^{14}C, ^{11}C 등으로 표지된 이산화탄소를 잎에 공급하여 시간의 경과에 따른 탄수화물의 합성 과정을 규명할 수 있다.

③ 표지화합물을 이용하여 식물의 필수원소인 P, K, Ca 등의 영양성분이 체내에서 어떻게 이동하는지를 알 수 있다.

최근 기출문제 분석

2024. 6. 22. 제1회 지방직 9급 시행

1 감자와 양파에서 발아억제, 담배의 측아 억제 효과가 있는 약제는?

① MH
② GA
③ CCC
④ B-Nine

TIP 발아억제 물질
㉠ Auxin : 측아의 발육 억제
㉡ ABA(Abscisic acid) : 자두, 사과, 단풍나무 동아(동아) 휴면 유도
㉢ 쿠마린(Coumarin) : 토마토, 오이, 참외의 과즙 중에 존재
㉣ MH(Maleic hydrazide) : 감자, 양파의 발아 억제

2024. 3. 23. 인사혁신처 9급 시행

2 지베렐린에 대한 설명으로 옳은 것만을 모두 고르면?

> ㉠ 세포분열을 촉진하고, 콩과작물의 근류 형성에 필수적이다.
> ㉡ 잎의 노화 · 낙엽촉진 · 휴면유도 · 발아억제 등의 효과가 있다.
> ㉢ 섬유작물, 목초 등에 처리하면 경엽의 신장을 촉진한다.
> ㉣ 종자의 휴면을 타파하여 발아를 촉진하고, 호광성 종자의 발아를 촉진한다.

① ㉠, ㉡
② ㉠, ㉣
③ ㉡, ㉢
④ ㉢, ㉣

TIP ㉠ 지베렐린은 세포신장과 세포분열을 모두 증가시킨다.
㉡ 호광성 종자는 적색광에서 발아가 촉진된다.

Answer 1.① 2.④

2023. 6. 10. 제1회 지방직 9급 시행

3 **다음 중 신품종의 특성을 유지하고 품종퇴화를 방지하기 위한 종자갱신의 증수효과가 가장 큰 작물은?**

① 벼　　② 옥수수

③ 보리　　④ 감자

TIP 종자갱신의 증수효과: 벼 6%, 맥류 12%, 감자 50%, 옥수수 65%

2023. 6. 10. 제1회 지방직 9급 시행

4 **저온처리와 장일조건을 필요로 하는 식물의 화아형성과 개화를 촉진하는 식물생장조절제는?**

① ABA　　② 지베렐린

③ 시토키닌　　④ B-Nine

TIP ① 지베렐린(Gibberellin, GAs)은 줄기 신장, 발아, 휴면, 꽃의 개화 및 성장, 잎과 과일의 노화 등 식물 생장을 조절하는 식물호르몬이다.

2023. 6. 10. 제1회 지방직 9급 시행

5 **작물의 재배조건과 T/R율의 관계에 대한 설명으로 옳지 않은 것은?**

① 토양함수량이 감소하면 T/R율이 증가한다.

② 질소를 다량 시용하면 T/R율이 증가한다.

③ 뿌리의 호기호흡이 저해되면 T/R율은 증가한다.

④ 고구마는 파종기나 이식기가 늦어지면 T/R율이 증가한다.

TIP ① 토양함수량이 감소하면 지하부의 생장보다 지상부의 생장이 더욱 저해되어 T/R율 감소한다.

2023. 4. 8. 인사혁신처 9급 시행

6 **단위결과를 유도하기 위해 사용하는 생장조절물질로만 묶은 것은?**

① 옥신, 에틸렌　　② 옥신, 지베렐린

③ 시토키닌, 에틸렌　　④ 시토키닌, 지베렐린

TIP ㉠ 옥신: 세포신장에 관여하며 식물의 생장을 촉진하는 호르몬, 줄기, 뿌리의 선단에 생성되어 체내를 이동하면서 주로 세포의 신장 촉진을 통하여 조직, 기관의 생장을 조정한다.
㉡ 지베렐린: 포도의 무핵과 형성을 유도한다.

Answer 3.② 4.② 5.① 6.②

2022. 10. 15. 인사혁신처 7급 시행

7 **작물의 내적 균형을 나타내는 지표에 대한 설명으로 옳은 것은?**

① G−D 균형은 지상부와 지하부 생장의 조화에 대한 균형을 나타낸다.

② 고구마 순을 나팔꽃 대목에 접목하면 T/R율이 낮아져 화아형성이 이루어진다.

③ 환상박피한 윗부분에 있는 눈에는 탄수화물 축적이 조장되어 C/N율이 높아진다.

④ 토양함수량이 감소하면 지상부의 생장보다 지하부의 생장이 더욱 저해되므로 T/R율은 증가한다.

TIP ① G-D 균형은 생장과 발달 간의 균형이다.
② 고구마 순을 나팔꽃 대목에 접목하면 C/N율이 낮아져 화아형성이 이루어진다.
④ 토양함수량이 감소하면 지상부의 생장보다 지하부의 생장이 더욱 저해되므로 T/R율은 감소한다.

2022. 4. 2. 인사혁신처 9급 시행

8 **다음에서 설명하는 식물생장조절제는?**

• 완두, 뽕, 진달래에 처리하면 정아우세를 타파하여 곁눈의 발달을 조장한다.
• 옥수수, 당근, 토마토에 처리하면 생육 속도가 늦어지거나 생육이 정지된다.
• 사과나무, 서양배, 양앵두나무에 처리하면 낙엽을 촉진하여 조기 수확할 수 있다.

① Ethephon
② Amo−1618
③ B−Nine
④ Phosfon−D

TIP ① 사과와 토마토의 과실성숙, 귤의 녹색제거, 파인애플 개화시기 조절, 꽃과 과실의 탈리조절 목적

2020. 9. 26. 인사혁신처 7급 시행

9 **생장조절제와 적용대상을 바르게 연결한 것은?**

① Dichlorprop − 사과 후기 낙과방지

② Cycocel − 수박 착과증진

③ Phosfon−D − 국화 발근촉진

④ Amo−1618 − 콩나물 생장촉진

TIP ② Cycocel는 생장 억제제로 도장 방지와 개화 촉진을 위해 사용된다.
③ 국화의 발근 촉진에는 옥신 계열의 생장조절제가 사용된다.
④ Amo−1618은 생장 억제제이다.

Answer 7.③ 8.① 9.①

2013. 7. 27. 농촌진흥청 연구직 시행

10 다음 중 천연 식물생장조절제로만 묶은 것은?

① IAA, GA3, Zeatin

② NAA, ABA, C2H4

③ IPA, IBA, BA

④ 2,4-D, MCPA, Kinetin

TIP 식물생장조절제 … 식물체의 조직이나 기관에서 생합성된 후 체내를 이행하면서 다른 조직이나 기관에 대하여 미량으로도 형태적, 생리적인 특수한 변화를 일으키는 화학물질을 식물호르몬(plant hormone, phytohormone)이라고 한다.

㉠ 옥신류
- 천연 : IAA, IAN, PAA
- 합성 : NAA, IBA, 2,4-D, 2,4,5-T, PCPA, MCPA, BNOA

㉡ 지베렐린류
- 천연 : GA2, GA3, GA4+7, GA55

㉢ 시토키닌류
- 천연 : 제아틴, IPA
- 합성 : 키네틴, BA

㉣ 에틸렌
- 천연 : C_2H_4
- 합성 : 에테폰

㉤ 생장 억제제
- 천연 : ABA, 페롤
- 합성 : CCC, B-9, phosphon-D, AMO-1618, MH-30

2010. 10. 17. 제3회 서울시 농촌지도사 시행

11 방사성동위원소의 이용에 대한 설명으로 가장 옳지 않은 것은?

① ^{14}C를 이용하면 제방의 누수개소의 발견, 지하수의 탐색과 유속측정을 정확하게 할 수 있다.

② ^{60}Co, ^{137}Cs 등에 의한 γ선 조사는 살균, 살충 및 발아억제의 효과가 있으므로 식품의 저장에 이용된다.

③ ^{32}P, ^{42}K, ^{45}Ca 등의 이용으로 인, 칼륨, 칼슘 등 영양 성분의 생체 내에서의 동태를 파악할 수 있다.

④ ^{11}C로 표지된 이산화탄소를 잎에 공급하고, 시간 경과에 따른 탄수화물의 합성과정을 규명할 수 있다.

TIP ① ^{14}C는 생물학적 연구나 연대 측정과 관련된 연구에서 사용된다.

Answer 10.① 11.①

2010. 10. 17. 제3회 서울시 농촌지도사 시행

12 **식물생장조절제에 대한 설명으로 가장 옳은 것은?**

① 아브시스산을 장일 조건하에서 딸기에 처리하면 화성 유도가 촉진된다.
② 합성호르몬 에세폰을 파인애플에 처리하면 개화가 되지 않는다.
③ 합성호르몬 에세폰을 양상추 종자에 처리하면 발아가 지연된다.
④ 지베렐린을 저온처리와 장일조건을 필요로 하는 총생형 식물에 처리하면 개화가 지연될 수 있다.

TIP ②③ 에세폰은 에틸렌 방출제로 파인애플의 개화와 양상추의 발아를 유도한다.
④ 지베렐린은 개화를 촉진한다.

Answer 12.①

출제 예상 문제

1 다음 중 위조 저항성 및 휴면을 유도하는 식물호르몬은?

① 시토키닌
② ABA
③ 에틸렌
④ 에테폰

TIP ABA … 어린 식물로부터 이층의 형성을 유도하여 낙엽을 촉진시키는 물질이다.
※ ABA의 작용
㉠ 목본식물의 냉해저항성을 증가시킨다.
㉡ 토마토의 위조 저항성을 증가시킨다.
㉢ 잎의 노화와 낙엽을 촉진하고 휴면을 유도한다.

2 식물호르몬 중 작물의 세포분열을 촉진하며, 잎의 생장촉진, 호흡억제, 엽록소와 단백질의 분해억제, 노화방지 등의 효과가 있는 것은?

① 옥신
② 지베렐린
③ 시토키닌
④ 에틸렌

TIP ① 줄기세포의 신장생장 및 생리작용을 촉진하는 호르몬이다.
② 벼의 키다리병균에 의해 생산된 고등식물의 식물생장 조절제로 식물체내 모든 기관으로 이행되어 신장촉진, 화성촉진, 단위결실 등의 작용을 한다.
④ 과실의 성숙과 촉진 등 식물생장의 조절에 이용된다.

3 생장억제, 기공개폐에 관여하는 호르몬은?

① CCC
② MH
③ Cytokinin
④ ABA

TIP ABA … 잎의 노화, 낙엽 촉진, 휴면 유도, 휴면아 형성, 휴면 연장, 발아 억제

Answer 1.② 2.③ 3.④

4 옥신류 생장조절제의 이용법으로 옳지 않은 것은?

① 발근 촉진 ② 개화 촉진
③ 적화 및 적과 ④ 낙과 촉진

TIP 옥신의 효과
㉠ 접목의 활착 촉진
㉡ 개화 촉진
㉢ 성숙 촉진
㉣ 낙과 방지
㉤ 단위결과 유도
㉥ 제초 효과
㉦ 발근 촉진
㉧ 증수 효과

5 작물의 내한성을 증대하고 발아를 촉진하며, 호흡억제·노화방지 등에 효과가 있는 것은?

① 시토키닌(Cytokinin) ② MH-30(Maleic Hydrazide)
③ 지베렐린(Gibberellin) ④ ABA(Abscisic Acid)

TIP 시토키닌
㉠ 발아를 촉진한다.
㉡ 저장 중의 신선도를 높인다.
㉢ 잎의 생장을 촉진한다.
㉣ 호흡을 억제하며 잎의 노화를 방지한다.

6 작물의 성숙촉진에 효과적으로 쓰이는 것은?

① MH-30 ② 에스렐
③ CCC ④ ABA

TIP 에스렐 … 식물의 노화를 촉진하는 식물호르몬의 일종인 에틸렌을 생성함으로써 과채류 및 과실류의 착색을 촉진하고 숙기를 촉진한다.

Answer 4.④ 5.① 6.②

7 과일의 착색촉진 호르몬은?

① 지베렐린　　② 옥신
③ 에틸렌　　④ 시토키닌

TIP 지베렐린
㉠ 신장 촉진
㉡ 종자 발아 촉진
㉢ 화성 촉진
㉣ 착과(着果)의 증가
㉤ 경엽의 신장 촉진
㉥ 섬유식물의 생산량 증가
㉦ 단백질 증가
㉧ 채소의 수확량 증가
㉨ 열매의 생장 촉진
㉩ 단위 결실

8 과실의 성숙을 촉진하는 생장조절제는?

① 지베렐린　　② 옥신
③ ABA　　④ 에틸렌

TIP 에틸렌
㉠ 과실의 성숙과 촉진 등 식물생장의 조절에 이용한다.
㉡ 2 · 4 · 5-T 10～100ppm액을 성숙 1～2개월 전에 살포하면 성숙이 촉진된다.

Answer 7.① 8.④

9 옥신처리를 했을 때의 효과라 할 수 없는 것은?

① 단위결과 유도　② 발근 촉진
③ 접목의 활착 촉진　④ 형질 전환

TIP 옥신의 효과
㉠ 접목의 활착 촉진
㉡ 개화 촉진
㉢ 성숙 촉진
㉣ 낙과 방지
㉤ 증수 효과
㉥ 단위결과 유도
㉦ 제초 효과
㉧ 발근 촉진

10 세포분열을 촉진하는 호르몬은?

① 시토키닌　② ABA
③ 지베렐린　④ MH

TIP 시토키닌의 작용
㉠ 아스파라거스의 저장 신선도 유지
㉡ 내한성 증대
㉢ 잎의 노화방지
㉣ 잎의 생장촉진과 호흡억제
㉤ 발아 촉진

Answer 9.④ 10.①

11 **품종의 퇴화를 방지하고 특성을 유지하는 방법이 아닌 것은?**

① 영양 번식
② 격리 재배
③ 종자 갱신
④ 방사선 조사

TIP 방사선 이용
㉠ 식품 저장
㉡ 작물 육종에 이용
㉢ 추적자로서의 이용

12 **낙과의 방지를 위한 방법 중 옳지 않은 것은?**

① 비료를 넉넉히 주어야 한다.
② 수광상태를 향상시킨다.
③ 한해에 대비한다.
④ 옥신 등의 생장조절제의 사용을 금지한다.

TIP 낙과의 방지
㉠ 옥신 등의 생장조절제를 살포한다.
㉡ 병충해를 방지한다.
㉢ 방풍시설을 설치한다.
㉣ 수광상태를 향상시킨다.
㉤ 비료를 넉넉히 주어야 한다.
㉥ 한해에 대비한다.
㉦ 수분의 매조가 잘 이루어지도록 한다.
㉧ 관개와 멀칭에 의해 건조를 방지한다.

Answer 11.④ 12.④

13 다음 중 생장촉진물질이 아닌 것은?

① CCC
② 옥신
③ 지베렐린
④ 시토키닌

TIP CCC
㉠ 생장억제물질이다.
㉡ 토마토에서는 개화를 촉진하고 하위엽부터 개화시킨다.
㉢ 제라늄, 옥수수, 국화 등에서 줄기를 단축시킨다.
㉣ 밀에서는 줄기를 단축시켜 도복이 경감된다.

14 시토키닌의 작용을 설명한 것 중 옳지 않은 것은?

① 저장물의 신선도를 증가시킨다.
② 작물의 내한성을 증대시킨다.
③ 단백질 대사를 조절한다.
④ 꽃의 개화에는 영향을 미치지 않는다.

TIP 시토키닌의 작용
㉠ 아스파라거스의 저장시 신선도 유지
㉡ 내한성 증대
㉢ 잎의 노화방지
㉣ 잎의 생장 촉진과 호흡 억제
㉤ 발아 촉진
㉥ 꽃의 개화에 영향

15 다음 중 지베렐린에 대한 설명으로 옳지 않은 것은?

① 벼의 키다리병균에 의해 생산된 고등식물의 식물생장 조절제이다.
② 사람과 가축에도 독성을 나타낸다.
③ 지베렐린은 지베렐린산의 칼륨염 희석액을 쓴다.
④ 식물체내에서 생합성된다.

TIP ② 지베렐린은 사람과 가축에는 독성을 나타내지 않는다.

Answer 13.① 14.④ 15.②

16 다음 중 국화, 포인세티아 등에서 줄기의 길이를 단축하는 데 이용하는 생장억제물질은?

① B-Nine
② Phosfon-D
③ CCC
④ Amo-1618

TIP Phosfon-D
㉠ $1ft^3$당 1~2kg 정도 사용한다.
㉡ 목화, 해바라기, 나팔꽃 등에서 초장의 감소효과가 있다.
㉢ 국화, 포인세티아 등에서 줄기의 길이를 단축하는 데 이용된다.

17 다음 중 옥신의 작용으로 옳지 않은 것은?

① 과실의 생장 촉진
② 세포의 신장 촉진
③ 단위결과 촉진
④ 낙과유도

TIP ④ 낙엽과 낙과를 방지한다.

18 에스렐의 작용을 설명한 것 중 옳지 않은 것은?

① 과실의 성숙을 촉진시킨다.
② 낙엽을 촉진한다.
③ 생육속도가 빨라진다.
④ 꽃눈이 많아지고 개화가 촉진된다.

TIP 에스렐의 작용
㉠ 탈엽제 및 건조제로서 효과가 이용된다.
㉡ 과실의 성숙을 촉진시킨다.
㉢ 낙엽을 촉진한다.
㉣ 오이, 호박 등에 에스렐을 살포하면 암꽃의 착생수가 많아진다.
㉤ 꽃눈이 많아지고 개화가 촉진된다.
㉥ 생육속도가 늦어진다(옥수수, 당근, 양파, 양배추 등).
㉦ 곁눈의 발생을 조장한다(완두, 진달래, 국화).
㉧ 과수에서 적과의 효과가 있다.
㉨ 발아를 촉진한다.

Answer 16.② 17.④ 18.③

08 특수재배와 수납

01 생력재배

❶ 생력재배의 일반적 특성

(1) 생력재배의 개념

근대화에 따른 이농현상으로 노동력이 부족해지고 있는 상황에서는 안정적인 수확량 확보를 위해 기계화와 제초제를 이용하는 등의 합리적 작업체계가 구축되어야만 하는데, 이러한 재배 방식을 생력재배라고 한다.

(2) 생력재배의 효과

① 농업 노력비의 절감

㉠ 영세규모의 경작에 비해 대규모의 기계화 재배에서는 농업노력과 비용이 크게 절약된다.

㉡ 밀의 경우 인력을 위주로 하여 생산하는 우리나라는 ha당 노동 투하량이 100일 이상인데 반해 미국은 1일 내외이다. 또한, 1시간의 노동에 의해 생산되는 밀은 우리나라가 3kg, 미국이 100kg 이상이다.

② 단위수량의 증대

㉠ 지력의 증진

- 대형기계로 경운하면 24cm 이상의 심경을 할 수 있다.
- 기계화를 통하여 경운 · 쇄토 등을 더욱 충분히 할 수 있다.
- 기계 경운을 하고 유기물을 증시하면서 작토를 깊게 하면 지력이 향상되므로 단위수량의 증대를 이룰 수 있다.

㉡ 적기적 작업

- 기계화에 의한 재배를 할 경우에는 빠르고 능률적으로 적기에 필요한 작업을 수행할 수 있으며, 이것이 단위수량의 증대를 이룰 수 있는 조건이 된다.
- 인력에 의한 재배를 할 경우에는 필요한 작업을 적기에 수행할 수 없는 경우가 많다.

③ 재배방식의 개선

㉠ 제초제나 기계력을 이용한 재배를 하면 인력에 의존한 재배방식에 비해 보다 많은 수확량을 거둘 수 있는 재배방식을 선택할 수 있다.

㉡ 맥작 방식에서 제초제와 기계력을 이용하면 골 너비 3cm, 골 사이 20cm 정도의 드릴파를 할 수 있는데, 드릴파를 하면 기존에 비하여 30% 내외의 증수효과가 있다.

④ 작부체계의 개선과 재배면적의 증대

㉠ 전작물의 수확 · 처리와 후작물의 정지 · 파종이 단시일에 이루어져 작부체계를 개선할 수 있다.

㉡ 작부체계의 개선으로 재배면적이 증가하게 된다.

⑤ **농업경영 개선** … 기계화 생력재배를 도입하면 농업노력과 생산비가 절감되고 수량이 증대되어 농업경영이 개선된다.

(3) 생력재배의 조건

① **경지정리** … 대형 농기계의 능률적 작업수행을 위해서는 농경지의 필지면적이 크고 수평하며 구획이 반듯하고 농로가 정비되어 있어야 한다. 또한, 관배수 시설이 갖추어져야 적기적 작업이 가능하게 된다.

② **집단재배** … 집단적으로 동일작물의 동일품종을 동일한 재배방식에 의해 재배해야 한다.

③ **공동재배** … 영세적인 현재의 재배방식에서 큰 경영단위의 집단재배를 하기 위해서는 많은 자본이 필요한데, 그러기 위해서는 여러 농가가 공동으로 집단화하여 경작하는 공동재배 조직이 이루어져야 한다.

④ **제초제 사용** … 제초제 사용만으로도 큰 생력이 된다.

⑤ **적응재배체계** … 확립품종을 기계화에 적당하고 제초제의 피해가 적은 것으로 바꾸고, 이식재배 등 인력을 이용한 재배방식을 개선하는 등 기계재배를 가장 효율적으로 유도할 수 있는 재배체계를 확립하여야 한다.

⑥ **기타 조건** … 기계화 재배를 추진하기 위해 국가와 농민 모두 힘을 기울이고 연구해야 결실을 맺을 수 있다. 국가는 경지정리, 지도자 양성, 기술자 양성, 시설 및 기계에 대한 지원 등을 하고 농민은 계속적인 교육을 받아야 한다.

2 우리나라의 기계화 재배방식

(1) 벼의 집단재배

① **집단의 설치** … 토질 · 수리 등이 비슷한 논을 모아서 하나의 집단지를 설치하며, 크기는 10ha 정도로 한다.

② 집단재배의 운영

㉠ 집단재배는 기술적 · 경영적 형태에 따라 협정농업형, 기술신화형, 공동작업형, 협업경영형으로 나누어 볼 수 있다.

㉡ 우리나라에서는 협정농업형이나 공동작업형이 대부분이다.

③ 집단재배의 효과

㉠ 기간적 재배기술을 높은 수준으로 집단지 내에 평준화시킨 결과, 벼의 수확량은 증가되었다.

㉡ 수확량에 비해 생산비나 노임은 절감하지 못하였는데, 그 이유는 집단재배에서 생력기계화의 방향을 추구하지 못했기 때문이다.

(2) 맥류의 드릴파 재배

① 작물 파종법의 하나로서 드릴(Drill)이란 씨앗을 줄줄이 심고 그 위에 복토(覆土)하는 일, 또는 그렇게 하기 위한 기계를 말한다.

② 이 방법은 주로 맥류에 보급되었는데, 파폭(播幅)은 최대 3cm 이하, 이랑폭(畦幅)은 20cm 전후로 재래식 조파(條播)보다 밀식(密植)이 된다.

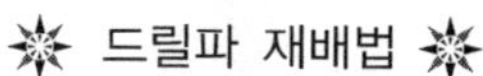
드릴파 재배법

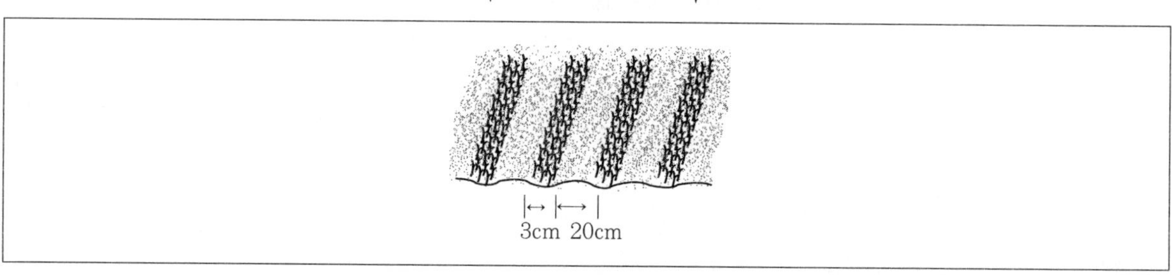

③ 드릴파 재배는 햇빛을 잘 받고 뿌리의 발달이 좋은 군락구조가 되어 다비밀식재배(多肥密植栽培)가 가능하기 때문에 재래방법보다 증수(增收)된다.

④ 품종의 선택

㉠ 흙넣기(土入)나 북주기(培土)가 곤란하므로 어느 정도 이상 다비밀식하면 쓰러지기 쉬워 증수가 곤란해지므로 잘 쓰러지지 않는 내도복성(耐倒伏性) 품종이 필요하다.

㉡ 직립성이고 내병성과 내한성이 강한 품종을 선택한다.

㉢ 다비밀식재배로 인하여 수광이 나빠질 수 있으므로 초형은 잎이 짧고 빳빳하여 일어서는 직립형이 적합하다.

⑤ 파종량과 시비량 … 관행재배의 약 2배로 한다.

⑥ 작업체계

㉠ 경기, 쇄토 : 대형 트랙터의 로터리(Rotary)경을 한다.

㉡ 작조, 시비, 파종, 복토 : 대형 트랙터의 드릴시이더(Drill Seeder)로의 일관작업을 한다.

㉢ 추비 : 유수형성기 직전에 질소비료의 60% 정도를 살포기로 전면 살포한다.

㉣ 제초제 살포
- 중경제초(中耕除草)를 할 수 없으므로 김매기는 싹트기 전에 또는 생육 초기에 제초제로 처리하여야 한다.
- 파종 후 5일 이내에 살포기로 제초제를 토양표면에 전면 살포한다.

㉤ 수확 및 조제 : 대형 콤바인으로 수확탈곡하여 통풍 건조기로 건조시킨다.

(3) 맥류의 전면전층파

① 답리작의 맥류재배에 적응하는 기계화 재배법이다.

맥류의 전면전층파

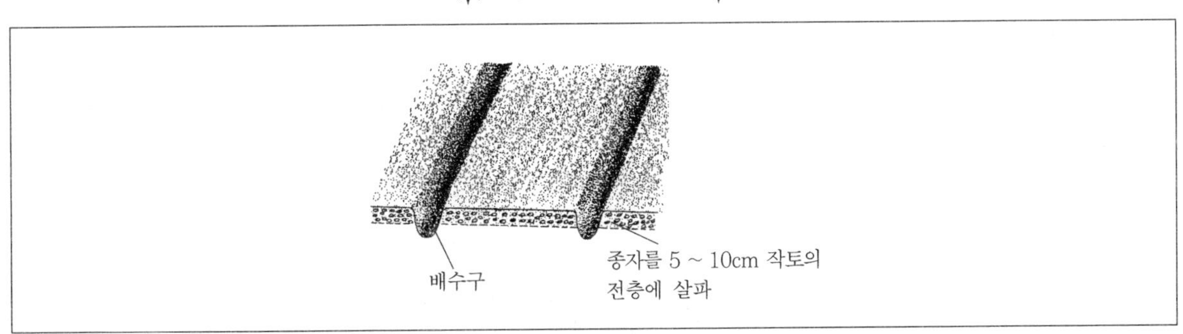

② 맥류의 종자를 포장 전면에 산파하고 이것을 포장의 일정한 깊이의 전층에 깔아 섞어 넣은 후 적당한 간격으로 배수구를 설치한다.

③ 품종의 선택
㉠ 조숙이고 직립성이며 도복하지 않아야 한다.
㉡ 내병성, 내한성, 내습성이 강한 품종이어야 한다.

④ 파종량과 시비량
㉠ 파종량은 관행재배의 3배, 시비량은 2배 정도로 한다.
㉡ 50 ~ 80%의 생력효과가 있다.
㉢ 파종작업이 가장 간편하다.

⑤ 작업체계
㉠ 시비 및 종자 살포 : 논의 전면에 살립기나 브로드캐스터(Broadcaster)로 종자를 살포는 동시에 살분기로 비료를 살포한다.
㉡ 로터리 경 : 비료와 종자를 살포한 후, 경운기 또는 트랙터의 로터리를 이용해 논의 전면을 5 ~ 10cm 깊이로 경운하여 종자가 5 ~ 10cm 깊이의 논의 전층에 묻히게 한다.
㉢ 배수로의 설치 : 경운기 또는 트랙터의 배토판을 사용하여 논의 주위와 논바닥을 5 ~ 10cm 간격으로 너비 30cm, 깊이 15cm 정도의 배수로를 설치한다.
㉣ 제초제의 살포 · 수확 · 조제 : 드릴파 재배에 준한다.

02 우리나라 농업의 현황 및 문제점

❶ 우리나라 농업의 현황

(1) 구조적 측면

① 영농규모가 매우 영세하고 쌀을 중심으로 한 농작물의 재배가 주종을 이루고 있다.

② 전국평균 호당 경지면적은 1.26ha에 불과하고 1ha 미만의 농가가 전체의 57.9%에 이르고 있다.

③ 전경지 면적 중에서 논 면적 비율이 63.5%에 이르고 있으며, 지난 10년 동안에 3.4%가 증가하였다.

④ 전국 평균호당 농업 조수익면에서 보면 농작물에 의한 수입이 전체의 79.6%에 이르고 있으며, 특히 미곡생산에 의한 수입이 41.1%를 차지하고 있는 데 비하여 축산은 20.3%, 원예는 27.7%로서 주곡농업(主穀農業)이 주종을 이루고 있음을 알 수 있다.

(2) 농경지 면적과 이용률에 대한 측면

① 꾸준한 개간간척사업이나 농업진흥지역의 고시(告示) 등 농지의 확대 및 보존 정책의 추진에도 불구하고 고도의 경제성장과 인구증가에 따른 도시지역의 팽창, 공업단지의 지방분산 및 도로망의 확장, 그리고 저수지 또는 댐의 축소 등으로 농경지 면적은 계속 감소하여 국토면적에 대한 비율이 1982년의 22.0%에서 1992년에는 20.8%로 감소하였다.

② 농경지 이용률도 1965년을 최고로 점차 감소하여 82년에 122.4%, 1992년에 108.1%로 크게 감소하였다.

③ 농경지 면적과 이용률의 감소현상은 농촌 노동력의 감소 및 임금상승과 그에 따른 낮은 수익성 등으로 2모작 영농의 기피와 유휴농경지(遊休農耕地)의 증가, 그리고 다년생 작물의 확대재배 때문에 나타난 결과이다.

④ 호당 경지면적은 총경지면적의 감소에도 불구하고 농가구의 감소율이 상대적으로 높았기 때문에 계속 증가되어 왔고, 그 증가는 더욱 가속화할 것이다.

(3) 농업인구에 대한 측면

① 농가인구는 계속적인 도시 유출로 매년 크게 감소하여 그 비율이 1993년에는 12.3%로 떨어졌고 농가구 비율도 비슷한 경향으로 감소하였다.

② 업태별 농가분포를 보면, 경종(耕種)농가는 감소되어 왔으나 과수 · 채소 및 축산농가는 계속 증가하여 왔다.

③ 경작규모는 농가당 1ha 이상의 중 · 대농비율은 계속 증가해온 데 반해, 1ha 미만의 소농비율은 계속 감소하고 있다.

(4) 농업 자재의 생산수급 상황적 측면

① 최근에는 모내기 · 수확 · 비배관리에 이르기까지 기계화가 크게 진전되었고, 많은 기계화 영농단(營農團)도 육성되어 왔다.

② 아직도 소형기계화가 주종을 이루고 있으며, 앞으로 영농의 일관적 기계화 및 트랙터나 콤바인과 같은 농기계의 중대형화가 가속화할 것으로 전망된다.

❷ 우리나라 농업의 문제점과 대책

(1) 우리나라 농업의 문제점

① 농산물의 국제경쟁력 취약

㉠ 농산물의 국제가격이 국내가격에 비하여 매우 낮으므로 막대한 양의 농산물을 수입하고 있는 현실에 비추어볼 때, 생산자인 농민에게는 큰 경제적 타격을 주게 되고 궁극적으로는 국민 식량의 안정적인 공급기반을 약화시키며 외화부담을 증가시키게 될 것이다.

㉡ 국내 부존자원(賦存資源)을 효율적으로 활용하고 생산비를 줄여 농산물의 생산을 최대한 유지하는 노력을 해야 한다.

② 농업생산기반 약화

㉠ 농업생산의 기본요소인 토지와 노동력이 감소되는 반면 노임은 상승하고 생산비도 높다.

㉡ 1970 ~ 1990년까지 매년 평균 농경지면적은 1만 125ha씩, 농경지 이용률은 1.35%씩 감소되어 왔다.

㉢ 농업구조 조정, 농업의 기반정비, 기계화 등이 조속히 추진되어야 할 것이다.

③ 식량자급률의 저하

㉠ 1인당 식량소비량은 계속 감소되어 왔음에도 전체 양곡 자급도는 1965년의 93.3%에서 계속 떨어져 92년에 34.1%, 1994년에 29%로 크게 떨어졌다.

㉡ 식량자급률의 저하는 국민식량의 안정적 공급기초를 약화시키고, 따라서 외국의 농업사정에 따라 큰 영향을 받지 않을 수 없다.

④ 농업의 상대적 위치 저하 … 국민총생산에 대한 농림수산 분야의 비율이 1971년의 26.4%에서 1993년에는 7.52%로, 농가인구비율도 1970년의 44.7%에서 1993년에 12.3%로, 경제활동인구 중 농림수산업 분야의 비율도 같은 기간 동안에 50.5%에서 14.8%로 각각 크게 떨어져 매우 낮은 수준에 있다.

⑤ 식품소비 구조의 변화

㉠ 곡물의 직접 소비량은 계속 감소되어 왔고 앞으로도 그 경향은 더욱 가속화될 것이다.

㉡ 농촌인구의 도시집중화로 농산물의 도시공급을 위한 수송, 저장, 판매 등 농산물 유통의 원활화 및 효율화가 요구되고 있다.

⑥ 도시와 농촌의 불균형이 심화

㉠ 농가구당 평균소득과 도시근로자 가구당 평균소득은 그 격차가 점차 증대하고, 농가부채도 계속 늘어나고 있다.

㉡ 농촌의 문화 · 복지 · 교육시설 등은 도시보다 열악하여 이농현상을 불러일으킨다.

⑦ 국제 경쟁 심화

㉠ WTO 체제의 출범에 의하여 농업도 국제적인 무한경쟁시대에 돌입하게 됨으로써 많은 어려움에 봉착해 있다.

㉡ 곡물 수출량의 대부분은 소수의 선진국에 의존하게 되는 등 식량공급은 낙관할 수 없다.

(2) 우리나라 농업의 대책

① 농업의 증산과 소득증대를 도모해야 한다.

② 국제경쟁력의 강화를 위하여 농업기술의 혁신적 개발이 이루어져야 한다.

③ 농지의 개발 및 기반정비, 적지적작(適地適作)을 통한 각 작목의 단지화 · 규모화 등 농업구조개선, 작물재배 및 가축사육을 위한 시설화 및 기계화에 의한 토지 및 노동생산성 제고, 농산물의 유통, 가공 및 가공기술 등의 개선, 농산물 적정가격의 유지보상 및 재해보상제도의 개선 강화 등은 구체적으로 실천해야 할 과제들이다.

03 시설재배

(1) 환경

① 토양

㉠ **염류집적** : 염류집적(鹽類集積)은 강우가 적고 증발량이 많은 건조 및 반건조 지대에서는 토양 상층에서 하층으로의 세탈작용이 적고, 증발에 의한 염류의 상승량이 많아지면서 표층에 염류가 집적하는 현상을 말한다.

㉡ **염류집적토의 농지로서의 가치** : 염류토양은 작물에 수분을 공급하는 능력이 부족하고 집적된 염류가 양분의 흡수를 방해하므로 작물의 생육이 어려워 농경지로는 부적합하다.

㉢ 염류가 집적되는 토양에는 알칼리성이 강하며 Fe, Zn, Mn, Cu 등의 결핍현상과 B의 과다현상이 나타난다.

㉣ **염류집적의 장해 대책** : 담수, 적정한 시비, 유기물의 사용, 객토, 피복제거, 심경 및 내염성 작물과 수수, 옥수수 등 흡비작물을 재배하도록 한다.

ⓜ 작물의 내염성 강도

- 강한 작물 : 목화, 순무, 사탕무, 유채, 라이그래스, 양배추 등
- 중간 작물 : 벼, 밀, 고추, 수수, 보리, 토마토, 알펄퍼, 무화과, 올리브, 포도, 아스파라거스, 호밀 등
- 약한 작물 : 고구마, 감자, 사과, 배, 베치, 녹두, 완두, 복숭아, 실구, 레몬, 귤, 가지, 셀러리 등

② 수분

㉠ 시설 내에는 인공적으로 토양에 수분공급이 필요하도록 한다.

㉡ 관수량은 적당하게 공급하고 장마철에는 과습으로 공중습도가 높아지지 않도록 한다.

③ 광선

㉠ 시설재배에서는 인위적으로 태양광의 총량이나 광주기를 조절할 수 있도록 한다.

㉡ 광조절 장치로는 차광커튼이나 인공광 등을 이용하도록 한다.

④ 공기

㉠ 시설재배 내에서는 인위적으로 할 수 있는 온도와 습도 및 CO_2의 농도를 조절할 수 있도록 한다.

㉡ 서설 내에 CO_2의 농도를 보충할 수 있도록 천연가스와 프로판가스를 연소시키는 시설을 하도록 한다.

⑤ 온도

㉠ 온도조절을 위해 보온커튼이나 난방기 및 환기시설, 냉방시설 등을 설치하도록 한다.

㉡ 인위적으로 냉난방을 조절할 수 있도록 한다.

⑥ 시설재배 시 시설 내의 환경특이성

㉠ 온도 – 일교차가 크고, 위치별 분포가 다르며, 지온이 높음

㉡ 광선 – 광질이 다르고, 광량이 감소하며, 광분포가 균일하지 않음

㉢ 공기 – 탄산가스가 부족하고, 유해가스가 집적되며, 바람이 없음

㉣ 수분 – 토양이 건조해지기 쉽고, 공중습도가 높으며 인공관수를 함

㉤ 토양 – 염류농도가 높고 토양물리성이 나쁘며 연작장해가 있음

(2) 시설재배의 목적

① 작물의 생육기간을 연장하고 어려운 조건에서 작물을 보호한다.

② 해충이나 바이러스로부터 어린 작물과 결과물을 보호하고 제한된 용수를 효과적으로 사용할 수 있다.

(3) 시설재배의 적용 작물

① 채소류

㉠ 과채류 : 오이, 딸기, 수박, 참외, 호박, 토마토 등

㉡ 기타 : 무, 상추, 시금치, 배추, 파, 쪽파차, 대파, 가지, 피망 등

② 화훼류

㉠ 절화용 : 장미, 국화, 카네이션, 난초, 프리지어, 거베라, 백합 등

㉡ 분화용 : 드라세나, 유카, 피커스, 베고니아, 진달래, 칼란코에 등

③ 과수류 … 1960년대 포도를 시작으로 감귤, 복숭아, 단감, 배, 비파, 무화과, 참다래 등

(4) 작물재배 시설

① 종류

㉠ 유리온실 : 양지붕형, 외지붕역, 연동형, 쓰리쿼터형, 곡선지붕형, 벤로형 등이 있다.

㉡ 플라스틱 온실 :지붕형, 터널형, 아치형 등이 있다.

② 시설자재

㉠ 골격자재 : 철재, 목재, 죽재, 경합금제가 있으며 경합금제는 가볍고 부식이 적어 유리온실에 많이 사용되고 있다.

㉡ 기초피복재

- 플라스틱
- 경질필름 : 폴리에스테르, 염화비닐 등
- 연질필름 : PE, PVC, EVA 등
- 경질판 : FRP, FRA, 아크릴, 복층판 등
- 유리 : 판유리, 복층유리, 열선흡수유리 등

㉢ 추가피복재

- 시설 외면 : 매트, 거적, 이엉 등
- 지면 피복 : 반사필름, 연질필름 등
- 커튼보온 : 연질필름, 반사필름, 부직포 등
- 차광피복 : 부직포, 한랭사, 네트 등
- 소형터널 : 부직포, 거적, 한랭사, 연질필름 등

㉣ 피복재 차광율 : 유리, 아크릴 재료 – 15%, 비닐 – 15~20%, 한랭사(종류별) – 25~66%, 창발 – 43~76%, 래드 – 26~74%, 대발 – 24~76%, 흰천 – 20~28%, 흰그물망 – 14~17%, 합성섬유망 – 35~75% 정도이다.

04 수확과 저장

❶ 수확

(1) 성숙

① 생물이 각각 종(種)으로서의 특징을 충분히 발휘할 수 있게 되는 것을 말한다.

② 종자나 과실에서 외관이 갖추어지고 내용물이 충실해지며 발아력도 완전하여 수확의 최적 상태에 도달하는 것을 말한다.

③ 화곡류의 성숙과정

㉠ 유숙(乳熟)
- 벼, 밀, 보리 등 곡류의 성숙 초기상태를 말한다.
- 배젖은 아직 유상(乳狀)이며 배의 발달도 불완전하지만, 이 시기가 지나면 후숙(後熟)하여 성숙이 완성된다.

㉡ 호숙(糊熟) : 종자의 내용물이 아직 된풀 모양인 과정이다.

㉢ 황숙(黃熟) : 이삭이 황변하고 종자의 내용물이 납상인 과정이며, 이 때부터 수확을 할 수 있다.

㉣ 완숙(完熟)
- 전식물체가 황변하고 종자의 내용물이 경화하여 손톱으로 파괴되지 않는 과정이다.
- 보통 완숙에 도달하면 성숙했다고 한다.

㉤ 고숙(枯熟)
- 화곡류의 종자가 완전히 성숙한 상태를 말하며, 과숙(過熟)이라고도 한다.
- 고숙기는 종자의 성숙이 끝나서 배젖은 단단하나 부서지기 쉬워 동할(胴割)이 생긴다.
- 식물체도 황색에서 백색으로 퇴색하고 품질의 저하가 일어난다.
- 이삭대도 부러지기 쉬워 탈립현상이 일어난다.

④ 십자화과 작물의 성숙과정

㉠ 백숙(白熟) : 종자가 백색이고, 내용물이 물과 같은 상태의 과정이다.

㉡ 녹숙(綠熟) : 종자가 녹색이고, 내용물이 손톱으로 쉽게 압출되는 과정이다.

㉢ 갈숙(褐熟)
- 일반적으로 갈숙에 도달하면 성숙했다고 한다.
- 꼬투리가 녹색을 상실해 가며, 종자는 고유의 성숙색이 되고, 손톱으로 파괴하기 어려운 단계이다.

㉣ 고숙(枯熟) : 고숙하면 종자는 더욱 굳어지고 꼬투리는 담갈색이 되어 취약해진다.

(2) 수확기

① 작물의 발육정도

㉠ 성숙 정도

- 대부분의 곡류나 과실은 성숙(완숙)한 다음에 수확하고, 종자용은 그보다 일찍 수확하는 것이 좋다.
- 화곡류는 황숙기부터 완숙기까지가 수확의 적기이다.
- 일반적으로 완숙한 과실은 부패하기 쉽고, 저장 및 수송 과정에서 상처를 받기 쉬우므로 대부분의 경우 다소 일찍 수확하여 저장 및 수송 과정에서 적당히 후숙되도록 한다.

㉡ 기관의 발육량

- 시금치 · 근대 · 아욱 · 쑥갓 등의 엽채류나 청예작물은 목적하는 기관의 발육량에 따라 수확기를 결정한다.
- 목초는 가장 영양분이 많은 개화 직전을 수확기로 한다.

㉢ 기관의 충실도

- 양배추, 결구배추, 결구상추 등에서는 결구기관의 충실도가 수확기를 결정하는 지표가 된다.
- 괴근, 괴경, 구경, 인경 등은 양분이 축적되어 가장 충실해졌을 때 수확한다.

㉣ 조직의 노숙도

- 섬유작물 등에서는 조직의 노숙도가 수확기를 판정하는 기준이 된다.
- 섬유작물은 섬유가 경화하면 품질이 나빠지므로 수량이 다소 적어도 섬유가 경화하기 전에 수확한다.

㉤ 함유성분량 : 사탕무, 사탕수수, 약용작물 등에서는 함유성분량이 가장 많은 때가 수확기가 된다.

② 재배조건

㉠ 봄 · 여름 채소는 가을 채소의 파종기가 되면 수확 적기가 아니어도 수확한다.

㉡ 노력부족으로 적기에 수확하지 못하는 경우가 많다.

③ 시장조건 … 유리한 시장가격을 위해 조기수확, 조기출하시키는 경우도 있다.

④ 기상조건 … 강우 등에 의해 수확기가 변경되는 경우도 있다.

⑤ 수확의 방법

㉠ 화곡류, 목초 등은 예취한다.

㉡ 감자, 고구마 등은 굴취한다.

㉢ 과실, 뽕 등은 적취한다.

㉣ 무, 배추 등은 발취한다.

(3) 작물의 수확 후 생리작용 및 손실요인

① 물리적 요인에 의한 손실 … 수확과 선별, 포장, 운송 및 적재과정에서 발생하는 기계적 상처에 의한 손실 발생을 말하며, 특히 감자의 경우는 수확 후 약 20% 정도가 물리적 손실이다.

② 호흡에 의한 손실 … 수확하는 과정에서 호흡이 급격히 증가하는 현상으로 호흡급등이 나타나는 과실은 사과, 배, 복숭아, 토마토, 감, 살구, 망고, 수박, 멜론, 무화과, 파파야, 키위, 바나나 등이다.

③ 증산에 의한 손실 … 신선작물은 중량의 70~95%가 수분인데 이 수분이 손실되면 위조되거나 위축이 일어나면서 모양이나 질감 및 향기가 나빠져서 품질이 저하되고 증산에 의한 수분손실은 호흡에 의한 손실보다 10배 크고 90%는 기공증산, 8~10%는 표피증산을 통해 손실된다.

④ 맹아에 의한 손실 … 일정 기간이 지나게 되면 휴면이 타파되고 맹아에 의해 품질이 저하된다.

⑤ 병리적 요인에 의한 손실 … 수확 과정에서 생기는 기계적 상처와 저장 중에 생리적 요인에 따라 여러 가지 병원균의 침입을 받아 부패하기 쉽고 병원균에 의해 생기는 병들은 1차 감염 후 다시 2차 세균 감염이 일어나 빠르게 양적이나 질적인 손실이 발생한다.

⑥ 에틸렌 생성 및 후숙 … 과실은 성숙하면서 에틸렌이 다량으로 생합성 되어 후숙이 진행된다.

(4) 작물의 수확 후 변화

① 백미는 현미에 비해 온습도 변화에 민감하고 해충의 피해를 받기 쉽다.

② 곡물은 저장 중 α−아밀라아제의 분해 작용으로 환원당 함량이 증가한다.

③ 호흡급등형 과실은 성숙함에 따라 에틸렌이 다량 생합성되어 후숙이 진행된다.

④ 수분함량이 높은 채소와 과일은 수확 후 수분증발에 의해 품질이 저하된다.

(5) 작물의 수확 후 관리

① 벼의 열풍건조 온도를 45℃로 하면 55℃로 했을 때보다 건조시간이 단축되고 동할미와 싸라기 비율이 감소된다.

② 비호흡급등형 과실은 수확 후 부적절한 저장 조건에서는 스트레스에 의하여 에틸렌의 생성이 급증할 수 있다.

③ 수분함량이 높은 감자의 수확작업 중에 발생한 상처는 고온(10~15℃) · 다습(90~95%)한 조건에서 유상조직이 형성되어 치유가 촉진된다.

④ 현미에서는 지방산도가 20mg KOH/100g 이하를 안전저장 상태로 간주하고 있다.

❷ 수확물의 처리

(1) 건조

① 건조방법

㉠ 음건(陰乾)

- 그늘에서 천천히 말리는 것을 말한다.
- 품질의 향상을 위해서 잎담배, 박하의 경엽 등의 건조에서 실시된다.

㉡ 양건(陽乾)

- 직사광에 건조하는 것을 말한다.
- 대부분의 수확물은 양건을 한다.

㉢ 인공열 건조

- 화력전열 등을 이용해서 단시간 내에 건조시키는 방법이다.
- 우리나라에도 많이 실시하고 있다.

② 건조채소

㉠ 채소를 햇볕이나 인공적으로 건조시킨 식품을 말한다.

㉡ 수분이 많아서 부패하기 쉬운 채소의 저장성과 수송을 좋게 하기 위하여 수분이 15% 정도 되게 건조시킨 채소이다.

㉢ 건조 중에 채소의 성분과 조직에 변화가 일어나기 때문에, 일단 건조시킨 채소는 물에 담가도 본래처럼 되지 않으므로 생채소와는 별개의 식품으로 취급된다.

㉣ 건조채소의 대표적인 예는 무말랭이이며, 가지 · 호박 · 무잎 · 생강 등에 이용된다.

㉤ 건조시켰던 채소에 수분을 주어 생채소의 상태에 가깝게 만드는 데는 건조과실과 같이 동결건조를 시킨 다음 이것을 인스턴트 수프의 건더기 같은 것으로 쓴다.

③ 건조과실

㉠ 과실을 건조시킨 단순한 가공식품을 말한다.

㉡ 우리나라에서는 곶감을 건조과실의 대표로 들 수 있으며, 그 밖에 대추 · 밤 · 포도 등과 약용으로서 나무의 열매 등이 건조 · 가공되어 왔다.

㉢ 과실은 일광에 건조시키면 빛깔이 나빠지고 굳어지기 쉬워 동결건조 · 진공건조 등의 방법이 이용되고, 착색방지를 위하여 아황산가스로 처리한 후 건조시키기도 한다.

㉣ 건조과실의 이용은 분말 바나나가 이유식에, 건포도가 과자에 이용되는 등 최근에는 그 이용법도 다양해졌다.

④ 곡물건조기

㉠ 수확한 후 수분이 높은 곡물을 저장에 적합한 수분까지 건조시키는 기계를 말한다.

㉡ 수확 때 곡물의 함수율은 보통 20 ~ 30%이며, 이를 함수율 14 ~ 15%까지 건조한다.

㉢ 보통 퇴적곡물(堆積穀物)에 상온의 공기 또는 열풍을 통풍하여 건조하는 방법을 사용한다.

㉣ 건조기의 종류

• 열풍건조기

– 평면식 : 1평 크기의 철망 위에 곡물을 40 ~ 60cm 깊이로 퇴적하고 열풍을 통풍하는 건조기이다.

– 순환식 : 건조부와 템퍼링(Tempering)부로 이루어지며, 투입된 곡물이 건조기 내를 순환하는 동안 건조와 템퍼링을 반복하면서 건조가 이루어지는 형식이다.

– 연속식 : 건조기를 통과하여 템퍼링빈에 투입되는 과정을 2 ~ 4회 반복하면서 건조를 완료하는 형식이다.

• 상온통풍 건조기

– 원형 빈에 곡물을 퇴적하고 상온의 공기를 통풍하여 건조시키는 장치이다.

– 건조곡물의 품질이 우수한 반면 건조기간이 장기간 소요되고, 기상조건의 영향을 받는 단점이 있다.

(2) 후숙(後熟)

① 미숙한 것을 수확하여 일정기간 보관하여 성숙시키는 것을 말한다.

② 종자가 일단 성숙해도 금방 발아능력을 가지지 못하고 일정한 휴면기를 거치고 난 뒤에 발아가 가능해진다. 이렇게 종자가 발아능력을 가지게 되는 변화기간을 종자가 시간과 더불어 완전히 성숙하는 것이라고 생각하여 이 현상을 후숙이라고 한다.

③ 이 기간은 식물에 따라서는 거의 없는 것도 있고(보리 · 까치콩 등), 며칠 ~ 몇 년(가시연꽃)을 필요로 하는 것도 있다.

(3) 예랭(豫冷)

① 과실을 수확 직후부터 수일 간 서늘한 곳에 보관하여 식히는 것을 말한다.

② 저장 · 수송 중의 부패를 적게 한다.

③ 과실의 종류와 수확시기에 따라 예랭하는 기간이 달라진다.

(4) 탈곡 및 조제

① 탈곡

㉠ 화본과의 식용작물(벼, 맥류 등)의 이삭에서 난알을 채취하는 것을 말한다.

㉡ 탈곡방법은 작물의 종류나 농업의 발달 정도에 따라서 다르다.

② 조제 … 탈곡 · 박피 등을 한 다음에 협잡물, 쭉정이, 겉껍질 등을 제거하는 것을 말한다.

(5) 도정

① 현미 · 보리 등 곡립의 등겨층(과피, 종피, 외배유, 호분층을 합한 것)을 벗기는 조작을 말한다.

② **물리적인 도정의 원리** … 마찰 · 찰리 · 절삭 · 충격 등의 네 가지가 있는데, 이들은 따로 따로 작용하는 것이 아니고 공동작용에 의하여 도정이 이루어진다.

㉠ **마찰**(Friction) : 곡립이 서로 맞비벼짐으로써 일어나는 도정효과로서 마찰에 의하여 곡립면이 매끈하게 윤이 난다.

㉡ **찰리**(Resultant Tearing) : 마찰이 강하게 일어날 때 생기는 도정효과로서 곡립의 표면을 벗기는 작용인데, 특히 현미와 같이 표피가 유연한 것에 효과가 크다.

㉢ **절삭**(Grinding) : 롤러처럼 단단한 물체의 모난부분으로 곡립의 조직을 조각으로 떼어내는 작용인데, 떼어내는 조각이 작을 때 연마(硏磨)라고 한다.

㉣ **충격**(Impact) : 큰 힘으로 운동하는 물체를 곡립에 충돌시켜 조직을 박리(剝離)하는 것을 말한다.

③ **도정률**

㉠ 조곡에 대한 정곡의 비율(중량 또는 용량)을 도정률이라고 한다.

㉡ 도정률은 조곡으로부터 정곡의 환산율이 되기도 한다.

작곡별 정곡 환산율

작물	중량(%)	용량(%)	작물	중량(%)	용량(%)
조	70	56	옥수수	100	100
피	54	28	기장	70	52
콩, 팥, 녹두	100	100	땅콩	60	30
수수	75	70	귀리	65	30
밀(가루)	72	100	쌀보리	85	77
호밀(가루)	81	93	메밀	60	49
벼	72	50	감자	20	
겉보리	74	48	고구마	31	

④ **도정 정도의 구분법** … 일반적으로 도정도가 높아질수록 단백질 · 지방 · 회분 · 비타민류 등의 중요한 영양분이 적어지나, 소화율은 점점 더 높아진다.

㉠ **도정도**(搗精度) : 겨층이 벗겨진 정도에 따라 완전히 벗겨진 것을 10분도미(十分度米), 겨층의 절반이 벗겨진 것을 5분도미(五分度米)라고 표시하는 방법이다.

㉡ **도정률**(搗精率) : 도정된 정미(精米)의 중량이 현미중량의 몇 %에 해당되는가에 따라 표시하는 방법이다.

㉢ **도감**(搗減) : 도정작업 중 쌀겨, 쇄미(碎米), 배아로 인하여 감소하는 양의 정도를 말한다.

⑤ 벼의 도정

㉠ 제현(製玄)

- 조곡인 정조의 껍질(왕겨)를 벗겨 현미를 만드는 것을 말한다.
- 제현율은 중량으로 74 ~ 80%, 용량으로 약 55%가 된다.

㉡ 정백(精白)

- 현미에서 겨를 분리하여 백미를 만드는 것을 말한다.
- 정백률은 중량으로 92 ~ 94%, 용량으로 92 ~ 95%가 된다.

㉢ **정백미** : 정백률이 중량으로 92% 정도 되게 정백한 백미이다.

㉣ **7분도미** : 정백률이 중량으로 94 ~ 95% 정도 되게 정백한 백미이다.

㉤ **5분도미** : 정백률이 중량으로 96% 정도 되게 정백한 백미이다.

㉥ 제현율과 정백률을 곱하면 벼의 도정률이 산출된다.

⑥ **정선** … 수확물 중에 협잡물, 이물질이나 품질이 낮은 불량품들이 혼입되어 있는 경우 양질의 산물만 고르는 것을 말한다.

(6) 수량

① **수량의 개념** … 수량은 단위면적당 수확물의 양을 말한다.

② 수량표시단위

㉠ **우리나라** : 관습상 단당(300평당) 석(石), 관(貫), 근(斤), kg 등을 사용하고 있다.

㉡ **외국** : 미터법(m)

③ 전체면적에서의 생산량을 생산고 또는 수확량이라고 한다. 보통 $t = M/T$(=1,000kg) 또는 석(石)으로 표시된다.

(7) 벼의 수량구성요소

① 수량구성요소 중 수량에 가장 큰 영향을 미치는 것은 단위면적당 수수이다.

② 수량구성요소는 상호 밀접한 관계를 가지며 상보성을 나타낸다.

③ 수량구성요소 중 천립중이 연차간 변이계수가 가장 작다.

④ 단위면적당 영화수가 증가하면 등숙비율이 감소한다.

⑤ 등숙비율이 낮아지면 천립중은 증가한다.

(8) 포장

① 조제 · 건조한 것은 저장 또는 판매를 위해 칭량해서 포장을 한다.

② 곡류는 섬 · 포대 · 가마니 등을 이용하며, 청과물은 상자를 이용한다.

③ 검사필수작물은 검사규격에 맞추어서 칭량 · 포장을 한다.

③ 수량검사

(1) 수량검사의 의의

① 다수확 경진이나 어떤 지역 또는 전국적인 수확예상고 조사 등의 경우 수량검사가 필요하다.

② 수량을 정확히 사정하려면 표본이 크고 표본수가 많아야 한다.

③ 전체 표본의 크기가 같을 때에는 개개의 표본을 비교적 작게 하고, 표본수를 늘리는 것이 수량 사정의 신뢰성을 높일 수 있다.

④ 표본추출은 무작위로 한다.

⑤ 화곡류의 수량구성요소는 단위면적당 수수, 1수 영화수, 등숙률, 1립중으로 구성되어 있다.

⑥ 과실의 수량구성요소는 나무당 과실수, 과실의 무게(크기)로 구성되어 있다.

⑦ 뿌리작물의 수량구성요소는 단위면적당 식물체수, 식물체당 덩이뿌리(덩이줄기)수, 덩이뿌리(덩이줄기)의 무게로 구성되어 있다.

⑧ 성분을 채취하는 작물의 수량구성요소는 단위면적당 식물체수, 성분 채취부위의 무게, 성분 채취부위의 함량으로 구성되어 있다.

(2) 벼의 수량검사

① **평뜨기**(평예법)

㉠ **주예법** : 1/30ha(1평)분의 벼를 벨 경우 벼의 포기수(주수)를 계산해서 베는 방법이다.

㉡ **휴예법** : 벼줄의 길이로 계산해서 베는 방법이다.

㉢ **원형예법** : 반경이 102.57762m(3.854)인 원형평예기로 원을 그려 그 안에 드는 벼를 베는 방법이다.

평뜨기의 예취 개소 선정

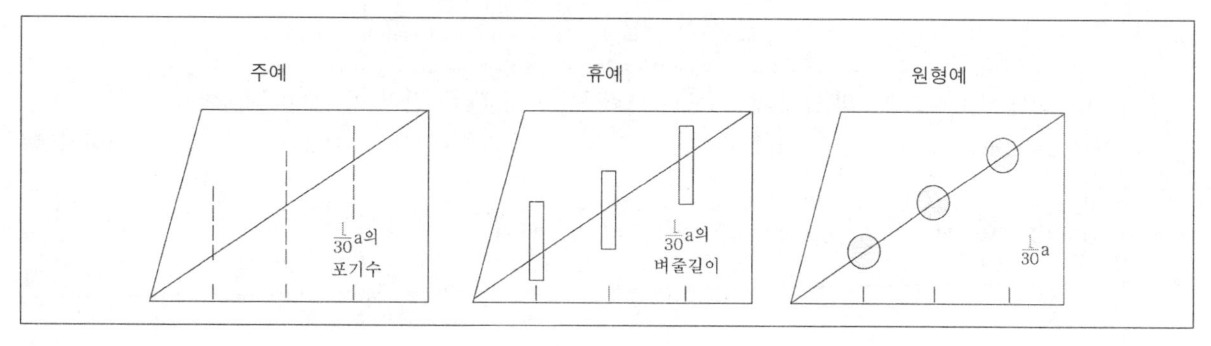

② **입수계산법** … 수확 전 입도시기에 일찍이 대체적인 수량을 사정하고자 할 때 이용된다.

$$\text{평당 현미수량(kg)} = \frac{\text{평당포기수} \times \text{평균 1포기 이삭수} \times \text{평균 1이삭 임실립수} \times \text{현미 1,000립중(g)}}{1{,}000 \times 1{,}000}$$

㉠ **평당 포기수** : 3 ~ 10개소의 표본을 무작위로 선정하여 조사 · 평균한다.

㉡ **평균 1포기 이삭수** : 평당 포기수를 조사한 개소마다 5 ~ 10포기씩 조사한 다음 평균한다.

㉢ **평균 1이삭 임실립수** : 평균 1포기 이삭수를 조사한 포기를 벤 다음, 각 포기마다 키의 순서로 이삭을 배열하여 그 중앙에 위치하는 이삭의 임실립수를 세어 그 포기의 평균을 1이삭 임실립수로 간주하고, 전체 포기분을 평균한다.

㉣ **현미 1,000립중** : 예년의 품목별 조사치를 이용한다.

③ **달관법** … 황숙기경 갠 날의 한낮에 논 전체를 두루 살피고, 이삭을 만져 본 후 수량을 예측하는 방법으로, 숙련자는 비교적 정확하게 수량을 산정할 수 있다.

(3) 맥류의 수량검사

① **평뜨기**

㉠ 수분 14% 내외로 건조하여 평당수량을 산출한다.

㉡ 보리는 도정하여 평당 정곡수량을 산출한다.

② **입수계산법**

$$\text{평당 수량(kg)} = \frac{\text{평당 이랑길이(cm)} \times \text{1cm} \times \text{1이삭립수} \times \text{1,000립중(g)}}{1{,}000 \times 1{,}000}$$

㉠ **평당 이랑길이** : 4 ~ 5개소에서 이랑과 직각으로 10이랑 사이의 거리를 잰 다음 평균하여 평균 이랑너비를 산출하고, 다음 식에 의해 평당 이랑길이를 계산한다.

$$\text{평당이랑길이(cm)} = \frac{\text{181.8(cm)} \times \text{181.8(cm)}}{\text{평균 이랑너비(cm)}}$$

㉡ **1cm간 이삭수** : 5 ~ 10개소의 60cm간 이삭수를 조사하여 평균 1cm간의 이삭수를 산출한다.

㉢ **1이삭 입수** : 1cm간 이삭수를 조사한 개소에서 중용수 20 ~ 50개의 임실립수를 조사한 후 평균하여 산출한다.

㉣ **1,000립중** : 예년의 품목별 조사치를 이용한다.

(4) 서류의 수량검사

① **평당 수량**(kg) = 평당 포기수 × 1포기 평균 서중(kg)

② **평당 포기수** … 4 ~ 5개소의 사이(10이랑 너비)와 11포기의 사이(10포기 사이)를 조사한 후 평균 이랑너비와 평균 포기사이를 산출하고, 다음 식으로 평당 포기수를 계산한다.

$$\text{평당 포기수} = \frac{181.8(\text{cm}) \times 181.8(\text{cm})}{\text{평균 이랑너비}(\text{cm}) \times \text{평균 포기사이}(\text{cm})}$$

③ **1포기 평균 서중** … 4 ~ 5개소에서 10포기씩 캐내어 조사한 후 평균하여 산출한다.

❹ 저장

(1) 저장 중의 손모와 피해

① 충해 및 서해 등의 피해를 입을 수 있다.

② 부패할 수 있고 발아력이 약화되는 경우도 있다.

③ 저장양분이 과다하게 손모하여 품질이 불량해질 수 있다.

④ 저장 중 호흡소모와 수분증발 등으로 중량이 감소한다.

⑤ 저장 중 발아율이 저하된다.

⑥ 저장 중 지방의 자동산화에 의해 산패가 일어나 유리지방산의 증가로 묵은 냄새가 난다.

(2) 안전저장을 위한 조건

① **저장물의 처리**

㉠ **품종의 선택** : 사과, 배, 고구마 등에서는 품종에 따라 저장의 정도가 다르므로 저장하기 쉬운 품종을 선택한다.

㉡ 곡류는 건조를 잘하고 과실은 예랭을 잘해야 저장이 잘된다.

㉢ **방열** : 고구마는 수확 후 통풍이 잘 되는 곳에서 펴서 말려야 저장이 잘된다.

㉣ **큐어링(Curing)** : 수확 직후의 고구마를 온도 32 ~ 33℃, 습도 90 ~ 95%인 곳에 4일쯤 보관하였다가 방열시킨 뒤에 저장하면 상처가 아물고 당분이 증가하여 저장이 잘되고 품질도 좋아진다.

㉤ **발아억제처리** : 건조시켜서 저장할 수 없는 것은 발아억제처리를 해주어야 한다.

② **저장환경의 조절**

㉠ **저장고 소독** : 저장고를 설치하여 여러 해 계속해서 사용할 경우에는 병 · 해충 방제를 잘 하여야 한다.

㉡ 통기
- 건조상태의 곡류는 밀폐상태가 좋다.
- 고구마나 감자는 통기가 어느 정도 되어야 좋다.

㉢ 저장온도와 저장습도
- 냉해를 입지 않는 범위 내에서 저온에 저장하는 것이 좋다.
- 과실이나 영양체는 저장습도가 낮을수록 안 좋지만, 곡류는 저장습도가 낮고 저온일수록 좋다.
- 엽근채류 : 0 ~ 4℃, 90 ~ 95%
- 과실 : 0 ~ 4℃, 85 ~ 90%
- 고구마 : 12 ~ 15℃, 80 ~ 95%
- 감자 : 1 ~ 4℃, 80 ~ 95%

(3) 저장방식

① 저장온도에 따른 분류

㉠ 냉동저장
- 냉동장치를 이용하여 동결시켜 저장한다.
- 과실의 외관과 품질에 어느 정도 변화가 생긴다.

㉡ 냉온저장
- 동결되지 않을 정도로 냉온하에서 저장한다.
- 장기저장에 가장 적절한 방식이다.

㉢ **보온저장** : 추운지방에서는 감자, 고구마 등이 동결할 우려가 있기 때문에 저장 중 보온을 한다.

㉣ 상온저장
- 과실을 단기간 저장할 경우에는 서늘한 장소를 택하여 상온에 저장한다.
- 곡류저장도 일종의 상온저장이다.

② 저장장소에 따른 분류

㉠ **창고저장** : 일반 창고에 저장한다(곡물 등).

㉡ **저장고저장** : 저장고를 설치하여 저장한다(과실 등).

㉢ **온돌저장** : 저장 적온이 높은 수확물을 온돌에 저장한다(고구마 등).

㉣ **굴저장** : 깊은 굴을 파고 굴 깊숙한 곳에 저장한다(고구마 등).

㉤ **움저장** : 지하에 알맞은 깊이로 움을 파고 저장한다(감자 · 무 · 과실 등).

㉥ **지하 매몰저장** : 땅 속에 묻어서 저장한다(배추 · 양배추 · 파 등).

㉦ **CA(Controlled Atmosphere)저장** : 대기의 가스조성을 인공적으로 조절한 저장환경에서 농산물을 저장하여 품질 보전 효과를 높이는 저장법으로, 조절하는 가스에는 이산화탄소, 일산화탄소, 산소 및 질소가스 등이 있으나, 통상 대기에 비해 이산화탄소를 증가시키고 산소의 감소 및 질소를 증대시킨다. 이는 농산물의 호흡 작용을 억제하여 저장성을 향상시킨다.

(4) 저장 중의 관리

① **서해 방지** … 쥐가 서식하면 저장물에 피해를 입히게 되고 부패의 원인이 된다.

② **해충 구제** … 해충이 발생하는 것을 막기 위해 건조시켜 저장하고, 만약 저장 중에 발생하면 훈증을 하여 구제한다.

③ 과실 · 채소 · 서류 등 수확물이 서로 접촉해 있는 상태로 보관되고 있을 때, 부패 개체가 생기면 주변 개체들도 함께 부패하는 경우가 있으므로 신속히 선별해 내야 한다.

④ **온도 · 습도의 유지** … 과실과 채소 등은 저장에 적당한 환경의 범위가 좁은 편인 데 비해 외부환경은 변화가 심하므로 저장물이 변하지 않도록 주의해야 한다.

05 친환경 재배

(1) 친환경농축산물 인증제도

① **친환경농축산물** … 친환경농축산물은 합성농약이나 화학비료 및 항생제, 항균제 등 화학자재를 사용하지 않거나 사용을 최소화하고 농업 · 축산업 · 임업 부산물의 재활용 등을 통하여 농업생태계와 환경을 유지 · 보전하면서 생산된 안전한 농축산물을 말한다.

② **친환경농축산물의 종류** … 사용자재와 생산방법에 따라 유기농산물, 유기축산물, 무농약농산물, 무항생제축산물, 재포장과정으로 분류한다.

③ **친환경농축산물 인증의 종류**

㉠ 농산물

- 유기농산물 : 화학비료와 유기합성농약을 사용하지 않고 농약잔류허용기준 1/20 이하로 재배한 농산물을 말한다.
- 무농약농산물 : 유기합성농약은 사용하지 않고 화학비료는 권장시비량의 1/3 이하, 농약잔류허용기준 1/20 이하를 사용하여 재배한 농산물을 말한다.
- 저농약농산물 : 제초제는 사용하지 않고 농약은 안전사용기준의 1/2 이하, 화학비료는 권장 시비량의 1/2 이하를 사용하며, 잔류농약은 농산물의 농약잔류 허용기준의 1/2이하로 재배한 농산물을 말한다.

㉡ 축산물

- 유기축산 : 호르몬제나 항생제 및 합성항균제가 포함되지 않은 유기사료를 먹여 사육한 축산물을 말한다. 물
- 무항생제축산물 : 호르몬제나 항생제 및 합성항균제가 포함되지 않은 무항생제 사료를 먹여 사육한 축산물을 말한다.

(2) 친환경 농업

① 합성농약, 화학비료 및 항생·항균제 등 화학자재를 사용하지 않거나 사용을 최소화하고, 농업·수산업·축산업·임업 부산물의 재활용 등을 통해 농업생태계와 환경을 유지·보전하면서 안전한 농·축·임산물을 생산하는 농업을 말한다.

② 목적

㉠ 자연과 생산자 및 소비자의 보호와 공생을 위해

㉡ 자연생태계의 보전과 환경의 회생을 위해

㉢ 국민의 건강회복 및 장기적인 이익증진을 위해

㉣ 안전한 농산물을 찾는 소비자의 욕구에 부응하고 선진국의 유기농산물 무역증가에 대처하기 위해

③ 종류

㉠ **자연농업** : 지력에 따라 자연의 순리에 따르는 농업

㉡ **정밀농업** : 한 포장내에서 위치에 따라 종자, 비료, 농약 등을 달리함으로써 환경문제를 최소화하면서 생산성을 최대로 하려는 농업

- 조건 : 작물의 생육상태나 토양의 비옥도 및 기후 등 주변 환경에 대한 정보를 쉽게 얻고 농자재를 적정하게 공급할 수 있는 여건이 조성되어야 한다.
- 목적 : 환경오염의 최소화, 농업 생산성과 소득의 증대, 생산비의 절감과 농산물의 안전성 확보, 환경친화적 농업을 위함이다.

㉢ **생태농업** : 생태계의 균형 유지에 중점을 두는 농업

㉣ **저투입 및 지속적 농업** : 농약 등을 최소화하여 환경을 오염시키지 않는 농업

최근 기출문제 분석

2024. 6. 22. 제1회 지방직 9급 시행

1 다음 중 안전저장온도가 가장 낮은 작물은?

① 쌀　　② 고구마
③ 식용 감자　　④ 가공용 감

TIP ③ 식용 감자의 안전저장온도는 3~4℃이다.
① 15℃
② 13~25℃
④ 10℃

2024. 3. 23. 인사혁신처 9급 시행

2 작물의 수확 후 관리에 대한 설명으로 옳지 않은 것은?

① 과실과 채소는 예냉처리를 통해 신선도를 유지하고 저장성을 높일 수 있다.
② 서류는 수확작업 중에 발생한 상처를 큐어링 처리한 후 저장한다.
③ 곡물 저장 시 미생물 번식 억제와 품질 유지를 위해 수분함량을 16~18%로 유지한다.
④ 사과나 참다래는 수확 후 일정기간 후숙처리를 하면 품질이 향상된다.

TIP ③ 곡물 저장 시 수분함량을 15% 이하로 유지하고 저장고 내의 온도는 15℃ 이하, 습도는 70% 이하로 유지해야 한다.

2023. 9. 23. 인사혁신처 7급 시행

3 작물의 수확과 저장에 대한 설명으로 옳지 않은 것은?

① 사일리지용 옥수수와 사일리지용 호밀의 수확적기는 완숙기이다.
② 수확, 선별, 포장, 운송과정에서 기계적 상처로 인한 손실이 발생한다.
③ 작물이 수확되면 수분공급이 중단되는 반면 증산이 계속되므로 수분손실이 일어난다.
④ 사과, 배, 토마토, 수박은 수확 후 호흡급등현상이 나타나는 작물이다.

TIP ① 사일리지용 작물은 대개 완숙기 이전에 수확한다. 옥수수의 경우 보통 유숙기나 초지숙기에 수확하고, 호밀은 개화 후 초기 단계에서 수확한다.

Answer 1.③ 2.③ 3.①

2022. 6. 18. 제1회 지방직 9급 시행

4 **생력기계화재배의 전제조건이 아닌 것은?**

① 경지정리를 한다.
② 집단재배를 한다.
③ 잉여노력의 수익화를 도모한다.
④ 제초제를 이용하지 않는다.

TIP 생력재배의 전제조건
㉠ 경지정리가 되어 있어야 한다.
㉡ 잡단재배 또는 공동 재배하는 것이 유리하다.
㉢ 제초제의 사용
㉣ 적응 재배체계를 확립할 수 있다.
㉤ 잉여 노동력을 수익화에 활용해야 한다.

2021. 9. 11. 인사혁신처 7급 시행

5 **생력기계화 재배의 전제조건에 대한 설명으로 옳지 않은 것은?**

① 중경제초를 하기가 어려울 때 제초제의 이용이 요구된다.
② 대형 농업기계를 능률적으로 활용하려면 일정 규모 이상의 경지정리가 선행되어야 한다.
③ 농작업을 공동으로 할 수 있는 재배체계가 되어야 농기계를 운영하는 기계화재배에 유리하다.
④ 다양한 작물을 선택한 후 개별재배가 가능해야 소득증진과 기계화재배의 효율을 높일 수 있다.

TIP ④ 다양한 작물을 개별적으로 재배하는 것은 기계화의 효율성을 저하시키고, 기계 사용의 표준화와 효율적 운영이 어렵다.

2021. 9. 11. 인사혁신처 7급 시행

6 **지리적 특성을 가진 농수산물 또는 농수산가공품의 품질 향상과 지역특화산업 육성 및 소비자 보호를 위한 지리적표시 등록 제도는?**

① GAP
② PGI
③ PLS
④ HACCP

TIP ② PGI : 지리적 특성을 가진 농수산물 또는 농수산가공품의 품질 향상과 지역특화산업 육성 및 소비자 보호를 위한 지리적표시 등록 제도이다.
① GAP : 농산물의 생산, 수확, 포장, 저장 등의 전 과정에서 안전하고 위생적인 관리기준을 준수하는 제도이다.
③ PLS : 농약 사용의 안전성을 보장하기 위해 잔류허용기준을 설정하는 제도이다.
④ HACCP : 식품의 안전성을 보장하기 위해 생산 공정에서의 위해 요소를 분석하고 중요한 관리점을 설정하여 관리하는 시스템이다.

Answer 4.④ 5.④ 6.②

2021. 9. 11. 인사혁신처 7급 시행

7 **각 작물의 수량 계산식으로 옳지 않은 것은?**

① 사탕무 수량 : 단위 면적당 식물체수 × 덩이뿌리 무게 × 성분함량

② 콩 수량 : 단위 면적당 개체수 × 꼬투리당 평균 입수 × 백립중/100

③ 벼 수량 : 단위 면적당 수수 × 1수영화수 × 등숙률 × 천립중/1,000

④ 감자 수량 : 단위 면적당 식물체수 × 식물체당 덩이줄기수 × 덩이줄기의 무게

TIP ② 콩 수량 : 단위 면적당 개체수 × 개체당 꼬투리수 × 꼬투리당 평균 입수 × 백립중/100

2021. 6. 5. 제1회 지방직 9급 시행

8 **정밀농업에 대한 설명으로 옳지 않은 것은?**

① 첨단공학기술과 과학적인 측정수단을 통하여 토양의 특성과 작물의 생육 상황을 포장 수 미터 단위로 파악하여 활용하는 농업기술이다.

② 대형 농기계를 이용하여 포장 단위로 일정한 양의 농약과 비료를 균등하게 살포하는 기술이다.

③ 전산화된 지리정보시스템 지도와 데이터베이스를 기반으로 생육환경 정보를 처리하여 농자재 투입 처방을 결정한다.

④ 농업 생산성 증대, 오염의 최소화, 농산물의 안전성 확보, 농가 소득 증대 등의 효과가 있다.

TIP ③ 대형 농기계를 이용하여 포장 단위로 일정한 양의 농약과 비료 투입량을 달리하여 살포하는 기술이다.

※ 정밀농업

정밀농업이란 한마디로 말해 농업에 ICT 기술을 활용하는 것으로 농작물 재배에 영향을 미치는 요인에 관한 정보를 수집하고, 이를 분석하여 불필요한 농자재 및 작업을 최소화함으로써 농산물 생산 관리의 효율을 최적화하는 시스템이다. 정밀농업은 '관찰'과 '처방', 그리고 '농작업' 및 '피드백' 등 총 4단계에 걸쳐 진행된다. 1단계인 관찰 단계에서는 기초 정보를 수집해서 센서 및 토양 지도를 만들어내고, 2단계인 처방 단계에서는 센서 기술로 얻은 정보를 기반으로 농약과 비료의 알맞은 양을 결정해 정보 처리 분석 기술로 이용한다. 3단계인 농작업 단계에서는 최적화된 정보에 따라 필요한 양의 농자재와 비료를 투입하고, 마지막 4단계인 피드백 단계에서는 모든 농작업을 마치고 기존의 수확량과 비교하면서 데이터를 수정 보완하여 축적한다.

Answer 7.② 8.③

2021. 6. 5. 제1회 지방직 9급 시행

9 **맥류의 기계화재배 적응품종에 대한 설명으로 옳지 않은 것은?**

① 조숙성, 다수성, 내습성, 양질성 등의 특성을 지니고 있어야 한다.

② 기계 수확을 하게 되므로 초장은 100cm 이상이 적합하다.

③ 골과 골 사이가 같은 높이로 편평하게 되므로 한랭지에서는 내한성이 강해야 한다.

④ 잎이 짧고 빳빳하여 초형이 직립인 것이 알맞다.

TIP ② 기계 수확을 하게 되므로 초장은 70cm 정도가 적합하다.

2021. 4. 17. 인사혁신처 9급 시행

10 **1㎡에 재배한 벼의 수량구성요소가 다음과 같을 때, 10a당 수량[kg]은?**

- 유효분얼수 : 400개
- 1수영화수 : 100개
- 등숙률 : 80%
- 천립중 : 25g

① 400　② 500

③ 750　④ 800

TIP $\frac{400 \times 100 \times 0.025 \times 80}{100} = 800$

2021. 4. 17. 인사혁신처 9급 시행

11 **원예작물의 수확 후 손실에 대한 설명으로 옳지 않은 것은?**

① 수분 손실의 대부분은 호흡작용에 의한 것이다.

② 수확 후에도 계속되는 호흡으로 중량이 감소하고 수분과 열이 발생한다.

③ 수확 후 에틸렌 발생량은 비호흡급등형보다 호흡급등형 과실에서 더 많다.

④ 일반적으로 식량작물에 비해 원예작물은 수분손실률이 더 크다.

TIP ① 수분 손실의 대부분은 증산작용에 의한 것이다.

Answer 9.② 10.④ 11.①

2021. 4. 17. 인사혁신처 9급 시행

12 작물별 안전 저장조건으로 옳지 않은 것은?

① 가공용 감자는 온도 3~4℃, 상대습도 85~90%이다.

② 고구마는 온도 13~15℃, 상대습도 85~90%이다.

③ 상추는 온도 0~4℃, 상대습도 90~95%이다.

④ 벼는 온도 15℃이하, 상대습도 약 70%이다.

TIP ① 식용 감자는 온도 3~4℃, 가공용 감자는 온도 10℃이다.

2020. 9. 26. 인사혁신처 7급 시행

13 작물의 저장 방법에 대한 설명으로 옳지 않은 것은?

① 마늘은 수확 직후 예건과정을 거쳐서 수분함량을 65%정도로 낮추어야 한다.

② 식용감자의 안전한 저장 온도는 8~10°C이다.

③ 양파는 수확 후 송풍큐어링한 후 저장한다.

④ 감자는 수확 직후 10~15°C로 큐어링한 후 저장한다.

TIP ② 식용감자의 안전한 저장 온도는 3~4°C이다.

2010. 10. 17. 제3회 서울시 농촌지도사 시행

14 작물의 수확 후 관리에 대한 설명으로 가장 옳지 않은 것은?

① 고구마, 감자 등 수분함량이 높은 작물은 큐어링을 해준다.

② 서양배 등은 미숙한 것을 수확하여 일정 기간 보관해서 성숙시키는 후숙을 한다.

③ 과실은 수확 직후 예냉을 통해 저장이나 수송 중에 부패를 적게 할 수 있다.

④ 담배 등은 품질 향상을 위해 양건을 한다.

TIP ④ 품질 향상을 위해서 양건보다는 공기 건조 방식이 사용된다.

Answer 12.① 13.② 14.④

2010. 10. 17. 지방직 7급 시행

15 **친환경농업, 유기농업, 친환경농산물에 대한 설명으로 옳지 않은 것은?**

① 친환경농업이란 농업과 환경을 조화시켜 농업의 생산을 지속 가능하게 하는 농업형태이다.

② 유기농업은 화학비료와 유기합성농약을 사용하지 않아야 한다.

③ 친환경농산물은 농산물우수관리제도와 농산물이력추적관리제도를 통하여 소비자가 알 수 있도록 해야 한다.

④ 친환경농업의 기본 패러다임은 장기적인 이익추구, 개발과 환경의 조화, 단일작목 중심이다.

TIP ④ 친환경농업은 다각적인 접근을 통해 다양한 작목을 재배하고, 생물 다양성을 유지하며, 환경을 보존하는 것이 중요하다. 단일작목은 관행농업에 해당한다.

2019. 8. 17. 인사혁신처 7급 시행

16 **시설재배의 환경특이성에 대한 설명으로 옳은 것은?**

① 광분포와 광질이 균일하고, 광량이 부족하다.

② 탄산가스와 유해가스가 많고, 통기성이 불량하다.

③ 밤과 낮의 공기 중의 온도차가 크고, 지온이 낮다.

④ 토양에 염류집적이 되기 쉽고, 토양물리성이 불량하다.

TIP ① 광분포와 광질이 불균일하고, 광량이 부족하다.
② 탄산가스는 적고 유해가스는 많으며, 통기성은 불량하다.
③ 밤과 낮의 공기 중의 온도차가 크고, 지온이 높다.

2017. 8. 26. 인사혁신처 7급 시행

17 **작물의 수확 후 생리와 관리에 대한 설명으로 옳지 않은 것은?**

① 곡물은 곰팡이 발생을 억제하기 위해 수분함량이 15% 이하가 되도록 건조한다.

② 저장 시 산소를 제거할 목적으로 이산화탄소나 질소가스를 주입하면 저장성이 향상된다.

③ 수확 후 수분손실은 호흡보다는 증산에 의한 손실이 크며, 수확 후 손실률은 원예작물보다 곡물이 높다.

④ PE(polyethylene) 포장은 지대(紙袋)포장에 비해 수분손실을 방지하는 효과는 높으나 산패를 촉진하는 단점이 있다.

TIP ③ 수확 후 수분손실은 호흡보다 증산에 의한 손실이 크며, 수확 후 손실률은 원예작물이 곡물보다 높다.

Answer 15.④ 16.④ 17.③

2017. 8. 26. 인사혁신처 7급 시행

18 **정밀농업에 대한 설명으로 옳지 않은 것은?**

① 경작지를 100m 이상의 단위로 농작지 내의 토양 특성치, 생육 상황, 작물 수확량 등을 조사하여 자재 투입량을 달리하는 농법이다.

② 정밀농업을 구현하기 위해서는 원하는 위치에 농자재를 원하는 만큼 투입할 수 있는 기계기술을 갖추어야 한다.

③ 작물을 관리하는 정보화 농법으로 농산물의 생산비를 낮추고, 환경오염 피해를 줄이는 데 궁극적인 목표가 있다.

④ 농작물이 자라는 주변 환경의 정보를 위치별로 획득할 수 있는 센서(sensor)를 갖추어야 한다.

TIP ① 경작지를 수m 단위로 하여 농작지 내의 토양 특성치, 생육 상황, 작물 수확량 등을 조사하여 자재 투입량을 달리하는 농법이다.

2016. 8. 27. 인사혁신처 7급 시행

19 **작물의 수확 후 관리에 대한 설명으로 옳은 것은?**

① 곡물 건조 시 제거되는 수분은 결합수와 자유수이다.

② 곡물 건조 시 온도를 45℃에서 55℃ 이상으로 높이면 발아율과 동할률은 낮아진다.

③ 고구마의 큐어링을 위한 온도조건은 감자에 비해 낮다.

④ 고춧가루의 안전저장을 위한 적정 수분함량은 11 ~ 13%이고 저장고의 상대습도는 약 60%이다.

TIP ① 곡물 건조 시 제거되는 수분은 구성성분과 강하게 결합되어 있는 결합수가 아니라 구성성분 사이에 함유되어 있는 자유수이다.
② 곡물 건조 시 온도를 45℃에서 55℃ 이상으로 높이면 발아율은 낮아지고, 동할률은 높아진다.
③ 고구마의 큐어링을 위한 온도조건은 32 ~ 33℃로 감자 10 ~ 15.6℃에 비해 높다.

Answer 18.① 19.④

2016. 8. 27. 인사혁신처 7급 시행

20 **노지와 비교 시 시설 내의 환경 특이성으로 옳지 않은 것은?**

① 온도는 일교차가 크고, 지온이 낮다.

② 광량이 감소하며, 광분포가 불균일하다.

③ 주간에 탄산가스가 부족하고, 유해가스가 집적된다.

④ 토양이 건조해지기 쉽고, 공중습도가 높다.

TIP ① 온도는 일교차가 노지보다 크고, 위치별 분포가 다르며, 지온이 높고, 여름 감온장치 및 겨울 가온장치 필요하다.
② 광선은 광량이 노지보다 감소하며, 광분포가 불균일하고, 광질이 다르며, 차광 커튼과 인공광이 필요하다.
③ 공기는 주간에 탄산가스가 부족하고, 유해가스가 집적되며, 바람이 없어 이산화탄소 농도가 불균일하고, 통풍장치가 필수적이다.
④ 수분은 토양이 건조해지기 쉽고, 공중습도가 높으며, 인공관수가 필요하고, 적절한 습도관리가 필요하다.

2016. 8. 27. 인사혁신처 7급 시행

21 **저장 중 곡물의 변화에 대한 설명으로 옳지 않은 것은?**

① 호흡소모와 수분증발 등으로 중량감소가 일어난다.

② 유리지방산과 환원당 함량이 낮아진다.

③ 미생물과 해충의 피해가 발생하고 품질이 저하된다.

④ 생명력의 지표인 발아율이 저하된다.

TIP ② 지방의 자동산화에 의하여 산패가 일어나므로 유리지방산이 증가하고 묵은 냄새가 난다. 유리지방산도는 곡물의 변질을 판단하는 가장 중요한 지표물질이다. 또한, 저장 중 전분(포도당) α-아밀라아제에 의하여 분해되어 환원당 함량이 증가한다.

2013. 7. 27. 농촌진흥청 연구직 시행

22 **작물별 안전저장 조건에 대한 설명으로 옳지 않은 것은?**

① 쌀의 안전저장 조건은 온도 15℃, 상대습도 약 70%이다.

② 고구마의 안전저장 조건(단, 큐어링 후 저장)은 온도 13~15℃, 상대습도 약 85~90%이다.

③ 과실의 안전저장 조건은 온도 0~4℃, 상대습도 약 80~85%이다.

④ 바나나의 안전저장 조건은 온도 0~5℃, 상대습도 약 70~75%이다.

TIP ④ 바나나는 13℃ 이하에서는 냉해를 입으므로 13℃ 이상에서 저장한다.

Answer 20.① 21.② 22.④

출제 예상 문제

1 다음 중 생력재배에 대한 설명으로 옳지 않은 것은?

① 단위수량의 증대를 이룰 수 있다.
② 농업 노력비의 절감을 가져온다.
③ 작부체계의 개선과 재배면적의 증대를 가져온다.
④ 농업경영개선과는 거리가 멀다.

TIP 생력재배를 도입하면 농업노력과 생산비가 절감되고 수량이 증대되어 농업경영이 개선된다.

2 생력기계화 재배의 전제조건이 아닌 것은?

① 경지정리
② 집단재배
③ 공동재배
④ 토양구조의 개선

TIP 생력기계화 재배의 전제조건 … 경지정리, 집단재배, 공동재배, 재배체계확립 등

3 과일저장시 온도를 낮게 하고 공기 중 산소를 적게 하며 이산화탄소를 많게 하여 과일의 호흡을 억제하는 저장방식은?

① CA저장
② 큐어링
③ 예랭
④ 방열

TIP CA저장 … 공기 중의 이산화탄소와 산소의 농도를 과실의 종류 및 품종에 알맞게 조절하여 과실을 장기저장할 수 있는 과실저장법을 말한다. 즉 온도, 습도, 기체조성 등을 조절함으로써 오래 저장하는 가장 이상적인 방법으로 미국에서 처음 실용화되었다.

Answer 1.④ 2.④ 3.①

4 **서류(薯類)의 저장에 대한 설명으로 옳지 않은 것은?**

① 감자의 저장은 온도 1 ~ 4℃, 습도 80 ~ 95%가 알맞다.

② 고구마는 5℃ 이하의 저온저장이 적합하다.

③ 감자는 솔라닌 생성을 방지하기 위해 암흑저장이 필요하다.

④ 고구마 큐어링의 적정 온도와 습도는 각각 32 ~ 33℃와 90 ~ 95%이다.

TIP ② 고구마는 온도 12 ~ 15℃, 습도 80 ~ 95%가 알맞다.

5 **5분도미의 도정률은?**

① 96%　　② 98%

③ 95%　　④ 99%

TIP 도정률

도정도	겨층의 박리 정도	도정률
5분도미	측면부의 겨층이 어느 정도 벗겨진 정도	96%
6분도미	측면부의 겨층이 완전히 벗겨진 정도	
7분도미	배부 겨층이 완전히 벗겨진 정도	94 ~ 95%
8분도미	하단부 겨층이 완전히 벗겨진 정도	
9분도미	등부와 상단부의 겨층이 완전히 벗겨진 정도	
10분도미	고랑의 겨층까지 완전히 벗겨진 정도	93% 이하

Answer 4.② 5.①

6 **과실을 수확한 후 바로 저장하지 않고 수일간 서늘한 곳에 보관하여 몸을 식혀 저장하는 것을 무엇이라 하는가?**

① 방열
② 휴면
③ 후숙
④ 예랭

TIP 예랭(豫冷)
㉠ 과실을 수확 직후부터 수일간 서늘한 곳에 보관하여 식히는 것을 말한다.
㉡ 저장 · 수송 중의 부패를 적게 하고 과실의 종류와 수확시기에 따라 예랭기간은 다르다.

7 **과실 수확 직후에 저장, 수송 중의 부패방지를 위하여 필요한 작업은?**

① 후숙
② 방열
③ 건조
④ 예랭

TIP 온도와 습도를 조절하는 예랭(豫冷)시설에 보관함으로써 소비자 손에 들어갈 때까지 저온상태에서 신선도를 유지할 수 있다.

8 **생력기계 재배의 효과가 아닌 것은?**

① 농약구입비용의 절약
② 단위수량의 증대
③ 작부체계의 개선
④ 재배면적의 확대

TIP 생력재배의 효과
㉠ 농업경영 개선
㉡ 단위수량 증대
㉢ 작부체계의 개선
㉣ 재배면적의 확대
㉤ 농업노력비 절감

Answer 6.④ 7.④ 8.①

9 **종자의 수명을 연장할 수 있는 저장방법으로 가장 좋은 것은?**

① 고온, 다습, 개방
② 고온, 저습, 개방
③ 저온, 저습, 밀폐
④ 저온, 다습, 밀폐

TIP 건조한 종자를 저온, 저습, 밀폐 상태로 저장하면 수명이 연장된다.

10 **다음 중 7분도미의 정백률은?**

① 92 ~ 93%
② 94 ~ 95%
③ 96 ~ 97%
④ 98 ~ 99%

TIP 시간에 따른 정백률
㉠ 5분도미 : 96% 내외
㉡ 7분도미 : 95% 내외
㉢ 10분도미 : 93% 이하

11 **십자화과 작물의 성장과정으로 옳은 것은?**

① 백숙기 → 갈숙기 → 녹숙기 → 고숙기
② 녹숙기 → 백숙기 → 갈숙기 → 고숙기
③ 백숙기 → 녹숙기 → 갈숙기 → 고숙기
④ 유숙기 → 호숙기 → 황숙기 → 완숙기 → 고숙기

TIP 작물의 성장과정
㉠ 화본과 작물의 성장과정 : 유숙기 → 호숙기 → 황숙기 → 완숙기 → 고숙기
㉡ 십자화과 작물의 성장과정 : 백숙기 → 녹숙기 → 갈숙기 → 고숙기

Answer 9.③ 10.② 11.③

12 작물별 저장온도, 습도관계가 잘못 연결된 것은?

① 곡류 – 저온 건조일수록 좋다.
② 감자 – 1 ~ 4℃, 80 ~ 95%
③ 과실 – 5 ~ 10℃, 85 ~ 90%
④ 고구마 – 12 ~ 15℃, 85 ~ 90%

TIP 과실은 저장온도가 0 ~ 4℃, 습도가 85 ~ 90%이어야 한다.

13 정밀농업에 대한 설명으로 옳지 않은 것은?

① 무농약 재배의 실현
② 농작업의 효율을 향상시켜 생산성 증대
③ 농가소득 증대 도모
④ 환경친화적 농법

TIP ① 비료와 농약의 사용을 줄여 환경파괴를 최소화하려는 농업이다.

※ 정밀농업

㉠ 정밀농업은 비료와 농약의 사용량을 줄여 환경을 보호하면서도 농작업의 효율을 향상시킴으로써 수지를 최적화하자는 것이며, 지속농업을 위한 새로운 농업기술을 말한다.

㉡ 농업의 생신성 증대, 오염의 최소화, 농산물의 안전성 확보, 농가소득 증대 등 경제적 효율의 극대화와 환경파괴의 최소화를 동시에 고려한 환경친화적 농업이다.

14 다음 중 수량검사의 의의로 옳지 않은 것은?

① 다수확 경진이나 어떤 지역 또는 전국적인 수확 예상고 조사 등의 경우에 수량검사가 필요하다.
② 수량을 정확히 사정하려면 표본이 크고 표본수가 적어야 한다.
③ 전체표본의 크기가 같을 때에는 개개의 표본을 비교적 작게 하고 표본수를 늘리는 것이 수량사정의 신뢰성을 높일 수 있다.
④ 표본추출은 무작위적으로 한다.

TIP 수량검사의 의의

㉠ 다수확 경진이나 어떤 지역 또는 전국적인 수확 예상고 조사 등의 경우에 수량검사가 필요하다.
㉡ 수량을 정확히 사정하려면 표본이 크고 표본수가 많아야 한다.
㉢ 전체표본의 크기가 같을 때에는 개개의 표본을 비교적 작게 하고 표본수를 늘리는 것이 수량 사정의 신뢰성을 높일 수 있다.
㉣ 표본추출은 무작위적으로 한다.
㉤ 전국적인 수확 예상고를 조사할 때에는 전국의 논을 상중하 등으로 계층을 나누는 층화를 하고, 계층에 면적에 비례한 계층별 표본수를 추출하는 등의 예비작업이 필요하다.

Answer 12.③ 13.① 14.②

부록

시험에 2회 이상 출제된 재배학 암기노트

01 작물의 분류

1 용도에 의한 분류

① **원예작물**

㉠ 과수

- 장과류 : 무화과, 포도, 딸기 등
- 인과류 : 사과, 비파, 배 등
- 준인과류 : 감, 귤 등
- 핵과류 : 살구, 자두, 앵두, 복숭아 등
- 각과류 : 밤, 호두 등

㉡ 채소

- 협채류 : 강낭콩, 동부, 완두 등
- 과채류 : 오이, 참외, 수박, 토마토, 호박 등
- 경엽채류 : 갓, 샐러리, 배추, 양배추, 상추, 파, 시금치, 미나리 등
- 근채류 : 우엉, 무, 연근, 토란, 당근 등

㉢ 화초 및 관상식물

- 초본류 : 난초, 코스모스, 다알리아, 국화 등
- 목본류 : 동백, 철쭉, 고무나무 등

② **녹비작물**

㉠ 화본과 : 기장, 호밀, 귀리 등

㉡ 콩과 : 벳치, 자운영, 콩 등

③ **사료작물** : 휴한하는 대신 클로버와 같은 두과식물을 재배하여 지력을 높이는 효과를 볼 수 있는 작물

㉠ 화본과 : 티머시, 귀리, 옥수수, 오차드그라스, 라이그라스 등

㉡ 콩과 : 알팔파, 화이트클로버 등

㉢ 이외에도 순무, 해바라기 등이 있다.

④ **공예작물**(특용작물)

㉠ 당료작물 : 사탕수수, 단수수 등

㉡ 유료작물 : 땅콩, 콩, 해바라기, 참깨, 들깨, 아주까리, 유채 등

㉢ 기호작물 : 담배, 차 등

㉣ 약료작물 : 제충국, 박하, 호프, 인삼 등

㉤ 섬유작물 : 닥나무, 아마, 양마, 목화, 삼, 수세미, 왕골, 모시풀 등

㉥ 전분작물 : 고구마, 감자, 옥수수 등

⑤ **식용작물**(일반작물)

㉠ 곡숙류

• 화곡류

－미곡 : 수도(水稻), 육도(陸稻)

－맥류 : 호밀, 보리, 귀리, 밀

－잡곡류 : 피, 조, 수수, 옥수수, 기장

• 두류 : 콩, 팥, 땅콩, 녹두, 완두, 강낭콩 등

㉡ 서류 : 고구마, 감자

2 생태적 특성에 따른 분류

① 저항성에 따른 분류

㉠ 내풍성 작물 : 고구마 등

㉡ 내염성 작물 : 목화, 유채, 수수, 사탕무 등

㉢ 내습성 작물 : 벼, 밭벼, 골풀 등

㉣ 내건성 작물 : 조, 기장, 수수 등

㉤ 내산성 작물 : 아마, 벼, 감자, 호밀, 귀리 등

② 생육형에 따른 분류

㉠ 포복형 작물 : 고구마나 호박처럼 땅을 기어서 지표를 덮는 작물

㉡ 주형작물 : 벼나 맥류처럼 각각 포기를 형성하는 작물

③ 생육적온에 따른 분류

㉠ 열대작물 : 아열대 기온에서 생육이 좋은 작물(고무나무 등)

㉡ 저온작물 : 비교적 저온에서 생육이 좋은 작물(맥류, 감자 등)

㉢ 고온작물 : 비교적 고온에서 생육이 좋은 작물(벼, 콩 등)

④ 생육계절에 의한 분류

㉠ 겨울작물 : 가을에 파종하여 가을, 겨울, 봄에 생육하는 월년생 작물(가을보리, 밀 등)

㉡ 여름작물 : 봄에 파종하여 여름철에 생육하는 일년생 작물(대두, 옥수수 등)

⑤ 생존연수에 의한 분류

㉠ 월년생 작물 : 가을에 파종하여 이듬해에 성숙 · 고사하는 작물(가을밀, 가을보리 등)

㉡ 영년생 작물 : 경제적 생존연수가 긴 작물(호프, 아스파라거스 등)

㉢ 1년생 작물 : 봄에 파종하여 그 해 중에 성숙 · 고사하는 작물(벼, 옥수수, 대두 등)

㉣ 2년생 작물 : 봄에 파종하여 그 다음 해에 성숙 · 고사하는 작물(사탕무, 무 등)

③ 재배 · 이용면으로 본 특수분류

① **건초용 작물** … 풋베기하여 사료로 이용할 수 있는 작물(티머시, 알팔파 등)

② **자급작물** … 농가에서 자급하기 위해 재배하는 작물(벼, 보리 등)

③ **환금작물** … 판매하기 위해 재배하는 작물을 말하며, 그 중에서 특히 수익성이 높은 작물을 경제작물이라고 한다(담배, 아마 등).

④ **피복작물** … 토양 전면을 덮는 작물로서 토양침식을 막는다(목초류).

⑤ **구황작물** … 기후가 나빠도 비교적 안전한 수확을 얻을 수 있는 작물(조, 피, 기장, 메밀, 고구마, 감자 등)

⑥ **대용(파)작물** … 나쁜 기상조건 때문에 주작물의 수확 가망이 없을 때 지력과 시용한 비료를 이용하여 대파하는 작물(조, 메밀, 팥, 채소, 감자 등)

⑦ **흡비작물** … 미량의 성분비료도 잘 흡수하고 체내에 축적함으로써 그 이용률을 높일 수 있는 작물(알팔파, 스위트클로버 등)

⑧ **동반작물** … 초기의 산초량을 높이기 위해 섞어서 덧뿌리는 작물

⑨ **보호작물** … 주작물과 함께 파종하여 생육 초기의 주작물을 냉풍 등으로부터 보호하는 작물

⑩ **중경작물** … 생육기간 중에 반드시 중경을 해주는 작물을 말한다. 잡초방제 효과와 토양을 부드럽게 해주는 효과가 있다(옥수수, 수수 등).

02 생식세포의 형성

❶ 계체세포분열과 감수분열

① **체세포분열**

㉠ 생물체를 구성하고 있는 세포가 분열해서 2개가 되는 것을 말한다.

㉡ 생식세포가 형성될 때에 일어나는 감수분열 이외의 보통세포나 핵이 분열하는 것을 말하며, 보통 세포분열이라고 한다.

㉢ 체세포분열은 먼저 각 염색체가 세로로 분열하여 처음과 같은 염색체가 딸핵(娘核)에 분배된다.

㉣ 염색체 수의 구성도 분열 전의 모세포(2n)와 똑같은 딸세포(2n)가 형성된다.

㉤ 하나의 연속된 과정으로서 핵분열에 이어 세포질분열이 일어난다.

㉥ 분열과정

- 핵분열 : 핵분열은 간기에 이어 일어나는 연속된 과정이지만, 편의상 전기 · 중기 · 후기 · 말기로 나눈다.
- 세포질분열 : 핵분열이 끝나자마자 세포질분열이 시작되는데, 세포질이 나누어지는 방법은 식물과 동물이 서로 다르다.

- 동물 : 세포질이 세포막의 만입에 의해 둘로 나누어진다.
- 식물 : 세포판이 형성되어 나누어진다.

• 딸세포 : 세포질분열이 끝나서 둘로 나누어진 세포를 말한다.

② **감수분열**

㉠ 유성생식을 하는 생물이 생식세포를 형성할 때 일어나는 핵분열이다.

㉡ 생식세포는 n(單相)개의 염색체를 지니고 있으므로, 이와 같이 2n에서 n으로 염색체수가 반감하는 세포분열을 감수분열이라 한다.

2 감수분열과정

① **제1성숙분열**(이형분열)

㉠ **세사기** : 세포의 정지핵이 변형되어 염색사가 나타나는 시기이다.

㉡ **대합기** : 상동염색체가 대합하는 시기이다.

• 상동염색체
- 형태와 함유하고 있는 유전자가 쌍이 될 수 있는 1쌍의 염색체를 말한다.
- 감수분열의 중기에는 접합하여 상접하며, 후기에는 분리하여 반대의 극으로 나누어진다.
- 때로는 상동염색체가 부등형을 이루는 경우가 있는데, X염색체나 Y염색체 등이 이에 속한다.

• 대합(접합) : 상동염색체가 상동 부분끼리 서로 마주 접하는 것이다.

• 2가염색체(二價染色體)
- 생물의 감수분열에서 염색체가 2개씩 접합하여 만드는 염색체이다.
- 초파리의 체세포 염색체 수는 8이고, 감수분열에서는 2개씩 쌍이 되어 4개의 2가염색체를 만든다. 2가염색체는 감수분열 제1분열시에 그대로 분리하여 두 핵을 만들므로 염색체 수는 반감된다.
- 2가염색체가 분리할 때 일부분을 교환하는 교차가 일어나는 경우가 있다.

㉢ **태사기** : 대합한 상동염색체가 동원체를 중심으로 세로로 갈라져서 염색체가 4중 구조를 보인다.

㉣ **복사기**

• 4개의 염색분체가 2개가 되는 시기이다.
• 키아즈마가 나타나고, 상동염색체간에 유전자의 교환이 이루어지는데, 이러한 현상을 염색체의 교우라고 한다.

㉤ **이동기**(제 1 전기) : 염색체가 점차 수축되어 더욱 짧고 굵어져서 핵 안에서 분산된다.

㉥ **제1중기** : 2가염색체가 핵판에 늘어서고 핵막과 인이 없어지며, 방추사가 생긴다.

㉦ **제1후기** : 2가염색체가 동원체로부터 방추사에 끌려가는 모습으로 양극으로 분리된다.

㉧ **제1종기**

• 양극으로의 염색체 분리가 끝난 후 2개의 낭핵이 형성된다.
• 낭핵은 염색체의 수가 반으로 준다.

㉨ **중간기** : 제1성숙분열에서 낭핵의 형성이 완료되고, 제2성숙분열로 접어든다.

② **제2성숙분열**(동형분열)

㉠ 제1중기

- 제1성숙분열로 이루어진 낭세포가 다시 제2성숙분열을 시작한다.
- 2개의 염색 분체로 된 염색체가 핵판에 늘어선다.

㉡ 제2후기 : 2개의 염색분체가 1개씩 양극으로 분리하는 시기로, 1개의 염색체가 세로로 갈라져서 생긴 것이므로 이 경우에 동형분열이 되며 염색체의 수효는 감소하지 않는다.

㉢ 제2종기 : 제2성숙분열(동형분열)이 완료되고 새로운 낭핵을 형성한다.

03 수분, 수정, 결실

1 계수분

종자식물에서 수술의 화분(花粉)이 암술머리에 붙는 것을 말한다. 가루받이라고도 하며, 자가수분과 타가수분이 있다.

① **자가수분**

㉠ 자가수분은 같은 그루의 꽃 사이에서 수분이 일어나는 것이다.

- 동화수분 : 양성화로 하나의 꽃 중의 수술과 암술 사이에서 수분하는 것을 말한다. 벼, 보리, 밀이 해당된다.
- 인화수분 : 단성화로 하나의 꽃 이삭 중의 꽃 사이에서 수분하는 것을 말한다.

㉡ **폐화수분** : 꽃이 지고 난 후 수분이 일어나는 것을 말하며 제비꽃 등이 있다.

㉢ 한 식물체 안에 암꽃과 수꽃이 있는 자웅동주 식물에서는 자가수분도 하고 타가수분도 한다. 옥수수, 참외, 수수 등이 해당된다.

② **타가수분**

㉠ 서로 다른 그루 사이에서 수분이 일어나는 것을 말한다.

㉡ 자웅이주식물은 타가수분만 한다. 삼, 시금치 등이 해당된다.

㉢ 양성화나 자웅동주식물에서 자웅이숙인 것은 타가수분을 하기 쉽다.

- 웅예선숙(雄蕊先熟) : 사탕무, 레드클로버 등
- 자예선숙(雌蕊先熟) : 배추과식물, 목련 등

2 수정

① 난자와 정자가 합일하여 배수성(倍數性)인 핵을 만들어 내는 과정을 말한다.

② **자가수정** … 자웅동체인 생물에서 자신의 자웅생식세포끼리 수정이 일어나는 현상을 말한다.

③ **타가수정**

㉠ 타가수분에 의해 수정되는 것을 말한다.

㉡ 타가수정으로 생식하는 것을 타식이라고 한다.

㉢ 타식하는 작물을 타가수정작물이라고 한다.

④ **중복수정** … 정핵 + 알세포 = 배, 정핵 + 극핵 = 배젖

04 DNA와 염색체

1 핵산

① 기본단위는 뉴클레오타이드이다.

② DNA와 RNA가 있으며 대부분의 생물은 DNA가 유전물질이고 이 DNA가 발현할 때 RNA가 나타난다.

③ DNA는 핵과 미토콘드리아 및 엽록체에 있고 유전형질을 간직한 유전자가 되어 자기 복제를 통해 같은 DNA를 만든다.

④ RNA는 핵과 리보솜, 세포질, 미토콘드리아, 엽록체에 있고 유전정보를 전달하고 리보솜을 구성하여 아미노산을 운반하는 기능을 한다.

2 핵 DNA

① 두 가닥의 이중나선구조로 되어 있고 이 두 가닥은 염기와 염기의 상보적 결합에 의해 염기쌍을 이루고 있다.

② 진핵생물의 염색체는 DNA와 히스톤 단백질이 결합하여 형성한 뉴클레오솜들이 압축 및 포함되어 염색체를 구조를 이룬다.

③ 핵 안에 있는 DNA는 세포분열을 하기 전에는 염색질로 존재하고 세포분열을 할 때 염색체의 구조가 나타난다.

④ 유전자 DNA는 단백질을 지정하는 액손과 단백질을 지정하지 않는 인트론을 포함한다.

⑤ DNA의 유전암호는 mRNA로 전사되어 단백질로 번역된다.

3 핵 외 DNA

① **엽록체**(cp DNA)

㉠ 독자적인 rRNA와 tRNA유전자를 지니고 있으며 고리모양의 2가닥 2중나선으로 되어있다.

㉡ cp DNA의 유전자 수는 150개인데 그 중에서 20개가 광합성과 관련된 유전자이다.

㉢ 식물체에 돌연변이 유발물질을 처리하면 cp DNA에 돌연변이가 생겨 색소돌연변이가 나온다.

② **미토콘드리아**(mt DNA)

㉠ 독자적인 rRNA와 tRNA유전자를 지니고 있으며 고리모양의 2가닥 2중나선으로 되어있다.

㉡ 웅성불임인 식물체에서는 인공교배를 하지 않고도 1대잡종 종자를 생산할 수 있다.

③ **트랜스포존** ※※※

㉠ 게놈의 한 장소에서 다른장소로 이동하여 삽입될 수 있는 DNA단편이다.

㉡ 절단과 이동은 전이효소에 의해 촉매된다.

05 유전자 조작

1 유전자 조작 ※※※

① **재조합 DNA** ※

㉠ **제한효소** : DNA의 특정 염기서열을 인지하여 절단한다.

㉡ **연결효소** : 불연속 복제나 유전자조작에 의한 DNA 재조합 및 손상된 DNA를 회복하는 역할을 한다.

㉢ **벡터** : 외래유전자를 숙주세포로 운반해 주는 유전자 운반체로 외래유전자를 삽입하기가 쉬워야 하며 숙주세포에서 자기증식을 할 수 있고 표지유전자를 가지고 있어야 한다.

㉣ **유전자클로닝** : 제한효소는 DNA의 특정 염기서열을 자르는 역할을 한다.

② **유전자은행** ※

㉠ 유전자조작을 위해 반드시 필요하다.

㉡ 게놈라이브러리와 cDNA라이브러리가 있다.

㉢ 프로브는 인공합성이나 mRNA로 합성하는 다른 유전자를 이용한다.

③ **유전공학** ※

㉠ **GMO** : 유전자변형농산물을 말한다.

㉡ **안티센스 RNA** : 세포질에서 단백질로 번역되는 mRNA와 서열이 상보적인 단일가닥 RNA이다.

2 유전자의 전환

① 형질전환육종은 원하는 유전자만 갖는다. ※

② **형질전환육종단계** ※

㉠ **제 1단계** : 원하는 유전자를 다른 생물에서 분리하여 클로닝을 실시한다.

㉡ **제 2단계** : 클로닝 한 외래 유전자를 벡터에 재조합 후 식물세포에 도입한다.

㉢ **제 3단계** : 재조합한 식물세포를 증식하고 재분화시켜 형질전환식물을 선발한다.

㉣ **제 4단계** : 특성을 평가하여 신품종으로 육성한다.

3 형질전환 ※※※

① 꽃가루에 의한 유전자 이동빈도는 엽록체형질전환체가 핵형질전환체보다 낮다.

② 식물, 동물, 미생물에서 유래되었거나 합성한 외래 유전자를 이용할 수 있다.

③ 유용유전자 탐색에 쓰이는 cDNA는 역전사효소를 이용하여 mRNA로부터 합성할 수 있다.

④ 일반적으로 유전자총을 이용한 형질전환은 아그로박테리움을 이용하는 것보다 삽입되는 사본수가 많지만 실패할 확률이 높다.

⑤ 형질전환 작물은 외래의 유전자를 목표식물에 도입하여 발현시킨 작물이다.

06 유전

1 대립유전자에 의한 유전

① **보족유전**

㉠ 두 가지 서로 다른 유전자가 상호작용을 하여 새로운 형질을 나타내는 것을 말한다.

㉡ 닭의 볏에 관한 2쌍의 유전자 P−p, R−r가 보족유전자라고 하면, 장미볏은 RRpp로, 완두볏은 rrpp로 표시되며, 장미볏과 완두볏의 교배로 생기는 F_1인 RrPp는 호도볏이라는 새로운 형이 생긴다. F_1의 자가수정에 의해서 F_2에는 R · P를 나타내는 것(호도볏), R · p를 나타내는 것(장미볏), r · P를 나타내는 것(완두볏), r · p를 나타내는 것(홑볏)이 9 : 3 : 3 : 1의 비율로 나타난다.

② **유전변이** ※※※

㉠ **주동유전자와 변경유전자**

- 주동유전자 : 형질이 나타나는데 주도적인 역할을 하는 유전자를 말한다.
- 변경유전자 : 주동유전자의 작용을 질적이나 양적으로 조절하는 유전자를 말하며, 주동유전자가 있는 경우에만 작용한다.

㉡ **다면발현** : 1개의 유전자가 2개 이상의 유전 현상에 관여하여 형질에 영향을 미치는 일을 말한다. 다형질발현 또는 다면현상이라고도 한다.

㉢ **복대립 유전자** : 같은 유전자 자리에서 반복적으로 돌연변이가 일어나기 때문에 생기는 것으로 상동염색체의 같은 유전자 자리에 위치하는 3개 이상의 대립유전자를 말하고 특징을 살펴보면 다음과 같다.

- 각 유전자들 간에 교배조합을 만들어 완전우성, 불완전우성, 공우성 등을 식별할 수 있다.
- 병충해에 대한 저항성 유전자도 복대립 유전자가 많은 편이다.
- 초파리의 붉은 눈이나 에오신 눈, 흰눈 등은 서로 복수의 대립관계를 보인다.
- 십자화과나 클로버 등의 작물은 S유전자 자리의 복대립 유전자가 자가불화합성을 조종한다.

㉣ 양적형질과 질적형질

- 양적형질 : 환경적, 유전적 요소에서 여러 변이들이 특정형질에 부분적으로 작용하여 나타나는 연속적이고 계량적으로 표현되는 형질이다.
  - 다수의 유전자에 발생된 변이들은 크고 작은 표현형적 효과를 나타낸다.
  - 유전적으로는 복합적인 유전효과가 중복되어 있고, 환경적인 영향도 함께 나타난다.
- 질적형질 : 대립유전자에 의한 표현형이 불연속적으로 나타나고 그 차이를 정성적으로 표현할 수 있는 형질이다.
  - 유전적으로 명확히 구분되는 자손형질, 즉 불연속된 표현형질을 말한다.
  - 소수의 유전자의 변이에 기인하므로, 단순한 유전법칙들을 적용하여 관련 유전변이를 확인할 수 있다.

2 유전자교차와 유전자 지도 ※※※

① **연관** … 같은 염색체상에 위치하고 있는 2 이상의 유전자 간의 관계를 말하며, 모든 유전자들은 연관군을 형성하고 있고 배우자의 염색체 수와 일치한다.

② **교차** … 생식세포의 분열과정에서 생기는 염색분체의 부분적인 교환현상을 말한다.

③ **유전자지도** … 서로 연관되는 유전자 간 재조합빈도를 이용하여 유전자들의 상대적 위치를 표시한 것으로 지도거리 1단위는 재조합빈도가 1%이고 교배결과를 예측해서 잡종 후대에서 유전자형과 표현형의 분리를 미리 예측할 수 있다.

④ **재조합빈도** … 전체 배우자 중 교체형 배우자의 비율을 말하고 연관된 두 유전자 사이의 재조합 빈도는 0~50%범위에 있다.

㉠ 재조합빈도가 0이면 완전연관, 50%이면 독립이다.

㉡ 유전자 사이의 거리가 가까울수록 재조합빈도도 낮아진다.

㉢ 두 유전자가 연관되어 있을 때에도 교차가 일어나면 4종의 배우자가 형성된다.

㉣ 두 쌍의 대립유전자(Aa와 Bb)가 서로 다른 염색체에 있을 때 전체 배우자 중에서 재조합형은 50%로 나타난다.

3 기타 유전양식

① **양적 유전** ※※※

㉠ 양적형질 분석에서는 분산과 유전력 등을 구하여 유전적 특성을 추정한다.

㉡ 양적형질의 유전은 다인자유전이라고도 한다.

㉢ 양적형질의 표현형 분산은 유전분산과 환경분산을 포함한다.

㉣ 유전력은 표현형 분산에 대한 유전분산의 비율을 말한다. 즉, $h^2 = Vg/Vp$이다.

㉤ 농업형질에서 재배상 중요한 품질이나 수량 및 적응성과 같은 중요한 형질은 대체적으로 양적형질이다.

② **핵외 유전** ☆☆☆

㉠ 핵외유전은 멘델의 법칙이 적용되지 않으므로 비멘델식 유전이라고 한다.

㉡ 정역교배의 결과가 일치하지 않는다.

㉢ 핵치환을 해도 세포질 유전은 계속된다.

㉣ 핵외유전자는 핵 게놈의 유전자지도에 포함되지 않는다.

③ **집단유전** ☆☆☆

㉠ 집단의 규모가 크고 돌연변이가 일어나지 않아야 한다.

㉡ 개체의 이주가 없고 다른 집단간 유전자 교류가 없어야 한다.

㉢ 집단 내의 개체가 자유롭게 무작위교배가 일어나야 한다.

㉣ 특정한 대립유전자에 대한 자연선택이 적용하지 않아야 한다.

07 교잡육종법

1 계교잡육종법의 개념

교잡에 의해 유전적 변이를 만들어 그 중에서 우량계통을 선발하여 품종을 육성하는 것을 말한다.

2 자가수정작물의 경우

① **계통육종법**

㉠ 잡종의 분리세대인 제2대 이후부터 개체선발과 선발개체별 계통재배를 계속하여 계통간을 비교하고, 그들의 우열을 판별하면서 선발과 고정을 통하여 순계를 만드는 방법이다.

㉡ 잡종에 있어서 형질의 분리, 유전자의 조환(組換)이 멘델의 유전법칙에 따라 표현되는 것을 기대하여 체계화시킨 육종법이다.

㉢ 유전자형의 표현이 환경에 크게 영향을 받지 않는 형질을 대상으로 했을 때에는 효과적인 방법이다.

㉣ '인공교배 → F_1 양성 → F_2 전개와 개체 선발 → 계통 육성과 특성 검정 → 생산력 검정 → 지역적응성 검정 및 농가 실증시험 → 종자 증식 → 농가 보급'의 순서로 진행된다.

② **집단육종법** … F_5 ~ F_6까지 교배조합하여 집단선발을 계속하고 그 후에 계통선발로 바꾸는 방법이다.

③ **파생계통육종법**

㉠ 계통육종법과 집단육종법을 절충한 방법이다.

㉡ F_2나 F_3에서 교배 조합별로 계통선발을 하여 파생계통을 만든다.

㉢ F_5 정도까지는 파생계통별로 집단선발을 하면서 불량계통을 도태시킨다.

㉣ F_6에서는 다시 계통선발을 한다.

ⓜ F_7에서는 계통의 순도검정을 한다.

ⓑ F_8 이후에는 계통의 생산력 검정을 하여 신품종으로 육성한다.

④ **여교잡육종법**

㉠ 교잡으로 생긴 잡종을 다시 그 양친의 한쪽과 교배시키는 방법을 이용한다.

㉡ a유전자에 관해 양친(P)이 열성호모형(aa)과 우성호모형(AA)이었다고 가정한다. 양자를 교배하면 잡종 제1대(F_1)에서는 전부 헤테로형(Aa)이 된다. 여교잡은 이 F_1을 양친의 어느 한쪽과 교배시키는 것으로, 열성 호모형(aa)인 어버이에게 여교잡을 하면 우성형질(Aa)과 열성형질(aa)이 1 : 1의 비율로 생기고, 우성 호모형(AA)인 어버이와 여교잡을 시키면 그 자식은 전부 우성형질(Aa 또는 AA)이 된다. 이와 같이, F_1을 열성 호모인 어버이와 교잡시키면 F_1이 가진 유전자형이 여교잡을 한 잡종의 표현형이 되어 나타난다.

㉢ 여교잡을 한 결과 생긴 세대는 BF로 나타내며 1회 여교잡을 했을 때는 BF_1, 2회일 때는 BF_2로 나타낸다.

㉣ 2회 이상 여교잡을 할 경우를 반복여교잡이라고 한다.

ⓜ 재배되고 있는 우량품종이 가지고 있는 1 ~ 2가지 결점을 개량하는 데 효과적이다.

⑤ **다계교잡법**

㉠ 교배모본으로서 세 품종 이상을 쓰는 방법이다.

㉡ 많은 품종에 따로 따로 포함되어 있는 몇 가지 형질을 한 품종에 모으거나 일반적인 방법으로 얻기 어려운 특별한 형질을 목적으로 할 때 이용되는 방법이다.

㉢ (A×B)×C, (A×B)×(C×D), [(A×B)×(C×D)]×[(E×F)×(G×H)] 등의 경우가 있다.

⑥ **1개체 1계통육종법**(단립계통육종) ☼☼☼

㉠ 집단육종법과 계통육종법의 장점을 모두 갖춘 육종방법이다.

㉡ 육종규모가 작기 때문에 온실 같은 곳에서 육종연한을 단축할 수 있다.

㉢ 잡종 초기세대에 집단재배를 하므로 유용유전자를 잘 유지할 수 있다.

08 배수성 육종법

1 염색체배가법

① **콜히친**(Colchicine)**처리법**

㉠ 감수분열의 과정에서 방추사의 형성이 저해되어 염색체들이 양극으로 분리되지 않고 그대로 정지핵의 상태로 들어가게 된다.

㉡ 염색체를 분리하는 가장 효율적인 방법이다.

② **아세나프텐**(Acenaphthene)

㉠ 가스상태로 식물의 생장점에 작용한다.

㉡ 유리종 내면에 아세나프텐의 결정을 부착시켜 식물을 5 ~ 10일간 덮어준다.

③ **절단법**

㉠ 재생력이 강한 작물에 이용된다.

㉡ 토마토, 담배, 가지 등

④ **온도처리법** … 고온, 저온, 변온 등의 처리에 의해 배수성 핵을 유도한다.

2 동질배수체

① **동질배수체의 작성**

㉠ 주로 콜히친처리법 같은 인위적인 염색체배가법을 통해 기본종의 염색체를 배가시켜 동질배수체를 작성한다(n → 2n, 2n → 4n 등).

㉡ 3배체(3n)는 4n × 2n의 방법으로 작성한다.

㉢ 동질배수체는 동종의 염색체조가 배가하고 있는 생물을 말하며, 가지 속 · 양귀비 속 등이 있다.

② **동질배수체의 특성**

㉠ 발육지연 : 식물체, 과실, 종자의 성숙 또는 개화기가 지연되기 쉽다.

㉡ 임성 저하

- 임성이 저하되어 계통유지가 곤란하다.
- 높은 것은 70%, 낮은 것은 10% 이하가 된다.
- 3배체(3n)는 거의 완전불임이 된다.

㉢ 형태적 특성

- 잎, 줄기, 뿌리 등의 영양기관이 왕성한 발육을 하여 거대화한다.
- 핵질의 증가로 핵과 세포가 커진다.
- 생육, 개화, 결실이 늦어진다.

㉣ 함유성

- 사과, 토마토, 시금치 등에서는 비타민 C의 함량이 증가한다.
- 담배에서는 니코틴의 함량이 증가한다.

3 이질배수체

① **이질배수체의 개념** … 식물에서 잡종이 생겼을 경우에 다른 종류의 염색체조가 겹쳐서 배수가 된 염색체를 가진 것을 말하며, 동질배수체에 대응하는 말이다.

② **이질배수체의 작성**

㉠ 다른 종류의 Genome(게놈)을 동일 개체에 보유시켜 보다 실용적 가치가 높은 신종을 만들려는 방법이다.

㉡ 이종속간 교잡과 Genome 배가의 두 조작이 필요하다.

③ **이질배수체의 제조방법**

㉠ Genome이 다른 양친을 미리 배가하여 각각의 동질배수체를 만들고, 그들의 교잡에서 복2배체를 만든다.

㉡ 양종을 교잡한 후 F_1을 배가하여 복2배체를 만든다.

④ **이질배수체의 특성**

㉠ 임성은 동질배수체보다 높은 것이 보통이다.

㉡ 모든 염색체가 완전히 2n적으로 되어 있는 것은 완전한 임성을 나타낸다.

㉢ 복2배체는 양친의 유전자군을 그대로 보유하므로 형질은 일반적으로 양친의 중간적인 형태적 · 생리적 특징을 나타난다.

⑤ **이질배수체의 활용**

㉠ 임성이 높은 것이 많으므로 종자를 목적으로 재배할 때 유리하다.

㉡ 장미속, 밀속, 담배, 유채류, 벼 등이 있다.

09 생물공학(BT) 육종법

1 조직배양

① **의의** … 식물의 세포나 조직 및 기관 등을 무균적으로 영양배지에서 배양하여 완전한 식물체로 재분화시키는 기술을 말하며, 삽목이나 접목에 비해 짧은 기간에 대량증식이 가능하다.

② **대상** … 생식기관, 영양기관, 단세포, 병적조직, 전체식물 등

㉠ 영양기관 : 뿌리나 잎, 눈, 줄기 등

㉡ 생식기관 : 꽃, 꽃밥, 화분, 배, 배주, 배유, 과실, 과피 등

③ **조직배양의 활용**

㉠ 생물공학의 기초연구

㉡ 인공종자의 개발 : 캡슐재료는 알긴산을 많이 이용한다.

㉢ 유전자원의 보존

㉣ 배배양과 약배양 및 병적 조직배양

2 세포융합

① **세포융합의 의의** … 두 종류의 세포를 특수한 조건에서 융합시켜 양쪽의 성질을 함께 갖도록 하는 새로운 세포나 생물을 만드는 것을 말하며, 교배가 불가능한 원연종 간의 잡종을 만들거나 세포질에 있는 유전자를 도입하는 수단으로 활용하고 있다.

예 감자(potato)와 토마토(tomato)의 원형질체를 융합하여 포마토(pomato)가 생산됨

② **체세포 잡종** … 서로 다른 두 식물종의 세포융합으로 만들어진 재분화 식물체로 종 · 속간 잡종육성이나 유전자의 전환, 세포의 선발, 유용물질의 생산 등에 활용되고 육종재료의 이용 범위를 확대할 수 있다.

③ **세포질 잡종** … 나출원형질체가 핵과 세포질이 모두 정상인 것과 세포질만 정상인 것이 융합하여 생긴 잡종체를 말하며, 광합성능력의 개량이나 웅성불임성의 도입 등 세포질유전자에 의해 지배받는 형질을 개량하는데 활용한다.

10 영양번식작물 육종법

1 영양번식식물의 선발 방법

① **실생 선발** … 씨앗으로 파종하여 키우는 것을 말한다.

② **아조변이 선발** … 생장 중의 가지나 줄기의 생장점에서 돌연변이가 발생해서 형질이 다른 가지나 줄기가 생기는 현상을 말하며, 변이가 일어난 부분을 접붙이거나 꺾꽂이 등으로 번식시키는 것을 말한다.

③ **영양체 선발** … 우수한 영양체를 선발하여 육종하는 방법이다.

④ **돌연변이체 선발** … 염색체 돌연변이를 유발한 뒤 후대에서 우수한 형질을 갖는 돌연변이체를 선발하는 방법이다.

2 영양번식 작물의 유전적 특성과 육종방법

① 이형접합형 품종을 자가수정하여 얻은 실생묘는 유전자형이 분리된다.

② 이형접합형 품종을 영양번식시켜 얻은 영양계는 유전자형이 분리되지 않고 유지된다.

③ 영양번식작물은 영양번식과 유성생식이 가능하며, 영양계는 이형접합성이 높다.

④ 고구마와 같은 영양번식작물은 감수분열 때 다가염색체를 형성하므로 불임률이 높다.

11 1대 잡종(F_1) 육종법

1 개요

① 1대잡종육종은 자식계통을 육성하여 잡종강세를 높인다.

② 1대잡종품종은 수량이 높고 균일도도 우수하며 우성유전자 이용의 장점이 있다.

③ 조합능력을 검정하여 우수한 교배친을 선발할 수 있다.

④ 일반적으로 1대잡종품종은 수량이 높고 균일한 생산물을 얻을 수 있다.

⑤ 타식성 작물에서는 1대잡종품종으로 옥수수, 무, 배추 등을 이용하여 1과당 채종량이 많은 박과나 가지과 채소에 많이 재배되고 있다.

⑥ 자식성 작물에서는 벼나 밀 등에서 웅성불임성을 이용하여 1대잡종이 육성되고 교잡이 쉬운 토마토나 가지, 담배 등에서 재배되고 있다.

2 1대잡종품종의 육성

① **품종간 교배**

㉠ F_1 종자의 채종이 유리하다.

㉡ 자연수분품종끼리 교배한 1대잡종품종은 자식계통을 사용하였을 때보다 생산성과 균일성이 낮다.

② **자식계통간 교배**

㉠ 자식계통으로 1대잡종품종을 육성하는 방법에는 단교배, 3원교배, 복교배 등이 있다.

㉡ 사료작물에는 3원교배 및 복교배 1대잡종품종이 많이 이용된다.

㉢ 육성한 자식계통은 자식이나 형매교배에 의해 유지된다.

㉣ 1대잡종 종자 채종을 위해서는 자가불화합성이나 웅성불임성을 많이 이용한다.

㉤ 자식계통 간 교배로 만든 품종의 생산성은 자연방임품종보다 높다.

12 토양구조

1 입단의 형성

① **유기물 시용**

㉠ 유기물이 증가할 때 입단구조가 형성된다.

㉡ 미생물에 의해 유기물이 분해되면 분비되는 점액에 의해 토양입자가 결합된다.

㉢ 미숙유기물이 완숙유기물보다 효과적이다.

② **석회와 칼슘의 시용**

㉠ 석회는 유기물의 분해속도를 촉진시킨다.

㉡ 칼슘은 토양입자를 결합시킨다.

③ **토양의 피복**

㉠ 유기물을 공급하고 미생물의 활동을 왕성하게 한다.

㉡ 토양유실을 방지하여 입단을 형성 · 유지시킨다.

㉢ 표토의 건조와 비 · 바람으로부터 토양유실을 방지한다.

④ **작물의 재배**

㉠ 작물의 뿌리는 물리작용과 유기물의 공급 등으로 인해 입단형성에 효과적이다.

㉡ 특히 클로버 같은 콩과작물은 잔뿌리가 많고 석회분이 풍부하며 토양을 잘 피복하여 입단형성 효과가 크다.

⑤ **토양개량제의 시용** … 입단을 형성하는 효과가 있는 크릴륨(Krillium) 등을 사용한다.

13 식물필수원소

1 필수원소기준

① 필수원소가 결핍되면 식물의 생장, 생존, 번식 중 어느 것도 완성되지 않는다.

② 필수원소의 결핍은 그 원소를 줌으로써 회복되고 다른 원소로는 대체되지 않는다.

③ 필수원소는 식물체의 필수적인 구성분이거나 체내의 생화학적 반응에 반드시 필요하다.

2 16종의 필수원소

① 탄소(C), 수소(H), 산소(O), 질소(N), 인산(P), 칼륨(K), 칼슘(Ca), 마그네슘(Mg), 유황(S), 철(Fe), 붕소(B), 아연(Zn), 망간(Mn), 몰리브덴(Mo), 염소(Cl), 구리(Cu)

② 탄소는 대기상태의 이산화탄소에서, 수소는 물에서, 산소는 공기 중에서 얻을 수 있고, 이들을 제외한 나머지 13가지 원소들은 토양 중 모암에서 직 · 간접적으로 얻을 수 있다.

3 식물필수원소의 분류

① **다량필수원소** … 질소, 인산, 칼륨, 유황, 칼슘, 마그네슘 등

② **미량필수원소** … 철, 구리, 아연, 몰리브덴, 망간, 붕소, 염소 등

③ **비료의 3요소** … 질소, 인, 칼륨

④ **비료의 4요소** … 질소, 인, 칼륨, 칼슘

14 토양반응과 토양산성화

1 토양반응과 작물생육

① 토양 중 작물양분의 가급도는 pH에 따라 다르며 중성 또는 미산성에서 가장 크다.

② 강산성 토양과 강알칼리성 토양

㉠ 강산성 토양 : Al, Fe, Cu, Zn, Mn 등은 용해도가 증가하고 가급도가 감소되어 작물생육에 불리하고, P, Ca, Mg, B, Mo은 가급도가 감소되어 작물생육에 불리하다.

㉡ 강알칼리성 토양 : N, Fe, Mn, B 등은 강염기가 다량으로 존재하고 용해도가 감소하여 작물생육에 불리하고, B는 pH 8.5 이상에서는 용해도가 커지는 특징이 있으며, 강염기(Na2Co2)가 증가되어 작물생육에 불리하다.

③ pH에 따른 작물의 생육

㉠ 작물생육에는 pH 6 ~ 7이 가장 적당하다.

㉡ 산성 토양에 강한 작물

구분	종류
극히 강한 것	호밀, 수박, 감자, 밭벼, 벼, 기장, 귀리, 토란, 아마, 땅콩, 봄무 등
강한 것	베치, 밀, 조, 오이, 포도, 당근, 메밀, 옥수수, 호박, 목화, 완두, 딸기, 고구마, 토마토, 담배 등
약간 강한 것	무, 피, 평지(유채) 등
약한 것	양배추, 완두, 삼, 겨자, 보리, 클로버, 근대, 가지, 고추, 상추 등
가장 약한 것	부추, 콩, 팥, 알팔파, 자운영, 시금치, 사탕무, 샐러리, 양파 등

㉢ 알칼리성 토양에 강한 작물

구분	종류
강한 것	수수, 보리, 목화, 사탕무, 평지(유채) 등
중간 정도인 것	호밀, 올리브, 귀리, 당근, 무화과, 상추, 포도, 양파 등
약한 것	레몬, 사과, 배, 샐러리, 감자, 레드클로버 등

2 논토양과 밭토양의 차이점

① 논토양에서는 환원물(N_2, H_2S, S)이 존재하나, 밭토양에서는 산화물(NO_3, SO_4)이 존재한다.

② 논에서는 관개수를 통해 양분이 공급되나, 밭에서는 빗물에 의해 양분의 유실이 많다.

③ 논토양에서는 혐기성균의 활동으로 질산이 질소가스가 되고, 밭토양에서는 호기성균의 활동으로 암모니아가 질산이 된다.

④ 밭에서는 pH 변화가 거의 없으나, 논토양에서는 담수의 유입 등으로 밭에 비해 상대적으로 pH의 변화가 큰 편이다.

⑤ 논토양은 회색계열이나 밭토양은 갈색계열을 띈다.

⑥ 밭토양은 비료의 유실이 많고, 논토양은 유실이 적다.

⑦ 논토양은 환원물이 존재하나 밭토양은 산화물이 존재한다.

⑧ 논토양은 혐기성 균의 활동이 좋고, 밭토양은 호기성 균의 활동이 좋다.

⑨ 논의 pH는 담수상태에 따라 낮과 밤의 차이가 있고, 밭 토양은 그렇지 않다.

3 논토양과 시비

① 담수 상태의 논에서는 조류(藻類)의 대기질소고정작용이 나타난다.

② 암모니아태질소가 산화층에 들어가면 질화균이 질화작용을 일으켜 질산으로 된다.

③ 한여름 논토양의 지온이 높아지면 유기태질소의 무기화가 촉진되어 암모니아가 생성된다. → 지온상승효과

④ 답전윤환재배에서 논토양이 담수 후 환원상태가 되면 밭상태에서는 난용성인 인산알루미늄, 인산철 등이 유효화 된다.

15 간척지토양

■ **내염재배**

① 내염성이 강한 작물과 품종을 선택한다.

② 조기재배, 휴립재배를 한다.

③ 논물을 말리지 않으며 자주 갈아준다.

④ 비료는 수 차례 나누어서 많은 양을 시료한다.

⑤ 석회, 규산석회, 규회석을 시용한다.

⑥ 황산근을 가진 비료를 시용하지 않는다.

⑦ 요소, 인산암모니아, 염화가리 등을 시용한다.

⑧ **내염성 작물** … 간척지와 같은 염분이 많은 토양에 강한 작물로, 보리, 사탕무, 목화, 유채, 홍화, 양배추, 수수 등이 특히 내염성이 강하다. ※

16 수분환경

■ **식물체의 수분퍼텐셜**

① 매트릭퍼텐셜은 식물체 내 수분퍼텐셜에 거의 영향을 미치지 않는다.
② 세포의 수분퍼텐셜이 0이면(압력퍼텐셜 = 삼투퍼텐셜) 팽만상태가 되고, 세포의 압력퍼텐셜이 0이면 (수분퍼텐셜 = 삼투퍼텐셜) 원형질분리가 일어난다.
③ 삼투퍼텐셜은 항상 음(−)의 값을 가진다.
④ 세포의 부피와 압력퍼텐셜이 변화함에 따라 삼투퍼텐셜과 수분퍼텐셜이 변화한다.
⑤ 수분퍼텐셜은 토양에서 가장 높고, 대기에서 가장 낮으며, 식물체 내에서는 중간의 값을 나타내므로 토양 → 식물체 → 대기로 수분의 이동이 가능하게 된다.
⑥ 수분퍼텐셜과 삼투퍼텐셜이 같으면 압력퍼텐셜이 0이 되므로 원형질분리가 일어난다.
⑦ 압력퍼텐셜과 삼투퍼텐셜이 같으면 세포의 수분퍼텐셜이 0이 되므로 팽만상태가 된다.
⑧ 식물체 내의 수분퍼텐셜에는 삼투퍼텐셜과 압력퍼텐셜의 영향이 크고 매트릭퍼텐셜의 영향은 작다.

17 한해

1 작물의 내건성

① 형태적 특성

㉠ 잎조직이 치밀하고 표피에 각피가 잘 발달하였으며, 기공이 작고 그 수가 많은 등 기계적 조직이 잘 발달하였다.
㉡ 왜소하고 잎이 작다.
㉢ 기동세포가 발달하여 탈수되면 잎이 말려서 표면적이 축소된다.
㉣ 저수능력이 있고 다육화(多肉化)되는 경향이 있다.
㉤ 지상부에 비해 뿌리가 발달하였다.

② 세포적 특성

㉠ 원형질막의 수분, 요소, 글리세린 등에 대한 투과성이 좋다.
㉡ 탈수될 때 원형질의 응집이 덜하다.
㉢ 원형질의 점성이 높고 세포액의 삼투압이 높으므로 수분보유력이 강하다.
㉣ 세포 중에 원형질이나 저장양분이 차지하는 비율이 높아서 수분보유력이 강하다.
㉤ 세포가 작기 때문에 함수량이 감소되어도 원형질의 변형이 적다.

③ **물질대사적 특성**

㉠ 건조할 때 단백질, 당분의 소실이 느리다.

㉡ 건조할 때 증산이 억제되고, 수분이 공급될 때 수분흡수 정도가 크다.

㉢ 건조할 때 호흡이 낮아지는 정도가 크고 광합성의 감퇴 정도가 낮다.

④ **재배조건과 한해**

㉠ 작물을 건조한 환경에서 키우면 내건성이 증가한다.

㉡ 밀식을 하지 않는다.

㉢ 질소비료를 지나치게 많이 시용하지 않는다.

㉣ 퇴비, 칼리를 충분히 시용한다.

⑤ **생육시기와 한해**

㉠ 내건성은 생식세포의 감수분열기에 가장 약하고, 출수개화기와 유숙기가 그 다음으로 약하며 분얼기에는 강하다.

㉡ 작물의 내건성은 생육단계에 따라 다른데, 영양생장기보다 생식생장기가 한해에 더 약하다.

18 습해

1 작물의 내습성

① 뿌리조직이 목화한 것은 내습성이 강하다.

② 내습성이 강한 것은 이산화철 · 황화수소 등에 대한 저항성이 크며, 막뿌리의 발생력이 크다.

③ 뿌리의 피층세포가 직렬로 배열되어 있는 것이 사열로 배열되어 있는 것보다 산소공급능력이 크기 때문에 내습성이 강하다.

④ 벼는 통기조직이 잘 발달해 있기 때문에 논에서도 습해를 받지 않는다.

2 습해대책

① **배수** … 가장 근본적이고 효과적인 습해대책이다.

② **정지**(整地)

㉠ 습답에서는 휴립재배를 한다.

㉡ 밭에서는 휴립휴파를 한다.

③ **토양개량**

㉠ 토양 통기를 조성하기 위해 중경을 실시한다.

㉡ 부식, 석회, 토양 개량제 등을 시용하여 공극량이 증대되도록 한다.

④ **시비**

㉠ 미숙유기물이나 황산근비료를 사용하지 않는다.

㉡ 뿌리를 지표 가까이 유도하여 산소를 쉽게 접할 수 있도록 한다.

㉢ 뿌리의 흡수장애시에는 엽면시비를 한다.

⑤ **과산화석회의 시용** … 과산화석회를 시용하면 과습지에서도 상당기간 산소가 방출된다.(4 ~ 8kg/10a)

⑥ **내습성 작물과 품종의 선택** … 골풀, 미나리, 벼, 양배추, 올리브, 포도 등 내습성이 강한 작물 및 품종을 선택한다.

19 온도의 변화

❶ 온도의 일변화가 작물에 끼치는 영향

① **개화** … 일반적으로 낮과 밤의 기온차이가 커서 밤의 기온이 낮은 것이 동화물질의 축적을 유발하여 개화를 촉진하고 화기도 커진다(예외 : 맥류).

② **괴경과 괴근의 발달** … 낮과 밤의 기온차이로 인하여 동화물질이 축적되므로 괴경과 괴근이 발달한다. 일정한 온도보다는 변온하에서 영양기관의 발달이 증대된다.

③ **생장** … 낮과 밤의 기온차이가 작을 때 양분흡수가 활발해지므로 생장이 빨라진다.

④ **동화물질의 축적** … 낮과 밤의 기온차이가 클 때 동화물질의 축적이 증대된다.

⑤ **발아** … 낮과 밤의 기온차이로 인하여 작물의 종자발아를 촉진하는 경우가 있다.

⑥ **결실** … 대부분의 작물은 낮과 밤의 기온차이로 인하여 결실이 조장되며, 가을에 결실하는 작물은 대체로 낮과 밤의 기온차이가 큰 조건에서 결실이 조장된다.

※ 벼 … 등숙기의 밤 온도가 초기 20℃ 정도에서 후기 16℃ 정도로 낮아지면 등숙이 좋으며, 평야지보다 산간지에서 등숙이 좋다. 산간지는 변온이 커서 동화물질의 축적에 이롭고, 전분을 합성하는 포스포릴라아제의 활력이 고온인 경우보다 늦게까지 지속되어 전분 축적의 기간이 길어지므로 등숙이 양호해져서 입중이 증대한다.

20 한해

1 작물의 내동성

① **작물의 내동성의 개념** … 추위에 대한 저항력을 나타내는 식물의 성질을 말하며, 내한성(耐寒性)이라고도 한다.

② **생리적 요인**

㉠ 세포 내 자유수 함량이 많으면 결빙이 쉽게 생기므로 내동성이 저하한다.

㉡ 세포액 무기질 및 당분 함량이 높으면 세포액의 삼투압이 높아 빙점이 낮아지고, 세포 내 결빙이 적어지므로 내동성이 증가한다.

㉢ 전분 함량이 많게 되면 당분 함량이 낮아지며 내동성이 감소된다.

㉣ 원형질의 친수성 콜로이드가 많으면 세포 내의 결합수가 많아지고, 자유수가 적어져서 세포의 결빙이 감소하므로 내동성이 증가한다.

㉤ 점도가 낮고 연도가 크면 세포 외 결빙에 의해서 세포가 탈수될 때나 융해시 세포가 물을 다시 흡수할 때 원형질의 변형이 적으므로 내동성이 증가한다.

㉥ 지유와 수분이 존재할 때에는 빙점강하도가 커지므로 내동성이 증가한다.

㉦ 원형질의 친수성 콜로이드가 많고 세포액의 농도가 높으면 조직의 광에 대한 굴절률이 커지므로 내동성이 증가한다.

㉧ 칼슘이온(Ca^{2+})과 마그네슘(Mg^{2+})은 세포 내 결빙을 억제한다.

㉨ 원형단백질에 −SH기가 많으면 원형질의 파괴가 적고 내동성이 증가한다.

㉩ 일반적으로 질소과다는 내동성을 약화시킨다.

③ **계절적 요인**

㉠ 휴면아는 내동성이 매우 크다.

㉡ 맥류를 저온처리하여 추파성을 소거하면 생식생장이 빨리 유도되어 내동성이 약해진다.

㉢ **경화**(硬化, Hardening) : 월동작물이 5℃ 이하의 저온에 계속 처하게 되면 원형질의 수분투과성이 증대될 뿐 아니라 함수량의 저하, 세포액의 삼투압 증대, 당분과 수용성 단백질의 증대 등을 초래하여 내동성이 커지는데, 이를 경화라 한다.

㉣ 내동성은 가을 ~ 겨울에는 커지고, 봄에는 작아진다.

④ **형태적 요인**(맥류의 경우)

㉠ 포복성 작물이 직립성 작물보다 내동성이 강하다.

㉡ 엽색이 진한 것이 내동성이 강하다.

㉢ 관부(冠部)가 깊어서 생장점이 땅속 깊이 박히는 것이 생장점의 온도 변화가 덜하여 내동성이 강하다.

⑤ **발육단계적 요인** … 작물은 영양생장기보다 생식생장기에서 내동성이 약하다.

21 대기환경과 작물생육

1 이산화탄소 시비(탄산시비)

시설 내에서는 탄산가스가 부족하기 쉽고, 시간과 위치에 따라 농도분포가 다르게 되는데 이 때 시설 내에서 인위적으로 공기 환경을 조절하면서 탄산가스를 공급하여 작물의 생육을 촉진시키는 것을 이산화탄소 시비(탄산 시비, carbon dioxide enrichment or carbon dioxide fertilization)라고 한다.

① **이산화탄소 보상점** … 광합성에 의해 흡수되는 이산화탄소의 양과 농도가 낮아 호흡에 의해 방출되는 이산화탄소의 양이 같아져서 순광합성량이 0이 되는 때의 이산화탄소 농도를 이산화탄소 보상점이라고 하며, 작물의 이산화탄소 보상점은 대기 중의 이산화탄소 농도인 350ppm보다 낮은 30~80ppm 정도가 적당하다.

② **이산화탄소 포화점** … 이산화탄소의 농도가 증가하면 광합성량이 증가하다가 어느 수준의 농도에 이르면 더 이상 증가하지 않게 되는데, 이때의 농도를 이산화탄소 포화점이라고 한다.

③ **탄산가스의 농도** … 식물에 1,500ppm 이상의 탄산가스 농도는 적합하지 않으며, 보통 700~1,200ppm의 농도가 표준적으로 사용된다.

④ **이산화탄소 시비의 효과**

㉠ 탄산가스 농도를 증가시키면 광합성 속도를 증가시킬 수 있으므로 시설원예에서는 이산화탄소 시비를 통하여 작물의 품질을 향상시키고 수량을 증대시킬 수 있다.

㉡ 이산화탄소 시비의 효과는 특히 오이, 멜론, 가지, 토마토, 고추 등의 열매채소에서 수량증대의 효과가 두드러지게 나타나고 있다.

㉢ 화훼류에서 장미의 경우 개화기를 단축시키고 꽃잎의 수를 크게 증가시키는 효과가 있다.

㉣ 육묘 중의 이산화탄소 시비는 모종의 소질을 향상시킴은 물론이고, 정식 후에도 시용효과가 계속 유지된다.

㉤ 이산화탄소 시용효과는 작물의 광합성과 관련이 깊은 온도나 광도 및 습도, 공기의 유동, 무기영양 상태에 따라 다르게 나타나며, 특히 저온이나 저광도보다 고온이나 고광도에서 시용 효과가 높다.

㉥ 이산화탄소를 시용할 때는 온실 내 환경을 적절히 조절해야 그 효과를 극대화할 수 있다.

㉦ 시설원예에서 작물의 생육을 촉진하고 수량을 증대시키기 위해서는 적정 수준까지는 광도와 함께 이산화탄소의 농도를 높여 주는 것이 바람직하다.

⑤ 오이에 대한 탄산가스 시비 효과

㉠ 프로판가스를 연소시켜 탄산가스를 시비한 경우 오이 수량은 약 50% 증가되었다.

㉡ 개화일에는 큰 차이가 없었지만 특히 1급품의 수량이 많아 품질도 좋았고 수확이 빠르다는 것을 알 수 있다.

⑥ 토마토에 대한 탄산가스 시비 효과

㉠ 수량은 탄산가스 2배 처리구에서 표준구에 비해 약 20% 증수되었고, 다비구에서는 과실수 약 30%가 증가하였다.

㉡ 탄산가스 시비는 장기재배보다 재배기간이 짧은 촉성재배의 과실 비대기에 중점적으로 사용하면 효과가 높고 장기재배에 비해 노화현상 정도가 적다.

⑦ 파프리카에 대한 탄산가스 시비효과

㉠ 액화탄산가스를 이용해 탄산가스 시비를 하고 시용 농도는 700~1,000ppm 범위이며, 광합성량이 증가되면서 파프리카의 엽면적과 수량이 증가하였다.

㉡ 환기창의 개도가 50% 이상인 경우에는 탄산가스 시비를 중지하는 것이 경제적이다.

22 광환경

1 C_3 · C_4 · CAM식물의 생리적 특성

① C_3식물 … 표피와 책상조직, 해면조직을 갖고 있으며 이 해면조직의 사이에 엽맥을 갖고 있는 구조로 rubisco를 사용하여 탄소를 고정하도록 되어 있다.

② C_4식물 … 잎의 엽맥주변에 유관속초를 갖고 있으며 그 주변을 많은 엽육세포가 감싸고 있는 구조이다.

③ CAM 식물 … CAM식물은 야간에 CO_2를 흡수하고 흡수된 CO_2는 유기산(주로 사과산)의 모양으로 고정되어 야간에는 세포 내의 액포에 축적되며 주간에는 그 유기산을 액포로부터 꺼내어 분해하고 세포내에 CO_2를 발생시키는 식물로 대표적인 것이 선인장이다.

● C_3 식물과 C_4 식물의 비교

특성	C_3 식물	C_4 식물	CAM 식물
CO_2 고정계	칼빈회로	C_4+칼빈회로	C_4+칼빈회로
잎의 형태	엽록체가 적은 유관속초 세포	밀집된 엽록체를 갖고 있는 유관속초세포	커다란 액포
1g의 건조된 광합성 산물을 생산하는데 소요되는 물의 양	450~950	250~350	50~55
광호흡률이 증가되는 온도	15~25℃	30~40℃	35℃ 이상
이론적 에너지 요구량	1 : 3 : 2	1 : 5 : 2	1 : 6.5 : 2
최대 광합성 능력	15~40	35~80	1~4
CO_2 보상점(ppm)	30~70	0~10	0~5
내건성	약함	강함	극히 강함
광호흡 여부	일어난다.	유관속초 세포에서 일어난다.	일어나지 않는다.
광포화점	최대일사의 1/4~1/2	최대일사 이상으로 강한 광조건에서 높음	부정
해당 식물	벼, 담배, 보리 밀 등	덥고 건조한 지역 식물(옥수수, 사탕수수, 수수, 기장, 명아주, 버뮤다그래스, 수단그래스 등)	선인장, 파인애플, 돌나물, 다육식물 등

23 포장상태에서의 광합성

■ **포장동화능력**

① 포장군락의 단위면적당 동화능력(광합성 능력)을 포장동화능력이라고 한다.

② 포장동화능력은 수확량을 결정짓는다.

③ 포장동화능력은 일정한 빛의 투사아래에서 다음과 같이 표시된다.

$P = AfP_0$ (P : 포장동화능력, f : 수광능률, A : 총엽면적, P_0 : 평균 동화능력)

④ 수광능률을 높이기 위한 방법

㉠ 총엽면적을 알맞은 한도 내로 조절한다.

㉡ 군락 내로의 광투과를 좋게 한다.

24 버널리제이션(춘화처리)

1 버널리제이션의 의의

① 상적 발육에 있어서 감온상을 경과시키기 위해 생육 초기나 생육 도중에 일정한 온도환경 처리를 해주어야 한다.

② 작물의 출수 및 개화를 유도하기 위하여 생육기간 중의 일정시기에 온도처리(저온처리)를 하는 것을 말한다.

③ 춘화처리라고도 한다.

④ 버널리제이션은 추파 품종의 종자를 봄에 뿌릴 수 있도록 처리하는 방법을 말한다.

⑤ 추위에 강한 작물들은 어느 정도의 낮은 온도에 노출되어야 생육상 전환이 일어난다.

⑥ 버널리제이션은 러시아의 T.D. Lysenko(1932)에 의하여 밝혀졌다.

2 버널리제이션의 구분

① 처리시기에 따른 구분

㉠ 녹체 버널리제이션(綠體春化)

- 식물이 일정한 크기에 달한 녹체기에 처리하는 것을 말한다.
- 양배추나 양파 등에서는 식물체가 어느 정도 커진 다음이 아니면 저온을 만나도 춘화되지 않는다.
- 채종재배나 육종을 위해 세대단축을 하는 데도 이용된다.
- 양배추, 히요스 등

㉡ 종자 버널리제이션(種子春化)

- 최아 종자의 시기에 온도처리를 한다.
- 싹틔울종자(催芽種子, 최아종자)를 춘화하여 생육기간을 단축시킬 수가 있어 농업상 유익하다.
- 추파맥류, 완두, 잠두, 봄무, 밀 등

㉢ 기타

- 단일 춘화 : 종자 버널리제이션형 식물을 본잎 1매 정도의 녹체기에 약 한달 동안 단일처리를 하고 명기에 적외선이 많은 빛을 조명하면 저온처리와 같은 효과가 발생하는 것을 말한다.
- 화학적 춘화 : 지베렐린 같은 화학물질처리로 버널리제이션 효과가 발생하는 것이다.

② 처리온도에 따른 구분

㉠ 고온 버널리제이션 : 단일식물은 비교적 고온인 10 ~ 30℃의 온도처리에 의해 춘화가 된다.

㉡ 저온 버널리제이션

- 월동하는 작물에 0 ~ 10℃의 저온처리를 하는 것을 말한다.
- 일반적으로 고온보다 저온처리의 효과가 크다.

3 버널리제이션에 영향을 미치는 조건

① 최아(催芽)

㉠ 버널리제이션을 할 때에는 종자근의 시원체인 백체가 나타나기 시작할 무렵까지 최아하여 처리한다.

㉡ 버널리제이션에 알맞은 수온은 12℃ 정도이다.

● 버널리제이션에 필요한 종자의 흡수량

작물명	흡수율(%)	작물명	흡수율(%)
보리	25	봄밀	30 ~ 50
귀리	30	가을밀	35 ~ 55
호밀	30	옥수수	30

② 산소

㉠ 처리 중에 산소가 부족하여 호흡이 불량하면 저온에서는 버널리제이션 효과가 지연되며, 고온에서는 아예 발생하지 않을 수도 있다.

㉡ 처리 중 공기가 부족하지 않도록 과도한 수분공급을 피한다.

③ 처리온도와 처리기간

㉠ 처리온도와 처리기간은 작물의 종류와 품종의 유전성에 따라 다르다.

㉡ 처리온도는 저온, 상온, 고온으로 구별된다.

㉢ 처리온도는 대체로 0 ~ 30℃ 범위이다.

㉣ 처리기간은 대개 5 ~ 50일 정도이다.

㉤ 품종에 따라 추파성의 정도가 달라서 추파성을 완전 소거하는 데 필요한 기간은 다르다.

㉥ **추파성**

- 씨앗을 가을에 뿌려서 겨울의 저온기간을 경과하지 않으면 개화 · 결실하지 않는 식물의 성질을 말한다.
- 밀, 보리, 귀리 등과 가을에 파종하는 작물은 모두가 추파성 작물이다. 이들은 춘화처리를 하여 봄에 파종할 수도 있는데, 가을에 파종하는 것보다 수확량이 적다는 단점이 있다.

㉦ **춘파성**

- 겨울작물이 꽃눈을 형성하기 위해서 겨울의 저온을 필요로 하는 성질을 말한다.
- 춘파성은 품종의 지리적 분포와 관계가 깊다.
- 보리, 밀, 평지(유채), 무 등의 겨울작물에서는 동일 작물이라도 품종에 따라서 저온을 필요로 하는 정도에 차이가 있다.
- 가을에 파종하여 겨울의 저온을 경과시키지 않으면 꽃눈을 형성하지 않는 품종은 '춘파성 정도가 낮다' 또는 '추파성 정도가 높다'고 한다.
- 봄에 파종하여도 꽃눈을 형성하는 품종을 '춘파성 정도가 높다' 또는 '추파성 정도가 낮다'고 한다.
- 일반적으로 겨울작물은 저온이, 여름작물은 고온이 효과적이다.

25 작물의 일장형

1 장일식물

① 낮이 길 때 꽃눈을 형성하는 것을 장일식물(長日植物)이라고 한다.

② 장일상태(보통 16 ~ 18시간)에서 개화가 유도 · 촉진된다.

③ 단일상태에서는 개화가 저해된다.

④ 장일식물의 대부분은 단일조건하에서는 매우 짧은 줄기에서 잎이 나오는 이른바 로제트형(型)이 되나, 장일조건이면 비로소 줄기가 뻗는다.

⑤ 장일식물의 대부분은 온대에서 생육하며, 해가 긴 봄에서 초여름까지 꽃을 피운다.

⑥ 맥류, 감자, 시금치, 양파, 무, 배추, 산추, 아마, 티머시, 아주까리, 자운영, 티머시, 베치, 완두, 알팔파, 클로버 등이 있다.

※ 방사엽 식물 : 배추, 양배추 같은 장일식물이 단일조건에 놓이면 추대가 되지 않고 땅가에서 잎만 나오는 방사엽식물이 된다.

2 단일식물

① 낮이 짧을 때 꽃눈을 형성하는 것을 단일식물(短日植物)이라 한다.

② 단일상태(보통 8 ~ 10시간)에서 화성이 유도 · 촉진된다.

③ 장일상태에서는 화성이 저해된다.

④ 조, 기장, 피, 옥수수, 담배, 도꼬마리, 나팔꽃, 벼, 목화, 국화, 코스모스, 콩, 참깨, 들깨, 샐비어 등이 있다.

⑤ 온대에 분포하는 단일식물은 늦여름에 꽃눈을 형성하여 가을에 꽃을 피운다.

3 중성식물

① 일정한 한계일장이 없고 매우 넓은 범위의 일장에서 화성이 유도된다.

② 화성이 일장에 영향을 받지 않는다.

③ 가지, 토마토, 강낭콩, 당근, 샐러리, 고추 등이 있다.

4 중간식물

① 정일식물이라고도 하며, 2개의 한계일장이 있다.

② 좁은 범위의 일장에서만 화성이 유도·촉진된다.

③ 사탕수수의 F106이란 품종은 12시간 45분과 12시간의 좁은 일장범위에서만 개화한다.

5 장단일 식물

① 처음에는 장일이고 뒤에 단일이 되면 화성이 유도된다.

② 항상 일장에만 두면 화성이 유도되지 않는다.

6 단장일 식물

① 처음에는 단일이고 뒤에 장일이 되면 화성이 유도된다.

② 항상 일장에만 두면 개화하지 않는다.

- 일장 감응의 9개형

명칭	화아분화 전	화아분화 후	종류
LL식물	장일성	장일성	시금치, 봄보리
LI식물	장일성	중일성	Phlox paniculata, 사탕무
LS식물	장일성	단일성	Blotonia, Physostegia
IL식물	중일성	장일성	밀
II식물	중일성	중일성	고추, 올벼, 메밀, 토마토
IS식물	중일성	단일성	소빈국
SL식물	단일성	장일성	프리뮬러, 시네라리아, 양딸기
SI식물	단일성	중일성	늦벼(신력·욱), 도꼬라미
SS식물	단일성	단일성	코스모스, 나팔꽃, 늦콩

26 기상생태형의 구성요소

1 기본영양생장성

① 작물이 출수개화(出穗開花)하기까지는 최소한의 영양생장을 필요로 한다는 것이다.

② 작물이 아무리 출수개화에 알맞은 온도와 일장조건을 가지더라도 일정한 기간의 기본영양생장을 하지 않으면 출수개화에 이르지 못한다.

③ 기본영양생장의 기간이 길고 짧음에 따라서 '기본영양생장이 크다(B, 높다) 또는 작다(b, 낮다)'라고 표시한다.

④ 환경에 의해서 단축되지 않는다.

⑤ 영양생장기간 중에는 분얼이 왕성하여 줄기의 수가 늘어나고 신장은 서서히 자라며, 새로운 잎이 규칙적으로 출현함으로써 태양광선을 많이 받을 수 있게 되고 뿌리가 왕성하게 생육되어 영양분을 많이 흡수할 수 있게 된다.

2 감광성

① 농작물의 출수나 개화가 일조시간의 영향을 받는 성질을 말한다.

② **감광성 정도** … 식물이 일장환경에 의해 주로 단일식물이 단일환경에 의해서 출수나 개화가 촉진되는 정도를 말한다.

③ 출수나 개화의 촉진도에 따라서 '감광성이 크다(L, 높다) 또는 작다(l, 낮다)'라고 한다.

④ 감광성은 작물의 종류에 따라 다른데, 벼 · 콩 등의 여름작물은 단일(短日)에 의해 출수나 개화가 촉진되고 장일(長日)에 의해 지연되는 데 비하여 보리 · 밀 등의 겨울작물은 그 반대가 된다.

3 감온성

① 농작물의 출수나 개화가 온도에 따라 영향을 받는 성질을 말한다.

② 온도반응성, 일장반응성이라고도 한다.

③ 감온성의 정도에 따라서 '감온성이 크다(T, 높다) 또는 작다(t, 낮다)'라고 한다.

27 기상생태형과 재배적 분포

1 조만성(早晩性)

파종과 이앙을 일찍 할 경우 blt형 · 감온형은 조생종이 되며, 기본영양생장형과 감광형은 만생종이 된다.

2 묘대일수 감응도(苗垈日數 感應度)

① 못자리 기간을 길게 할 경우에 모가 노숙하고 모낸 뒤 생육에 난조가 생기는 정도를 말한다.

② 벼가 못자리에서 이미 생식생장의 단계로 접어들기 때문에 생기는 현상이다.

③ 묘대일수 감응도는 감온형이 높고 감광형과 기본생장형은 낮다.

3 출수기의 조절

① 조생종은 재배방식에 따라 출수기를 조절할 수 있다.

② 만생종은 출수기의 조절이 어렵다.

③ 조파조식 때보다 만파만식할 때 출수기가 지연되는 정도는 기본생장형과 감온형이 크고 감광형이 작다.

4 만식적응성(晩植適應性)

① 이앙기가 늦어졌을 때 적응하는 정도를 말한다.

② 만식적응성은 기본생장형과 감온형이 작고 감광형이 크다.

③ **조생종**(早生種)

㉠ 묘대일수감응도가 크고 만식적응성이 작아서 만식에 부적당하다.

㉡ 조생종은 일반적으로 수확량이 적지만 일찍 수확 · 출하할 수 있다는 이점 때문에 재배상 · 경영상 유리하다.

④ **만생종**(晩生種)

㉠ 묘대일수감응도가 작고 만식적응성이 커서 만식에 적당하다.

㉡ 생태적으로 정상보다 늦되는 품종을 말한다.

㉢ 만생종이라 하더라도 감광 · 감온 환경이 달라지면 품종 고유의 만숙성이 조숙화할 수도 있다.

28 윤작

1 윤작의 개념

작물을 일정한 순서에 따라서 주기적으로 교대하여 재배하는 방법을 말하며, 돌려짓기라고도 한다.

2 윤작의 역사

① 윤작은 예로부터 유럽에서 발달하였다. 초기에는 토지를 가축의 사료용 초지와 곡식을 심는 밭으로 나누고 곡식을 심는 밭의 지력이 떨어지면 초지를 밭으로 교체하여 이용하였다.

② **삼포식 농업**

㉠ 개념 : 곡물을 심는 땅의 비율이 많아짐에 따라 경작지를 3등분하여 한 쪽은 땅을 휴한하고 또 한 쪽은 봄보리나 가을보리를 심어 해마다 번갈아 재배하는 3포식 돌려짓기를 하였다.

㉡ 방법 : 땅을 3등분하여 1/3은 여름작물, 1/3은 겨울작물, 나머지 1/3은 휴한한다.

③ **개량삼포식 농업**

㉠ 개념 : 토지의 지력쇠퇴를 방지하고 노력의 분배를 합리화하려는 돌려짓기 영농법을 말한다.

㉡ 방법

- 3등분 토지 중의 어느 1구간도 휴한시키는 일이 없이 휴한될 토지에 클로버, 알팔파와 같은 녹비작물을 파종하여 지력을 보존시킨다.
- 근채류와 같은 중경시비를 필요로 하는 작물을 재배함으로써 자연적인 토지의 개량을 꾀하는 방법이다.

④ **노퍽식 돌려짓기**

㉠ 노퍽식 돌려짓기는 1730년 영국 Townshend가 제창한 방식이다.

㉡ 4년 단위로 '순무 – 보리 – 클로버 – 밀'을 순환시키는 방법이다.

㉢ 사료(순무 · 보리 · 클로버)와 식량(밀)의 생산, 지력 수탈(보리 · 밀), 지력 증진(순무 · 클로버)의 관계가 균형있게 고려된 방식이다.

● 노퍽식 돌려짓기(Norfolk System Of Rotation)

연차	1년	2년	3년	4년
작물	순무	보리	클로버	밀
생산물	사료	사료	사료	식량
지력	증강(다비)	수탈	증강(질소 고정)	수탈
잡초	경감(중경)	증가	경감(피복)	증가
주비(主肥)	구비/인산	질소/인산	칼리	질소/인산

③ 돌려짓기의 효과

① **경영 안정화** … 투입하는 노동력의 연간 평준화로 매년 수입이 균등하게 된다.

② **자물이 생산량 증대** … 지력을 유지 · 증대시켜 작물의 생산량이 많아지다

③ **병충해의 방제** … 연작에 의한 병충해의 증가를 예방하고 방제한다.

④ **토양의 침식방지** … 작물의 종류에 따라 잡초의 종류가 달라지므로 잡초발생을 억제하고 토양의 침식이 방지된다.

⑤ **기지현상의 회피** … 연작에 의한 생육장애를 피할 수 있다.

⑥ **지력 증강**

㉠ 콩과작물은 공중질소를 고정한다.
㉡ 다비성 작물(순무)을 재배하면 비료분이 남는다.
㉢ 근채류, 알팔파 등은 뿌리가 깊게 발달함에 따라 토양의 입단형성을 조장하여 그 구조를 좋게 한다.
㉣ 윤작에 사료작물을 삽입하면 구비의 생산이 많아져서 지력이 증진된다.
㉤ 피복작물을 재배하면 토양이 보호된다.
㉥ 녹비작물을 재배하면 토양유기물이 증대되고 목초류도 잔비량이 많아진다.
㉦ 기지현상을 회피하도록 작물을 배치한다.
㉧ 지력유지를 위하여 콩과작물이나 다비작물을 반드시 포함한다.
㉨ 토지의 이용도를 높이기 위하여 여름작물과 겨울작물을 결합한다.

29 종자(종자 발아를 위한 생육촉진처리)

① **경화** … 종자는 흡수와 건조를 1회 또는 수회 반복하여 파종하면 발아 · 생육의 촉진, 수량증대를 가져오는데, 이 방법을 파종 전 종자의 경화라고 하며, 당근, 밀, 옥수수, 순무, 토마토 등에 효과적이다.

② **프라이밍** … 파종 전에 수분을 공급하여 종자가 발아하는데 필요한 생리적인 준비를 갖도록 하여 발아를 촉진하는 것으로 고형물 처리나 반투성막프라이밍, 삼투용액프라이밍, PEG용액 등으로 처리하며 채소류에 이용한다.

③ **저온 및 고온처리**

㉠ 저온처리 : 흡수한 종자를 5~10℃ 정도의 저온에 7~10일 정도 저온처리 한다.
㉡ 고온처리 : 벼의 종자를 50℃ 정도로 예열한 후 질산칼륨이나 물로 24시간 정도 고온처리 한다.

④ **과산화물** … 물속에서 H_2O_2가 분해하면 O_2를 방출하여 용존산소를 증가시킴으로서 발아와 어린묘의 생육을 촉진시키는 방법으로 벼를 직파할 때 사용한다.

⑤ **박피제거** … 황산이나 염산과 같은 강산이나 강알칼리성 용액 또는 차아염소산나트륨, 차아염소산칼슘에 종자를 담가놓아 종피를 녹여서 발아를 촉진시키는 방법이다.

⑥ **전발아처리** … 전체를 포장발아하는 것을 말하며, 유체파종과 전발아종자가 있다.

㉠ 옥수수, 밀, 완두, 양파, 귀리, 무 등은 발아 후 건조처리를 해도 발아가 된다.

㉡ 전발아처리 시 사용하는 액상은 알긴산 나트륨이다.

30 종자발아

❶ 발아, 출아, 맹아

① **발아** … 종자에서 유아, 유근이 출현하는 것을 말한다.

② **출아**

㉠ 종자를 파종했을 경우 발아한 새싹이 지상에 출현하는 것을 말한다.

㉡ 식물체에 싹이라는 작은 돌기가 생겨 그것이 발달하여 식물체에 가지나누기가 생기게 하는 과정을 말한다.

③ **맹아** … 목본식물에서 지상부의 눈이 벌어져서 새싹 또는 씨고구마처럼 지하부에서 지상부로 자라나는 새싹을 말한다.

❷ 발아조건

① **수분**

㉠ **흡수량**

- 종자는 일정량의 수분을 흡수해야만 발아할 수 있다.
- 발아에 필요한 종자의 수분흡수량은 종자무게에 대하여 벼는 23%, 밀은 30%, 쌀보리는 50%, 콩은 100%이다.

㉡ **수분이 발아에 미치는 영향** … 수분을 흡수한 내부세포는 원형질의 농도가 낮아지고 각종 효소가 활성화되어 저장물질의 전화(轉化), 전류(轉流) 및 호흡작용 등이 활발해진다.

② **온도**

㉠ **발아온도** : 발아의 최저온도는 0 ~ 10℃, 최적온도는 20 ~ 30℃, 최고온도는 35 ~ 50℃ 이다.

㉡ **발아와 고온** : 일반적으로 파종기의 기온이나 지온은 발아의 최저온도보다 높고 최고온도보다 낮다.

㉢ 발아와 저온 : 최저온도보다 낮은 시기에 파종하면 발아와 초기생육이 지연된다.

㉣ 발아와 변온

• 샐러리, 오차드그라스, 버뮤다그래스, 켄터키블루그래스, 레드톱, 페튜니어, 담배, 아주까리, 박하 등은 변온에 의해 작물의 발아가 촉진된다.

• 당근, 파슬리, 티머시 등은 변온에 의해 발아가 촉진되지 않는다.

● 작물종자의 발아온도

작물명	최저온도(℃)	최적온도(℃)	최고온도(℃)	작물명	최저온도(℃)	최적온도(℃)	최고온도(℃)
목화	12	35	40	호박	10 ~ 15	37 ~ 40	44 ~ 50
강낭콩	10	32	37	오이	15 ~ 18	31 ~ 37	44 ~ 50
겉보리	0 ~ 2	26	38 ~ 40	옥수수	6 ~ 8	34~38	44 ~ 46
쌀보리	0 ~ 2	24	38 ~ 40	조	0 ~ 2	32	44 ~ 46
들깨	14 ~ 15	31	35 ~ 36	완두	0 ~ 5	25 ~ 30	31 ~ 37
담배	13 ~ 14	28	35	콩	2 ~ 4	34 ~ 36	42 ~ 44
해바라기	5 ~ 10	31 ~ 37	40 ~ 44	삼	0 ~ 4.8	37 ~ 40	44 ~ 50
아마	0 ~ 5	25 ~ 30	31 ~ 37	레드클로버	0 ~ 2	31 ~ 37	37 ~ 44
기장	4 ~ 6	34	44 ~ 46	뽕나무	16	32	38
메밀	0 ~ 4	30~34	42 ~ 44	메론	15 ~ 18	31, 37	44 ~ 50
호밀	0 ~ 2	26	40 ~ 44	벼	8 ~ 10	34	42 ~ 44
귀리	0 ~ 2	24	38 ~ 40	밀	0 ~ 2	26	40 ~ 42

③ **산소**

㉠ 벼 종자는 못자리 물이 너무 깊어 산소가 부족하게 되면 유근의 생장이 불량하고, 유아가 도장해서 연약해지는 이상발아를 유발하게 된다.

㉡ 수중에서 발아의 난이에 의한 종자의 분류

• 수중에서 발아 가능한 종자 : 샐러리, 벼, 티머시, 상추, 당근, 캐나다블루그래스, 페튜니어 등

• 수중에서 발아 불가능한 종자 : 무, 양배추, 밀, 콩, 귀리, 메밀, 파, 가지, 고추, 알팔파, 루핀, 호박, 옥수수, 수수, 율무 등

• 수중에서 발아가 감퇴되는 종자 : 미모사, 담배, 종자, 토마토, 카네이션, 화이트클로버 등

④ **빛**

㉠ 대부분의 종자는 빛의 유무에 관계없이 발아한다.

㉡ 호광성 종자

• 빛에 의해 발아가 유발되며 어둠에서는 전혀 발아하지 않거나 발아가 몹시 불량하다.

• 뽕나무, 상추, 차조기, 담배, 우엉, 베고니아, 캐나다블루그래스, 버뮤다그래스, 켄터키블루그래스 등이 있다.
• 복토를 얕게 한다.

㉢ 혐광성 종자
• 빛이 있으면 발아가 안 되고, 어둠 속에서 발아가 잘 되는 종자이다.
• 오이, 파, 가지, 토마토, 호박, 나리과 식물의 대부분
• 복토를 깊게 한다.

㉣ 광무관계 종자
• 발아에 빛이 관계하지 않고, 빛에 관계없이 잘 발아하는 종자이다.
• 옥수수, 화곡류, 콩과작물의 많은 작물 등

3 발아의 진행

① **저장양분의 분해**

㉠ 전분
• 배유나 자엽에 저장된 전분은 산화효소에 의해 분해되어 맥아당(Maltose)이 된다.
• 맥아당은 Malthase에 의해 가용성 포도당(Glucose)이 되어서 배나 생장점으로 이동하여 호흡기질이 되거나 Celluose · 비환원당 · 전분 등으로 재합성된다.

㉡ 단백질 : Protease에 의해 가수분해되어 Amino acid, Amicle 등으로 분해되어 단백질 구성물질이나 호흡기질로 이용된다.

㉢ 지방 : Lipase에 의해 지방산 · Glycerol로 변하고 화학변화를 일으켜 당분으로 변해 유식물로 이동하여 호흡기질로 쓰이며, 탄수화물 · 지방의 형성에도 이용된다.

② **호흡작용**

㉠ 종자가 발아할 때에는 호흡이 왕성해지고 에너지의 소비가 커진다.
㉡ 발아할 때의 호흡은 건조 종자의 100배가 된다.

③ **동화작용** … 배나 생장점에 이동해 온 물질에서 원형질 및 세포막 물질이 합성되고 유근, 유아, 자엽 등의 생장이 일어난다.

④ **생장**

㉠ 발아에 적합한 환경이 되면 배의 유근이나 유아가 종피 밖으로 출현한다.
㉡ 대체로 유근이 유아보다 먼저 출현한다.

⑤ **가용성 물질의 이동** … 종자 내 저장물질이 분해되면 가용성 물질이 되어서 배나 생장점으로 이동한다.

⑥ **이유기** … 발아 후 어린식물은 한동안 배젖에 있는 저장양분을 이용하여 생육하지만 점차 뿌리에서 흡수하는 양분에 의존하게 되는데, 배젖의 양분이 거의 흡수당하고 뿌리에 의한 독립적인 영양흡수가 시작되는 때를 이유기라 한다.

⑦ **종자의 발아과정** … 수분의 흡수 ⇨ 저장양분의 분해효소 생성과 활성화 ⇨ 저장양분의 분해와 전류 및 재합성 ⇨ 배의 성장개시 ⇨ 과피(종피)의 파열 ⇨ 유묘의 출현 ⇨ 유묘의 성장

⑧ **평균발아일수**

- 평균발아일수 = $\frac{\text{(파종부터의 일수} \times \text{그날 발아한 개체수)의 합계}}{\text{발아한 총개체수}}$

⑨ **발아측정방법** … 종자를 뿌린 후에는 각 작물의 발아에 필요한 온도 및 광선 조건하에 두고 적시에 수분을 공급하면서 발아수를 측정한다.

⑩ **종자 발아력의 간이 검정법**

㉠ **인디고카민법** : 죽은 종자의 세포가 반투성을 상실하는 것을 이용한다.

㉡ **테트라졸리움법** : 배 · 유아의 단면적이 전면 적색으로 염색되는 것이 발아력이 강하다.

㉢ **구아이아콜법** : 발아력이 강한 종자는 배 · 배유부의 절구가 갈색으로 변한다.

⑪ **종자의 수명과 저장**

㉠ **종자의 저장** : 건조한 종자를 저온 · 저습 · 밀폐 상태로 저장하면 수명이 오래 간다.

㉡ **종자의 수명**

- 단명종자(1 ~ 2년) : 양파, 고추, 메밀, 토당귀 등
- 상명종자(2 ~ 3년) : 목화, 쌀보리, 벼, 완두, 토마토 등
- 장명종자(4 ~ 6년 또는 그 이상) : 연, 콩, 녹두, 가지, 배추, 오이, 아욱 등

㉢ **수명에 영향을 미치는 조건** : 종자의 수분함량, 저장온도와 습도상태, 통기상태 등이 영향을 미친다.

㉣ **종자의 저장 중 발아력 상실**

- 종자가 발아력을 상실하는 것은 원형질 단백의 응고와 효소의 활력저하 때문이다.
- 저장양분의 소모도 원인 중 하나이다.

31 육묘

1 기계이앙용 상자육모

① 모판 흙은 산도(pH) 4.5~5.8을 유지토록 하는 것이 좋다.

② 싹을 틔운 후에는 모 기르는 방법에 따라 알맞은 양을 파종하는 데 어린모의 경우 한상자당 200~220g, 중묘의 경우 130g 정도 파종하는 것이 적당하다.

③ 출아기의 적정 온도는 30~32℃이다.

④ 녹화는 어린 싹이 1cm 정도 자랐을 때 시작하며, 낮에는 25℃, 밤에는 20℃ 정도로 유지한다.

② 채소류의 육묘

① **재래식 육묘** : 주로 냉상이나 전열온상에서 파종상자에 파종하여 검은색 플라스틱분에 이식한 후 포장에 정식하는 방법으로 모를 충실하게 키울 수는 있지만 면적이용률이 매우 낮다.

② **공정육묘** : 상토준비나 혼입, 파종 및 재배관리 등이 자동적으로 이루어지는 자동화 육묘시설을 말하며 공정묘, 성형묘, 셀묘, 플러그묘 등으로 부르기도 하고 재래식에 비해 장점은 다음과 같다.

㉠ 묘 소질이 향상되므로 육묘기간은 짧아진다.
㉡ 대량생산이 가능하고 연중 생산이 가능하여 생산 횟수가 늘어난다.
㉢ 규모화가 가능하고 운반 및 취급이 편리하다.
㉣ 정식묘의 크기가 작아지므로 기계정식이 용이하다.
㉤ 관리 인건비와 모의 생산비를 절감할 수 있다.
㉥ 대규모로 경작하는 조합영농, 기업화 등이 가능하다.

③ 접목육묘

① 박과 채소류와 접목할 경우 흰가루병에 약해진다는 단점이 있다. 덩굴쪼김병 등을 방제할 수 있다.

② 핀접과 합접은 가지과 채소의 접목육묘에 이용된다.

③ 박과 채소는 접목육묘를 통해 저온, 고온 등 불량환경에 대한 내성이 증대된다.

④ 접목육묘한 박과 채소는 흡비력이 강해질 수 있다.

● 주요 작물의 복토의 깊이

복토의 깊이	작물명
종자가 보이지 않을 정도	화본과와 콩과목초의 소립 종자, 유채, 상추, 양파, 당근, 파 등
5 ~ 10mm	차조기, 오이, 순무, 양배추, 가지, 토마토, 고추, 배추 등
15 ~ 20	시금치, 수박, 무, 기장, 조, 수수, 호박 등
25 ~ 30	귀리, 호밀, 밀, 보리, 아네모네 등
30 ~ 45	강낭콩, 콩, 완두, 팥, 옥수수 등
50 ~ 90	생강, 크로커스, 감자, 토란, 글라디올러스 등
100mm 이상	나리, 수선, 튤립, 히야신스 등

32 이식(이식의 장점과 단점)

① **장점**

㉠ 본포에 전작물이 있을 경우, 묘상 등에서 모를 양성하여 전작물의 수확이나 전작물 사이에 정식함으로써 농업을 보다 집약적으로 할 수 있다.

㉡ 육묘 중에 가식을 하면 뿌리가 절단되어 새로운 세근이 밀생해서 근군이 충실해지므로 정식시에 활착을 빠르게 할 수 있다.

㉢ 채소의 경우 경엽의 도장이 억제되고 생육이 양호하여 숙기를 빠르게 하고 양배추, 상추 등에서는 결구(結球)를 촉진한다.

② **단점**

㉠ 벼의 경우 한랭지에서 이앙재배를 하면 생육이 늦어지고 냉해로 인해 임실이 불량해진다.

㉡ 참외, 수박, 목화 등의 뿌리가 끊기는 것은 매우 안 좋다.

㉢ 당근, 무와 같이 직근을 가진 것을 어릴 때 이식하면 뿌리가 손상되어 근계발육이 저하된다.

33 시비

1 시비량의 계산

① 시용한 비료가 전부 작물에 흡수되는 것이 아니므로 흡수율을 고려하여 다음과 같이 계산한다.

$$시비량 = \frac{흡수소요량 - 천연공급량}{비료요소의\ 흡수율}$$

② **비료요소의 흡수량** … 단위면적당 전수확물 중에 함유되어 있는 비료요소를 분석하여 계산한다.

③ **비료요소의 천연공급량** … 어떤 비료요소에 대하여 무비료 재배를 할 때의 단위면적당 전수확물 중 함유되어 있는 비료요소량을 분석 · 계산하여 구한다.

④ **비료요소의 흡수율**(이용률)

㉠ 토양에 시용된 비료성분 가운데 직접 작물에 흡수되어 이용되는 비율을 그 비료성분의 흡수율이라고 한다.

㉡ 흡수율은 비료, 토양, 작물 등의 조건에 따라 다르다.

⑤ **3요소 시험** … 비료의 3요소에 대하여 각 포장에서 각 요소들을 어느 정도의 분량으로 주어야 하는지 시험하여 시비량을 결정하는 것을 말한다.

2 시비할 때의 유의점

① 감자처럼 생육기간이 짧은 경우는 주로 기비로 주고, 맥류나 벼처럼 생육기간이 긴 경우는 분시한다.

② 생육기간이 길고 시비량이 많은 경우일수록 질소의 밑거름(기비량)을 줄이고 덧거름(추비량)을 많이 하며 그 횟수도 늘린다(추비중점 시비).

③ 사질토, 누수답, 온난지 등에서는 비료가 유실되기 쉬우므로 덧거름의 분량과 횟수를 늘린다.

④ 퇴비나 깻묵 등의 지효성 비료나 인산, 칼륨 등의 비료는 밑거름으로 일시에 준다.

⑤ 속효성 비료는 작물의 생육기간과 생육상황에 따라 적절하게 분시한다.

⑥ 엽채류처럼 잎을 수확하는 것은 질소추비를 늦게까지 해도 된다.

⑦ 벼 만식재배 시에는 도열병의 발생 우려가 있기 때문에 질소 시비량을 줄여야 한다.

34 제초제

1 제초제 사용시 유의점

① 사람이나 가축에 유해한 것은 특히 주의한다.

② 파종 후 처리시 복토를 다소 깊게 한다.

③ 선택시기와 사용량을 적절히 한다.

④ 농약, 비료 등과의 혼용을 고려해야 한다.

⑤ 제초제는 성분이 같아도 제형이 다를 경우 제초 효과에 차이가 날 수 있다.

2 제초제의 종류

① 선택성 여부에 따른 분류

㉠ 선택성 제초제 : 작물에는 피해를 주지 않고 잡초만 제거하는 제초제를 말하며, 종류에는 2.4D, butachlor, bentazon 등이 있다.

㉡ 비선택성 제초제 : 작물과 잡초 모두를 제거하는 것으로 작물과 잡초가 혼재되지 않은 지역에서 사용하며, 종류에는 glyphosate, paraquat(gramoxone), glufosinate, bialaphos, sulfosate 등이 있다.

② 이행성 여부에 따른 분류

㉠ 접촉형 제초제 : 제초제를 처리한 부위에 제초효과가 나타나는 것으로 종류에는 paraquat, diquat 등이 있다.

㉡ 이행성 제초제 : 제초제를 처리한 부위로부터 수분이나 양분의 이동 경로를 따라 이동해서 다른 부위에도 제초효과가 나타나는 것으로 종류에는 bentazon, glyphosate 등이 있다.

35 병충해(생물학적 방제법)

① **병원균**

㉠ 담배의 흰비단병 : 트리코데르마균(Trichoderma)

㉡ 송충이 : 졸도병균, 강화병균

② **포식성 곤충**

㉠ 진딧물 : 풀잠자리, 꽃등에, 됫박벌레 등이 포식한다.

㉡ 딱정벌레 등은 각종 해충을 잡아먹는다.

③ **기생성 곤충** … 침파리, 고추벌, 맵시벌, 꼬마벌 등은 나비목의 곤충에 기생한다.

36 생장촉진(지베렐린의 이용)

① **신장촉진작용**

㉠ 지베렐린을 살포하면 대부분의 고등식물은 키가 현저하게 자란다.

㉡ 이 작용은 지베렐린산이 가장 강하고, 다음에 $A_1 \cdot A_4$의 순이다.

② 종자발아 촉진작용이 있다.

③ **화성촉진작용**

㉠ 스톡, 팬지, 프리지어 등에 지베렐린을 살포하면 개화가 촉진된다.

㉡ 배추, 양배추, 당근 등에서 저온처리를 대신하여 지베렐린을 살포하면 추대 · 개화한다.

㉢ 저온과 장일에 추대하고 개화하는 월년생 작물에 대하여 지베렐린이 저온과 장일을 대체하여 화성을 유도 · 촉진한다.

④ 착과(着果)의 증가와 열매의 생장촉진작용이 있다.

37 저장

1 저장 중의 손모와 피해

① 충해 및 서해 등의 피해를 입을 수 있다.

② 부패할 수 있고 발아력이 약화되는 경우도 있다.

③ 저장양분이 과다하게 손모하여 품질이 불량해질 수 있다.

④ 저장 중 호흡소모와 수분증발 등으로 중량이 감소한다.

⑤ 저장 중 발아율이 저하된다.

⑥ 저장 중 지방의 자동산화에 의해 산패가 일어나 유리지방산의 증가로 묵은 냄새가 난다.

2 안전저장을 위한 조건

① **저장물의 처리**

㉠ **품종의 선택** : 사과, 배, 고구마 등에서는 품종에 따라 저장의 정도가 다르므로 저장하기 쉬운 품종을 선택한다.

㉡ 곡류는 건조를 잘하고 과실은 예랭을 잘해야 저장이 잘된다.

㉢ **방열** : 고구마는 수확 후 통풍이 잘 되는 곳에서 펴서 말려야 저장이 잘된다.

㉣ **큐어링(Curing)** : 수확 직후의 고구마를 온도 32 ~ 33℃, 습도 90 ~ 95%인 곳에 4일쯤 보관하였다가 방열시킨 뒤에 저장하면 상처가 아물고 당분이 증가하여 저장이 잘되고 품질도 좋아진다.

㉤ **발아억제처리** : 건조시켜서 저장할 수 없는 것은 발아억제처리를 해주어야 한다.

② **저장환경의 조절**

㉠ **저장고 소독** : 저장고를 설치하여 여러 해 계속해서 사용할 경우에는 병 · 해충 방제를 잘 하여야 한다.

㉡ **통기**

- 건조상태의 곡류는 밀폐상태가 좋다.
- 고구마나 감자는 통기가 어느 정도 되어야 좋다.

㉢ **저장온도와 저장습도**

- 냉해를 입지 않는 범위 내에서 저온에 저장하는 것이 좋다.
- 과실이나 영양체는 저장습도가 낮을수록 안 좋지만, 곡류는 저장습도가 낮고 저온일수록 좋다.
- 엽근채류 : 0 ~ 4℃, 90 ~ 95%
- 과실 : 0 ~ 4℃, 85 ~ 90%
- 고구마 : 12 ~ 15℃, 80 ~ 95%
- 감자 : 1 ~ 4℃, 80 ~ 95%